TRAITÉ
DE LA
TEINTURE MODERNE

PAR

HENRI SPÉTEBROOT
OFFICIER DE L'INSTRUCTION PUBLIQUE
LICENCIÉ ÈS SCIENCES PHYSIQUES, LICENCIÉ ÈS SCIENCES NATURELLES
PROFESSEUR A L'ÉCOLE PRATIQUE D'INDUSTRIE ET
DIRECTEUR DE L'ÉCOLE DE CHIMIE ET DE TEINTURE DE SAINT-ÉTIENNE
CHIMISTE SPÉCIALISTE POUR L'INDUSTRIE TEXTILE

DEUXIÈME ÉDITION

PARIS

DUNOD
92, RUE BONAPARTE (VI)
1927

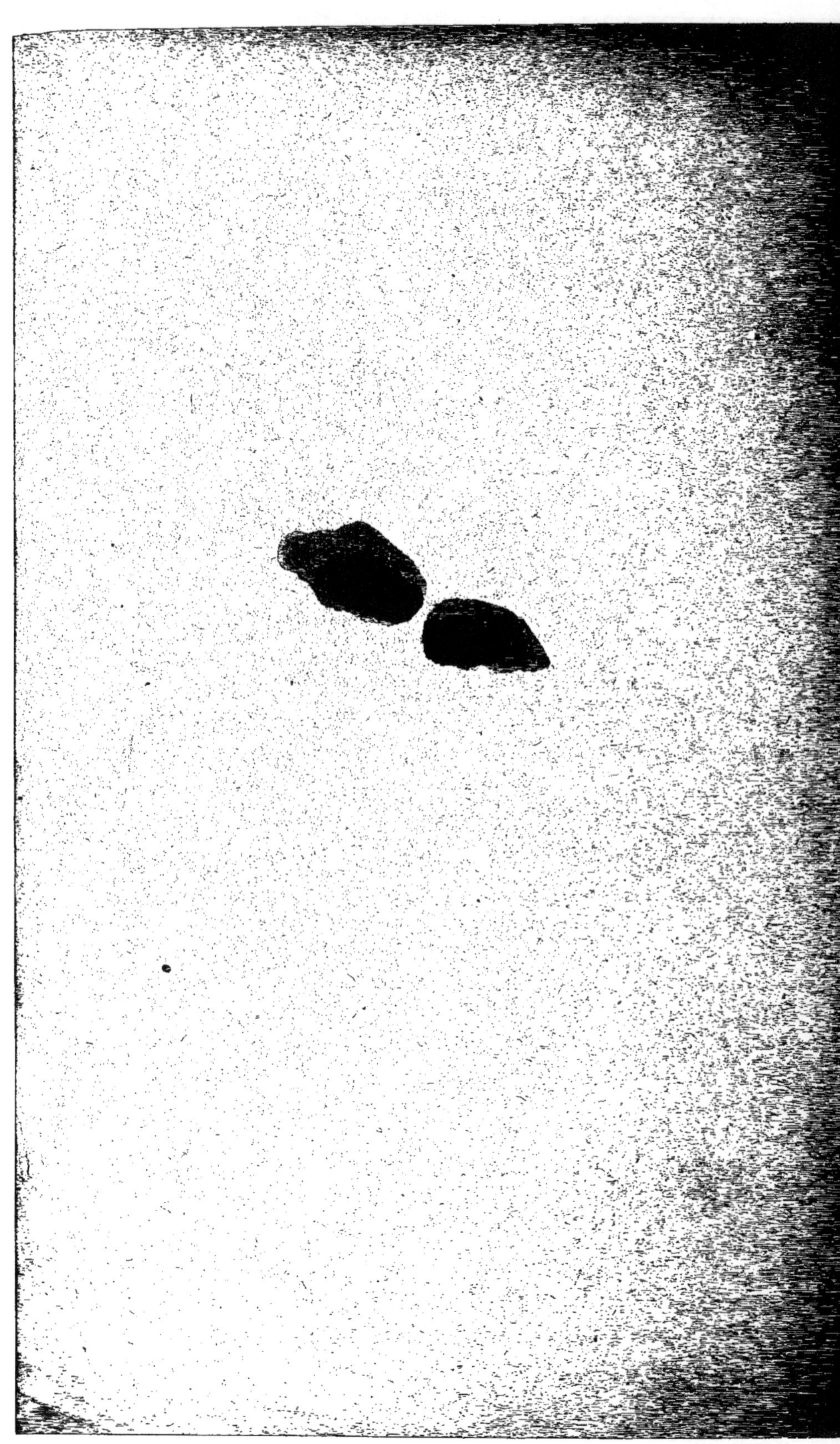

TRAITÉ

DE LA

TEINTURE MODERNE

I. D.

TRAITÉ

DE LA

TEINTURE MODERNE

PAR

Henri SPÉTEBROOT

OFFICIER DE L'INSTRUCTION PUBLIQUE
LICENCIÉ ÈS SCIENCES PHYSIQUES, LICENCIÉ ÈS SCIENCES NATURELLES
PROFESSEUR A L'ÉCOLE PRATIQUE D'INDUSTRIE ET
DIRECTEUR DE L'ÉCOLE DE CHIMIE ET DE TEINTURE DE SAINT-ÉTIENNE
CHIMISTE SPÉCIALISTE POUR L'INDUSTRIE TEXTILE

DEUXIÈME ÉDITION

PARIS

92, RUE BONAPARTE (VI)

1927

INTRODUCTION

DE LA PREMIÈRE ÉDITION

I. Maintenant que tous les procédés de teinture qui semblent pouvoir être appliqués sont, en réalité, mis en œuvre dans l'industrie, il est utile de faire connaître les règles générales qui sont suivies pour chaque groupe de colorants ainsi que les précautions à prendre pour éviter les malfaçons.

Il nous a paru nécessaire, pour intéresser le lecteur et lui faire mieux comprendre la classification qui s'impose dans la pratique, de présenter les matières premières servant à la préparation des colorants artificiels et de montrer les modifications multiples qu'on doit leur faire subir avant de pouvoir les employer en teinture.

Cette partie n'occupe, toutefois, qu'une place fort restreinte. Les auteurs d'ouvrages de teinture, fascinés par les incessants progrès faits par la synthèse chimique, se sont trop préoccupés, à notre avis, de la préparation des colorants, oubliant que cette importante question se place au second rang quand il s'agit de la teinture pratique.

En effet, le chimiste coloriste peut ne pas connaître la synthèse des produits qu'il utilise : il ne lui viendra jamais à l'esprit l'idée de les préparer. Nous ne pouvons pas perdre de vue, cependant, que si la réalisation des nuances, la coloration est toujours un art, la teinture proprement dite est, dans son ensemble, devenue une science.

Le teinturier réussira son travail, en suivant les principes fondamentaux de la teinture, tout aussi bien qu'un ouvrier, tant soit peu initié, arrive à faire des dosages avec une parfaite exactitude, sans connaître les réactions qu'il met en œuvre. Mais si le teinturier a des connaissances chimiques, s'il est instruit sur les groupements fonctionnels des composés qu'il manipule, il comprendra les raisons pour lesquelles il applique telle règle ; il saura faire un choix plus judicieux des produits qu'il peut associer dans le même bain. Ces connaissances auront pour lui une valeur très appréciable, lorsqu'il aura à procéder au démontage des couleurs.

Notre étude, que nous avons intitulée : *Origine, Genèse et Classification des matières colorantes artificielles*, bien que purement scientifique, trouvait donc sa place dans cet ouvrage ; elle est suivie d'un exposé complet des méthodes de teinture relatives aux différentes sortes de fibres et à leurs mélanges. Étude moins ardue mais d'une grande importance au point de vue technique. Nous examinons à part les divers textiles en envisageant successivement l'application de chaque classe de colorants. Nous citons d'une manière concise et claire les principes qui servent de base et mentionnons les modifications qu'ils peuvent subir, ainsi que les causes du mauvais unisson et du manque de solidité. En un mot, nous expliquons sous le titre : *Emploi des matières colorantes artificielles*, les modes de teinture adoptés pour chaque groupe avec les diverses matières textiles séparées ou mélangées ; nous montrons les précautions qu'il convient de prendre et les modifications qu'il faut apporter à la marche générale dans certains cas particuliers ; enfin, nous indiquons les défauts qui peuvent se produire et les moyens de les éviter.

On objectera peut-être que les références de teinture contiennent les instructions indispensables. Les échantillons de colorants, mis avec une surprenante générosité à la disposition des clients sont, en effet, accompagnés de leur mode d'emploi; malgré ces conseils empressés, quel est le teinturier qui a pu déduire des explications trouvées dans les références des *indications générales précises* se rapportant à son métier ?

Les brochures données par les fournisseurs de matières colorantes ne visent d'ordinaire qu'un groupe plus ou moins restreint de couleurs. Les rares publications ayant trait à une étude d'ensemble contiennent de si nombreuses redites qu'elles embrouillent au lieu de faciliter la conception; enfin, l'offre de vente est tellement évidente qu'elles rendent bien plus de services aux fabricants de matières colorantes qu'aux maîtres teinturiers auxquels elles s'adressent.

Les chapitres intitulés : « *Teinture de la laine; Teinture du coton et des autres fibres textiles d'origine végétale; Teinture de la soie; Teinture des bourres et des tissus mélangés; Teinture de la soie artificielle*, sont donc les plus importants; ils envisagent tout spécialement la production des nuances.

La lecture de cette partie de notre travail prouvera que nous avons été amené à faire de longues et patientes recherches pour *réunir*, *placer* et *condenser* en un volume aussi restreint les règles à adopter dans la grande généralité des matières colorantes. En somme, et c'est ce que nous voulons tout particulièrement mettre en relief, nous n'avons pas ménagé notre temps pour essayer de nous rendre utile aux manufacturiers, aux directeurs de fabrication drapière, aux maîtres teinturiers et aux jeunes gens qui se destinent à l'industrie textile.

Le livre que nous avons l'honneur de présenter répond à un besoin, il comble une lacune dans l'Enseignement technique. Certes, les ouvrages qui se rapportent à cette branche de l'Industrie sont déjà nombreux, mais aucun ne parle sérieusement de l'application des couleurs considérées dans leur ensemble. Les renseignements trop épars, souvent incomplets, exigeaient des recherches laborieuses; on reculait devant l'effort qu'il fallait s'imposer pour les *dégager*, les *comparer*, les *fusionner*.

Les volumes parus jusqu'ici sont des recueils de procédés de teinture plutôt qu'un *enseignement de la Teinture*. Le débutant n'a pas la compétence voulue et le praticien, s'il a le temps de les lire, n'a pas le loisir d'en déduire les faits généraux, les règles à suivre. Nous espérons que le lecteur verra dans le *Traité de la Teinture moderne* un cours de Teinture, un ouvrage classique, si l'on peut s'exprimer ainsi, dont le but est essentiellement pratique.

Nous faisons suivre les chapitres que nous avons signalés d'un aperçu des causes qui fixent les colorants dans les fibres; d'une vue sur la pratique de la teinture; d'un exposé de l'analyse des colorants et des couleurs teintes, des essais de solidité des colorants, du démontage des couleurs teintes, de l'analyse et de l'épuration de l'eau et enfin de l'impression des matières textiles. Nous les faisons précéder de la description et de la différenciation des fibres; de l'étude détaillée du nettoyage, du blanchiment, de l'épaillage, du mordançage, des colorants naturels et des colorants de cuve.

Afin de permettre au lecteur de nous lire sans fatigue, nous précisons avec soin, dans toutes nos descriptions, le moment où la marchandise subit les phases de la fabrication que nous passons en revue.

Les opérations de la fabrication des tissus de laine étant très complexes, nous avons voulu, pour donner au texte toute la clarté possible, leur consacrer un court chapitre que nous énonçons :

« Succession méthodique des différentes phases de la fabrication des tissus de laine. »

Cette précaution ne s'impose pas pour les autres textiles, la suite des opérations étant assez facile à saisir par une lecture attentive des chapitres concernant la soie et le coton.

II. La première partie du Traité de la Teinture Moderne était tirée lors de la déclaration de guerre, au moment ou Messieurs Dunod et Pinat décidèrent d'arrêter l'impression de tous les livres en cours de publication. Il en résulte que nous avons fait allusion à quelques procédés allemands dont il n'eût pas été question si l'impression n'en avait été déjà faite.

La description des fouleuses nous a fourni l'occasion de prouver que l'outillage allemand ne répond pas toujours aux besoins des transformations pour lesquelles il a été créé et que la réclame allemande n'a pas le souci de la sincérité.

Nous sommes reconnaissant aux excellents constructeurs, notamment MM. Grosselin, de Sedan, et MM. Le Saché, Vivraire et Cie (maison Dehaitre), de Paris, auxquels nous devons une partie des figures qui illustrent notre traité.

Nous avons tenu à prouver, par le large emprunt que nous avons fait aux machines françaises, que les fabricants ont tout avantage à commander leur outillage aux constructeurs français.

Nous devons citer encore, parmi les personnes qui ont facilité notre tâche, Messieurs les industriels de la région d'Elbeuf et tout particulièrement MM. Blin, Fraenkel et Herzog ainsi que M. Julien Ramet, chimiste, directeur de teinture aux usines de MM. Blin.

Ces messieurs nous ont autorisé, avec beaucoup d'empressement, à prendre dans leurs usines les renseignements qui pouvaient nous aider à mener à bonne fin la tâche que nous nous étions imposée. Nous leur exprimons notre plus profonde gratitude.

Nous remercions aussi M. Labbé, inspecteur général de l'Enseignement technique, pour les encouragements qu'il nous a donnés lorsque nous lui avons manifesté l'intention de faire paraître notre traité de teinture.

III. Nous avons été amené à employer indifféremment les termes *matières colorantes*, *colorants* et *couleurs* pour désigner les produits chimiques servant à colorer les textiles.

Dans toutes nos formules relatives à la composition des bains de *mordançage*, de *teinture* et de *démontage*, les proportions sont, ainsi qu'il est dit dans le texte, rapportées à cent poids de marchandise, excepté là où il est spécifié que les doses sont calculées pour cent volumes de solution.

H. SPÉTEBROOT.

PRÉFACE

DE LA DEUXIÈME ÉDITION

La première édition du *Traité de la Teinture moderne* ayant été épuisée en moins de huit années, l'auteur, notre cher Père, avait, à l'occasion de sa réimpression, parachevé son œuvre. Il venait à peine de mettre la dernière main à ce livre, que la mort, survenue en quelques heures avec une brutalité inouïe, le privait de la joie qu'il aurait eue de voir paraître ces pages où il avait mis toute sa science.

Notre cher Père était mort à la tâche; c'était, pour nous, un devoir de faire imprimer cet ouvrage où il avait réuni toutes ses notes, toutes les leçons qu'il enseignait, les recherches qu'il avait entreprises et menées à bonne fin, résultat d'un travail de tous les instants concernant la teinture de la soie naturelle ou artificielle dont l'exposé complète avantageusement le premier *Traité de la Teinture moderne*. Cette étude approfondie a été faite toute entière dans les régions stéphanoise et lyonnaise où se trouvent localisées les usines les plus nombreuses et les plus importantes se livrant à la teinture de la soie.

Aussi, en son nom, comme il avait l'intention de le faire, nous adressons nos remerciements à M. B. Cherbût, maître-teinturier à la maison Vinson, sans contredit le meilleur spécialiste de la région stéphanoise, qui, à l'École de Chimie et de Teinture, fut, pendant plusieurs années, pour notre Père, un collaborateur dévoué, et qui lui donna des renseignements variés et précieux sur les différentes méthodes de la coloration de la soie.

Nous sommes également reconnaissants aux excellents constructeurs MM. A. Thibeau et Cie (Tourcoing), MM. P. Dubrule (Tourcoing) et Colin (Paris), à MM. Crétin (Vienne) ainsi qu'à MM. Ch. Lump et Cie (Lyon-Vaise) et MM. Grosselin (Sedan) d'avoir bien voulu permettre d'illustrer le *Traité de la Teinture moderne* des nombreux croquis et photos de leurs machines.

Nous tenons à exprimer notre profonde gratitude à tous ceux qui ont facilité la tâche de notre Père.

A.-M. SPÉTEBROOT.

A. SPÉTEBROOT.

TRAITÉ
DE
LA TEINTURE MODERNE

I

FIBRES TEXTILES

Définition. — On désigne sous le nom de fibres textiles, ou plus simplement textiles, tous les corps susceptibles d'être transformés en fils et en tissus.

Classification et origine. — Les fibres sont, d'après leur constitution chimique, organiques ou minérales.

Les textiles organiques sont d'origine animale ou d'origine végétale.

Les fibres animales sont : la laine, les poils et la soie.

Les fibres végétales sont : le coton, le lin, le jute, la ramie le chanvre.

Avec ces substances isolées ou diversement mélangées, on confectionne une grande variété de tissus.

On doit encore comprendre, dans les textiles végétaux, comme substances plus communes : la paille fine, surtout celle du riz ; le jonc, le rotin, ou les filaments de son écorce macérés comme le lin et le chanvre ; diverses espèces de bois effilés, laminés ou varlopés et dont on fait des tissus grossiers pour chapeaux, tapis, emballages, nattes, tentures, etc.

Les fibres minérales sont : l'amiante, le fer, l'aluminium, le cuivre, l'or, l'argent, le verre, etc.

FIBRES ANIMALES

Les fibres animales comprennent les substances pilifères et la soie.

Les substances pilifères peuvent être classées sous le rapport de leur emploi en deux catégories.

La première comprend les produits laineux des animaux domestiques de la race ovine et ses dérivés.

La seconde, les poils d'un certain nombre d'animaux sauvages ou non apprivoisés, parmi les carnivores et les rongeurs.

Fig. 1 et 2. — Laine d'Allemagne. Agrandissement linéaire $\frac{500}{1}$.

Laine et poils.

On désigne sous le nom de laine des poils très souples qui constituent la toison de certaines espèces de mammifères, tels que : le mouton (laine proprement dite) ; certaines races de chèvres : chèvre d'Angora (laine mohair), chèvre du Thibet (laine cachemire) ; deux variétés d'auchenia ou lama : l'alpaca ou l'alpaga et la vicogne ; l'autruche, le chameau, etc. Le chameau est recouvert à la fois de poils et d'un duvet laineux très recherché. Beaucoup de mammifères sont ainsi simultanément recouverts de laine et de poils. Il est probable qu'il en était de même du mouton et des autres espèces que nous venons de citer, alors qu'elles vivaient à l'état sauvage.

La laine est un poil très fin, doué d'une douceur, d'une élasticité, d'un lustre et de propriétés calorifiques remarquables. Mais elle est loin de ressembler aux poils qui couvrent la plupart des mammifères. Le brin de laine est frisé, flexible, ondulé, tandis que le poil est une fibre rigide et dure.

Le filament de laine est formé d'écailles qui s'emboîtent les unes sous les autres, ce qui leur donne un aspect dentelé ; le poil, au contraire, est lisse, sa structure est à peu près régulière.

Caractères de la laine en toison. — Les toisons présentent toujours un toucher gras et poisseux et elles ont une couleur jaunâtre ; cela est dû aux impuretés qui les recouvrent. Leur couleur naturelle n'apparaît qu'après un lavage à fond ou dégraissage.

Apparence du brin de laine en suint. — Les corps étrangers n'enveloppent pas les fibres de laine avec la régularité d'un enduit artificiel ; ils recouvrent le filament par couches et plaques, comme s'ils s'étaient formés au hasard.

Si l'on voulait transformer directement la laine ainsi à l'état brut, la nature de la masse de ces espèces de dépôts masquerait les caractères de la fibre et s'opposerait aux opérations de la teinture et des apprêts. De plus, les transformations mécaniques en seraient profondément troublées.

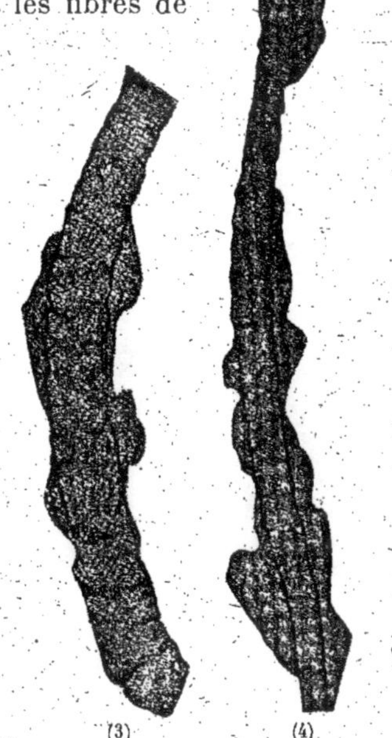

Fig. 3 et 4. — Suint d'Australie. Agrandissement linéaire $\frac{500}{1}$.

Apparence du brin de laine lavé à fond. — Dans la laine lavée à fond, les irrégularités dont nous venons de parler n'existent plus. En examinant les fibres avec un grossissement suffisant, on voit apparaître des stries transversales formées par une série de surfaces tronconiques qui s'emboîtent les unes dans les autres, offrant l'aspect de dés à coudre superposés.

On remarque aussi par endroits des stries longitudinales, indiquant la séparation des écailles qui, par leur union, forment ces troncs de cônes. Dans la laine du mérinos, les stries longitudinales n'existent pas, les écailles entourent complètement la fibre. Enfin, dans les laines grossières, les rayures sont peu visibles, les écailles sont enchâssées plus profondément et posées plus à plat; elles ne présentent qu'une partie libre.

(5) (6) (7) (8)

Fig. 5 et 6. — Laine de Montévidéo (teinte en bleu de cuve).
Fig. 7. — Laine de France ayant été foulée.
Fig. 8 — Laine de France. Fibre prélevée dans un tissu dégraissé d'après notre procédé. (Voir *Dégraissage des tissus.*)

Agrandissement linéaire $\frac{500}{1}$.

Les stries ou rayures dont on vient de parler sont donc d'autant plus évidentes que la laine est de meilleure qualité, d'autant moins marquées que la laine est plus commune.

Cette structure explique bien pourquoi le contact des étoffes de laine sur la peau est rude, tandis que celui de la toile est doux. Les aspérités des brins de laine, quelque flexible que soit d'ailleurs chaque brin en particulier, en s'accrochant à la peau, font éprouver une sensation désagréable, à moins qu'on y soit accoutumé. La toile formée de fibres ligneuses lisses ne peut faire éprouver rien de pareil. On voit en outre que la qualité malfaisante de la laine pour les plaies n'est occasionnée par aucune propriété chimique, et qu'elle vient de la conformation naturelle de la surface des brins; les aspérités en s'accrochant aux chairs qui sont à découvert, les irritent, les déchirent et occasionnent de l'inflammation.

Poils des rongeurs et des carnivores. — Les poils de ces animaux, qu'ils vivent à l'état sauvage ou à l'état domestique, présentent des brins d'une apparence presque régulière. Au microscope, on ne distingue pas de stries, comme dans la laine, mais on voit nettement les dentelures formées par les bords des surfaces tronconiques superposées. Ils ont un grand pouvoir feutrant, et sont à cause de cela très recherchés pour la fabrication de feutres serrés, utilisés dans l'industrie de la chapellerie.

La laine se différencie donc des autres productions pileuses, par la forme et la structure de ses brins et par la quantité considérable de corps étrangers qui sont attachés à la matière cornée des fibres à l'état brut. La quantité d'enduit gras qui se trouve à la surface des poils des rongeurs et des carnivores est en effet presque insignifiante.

Soie.

On donne le nom de soie aux fils déliés et brillants que sécrètent, par des glandes spéciales, diverses larves ou chenilles des papillons appartenant aux genres Bombyx, Antheræa, Philosamia, Epiphora, Anaphe, Borocera.....

Cette secrétion est employée par les vers à soie à filer leur cocon, lorsqu'ils sont sur le point de se transformer en chrysalides.

Les Chinois passent pour être les premiers qui aient su élever le ver à soie et tirer parti de son travail, plusieurs milliers d'années avant Jésus-Christ. L'empereur Justinien tenta avec succès, au IVe siècle, l'élevage dans l'empire romain. Ce ne fut que sous le règne de Henri IV que la sériciculture s'implanta définitivement en France, dans la région de Lyon où elle a pris un développement considérable. Les soies de Lyon sont très renommées.

Fig. 9. — Soie du mûrier. Fragment d'une fibre de soie prélevée sur un cocon. Agrandissement linéaire $\frac{224}{1}$.

Les nombreuses variétés de soies peuvent se diviser en deux classes : la *soie cultivée* et la *soie sauvage*.

Soie cultivée. — Le principal représentant de la soie cultivée ou soie du mûrier est le Bombyx mori ou Phalena mori. Il est élevé dans des salles appropriées ou magnaneries situées à proximité des mûriers.

Soie sauvage. — On désigne sous le nom de soie sauvage, la soie produite par des chenilles sérigènes dont l'évolution ne se fait bien qu'au grand air. Ces chenilles vivent sur les arbres dont elles se nourrissent des feuilles : chêne, ricin..., et après lesquels elles attachent leur cocon, quand elles commencent à filer.

Les chenilles d'un grand nombre d'espèces de papillons produisent de la soie dite sauvage. Beaucoup de ces soies ne peuvent pas être dévidées, elles sont utilisées dans les pays de production par le cardage pour la filature.

Toutes les soies produites par des vers à soie qui vivent à l'état sauvage, et plus spécialement celles qui viennent de la Chine et de l'Inde, sont désignées sous le nom de Tussah ou Tussor.

Le tussah de Chine est la soie secrétée par l'Antherœa Pernyi dont la chenille vit dans les forêts de chênes. Ce sérigène a deux générations par an, il fournit une belle soie blonde.

Le tussah de l'Inde est la soie de l'Antherœa Mylitta, elle

est jaune plus ou moins foncé. Cette variété a été connue et utilisée bien avant la soie du mûrier.

La chenille du tussah est très polyphage, les arbres dont les feuilles peuvent lui servir de nourriture sont nombreux.

L'A. Pernyi et l'A. Mylitta fournissent presque tous les tussah importés en Europe ; ces soies nous sont expédiées filées et tissées.

La soie sauvage diffère de la soie domestique par sa forme et par sa constitution.

Forme [1]. — Vue au microscope, la bave du tussah a la forme d'un ruban, elle ressemble à une mèche de lampe aplatie (Gensoul). Elle est néanmoins formée de deux brins légèrement collés l'un contre l'autre. Chaque fil élémentaire est creusé de profonds sillons longitudinaux; il a, en somme, l'aspect d'un faisceau de fibrilles soudées ensemble. Cette structure fibreuse donne à la soie tussah un aspect caractéristique et une résistance exceptionnelle.

Si l'on fait agir sur ce filament des alcalis concentrés ou des acides forts, ou bien qu'on l'écrase par martelage, on le dissocie en une infinité de fibrilles extrêmement tenues.

Si l'on soumet à l'action des mêmes réactifs le brin de soie du Bombyx mori, il ne s'en détache que quelques fibrilles qui produisent le phénomène du floconnement.

Constitution. — La soie tussah est irrégulière, son grès est peu soluble; de ce fait, elle absorbe moins vite les colorants que la soie cultivée ; d'où l'opinion fort répandue qu'elle est difficile à teindre.

Caractères généraux de la soie. — La soie diffère complètement de la laine et des fibres végétales décrites plus loin ; elle n'a pas de structure cellulaire, c'est un fil très fin, d'une résistance exceptionnelle et d'une longueur excessive. La ténacité de la soie cultivée est moindre que celle de la soie sauvage,

1. *Le Tussah du Bengale*, Étude de M. Lebrat. — Rapport de la Chambre de commerce de Lyon, volume XVIe.

elle est cependant de 43 kg. par millimètre carré de section.

La principale qualité de la soie cultivée est le brillant. Le brillant de la soie tussah est relativement faible, un peu spécial ; mais la soie du B. mori peut prendre un éclat remarquable, lorsqu'elle est débarrassée de sa séricine. Parmi les fibres animales, il n'y a que le mohair qui ait un lustre approchant celui de la soie. La ramie et le jute sont des fibres végétales qui possèdent un bel éclat, mais elles sont loin d'être aussi luisantes que la soie et même le mohair [1].

Grosseur des laves des vers à soie. — La fibre de la soie tussah du Bengale est la plus grosse, son diamètre mesure en moyenne 60 millièmes de millimètres ; elle est deux fois plus grosse que la fibre de la soie tussah de Chine et trois fois plus grosse que la bave du Bombyx mori.

FIBRES VÉGÉTALES

Les principales fibres végétales sont : le coton, le lin, le jute, la ramie et le chanvre.

Le coton est la matière fibreuse qui entoure la graine du cotonnier. La matière fibreuse du lin, du jute, de la ramie et du chanvre est comprise entre la région ligneuse et l'écorce ; elle forme la zone libérienne de ces plantes.

Le lin, le jute, la ramie et le chanvre sont des plantes herbacées annuelles.

Coton.

Le coton est le duvet entourant les graines renfermées dans la cupule du cotonnier, arbuste des pays chauds, de la famille des malvacées, dont les fleurs sont rouges ou jaunes.

La fibre de coton se présente comme une cellule allongée et affaissée plus ou moins contournée sur elle-même (voir *fig.* 10 coton écru et *fig.* 11 coton blanchi).

1. Le mohair est fourni par la chèvre d'Angora (voir page 2). C'est une variété de laine peu ondulée, d'un blanc laiteux qui brille comme de la soie.

Les filaments de coton mesurent 10 à 40 et même 45 millimètres ; ils croissent sur les semences ou graines du cotonnier qu'ils couvrent complètement.

Le commerce a divisé le coton en deux catégories : le coton *longue soie* dont la longueur des filaments varie de 25 à 45 millimètres, et le coton *courte soie* dont la longueur des filaments est inférieure à 25 millimètres.

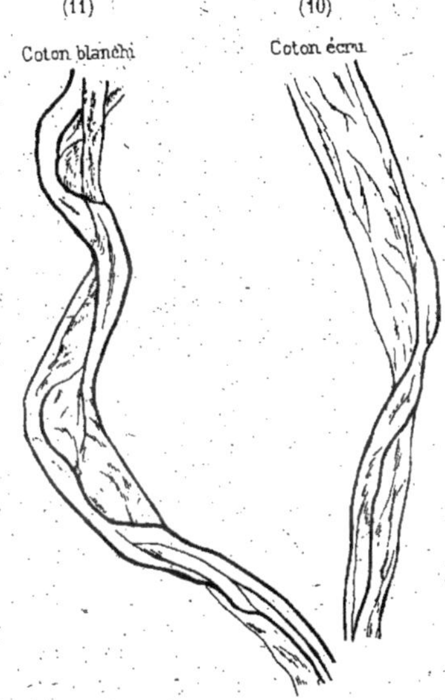

FIG. 10. — Coton écru. Fragment d'une fibre prélevée sur le fruit du cotonnier.

FIG. 11. — Coton blanchi. Fragment d'une fibre de coton nettoyée à fond.

Agrandissement linéaire $\frac{247}{1}$.

Lin.

Le lin est cultivé un peu dans toutes les parties du monde, mais spécialement en France, en Belgique, en Hollande et en Russie. C'est une plante qui atteint 0m,60 à 0m,80[1].

Les fibres de lin sont longues, fines, douces et brillantes, variant en couleur du jaune au gris foncé. Vues au microscope, elles ressemblent à de longs tubes droits, transparents, souvent striés dans le sens de la longueur. Elles sont, à intervalles irréguliers, légèrement distendues ; et en ces endroits, on peut remarquer de faibles marques transversales qui sont probablement des brisures et non des nœuds, comme on est tenté de le croire (voir *fig.* 12 lin écru et 13 lin blanchi).

Par une section transversale, on peut constater que le tube de lin possède des parois épaisses, un canal central et un con-

1. La tige du lin est grêle, creuse, cylindrique et droite. Elle s'élève jusqu'à 1 mètre et quelquefois n'atteint que 0m,50 de hauteur. Les feuilles sont étroites, allongées, et les fleurs, à 5 pétales, sont d'un joli bleu clair, légèrement violacé.

tour polygonal plus ou moins arrondi, ainsi que la plupart des cellules végétales.

Le lin, débarrassé de toutes ses matières incrustantes et colorantes naturelles, se caractérise par une blancheur neigeuse, un lustre soyeux et une grande ténacité.

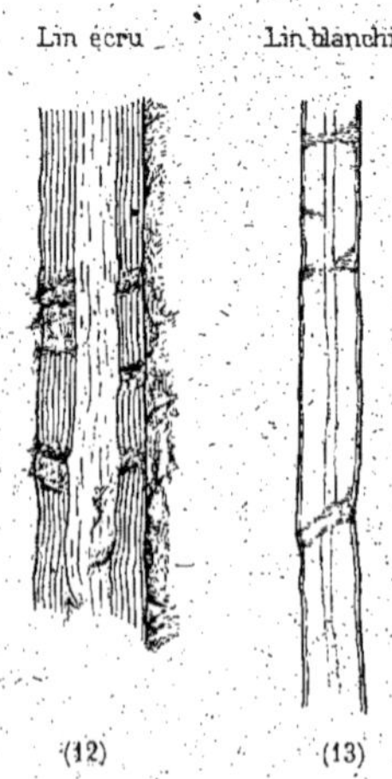

Fig. 12. — Lin écru. Fragment d'une fibre de lin encore recouverte de son écorce. Prélèvement fait sur du lin cultivé aux environs d'Elbeuf.

Fig. 13. — Lin blanchi. Fragment d'une fibre de lin prélevée sur de la toile blanche.

Agrandissement linéaire $\frac{331}{1}$.

Jute.

Le jute est une plante exclusivement cultivée dans les Indes où elle atteint 3 à 4 mètres de haut.

Les fibres de jute, examinées au microscope, paraissent raides et droites, rappelant de loin celles du lin.

Le jute est dur, peu élastique, d'un blanc perlé très irrégulier. Il se désagrège sous l'influence de l'humidité.

Ramie.

La ramie est une plante originaire de la Chine qui se propage facilement. Elle peut atteindre dans les pays chauds une hauteur de 3 mètres. Dans certaines régions elle donne jusqu'à trois récoltes par an.

La fibre de ramie est d'un gris nacré.

Chanvre.

Le chanvre est une plante dont la tige atteint 1m,50 dans la région du Nord de la France, mais elle mesure 3 et même 4 mètres dans la région du Midi.

Les brins de chanvre sont aussi longs que ceux du lin, mais ils sont plus denses, plus grossiers et plus résistants. Ils s'en distinguent en outre par une teinte jaune brun, lorsqu'ils n'ont pas été blanchis.

La substance chimique qui constitue la laine est la *kératine*, celle qui constitue la soie est double : *fibroïne* entourée de *séricine ;* et celle qui constitue les fibres végétales est la *cellulose*.

ACTION DE LA CHALEUR, DES ACIDES, DES ALCALIS, DU CHLORE ET DES SELS SUR LES FIBRES TEXTILES

Action de la chaleur. — La laine chauffée graduellement commence à se décomposer vers 110°-120°. A une température un peu plus élevée, elle dégage des vapeurs ammoniacales sensibles au papier de tournesol, puis des vapeurs complexes formées par des substances organiques sulfurées. Elle brûle finalement en répandant l'odeur désagréable de corne brûlée. La soie dégage en brûlant, la même odeur.

Les fibres végétales, calcinées légèrement, dégagent du gaz anhydride carbonique que l'on reconnaît comme précédemment, au moyen du papier de tournesol ; chauffées plus fortement elles brûlent comme le papier, sans odeur particulière.

Action des acides. — Les acides minéraux modérément étendus font écarter les écailles de la laine. La laine absorbe avidement les acides, à l'action desquels on les soumet, et ces acides s'éliminent très difficilement par lavages à l'eau seule même bouillante.

Quand on traite la laine par des solutions d'acides minéraux très concentrées, elle est rapidement désagrégée, puis dissoute.

Les acides étendus n'ont pas une action immédiate sur les fibres végétales ; mais, si on immerge du coton, du lin, ou tout autre textile végétal, dans une dissolution d'acide sulfurique ou de bisulfate de sodium, et qu'on chauffe vers 110° C. la substance essorée, elle tombe en poussière. Le même phénomène se produit quand on expose les matières végétales pendant plusieurs heures dans de l'acide chlorhydrique gazeux chaud. C'est sur ces réactions que sont basés : l'épaillage chimique de la laine et la préparation de l'extract.

Dans les exemples précédents, il y a déshydratation de la cellulose. L'acide sulfurique et l'acide phosphorique concentrés agissent différemment, ils hydratent la cellulose, la modifient donc en *hydrocellulose*, puis la dissolvent en peu de temps. Si on laisse le coton en contact une ou deux minutes, à la température ordinaire, avec de l'acide sulfurique étendu de la moitié de son poids d'eau, puis qu'on projette le mélange dans beaucoup d'eau contenant un peu d'iodure de potassium, il se développe au bout de deux ou trois heures des flocons bleu verdâtre. C'est une *substance amyloïde*. Si on laisse le coton un peu plus longtemps dans l'acide et que l'on fasse ensuite bouillir, après avoir ajouté un peu d'eau, le changement moléculaire continue et l'on obtient de la *dextrine ;* la dextrine fixe finalement les éléments de l'eau et devient de la *glucose*.

Les acides minéraux concentrés détruisent très vite la soie; lorsqu'ils sont fort étendus, leur action est peu sensible, ils dissolvent cependant la séricine à chaud.

L'acide azotique communique à la laine et à la soie une coloration jaune qui vire à l'orangé par immersion dans les alcalis. Ces substances fibreuses sont, en outre, plus ou moins attaquées suivant le degré de concentration de l'acide.

Les textiles végétaux, même chauffés avec de l'acide azotique concentré, ne prennent aucune coloration; mais ils sont oxydés et en partie transformés en acide oxalique.

Un mélange d'acide sulfurique et d'acide azotique très concentrés transforme, à froid, la cellulose en nitrocellulose. La nitrocellulose diffère totalement, par ses propriétés, de la cellulose, bien qu'elle ait conservé la structure physique du coton. Le composé le plus nitré est le pyroxyle ou fulmicoton, corps très explosif, insoluble dans l'alcool et dans l'éther. Le produit le moins nitré forme le pyroxyle soluble; dissous dans un mélange d'alcool et d'éther, il constitue le *collodion*.

La soie artificielle *Chardonnet* est obtenue avec de la nitrocellulose préparée en partant de la pâte de bois.

Action des alcalis caustiques, des alcalis carbonatés et du savon. — La potasse et la soude détériorent rapidement la laine dans tous les cas, c'est pourquoi elles ne peuvent jamais être employées pour le dégraissage. En solutions diluées au dixième, mais chaudes, elles dissolvent encore graduellement la laine en dégageant de l'hydrogène sulfuré qui, dans les conditions de l'expérience, donne du sulfure de sodium ; ce dernier est mis en évidence par l'acétate de plomb.

Les carbonates alcalins et le savon sont peu nuisibles en solutions étendues et à une température ne dépassant pas 50° C.

La chaux caustique agit comme les alcalis caustiques fixes, cependant son action est moins énergique.

L'alcali volatil n'est pas plus à craindre que les carbonates alcalins et le savon ; comme eux, il peut servir au dégraissage.

Le coton est peu influencé par des solutions faibles et froides de potasse ou de soude caustique. On peut même faire bouillir, pendant plusieurs heures, du coton dans de pareilles liqueurs, à condition qu'il soit complètement immergé pendant toute la durée de l'opération.

Quand le coton est soumis aux actions simultanées des lessives caustiques bouillantes et de l'air, il s'affaiblit sensiblement. Cet affaiblissement est dû à l'oxydation, la cellulose se transformerait en oxycellulose. Il faut éviter que, pendant le débouillissage ou lessivage, les textiles végétaux soient exposés à l'air.

Nous pouvons répéter pour la chaux ce que nous avons mentionné concernant la potasse et la soude. Le lait de chaux, même bouillant, n'exerce pas d'action sensible sur le coton, tant que ce dernier reste tout à fait plongé dans le bain de blanchiment ; mais le coton se détériore sensiblement, dès que la chaux travaille en présence de l'air atmosphérique.

Les alcalis et les alcalino-terreux caustiques dissolvent rapidement la soie, à chaud ; les sels alcalins à acide faible exercent même une action destructive assez sensible.

Le savon est le seul composé alcalin que l'on puisse employer pour décreuser la soie. Les solutions chaudes de savon enlèvent rapidement la séricine, substance gommeuse, et laissent la fibroïne ou soie proprement dite.

Action du chlore et des hypochlorites. — Le chlore et les hypochlorites attaquent la laine même à froid. Ce textile absorbe très rapidement le chlore actif des chlorures décolorants.

Le chlore employé en faible proportion communique à la marchandise une couleur jaunâtre, diminue son pouvoir feutrant, donne du brillant et augmente l'affinité pour beaucoup de matières colorantes. On fait appel à cette dernière propriété pour l'impression et dans certains cas pour la teinture, quand on doit opérer à basse température.

Le blanchiment excessif à l'eau oxygénée et au permanganate provoque, paraît-il, le même changement. Ce qui fait dire que les modifications occasionnées par l'absorption du chlore sont dues à une action oxydante.

La laine chlorée ou bromée devient en outre d'autant plus hygroscopique, qu'elle a pris davantage de chlore ou de brome.

Le chlore et les hypochlorites sont utilisés à froid et en très faible proportion pour le blanchiment du coton. De semblables solutions influencent peu la solidité des fibres végétales ; cependant, à chaud, des liqueurs de chlore de même concentration affaiblissent sensiblement la marchandise.

Humecté d'une solution de chlorure de chaux de 3° à 4° Baumé, puis exposé à l'air, le coton s'oxyde et acquiert plus d'affinité pour les colorants basiques.

La soie est bien plus sensible au chlore que la laine.

Action des sels métalliques. — Lorsqu'on maintient de la laine dans des solutions salines bouilllantes, elles deviennent plus riches en *ions* acides, dans tous les cas que nous avons étudiés, sauf avec le chlorure de magnésium et le chlorure d'aluminium où elles deviennent plus riches en *ions* basiques.

La laine abandonne au lavage, assez facilement, presque tout le chlore des chlorures, tandis qu'elle tient énergiquement le métal.

Les textiles végétaux dissocient les sels mécaniques en solution aqueuse bouillante et même en solution froide ; c'est le radical acide qui est absorbé en plus grande proportion, d'après nos observations.

En somme, la laine fixe un sel basique, sauf dans les deux cas cités, où elle absorbe un sel acide, si on peut s'exprimer ainsi, tandis que les matières textiles d'origine végétale fixent un sel acide (du moins, pour les sels des métaux proprement dits).

La soie absorbe facilement les sels métalliques en dissolutions aqueuses; cette propriété a été mise à profit pour charger la soie, notamment avec les sels d'étain et les sels de fer.

QUELQUES APPLICATIONS DES PROPRIÉTÉS DES FIBRES TEXTILES

DIFFÉRENCIATION DES FIBRES TEXTILES

L'examen microscopique nous donne un moyen sûr de déterminer les sels textiles. La manière dont les fibres animales et les fibres végétales subissent l'action du feu nous donne un autre moyen d'analyse fort simple.

Si on doit fournir des renseignements sur la nature chimique d'un tissu, on en détache un fragment et on approche successivement de la flamme les fils de trame et les fils de chaîne. Tous les fils qui brûlent difficilement, en laissant un fort résidu charbonneux et en dégageant une odeur de corne brûlée, sont fabriqués avec des fibres animales. Un rapide examen microscopique indique si ces fibres sont de la laine ou de la soie. Tous les fils qui brûlent rapidement en laissant peu de résidu et en ne répandant aucune odeur sont d'origine végétale. Ils sont ordinairement formés de fibres de coton.

Les fabricants isolent sans difficulté tout le coton des tissus mixtes laine et coton. Il font bouillir pendant dix à quinze minutes l'échantillon à analyser dans une lessive de soude caustique marquant 11° à 12° Baumé[1]. Ils répètent l'opération si la laine n'est pas complètement dissoute.

Cette analyse peut être rendue quantitative, car la coton est à peine attaqué.

En appliquant la propriété des acides dilués, on détruit les matières textiles végétales et laisse intacte la laine.

Plongeons pendant quelque temps un fragment du tissu à

1. 10 0/0 soude caustique ordinaire du commerce NaOH.

analyser dans une dissolution au dixième de l'acide sulfurique : 8° Baumé environ ; après l'avoir essoré, séchons-le lentement à une température ne dépassant pas 100° C., et chiffonnons-le entre les doigts ; les substances végétales tombent en poussière.

Quand on a soin d'opérer sur un poids déterminé de l'étoffe, une seconde pesée après traitement donne le poids de la laine, et la différence entre les deux poids indique la quantité de matières végétales : coton, lin, jute, etc.

Il est prudent, lorsqu'on fait une analyse quantitative, de laver la laine, après étuvage, avec une solution étendue de carbonate acide de sodium, afin d'enlever l'acide sulfurique absorbé. On rince ensuite, essore, sèche et pèse.

Une solution concentrée de chlorure de zinc basique (60° Baumé), chauffée jusqu'à une température voisine de l'ébullition, dissout la soie et laisse la laine ainsi que les fibres végétales. On peut ensuite détruire la laine au moyen de la soude caustique (Persoz).

La soie cultivée ou soie du mûrier disparaît déjà dans une solution bouillante de chlorure de zinc à 5° Baumé. Ce caractère permet de doser un mélange des deux soies.

Le réactif de Schweitzer ou de Péligot dissout lentement la soie, le lin, le chanvre, le coton et laisse la laine. Cette dernière n'est attaquée que longtemps après la disparition des autres matières textiles.

On prépare ce réactif en précipitant par la potasse une solution de sulfate de cuivre, filtrant, lavant et dissolvant l'hydrate bleu d'oxyde cuivrique dans un excès d'ammoniaque. La soie artificielle est de la cellulose et, par conséquent, aisée à reconnaître de la soie naturelle.

L'acide picrique permet de reconnaître les fibres animales des fibres végétales. Le tissu à essayer est plongé dans une dissolution bouillante d'acide picrique, essoré et lavé à l'eau ordinaire. La laine et la soie prennent une belle couleur jaune qu'elles conservent après lavage, tandis que le lin, le coton et les autres textiles végétaux se décolorent.

Le plombite de soude colore en brun la laine, il laisse incolore la soie et les fibres végétales. Ce réactif se prépare en dissolvant dans une lessive de soude, soit de la litharge, soit de l'azotate de plomb.

Le ponceau de xylidine agissant sur un échantillon de tissu contenant des fibres de diverses natures, ne colore que les fibres animales.

Le moyen suivant permet de déceler la soie Chardonnet. On introduit dans un tube à essai 2 décigrammes de l'échantillon et environ 2 centimètres cubes de liqueur de Fehling. On chauffe dix minutes et remplit le tube avec de l'eau. Dans le cas de la soie Chardonnet, la solution prend une coloration verte et la fibre se recouvre d'un dépôt jaune ou rougeâtre d'oxydule de cuivre.

Si on mélange ensemble une solution de chlorure ferrique et une solution de ferricyanure de potassium, on obtient un liquide rouge qui teint en bleu de Prusse les fibres végétales. Le jute se teint le plus vite et les fibres animales ne se teignent pas. On peut, à la rigueur, différencier les fibres végétales, d'après la rapidité avec laquelle chaque espèce de fibre se colore (Cross et Bewen).

La laine se nuance cependant, mais moins que le coton.

Pour distinguer les fibres de lin, on débarrasse le tissu de tout apprêt par savonnage chaud et rinçage à l'eau, le sèche à l'étuve, le plonge quelque temps dans de l'huile d'olive pure et l'exprime fortement. Les fils de lin sont devenus translucides ; en effilant, on peut évaluer la proportion de lin contenu dans le mélange.

L'acide nitrique à 36° Baumé, chargé de vapeurs nitreuses et chaud, teint le chanvre en jaune pâle ou en rose clair ; le lin en rose, couleur qui vire ensuite au jaune ; le phormium tenax ou lin de la Nouvelle-Zélande, en rouge sang, teinte qu'il conserve même après lessivage.

Les actions successives du chlore et de l'ammoniaque colorent le phormium en rouge violacé. On met l'échantillon à examiner dans une solution de chlorure de chaux, l'essore au bout de quatre à cinq minutes d'immersion et le plonge dans de l'acide chlorhydrique dilué.

On l'exprime, le lave soigneusement et dépose à sa surface une goutte d'ammoniaque. Le phormium se dévoile, en prenant immédiatement une coloration rouge violacé, que quelques gouttes d'acide azotique font disparaître. Le chanvre prend une teinte plus ou moins rosée, selon le mode de rouissage. Le lin ne change pas.

Si on vient à tremper un tissu, deux à trois minutes, dans une solution à 1 0/0 d'iodure de potassium saturée d'iode, puisqu'on l'agite dans de l'acide sulfurique à 1 0/0, après l'avoir passé à l'eau, le lin se colore en bleu, le jute en rouge, le phormium et le chanvre en jaune. Immergé après coup dans l'acide azotique, le phormium rougit.

Les tissus sont généralement teints et apprêtés, parfois chargés et même imperméabilisés. Avant de les soumettre à l'analyse chimique, on doit les dégorger et les décolorer. On les débouillit, soit dans l'eau, soit dans une solution de savon, soit dans une liqueur chlorhydrique à 1 ou 2 0/0 ; il est impossible de donner une marche précise ; puis on les déteint (voir démontage des couleurs teintes ou imprimées).

MERCERISAGE

Les fils ou les tissus de coton, mouillés avec des lessives de soude concentrées, se contractent avec une grande énergie. En même temps que les fibres diminuent de longueur, elles s'arrondissent, se gonflent et leur affinité pour les matières colorantes se trouve considérablement augmentée.

Ces résultats furent remarqués par John Mercer qui appliqua, en 1850, l'action de la soude caustique sur le coton.

Mais, la propriété la plus importante du coton mercerisé avait échappé à Mercer ; elle fut dévoilée par MM. Thomas et Prévost. *Si, pendant l'action de la lessive, on soumet le coton à une traction suffisante, pour l'empêcher de se rétrécir, il acquiert un brillant comparable à celui de la soie.* C'est ce qui fit désigner les belles variétés de coton qui avaient subi cette opération, sous le nom de *cotons similisés* ou de *simili-soie*. L'opération elle-même a reçu de ce fait le nom de *similisage*.

On donne le nom de *mercerisage* à l'opération qui consiste à traiter les cotons par les lessives de soude concentrées, et on désigne sous le nom de cotons mercerisés, les fils et tissus de coton qui ont subi ce traitement.

Dans l'industrie du mercerisage il existe deux modes opératoires :

1° Le mercerisage sans tension, qui n'est qu'une simple modification des fibres ;

2° Le mercerisage avec tension et même avec surtension. C'est le mode de mercerisage qui est souvent désigné sous le nom de similisage.

Le mercerisage sans tension provoque un raccourcissement des fibres, mais la diminution de longueur est insignifiante lorsque les lessives caustiques ne marquent pas plus de 25° Baumé et sont additionnées d'un sel de strontium, de glycérine, d'alcool ou de silicate de sodium.

Mercerisage des fils de coton. — Les cotons filés, que l'on immerge dans ces lessives, sont auparavant passés en bain d'huile d'olive tournante.

Dans le mercerisage sans tension on recherche simplement la souplesse, la douceur et l'affinité des fibres pour les colorants.

Le mercerisage avec tension ou similisage qui a surtout pour but de donner du brillant aux fibres s'opère de préférence sur les fils gazés. Les filaments duveteux peuvent, en effet, se replier sous l'action de la lessive de soude sans prendre de brillant et couvrir plus ou moins la surface lisse des fils. Le gazage ou flambage n'a pas lieu si le fil similisé doit ultérieurement passer à la teinture [1]. De même, on ne flambe pas les fils confectionnés avec les longues soies des cotons Jumel ou de Géorgie.

Les plus beaux effets de similisage sont obtenus avec les cotons Jumel et les cotons de Géorgie. Les fils fabriqués avec ces variétés de coton peuvent supporter une grande tension, à cause de la longueur et de la solidité des filaments.

On conçoit, par ce qui précède, que le mercerisage des cotons en bourre ne peut être appliqué dans le but de donner du brillant aux filaments. On peut seulement effectuer un mercerisage sans tension, afin de communiquer aux cotons plus d'affinité pour les colorants.

1. Voir *Gazage*, page 21.

Avant mercerisage, la cellulose doit être soigneusement purifiée par débouillissage. On complète ordinairement le nettoyage par un léger blanchiment [1].

L'opération du mercerisage-similisage comprend :

1° L'immersion, pendant cinq à six minutes, du coton fortement tendu, dans un bain de soude caustique titrant 30° à 40° Baumé, à une température qui ne dépasse pas 17° à 18° C. ;

2° Le rinçage à l'eau douce de la marchandise maintenue sous tension ;

3° Le rinçage à fond du coton détendu et acidage à l'acide sulfurique titrant 1° à 2° Baumé.

A l'acidage succède un rinçage prolongé, puis la marchandise est soit séchée, à l'état tendu de préférence, soit blanchie, soit teinte selon les besoins.

Le mercerisage peut être pratiqué après teinture, à condition que la couleur puisse résister à l'alcali.

Pendant l'imprégnation avec la liqueur de soude et le rinçage qui vient immédiatement après, les écheveaux sont généralement tendus sur des cylindres animés d'un mouvement de rotation.

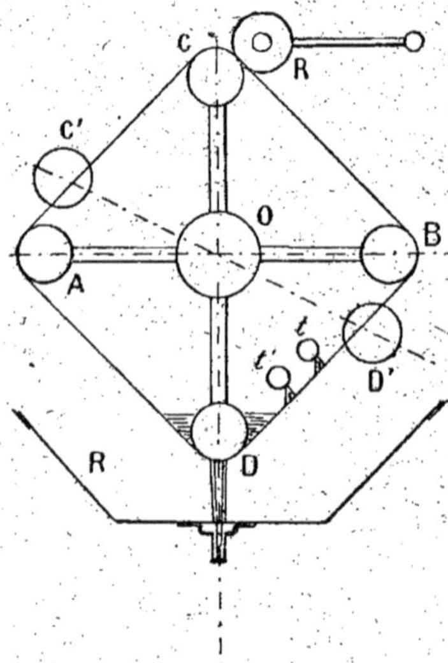

Fig. 14. — Schéma du système de tension d'une machine à merceriser astatique.

AB, support fixe. — CD, support mobile autour de l'axe central O. — t, tuyau amenant la lessive caustique. — t', tuyau d'arrosage à l'eau. — R (supérieur), cylindre presseur. — R (inférieur), réservoir pour récupérer les lessives.

Nous représentons, figure 14, le principal organe d'une machine à merceriser astatique.

Quatre tubes-rouleaux A, B, C et D, mobiles autour de leurs axes respectifs, sont reliés, par deux diamètres rigides, au

1. Voir le chapitre : *Blanchiment du coton.*

centre O. Le support AB est fixé, d'une manière invariable, sur l'axe central O, tandis que le support CD peut se déplacer autour de ce centre et se rabattre en C'D'.

Les rouleaux C et D étant rabattus en C' et D', on place les écheveaux et on exerce la tension voulue en ramenant les tubes vers leur position primitive C et D.

Les cotons, mis en mouvement par la rotation du rouleau moteur A, sont uniformément imprégnés de la lessive caustique déversée par le tuyau *t* ; car, la solution de soude se réunit à la partie inférieure du prisme formé par les écheveaux avant de s'écouler dans le réservoir R (inférieur). Un système de cames arrête bientôt l'écoulement de la soude, et un autre, peu de temps après, ouvre la valve d'admission de l'eau. L'eau de lavage est alors projetée par le tuyau *t'* pour désalcaliniser les cotons. Un cylindre presseur R (supérieur) facilite la pénétration de la lessive et active le rinçage.

La machine à système de tension astatique est double. Deux appareils semblables à celui que nous venons de décrire sont disposés de part et d'autre du mécanisme central. Chaque appareil peut porter environ 1^{kg},500 de coton filé. Le mouvement des cames est réglé de façon à laisser trois minutes pour la pénétration de la lessive de soude, une minute pour l'égouttage et l'exprimage, une demi-minute pour l'arrêt, trois minutes et demie pour le lavage et une minute pour le deuxième arrêt. L'opération dure en tout huit minutes.

Gazage. — Le gazage [1] des fils mercerisés et teints rehausse considérablement le brillant obtenu par le mercerisage. Cette opération consiste à faire passer les fils dans la flamme d'un bec Bunsen (flamme à combustion complète ou flamme bleue), avec une vitesse réglée de façon à ne brûler que le duvet.

Lustrage. — Le lustrage augmente encore le brillant du fil mercerisé et flambé. Il se donne après teinture.

Les écheveaux secs sont modérément tendus sur des rouleaux

1. Flambage ou grillage.

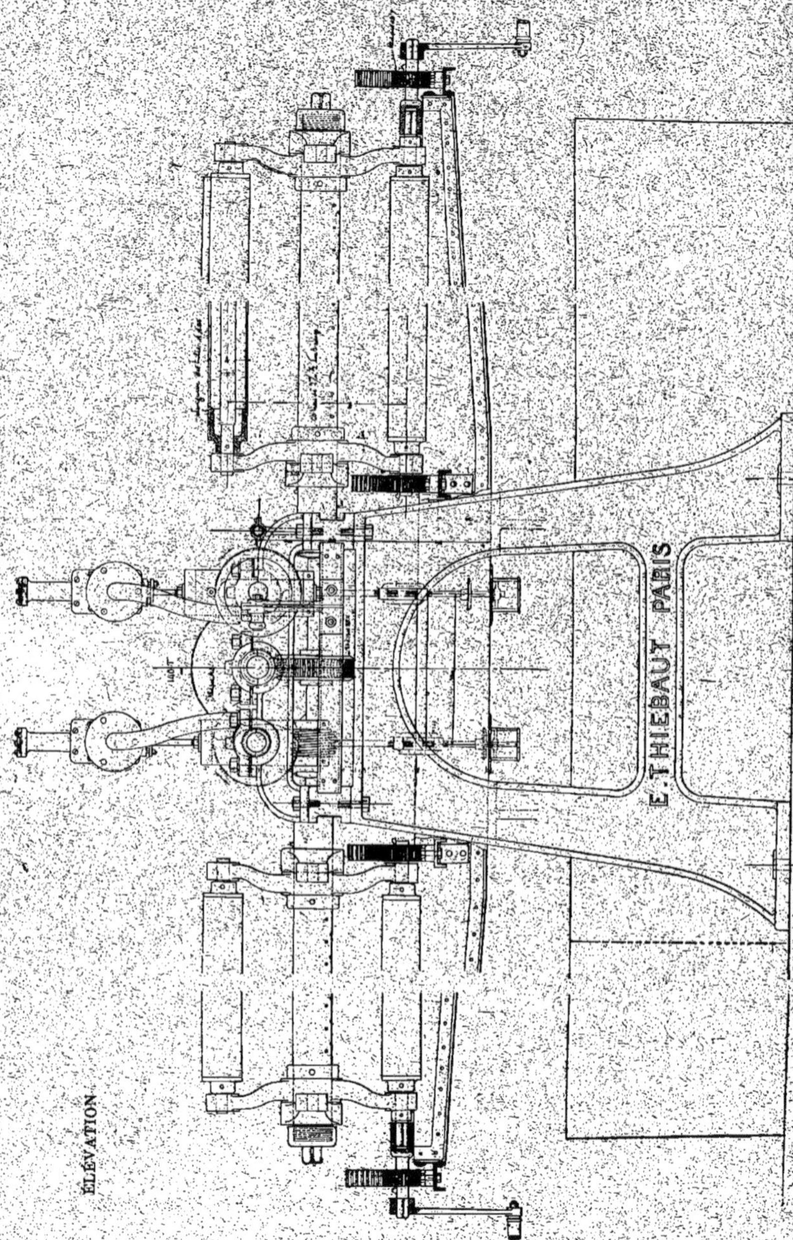

ÉLÉVATION

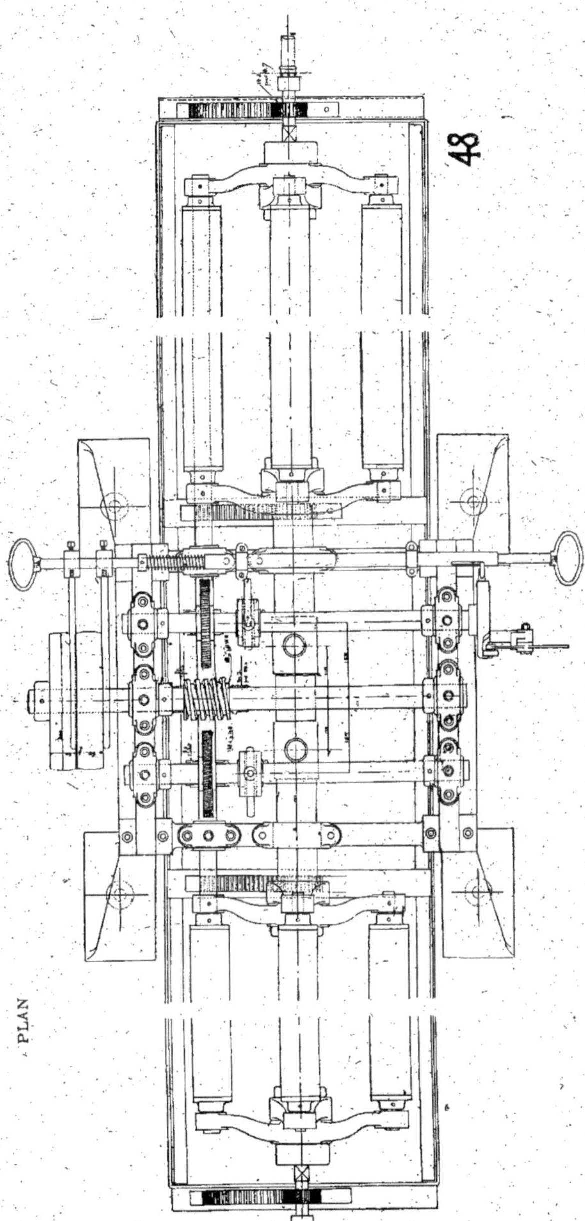

FIG. 15. — Élévation et plan d'une machine à merceriser automatique, système de tension astatique. Elle permet d'exercer sur les fils une tension ou une surtension pour l'obtention du maximum de brillant.

creux chauffés à la vapeur. Ces rouleaux sont enfermés dans une boîte où la vapeur arrive sous pression.

On modifie la pression de la vapeur et la température des rouleaux suivant la qualité du coton et sa couleur.

Mercerisage des tissus de coton. — Les tissus de coton sont souvent plus ou moins couverts d'impuretés inhérentes à la fibre de lubrifiant ajouté avant filature et d'une matière d'encollage très complexe comprenant de la fécule, du suif, du savon, des matières minérales, etc., dont on enduit le fil avant tissage [1]. Ces substances étrangères, naturelles ou artificielles doivent être éliminées avant mercerisage, si on désire donner à l'étoffe un beau brillant [2].

Il est même avantageux de blanchir les marchandises après nettoyage, puis de les déchlorer au bisulfite de sodium.

Ces multiples opérations préparatoires étant terminées, on procède au mercerisage [3] qu'on fait suivre de lavages, acidages, rinçages, savonnages et passages en eau acidulée d'acide tartrique ou lactique pour imiter le *craquant* de la soie. On peut ensuite sécher, ou teindre, ou calandrer, etc.

La rame merceriseuse tend le tissu pendant l'action de la soude caustique. Sa vitesse est réglée de façon à obtenir la durée d'action mercerisante jugée nécessaire. Une racle enlève l'excès de soude à la sortie du bain (*fig.* 16).

Des constructions spéciales simplifient la main-d'œuvre au point de permettre successivement le passage en alcali, le lavage et l'acidage (*fig.* 17).

Si, au lieu de chlorer modérément, dans le but de blanchir, on chlore énergiquement, de manière à attaquer superficiellement le tissu, on forme à sa surface une couche d'oxycellulose qui se gélatinise et se dissout superficiellement pendant le mercerisage. On peut aussi apprêter la toile de coton avec une dissolution sodique d'oxycellulose préparée à part. On a même

1. Voir le chapitre : *Blanchiment du coton.*
2. Voir le chapitre : *Blanchiment du coton*, dégommage et débouillissage.
3. Les pièces sont fixées au rame et plongées dans le bain alcalin.

réussi à donner des apprêts directs ou indirects à l'aide de la viscose, de solutions cupro-ammoniacales de cellulose, etc.

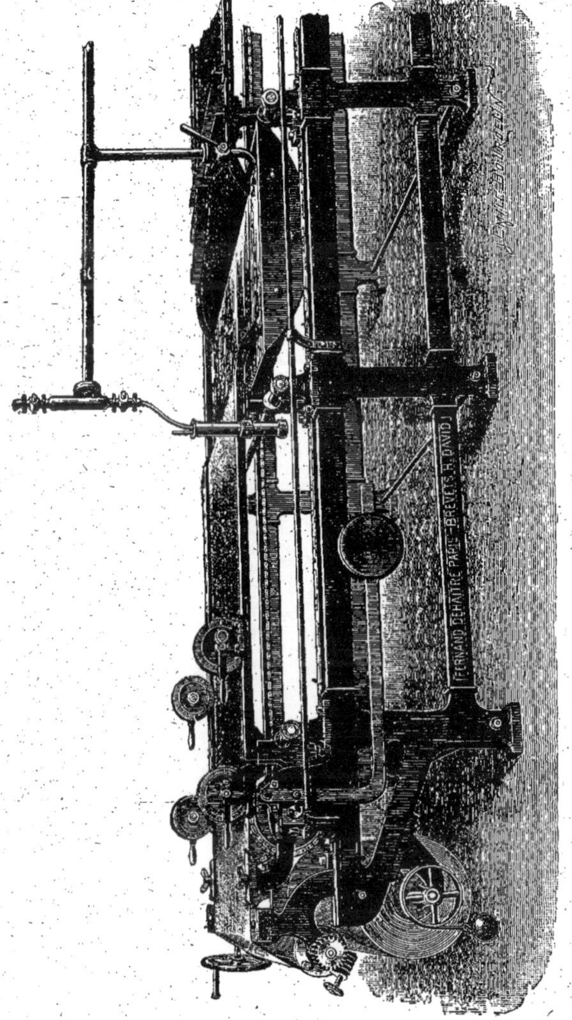

Fig. 16. — Rame merceriseuse pour le similisage des tissus de coton à l'état tendu. (F. Dehaitre, système David.)

Gazage ou grillage. — Comme pour les fils de coton, on augmente considérablement le brillant et le soyeux du tissu, en le flambant après mercerisage et teinture[1].

Fig. 17. — Rame à merceriser KN, comprenant : 1° un foulard à imprégner avec la soude caustique ; 2° une machine à élargir et à rincer ; 3° une machine à laver au large et à aciduler. Longueur totale, 24 mètres ; largeur, 3m,30. Production journalière, environ 15.000 mètres de tissus.

Mercerisage ou décortication des fibres végétales pour leur donner l'aspect de la laine. — Un procédé, breveté vers 1910, consiste à traiter les fibres végétales dans une solution comprenant :

Chaux vive	250 parties
Soude Solvay.	100 —
Pour 1.000 parties d'eau.	

1. Voir chapitre : *Blanchiment du coton*, flambage ou grillage.

On fait bouillir le textile quinze à vingt minutes dans ce bain, laisse refroidir pendant une heure, essore, neutralise avec de l'acide sulfurique à un degré Baumé et rince à grande eau.

La ramie et le jute, traités comme il vient d'être dit, à la chaux ou à la soude caustique, blanchis ou non avec de l'eau de Javel à 2° Baumé, présentent de loin l'aspect de la laine.

La fibre est cependant complètement dépourvue d'élasticité.

Le craquant de la soie, obtenu par teinture, sur coton ordinaire ou mercerisé. — Toutes les fabriques de matières colorantes indiquent des moyens spéciaux permettant d'obtenir par teinture sur coton le craquant de la soie.

Voici un procédé pour coton teint aux couleurs basiques. Savonner à la température de 90°-100° C., essorer, mordancer au tanin et émétique, puis teindre en bain acidulé avec de l'acide acétique, de l'acide formique ou de l'acide lactique.

On augmente le craquant en imprégnant le fil teint avec une solution de 0,5 0/0 d'acide salicylique ou d'acide benzoïque et, en séchant directement sur l'acide.

Le savon joue un grand rôle dans la préparation du craquant. M. Pinte conseille d'adopter la marche suivante :

Pour 50 kilogrammes de coton, prendre 5 litres d'oléine, les verser dans 12 litres d'eau chaude, bien brasser ; ajouter 2 kilogrammes de fécule délayée dans quelques litres d'eau tiède, mélanger et verser finalement 10 à 12 litres d'eau bouillante et 1 litre et demi de soude caustique à 36° Baumé. Sous l'action de la soude, la fécule se gonfle, se transforme et la saponification de l'acide oléique s'opère.

Ce savon est versé dans le bac de teinture chauffé à 80°C., lorsque la teinture est presque terminée. Quand on teint avec les colorants directs, on peut échantillonner sur le bain de savon.

Après essorage, on passe immédiatement les écheveaux en liqueur acide chaude. Les acides acétique et formique sont avantageusement remplacés par des acides moins volatils, tels que : l'acide tartrique, l'acide citrique, l'acide lactique, l'acide borique, l'acide salicylique, etc. Il suffit de 50 litres de solution acide, dont la concentration varie entre $\frac{1}{100}$ et $\frac{4}{100}$, pour acider 50 kilogrammes de marchandise. On évite, autant que possible l'usage des acides minéraux, à cause de leur action destructive. On sèche à chaud, sans rinçage préalable.

CRÊPAGE DES TISSUS

On peut produire des effets de crêpés, c'est-à-dire des ondulations soit sur tissus de coton, soit sur tissus mixtes laine et coton, soit sur tissus de laine.

Crêpage des tissus de coton. — On imprime le tissu faiblement tendu avec une solution concentrée de soude caustique. Les portions imprégnées de soude se rétrécissent au lavage et les endroits non imprimés paraissent ondulés.

Lorsqu'on produit des effets de crépon sur tissu teint avec un noir résistant aux alcalis, les parties imprimées paraissent après lavage plus foncées que les parties non imprimées. Ces dernières, qui sont crêpées semblent donc grisâtres à côté des autres.

M. Ed. Justin-Mueller évite cet inconvénient en mettant à profit l'action destructive qu'exerce la soude caustique concentrée sur les colorants basiques. Il remonte le noir résistant aux alcalis caustiques avec des noirs basiques. En imprimant alors de la soude caustique, la couleur basique est détruite aux endroits imprimés et l'ensemble reste uniforme.

Crêpage des tissus mi-laine. — Ces tissus sont composés d'une chaîne coton et d'une trame laine et coton.

On opère dans une cuve en bois divisée en trois compartiments. Le premier compartiment est revêtu de tôle de fer et contient de la soude caustique titrant 20 à 25° Baumé. Celle-ci est refroidie de l'extérieur, et maintenue à une température de 4 à 5° C., au moyen de glace, pour ne pas fatiguer la laine. On peut aussi protéger ce textile par l'addition, au bain de soude, d'un peu de peroxyde de sodium ou de glycérine. La durée du passage peut varier de deux à trois minutes, selon la force du tissu, la nature de la laine et la concentration de la lessive. Après avoir été fortement exprimée, la marchandise est amenée dans le second compartiment renfermant un bain d'eau fortement additionné d'acide chlorhydrique. Il doit y avoir toujours une quantité d'acide suffisante pour neutraliser la soude absorbée par le tissu. Le troisième compartiment contient l'eau de rinçage. On termine le rinçage sur la laveuse en boyaux, où on travaille vingt à trente minutes avec de l'eau fraîche constamment renouvelée et, au besoin, neutralise avec de l'ammoniaque.

Crêpage des tissus de laine. — Le chlore modifie la matière cornée de la laine, il augmente son pouvoir hygroscopique. La surface de la fibre devient lisse et réfléchit plus régulièrement la lumière, ce qui lui communique un éclat soyeux. Le résultat est comparable à celui que donne le mercerisage, sur le coton. Le textile est durci et jauni, mais le blanchiment à l'acide sulfureux ($SO^3NaH + HCl$) fait disparaître le ton jaune tout en laissant les propriétés apportées par le chlore. Enfin, la laine chlorée fixe facilement les couleurs d'impression et perd la propriété de se feutrer sous l'action des acides ou des alcalis. C'est cette dernière propriété qui est appliquée au crêpage des tissus de laine légers.

On chlore par endroits une mousseline de laine et on la foule ensuite. Les parties non chlorées seules se rétrécissent et il se produit des ondulations.

On produit plus facilement le crêpage des tissus de laine, par un effet de tissage; l'étoffe renfermant des fils dont la torsion a été fixée par la vapeur et d'autres dont la torsion n'a pas été fixée. On passe les pièces dans de l'eau chaude, ou dans de l'acide sulfurique dilué et chaud, ou encore dans une solution concentrée de sulfate de zinc. Les fils non fixés par la vapeur perdent leur apprêt dans le dissolvant, s'enroulent ensemble et produisent des effets de crépon.

Fabrication du crêpe anglais. — Les effets crêpés dont nous venons de parler ne doivent pas être confondus avec les ondulations obtenues par action mécanique, le plus souvent sur tissu de soie grège, dans la fabrication du crêpe anglais.

Voici, d'après M. Montavon, comme moyen de comparaison, le mode de préparation du crêpe anglais, bien qu'on n'y mette pas en œuvre les propriétés des fibres énumérées dans ce chapitre.

Dans ce genre de fabrication, la mousseline de soie préalablement teinte en noir[1] est transformée en crêpe par un apprêt assez compliqué comprenant : le biaisage, le gaufrage, le gommage et l'éclaircissage.

Biaisage. — Le biaisage qui facilite le gaufrage s'obtient en enroulant le tissu de biais. Un ouvrier tire, dans le sens de l'enroulement, sur la lisière avancée, et un autre retient la lisière opposée, de façon à obtenir le maximum de biais sans formation de plis. La marchandise est auparavant humectée par vaporisage, pour augmenter l'élasticité de la fibre.

Gaufrage. — L'étoffe passe à une vitesse de 20 à 25 mètres par minute, successivement sur des tendeurs, sur une plaque vaporiseuse, entre des cylindres gaufreurs pour venir s'enrouler sans tension. Une ouvrière déroule les pièces aussitôt que possible et leur donne un commencement de débiaisage.

Le cylindre gaufreur a $0^m,22$ de diamètre, il est recouvert d'un manchon de bronze, à gravures profondes, et il est chauffé intérieurement par le gaz ou un fer rougi. Ce cylindre appuie sur un cylindre en papier lainé de $0^m,45$ à $0^m,50$ de diamètre.

Gommage ou imprégnation de la gomme. — Le gommage se pratique à l'aide d'un foulard relié à une sécheuse. Le foulard porte deux cylindres en caoutchouc mi-dur, entre lesquels circule l'étoffe ; l'inférieur baigne dans le bassin contenant une solution parfaitement homogène de gomme laque, et le supérieur fait, par une pression modérée, pénétrer la gomme laque dans l'étoffe.

La solution de gomme s'obtient en malaxant, pendant quarante-huit heures, un mélange de 35 kilogrammes de gomme laque en paillettes orange dans 25 litres d'alcool dénaturé

1. Voir au chapitre : *Teinture de la soie*, teinture en noir sur tissu de soie grège destiné à la fabrication du crêpe anglais.

contenant 250 grammes de noir à l'alcool. Cette solution tamisée et coupée à l'alcool sert pour toutes les qualités de *crêpe brillant*. Pour le *crêpe mat*, on mélange à la gomme un à deux kilogrammes de noir de fumée par 30 litres de solution mère. On combat le ton roux du noir de fumée en augmentant de 10 0/0 la proportion de noir à l'alcool et en ajoutant, pour 30 litres de préparation mère, une solution de 300 grammes de tropéoline G dans 3 litres d'alcool.

Pendant leur imprégnation par la gomme laque, les tissus sont redressés, c'est-à-dire que les duites sont replacées perpendiculairement aux laises. Ce redressement exige une grande habileté de la part des ouvriers.

Après gommage, les qualités moyennes et fortes sont transportées à l'atelier d'éclaircissage, alors que les plus légères retournent d'abord au foulard pour subir un second gommage.

Éclaircissage. — L'éclaircissage a pour but de fondre et de faire pénétrer dans la fibre les pellicules de gomme laque qui se sont formées à la surface du tissu, par suite de l'évaporation rapide de l'alcool.

Le tissu est entraîné par une toile métallique en cuivre rouge à une vitesse de 30 mètres à la minute, au-dessus d'une caisse appelée éclaircisseuse, au fond de laquelle sont disposées deux rampes à gaz.

Dans ces diverses opérations, il faut éviter toute tension, tout tassement du tissu soit mouillé, soit chaud.

Cet article est livré enroulé sur bâton.

CHARGE DES FILS ET DES TISSUS

Les matières textiles, et tout particulièrement la soie, s'assimilent facilement certains composés salins préalablement amenés en solution. On met à profit cette propriété, pour charger la marchandise, c'est-à-dire pour lui donner du poids.

Charge de la soie. — La teinture apporte en général une augmentation de poids assez sensible, surtout la teinture nécessitant un mordançage ou une brunîture. Mais, on augmente toujours, et parfois dans des proportions considérables, le poids de la *soie*, par des manutentions spéciales. C'est la teinture en noir qui facilite le plus cette manœuvre. Elle permet d'atteindre et même de dépasser le taux de 400 0/0. Ainsi, avec 100 kilogrammes de soie grège, le teinturier peut produire jusqu'à 500 kilogrammes de soie noire et davantage. Nous croyons que de pareilles augmentations de poids ne se font plus, et que l'on ne dépasse plus, actuellement, 200 0/0.

Poussée jusqu'à ses limites extrêmes, la charge est blâmable, c'est même une fraude. Cette charge, qui accroît le poids et le volume, a évidemment pour but avoué de fournir la marchandise à meilleur compte. Mais, les précieuses qualités de la soie sont plus ou moins détériorées. La résistance surtout est considérablement amoindrie.

La soie est ordinairement chargée avec des sels métalliques, comme le tannate de fer ou les sels d'étain : phosphate, silicate. Malheureusement, le textile ainsi traité s'affaiblit pendant le magasinage.

Si on ajoute au bain d'avivage, après teinture, 1 à 5 0/0 de formaldéhyde-bisulfite de sodium, on donne à la soie chargée une plus grande résistance, sans nuire à son toucher.

La combinaison aldéhydique peut aussi être appliquée avant mordançage et teinture.

(Voir charge de la soie, page 200.)

Charge des tissus de laine et des tissus de coton. — La charge artificielle se pratique sur *tissus de laine* et sur *tissus de coton*, à l'aide de corps hygroscopiques. Cependant on ne peut pousser l'augmentation bien loin. On se contente de donner un toucher frais et agréable et de développer un peu la souplesse.

L'augmentation de poids des tissus de coton se fait plus souvent en additionnant la composition d'apprêt de matières minérales assez denses. Toutefois, le coton en bourre, en fils et en tissus, les tissus de lin, de demi-lin et les tissus de jute sont aussi chargés par traitement avec des solutions de sels métalliques.

Les sels métalliques le plus couramment employés pour

charger le coton sont : le sulfate de magnésium, le sulfate de zinc, le chlorure de baryum, le chlorure de magnésium et le chlorure de calcium. L'emploi de 80 à 100 grammes de ces substances par litre d'eau entraîne une augmentation de poids de 8 à 12 0/0 environ.

On cherche de nos jours à donner aux tissus légers le poids de tissus épais, afin de leur faire prendre un aspect qui en favorise la vente. Or le sulfate de magnésium joue un rôle important dans l'apprêt final des cotonnades, des toiles et tout particulièrement des tissus de jute.

Pour tissus légers sortis des métiers, le sulfate de magnésium, en solution titrant 3° à 4° Baumé, peut donner une excellente apparence sans autre addition. Les cotonnades colorées de qualité moyenne, les draps de lit, finis avec un passage dans une solution de magnésie sulfatée de 10 à 14° Baumé, seront agréables de toucher et d'aspect, si on les traite d'abord avec une solution comprenant : 75 kilogrammes de dextrine, 5 litres de glycérine, 750 grammes de chlorure de magnésium dissous dans 1.000 litres d'eau environ.

On peut donner du poids à bon compte, avec des liqueurs de sulfate de magnésium marquant 18° à 24° Baumé, à condition d'ajouter de la glycérine, de la dextrine ou de l'huile pour rouge turc. Il ne faut pas perdre de vue que, si la charge est poussée trop loin, la marchandise attire l'humidité atmosphérique et pourrit.

On a souvent recours au procédé suivant, pour donner du poids au coton.

Pour 50 kilogrammes de coton, on prépare un mélange de :

Sulfate de magnésium...........	40 à 60	kilogrammes
Dextrine........................	8	—
Huile de colza saponifiée avec 1/2kg de carbonate de sodium........	2	—
Dans 800 litres d'eau.		

On manipule le coton pendant quelques minutes dans ce bain tiède, puis on essore et on sèche.

Parfois on remplace l'huile de colza par de la glycérine.

La charge des filés noirs se fait souvent au moyen de sumac et fer.

Dans ce cas on laisse séjourner les flottes pendant plusieurs heures dans un bain de 15 à 20 0/0 d'extrait de sumac et, après avoir tordu énergiquement, on les passe dans un autre bain de pyrolignite de fer de 2 à 3 1/2 degrés Baumé.

L'augmentation de poids obtenue est de 7 à 8 0/0.

IMPERMÉABILISATION DES TISSUS

L'imperméabilisation est une opération qui rend le tissu plus ou moins réfractaire à l'action de l'eau.

Comme la charge, l'imperméabilisation met généralement à contribution le pouvoir absorbant des textiles pour les solutions salines.

Imperméabilisation des tissus de laine. — 1° *Par vernissage.* — On recouvre le tissu d'une couche de substance imperméable (caoutchouc, gutta-percha, vernis, laque) préalablement dissoute dans un dissolvant volatil.

2° *En imprégnant le tissu de matières grasses : paraffine, cire.* — On frotte la paraffine sur l'étoffe qu'on passe sur une barre de fer chauffée, ou bien on fait plonger la marchandise dans une solution de paraffine.

D'après Heinzerling, on immerge le tissu dans de la benzine maintenant en solution 10 à 15 0/0 de paraffine, l'enroule à la sortie du bain et laisse évaporer la benzine. Les draps légers ou teints en couleurs délicates sont trempés dans des solutions plus faibles (6 à 8 0/0 de paraffine). Après l'imprégnation, le corps gras est égalisé par compression et brossage.

Ces deux procédés d'imperméabilisation ont l'inconvénient de rendre les étoffes imperméables à l'air et à la transpiration.

3° *En précipitant sur la marchandise des sels métalliques ou des savons insolubles.* — C'est la seule méthode qui ne change pas l'aspect de la matière traitée et qui rende étanche tout en laissant circuler l'air et la transpiration.

Le sel qui convient le mieux est l'acétate d'aluminium. Ses

solutions aqueuses sont instables, elles se dissocient en partie par évaporation; l'acide acétique se volatilise et la base se précipite sur la fibre. Si donc un tissu est imprégné d'une dissolution d'acétate d'aluminium, il se couvre, pendant la dessiccation, d'hydrate d'oxyde d'aluminium gélatineux et transparent qui le rend étanche. On ne doit pas dessécher au delà de 40° C., afin de ne pas déshydrater tout à fait l'alumine. Il importe qu'elle reste à l'état d'oxyde hydraté $Al^2O^3.H^2O$.

Le bain d'acétate est fréquemment suivi d'un bain de tanin, de savon ordinaire, de savon de résine ou de phosphate de sodium. Dans ce cas, les réactions sont les suivantes :

Acide tannique + acétate d'aluminium = Tannate d'aluminium (insoluble);
Oléate de sodium + acétate d'aluminium
= Oléate d'aluminium (savon insoluble);
Phosphate acide de sodium + acétate d'aluminium
= Phosphate d'aluminium (insoluble).

En provoquant la formation d'un savon insoluble d'aluminium, on obtient un résultat meilleur qu'en employant l'acétate d'aluminium seul; en même temps, le drap acquiert plus de souplesse.

L'acétate d'aluminium est préparé sur place par la double décomposition de l'alun et de l'acétate de plomb. On décante le liquide dans un bac en bois où l'on plonge la pièce à traiter. On l'enroule après immersion suffisante, la laisse égoutter et la sèche vers 35°-40° C. Il faut environ 800 litres de solution à 1,7 0/0 d'acétate d'aluminium pour imprégner 1.000 mètres d'étoffe.

Il y a économie à se servir d'acétate basique. L'acétate normal n'abandonne que 50 0/0 de l'aluminium qu'il contient, tandis que l'acétate basique abandonne, en présence du sulfate de sodium, tout son aluminium.

Imperméabilisation des cotonnades. — Les composés qui permettent de rendre les étoffes étanches à l'eau, par précipitation des sels métalliques ou des savons insolubles, sont communs aux lainages et aux cotonnades. Les méthodes suivantes conviennent mieux pour la toile, le calicot et similaires que pour les tissus de laine.

Première méthode. — On fait passer les pièces d'abord dans une solution de 10 0/0 de gélatine et 10 0/0 d'alun ; puis dans une autre solution de 5 0/0 de tanin et 2 à 3 0/0 de silicate de sodium.

Deuxième méthode. — On se sert successivement d'une solution de bichromate et d'une solution de gélatine. Le bichromate rend la gélatine insoluble par exposition à l'air.

Troisième méthode. — On pulvérise sur la marchandise une dissolution d'albumine. Coagulée ensuite par la chaleur, elle adhère solidement au textile (et en fixe la couleur).

On dissout l'albumine dans deux fois son poids d'eau tiède et douce et on ajoute quelques gouttes d'essence de térébenthine ou 0,4 à 0,5 0/0 d'un mélange composé, en parties égales, de savon, d'essence de térébenthine et d'ammoniaque.

On réalise le même genre d'apprêts, à l'aide de certaines compositions de caséine coagulables par la chaleur : caséinate d'ammonium, caséinate de calcium et le mélange caséinate de sodium et formol.

L'imperméabilisation doit avoir lieu à la fin des opérations d'apprêt et n'est plus suivie que d'un calandrage avec léger vaporisage.

DES SOLUTIONS SALINES QUE L'ON PEUT FAIRE ABSORBER PAR LES TISSUS POUR LES RENDRE ININFLAMMABLES

Les solutions d'alun ou une solution composée de 3 parties de phosphate d'ammonium, 2 parties de chlorure d'ammonium et 4 parties de sulfate d'ammonium, dans 40 parties d'eau, rendent les cotonnades incombustibles, à condition qu'elles ne soient jamais lavées. Ces sels peuvent être employés pour rendre les décors des théâtres réfractaires au feu.

Le tungstate de zinc et le tungstate d'étain ont l'avantage de répondre au même but et de résister, d'une façon absolue, aux lavages à l'eau et au savon (Perkins et Bradburg). Mais, les sels d'étain : stannites et stannates, sont ceux qui s'unissent à la fibre de coton de la manière la plus intime, tout en donnant les meilleurs résultats.

Le tissu est imprégné d'une solution de stannate de sodium,

essoré par compression entre deux cylindres, séché sur un tambour de cuivre chauffé, immergé dans une solution de sulfate d'ammonium, essoré et séché. Le sulfate de sodium est entraîné par lavage. Il reste donc de l'oxyde d'étain qui, non seulement, rend la marchandise ignifuge, mais augmente de 20 0/0 la résistance à la traction.

II

SUCCESSION MÉTHODIQUE DES DIFFÉRENTES PHASES DE LA FABRICATION DES TISSUS DE LAINE

La première opération que la laine subit après la tonte est le *triage*.

Le trieur réunit ensemble : 1° les toisons jarreuses ou dures ; 2° les toisons jaunes, brunes ou noires ; 3° les toisons feutrées, et 4° les toisons fines.

Cette séparation n'est pas suffisante, car la laine d'une même toison présente des qualités très distinctes, que le fabricant à intérêt à séparer avant la confection du drap. Aussi par un habile triage, chaque toison est-elle divisée en différents choix ou lots. On fait ordinairement quatre choix, d'après la classification suivante :

1er *choix :* Flancs et épaules ;

2e *choix :* Haut des cuisses et cou ;

3e *choix :* Bas des cuisses, ventre, dos et garrot ;

4e *choix :* Derrière, bout des pattes, colleret, gorge et queue.

Quand on se contente de séparer la laine de chaque toison en deux classes, on range dans le premier choix, les numéros 1, 2 et 3. Toutefois, lorsque l'on procède au triage en vue du peignage, on fait un plus grand nombre de choix.

Les lots identiques d'un très grand nombre de toisons sont réunis, quand il s'agit de laines à carder, et quelles que soient la provenance et la nature de ces lots, toutes ces laines sont désuintées ou dégraissées[1].

1. Les deux expressions désuintage et dégaissage sont synonymes, lorsqu'elles indiquent le nettoyage des laines en suint ou laines brutes. Les peigneurs de laine spécifient davantage, ils emploient le terme lavage pour désigner le nettoyage

Les laines à peigner de différentes provenances ne sont mélangées qu'en filature, c'est-à-dire après lavage et peignage, pour la raison que la composition et la proportion de suint changent avec l'origine des laines ; il faut, en conséquence, modifier la préparation du bain de dégraissage.

Les opérations subséquentes dépendent de la qualité du textile et du genre de tissu que l'on veut en faire.

Certaines laines sont *blanchies* au gaz sulfureux, au bisulfite de sodium ou à l'eau oxygénée ; d'autres sont *teintes* sitôt le dégraissage, elles sont dites teintes en bourre ; d'autres encore sont seulement rincées, essorées et séchées. Les laines à peigne ne sont jamais teintes en bourre ; quand elles doivent être teintes avant filature (teinture en fibres), elles subissent cette opération en ruban de laine peignée.

Les lots chargés de paille, qu'ils soient teints ou non, sont ensuite *échardonnés mécaniquement* (laines échardonnées) ; ou *échardonnés chimiquement* (laines épaillées), par l'intermédiaire de l'acide sulfurique, de l'acide chlorhydrique, du chlorure d'aluminium ou du chlorure de magnésium.

Ajoutons de suite que l'épaillage en bourre, à cause de son prix élevé, se pratique uniquement sur les laines destinées à la fabrication d'articles qui ne supportent pas l'épaillage en pièces. On blanchit également fort peu de laine en fibres.

La bourre est *lavée* et *essorée* après chacune des opérations citées : *désuintage*, *blanchiment*, *épaillage* et *teinture*, sauf après l'*échardonnage mécanique* qui doit être effectué sur le textile sec.

Avant d'être soumis à d'autres manipulations, tous les lots sans distinction, quel que soit le mode de transformation dont ils ont été l'objet jusqu'ici, subissent des opérations communes qui sont : le *séchage*, le *battage*, au besoin *l'échardonnage mécanique*[1], l'*ensimage*, le *louvetage*, et le *cardage complet* dans l'as-

complet des laines brutes ; ils distinguent le désuintage ou lavage à l'eau pour récupérer la potasse, et le dégraissage ou lavage avec des dissolutions alcalines, pour débarrasser le textile des matières grasses, composés insolubles dans l'eau seule.

1. Mentionné plus haut.

sortiment des trois cardes[1] ou le *cardage sommaire*[2] suivi du *peignage* et la *filature*.

L'assortiment des trois cardes comprend : la *briseuse* qui ouvre la laine et l'étale en une nappe épaisse, la *repasseuse* qui parfait ce travail et la *finisseuse* ou *boudineuse* qui amincit la nappe et en fait une espèce de voile qu'elle découpe en ruban de 1cm 1/2 de largeur environ. La finisseuse arrondit encore ces rubans par friction, il en résulte de gros fils veules appelés *boudins*. Le métier renvideur ou le métier continu étire ces boudins d'environ 2 pour 1, et le tord pour former le fil cardé.

Les opérations successives que subit la laine devant être peignée sont :

Le *cardage* ordinairement exécuté sur une carde double ; la laine ne reste pas étalée en nappe, elle est rassemblée en un ruban épais (voir *fig.* 18 et 19. Photogravure et schéma d'une carde double) ;

L'*étirage* : trois ou quatre rubans sont réunis, *étirés* ou *laminés* (ces expressions sont synonymes), de manière à reformer un seul ruban dont la longueur soit égale ou légèrement supérieure à la somme des rubans assemblés ;

Le *lissage* : c'est le dégraissage de la laine par passage du ruban dans de l'eau de savon chaude. Ce dégraissage effectué par immersion et compression donne au ruban, après séchage, un aspect ciré qui disparaît par les laminages successifs.

Le lissage se fait parfois après peignage (voir *fig.* 20, Lisseuse à 5 bacs).

Deux étirages qui, comme le premier étirage ont pour effet de rendre les fibres droites et parallèles, sans toutefois diminuer sensiblement l'épaisseur du ruban. On double par 3 et l'on étire de 3 au 1er, de 3,25 au second.

Le *peignage* dont le but est d'enlever les filaments courts, les boutons formés au cardage et les pailles restant encore.

1. Briseuse, repasseuse et boudineuse.
2. Dans la briseuse simple ou double, munie d'un avant-train.

Les déchets du peignage, les *blousses*, sont destinés à la confection de fils cardés.

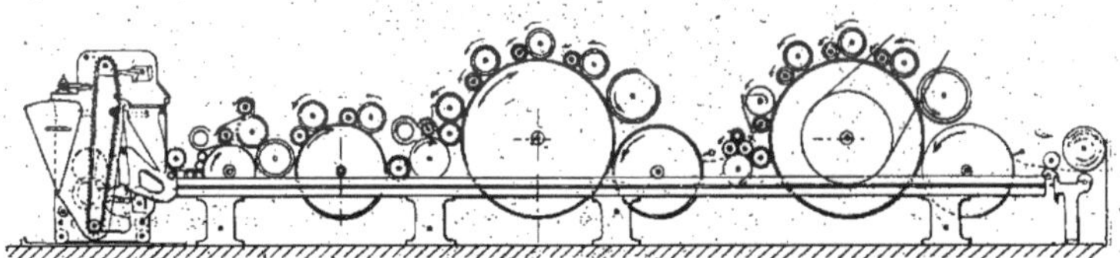

Fig. 18 et 19. — Photogravure et schéma d'une carde double munie d'un avant-train et des deux échardonneurs Morel et Harmel.

On y voit, de gauche à droite : un tablier d'entrée ; deux cylindres alimentaires surmontés d'une brosse ; une rouletabosse ; un avant-train surmonté de deux paires hérissons, c'est-à-dire deux groupes cardants. Chaque groupe cardant est composé d'un travailleur et d'un balayeur ou nettoyeur qu'on appelle aussi débourreur. Un appareil Morel, entre l'avant-train et le premier grand tambour ; le premier grand tambour muni de trois groupes cardants, d'un volant, d'un peigneur et d'un peigne battant. Le peigne battant est une lame d'acier qui détache la laine cardée et forme le voile. Un appareil Harmel ; le deuxième grand tambour surmonté de 4 groupes cardants, d'un volant, d'un peigneur et du peigne battant (Construction de la Société des Ateliers Paul Dubrule, Tourcoing).

Un ou deux étirages pour donner au ruban le poids voulu.

Si la laine doit être en fibres, elle subit alors cette opération, généralement en appareils fermés. Les *passages* ou étirages qui suivent donnent de l'homogénéité à la couleur qui n'est jamais bien unie.

Les laines peignées ainsi préparées passent par une série de machines qui finissent de redresser et de paralléliser les filaments, ce sont :

Le *gill-box:* on réunit 4 à 6 rubans pour n'en former qu'un seul; *c'est ici qu'on effectue le mélange de laines.* Des barrettes garnies de pointes, ressemblant par conséquent à des peignes, glissent constamment dans le sens de progression du textile, afin de redresser les filaments ondulés ou recourbés et de les disposer parallèlement.

Fig. 20. — Lisseuse à 5 bacs et appareil sécheur à 3 éléments de 54 tubes (Construction A. Thibeau et Cie, à Tourcoing).

Un assortiment complet de gills-box se compose de 5 à 6 machines.

Les *étirages* au nombre de trois : à la 1re machine, la défeutreuse, on double par 18 ; à la 2e, on double par 4 ; à la 3e, la machine de chute, on ne double pas, mais on étire de 4 à 5 mètres par mètre.

Les *bancs à étirer*, les *bobinoirs* ou les *bancs à broches* qui préparent des mèches assez fines pour pouvoir être transformées en fils. Pour les numéros élevés, il y a jusque 7 passsages aux bancs à étirer.

Selon la torsion plus ou moins grande donnée au fil, et aussi selon la résistance de la laine filée, on obtient le *fil de chaîne* ou le *fil de trame*. Le fil de chaîne ourdi et encollé est, *par tissage*, allié avec le fil de trame pour former la *toile de laine*.

Le fil de laine cardée produit une étoffe épaisse, les fibres enchevêtrées dépassent et cachent plus ou moins le tissage ; le fil de laine peignée produit une étoffe fine, sa structure régulière donne de la netteté au tissu.

Le fil cardé est employé à la confection d'étoffes lourdes, devant être feutrées, et dont le fond sera couvert par le lainage; le fil peigné sert à fabriquer des étoffes relativement légères à effets de tissage distincts et variés.

On augmente parfois la solidité des fils en les réunissant par deux (aussi par trois ou davantage), et en leur imprimant une torsion inverse à celle qu'ils ont reçue en filature. Cette opération appelée *retordage* produit les fils *retors*.

Suivant que la laine a été avant filature teinte ou non, on obtient naturellement du *fil teint* ou du *fil écru*. Le fil écru est tissé directement, mais bien souvent, pour la confection des draps fantaisie, qu'ils soient fabriqués avec des *fils peignés* ou avec des *fils cardés*, des prélèvements sont, avant tissage, mis en écheveaux et teints ou blanchis sous cette forme.

Arrivées à ce stade de transformation, les laines subissent une nouvelle opération commune. Tous les tissus sont *dégommés*, *dégraissés*, *épincetés*, ou *épaillés*, *énoués*, *rentrayés* ou *stoppés*, et enfin *foulés*. Il y a exception pour les toiles *foulées en gras*, pour lesquelles l'épincetage, le rentrayage et l'épaillage succèdent au foulage.

Le tissu drapé, destiné à être teint ou à être blanchi et teint, n'arrive à la teinture qu'après avoir passé au *foulage*, au *lainage*, au *tondage* et à l'*indestructible*.

Le lainage s'exécute sur tissu mouillé ou sec. Le *lainage à l'eau*, *lainage mouillé* ou *garnissage*, employé pour les articles drapés, est suivi de l'*essorage*, du *ramage-séchage* et du *tondage*; tandis que dans le *lainage à sec*, employé pour les articles nouveauté en fils peignés, les deux opérations de l'essorage et du ramage-séchage précèdent le lainage.

Le dégraissage, l'épaillage et le foulage constituent les *premiers apprêts*, les opérations qui succèdent sont désignées simplement sous le nom d'*apprêts*.

La teinture n'est cependant pas considérée comme faisant partie des *apprêts*.

D'une manière générale, les *apprêts* indiquent l'ensemble des manipulations que l'on fait subir à la toile, avant et après la teinture, pour la rendre favorable à la vente. Ces manipulations varient avec le genre de tissu, sa qualité et l'aspect qu'on veut lui donner, c'est-à-dire le résultat que l'on désire obtenir. Elles sont groupées par séries ; un nom spécial est donné à chacune de ces séries, qui sont au nombre de cinq.

On distingue donc cinq genres d'apprêts ; ce sont :

L'apprêt drapé ;

L'apprêt velours ;

L'apprêt débrouillé ;

L'apprêt brut ;

Et l'apprêt rasé.

1° Lorsqu'il s'agit de tissus unis, serrés et fort foulés, on sort, égalise et couche longitudinalement par le *lainage*, les extrémités des fibres de laine ou poils. Dans ce cas, on applique l'*apprêt drapé*.

Alors l'étoffe est à plusieurs reprises *lainée*, *essorée*, *séchée*, *ramée*, *tondue*, *pressée à chaud* ou *passée à l'indestructible* et finalement *gîtée*, *séchée*, *ramée*, *tondue*, *pressée*, *décatie sans pression* et quelquefois aussi *pressée à froid*.

2° Pour l'*apprêt velours*, l'étoffe bien foulée passe successivement au *lainage mouillé*, au *ramage*, au *tondage*, revient au *lainage mouillé*, va au *veloutage* proprement dit ou au *battage*, au *ramage* et au *décatissage libre* (décatissage sans pression).

L'*apprêt ondulé*, l'*apprêt ratiné* ou *frisé* et l'*apprêt moquette* dérivent de l'*apprêt velours*.

3° Si on veut appliquer l'*apprêt débrouillé*, on procède à différentes reprises : au *ramage*, au *lainage à sec* et au *tondage*. On termine par un *pressage à froid* ou par un *cylindrage* et *un décatissage*.

4° L'*apprêt brut* est l'apprêt le plus simple que l'on puisse donner aux étoffes de laine cardée. La pièce subit un *ramage*, deux ou trois *légers lainages* suivis du *tondage*, et un *pressage à chaud* ou bien un *décatissage libre*.

Ordinairement les articles nouveautés peu foulés reçoivent, après tondage, l'*apprêt mouillé* ; ils sont ainsi uniformément humectés avant d'être pressés à chaud.

5° Enfin, les tissus en fils peignés reçoivent l'*apprêt rasé*. Ils sont *ramés*, *grillés*, *pressés* et *décatis*. Puis, ils subissent l'*ap-*

prêt mouillé, suivi soit du *cylindrage*, soit du *décatissage libre* et du *pressage à froid*.

Cette énumération ordonnée des opérations de la confection des draps de laine montre combien ce genre de fabrication est compliqué. L'exposé de toutes ces manipulations, dont beaucoup sont exclusivement mécaniques, trouvera sa place dans un traité de fabrication drapière.

Nous ne pouvons faire entrer, dans notre traité de teinture, que l'étude du désuintage-dégraissage, du foulage, de l'épaillage, du blanchiment et de la teinture.

III

DÉGRAISSAGE DE LA LAINE SOUS SES DIFFÉRENTS ÉTATS

Le dégraissage de la laine a pour but l'élimination complète des impuretés naturelles (suint) ou artificielles (huiles d'ensimage). Les premières sont nuisibles à toutes les opérations de la fabrication et les produits d'ensimage, indispensables au cordage et à la filature (du cardé), gênent toutes les autres transformations.

DÉSUINTAGE ET DÉGRAISSAGE DE LA LAINE BRUTE

Le suint est le produit de l'élaboration des glandes sudoripares et des glandes sébacées. Les premières sécrètent la sueur et ce liquide, par évaporation, laisse un résidu en majeure partie soluble dans l'eau, qui s'accumule et s'épaissit dans la toison. Les secondes sécrètent une matière grasse, disséminée à la surface des filaments.

D'après Chevreul une laine mérinos en suint contient :

Suint soluble dans l'eau	32,74 0/0
Matières terreuses retenues par le suint soluble	26,06
Matières grasses insolubles dans l'eau	8,57
Matières terreuses retenues par les corps gras insolubles.	1,40
Laine proprement dite	31,23

La partie du suint soluble dans l'eau se compose d'oléate et de stéarate de potassium et probablement d'autres sels de potassium dont les radicaux acides sont à poids moléculaires moins élevés, ces derniers résulteraient de réactions entre les produits des glandes sébacées sur ceux des glandes sudoripares. Elle contient aussi des sels de potassium de certains acides volatils, surtout l'acide acétique, du carbonate de potassium, du chlorure de potassium, du sulfate de potassium, des sels ammoniacaux, etc.

L'industrie drapière ne peut soumettre la laine à aucune manipulation, si elle n'est préalablement débarrassée des corps étrangers naturels, dont la proportion et la composition varient notablement avec la provenance des toisons.

Les laines de qualité moyenne contiennent moins de matières étrangères que le type soumis à l'analyse par Chevreul, mais les toisons fines peuvent en contenir 80 0/0 et plus.

La composition des laines en suint est donc très variable, elle oscille entre les limites suivantes :

Humidité	4 à 24 0/0
Suint (soluble et insoluble)	12 à 47
Fibres de laine	15 à 72
Matières terreuses	3 à 24

Exposé des deux modes de dégraissage. — Dans certains centres industriels où l'on dégraisse journellement de grandes quantités de laines pour le peignage, tels que Roubaix, Tourcoing, Reims, Verviers, etc., on effectue ce nettoyage en deux opérations. On fait d'abord digérer la laine dans de l'eau douce ou préalablement épurée, chauffée à 30°-40° C., pour dissoudre le suint soluble. On débarrasse ensuite le textile de ses matières grasses insolubles dans l'eau, par l'action de dissolutions alcalines. On emploie le plus ordinairement l'oléate de potassium, savon mou, additionné d'un peu de carbonate de sodium. La première opération est le *désuintage*, la seconde est le *dégraissage*. Dans les régions où on ne lave les laines qu'en vue du cardage, on confond ces deux expressions ; le désuintage est synonyme de dégraissage (voir le renvoi page 38).

Les matières grasses sont en partie solubles et en partie insolubles dans l'alcool. Ce ne sont pas des éthers glycériques comme les huiles végétales et les graisses animales. C'est, sans doute, à cause de leur composition toute particulière qu'on éprouve parfois une si grande difficulté à les éliminer.

A Elbeuf et dans toutes les régions où l'on ne pratique pas la filature du peigné, on ne dégraisse que la laine devant être transformée sur place en tissus. Dans ces localités, la consommation de la laine brute n'est pas assez importante, surtout depuis que les effilochages prennent une place si considérable dans la fabrication, pour récupérer la suintine ou lanoline et la potasse. Aussi, effectue-t-on le lavage par simple passage en bain alcalin. Le suint soluble agit alors comme du savon que l'on aurait ajouté à la liqueur alcaline et le nettoyage se fait dans de meilleures conditions.

Dans sa forme la plus complète le désuintage ou dégraissage de la laine brute comprend donc trois opérations :

1° Lavage à l'eau tiède pour dissoudre le suint soluble ;
2° Dégraissage au moyen de solutions alcalines diluées ;
3° Rinçage ou lavage final à l'eau froide.

1° LAVAGE A L'EAU TIÈDE

Les laines sont, après triage, épuisées avec de l'eau tiède, enfin d'enlever au suint les produits solubles dans l'eau. Elles sont simplement immergées dans de l'eau renouvelée de la manière suivante :

On remplit de laine brute quatre à cinq grands réservoirs en fer, où elle trempe pendant plusieurs heures. On fait ensuite passer le liquide au moyen d'une pompe, du premier réservoir dans le second, celui du second dans le troisième et ainsi de suite.

La laine du récipient n° 1, qui a subi l'action de cinq eaux différentes est épuisée, elle est enlevée pour être traitée par une solution alcaline, on la remplace par de la laine brute. L'eau déjà bien chargée de suint soluble passe du bac n° 5 dans le bac n° 1, où elle finit de se saturer. Pendant que l'eau presque saturée passe ainsi sur de la marchandise brute, on verse de l'eau propre et tiède dans le deuxième réservoir, elle passera dans le troisième et de là, dans les autres, comme précédemment. On se rend facilement compte, qu'en faisant arriver constamment l'eau sur la laine la plus propre, on finit par la débarrasser complètement et méthodiquement de tous ses composés solubles.

En résumé, la laine brute séjourne d'abord dans de l'eau qui contient beaucoup de suint, puis elle est mise successivement en contact avec des solutions plus faibles pour être traitée par de l'eau propre, alors qu'elle ne contient plus que très peu de suint soluble.

La désuinteuse de M. E. Richard (*fig.* 21) réalise l'extraction méthodique du suint soluble, d'après le même principe, en n'opérant que sur un ou deux lots de laine à la fois. La laine

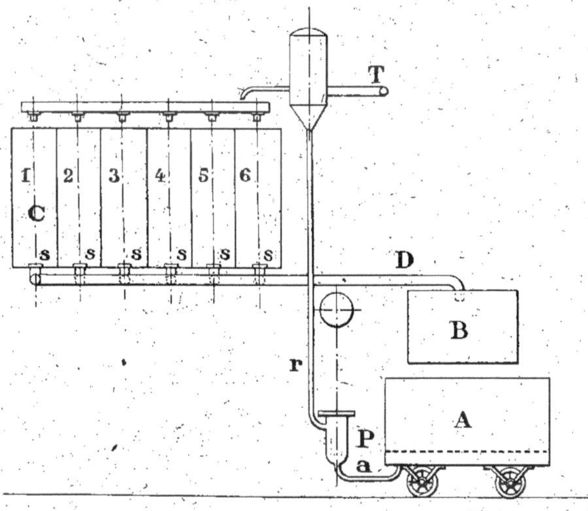

FIG. 21. — Schéma d'un appareil Richard Lagerie pour le lavage à l'eau des laines brutes.

A, chariot double à fond percé de trous, dans lequel on dispose la laine en suint. — B, cylindre perforé contenant également de la laine en suint et pouvant être introduit dans le chariot A. — P, pompe mettant en mouvement les liquides pour le lessivage méthodique : *a*, aspiration ; *r*, refoulement. — C. bâche ou réservoir à six compartiments où les liquides se distribuent automatiquement à l'aide de soupapes S actionnées par des flotteurs.

Les liquides de plus en plus légers sont dirigés sur la laine par le tuyau D. Le dernier traitement est un rinçage à l'eau pure. Les eaux saturées de suint sont envoyées à la potasserie par le tuyau T.

brute est placée dans les récipients A et B où elle est visitée, tour à tour, par les eaux des compartiments 1, 2, 3, 4, 5 et 6. Dans le Nord, on préfère la désuinteuse Malard.

Les eaux de lavage, évaporées et séchées, laissent un résidu qui contient environ 60 0/0 de matières organiques et 40 0/0 de matières minérales. Ce résidu sec peut être utilisé comme engrais. Si on le calcine, on en retire la potasse brute pouvant servir au dégraissage ou à la fabrication du savon mou. Cent kilogrammes de laine en suint donnent 7 à 9 kilogrammes de carbonate de potassium brut renfermant 85 0/0 de carbonate de potassium pur.

2° DÉGRAISSAGE DE LA LAINE DÉBARRASSÉE DE SON SUINT SOLUBLE

La laine débarrassée du suint soluble est maintenant dégraissée dans une dissolution d'un mélange de savon mou et de carbonate de sodium, composition déjà mentionnée. Le savon mou a la réputation de faire un nettoyage parfait sans durcir la laine, et c'est par économie que l'on ajoute du carbonate de soude, l'usage du carbonate alcalin permettant de diminuer la proportion de savon.

Comment agit le savon ? Il dissout une faible partie des matières grasses : la combinaison entre la base alcaline du savon et les acides gras de la laine n'est qu'ébauchée; c'est une saponification imparfaite, une sorte d'émulsion qui se produit pendant le dégraissage.

Les établissements qui effectuent d'abord le désuintage réalisent automatiquement le dégraissage et le rinçage dans d'énormes laveuses appelées léviathans, à cause de leurs grandes dimensions.

Les léviathans sont ordinairement à quatre bacs, nous en faisons plus loin la description. Le premier bac où passe la laine contient de la liqueur alcaline qui a servi dans la deuxième auge, celle-ci contient de la liqueur à dégraisser fraîche. Un troisième bassin est rempli d'une dissolution alcaline plus faible, en vue d'empêcher la dissociation du savon formé et la précipitation sur le textile des matières grasses primitivement enlevées. Le quatrième bassin est parcouru par de l'eau continuellement renouvelée pour le rinçage. Le textile passe une quinzaine de minutes dans chacun de ces bains qui sont chauffés à une température voisine de 55° C.

Désuintage et dégraissage dans le même appareil, en une seule opération. — Ce système de lavage avait été adopté par quelques firmes, il est maintenant abandonné. Le dégraissage était incomplet et la dépense de courant électrique considérable. A cause de l'originalité du procédé, nous répétons ici ce que nous disions dans notre première édition. Il y a vingt ans environ, MM. Baudot eurent l'idée d'effectuer le dégraissage en faisant intervenir l'électrolyse. La désuinteuse électrolytique Baudot comprend deux bassins en fonte, dans chacun desquels tourne un tablier sans fin formé de lattes en bois garnies de tiges également en bois placées perpendiculairement aux lattes. La laine à l'état brut, c'est-à-dire non lavée à l'eau douce, est conduite par ces lattes entre deux électrodes dont la positive est en plomb et la négative en fer. Les deux réservoirs sont remplis d'eau douce dont la température est maintenue à 50° C., par de la vapeur libre ou par de la vapeur indirecte. Le premier bac reçoit en plus un peu d'eau chargée de suint, pour commencer le travail.

Le désuintage est rapide, mais il nécessite un courant de 300 ampères sous une pression de 12 à 15 volts. Il se produit, à la surface, une abondante mousse composée de matières grasses ; elle est décantée au fur et à mesure de sa formation et additionnée d'acide sulfurique étendu. On obtient ainsi une boue graisseuse servant à préparer la suintine ou lanoline.

Une pompe fait passer régulièrement le liquide du deuxième bac dans le premier, et un flotteur commande le départ de l'eau suinteuse du deuxième bac vers la potasserie, chaque fois que la concentration atteint le degré voulu. Le deuxième bassin est donc alimenté par le premier, et ce dernier reçoit de l'eau pure pour maintenir son niveau constant.

La désuinteuse Baudot commence le travail, elle ne le termine pas, le dégraissage est simplement ébauché. A la suite de cette machine se trouvent encore trois bacs. L'un reçoit une solution alcaline titrant environ 1° 1/2 Baumé, l'autre une solution plus faible, tandis que la troisième auge est toujours approvisionnée d'eau pure pour le rinçage.

Le textile passe entre deux rouleaux exprimeurs, en se rendant d'un récipient dans un autre.

Lorsqu'on ne peut pas tirer profit du suint, comme c'est le cas des manufacturiers qui n'opèrent le dégraissage que sur une faible échelle, la laine brute est trempée directement dans des bains alcalins appelés bains de dégrais. Le lavage est rendu plus facile, à cause de la présence du suint soluble dont l'action saponifiante se joint à celle du carbonate de sodium. Le liquide dégraisseur peut donc être plus faible. Le premier bain qui est le plus concentré ne doit pas contenir plus de 7 grammes de carbonate de sodium Solvay par litre, il ne pèse par conséquent pas 1° Baumé.

DESCRIPTION ET FONCTIONNEMENT DES APPAREILS MIS EN ŒUVRE A ELBEUF POUR DÉGRAISSER LES LAINES

Le lavage méthodique à l'eau douce étant supprimé, le lavage complet des laines brutes ne comprend plus que le *dégraissage* et le *rinçage*. Chacune de ces deux opérations exige des appareils spéciaux.

Dégraissage. — Le dégraissage est effectué dans une dissolution de soude Solvay titrant environ 0°,9 Baumé, chauffée vers 50° C. Le suint en se dissolvant dans l'eau fait en quelque sorte l'office du savon mou employé pour dégraisser la laine désuintée ; la pratique prouve que le lavage se fait très bien uniquement avec le carbonate de sodium comme composé alcalin.

Si les laines sont difficiles à laver, on les travaille à nouveau dans le bain, lorsque ce dernier à servi à quelques passes. Une dissolution de lavage-dégraissage contenant déjà un peu de suint lave mieux les laines brutes qu'un bain fraîchement préparé.

Les laines sont jetées, par lots d'environ 20 kilogrammes, dans un bac dégraisseur B divisé en deux compartiments par une cloison disposée dans le sens de la longueur (*fig.* 22). Ce cloisonnement permet aux ouvriers de mieux agiter la marchandise et de la retirer plus facilement. Un volant R commande la soupape de vidange S et un robinet A laisse entrer l'eau à volonté. Cette eau est à son arrivée suffisamment chaude pour maintenir une température constante de 50° à 60° C.

Deux ouvriers, placés de chaque côté du récipient, agitent la laine, chacun dans son compartiment, à l'aide d'une fourche ou d'un bâton. Les corps insolubles se détachent pendant le dégraissage et se rassemblent entre les deux fonds G et D, en traversant le fond supérieur G assez finement perforé pour empêcher les filaments de laine de les suivre. Lorsque le textile a été remué quinze à vingt minutes dans le bain de dégrais,

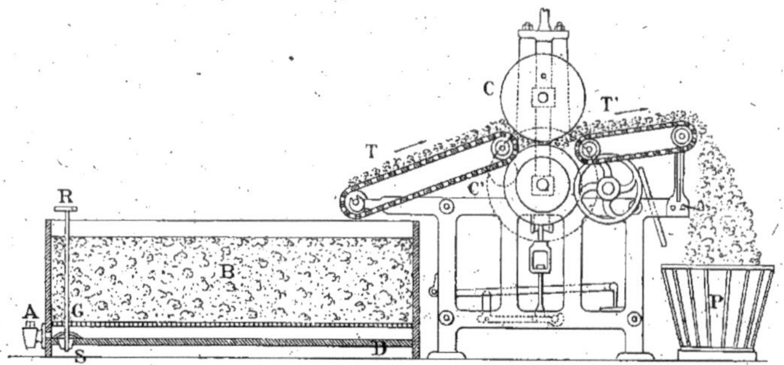

Fig. 22. — Schéma de l'appareil servant au dégraissage complet de la laine brute.
B, bac dégraisseur. — R, volant commandant la soupape de vidange S. — A, robinet réglant l'introduction de l'eau dans le bac dégraisseur. — G, fond perforé. — D, fond plein. — T, tablier sans fin recevant la laine à exprimer. — C, C', cylindres exprimeurs en fonte. — T, tablier sans fin déversant la laine, après essorage, dans la corbeille P.

les ouvriers le recueillent et le placent sur le tablier sans fin T qui le porte entre deux cylindres exprimeurs en fonte C et C'. Le cylindre inférieur est muni de deux disques d'un diamètre plus grand pour empêcher la marchandise de sortir latéralement, et le rouleau supérieur est garni d'une épaisse couche, très serrée, de chanvre ou de coton.

La commande est donnée au cylindre inférieur, le cylindre supérieur obéit au mouvement d'autant plus facilement que son poids est plus considérable. L'axe de ce dernier n'est pas fixe, il peut monter ou descendre dans des glissières verticales, comme nous le verrons pour les cylindres supérieurs des dégorgeuses, des fouleuses, etc. En quittant les exprimeurs C et C', la matière textile tombe sur le tablier sans fin T', lequel la déverse dans la corbeille P.

Les ouvriers jettent alors cette laine, incomplètement dégraissée, dans un deuxième bac dégraisseur contenant moitié moins de soude Solvay sous un même volume, où elle subit une seconde fois l'opération que nous venons de décrire.

Ce deuxième lavage peut être suivi d'un troisième lavage semblable, dans un bain alcalin encore plus faible. Mais, généralement, on procède au rinçage ou désavonnage après l'action du deuxième bain de dégrais.

Le bain de dégrais est renouvelé en entier tous les jours, quand on travaille des laines chargées de tout leur suint ; il est seulement renouvelé journellement par moitié, quand on travaille des laines lavées à dos. Mais, dans ce dernier cas, il doit être jeté complètement tous les trois ou quatre jours, pour éviter la putréfaction.

Rinçage ou désavonnage. — On utilise, dans nos régions, pour le rinçage des laines sortant du bac dégraisseur, deux sortes de laveuses. Ces laveuses sont désignées d'après les appareils qui font circuler la marchandise dans l'eau de rinçage. Ce sont la laveuse à tambour et la laveuse à fourches. Le rinçage se fait donc dans un bac laveur muni de fourches ou d'un tambour.

Laveuse à tambour. — Les laines désuintées et exprimées sont jetées dans un récipient périphérique A, de forme elliptique, muni d'un double fond dont le supérieur est perforé. L'eau arrive par le tuyau N dans un bac central B à fond plein, dont elle traverse la paroi latérale perforée pour se répandre dans le bassin A, et de là s'échapper, grâce à la cloison également perforée DE, par les trous d'évacuation F et G, ainsi que par le tuyau de trop-plein K. Une soupape de vidange H se manœuvrant à l'aide du volant J, permet le nettoyage (*fig.* 23).

Il y a donc en tout quatre orifices d'évacuation : les trous F, G, H et le trop-plein K. Ils ont chacun leur raison d'être.

Les impuretés de la laine peuvent, au point de vue de leur densité, être divisées en trois catégories : les impuretés moins denses que l'eau, qui surnagent ; les impuretés plus denses, qui tombent au fond, et les impuretés dont la densité est la même que celle de l'eau, et qui, par conséquent, restent en suspension, nagent entre deux eaux. Or, le dispositif que nous décrivons ménage une issue à chacune de ces trois espèces d'impuretés. Les plus légères disparaissent par le trop-plein, qui s'ouvre à peu de distance de la surface; les plus lourdes s'en vont par le double fond; et celles qui se maintiennent dans l'eau passent avec elle la paroi latérale DE, pour s'échapper par les ouvertures F et G.

Tambour laveur Quidet. — Un tambour, animé d'une rotation rapide, fait circuler la laine dans l'eau de rinçage. Il est garni de palettes courbes non articulées, ou de palettes droites articulées, ou simplement de dents courbes. Ces accessoires du tambour laveur doivent pénétrer dans l'eau et en sortir suivant une direction aussi voisine que possible de la verticale, afin de ne pas entraîner les mèches de textile, qui s'accrochent si facilement à tout appareil mobile quelle que soit sa forme.

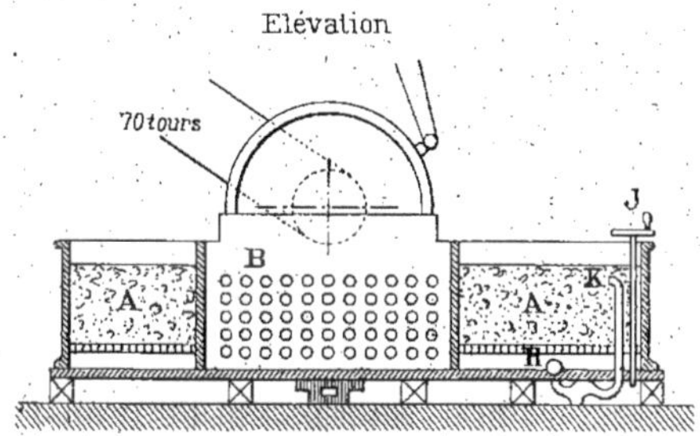

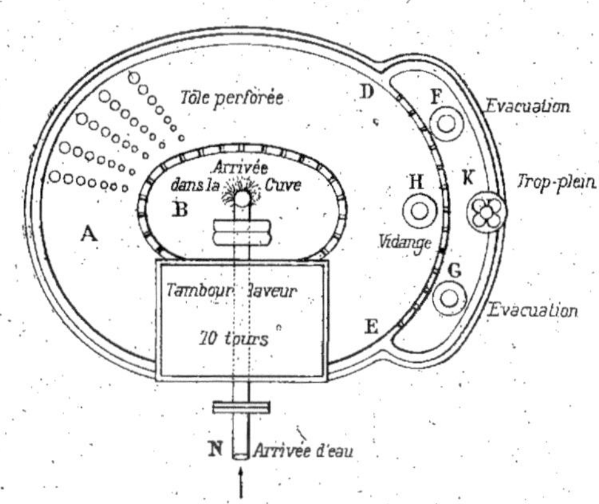

Fig. 23. — Élévation et plan de la laveuse à tambour.

A, récipient périphérique muni d'un double fond dont le supérieur est perforé. — N, tuyau conduisant l'eau dans le bac central B à fond plein et paroi latérale perforée. — F et G, trous d'évacuation. — K, tuyau de trop-plein. — J, volant commandant la soupape de vidange H.

Le tambour laveur Quidet, tambour à palettes ou dents courbes d'une seule pièce, satisfait à cette condition. Il se compose de quatre fortes plaques de tôle P qui servent d'entretoises à quatre barres en fonte : AB, AC, EB et EC. Des palettes courbes en bronze, affectant la forme de grandes cuillers, sont disposées en quinconce au nombre de quatre, sur chacune des quatre plaques P. Les bords GF et GE sont suffisamment écartés pour que ces dents puissent battre le textile dans l'eau, tout en évitant l'adhérence des flocons (*fig.* 24).

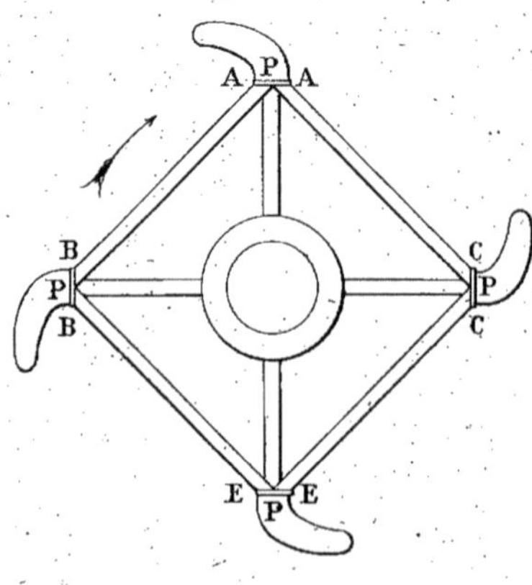

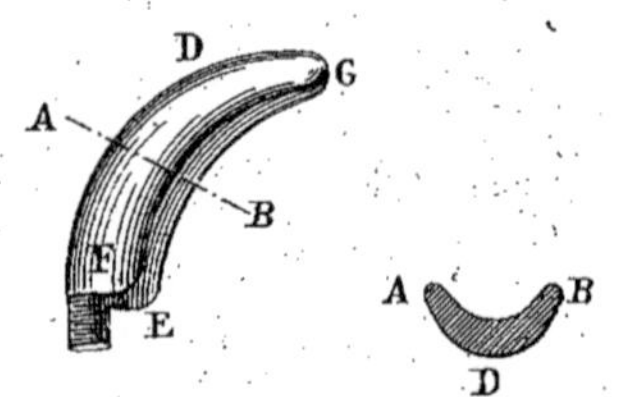

FIG. 24. — Tambour laveur Quidet vue de profil.

P, plaques de tôle qui soutiennent les quatre barres en fonte AB, AC, EB et EC. — D, palette courbe en bronze, vue perspective et section transversale suivant un plan passant par la ligne AB. — GF et GE, bords de la palette.

Il est facile de constater, en effet, que lorsqu'on agite de la laine dans l'eau à l'aide d'un bâton cylindrique, les floches se nouent autour de ce bâton et s'en détachent difficilement; si on remplace le bâton par une barre plate, les mèches s'y nouent d'autant moins que cette barre est plus large. Mais elles ne s'attachent plus d'une manière permanente, si on se sert d'une barre recourbée en forme de gouttière, surtout quand la largeur de cette barre est bien calculée. On conçoit de plus que, les dents présentant une pareille forme, non seulement la laine ne s'y accroche plus, mais en sortant de l'eau, les palettes s'égouttent rapidement et l'eau chasse le peu de fibres qui restent accolées.

REMARQUE. — On peut tirer un meilleur parti de l'eau de rinçage, en la faisant arriver en avant du tambour, à l'endroit où la laine est prise par les dents de ce dernier.

Laveuse à fourches. — La laveuse à fourches est formée d'un double bac de section elliptique, comme la laveuse à tambour; l'eau vient également par le bac intérieur [1]. Au-dessus des

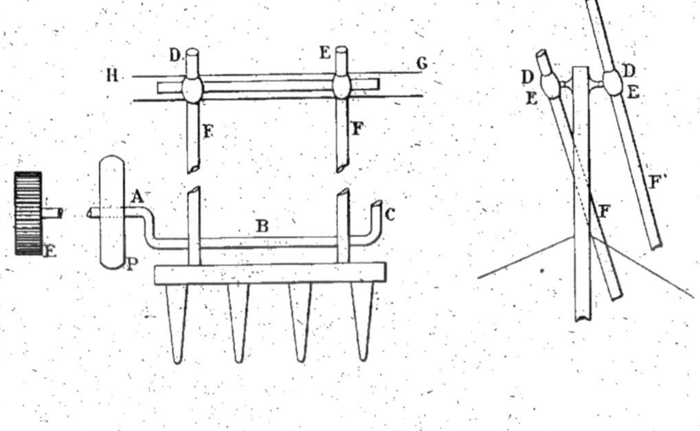

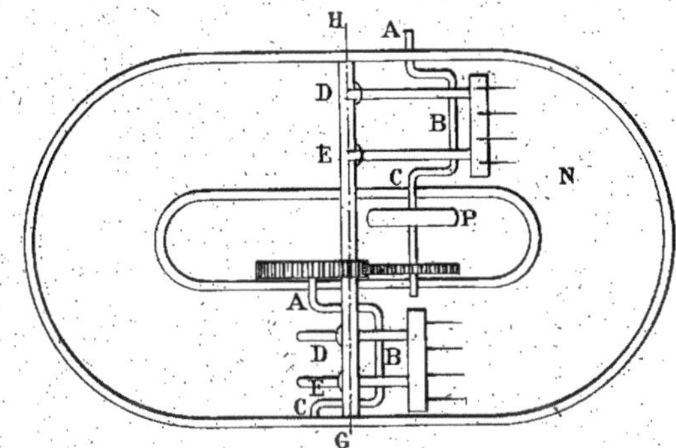

Fig. 25. — Plan et détail de la laveuse à fourches.

ABC, arbres coudés guidant les fourches. — P, poulie de commande. — E, roue dentée conduisant le second arbre coudé à l'aide d'une roue semblable, comme le représente le plan. — HG, axe muni des coulisses D et E. — F, F', montant de chaque fourche.
L'arrivée de l'eau, le trop-plein, les trous d'évacuation et le trou de vidange ne sont pas représentés.

bassins sont placés, suivant le petit diamètre, deux grandes fourches conduites chacune par un arbre coudé ABC commandé par la poulie P. L'axe HG, libre dans ses supports, guide, à

1. Beaucoup de ces laveuses sont pourvues comme les laveuses à tambour, d'une cloison verticale perforée limitant, à une des extrémités, un petit compartiment qui loge le trop-plein et les trous d'évacuation.

l'aide des deux coulisses D et E, les montants F et F' de chaque fourche ; de sorte que, malgré le mouvement que leur font exécuter les arbres coudés, pour faire circuler la laine, ces gigantesques mains se maintiennent dans une position toujours voisine de la verticale. Elles oscillent, autour de HG, comme des balanciers, plongent dans l'eau, avancent en poussant le textile, se relèvent, sortent de l'eau, reviennent au point de départ pour plonger de nouveau et recommencer le même mouvement (*fig*. 25).

La laveuse à fourches est plus encombrante que la laveuse à tambour. Les fourches ouvrent beaucoup les mèches, ce qui favorise le rinçage, mais les fibres se lient facilement autour des dents. Aussi est-il recommandable de ne laver dans cet appareil que les laines courtes.

A la sortie des bacs laveurs, la marchandise est passée entre des rouleaux exprimeurs, semblables à ceux qui sont placés à la suite des bacs dégraisseurs.

On reconnaît qu'une laine est bien lavée lorsque, étant encore mouillée, elle ne colle pas aux doigts ; et quand, après séchage, elle est souple, élastique et n'exhale aucune odeur.

Si, pendant le lavage, on constate que les filaments sont soudés ensemble, il faut en conclure que l'agitation de la marchandise, dans le bain de dégrais, a été trop brutale, ou que le bain était soit trop chaud, soit trop alcalin. Il est recommandé aux ouvriers, pour éviter le feutrage, de manipuler lentement le textile dans le bain alcalin.

Description de la colonne de lavage ou Léviathan. — Chaque léviathan ou colonne de lavage comprend 4 bacs, si la laine à laver est préalablement désuintée ; 5 bacs, si l'on dégraisse directement la laine brute.

Un bac de lavage se compose du *bac proprement dit*, du *système de propulsion* et de *la presse essoreuse*.

Tous les bacs sont construits d'après le même modèle, ils ne diffèrent entre eux que par le système de propulsion de la marchandise à dégraisser.

Bac proprement dit. — C'est une cuve en fonte ou en tôle

d'acier de $1^m,22$ de haut, dans laquelle se trouve un faux fond en tôle de laiton perforée.

La laine progresse dans le canal, au-dessus du faux fond A cause de la profondeur du bac, le mouvement de propulsion n'agite pas le liquide situé sous le faux fond, et le dépôt des matières denses se fait rapidement.

Le fond du bac est incliné dans le sens transversal, comme le montre la coupe du bac (*fig.* 26), afin de faire glisser les boues du côté du couloir, où il sera facile de les balayer. La cloison verticale limite la place que peut occuper la laine.

Le bac possède un trop-plein conduisant dans un récipient décanteur, dans lequel est immergée une pompe centrifuge pouvant envoyer l'eau décantée soit à l'entrée du grand bac d'où elle provient, soit à l'entrée du grand bac précédent.

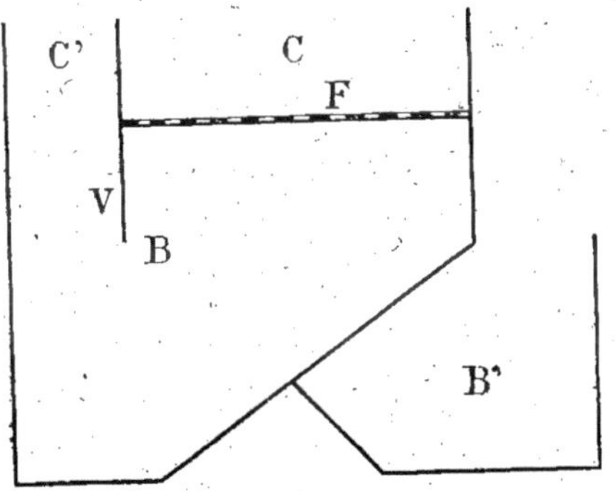

Fig. 26. — Section transversale du bac.

C, canal. — c', couloir. — F, faux fond perforé. — V, cloison verticale. — B, bac laveur. — B' bac décanteur (Société des Établissements Paul Dubrule).

Sur le côté est une auge en tôle pour recevoir l'eau dégorgée par la presse, cette eau se déverse de là dans le bac décanteur.

Nous voyons, d'après cette description, que les pompes de la colonne font communiquer tous les bacs entre eux, établissant une circulation d'eau dans le sens inverse de la marche de la laine.

Un Giffart est monté sur chacun des bacs de la colonne de lavage, excepté sur le premier bac. Au moment du nettoyage, le premier bac étant vide, l'eau décantée du deuxième bac est facilement transvasée dans le premier, puis celle du troisième dans le deuxième, et ainsi de suite ; le dernier bac, le rinceur, est garni d'eau propre.

Une colonne se compose, en général, de quatre bacs, le premier mesure $6^m,50$ de long, le deuxième $5^m,50$ et les deux autres $4^m,50$. Lorsqu'on rince complètement à froid, on donne au dernier bac une longueur plus grande.

Suivant la production à atteindre, la largeur du canal mesure $0^m,75$, $0^m,92$ ou $1^m,20$, celle du couloir est invariablement de $0^m,60$. Les colonnes de lavage produisent de 400 à 4.000 kilogrammes de laine lavée en huit heures de travail. Ces quantités sont calculées sur laine lavée, pesée après séchage.

Presse essoreuse (*fig.* 27). — Une presse essoreuse se trouve à la sortie de chaque bac, ses rouleaux sont en acier, leur

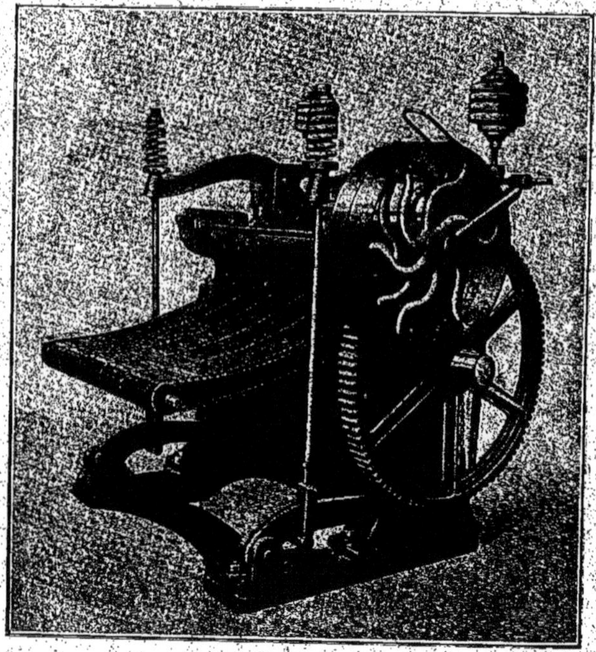

Fig. 27. — Presse essoreuse avec tablier alimentaire (Paul Dubrule).

diamètre est de $0^m,38$. Le rouleau supérieur est garni d'une corde spéciale et de laine ou de disques de feutre pour lui donner une surface élastique ; le rouleau inférieur est revêtu d'une chemise en bronze.

La pression des rouleaux est réglable ; elle peut aller de 2.000 à 10.000 kilogrammes.

Pour éviter le glissement, et par suite le feutrage, le cylindre supérieur est commandé par le rouleau inférieur.

A la sortie de chaque presse se trouve un tablier ; toutefois la dernière presse de chaque léviathan est généralement munie d'un volant projetant la laine vers le séchoir ou le convoyeur pneumatique.

La presse est avec ou sans tablier alimentaire. Lorsque le textile est sorti du bain par la chargeuse circulaire, appelée aussi moulinet ou étoile, il est disposé sur le tablier d'alimentation de la presse ; mais ce tablier devient inutile quand le textile est amené à la presse sans sortir du bain, comme c'est le cas avec la chargeuse rectiligne.

Système de propulsion. — A. *Type à hommes de fer et chargeuse rectiligne*, (*fig.* 28). Le mécanisme de propulsion

Fig. 28. — Bac laveur muni d'un groupe d'hommes de fer et de la chargeuse rectiligne (Ateliers Paul Dubrule).

comprend : 1° *Un tambour enfonceur*. Ce tambour est constitué d'une virole en tôle avec ailettes en laiton tournant lentement et enfonçant la laine dans le bain dès son arrivée au bac.

2° *Le groupe d'hommes de fer.* — On désigne ainsi une série de fourches à dents en bronze de section triangulaire commandées par le même arbre. A chaque paire de fourches correspond sur l'arbre longitudinal un pignon hélicoïdal engrenant avec un autre pignon sur lequel est calée une manivelle. Des guides oscillants font suivre à la pointe des fourches une trajectoire en forme d'ellipse ; le mouvement d'arrière en avant se fait dans l'eau, pour faire avancer la laine et agiter le bain ; l'autre, celui d'avant en arrière, se fait hors de l'eau, pour ramener les organes propulseurs à leur point de départ.

3° *La chargeuse rectiligne.* — C'est une sorte de petite herse avec dents en laiton, elle fait glisser la laine sur un prolongement incliné en pente douce vers la sortie et l'amène aux rouleaux presse sans retirer le textile de l'eau. Ce dispositif de chargeuse a permis, comme nous l'avons fait remarquer, de supprimer le tablier d'entrée de presse.

Le type d'hommes de fer convient pour le lavage des laines fixes, demi-fixes et demi-longues. Il s'applique, du reste, à toutes les laines.

B. — *Type à plongeurs équilibrés* (*fig.* 29). La seule différence entre ce type et le précédent, c'est que les hommes de fer sont remplacés par des paniers plongeurs.

Le système à plongeurs est formé de deux herses disposées parallèlement ; leur longueur est presque égale à la partie du bac laissée libre entre le tambour enfonceur et le chargeur de presse. Chaque herse est surmontée d'un prisme en tôle de laiton perforé.

Les deux plongeurs sont manœuvrés par des bielles commandées par un arbre longitudinal. Le textile est, évidemment, placé entre les plongeurs et le faux fond. L'avancement se fait sous l'action des herses, pendant la plongée ; à ce moment le panier immergé s'emplit du liquide du bain. Lorsque, arrivé au bout de sa course, le plongeur se relève pour revenir au point de départ, le panier répand en pluie toute la dissolution qu'il contient. Le mouvement des plongeurs est tel qu'il communique à la laine un avancement réglable, mais toujours fort lent.

Fig. 29. — Bac laveur à plongeurs équilibrés et chargeuse rectiligne (Ateliers Paul Dubrule).

Ce modèle convient à toutes les laines, il est recommandé pour les laines longues et demi-longues; il agit moins bien sur les laines courtes.

Il existe un autre moyen de propulsion provoqué par une herse simple.

Le but de la propulsion est non seulement de faire avancer la laine, mais aussi de faciliter par agitation l'action des agents détersifs.

L'agitation du textile est faible dans le bac à herse, elle est plus grande dans le bac à hommes de fer, parfaite, croyons-nous, dans celui à plongeurs. Les fourches en sortant de l'eau produisent un remous qui roule les mèches, formant des pseudo-ficelles ou des boucettes. Ce défaut, désigné sous le nom de *cordelage*, est évité dans le bac à plongeurs, le remous produit par la sortie de la herse étant brisé par la pluie venant des plongeurs.

Nous représentons ci-après une vue perspective d'une colonne de lavage à quatre bacs de la construction Thibeau à Tourcoing (*fig.* 30).

Importance de l'opération du dégraissage. — Une laine bien épurée doit être souple, élastique et sans odeur, ainsi que nous l'avons déjà dit ; elle doit de plus être douce et facile à filer et à teindre.

Une laine mal dégraissée paraît sale, dure, dépourvue d'élasticité ; elle se teint irrégulièrement et les nuances sont peu solides ; le cardage ainsi que la filature présentent beaucoup de difficulté ; le tissu que l'on obtiendra finalement sera dur, carteux et d'un toucher désagréable.

Fig. 30. — Vue perspective d'une colonne de lavage à quatre bacs (Construction Thibeau, Tourcoing).

On peut ajouter que, lorsqu'une laine est mal dégraissée, elle se comporte mal, non seulement dans les manipulations que nous venons d'énumérer, mais dans toute la suite des opérations de la fabrication. Ce défaut de dégraissage de la fibre, s'il n'est pas corrigé par un dégorgeage bien conditionné de la pièce venant du métier à tisser, devient principalement visible lorsque l'étoffe est apprêtée pour la vente.

Or, quand le suint soluble a été enlevé, le dégraissage demande plus de soin ; les laines préalablement lavées à l'eau exigent des bains de dégrais comprenant du savon mou en plus du carbonate alcalin (voir plus haut). On éprouve de réelles difficultés quand on lave certaines laines dites *poisseuses*,

Fig. 31 à 39. — Laines d'Allemagne laissées en magasin pendant trois ans. Ces fragments de fibres, représentés avec un grossissement linéaire de 500/1, permettent de suivre l'action destructive exercée par le suint.

comme les laines d'Australie et notamment les variétés de Port-Philippe et de Sydney, dont le suint est pauvre en matières saponifiantes : carbonates alcalins et savon, tandis qu'il est riche, au contraire, en substances non saponifiables, telles que la cholestérine et l'isocholestérine. De pareilles laines ne se dégraissent convenablement que sur bains préparés tout spécialement ; ce sont ordinairement des vieux bains de dégrais auxquels on ajoute une petite proportion de savon, ou mieux d'ammoniaque, ce composé alcalin favorisant moins le feutrage.

L'expérience ayant démontré que le lavage est plus aisé lorsque les laines ont été emmagasinées pendant cinq à six mois, on les laisse généralement reposer après la tonte, plus ou moins longtemps, avant de les utiliser. Il ne faut cependant pas prolonger inutilement le séjour en magasin des laines brutes, car les fibres sont lentement rongées par le suint. On peut suivre les diverses phases de cette action destructive sur les figures 31 à 39 qui représentent des filaments prélevés sur des laines d'Allemagne restées en magasin pendant trois ans.

Les écailles semblent prendre une consistance gélatineuse, leurs contours disparaissent, des fendillements prennent naissance, puis s'accusent de plus en plus. Enfin, la désagrégation devient complète, le poil se sépare en deux fragments dont les nouvelles terminaisons irrégulières, déchiquetées, possèdent de nombreux prolongements ou fibrilles, formés sans doute en majeure partie par la substance corticale, constituée de longues cellules en forme de fuseaux. *Cette action dissolvante est, pour nous, la suite d'une oxydation lente de la partie soluble du suint, oxydation qui provoque la formation d'une quantité de carbonate de potassium, aux points où les filaments sont en contact avec des plaques de suint. Ce carbonate agit ensuite sur la matière grasse naturelle de la surface de la fibre, produit du savon qui s'oxyde à son tour en reformant le carbonate alcalin, et ce dernier, ne rencontrant plus de graisses à saponifier, saponifie la laine.* Le carbonate de potassium a une action énergique sur le textile, car il agit au moment de sa formation [1].

1. Le carbonate de potassium agit à l'état naissant.

Nous ajouterons que l'oxydation à laquelle nous faisons allusion commence assez tôt, peut-être même sur le dos du mouton, puisque nous avons pu constater déjà des corrosions sur les laines fraîchement tondues.

LAVAGE DES LAINES AVEC DES DISSOLVANTS VOLATILS

Le procédé qui nettoie le mieux les laines, tout en laissant intactes leurs qualités et en évitant le feutrage, est le lavage à l'aide des dissolvants volatils.

Il a été imaginé un grand nombre d'appareils pour dégraisser la laine par les dissolvants neutres : sulfure de carbone, benzine, éther de pétrole, tétrachlorure de carbone, etc., dans le but d'éliminer les matières qui existent dans la laine brute, sans nuire à la fibre, et de recueillir, de la façon la plus avantageuse, toutes celles qui sont susceptibles d'une utilisation.

L'appareil Dranez, Vassart et Delattre se compose d'une série de récipients clos, munis, à leur sortie, de cylindres essoreurs. La laine est conduite, entre deux tabliers sans fin, successivement dans chaque cuve où elle est plongée dans le liquide dégraisseur chauffé à une température inférieure à son point d'ébullition.

Le lavage des laines par dissolvants neutres n'est pas en vogue chez nous; pourtant il se pratique économiquement et depuis longtemps à Philadelphie (États-Unis d'Amérique), s'il faut en croire M. Merrit-Mattrews.

La laine brute est introduite dans un cylindre en fer et recouverte avec un tamis en fer. On ferme le cylindre, y fait le vide à quelques millimètres de mercure et fait passer, à la température de 37° C., pendant une demi-heure, de la benzine n'ayant servi qu'une fois. On exprime alors la laine, pour en retirer la benzine et la réunir à la solution mère qui est récupérée par distillation. Le résidu se composant d'un mélange de corps gras est vendu. Après un second traitement semblable, mais avec de la benzine fraîche, on débarrasse le textile du dissolvant qui l'imprègne, en le faisant traverser par un courant d'air chaud ou de gaz anhydride carbonique chaud. Les vapeurs de benzine entraînées sont conduites dans un réfrigérant ou elles sont condensées.

Après ce double traitement, la marchandise est lavée à l'eau chaude, pour dissoudre les sels solubles, exprimée et soumise à un savonnage, en vase ouvert, afin d'enlever les particules de graisse qu'elle a pu retenir.

L'avantage du dégraissage aux dissolvants neutres est très discuté, sans preuves suffisantes ; en effet, les termes de comparaison manquent, puisque ce procédé n'est pas industrialisé chez nous. On accuse les dissolvants de dégraisser les laines trop à fond et d'amoindrir, de ce fait, notamment la souplesse et le pouvoir feutrant.

Remarque. — *Dans le nettoyage à sec des vêtements*, la *benzine* est rarement employée seule. Excepté pour le rinçage final, elle est additionnée d'une petite quantité de savon de benzine (1 0/0 environ), c'est-à-dire d'un savon presque anhydre, facilement soluble dans la benzine.

Essorage. — Après lavage, les laines doivent être séchées, ouvertes, ensimées, cardées et filées.

Quand le textile sort de la presse essoreuse que nous avons décrite, où l'eau est exprimée avec une force pouvant varier de 2 à 10 tonnes, elle peut être directement séchée ; si, au contraire, les rouleaux exprimeurs ne sont pas suffisamment lourds, la laine reste trop humide et, avant dessiccation, l'essorage doit être complété par l'action de l'essoreuse à force centrifuge ou hydro-extracteur (*fig.* 40).

Les essoreuses à force centrifuge, hydro-extracteurs, turbines ou diables, ont pour organe principal un panier cylindrique perforé, en bois, ou en tôle de cuivre, pouvant tourner autour d'un axe vertical. Ce panier est renfermé dans une cuve également cylindrique ou manteau, en fonte ou en fer. On imprime au panier, à l'aide de poulies coniques lisses, un mouvement de rotation très rapide. La grande force centrifuge développée projette le textile contre la paroi verticale, et l'eau s'échappe à travers les perforations.

Séchage. — Les laines, et en général tous les textiles, conservent, après essorage, à peu près le tiers de leur poids d'eau. On les débarrasse de cette eau en les étalant sur des claies

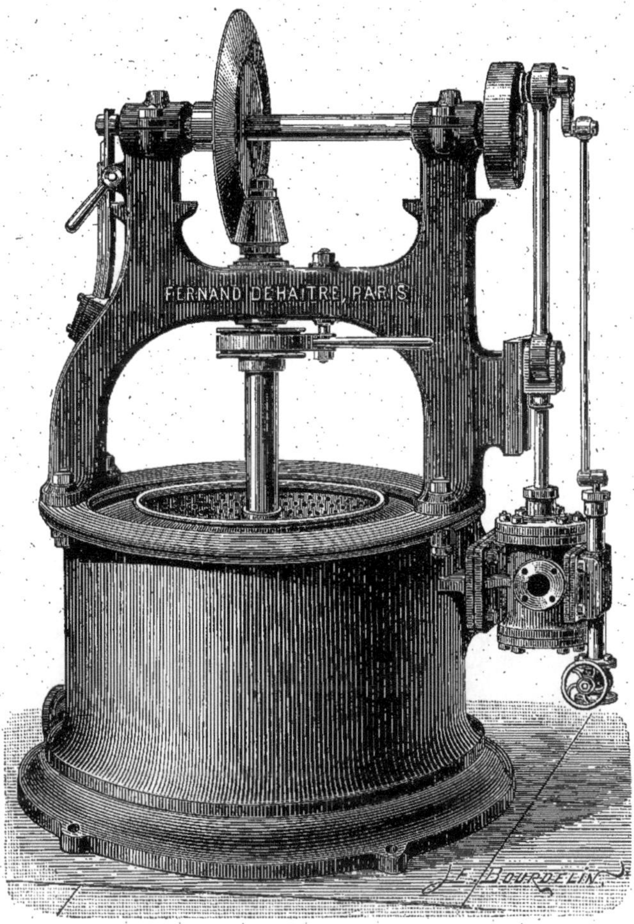

FIG. 40. — Hydro-extracteur à arcade double à moteur direct. (Fernand Dehaître, Paris.)

fixes, pour les faire traverser par un courant d'air chaud, ou en les faisant tomber, soit sur des tabliers sans fin, soit dans des cages tournantes cylindriques, légèrement inclinées, qui les exposent à l'air chaud d'une étuve. La température des sécheries ne doit pas dépasser 45° C.

Sécherie à claie fixe. — Ce système fort ancien est encore utilisé dans les manufactures à faible production, il tend à disparaître. C'est une grande chambre garnie, à 1 mètre du sol, d'une grille ou claie horizontale sous laquelle sont disposés des tuyaux chauffés à la vapeur. L'air constamment appelé par un aspirateur, entre dans le compartiment inférieur par des ouvertures ménagées sous les tuyaux, s'échauffe, passe à travers la laine qui est étalée sur la claie, en une couche épaisse de 30 à 40 centimètres, se sature de vapeur d'eau et s'échappe par des trous d'appel percés au haut du compartiment supérieur.

Sécherie à claie tournante ou cylindrique. Séchoir rotatif Mehl (*fig.* 41). — La sécherie tournante comprend une grande cage cylindrique, mesurant à peu près 8 mètres de long et 3 mètres de diamètre, placée dans une étuve. Cette cage est formée d'un grillage garni intérieurement de nombreux cônes de bois. La laine, lancée par un courant d'air, à travers un large conduit

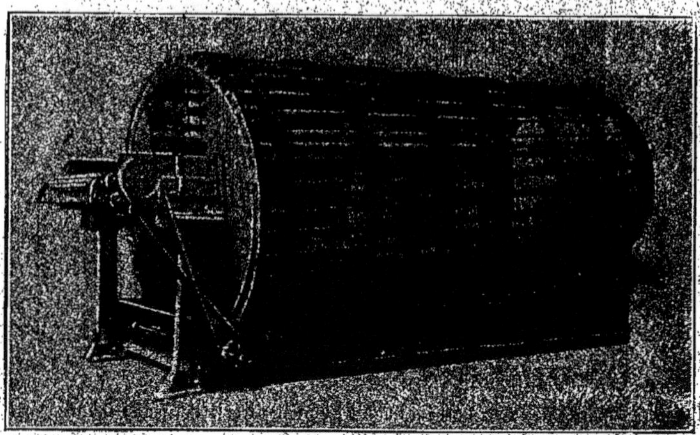

Fig. 41. — Séchoir rotatif Mehl (Ateliers Paul Dubrulle, Tourcoing).

ou convoyeur, tombe dans cette cage. Celle-ci tournant d'un mouvement lent et régulier, et son axe étant légèrement incliné vers la sortie, amène lentement, grâce aux cônes de bois, le textile jusqu'à la partie supérieure, d'où il se détache pour remonter de nouveau, et avancer de ce fait jusqu'à l'orifice de sortie.

Donc, grâce à l'inclinaison et à la rotation du cylindre, la marchandise est amenée peu à peu au dehors, complètement séchée.

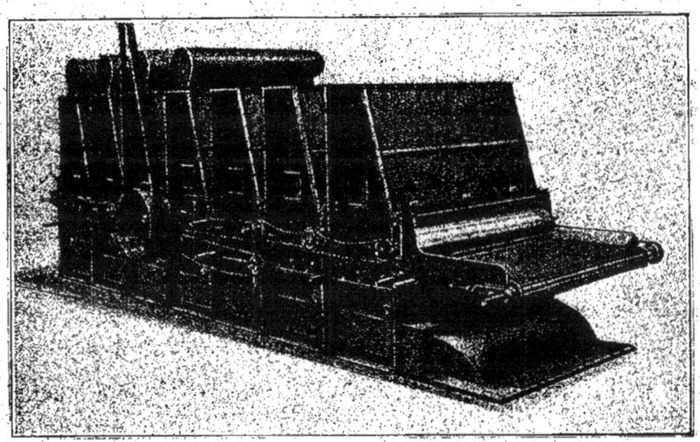

FIG. 42. — Séchoir Mac Naught (Licence de fabrication A. Thibeau et Cie, Tourcoing).

Sécherie à claies planes mobiles ou sécherie à tabliers sans fin. — Nous donnons comme type le séchoir Mac Naught (*fig.* 42). La laine est séchée en faisant passer de l'air frais et sec à travers les floches, et non pas en faisant circuler l'air sec à la surface des nappes humides.

Rappelons que l'on ne dessèche pas les laines destinées à être blanchies, épaillées ou teintes. Après chacune de ces opérations, la matière textile est lavée dans la laveuse à tambour ou dans la laveuse à fourches, ou dans le léviathan ; elle est séchée uniquement pour pouvoir être ouverte et ensimée.

OUVREUSE ET BATTEUSE OU LOUP

Les laines longues, laines à peigne sont généralement ouvertes avant lavage.

L'*ouvreuse pour laines brutes* (*fig.* 43), comprend : un tablier alimentaire, deux alimentaires engrenant de quelques millimètres ; un rouleau nettoyeur pour débarrasser les alimentaires du textile entraîné ; un tambour en tôle ou en bois sur lequel

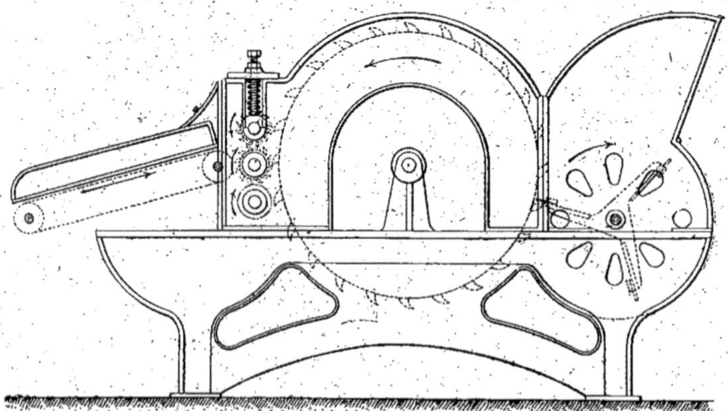

Fig. 43. — Ouvreuses pour laines brutes (Ateliers Paul Dubrule).

sont boulonnées des barres à *dents de loup* (*fig.* 44). Le peuplement des dents et leur forme sont tels que la machine ouvre le textile, le débarrasse d'une grande partie des matières étrangères sans rompre les fibres. Un volant formé d'un tambour muni de trois ailes lance les flocons épais de laine dans la désuinteuse ou dans le premier bac de léviathan.

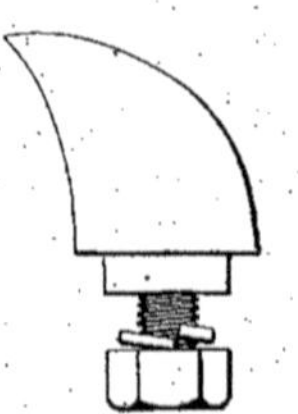

Fig. 44. — Dent de loup du tambour de l'ouvreuse.

Les laines courtes pour la fabrication des tissus cardés, laines à cardes, ne sont pas ouvertes avant lavage, elles sont, après dégraissage et séchage, passées à la *batteuse ou loup*.

Le louvetage a pour but : de faire tomber la majeure partie des pailles et graterons ; de débarrasser les laines des poussières qu'elles ont amassées pendant la teinture, si le bain contenait du bois colorant pulvérisé ; et d'ouvrir les mèches afin de faciliter le travail de la carde briseuse.

Une batteuse ou loup est composée d'un tambour horizontal en bois T, dont la surface convexe est garnie de pointes de fer, ou d'acier, d'une longueur de 20 à 25 centimètres, disposées en hélice. Ce tambour tourne, à une vitesse de 500 à 600 tours par minute, dans une enveloppe cylindrique, dont la moitié supérieure est formée d'un couvercle en tôle de fer muni ou non de pointes métalliques, et dont la moitié inférieure est un grillage, afin de permettre l'évacuation des poussières.

La marchandise est étalée sur une table sans fin AB, dont on peut varier la vitesse. Un contrepoids P, réglé à volonté, pèse sur les tourillons du cylindre cannelé C, pour appuyer l'un sur l'autre les deux alimentaires C et D. Le textile, soumis à l'action énergique des pointes, est ouvert, battu et projeté vers l'orifice de sortie; tandis que les impuretés, obéissant

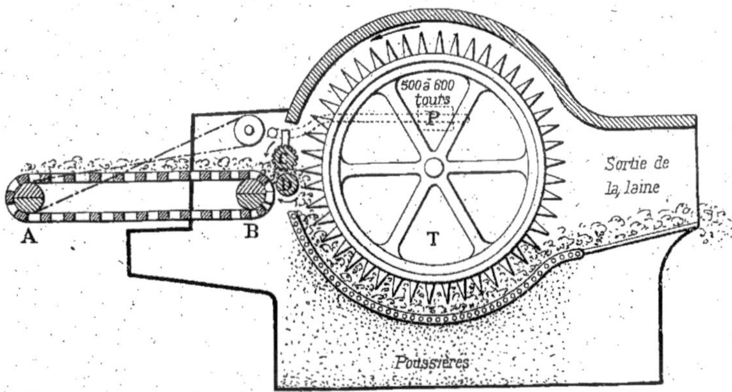

FIG. 45. — Schéma du loup ordinaire.

T, tambour en bois garni de pointes de fer ou d'acier. — AB, table alimentaire. — C et D, cylindres alimentaires ; le supérieur C est cannelé ; l'inférieur D est lisse. — P, contrepoids appuyant, l'un sur l'autre, les deux cylindres alimentaires.

à la force centrifuge qui les sollicite davantage que la laine à cause de leur plus grande densité, traversent la grille et s'accumulent dans un récipient qui est vidé de temps à autre (*fig.* 45).

L'appareil que nous venons de décrire est le loup batteur ou loup briseur ordinaire, son action est trop brutale pour les laines longues. Il est possible d'effectuer à l'aide de ce loup le battage ou le mélange des matières textiles, et même l'égale répartition de l'huile d'ensimage. Il existe cependant des batteuses affectées spécialement au mélange des laines; telles sont : le loup Marichal et le loup Bailly, dont le mécanisme est un peu plus compliqué.

Nous représentons (*fig.* 45 *bis*), un batteur-mélangeur pour ouvrir, battre et mélanger les textiles (1).

La matière est disposée sur une table mobile et prise par deux alimentaires qui la passent à un tambour garni de pointes tronconiques, tournant à une vitesse de 700 tours par minute. L'axe du tambour est continué par un cylindre garni de grandes broches. Les broches mobiles se croisent avec deux rateliers fixes. Le tambour ouvre le textile et les broches effectuent le mélange.

Un aspirateur assure l'évacuation des poussières qui traversent la grille placée sous le cylindre batteur.

Remarque I. — Les bourres de coton teintes en appareil se conservent, quand on les en sort, en paquets très serrés, par suite du peu d'élasticité de la fibre. Comme on ne pourrait les

Fig. 45 *bis*. — Batteur mélangeur. Production 175 kilogrammes à l'heure (L. Crétin, constructeur, Vienne).

sécher convenablement dans cet état, on les passe au loup *avant séchage*.

Remarque II. — Le battage est insuffisant pour enlever aux

1. Certains termes prêtent à confusion. L'essoreuse à force centrifuge est désignée sous le nom de *diable* et il existe des appareils pour *diabler*. Or, diabler c'est effectuer le mélange des laines, des cotons ou de la laine et du coton avant cardage.

laines font pailleuses, telles que les laines de Buenos-Ayres, toutes leurs matières végétales, à cause de la grande adhérence de leurs graterons. On a recours alors à des machines spéciales, appelées échardonneuses ou égrateronneuses, pour les débarrasser des matières végétales, lorsqu'elles sont trop fines pour être épaillées chimiquement.

Remarque III. — Pour reconnaître si une laine est convenablement désuintée, on en pèse exactement 4 à 5 grammes qu'on malaxe dans un verre contenant de la benzine ou de la ligroïne. Après quelques minutes, on sort cet échantillon, le rince avec le même dissolvant, le dessèche et le repèse. La différence, entre la première pesée et la seconde, représente le poids des matières grasses qu'il contenait encore.

Ce poids peut être obtenu directement en pesant le résidu que le dissolvant laisse après évaporation.

La proportion des graisses ainsi enlevées ne doit pas dépasser 1 0/0.

DÉGORGEAGE OU DÉGRAISSAGE DE LA LAINE ENSIMÉE

Ce second dégraissage, que doit supporter la laine, a pour but d'enlever les graisses d'ensimage dont on a enduit ce textile avant filature, et d'entraîner en même temps les produits d'encollage ajoutés avant tissage.

Il y a environ trente ans, on ensimait les laines à carder uniquement avec des huiles végétales. Ces huiles étaient toutes livrées sous le nom d'huile d'olive, l'huile d'olive étant la seule huile que les manufacturiers voulussent employer. En peignage c'est cette huile qu'on utilise encore presque exclusivement. En cardage, ce lubrifiant a fait place de nos jours à l'*oléine*, nom sous lequel on désigne communément l'*acide oléique* du commerce, sous-produit de la fabrication des bougies. L'oléine est d'un prix plus abordable que les huiles naturelles, et c'est un excellent produit pour le graissage des laines, lorsqu'il n'est pas trop chargé d'acide stéarique, ce qui arrive parfois, par suite d'une négligence dans l'épuration. Elle présente sur les huiles : éthers d'acides gras, le grand avantage de pouvoir être retirée chimiquement du tissu ou du fil à l'aide d'un bain alcalin.

On ensime aussi avec des émulsions, qui sont ordinairement des mélanges dans des proportions diverses : d'huile d'olive, d'arachide ou de ricin, avec du carbonate de sodium ou du silicate de sodium et de l'oléine. Ces émulsions sont aussi utilisées en préparation de filature du peigné. On peut même ajouter qu'on utilise toutes sortes de graisses, et souvent, c'est le bas prix qui les fait préférer, du moment qu'elles ne sont pas poisseuses et qu'elles ne laissent pas sur les étoffes une odeur désagréable. Par économie, lorsque la matière à filer est de peu de valeur, on ensime à l'eau de savon.

L'ensimage protège la fibre pendant le cardage et la filature. Le produit d'ensimage doit présenter les qualités suivantes : enduire complètement la fibre, y adhérer suffisamment pour la garantir et pouvoir être enlevé complètement et facilement avant teinture. Sous ce rapport, c'est l'oléine qui mérite la préférence. Ce composé gras est un bon lubrifiant qui s'émulsionne facilement dans les solutions de carbonates alcalins en se transformant partiellement en savon. C'est cette action physique, doublée d'une réaction chimique, qui est désignée sous le nom de dégorgeage ou dégraissage.

Les procédés usuels de dégorgeage sont basés soit sur des actions mécaniques (traitement à l'argile ou à la terre à foulon), soit sur des actions chimiques [1] (carbonate de potassium, de sodium, d'ammonium ; ammoniaque ou savon), soit encore sur des actions purement physiques (dissolvants neutres).

Le dégraissage à l'argile est le plus ancien. Son action consiste à faire absorber les graisses par la terre à foulon [2]. Ce n'est qu'à la faveur de contacts et de frottements répétés avec l'étoffe, que cette terre s'empare du corps gras, en formant une boue pâteuse qui s'enlève assez facilement par lavage à l'eau.

1. Nous aurons l'occasion de constater que les carbonates de sodium et de potassium ont une action à la fois physique et chimique.

2. La terre à foulon est une argile semi-plastique, qui est broyée, débarrassée des pierres et délayée dans 4 ou 5 fois son poids d'eau, de manière à former une bouillie fluide et homogène.

Ce produit naturel, qui est neutre, a l'avantage d'agir indifféremment sur les huiles non saponifiables, sur les graisses neutres et sur les acides gras. Par contre, il travaille lentement ; le traitement à la terre doit durer quatre à cinq heures, sinon une partie de l'argile et des graisses reste dans le tissu, malgré le rinçage prolongé.

Souvent on mélange la terre à foulon avec un peu de carbonate de sodium. La terre est le seul agent réellement pratique pour dégorger les marchandises ensimées avec les huiles végétales.

Le dégraissage aux dissolvants neutres n'est pas applicable aux tissus. Il faut, en effet, bien se rendre compte que la matière textile amasse et retient énergiquement toutes les poussières qu'elle rencontre pendant l'ensimage, le cardage, la filature, le bobinage, l'ourdissage, le rentrage, le piquage au rot, le tordage et le tissage ; sans compter la colle dont on a paré le fil de chaîne avant tissage. Or, les dissolvants volatils, s'ils se chargent des corps gras et permettent leur récupération, n'ont aucune influence sur les autres impuretés qui, en majeure partie, restent sur les pièces et que l'on doit enlever par savonnage. Le dégraissage avec les dissolvants augmenterait donc d'une manière sensible la main-d'œuvre, en admettant que la dépense en savon soit équilibrée par la vente des huiles recueillies.

On peut dégorger à la terre dans tous les cas ; mais, pour dégorger les laines estimées à l'oléine, on peut se servir de bains alcalins formés avec du carbonate de potassium, du carbonate de sodium, du carbonate d'ammonium, de l'ammoniaque (alcali volatil) ou du savon. Ordinairement, on emploie le carbonate de sodium Solvay, en solution pesant 2° à 5° Baumé, et on ajoute soit un peu d'alcali, soit un peu de savon, mais souvent des huiles sulfoconjuguées qui sont livrées sous les noms les plus divers.

Dégorgeage de la laine en fibres. — La laine ensimée se dégraisse en fibres sous forme de nappe de cardé, dans le cas spécial de la fabrication des feutres pour rubans de cardes.

L'émulsion préparée pendant ce dégraissage est additionnée de savon et utilisée pour le feutrage.

La laine destinée au peignage est régulièrement dégraissée en fibres, à l'état de rubans, entre deux étirages, avant peignage. C'est l'opération du lissage.

Dégorgeage de la laine en fils. — Pour la draperie, on ne dégraisse les fils que par petits lots, pour les teindre ensuite en nuances vives destinées à relever les combinaisons du montage.

Les fabricants d'articles nouveauté, genre anglais, demandent parfois des nuances déterminées, en si faible quantité, pour allier avec les fils de chaîne ou de trame, qu'il est impossible d'en faire un teint séparé[1].

Il existe des appareils permettant d'effectuer ce dégraissage partie à la main, partie à la machine. Cependant, on dégorge généralement le fil à la main. Les écheveaux sont étendus sur des barres bien lisses, en bois, placées en travers d'un réservoir rectangulaire contenant le bain de dégrais. Deux ouvriers les promènent dans le liquide alcalin et les lèvent avec soin un par un, afin d'immerger la partie qui repose sur la barre. L'opération dure quinze à vingt minutes.

Le fil est nettoyé une seconde fois dans une autre cuve contenant de la liqueur plus propre. Il est finalement lavé, soit d'une manière analogue, soit en plaçant les barres qui supportent les écheveaux, sur une paire d'autres barres horizontales placées sous un bassin dont le fond est perforé. Le fil reçoit ainsi l'eau en pluie fine.

Le dégraissage des fils exige un tour de main assez difficile à acquérir; car, il faut absolument éviter le feutrage qui est facilité par l'agitation de la laine et le savon qui se forme à mesure que la graisse s'enlève. Le meilleur agent de dégraissage est l'ammoniaque. On prépare deux solutions d'alcali volatil à des concentrations différentes, calculées de manière à ne pas favoriser le feutrage.

1. On désigne sous le nom de *teint*, un lot de laine préparé pour être ensimé avec la même proportion d'huile, cardé en même temps et filé sous le même numéro.

C'est généralement à l'état de fils que l'on dégraisse la laine destinée à la bonneterie. On opère fréquemment dans la machine dite *laveuse à écheveaux* (*fig.* 46). Cette machine est employée dans les établissements de bonneterie pour le dégraissage des écheveaux de laine et de coton. Elle se compose d'un bac en tôle d'acier ou en bois divisé en deux compartiments, l'un servant au dégraissage, l'autre au rinçage. Les écheveaux sont lissés dans les bains par deux jeux de bouteilles en fonte ou en bronze commandées séparément.

FIG. 46. — Laveuse à écheveaux (Ateliers Paul Dubrule).

Dégorgeage des tissus. — Le dégorgeage ou dégraissage des tissus est une opération qui suit immédiatement le tissage. Il se fait en boyau ou au large.

On doit dégraisser en boyau chaque fois que l'on utilise la terre à foulon ; et en général, on traite en boyau les draps épais, les flanelles que l'on désire feutrer, ainsi que les tissus qui viennent d'être foulés. La laveuse à boyau est la seule laveuse régulièrement employée à Elbeuf et dans toute la région ; c'est aussi la plus simple, celle qui malaxe le mieux l'étoffe et qui la soumet à l'épuration la plus complète (*fig.* 47).

La laveuse à boyau se compose essentiellement d'un

bac ACD, dans lequel on forme le bain dégraisseur B, et de deux forts rouleaux de hêtre R et R_1. Le rouleau supérieur R, toujours lisse, mesure $0^m,80$ à 1 mètre de diamètre ; le rouleau inférieur R_1, quelquefois cannelé pour diminuer le glissement, a $0^m,65$ à $0^m,70$ de diamètre. C'est ce dernier qui reçoit la commande, sa vitesse est de 40 à 50 tours à la minute. En avant des compresseurs ou malaxeurs R et R_1 est disposée une planche à lunettes E surmontée d'un petit cylindre guide F. Derrière le rouleau supérieur R, et à un niveau plus élevé que lui, est fixé un cylindre détacheur G; enfin, une petite cuve H, placée sous les deux malaxeurs, recueille le liquide exprimé, que l'on conduit directement au dehors, dès que commence le rinçage. En J est un tuyau d'arrosage, distribuant l'eau sur l'étoffe, lorsque le dégraissage est jugé suffisant. A la base de chacune des deux parois latérales se trouve une vanne de vidange. Ces vannes sont parfois remplacées par une soupape placée au fond de la dégorgeuse.

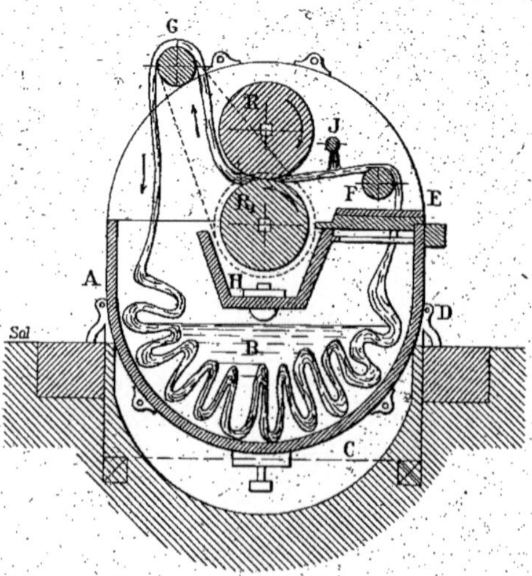

Fig. 47. — Schéma de la laveuse à boyau.
ACD, bac contenant le bain dégraisseur B. — R et R^1, rouleaux malaxeurs. — E, planche à lunettes. — F, cylindre guide. — G, cylindre détacheur. — H, cuve pour recueillir le liquide exprimé. — J, tuyau d'arrosage.

La laveuse ou dégraisseuse (*fig.* 47 *bis*) est une photogravure du type que nous venons de décrire. La seule différence est que les rouleaux malaxeurs sont en chêne.

Les dégorgeuses employées en Normandie diffèrent du type que nous venons de décrire, en ce sens que les rouleaux compresseurs sont plus haut, que la petite cuve H existe rarement et que la planche, ordinairement percée de cinq lunettes, est disposée au-dessus du guide F.

Pour préparer le tissu à subir le dégraissage, on le plisse irrégulièrement dans le sens de la largeur et passe successivement une de ses extrémités dans une des lunettes de la planche E, au-dessus du guide F, entre les rouleaux R et R_1 et au-dessus du détacheur G; puis on réunit et coud les deux extrémités ensemble, de manière à former un boyau sans fin. On

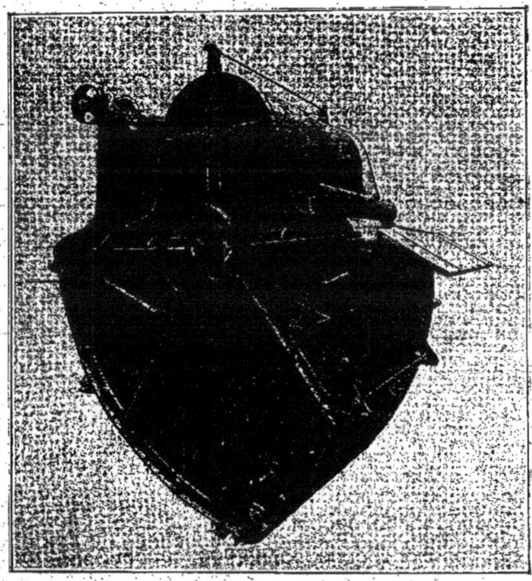

FIG. 47 *bis*. — Laveuse de pièces [Construction L. Crétin, Vienne (Isère)].

Les pièces passent en boyaux entre deux rouleaux en chêne ayant respectivement, celui inférieur 530 millimètres environ de diamètre et celui supérieur 650 millimètres, leur largeur est de $1^m,520$. Ces dimensions permettent de traiter 3 pièces à la fois pesant de 35 à 50 kilogrammes chacune et ayant environ $1^m,40$ de largeur et 50 mètres de longueur.

On peut, si les pièces sont plus légères, en laver un plus grand nombre à la fois.

Il y a à l'entrée, avant les rouleaux, un débrayage automatique par la lunette et à la sortie un rouleau d'appel pour la descente des pièces dans la cuve. Ce rouleau d'appel est commandé par poulies. Il est placé assez haut pour permettre à la pièce, en redescendant sur la fonçure inclinée du lavage, de changer la disposition des plis du boyau.

En dessous du rouleau inférieur, il existe une cuve en bois avec clapet mobile, permettant d'évacuer à l'extérieur les eaux savonneuses avant l'opération du rinçage.

peut traiter quatre ou cinq pièces à la fois dans une même dégorgeuse, lorsqu'elles sont lourdes; on en place six et même huit, quand elles sont légères[1]. Si les tissus sont assez minces,

1. On a intérêt à en mettre 10, si elles sont suffisamment légères (*fig*. 48).

on les coud sur eux-mêmes, comme on vient de [illegible] de les faire passer tous en même temps [illegible] bien, on fait trois ou quatre boyaux[1] de [illegible] mais, s'ils sont épais, on les réunit deux à deux [illegible] que deux ou trois chaînes sans fin. Dans [illegible] rouleaux ne compriment que deux ou trois [illegible]

Fig. 48. — Laveuse de pièces en boyaux (Construction Longtain. Agent général M. Colin, Paris).

Les lunettes sont formées par de petits rouleaux [illegible] un rouleau à lattes qui a pour but d'éviter l'adhérence des tissus aux rouleaux presseurs.

2° On verse le bain alcalin et travaille une [illegible] et demie, vide, rince lentement avec de l'eau [illegible] épurée), en laissant ouvertes les deux vannes, pour [illegible] exprimée ne soit pas absorbée de nouveau. Au [illegible] quarts d'heure à une heure, on augmente [illegible] ment de l'eau de rinçage, que l'on remplace [illegible] l'eau ordinaire (eau dure, eau non épurée).

Le dégorgeage complet exige quatre à [illegible]

Le travail à la terre à foulon est beaucoup [illegible]

1. Cinq boyaux, si on travaille 10 pièces [illegible]

environ cinq heures de traitement, avec une bouillie de terre, suivi d'un premier rinçage en solution faible de carbonate de sodium et d'un deuxième rinçage prolongé en eau ordinaire constamment renouvelée. On peut laisser arriver cette eau sans ménagement dès le début du second rinçage (voir *fig.* 49. Vue d'ensemble d'un groupe de dégorgeuses).

Le *dégraissage au large* est préférable pour les tissus qui ne doivent pas se feutrer, et dans lesquels il faut éviter les faux plis. Le drap suffisamment tendu, passe dans toute sa largeur,

FIG. 49. — Vue partielle d'un groupe de dégorgeuses en fonctionnement dans une usine française (Construction Dehaître, Paris. Licence de fabrication Grosselin, Sedan).

comme l'indique le nom de ce genre de laveuse. Les pièces cousues à leurs extrémités forment donc un tablier sans fin et non plus un boyau. A part sa largeur, la dégorgeuse au large la plus simple diffère peu de la laveuse à boyau. Le nombre de rouleaux-guides est plus grand et quelques-uns peuvent être déplacés, pour augmenter la tension. De plus, le rouleau supérieur est muni d'un levier à contrepoids, permettant de faire varier la pression (*fig.* 50).

La *machine Kempe* est une dégorgeuse au large, semblable à la précédente, munie d'un plan à inclinaison variable, sur lequel glisse la marchandise venant du cylindre détacheur. Ce

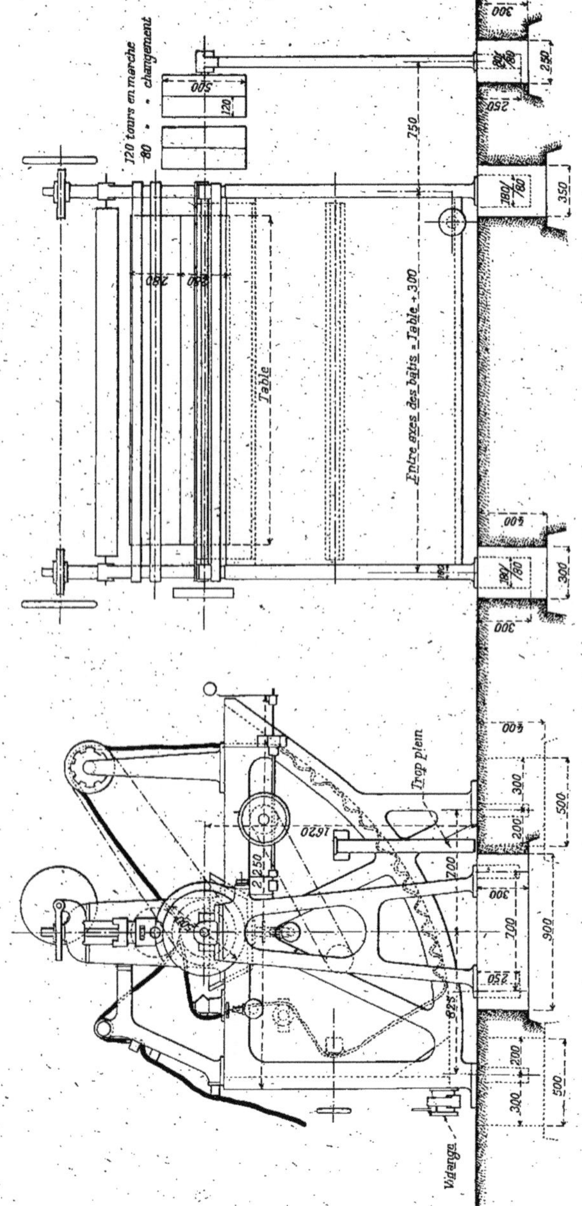

FIG. 50. — Plan d'une dégorgeuse au large. Construction Dehaître, Le Saché, Vivraire et Cie.

plan est couvert d'une plaque de zinc plissée longitudinalement, pour diminuer le frottement et guider l'étoffe.

La *rivière anglaise*, très employée à Roubaix et à Tourcoing, le plus souvent désignée sous le nom de grande laveuse, est un autre modèle de laveuse au large.

C'est un énorme bac cloisonné en quatre ou cinq compartiments, dans chacun desquels se trouvent une série de cadres à roulettes et trois paires de rouleaux compresseurs. Les trois premiers compartiments contiennent une solution de savon additionnée ou non de carbonate de sodium, dont la concentration va en diminuant du premier au troisième. Le quatrième compartiment, ou le quatrième et le cinquième compartiment reçoivent de l'eau constamment renouvelée, pour le rinçage. Le bac est suffisamment rempli pour que tous les cylindres soient immergés ; le tissu ne sort du liquide que pour passer entre deux rouleaux exprimeurs et se rendre dans le récipient suivant.

La *société Hannart frères* construit un appareil où le *dégorgeage au large est combiné à l'essorage par aspiration*. Il se compose de deux cuves de dégraissage dans lesquelles le tissu circule un grand nombre de fois, en se déroulant d'une pile disposée à l'entrée de la machine. En quittant chacune de ces deux cuves, le tissu passe au-dessus d'un suçoir.

L'étoffe, en sortant de la seconde cuve de dégraissage, va dans les cuves de rinçage dont le nombre peut varier, mais qui est ordinairement de trois. Des suçoirs sont également placés entre les cuves de rinçage, et un dernier aspirateur est disposé à l'extrémité de la machine.

Chaque suçoir est constitué par un tube horizontal fendu, communiquant, par une de ses extrémités, avec un giffard ; l'autre extrémité porte un manomètre indiquant le degré de vide que produit l'aspiration.

Les deux premiers suçoirs conduisent le liquide aspiré dans un récipient, d'où il est puisé et renvoyé dans les bains de dégraissage (*fig*. 51, 52 et 53).

Les tubes suceurs, excepté le dernier qui doit rester au-dehors pour l'essorage, seraient encore plus efficaces s'ils étaient placés à l'intérieur des bains, de manière à faire circuler le liquide

DESSINS SCHÉMATIQUES
EXPLIQUANT LE DISPOSITIF ET LE FONCTIONNEMENT DE LA MACHINE À DÉGRAISSER AU LARGE AVEC ESSORAGE PAR SUCCION
(Système Hannart)

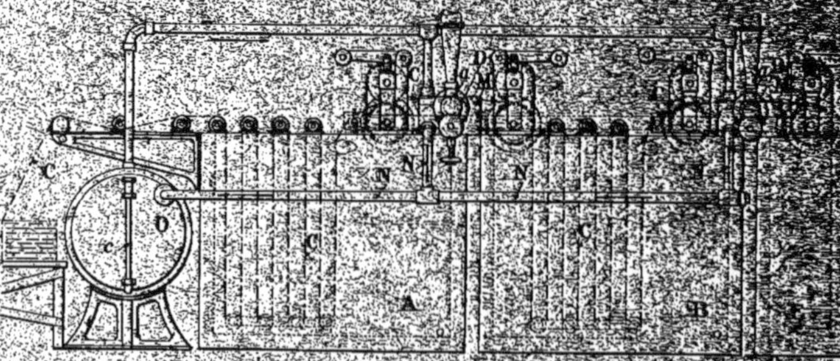

Fig. 51. — Élévation-coupe d'une partie de la machine.

A et B, cuves de dégraissage. — C, C, C, ..., tissu. — D et D_1, suçoirs. — *a*, fente longitudinale pour l'aspiration. — M, M, petits récipients recueillant le liquide dégraisseur enlevé du tissu par aspiration. Ce liquide est conduit par le canal N dans le réservoir de récupération O. — *t*, tube de niveau d'eau.

Fig. 52. — Coupe d'un tube à succion sans récupération du bain.

D_2, tube à succion. — *a*, fente longitudinale ménagée à la partie supérieure du tube. C'est en passant sur cette fente que l'étoffe est soumise à l'aspiration. — H, conduit dirigeant la vapeur dans le giffard G. — *b*, tige à pointeau réglant la sortie de la vapeur. — K, manomètre indiquant le degré du vide produit par l'aspiration du suçoir.

Fig. 53. — Ensemble de la machine à échelle très réduite.

A et B, cuves de dégraissage. — E, E, E, cuves de rinçage. — C, C, C, ..., tissu. — D, D, D, D, suçoirs. — F, tambour sur lequel s'enroule la marchandise.

dégraisseur et l'eau de rinçage à travers la marchandise.

Citons à titre de curiosité la dégorgeuse électrolytique Baudot, séduisante par le procédé qu'elle mettait en œuvre, mais qui n'a pas su prendre place dans l'industrie.

La partie principale est une vaste cuve dans laquelle sont disposées dix-neuf électrodes. L'électrolyte, qui est une solution de carbonate de sodium titrant 3° à 4° Baumé, est soumis à un courant électrique débitant 300 à 400 ampères sous une tension de 5 à 6 volts.

Le tissu entre dans le bain électrolytique et passe à dix-huit reprises différentes entre chaque série d'électrodes positives et négatives. A sa sortie du bain électrolytique, il s'engage entre deux forts rouleaux exprimeurs, puis chemine dans le deuxième bac qui contient la combinaison savonneuse provenant des opérations précédentes. C'est ici que sont recueillies les huiles d'ensimage.

En quittant la cuve 2, la marchandise est de nouveau exprimée. A ce moment, elle est rincée en passant successivement dans les bacs 3, 4 et 5. Chacun d'eux est muni d'une presse à rouleaux caoutchoutés et d'une rampe d'eau pure à fort débit.

Le bac n° 3 contient encore trois électrodes, pour empêcher la dissociation du savon dans l'étoffe et parfaire le dégraissage.

Ce mode de dégraissage est une application des lois de l'électrolyse.

Dans la cuve n° 1, le sel Solvay est décomposé en anhydride carbonique et oxygène qui se dégagent sur l'électrode positive ou anode, et sodium qui se porte sur l'électrode négative ou cathode :

$$\overset{+}{CO^3}\overset{-}{Na^2} = \overbrace{CO^2 + O}^{+} \nearrow + \overset{-}{\overline{2Na}}$$

Le sodium n'agit vraisemblablement pas de suite sur l'acide gras. A cause de son affinité pour l'eau, il donne lieu à une action secondaire qui fournit de la soude à l'état naissant :

$$2\,Na + 2\,(HOH) = 2\,(NaOH) + \overset{\rightarrow}{H^2}.$$

La soude sitôt formée provoque la saponification de l'acide oléique, autre action secondaire :

$$NaOH + C^{17}H^{33}CO^2H = C^{17}H^{33}CO^2Na + HOH.$$

L'oléate de sodium qui subit à son tour les effets de l'électrolyse, se décompose en acide oléique que l'on récupère, et en sodium que l'eau transforme en soude caustique. La soude reformée continue son action saponifiante :

$$\underbrace{\overbrace{C^{17}H^{33}}^{+}\overbrace{CO^2Na}^{-}}_{\text{oléate de sodium.}} = \overbrace{C^{17}H^{33}CO^2}^{+} + \overset{-}{Na}.$$

Il se passe dans la cuve n° 3, mais à un degré plus faible, la même réaction saponifiante que dans la cuve n° 1. Si donc, il reste sur le tissu des matières grasses libres, elles sont, avant la sortie de l'étoffe, transformées en savon.

En réalité, toutes ces réactions ont lieu en même temps.

Le bain de soude carbonatée est chauffé à une température de 35° à 45° C.

En somme, on a là un procédé de dégraissage automatique et rapide. L'ouvrier ne doit ni voir ni toucher pour s'assurer de la marche de l'épuration, et l'étoffe qui passe à une vitesse de 8 à 10 mètres à la minute, selon l'épaisseur du tissu, ne séjourne pas assez dans le premier bain pour être attaquée par la lessive de soude.

Cette machine fort coûteuse n'était, en somme, qu'une savonneuse. A la sortie du bac n° 5, les pièces devaient être désavonnées et désencollées ; il fallait, pour terminer le dégorgeage, soumettre les tissus à un rinçage fort long, ce qui doublait les frais de main-d'œuvre.

Importance de l'opération du dégorgeage des tissus. — Le dégraissage aux composés alcalins est basé sur la saponification des acides gras, sur leur transformation en savons solubles. Il importe que le nettoyage soit exécuté d'une manière parfaite ; car, si on vient à plonger des pièces dans un bain acide en vue du blanchiment, de l'épaillage ou de la teinture, la base alcaline se trouve neutralisée par l'acide minéral et l'acide gras se précipite sur la fibre, réaction représentée dans l'équation suivante :

$$C^{17}H^{33}CO^2Na + HCl = C^{17}H^{33}CO^2H + NaCl,$$

on se trouve par conséquent dans le cas d'un tissu ayant subi un dégraissage incomplet. Il y a formation de réserves.

Pendant le dégorgeage la base alcaline se combine plus ou moins aux matières grasses et les dissout. On peut remarquer que plus ce bain est chargé de matières grasses saponifiées, plus il est apte à en saponifier d'autres, — ceci, bien entendu, *aussi longtemps que la solution n'est pas saturée de savons*. C'est pourquoi il est bon d'ajouter du savon, et c'est pour la même raison que le dégraissage de la fibre se fait parfaitement au carbonate de sodium seul, lorsque le suint n'a pas été enlevé dans une précédente manipulation.

Si le carbonate alcalin est en excès dans le bain de dégraissage, après avoir saponifié les graisses, il saponifie plus ou moins la fibre, en se combinant à la moelle qui remplit l'intérieur du tube, cette moelle est la substance qui donne à la laine sa douceur et sa souplesse. Le principal souci du fabricant doit donc être de n'enlever à la fibre que l'enduit superficiel qu'il a dû y ajouter antérieurement, à seule fin de le rendre colorable, tout en lui conservant ses qualités. Toute la science du dégraissage est là.

Le dégraissage des tissus se fait souvent à l'œil. Ce n'est que dans certains cas, par exemple quand on doit traiter des tissus fins ou déjà altérés, que l'on surveille le dosage de l'alcali carbonaté.

On a tort d'agir ainsi, car on paie bien cher ce manque de surveillance. Nous pourrions prouver, par de nombreuses reproductions de fibres de laine prélevées sur des tissus très dégraissés, que l'action d'un excès d'alcali carbonaté est toujours à craindre, même sur des laines ordinaires, qui sont généralement plus résistantes. Du reste, lorsqu'une étoffe est attaquée par un excès d'alcali, elle paraît très douce au toucher après le dégorgeage ; mais, après une courte exposition à l'air, ou un passage en bain acide, la laine durcit selon le degré de saponification qu'elle a subi.

Composition chimique du savon formé pendant le dégraissage des tissus ensimés à l'oléine. — Afin d'avoir une idée sur l'influence que peut exercer la solution de carbonate de sodium sur le tissu lors du dégraissage, voyons de quelle manière les acides gras sont enlevés pendant cette opération.

Nous n'ignorons pas que le savon à l'oléine peut être fabriqué avec le carbonate de sodium moyennement hydraté[1]. En effet, l'industrie le prépare quelquefois en chauffant, par la vapeur de préférence, un mélange d'acide oléique et de quantités égales de soude Leblanc et de soude Solvay réduites en poudre fine. Le produit est identique à celui obtenu en chauffant ensemble de l'acide oléique et une solution de soude caustique. La seule différence est que, dans le cas précédent, la réaction est accompagnée d'un fort dégagement de gaz carbonique.

Un certain nombre de chimistes prétendent que le dégraissage au sel de soude s'effectue par combinaison des acides gras avec la soude, comme cela se fait dans la préparation des savons industriels (c'est-à-dire que l'oléine se transforme en savon en se combinant à la base du carbonate de sodium). D'autres soutiennent, au contraire, qu'il n'y a pas combinaison entre l'alcali et l'acide gras, et que ce dernier est enlevé par une simple émulsion.

On ne peut nier l'existence de la combinaison chimique. Si, en effet, on agite un mélange d'une solution même étendue de carbonate de sodium et d'oléine, l'huile se charge de bulles gazeuses et on constate un dégagement important de gaz carbonique dès que l'on vient à élever la température de la masse. On obtient alors un liquide blanc jaunâtre qui, par le repos, se sépare en deux couches : une inférieure demi-transparente, c'est la solution du sel de sodium en excès ; une supérieure opaque, c'est le savon formé, tenant probablement en solution l'acide oléique non saponifié.

En somme, tout se passe apparemment comme lorsqu'on agite de la graisse dans une solution de carbonate de sodium. La graisse se sépare sous forme de gouttelettes, restant en

1. Calmels et Saulmier, *Guide pratique du fabricant de savons.*

suspension dans le liquide et lui donnant un aspect laiteux. Mais ici, il n'y a qu'une action mécanique, la réaction chimique n'est même pas commencée. Abandonnée au repos, la masse se sépare comme nous venons de le voir. *On donne le nom d'émulsion à de pareils mélanges* [1]. Par addition de beaucoup d'eau froide ou d'eau bouillante, on n'arrive pas à rendre limpide le mélange que nous avons préparé avec l'oléine et le carbonate alcalin, mais il n'y a pas formation de gouttelettes d'huile à la surface du liquide, et si on le laisse reposer, il se sépare de nouveau en deux couches.

On obtient un produit en tout comparable, en faisant barboter de l'anhydride carbonique dans une solution de savon. L'émulsion qui en résulte est parfaite, si la solution de savon est étendue au 1/10 environ.

L'acide carbonique et l'acide oléique sont donc deux acides qui se déplacent mutuellement de leurs combinaisons avec les bases alcalines. Leur affinité pour ces bases est par conséquent comparable.

Dans le premier cas, nous avons action de l'acide oléique sur le carbonate de sodium et dans le second cas, action de l'anhydride carbonique sur l'oléate de sodium. Ces deux actions se gênent l'une l'autre. Cela peut se traduire par la formule :

$$2(C^{17}H^{33}CO^2H) + CO^3Na^2 \rightleftarrows 2(C^{17}H^{33}CO^2Na) + CO^2 + H^2O.$$

L'action de l'acide oléique, sur le savon formé, est arrêtée par l'action inverse du gaz carbonique, dès que celui-ci est en quantité suffisante. Il y a alors équilibre chimique et la réaction cesse.

Les conditions d'équilibre dépendent évidemment de la concentration et de la température de la solution du sel de sodium. Dans la fabrication industrielle des savons d'oléine, par l'intermédiaire du carbonate de sodium, la concentration est très grande et la température élevée ; de ce fait, le gaz carbonique est chassé au fur et à mesure de sa formation et la saponification doit être complète.

1. Calmels et Saulnier, *Guide pratique du fabricant de savons*.

Nous avons essayé de connaître la proportion d'oléine qui, pendant le dégraissage, peut se combiner à la base du carbonate, en dosant le gaz carbonique dégagé dans la réaction. Nous nous sommes servis, dans ce but, du dispositif suivant :

Un appareil formé d'un flacon laveur contenant une solution de potasse caustique et d'un tube en U rempli de pierre ponce imbibée du même alcali, amène de l'air, débarrassé d'anhydride carbonique, au fond d'un ballon, par l'intermédiaire d'un tube à brome, dans la boule duquel on a tout d'abord versé un excès d'une solution de carbonate de sodium. Un tube abducteur conduit le gaz dégagé pendant la réaction dans une série de trois tubes de Pettenkoffer remplis d'une solution de baryte. Le dernier, qui sert de témoin, est relié à un aspirateur.

On place dans le ballon un poids déterminé d'acide oléique, préalablement débarrassé d'acide stéarique et titré. On laisse tomber lentement la solution de carbonate alcalin et on agite de temps à autre.

L'anhydride carbonique est absorbé, à mesure de sa formation, dans les tubes de Pettenkoffer.

Lorsque toute la solution alcaline se trouve en présence de l'oléine, on plonge le ballon dans un bain-marie que l'on chauffe jusqu'à l'ébullition et que l'on maintient à cette température pendant quinze à vingt minutes. Au bout de ce temps, le liquide, que l'on a continué à agiter, est devenu d'un blanc laiteux et paraît bien homogène. On laisse alors refroidir le ballon et on fait arriver un courant d'air pour faire absorber tout l'anhydride carbonique.

La liqueur de baryte des deux premiers tubes est ensuite réunie et titrée avec une solution d'acide oxalique correspondant à 3^{mg},5 de CO^2 par centimètre cube. Les poids de CO^2 fournis par le dosage sont respectivement : 8^{mg},4, 15^{mg},75, 50^{mg},40 et 24^{mg},15, c'est-à-dire : 1/21, 1/20, 2/17 et 1/15 du poids de l'anhydride carbonique correspondant à la quantité d'acide oléique employé.

Les émulsions 1 et 2, portées au bain-marie, s'évaporent avec un dégagement de gaz carbonique. Les résidus repris par l'eau se dissolvent complètement.

L'analyse de ces deux résidus, ainsi que celle des extraits obtenus de la même manière avec les essais 3 et 4, prouvent qu'ils sont constitués par du savon chargé d'un excès de carbonate alcalin. Il est évident que la réaction commencée dans le ballon s'achève pendant l'évaporation, grâce à la concentration et à la température, et que nous avions primitivement un mélange d'une dissolution de carbonate de sodium, d'acide oléique et de savon. L'acide oléique était maintenu en solution grâce à la présence du savon.

Il faut ajouter cependant que l'oléine en excès paraît intimement unie au savon formé. En effet, les émulsions 3 et 4 ont été agitées à différentes reprises, le n° 3 avec du sulfure de carbone, le n° 4 avec de la ligroïne, et ces dissolvants d'acides gras évaporés après avoir été lavés plusieurs fois à l'eau, abandonnent :

N° 3 = 0,52 de résidu.
N° 4 = 1,717 de résidu, dont 1,649 de savon et 0,068 d'acides gras.

Ces proportions sont légèrement forcées par des erreurs d'expériences, et il ne peut y avoir, d'après l'ensemble des résultats, que 0,406 de matières grasses libres pour le numéro 3, et seulement des traces de matières grasses libres pour le numéro 4.

Les résultats de ces essais de saponification sont exposés dans le tableau ci-joint.

La principale observation, que nous déduisons de l'examen de ce tableau, *est qu'une faible proportion de soude seulement se combine à l'acide oléique.*

En est-il de même dans la pratique ?

C'est probable. Pendant le dégraissage du drap, la combinaison ne doit pas être poussée plus loin. L'opération se fait en effet à froid, le gaz carbonique n'est pas sollicité à se dégager et il doit tendre à s'opposer à la saponification. Doit-on conclure, de ces expériences, que le poids d'alcali carbonaté peut être réduit au 1/15 du poids équivalent d'acide oléique ?

Le savon tendant à se décomposer, à cause des faibles affinités en présence, il faut croire que la combinaison ne commence que grâce à un grand excès de carbonate alcalin et que ce dernier empêche la dissociation du savon formé et facilite l'émulsion.

Des essais que nous avons pu faire dans la pratique nous ont démontré : 1° que le dégraissage se fait dans de très bonnes conditions, lorsqu'on emploie la quantité théorique du sel de soude en concentration telle que le bain marque en moyenne 2° 1/2 Baumé, au maximum 3° Baumé, à condition de ne pas dépasser le temps nécessaire à la formation de l'émulsion (cette durée varie entre une heure et une heure trois quarts, selon l'épaisseur du tissu); 2° que le drap reste poisseux et que souvent même la laine est attaquée, si on dépasse sensiblement cette proportion de soude.

Il découle des expériences de saponification de l'acide oléique par le carbonate de sodium, expériences dont les résultats sont consignés dans le tableau page 95, que dans l'opération du dégorgeage des draps, la saponification est difficile et toujours incomplète. Nous avons là l'explication :

1° De la lenteur du dégorgeage ;

2° De la nécessité d'agiter sans cesse le tissu dans la lessive[1] et de l'exprimer constamment entre de puissants rouleaux. La pression met les réactifs en contact intime, provoque la combinaison et chasse en partie le gaz carbonique produit, tandis que le savon formé passe dans le bain alcalin en dissolvant un peu d'huile et que l'étoffe se charge à nouveau de solution alcaline ;

3° Enfin, nous voyons pourquoi un dégraissage d'une trop longue durée dans une lessive ordinaire et, à plus forte raison, dans une lessive trop concentrée, peut facilement abîmer le drap. Il est connu en effet que les carbonates alcalins, en solution même étendue et froide, détériorent à la longue la laine ; or, pendant le dégorgeage, les 9/10 de sel de sodium environ se trouvent toujours à l'état libre dans le bain. Le carbonate exerce donc son action dissolvante sur la laine peut-être même avant que cette dernière soit débarrassée de ses matières grasses. Cette action destructive est naturellement fonction de la durée du dégorgeage et de la proportion de carbonate en excès.

1. Ou de faire circuler la lessive à travers le tissu. Dispositif que l'on n'a pas encore songé à mettre en pratique.

RÉSULTATS DES EXPÉRIENCES RELATIVES A L'ACTION DU CARBONATE DE SODIUM SUR L'ACIDE OLEIQUE

NUMÉROS	POIDS d'acide oléique employé (1)	POIDS d'acide oléique pur contenu	POIDS de CO^2 correspondant (en mg.)	POIDS de CO^2 dégagé pendant l'expérience (en mg.)	RAPPORT entre le poids du CO^2 dégagé et du CO^2 correspondant à la quantité d'acide oléique employé	DIFFÉRENCE entre le poids d'acide oléique pur employé et le poids d'acide retiré du savon formé (Dosage pondéral) (2)	POIDS D'ACIDE OLÉIQUE retiré de la solution de savon		DIFFÉRENCE comprise entre les deux résultats précédents (3)	POIDS DE L'ALCALI combiné	
							Dosage pondéral	Dosage volumétrique		Trouvé	Calculé
1	2gr,147	2gr,0174	175,40	8,40	1/21	»	»	»	»	»	»
2	4 ,764	4 ,4764	349,20	15,75	1/22	0,0184	4gr,458	4gr,180	0gr,278	0gr,624	0gr,6350
3	5 ,783	5 ,4340	423,90	50,40	2/17	0,4250	5 009	4 735	0 279	0 716	0 7707
4	4 ,893	4 ,5977	358,70	24,15	1/15	0,0187	4 579	4 366	0 213	0 666	0 6522

1. Valeur de l'acide oléique évalué par tirage direct, au moyen de la potasse alcoolique : 93,964 0/0.
Valeur de l'acide oléique évalué par dessiccation à l'étuve à la température de 110° = (0,896 à 1,07 0/0) 99 0/0 environ.

2. Les solutions alcalines savonneuses ont été lavées à plusieures reprises avec des dissolvants d'acides gras, et, après cette opération, les dissolvants : sulfure de carbone ou ligroïne, agités avec de l'eau distillée. On constate ainsi que :
(N° 3) Le sulfure de carbone enlève à la solution savonneuse 0,520 du produit pouvant contenir 0,406 d'acide.
(N° 4) La ligroïne enlève à la solution savonneuse 0,068 du produit pouvant contenir des traces d'acide oléique.

3. Des essais comparatifs nous ont prouvé que :
1° De l'oléine maintenue longtemps (14 heures) à la température de 110°, perd environ 1 0/0 de son poids.
2° Pendant cette dessiccation prolongée, l'acidité de l'oléine diminue dans les proportions de 4,58 à 4,68 0/0. — Nous attribuons cette diminution à la polymérisation, car l'oléine, maintenue quelques heures à une pareille température, se dissout moins facilement dans l'alcool. — Ceci explique la différence notée dans la 9e colonne.
3° Le titrage acidimétrique des acides gras avec la potasse alcoolique entraîne des erreurs variant entre 0,70 et 0,80 0/0.
4° La saponification industrielle des graisses ne met jamais en liberté la totalité des acides gras primitivement à l'état d'éthers. — 6 0/0 en moyenne des acides restent combinés à la glycérine.

Le dégraissage du drap est, par conséquent, une opération qui exige à la fois, de la part de l'ouvrier, une grande habitude et une surveillance constante. Car, la durée du dégorgeage ne varie pas uniquement, comme nous avons pu le faire croire, avec l'épaisseur du tissu, mais aussi avec la température ambiante et la nature de l'eau épurée, qui ne se présente pas toujours dans les mêmes conditions.

Calcul de la quantité de soude Solvay nécessaire au dégorgeage des tissus ensimés à l'oléine (acide oléique). — La quantité théorique de carbonate de sodium se calcule sur l'équation chimique :

$$\underbrace{\underbrace{2\,(C^{17}H^{33}CO^{2}H)}_{\text{Oléine (acide oléique).}}}_{2\times 282} + \underbrace{\underbrace{CO^{3}Na^{2}}_{\text{Carbonate de sodium.}}}_{106} = \underbrace{2\,(C^{17}H^{33}CO^{2}Na)}_{\text{Oléate de sodium ou savon d'oléine.}} + CO^{2} + H^{2}O.$$

D'après cette réaction : 2 (282) ou 584 grammes d'acide oléique seront saponifiés, amenés à l'état de sel soluble, par 106 grammes de carbonate de sodium.

Il semble, par conséquent, que, si on connaît le poids d'oléine que contient la pièce à dégraisser, on trouvera la quantité de carbonate de sodium nécessaire au dégraissage en multipliant le poids d'oléine par le rapport $\frac{106}{2\times 282}$ ou plus simplement $\frac{53}{282}$.

Cela n'est pas tout à fait aussi simple ; car, il faut tenir compte, dans ce calcul, de l'huile perdue pendant le travail de la filature. Dans la pratique, ce déchet paraît considérable ; certains industriels prétendent même qu'il atteint la moitié du poids de l'huile employée. C'est une appréciation émise à la légère, d'après l'aspect graisseux des cardes.

En somme, il est indispensable de faire entrer en ligne de compte la perte éprouvée par le lubrifiant, afin de connaître l'interprétation à donner aux calculs théoriques. Nous avons fait des recherches dans ce but, et voici la marche simple que nous avons adoptée et les résultats auxquels nous sommes arrivés.

Des échantillons ont été pris à la sortie des diverses machines qui concourent à la fabrication du fil ; c'est-à-dire :

1° A la sortie du loup;
2° — de la première carde ou briseuse;
3° — de la deuxième carde ou repasseuse;
4° — de la troisième carde ou boudineuse;
5° Enfin après la filature.

Dans la première de nos deux séries d'échantillons, il a été possible de faire un essai sur la laine avant ensimage.

Voici la marche adoptée pour doser le lubrifiant :

Un lot moyen de chaque échantillon a d'abord été desséché pendant quatre heures, à une température de 95° C. (une durée de deux heures est néanmoins suffisante).

Un autre lot identique, après avoir subi deux lavages successifs à la benzine, d'une durée de quinze minutes, à la température ordinaire, a été soumis à l'action de la vapeur de benzine, pendant trois heures, dans l'extracteur Soxhlet, puis séché à 95° C.

Après ce traitement, la laine est parfaitement débarrassée de toute trace de matières grasses, et elle a conservé, en outre, toute sa souplesse. Ce dernier caractère fait présumer que la fibre n'a pas été altérée.

Les mêmes échantillons mis à digérer avec une solution fort diluée d'acide chlorhydrique, lavés à fond, puis replacés dans l'extracteur, n'abandonnaient plus de matières grasses.

Nos expertises ont porté sur des laines courtes.

Nous voyons, d'après les deux tableaux I et II, que de semblables laines ensimées à 12 kilogrammes d'oléine pour 100 kilogrammes de laine, conservent, après filature, 10^{kg},5 d'oléine et que le fil retient 11 kilogrammes de cet acide gras si l'ensimage est fait à 16,77 0/0.

Les nombres 10,5 et 11 sont donnés pour 100 du poids total. En effet la composition du fil est :

Ensimage		Série	laine	eau	huile
Ensimage : 12 0/0.	—	1re Série ;	laine = 81,35 ;	eau = 8,18 ;	huile = 10,47
—	: 16,77 0/0.	— 2e — ;	— = 78,56 ;	— = 10,40 ;	— = 11,04

Ces chiffres nous prouvent que la laine retient assez bien l'huile d'ensimage, et ils nous permettent de rendre pratiques les calculs basés sur la réaction de saponification.

Pour arriver à ce résultat, il suffit de connaître le poids de

Tableau I. — Adhérence des produits d'ensimage

Proportions adoptées pour l'ensimage : *Oléine*, 12. — *Eau*, 5. — *Blousse*, 100

		EAU	HUILE ET EAU	HUILE
Avant l'ensimage	»	20,35 — 18,57 = 1,78 : 8,74 0/0	15,00 — 13,55 = 1,45 : 9,66 0/0	0,91 0/0
	»	19,46 — 17,76 = 1,70 : 8,747	»	»
Après l'ensimage	1° Après louvetage.....	15,00 — 13,50 = 1,50 : 10,00	15,00 — 11,73 = 3,27 : 21,80	21,80 — 10,00 = 11,80
	2° Après la briseuse...	17,68 — 16,23 = 1,45 : 8,20	15,00 — 12,03 = 2,97 : 19,80	19,80 — 8,20 = 11,60
	3° Après la repasseuse.	15,00 — 13,77 = 1,25 : 8,33	15,00 — 12,05 = 2,95 : 19,66	19,66 — 8,33 = 11,33
	4° Après la boudineuse.	15,00 — 13,80 = 1,20 : 8,00	15,00 — 12,20 = 2,80 : 18,66	18,66 — 8,00 = 10,66
	5° Après filature......	22,00 — 20,20 = 1,80 : 8,18	26,00 — 21,15 = 4,85 : 18,65	18,65 — 8,18 = 10,47

Tableau II. — Adhérence des produits d'ensimage

Proportions adoptées pour l'ensimage : *Oléine*, 16,77. — *Blousse*, 89,5. — *Laine*, 10,5

		EAU	HUILE ET EAU	HUILE
Avant l'ensimage	»	»	»	»
	»	»	»	»
Après l'ensimage	1° Après louvetage.....	17,00 — 14,75 = 2,25 : 13,23 0/0	17,00 — 12,55 = 4,45 : 25,88 0/0	26,17 — 13,23 = 12,94 0/0
	2° Après la briseuse...	17,00 — 15,00 = 2,00 : 11,76	17,00 — 13,07 = 3,93 : 23,11	23,11 — 11,76 = 11,35
	3° Après la repasseuse.	17,00 — 15,18 = 1,82 : 10,70	17,00 — 13,27 = 3,73 : 21,94	21,94 — 10,70 = 11,24
	4° Après la boudineuse.	17,00 — 15,20 = 1,80 : 10,59	17,00 — 13,30 = 3,70 : 21,76	21,76 — 10,59 = 11,17
	5° Après filature......	25,00 — 22,40 = 2,60 : 10,40	25,00 — 19,64 = 5,36 : 21,44	21,44 — 10,40 = 11,04

lubrifiant et tenir compte des déchets d'oléine suivant les rapports fournis par les analyses précitées.

On pourra calculer le poids de soude Solvay à employer sur un poids d'huile égal à 11 0/0 du poids du tissu à dégorger. On tiendra ainsi compte, dans une certaine mesure, de l'encollage qui oscille entre 6 et 7 0/0 et qui augmente d'autant le poids de la pièce.

Notre calcul se précise par les modifications suivantes :

Le poids de soude Solvay, à employer pour 100 kilogrammes de tissu, sera, dans tous les cas, fourni en appliquant la formule :

$$x = \frac{11 \times 53}{282} \times \frac{100}{85},$$

d'où

$$x = 2,432.$$

En chiffres ronds :

$$2,4 \text{ ou } 2,5$$

(la soude Solvay étant estimée à 85 0/0).

C'est-à-dire qu'en multipliant le poids de la pièce par 2,4 ou 2,5 et en divisant le nombre trouvé par 100 on aura le poids de soude carbonatée nécessaire pour dégraisser la pièce de drap en question.

En résumé :

$$x = \frac{2,5 \times p}{100}.$$

x = poids de soude Solvay ;
p = poids de la pièce de drap.

Supposons que l'on ait à dégraisser quatre pièces de drap pesant ensemble 120 kilogrammes. Le poids de soude dont il faudra disposer, d'après nos recherches, sera égal à :

$$\frac{2,5 \times 120}{100} = 3 \text{ kilogrammes},$$

ce qui correspond à environ 150 litres de lessive à 2° 1/2 Baumé.

L'application de cette combinaison nous a toujours donné de bons résultats avec les articles les plus divers. Et, si le bain de dégraissage n'est pas trop dilué, on arrive à un nettoyage parfait sans emploi d'eau épurée, ce qui était, jusqu'ici, considéré comme impossible.

Nous conseillons, pour l'ensimage, d'éviter l'usage d'huiles contenant de la graisse de laine (suintine, lanoline) ou des composés résineux. Et d'exiger que l'oléine soit suffisamment épurée d'acide stéarique.

Par suite de son point de fusion relativement élevé, l'acide stéarique se combine plus difficilement aux alcalis que l'acide oléique et, par contre, il paraît exercer une action corrosive plus marquée que ce dernier, sur les garnitures des cardes, les métiers à filer et sur la marchandise elle-même. Bien des taches de rouille peuvent être attribuées à l'acide stéarique, en suspension dans l'oléine

IV

FOULAGE OU FEUTRAGE DES TISSUS DE LAINE

Le tissu dégraissé est ensuite épinceté, énoué et rentrayé ou stoppé. Mais ce n'est encore qu'une toile relativement peu consistante qui est pourtant assez solide pour subir les opérations des apprêts, lorsqu'elle est fabriquée avec des fils de laine peignée; tandis que la toile tissée avec des fils de laine cardée doit être rendue plus épaisse et partant plus forte, pour qu'elle puisse recevoir les apprêts proprement dits.

Le foulage est fait soit avant, soit après épaillage; il a pour but de faire adhérer entre eux les filaments de laine, de sorte qu'un tissu bien feutré est difficile à détisser. Cette adhérence des fibres se produit sous l'action de la chaleur, de l'humidité et de la pression. Elle est facilitée par les composés chimiques les plus divers : carbonates alcalins, ammoniaque, acides minéraux ou organiques et surtout le savon.

Il se forme inévitablement, pendant le foulage, un peu de déchet ou bourre, appelée *bourre du foulage*. La proportion de bourre est de 4 à 8 0/0 suivant la marchandise travaillée et le genre de foulage adopté.

Afin de faciliter le feutrage, tout en diminuant la proportion de déchet, on foule avec de l'eau de savon. La solution savonneuse a une concentration de 1/6 à 1/8 pour les tissus épais ; mais, la dilution peut atteindre 1/10 et au delà pour les tissus légers. Par économie, quand la toile doit être faiblement feutrée, on foule à l'eau légèrement alcaline, à l'urine ou même à l'eau seule. Les articles bon marché sont foulés et dégraissés dans une seule opération. Ils sont mouillés pour faire tomber la colle et essorés dans la fouleuse même, puis additionnés d'une solution de carbonate de sodium titrant 2° à 3° Baumé. On ajoute au besoin un peu d'oléine.

Du reste, le mode de foulage varie beaucoup avec le genre de fabrication et les habitudes de la maison. Certains foulonniers foulent à l'huile, en donnant la préférence à l'oléine qui s'enlève facilement. Ils versent d'abord un poids d'oléine variant entre le 1/10 et le 1/12 du poids de la marchandise à feutrer qu'ils arrosent ensuite de son poids de carbonate de sodium à 2° 1/2 Baumé, en moyenne. Tandis que les uns opèrent ainsi pour donner aux tissus un toucher plus doux, plus de moelleux, d'autres travaillent de cette manière tous les articles qui doivent recevoir un fort foulage.

Le feutrage communique à la toile de laine, ou de laine et coton mélangés, un toucher plus plein, plus laineux, il lui donne de la main, la rend plus chaude, plus solide et moins perméable.

Le foulage au savon ou aux composés alcalins, des articles dégraissés, ainsi que le foulage pendant dégraissage, constituent le *foulage alcalin*. Le foulage après dégraissage, en présence de l'huile, est appelé *foulage en gras*. Il existe une troisième sorte de foulage, le *foulage acide*, usité en chapellerie, il sert au feutrage des bastissages des laines ou des poils ; il fournit un feutre très serré et très résistant (le foulon acide appliqué à de la laine teinte nécessite l'emploi de colorants solides aux acides).

Les tissus destinés à subir le foulage acide doivent être dégraissés à fond et parfaitement rincés. L'acide généralement utilisé est l'acide sulfurique très étendu, on peut cependant se servir d'acide acétique ou d'autres acides.

Le feutrage est l'opération la plus importante, de toutes celles que doivent supporter les tissus de laine cardée. Les apprêts subséquents sont d'autant plus efficaces, ils relèvent d'autant plus la valeur de l'étoffe, que le foulage a été plus soigné.

Les articles communs sont parfois foulés à la bourre. La pièce ensimée est placée dans une fouleuse à faible pression dans laquelle on introduit de la *tontisse* [1] ou bourre du tondage.

1. On appelle tontisse ou bourre tontisse les menus poils enlevés au drap par tondage.

Ces fibres courtes se fixent assez régulièrement à la surface du tissu.

FOULEUSES

Le foulage s'effectue dans des machines assez simples appelées *fouleuses ou piles*. Elles sont de deux sortes : la *pile à maillets* et les *fouleuses cylindriques*.

PILE A MAILLETS

Cet appareil tout à fait primitif est encore en usage. Il est composé de plusieurs maillets ou piles, ordinairement au nombre de quatre, pouvant osciller autour d'un même axe fixe. Ces lourds marteaux en bois sont alternativement soulevés par un arbre à cames qui les laisse chaque fois retomber lourdement dans une auge. Le drap imprégné de la solution de savon est disposé dans cette auge, plissé dans le sens de la longueur ou dans le sens de la largeur, suivant que l'on désire fouler en largeur ou en longueur. Il est souvent changé de position afin d'éviter la formation des plis indélébiles ou cassures.

La pile à maillets frappe uniformément avec la même intensité ; quels que soient l'épaisseur du tissu et le degré de foulage à réaliser ; les coups brusques projettent plus ou moins l'eau de savon, et la chaleur développée par le frottement, chaleur nécessaire au feutrage, se perd facilement par les courants d'air et par rayonnement.

Les piles à maillets ont été perfectionnées et adaptées aux besoins de la fabrication actuelle. Elles sont employées, dans certaines régions, de préférence aux fouleuses cylindriques, Nous croyons qu'elles sont d'un excellent usage pour la grosse draperie (*fig.* 54).

La pile à maillets est couramment utilisée pour la fabrication des feutres pour rubans de cardes. Elle a nécessairement subi des modifications sensibles. Les maillets y sont représentés par de lourds panneaux ou battants qui frappent avec force la nappe de laine cardée.

Fig. 54. — Fouleuse à trois maillets pour feutres de laine en tous genres. Construction Grosselin père et fils (Sedan).

FOULEUSES CYLINDRIQUES

Fouleuse cylindrique ordinaire. — La pièce de drap, cousue soigneusement à ses deux extrémités, est entraînée, comme le montre la figure 55, sous forme d'un boyau sans fin, successivement dans une lunette-guide L, sur le petit rouleau H, dans l'entrée réglable R, entre les deux cylindres en bois, superposés, B et B'[1]; elle est entassée dans le couloir C, formée par une

1. Ces cylindres, qui mesurent 60 à 80 centimètres de diamètre, n'ont que 10 à 15 centimètres d'épaissenr.

plaque mobile S, appelée sabot, d'où elle sort en jets discontinus, pour tomber dans le bac D et suivre sans cesse le même chemin, pendant toute la durée du foulage. L'opération peut durer un jour et demi pour les tissus fort lourds.

La pression du cylindre supérieur B est augmentée par deux ressorts A, que l'on peut tendre à volonté, en agissant sur les volants E. Et le sabot S, dont la face inférieure est cannelée ou non, est maintenu dans sa position par un levier chargé d'un poids convenable P.

Fig. 55. — Fouleuse cylindrique ordinaire.

L, lunette guide. — H, rouleau guide. — R, entrée réglable. — B et B', cylindres en bois. — C, couloir — S, sabot chargé du poids P. — D, bac de la fouleuse. — A, ressorts tendus par les volants E.

Les joues réglables R et les rouleaux foulent en largeur, tandis que le sabot foule en longueur. Les cylindres tournant régulièrement, la poussée exercée par la marchandise sur le sabot va en augmentant ; lorsqu'elle est suffisante, le sabot se soulève et le drap s'échappe en un gros paquet. Les parois latérales du couloir sont mobiles, des poids variables les attirent contre la marchandise. Ces parois foulent donc aussi en largeur.

Le mouvement est donné, comme dans la dégorgeuse, au rouleau inférieur. Afin de prévenir les glissements, les axes des deux rouleaux se commandent à l'aide de deux roues garnies de longues dents en bois, ce qui permet l'écartement des cy-

FIG. 56. — Machine à fouler à deux cylindres, à pression par ressorts pour articles légers. Construction Grosselin père et fils (Sedan).

lindres sans entraver leur rotation. Le rouleau inférieur est de plus placé entre deux disques en cuivre, d'un diamètre suffisant pour maintenir l'étoffe entre les deux rouleaux (*fig.* 56).

Avantages et inconvénients de la fouleuse cylindrique ordinaire. — Le foulage est réglable et il est plus rapide qu'avec la pile à maillets. Le feutrage se fait en même temps suivant les deux dimensions, et on peut l'accentuer soit en laise, soit en longueur. Un tissu est cependant mieux foulé quand on pratique le *foulage carré*, c'est-à-dire lorsqu'on le fait rentrer proportionnellement suivant les deux dimensions.

A côté de ces avantages, nous devons signaler certains inconvénients. Le tissu, forcément plissé pendant son passage entre les joues de l'entrée réglable et entre les deux gros cylindres, peut rester longtemps sur les mêmes plis ; cela se présente lorsque le sabot résiste trop, à un moment donné, à la pression du drap. Ces plis disparaissent par simple lavage au large, lorsque le tissu est léger, mais les étoffes lourdes les conservent, les opérations subséquentes des apprêts n'arrivent pas à les faire disparaître. Ce défaut est désigné sous les noms de *cassures*, *gaîne* ou *plissage*. Le meilleur moyen d'éviter le plissage est de lisser souvent la marchandise en œuvre. Le lissage exige le concours de deux ouvriers. La machine étant arrêtée, les foulonniers sortent rapidement l'étoffe et l'ouvrent en tirant sur les lisières. L'un d'eux profite de cet arrêt pour mesurer la pièce suivant ses deux dimensions, afin de pouvoir surveiller la marche du feutrage.

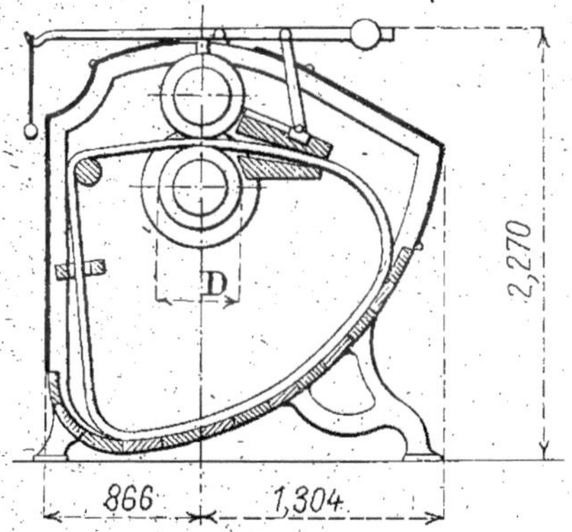

Fig. 57. — Fouleuse à refoulement par sabot (Construction Grosselin, Sedan).

Il peut arriver que le sabot lourdement chargé, dans le but d'accentuer le foulage en longueur, tarde, à un moment donné, à livrer passage au tissu ainsi que nous l'avons prévu tout à l'heure ; alors les rouleaux, continuant à tourner, occasionnent une élévation de température localisée aux portions de l'étoffe qui subissent le frottement. Le résultat de cet échauffement sera d'attaquer plus ou moins la laine en cet endroit, et de modifier son aspect et ses propriétés.

Les parties ainsi modifiées ressortent toujours à la teinture et aux apprêts, on les désigne sous le nom de *brûlures*. Bien souvent elles apparaissent en taches brunes sur le drap écru, à sa sortie de la fouleuse. Les brûlures sont même parfois si profondes que l'étoffe est trouée.

Fouleuses cylindriques perfectionnées. — La modification très simple que nous représentons (*fig.* 57 et 58), où le sabot est soit faiblement incliné (*fig.* 57), soit remplacé par un rouleau (*fig.* 58), prévient les accidents fort graves que nous venons de signaler.

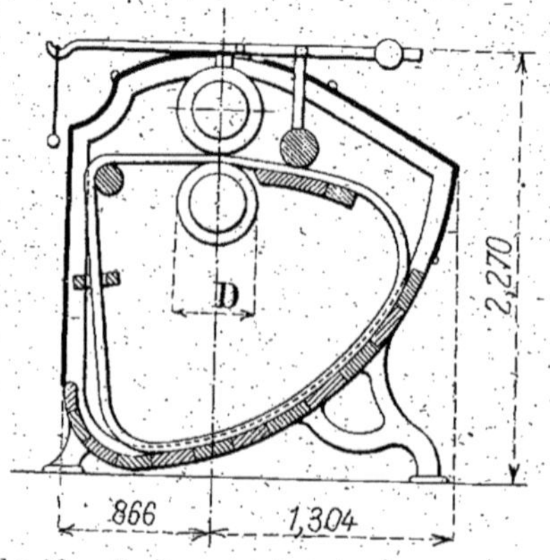

Fig. 58. — Fouleuse à refoulement par rouleau (Construction Grosselin, Sedan).

Certaines fouleuses perfectionnées, mais plus compliquées, non seulement diminuent les chances de cassures et de brûlures, mais permettent le lavage-rinçage dans la machine même.

Nous présentons, comme type de ce genre, la fouleuse belge Crosnet et Debatisse (*fig.* 59). Il existe des types français tout aussi perfectionnés que celui dont nous représentons ici le schéma.

La commande est encore donnée au cylindre inférieur A, qui exécute cent tours à la minute. Le cylindre supérieur B est sollicité, dans son mouvement, par quatre roues dentées, ce qui permet un plus grand écartement des deux rouleaux A et B. Ce cylindre B est, en outre, chargé de deux forts ressorts R et R', qui appuient sur chacun de ses tourillons.

Les extrémités de chacun de ces deux ressorts sont reliées, à l'aide des montants I et I', au point résistant Q, du levier PCQ, dont le point puissant est directement commandé par le volant V. C'est donc par ce volant V, qu'est réglée la pression des deux gros rouleaux A et B. Le rouleau inférieur A est garni, comme dans la fouleuse ordinaire, de deux ailes ou disques en cuivre poli, d'un diamètre plus grand que le sien, afin d'empêcher la marchandise de s'échapper vers les côtés.

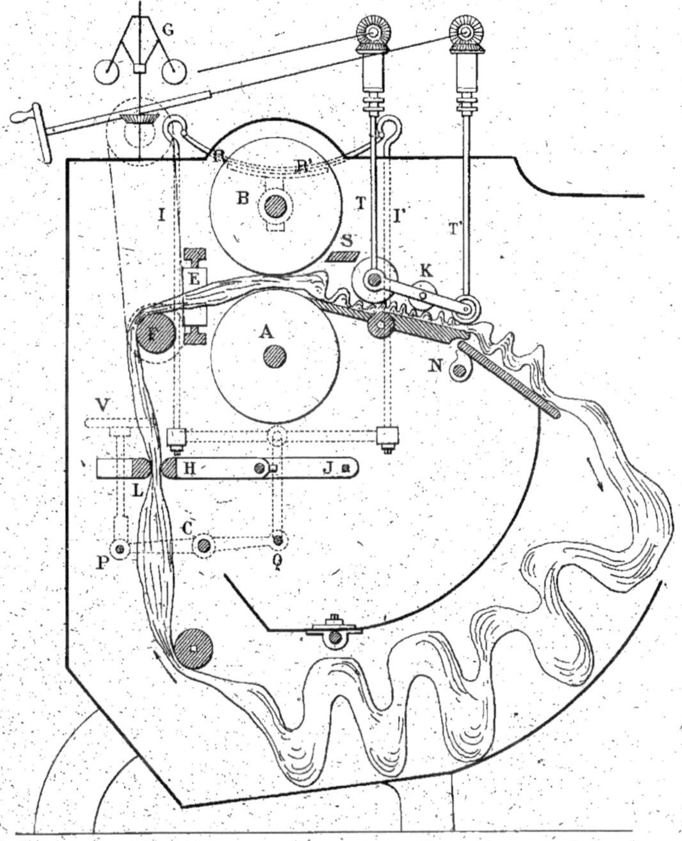

Fig. 59. — Schéma d'une fouleuse cylindrique perfectionnée.

A et B, cylindres fouleurs chargés des deux ressorts R et R'. — PCQ, levier permettant de tendre les ressorts R et R' à l'aide d'un volant V. — E, petit cylindre vertical formant un des côtés de l'entrée réglable. — F, petit rouleau guide relié au régulateur à force centrifuge G. — L, lunette. — HJ, levier dont l'extrémité H, en se soulevant, pousse la courroie de commande sur la poulie folle. — K, châssis maintenu par les ressorts T et T', c'est le sabot de la fouleuse perfectionnée. — S, barre de cuivre obligeant l'étoffe à s'engager dans le couloir KN.

L'entrée réglable est formée par deux petits cylindres en cuivre E, placés verticalement, également commandés par un volant placé à l'extérieur.

L'axe du rouleau guide F supporte une poulie qui commande le régulateur G à force centrifuge. Si, pour la raison que nous avons exposée plus haut, les rouleaux A et B patinent sur l'étoffe, le guide F tournera plus lentement ou s'arrêtera. Ce ralentissement fera abaisser les boules du régulateur G et, par suite, déclancher la fouleuse.

Sous le rouleau guide F, est disposée une lunette L, qui dédouble le drap lorsqu'il se présente en nœuds ou boucles. La pièce HJ, qui d'un côté limite cette lunette, peut osciller autour d'un axe horizontal J ; l'extrémité opposée H, non fixée, se soulèvera donc de quelques centimètres quand le tissu se présentera en un paquet trop volumineux pour pouvoir être dénoué par la lunette. En se soulevant, la pièce HJ agit sur un déclanchement qui pousse la courroie sur la poulie folle, ce qui provoque encore un arrêt instantané.

Le sabot est remplacé par le châssis K, portant trois petits cylindres de diamètres différents ; ce châssis est constamment poussé vers le bas par de forts ressorts T et T'. En dessous est une pièce de bois très dur, maintenue dans sa position par la came ou excentrique N. Enfin, une barre de cuivre S monte ou descend en même temps que le rouleau fouleur supérieur B, et oblige l'étoffe à passer dans le couloir KN.

Pour laver après foulage, on fait cesser les pressions R, R', T et T', tourne la came N, de manière à élargir le couloir ; et la pièce file librement comme dans une dégorgeuse.

Il est toutefois plus avantageux de laver dans la dégorgeuse où l'on peut rincer, en une opération, quatre ou cinq pièces très lourdes.

L'appareil porte aussi un mesureur à cadran qui permet de suivre les variations de longueur de la pièce pendant le travail.

Nous pourrions développer longuement ce chapitre, si nous voulions présenter toute les modifications que les constructeurs ont fait subir aux piles usuelles, que nous venons de décrire, afin d'activer le feutrage, de le rendre plus intense ou de le régler à volonté.

On trouve, en effet, des fouleuses combinées à cylindres et

à maillets, des fouleuses à quatre cylindres et même des fouleuses à huit cylindres.

Nous donnons ci-contre le schéma d'une fouleuse à quatre cylindres (*fig.* 60) et une vue partielle d'un groupe de fouleuses

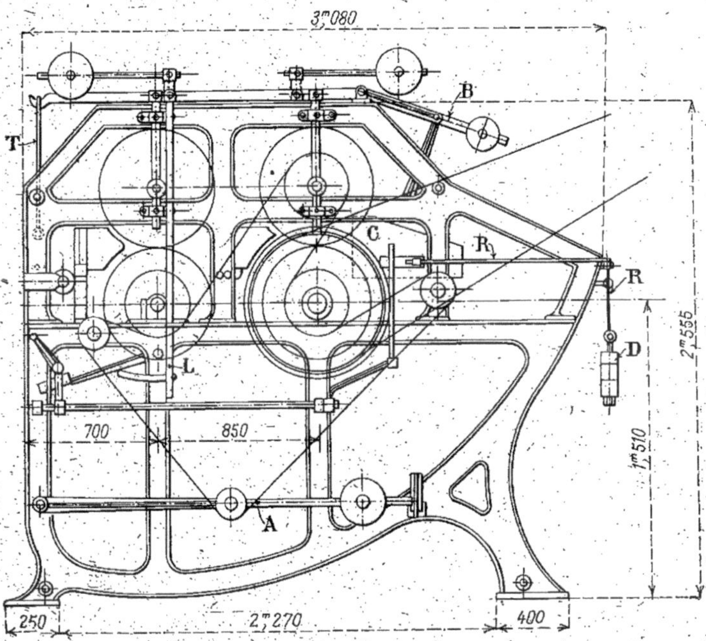

FIG. 60. — Schéma d'une fouleuse à 4 cylindres à commande par courroies (Construction Grosselin, Sedan).

A, levier de tension des courroies de commande des cylindres. — B, levier du contrepoids donnant la pression sur le sabot de refoulement arrière. — C, couloir de refoulement arrière constitué par un fond fixe et deux parois latérales mobiles qui pressent le tissu dans un plan horizontal. Les parois mobiles sont sollicitées par 2 contrepoids D, agissant par l'intermédiaire de câbles R et acier. — L, levier permettant de relever le cylindre supérieur avant pour l'introduction du tissu. Un levier analogue existe de l'autre côté de la machine pour soulever le cylindre supérieur arrière. — T, tirette agissant sur le levier qui permet de soulever B afin de supprimer la pression sur le sabot arrière. — Les cylindres supérieurs sont pressés sur les cylindres inférieurs par des leviers à contrepoids réglables. Le foulage en largeur est obtenu dans les entrées précédant chaque paire de cylindres. Les entrées avant sont réglables, les entrées arrière sont fixes.

à quatre cylindres grand modèle en fonctionnement dans une usine française (*fig.* 61).

La fouleuse à huit cylindres, dénommée fouleuse quadruple, est construite comme suit :

Au-dessus de la lunette se trouve une paire de cylindres superposés auxquels font suite deux autres, placés dans une position voisine de la verticale, conduisant, à l'aide de gouges en verre, à trois rouleaux fixés au centre de la machine de telle manière que deux d'entre eux appuient directement sur le troisième.

FIG. 51. — Vue partielle d'un groupe de fouleuses à [illegible] cylindres grand modèle en fonctionnement dans une grande usine française d'apprêts (Construction Grosselin, Sedan).

Derrière le trio des rouleaux fouleurs est appliqué le canal de foulage où tourne un dernier cylindre dit cylindre presseur.

Ainsi qu'il ressort de la courte description qui précède, tous les cylindres, sauf la deuxième paire, sont placés horizontalement.

Cette pile très récente, d'origine allemande, a peut-être, à cause des pressions multiples qu'elle exerce, une action quatre fois plus grande que la fouleuse ordinaire ; mais elle n'est pas quadruple par la disposition de ses organes. Elle foule à la fois deux pièces disposées toutes deux en chaînes sans fin cheminant parallèlement. Chaque boyau est double, cela augmente l'épaisseur du tissu pressé et rend par suite la pression plus active.

Une firme allemande construit une pile à quatre cylindres dite *fouleuse-tandem*. Les deux paires de cylindres, commandées par des poulies coniques, peuvent tourner à des vitesses différentes l'une de l'autre. Elles sont placées aux extrémités d'un canal central qui est le principal organe du nouvel appareil.

Si les rouleaux antérieurs tournent à une vitesse moindre que les rouleaux postérieurs, la marchandise est tendue ou étirée dans le couloir central et les pièces gardent leur longueur ou s'allongent.

Si, au contraire, les cylindres antérieurs tournent plus vite que les cylindres postérieurs, la marchandise est poussée dans le canal central et les pièces foulent en longueur.

Les fouleuses cylindriques que nous avons schématisées permettent déjà d'atteindre des résultats surprenants. On donne couramment, par le foulage, un allongement de 10 0/0 et une diminution de largeur de 18 0/0. Il est vrai que l'on travaille ainsi des tissus mi-laine dont le fil de chaîne contient une plus grande quantité de coton que le fil de trame, tandis que la fouleuse-tandem peut, paraît-il, être mise en œuvre pour fouler les articles qui ont des tendances marquées à raccourcir avant que la laise exacte soit obtenue.

La fouleuse-tandem allonge les tissus suivant des proportions bien définies ; c'est incontestable. Cependant, on ne peut pas prendre à la lettre l'idée qui se dégage de la circulaire-réclame : « étirer ou élargir la marchandise à volonté ». Malgré l'heureux agencement de cette machine, il est impossible de lui faire produire une augmentation de laise.

Ribauds. — Le tissu présente quelquefois, en sortant de la fouleuse, des barres appelées *ribauds*, qui disparaissent très difficilement pendant les apprêts subséquents.

Le ribaud est une sorte de barre saillante, formée par une série d'ondulations allant d'une lisière à l'autre. Ce défaut provient de ce que la trame a été moins serrée sur un certain parcours ; ou encore, de ce qu'il a été employé pendant le tissage une cannette d'un fil différent de celui utilisé pour la confection de la toile. Le tissu foule davantage aux endroits où il est moins serré, ou aux endroits ou le fil est moins tordu.

Les ribauds ne doivent pas être attribués au foulage, mais à la filature ou au tissage.

Il est donc important de tisser une même pièce avec du fil de même nature : même numéro, même torsion, même qualité de laine [1] ; et de donner à tous les tissus devant être foulés, le même nombre de duites au centimètre.

PRATIQUE DU FOULAGE

Le tissu étant mis en place dans la fouleuse, comme nous l'avons indiqué, le foulonnier engrène la machine et le boyau tourne sans pression. Il verse aussitôt la solution de soude Solvay, ou la solution de savon, ou l'oléine puis la solution de carbonate de sodium, etc., selon le lubrifiant employé. En tournant la marchandise s'imprègne uniformément et se prépare pour le feutrage. Cet apprêt de foulage dure à peu près une demi-heure.

Les pressions sur le cylindre et sur le sabot étant données, le foulage commence. La pièce n'est travaillée en boyau simple que dans les cas assez rares où le feutrage doit être faible. Ordinairement elle est décousue et doublée, c'est-à-dire qu'on lui fait faire un second tour semblable au précédent. Elle circule alors en double, le serrage est de ce fait rendu plus sensible et le foulage est plus énergique. Mais alors un butoir fixé avant le rouleau-guide sépare les deux boyaux parallèles, pour les empêcher de se souder ensemble. Une planche percée de deux lunettes peut remplacer le butoir. Cette planche doit présenter quatre trous, lorsqu'on veut fouler deux pièces à la fois.

On évite les cassures obliques, en ayant soin de ne pas tordre le boyau pendant sa formation dans la fouleuse. Et en

1. Même degré d'humidité, si l'on tisse avec du fil de trame mouillé.

fixant la pièce par une couture à points croisés, on prévient le plissage aux extrémités. Les lisières de certaines étoffes légères sont sujettes à se rouler, à se gondoler pendant le foulage. On remédie à cet inconvénient en cousant les lisières ensemble, autrement dit, en faisant un tube avec la pièce de drap.

Remarque. — Le foulonnier connaît par expérience le volume de la dissolution qu'il doit verser dans la fouleuse pour

Fig. 62. — Savonneuse (Construction Longtain. Agent général M. Colin, Paris).

mouiller les pièces de drap ; cette manière d'évaluer, au jugé, peut induire en erreur. Il existe des appareils spéciaux pour préparer les tissus à subir le foulage ; ces machines appelées savonneuses (*fig.* 62 et 63), permettent de doser en quelque sorte la quantité ... répartir également dans le ...

Plongée dans ... pièce, passe ... entre des rouleaux ... manière à laisser ... pour le genre de ...

La ...

2m,30 à 2m,40 de large et 45 à 50 mètres de long. Ces dimensions se modifient déjà pendant le dégorgeage. Les rouleaux dégorgeurs sont si haut placés que le poids de la laine allonge la pièce et diminue sa laise [1] ; ce retrait est encore accentué par le poids des rouleaux eux-mêmes. La longueur atteint ainsi 50 à 55 mètres et la laise se réduit à 1m,80. On augmente encore cette diminution de largeur en fixant dans la dégorgeuse une entrée à joues verticales convenablement réglées.

Les tissus pure laine, assez forts, subissent généralement une diminution de longueur qui varie entre 10 et 20 mètres, tandis que la diminution de largeur peut atteindre un mètre.

Le degré de foulage dépend de la qualité de la marchandise, du montage du tissu, du lubrifiant, de la durée de foule et de la pression exercée sur les rouleaux et les sabots.

Un fort foulage épaissit l'étoffe, la rend raide et presque imperméable.

La laise des draps foulés de belle qualité oscille entre 1m,40 et 1m,45 ; elle n'atteint que 1m,30 dans les draps pour confection et 0m,65 à 0m,70 seulement dans les articles pour dame et les flanelles. Les draps militaires communs ont environ 1m,20 de largeur, et certains articles spéciaux, tels que les draps de billard, mesurent 2 mètres.

Le poids du mètre d'étoffe varie suivant les qualités et les saisons pour lesquelles la pièce a été fabriquée. A Elbeuf, les étoffes d'été pèsent 400 à 600 grammes au mètre ; les étoffes de demi-saison, 600 à 750 grammes, et les articles d'hiver, 750 à 900 grammes, quelquefois 1 kilogramme et au delà.

Pour connaître la réduction de longueur qu'une pièce de drap doit subir en feutrant, on diminue le poids de la toile dégraissée de 6 à 8 0/0, pour les pertes qu'elle éprouve au foulage et aux apprêts : lainage, tondage ; et on divise ce nouveau chiffre par le poids au mètre que doit posséder l'étoffe à son entrée au magasin de vente.

Supposons qu'une pièce de drap dégraissée, mesurant 50 mètres de long, 1m,60 de large et pesant 28 kilogrammes,

1. Laise, laize ou lèse, expression technique désignant la largeur du drap.

doive présenter à son entrée en magasin $1^m,40$ de laise et peser 600 grammes au mètre.

Sachant que le foulage et les apprêts lui feront perdre à peu près 8 0/0, il faudra défalquer :

$$28 \times \frac{8}{100} = 2^{kg},24;$$

elle pèsera donc, une fois terminée :

$$28,000 - 2,240 = 25^{kg},760,$$

et devra mesurer :

$$\frac{25,76}{0,6} = 42^m,93.$$

Le foulonnier devra donc donner à la pièce une longueur de $42^m,90$ et une laise de $1^m,40$.

La déduction à faire aux pièces à fouler avant dégorgeage est plus considérable. Il faut alors tenir aussi compte de la proportion d'huile d'ensimage. Dans tous les cas, le poids à déduire varie avec les différents genres de tissus. Ainsi, un article confectionné avec de la laine de choix, qui ne recevra qu'un léger foulage et un seul tondage, fournira moins de déchet qu'un autre tissu fabriqué avec des laines courtes, telles que les blouses, ce dernier devant ordinairement recevoir un foulage prolongé, ainsi que des lainages et des tondages répétés. La perte est évidemment plus sensible encore avec les articles renaissance.

L'expérience seule permet de se rendre exactement compte de l'importance du déchet qui résultera des différentes phases de la fabrication.

Le foulonnier ne perd pas de vue que le tissu ne conserve pas intégralement son degré de feutrage. Aussi, en prévision du défeutrage, qui va se produire pendant les apprêts proprement dits, augmente-t-il le foulage exigé suivant des proportions que la pratique seule peut faire connaître. Lorsque le foulage est jugé suffisant, il laisse filer la pièce, toutes pressions levées, afin de la laisser se détendre dans la fouleuse même.

Dégorgeage ou désavonnage des étoffes foulées. — Le dégorgeage qui suit le foulage doit être particulièrement bien soigné ; c'est, en effet, le dernier lavage que subit l'étoffe, qui doit être ensuite teinte et apprêtée, ou simplement apprêtée, si la teinture a été faite sur laine en bourre. D'autre part, le tissu étant maintenant plus serré, plus épais, il abandonne plus lentement l'oléine ou le savon.

Si le foulage a été pratiqué directement sur l'étoffe venant du tissage, on applique le calcul indiqué pour le dégorgeage de la toile, en tenant compte de la soude déjà introduite dans la marchandise[1]. On augmente un peu la proportion calculée, afin de prévenir la dissociation pendant le rinçage qui est de plus longue durée.

Le désavonnage des articles dégraissés et foulés au savon se fait directement, en ajoutant un peu de soude Solvay, pour la raison que l'on vient d'expliquer. Il faut cependant travailler quelque temps en bain alcalin, avant de rincer.

Importance de la dissociation du savon. — Le savon se décompose dans l'eau en sel acide et alcali libre. Ce dédoublement est dû au peu d'affinité qu'ont pour les bases les acides à poids moléculaire élevé. Ce fait est connu. Il a été prouvé que les savons sont dissociés par l'eau en sels acides et alcali libre; et que jamais il ne se forme de sel basique (Kafft et Stern).

« La décomposition n'a pas lieu en présence d'une quantité suffisante de chlorure de sodium. »

Krafft et Wiglow «... démontrent que, lorsqu'on dissout un sel alcalin d'un acide gras (stéarique, palmitique, etc.) dans une petite quantité d'eau bouillante, on obtient une solution claire. Si cette solution est diluée fortement avec de l'eau chaude, le savon se dissocie en acide libre qui reste en suspension et en alcali.

« Cette dissociation n'est jamais totale; mais elle est proportionnelle à la dilution; on peut la rendre totale en agitant la liqueur avec du toluène par exemple, de façon à enlever peu à peu tout l'acide. En évaporant la solution toluénique, on récupère la quantité théorique de l'acide. »

1. On opère de même après foulage en gras.

Ce phénomène de dissociation peut être démontré d'une manière bien simple. On verse dans un verre à expériences un peu d'une liqueur alcoolique de savon, de la liqueur hydrotimétrique par exemple, puis quelques gouttes de phtaléine du phénol, aucune coloration ne se produit ; mais, si on vient à étendre cette solution avec de l'eau distillée, on voit apparaître une coloration rose qui, pendant un moment, augmente avec le volume d'eau ajoutée.

Nous avons essayé de connaître quelle est la quantité d'eau nécessaire : d'abord pour faire apparaître le virage de la phtaléine, puis pour amener la coloration rose à son intensité maximum.

Le tableau de la page suivante rend compte des résultats auxquels nous sommes arrivés.

Nous voyons que, dans les conditions où nous nous sommes placés, la dissociation commence pour une dilution voisine de $\frac{1}{230}$ et que le poids d'acide gras ainsi libéré est égal à environ le $\frac{1}{5}$ du poids du savon, exactement $\frac{1}{5,16}$.

Il ne faut pas perdre de vue que, afin de rendre les observations précises, nous avons opéré sur un poids très faible de savon, et que l'alcool, qui maintenait primitivement ce savon en solution, a dû retarder la dissociation et exercer une influence sur la proportion du savon dissocié.

Il résulte de ce fait que, dans la pratique, cette dissociation est certainement plus rapide et plus profonde.

La dissociation du savon s'accuse également dans le titrage hydrotimétrique. Il faut, en effet, employer un excédent de savon égalant la moitié du poids théorique donné par la réaction :

$$2\,(C^{17}H^{33}CO^2Na) + BaCl^2 = (C^{17}H^{33}CO^2)\,Ba + 2\,NaCl,$$

pour obtenir la mousse persistante.

C'est ce qui explique pourquoi on peut dégorger en eau dure, tout en évitant la précipitation du savon calcaire.

On conçoit, qu'à cause de ce phénomène de dissociation, il est indispensable d'ajouter un excés d'alcali carbonaté pour dégorger

TABLEAU INDIQUANT LA MANIÈRE DONT SE COMPORTE LE SAVON EN SOLUTION AQUEUSE FAIBLEMENT ALCOOLISÉE EN L'ABSENCE OU EN PRÉSENCE D'ACIDE OLÉIQUE

NUMÉROS	SOLUTION DE SAVON 1 cc. = 0,033539 savon 1 cc. = 0,03101 ac. oléique		ALCOOL à 95°	ACIDE OLÉIQUE AU 1/50 1 cc. = 0 gr. 02		POIDS D'EAU NÉCESSAIRE		TOTAL
	Volume	Poids correspondant		Volume	Poids correspondant	1° Pour faire apparaître la coloration	2° Pour rendre maximum la coloration	
	cc.	gr.	cc.	cc.	gr.	gr.	gr.	gr.
1	2	0,062	»	»	»	12	25	37
2	4	0,124	»	»	»	25	22	47
3	2	0,062	0,60	»	»	10	20	30
4	2	0,062	1,20	»	»	12	18	30
5	4	0,124	1,20	»	»	26	40	66
6	4	0,124	7,50	»	»	124	»	»
7	4	0,124	»	0,50	0,010	50	(1)	»
8	4	0,124	0,60	0,50	0,010	43	(2)	»
9	4	0,124	»	0,85	0,017	60	(3)	»
10	4	0,124	»	1,00	0,020	60	(4)	»
11	4	0,124	»	1,00	0,020	60	(5)	»
12	4	0,124	»	1,08	0,0216	68	(6)	»
13	4	0,124	»	1,10	0,022	70	(7)	»
14	4	0,124	»	1,30	0,026	70	(8)	»
15	4	0,124	»	1,52	»	»	(9)	»

(1) Même après addition d'une nouvelle quantité d'eau, l'intensité de la coloration reste beaucoup plus faible que dans les essais précédents.

(2) La coloration devient perceptible, après addition de 43 grammes d'eau. Un poids total d'eau égal à 101 grammes donne à la coloration une intensité comparable au n° 7.

(3) Le liquide reste moins coloré que les n°s 7 et 8.

(4) La coloration est à peine perceptible avec cette dilution.

(5) La coloration est à peine perceptible, elle disparaît par suite d'une nouvelle addition d'eau.

(6) Sous une pareille dilution, la coloration devient visible, mais elle est encore moins accusée qu'aux n°s 10 et 11.

(7) Le virage est peu apparent.

(8) Le virage est peu apparent. La coloration disparaît par dilution.

(9) La coloration n'apparaît plus.

CONCLUSIONS. — 1° La dissociation commence, dans les cas précipités, lorsque la solution savonneuse légèrement alcoolique atteint : 1/225 à 1/233.

2° L'addition à la liqueur d'une faible proportion d'alcool, n'exerce qu'une influence négligeable sur la dissociation (l'alcool intervient par 1/25 environ sur l'effet total, dans les n°s 3, 4, 5). Un volume notable d'alcool la retarde d'une manière sensible (n° 6).

3° Puisque, expérience n° 14, la présence d'un poids de 0^{gr},026 d'acide oléique peut empêcher la dissociation d'une quantité de savon contenant 0^{gr},126 d'acide oléique, il faut croire que, dans le milieu où l'on s'est placé, l'eau provoque la mise en liberté d'un poids de sodium équivalent à 0^{gr},026 d'acide oléique ; c'est-à-dire, le 1/4 environ (21 à 22 0/0) de celui contenu dans le savon.

les tissus foulés même au savon, et qu'il est important de faire couler le savon lentement, en ne laissant arriver l'eau de rinçage que faiblement d'abord, puis d'augmenter le débit méthodiquement. Car, la dissociation du savon est fonction de la dilution. Elle peut être considérée comme négligeable si l'eau de lavage arrive lentement; elle est, au contraire, très notable si la dilution augmente rapidement. Alors, le savon, au lieu d'être entraîné par l'eau, se décompose en alcali libre, qui s'en va, et en savon acide, c'est-à-dire en acides gras plus ou moins combinés, qui se précipitent sur le tissu.

Emploi de la terre à foulon après le dégorgeage qui suit le foulage. — Pour les tissus de prix, tels que les garance officier et similaires, on fait suivre le désavonnage, qui succède au foulage, d'un traitement, d'une durée de deux heures, dans une bouillie de terre à foulon comprenant une partie de terre dans quatre à cinq parties d'eau. Il faut ensuite un rinçage prolongé en grande eau, pour dégager la marchandise.

Le tissu ainsi traité acquiert un toucher plus agréable, cela est incontestable; mais, cette passe à la terre ne paraît pas indispensable. Nous connaissons des maisons, renommées pour leur spécialité de draps fins, qui ne se servent plus de terre à foulon. Par contre, certains manufacturiers font de ce silicate complexe un usage abusif. Là, tous les articles lourds, même les draps de troupe, reçoivent vingt minutes de terre pour terminer le désavonnage. C'est, dans ces conditions, une main-d'œuvre inutile; de pareils articles ont rarement besoin d'être assouplis, et le travail n'est pas assez prolongé pour que l'action de la terre se fasse sentir. D'autre part, étant donné la nature de ce produit, il ne peut que charger et salir la marchandise qui n'est pas suffisamment ramollie au bout de vingt minutes pour lâcher les impuretés dont on vient de l'imprégner.

Dans certaines autres circonstances, par exemple, après teinture en nuances claires : *couleurs pastel,* il y a avantage à tourner la pièce deux ou trois heures dans une bouillie de terre à foulon. Le ton est plus délicat et la laine a un toucher plus doux; le drap est plus souple. Encore, faut-il veiller à ce que la terre, si elle est ferrugineuse, ne soit pas trop friable; car, pendant l'acidage qui est imposé pour fixer les couleurs acides, l'oxyde de fer se dissout et vire la nuance.

Théorie du foulage ou du feutrage. — Jusqu'à ces derniers temps, le feutrage fut considéré comme occasionné par la pénétration des plaques cornées ou écailles, de chaque brin de laine, entre les écailles des brins contigus.

Cette théorie doit être abandonnée : l'accrochement des écailles devrait se faire plus aisément à l'état sec, vu qu'à l'état humide les écailles sont plus molles, et au lieu de s'accrocher, elles glissent les unes sur les autres. D'ailleurs, en admettant que le foulage se fasse grâce à l'accrochement des écailles, la nécessité d'employer des alcalis ou des acides et de la chaleur ne s'explique plus (Ed. Justin-Mueller).

M. Ed. Justin-Mueller, en faisant entrer en ligne de compte la nature colloïdale de la laine, est arrivé à émettre une autre conception de ce phénomène qui, dit-il, n'est pas explicable chimiquement.

« Par le foulage alcalin ou acide, la fibre est mise dans l'état de quasi-gélatineux et, par l'action mécanique, les fibres, dans cet état, sont collées ensemble, sont feutrées. »

Cette nouvelle manière d'entrevoir le feutrage nous paraît plus vraisemblable que l'ancienne. En effet, les fibres des tissus foulés, même celles des tissus dont le dégraissage a été opéré dans les meilleures conditions, sont presque lisses (*fig.* 7) ; leurs écailles semblent bien être épaissies, gélatinisées. Les fibres de la surface sont même plus régulières, plus uniformes que les fibres situées dans l'intérieur de l'étoffe. D'autre part, malgré le foulage intense auquel ces fibres ont été soumises, elles se séparent par simple traction, sans arrachement, sans déchirure. Toutes choses qui ne peuvent s'expliquer que si on considère le feutrage comme se faisant par soudure.

Un autre fait, tendant à prouver que le feutrage est le résultat d'une agglutination, réside dans l'observation suivante. Le travail en eau pure (eau épurée ou eau ordinaire) d'une étoffe foulée, la déféutre plus ou moins. Cette propriété de l'eau est utilisée, du reste, comme tour de main, par les foulonniers, pour rendre de la laise et de la longueur aux tissus que par mégarde ils ont foulé outre mesure.

Eh bien, ce défeutrage peut encore être expliqué en envisageant la nature colloïdale de la laine et en ayant recours aux propriétés des colloïdes.

Nous pouvons considérer le rôle de l'alcali, du savon ou de l'acide (acide oléique...) dans le foulage, comme celui tendant à amener la laine dans une phase de transformation voisine de celle de son état gélatineux, état où elle absorbe facilement l'eau pour se coller à elle-même. Mais, dès que les composés facilitant l'état gélatineux, et favorisant l'absorption de l'eau, ne sont plus en présence du textile, ce dernier reprend son état normal et se désoude partiellement en perdant l'eau dont il s'était chargé pour se gélatiniser.

Il est évident que, si le feutrage était le fait de l'accrochement des fibres entre elles par les écailles représentées dans les dessins de fibres bien conservées ; la proportion de ces écailles jouerait évidemment le principal rôle dans le foulage.

Il n'en est cependant pas ainsi :

Les laines d'Allemagne, d'Australie, de Buenos-Ayres et celles du Cap, qui possèdent à peu de chose près le même nombre d'écailles au centimètre, ne se comportent pas toutes de la même manière au foulage. Les trois premières jouissent d'un pouvoir feutrant remarquable, tandis que la dernière peut, sous ce rapport, être placée au second rang.

Le pouvoir feutrant des laines ne paraît donc pas dépendre, d'après cela, du nombre des écailles par unité de longueur, mais bien de la nature colloïdale de leur substance cornée.

Essais des savons à fouler. — On cherche d'abord s'il y a des graisses nuisibles : huiles de résine et lanoline, dont la présence, principalement celle de la graisse de suint, diminue la valeur industrielle du savon. Puis on détermine : la teneur en eau, en alcali libre ou carbonaté; en sulfate et chlorure de sodium, en graisse saponifiée et non saponifiée. On vérifie également la présence des corps étrangers, comme le silicate de sodium, et au besoin on les dose. Le silicate de sodium est une des impuretés les plus dangereuses. Il durcit la laine et lui communique un toucher désagréable.

On procède ensuite à l'essai de filage. On dissout 10 grammes de savon dans 100 centimètres cubes d'eau, et plaçant le vase dans l'eau froide, on agite la solution avec un thermomètre, jusqu'à ce qu'elle s'étire en fils. Un savon est d'autant meilleur, pour le foulon, que la température de filage est plus élevée.

La température de filage est augmentée par la présence, dans l'eau de savon, de carbonate ou de chlorure de sodium, dans les proportions de 15 à 20 0/0. L'addition de carbonate de sodium est préférable.

V

ÉPAILLAGE

L'épaillage est l'opération qui consiste à débarrasser la laine des matières végétales, avec lesquelles elle a été mélangée naturellement (pailles et graterons) ou artificiellement (coton).

On épaille mécaniquement ou chimiquement les fibres et les tissus de laine.

ÉPAILLAGE MÉCANIQUE DES FIBRES DE LAINE, APPELÉ AUSSI ÉCHARDONNAGE OU ÉGRATERONNAGE

Le battage est insuffisant pour enlever aux laines fort pailleuses toutes leurs matières végétales, à cause de la grande adhérence des pailles ou graterons. Mais les acides ou les sels, à la température et à la concentration exigées pour l'épaillage chimique, peuvent faire jaunir et durcir les laines fines, comme les laines d'Allemagne ; c'est pourquoi, on préfère les épailler mécaniquement. On a recours, pour effectuer ce travail, à des machines plus compliquées que les batteuses ou loups, et qu'on désigne sous le nom d'*échardonneuses*.

La laine à échardonner est étalée sur une table sans fin *ab*, conduisant à deux cylindres alimentaires D et E, dont le supérieur D, cannelé, est soumis à une pression K. Cette pression peut être variée à volonté par le déplacement du coursier H, le long du bras HK du levier OHK.

Les cylindres alimentaires passent la laine au tambour en fonte J, garni alternativement de lames de couteau T, appelées dents, et de saillies à section rectangulaire U, appelées battes.

Les poussières, les pailles et les graines qui ne sont pas trop adhérentes, sont détachées et tombent, sous la machine, à travers la grille I formée de barreaux mobiles.

La laine, après avoir cheminé sous le tambour J, est projetée, par ce dernier, sur le rouleau G, recouvert d'un ruban de carde, où les floches déjà désagrégées sont ouvertes et prises par les multiples peignes qui garnissent le tambour peigneur L.

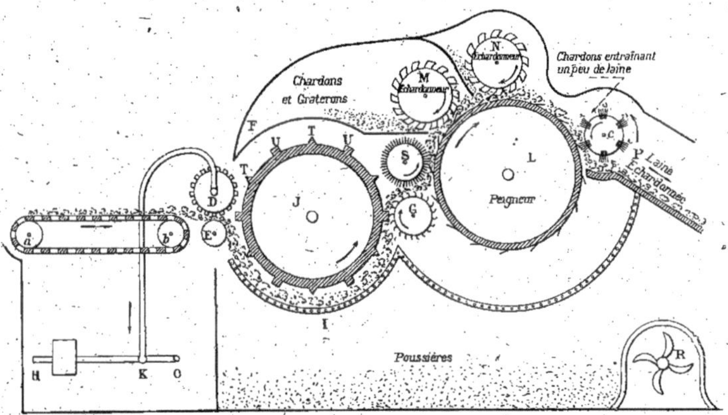

Fig. 64. — Schéma de l'échardonneuse ou égrateronneuse.

ab, table alimentaire. — D, E, cylindres alimentaires. — OKH, levier appuyant le cylindre cannelé D sur le cylindre lisse E. — J, tambour en fonte garni de dents T et J de battes U. — I, grille. — G, rouleau de carde. — L, tambour peigneur. — S, rouleau-brosse. — F, boîte recueillant les chardons et les graterons. — M et N, échardonneuses. — C, brosse cylindrique. — P, plan incliné pour diriger la laine échardonnée. — R, ventilateur.

Le rouleau-brosse S dispose la marchandise, en une couche uniforme et mince, sur les dents de la carde G, et il la brosse, au moment où elle est prise par le peigneur, en même temps qu'il la fait pénétrer assez profondément entre les dents des peignes. Les chardons, pailles et graterons qui restent encore, ne pouvant se caser comme les fibres, à cause de leur épaisseur, se maintiennent à la surface du rouleau peigneur L et sont envoyés dans la boîte F par les cylindres dentés ou échardonneurs M et N, qui tous deux tournent rapidement en sens inverse du peigneur. Ces échardonneurs sont armés de lames prismatiques appelées battes ; elles sont légèrement inclinées dans le sens de la rotation, disposées suivant les génératrices ou rangées en spirale allongée.

Le peigneur est finalement nettoyé par une brosse dure C, et la laine échardonnée suit le plan incliné P, tandis que les pailles restant encore sont lancées par-dessus la machine, avec la laine qui y adhère, dans un compartiment voisin de la boîte F (non représenté dans le schéma de l'échardonneuse). Les chardons sont recueillis et repassés dans l'échardonneuse pour délivrer la laine qu'ils ont entraînée lors du premier échardonnage.

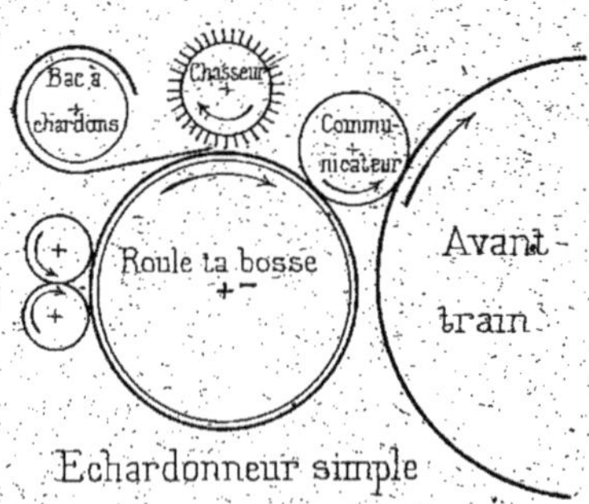

Fig. 65. — Schéma de l'échardonneur simple.

Toutes les échardonneuses sont munies d'un ventilateur R pour chasser les poussières qui se renouvellent constamment.

En filature de laine cardée, l'égrateronneuse est presque tout à fait remplacée par les procédés chimiques d'épaillage. Dans la préparation de la laine en vue du peignage, l'égrateronnage ou échardonnage est fait pendant le cardage, à l'aide de l'appareil Morel et de l'appareil Harmel.

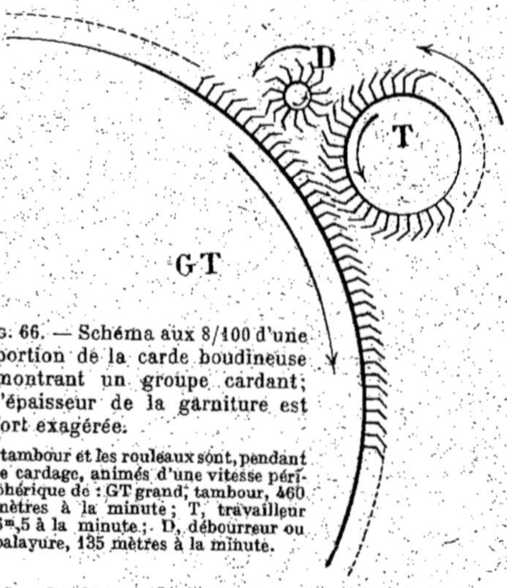

Fig. 66. — Schéma aux 8/100 d'une portion de la carde boudineuse montrant un groupe cardant; l'épaisseur de la garniture est fort exagérée.

Le tambour et les rouleaux sont, pendant le cardage, animés d'une vitesse périphérique de : GT grand tambour, 460 mètres à la minute; T, travailleur $6^m,5$ à la minute; D, débourreur ou balayure, 135 mètres à la minute.

La description de ces deux sortes d'échardonneuses nécessite un exposé sommaire du cardage qu'il faut suivre sur la photogravure et le croquis de la carde double pourvue d'un avant-train et des deux systèmes d'échardonnage Morel et Harmel. (Voir *fig.* 18 et 19, page 41.)

Les cylindres alimentaires et le rouletabosse sont garnis de dents de scie ; les premiers livrent la laine au rouletabosse qui ouvre les floches ; les chardons qui ne peuvent pénétrer dans les garnitures du roule sont projetés par un cylindre portant des lames d'acier, appelé chasseur de chardons, dans un bac où une vis tournant rapidement les glisse sur les côtés de la carde (*fig.* 65).

Un cylindre intermédiaire ou communicateur, recouvert d'aiguilles droites, flexibles, transporte la laine sur l'avant-train. A ce moment commence le cardage qui est continué et achevé sur les grands tambours.

Chaque groupe cardant, appelé aussi paire de hérissons, est formé par un travailleur et un nettoyeur ou débourreur.

Le tambour de l'avant-train, les grands tambours et les hérissons sont recouverts d'un feutre épais portant des aiguilles d'acier recourbées et dirigées comme l'indique la figure 66. On peut se rendre compte que, d'après les vitesses respectives et les sens de rotation indiqués par les flèches, le balayeur ou débourreur nettoie le travailleur, que ce dernier produit avec le tambour le cardage de la laine, et que le grand tambour balaye en même temps le débourreur lui-même.

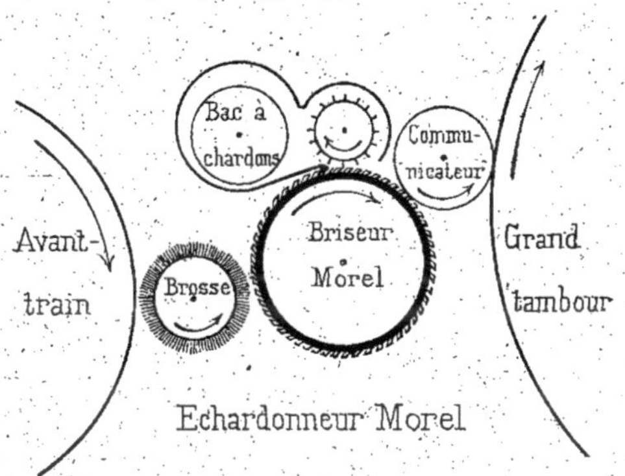

FIG. 67. — Schéma de l'échardonneur Morel.

L'échardonneur Morel (*fig.* 67) est placé entre l'avant-train et le premier grand tambour, il agit donc sur la nappe de laine sortie de l'avant train. Le textile a alors subi un commencement de cardage, mais les chardons ne sont ni ouverts ni écrasés, ils sont simplement dégagés.

Une brosse circulaire en crin transporte la laine de l'avant-train au briseur Morel; les chardons ne pouvant pénétrer entre les dents du briseur restent à la surface et le chasseur, placé au-dessus du briseur, les projette dans le bac à chardons d'où ils sont évacués par une hélice.

Un communicateur prend le textile au briseur pour l'étaler sur le premier grand tambour, là il subit l'action des groupes cardants ; il est ensuite fouetté par la garniture flexible du volant. De tous les cylindres de la carde, c'est le volant qui est animé de la plus grande vitesse de rotation ; son action a pour effet d'amener le textile à l'extrémité des aiguilles du tambour, afin qu'il puisse être recueilli par le peigneur.

Le volant n'a sa raison d'être que dans les cardes à laine ; la laine, contrairement au coton, doit être aidée à sortir d'entre les dents du tambour.

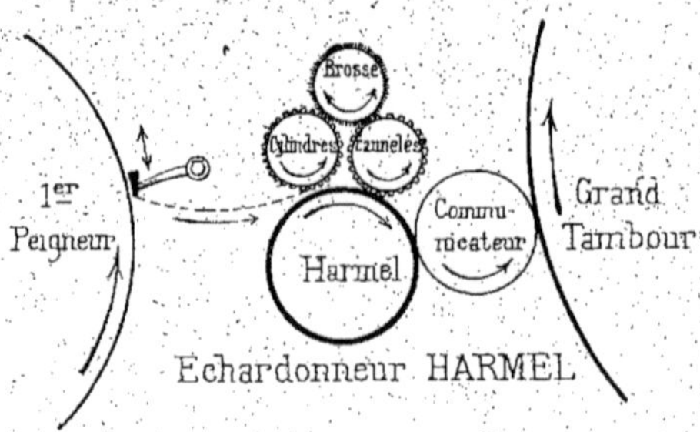

Fig. 68. — Schéma de l'échardonneur Harmel.

L'échardonneur Harmel (*fig.* 68) est chargé de sortir de la laine les chardons qui ont échappé à l'appareil Morel. Il est placé entre le premier peigneur et le deuxième grand tambour de la carde.

Les chardons qui ont franchi le dispositif Morel sont ouverts par le cardage, et les fibres végétales sont mêlées à celles de la laine. Le voile du peigneur détaché par le peigne battant vient sur un cylindre lisse en rotation continue. Sur ce cylindre lisse appuient deux cylindres à fines cannelures qui sectionnent les fibres végétales sans attaquer les fibres de laine bien plus minces et plus souples. Une brosse voyageuse montée sur vis à filet croisé nettoie constamment les cannelés. Un communicateur transporte la laine de l'appareil Harmel au deuxième grand tambour.

Les travailleurs du deuxième grand tambour, grâce au Harmel terminent presque l'action épurative. Les matières végétales encore présentes tombent en majeure partie sous la carde ; celles qui restent sont éliminées pendant le peignage.

Remarque. — L'appareil Harmel rappelle de près l'*appareil écraseur de chardons* employé autrefois pour certaines laines à carde; on le plaçait entre le peigneur et le tambour à matelas de la carde briseuse et parfois aussi à la suite de la carde repasseuse.

Son action était efficace pour le cardage de laines fort chardonneuses, telles que les blousses de Buenos-Ayres. L'épaillage chimique l'a fait disparaître.

Épaillage à la main des laines tissées. — Les tissus façonnés avec les laines échardonnées contiennent encore un peu de paille; on se borne quelquefois à dissimuler leurs impuretés végétales au moyen d'encres spéciales appelées cache-époutils : *époutillage.* D'autres fois, on enlève les débris de paille au moyen d'une petite pince ou *brusselle : épincetage.* L'*époutillage*, l'*épincetage*, ainsi que le travail qui consiste à retirer les nœuds faits par les tisserands : *énouage*, et à remplacer les fils manquants : *rentrayage* ou *stoppage*, sont exécutés par des ouvrières appelées piqûrières.

L'épincetage est long et imparfait. On pourrait en dire autant de l'échardonnage mécanique. Les égrateronneuses ont de plus l'inconvénient de casser les filaments et de faire des déchets considérables. Ces procédés mécaniques ne sont du reste pas applicables aux laines fort pailleuses, comme le sont la plupart des laines exotiques.

Les tissus renaissance, qui renferment beaucoup de coton, sont époutillés par teinture. On les travaille dans un bain de colorants diamine pour coton, donnant une nuance voisine de celle de l'étoffe à époutiller. Ce procédé est très usité pour les articles bon marché.

ÉPAILLAGE CHIMIQUE

Isart et Leloup, deux industriels français, eurent, en 1854, l'idée de récupérer les déchets provenant de l'échardonnage en les plongeant dans de l'acide sulfurique étendu, et en les séchant rapidement à une température voisine de 100° C. C'est, en résumé, la marche encore suivie aujourd'hui dans l'épaillage chimique.

Les marchandises sont acidées, essorées (excepté dans le cas de l'épaillage à sec par l'acide chlorhydrique gazeux), séchées dans une étuve, battues ou non et lavées.

Épaillage chimique de la laine en fibres. — La conception générale est que les laines que l'on veut soumettre à l'épaillage chimique doivent être soigneusement dégraissées, pour éviter l'altération résultant de l'action de l'acide sulfurique sur les corps gras, parce qu'il peut y avoir, paraît-il, formation d'un sel acide de calcium qui adhère solidement à la fibre.

Le suint soluble donnerait certainement, sous l'influence de l'acide sulfurique, des acides gras libres ; nous croyons que ces acides gras ne gêneraient cependant pas l'épaillage, et qu'il serait possible de les entraîner par lavage. Le grand inconvénient proviendrait de ce que le bain acide serait rapidement sali. Ajoutons qu'il n'y aurait aucune économie de main-d'œuvre et, qu'il nous semble qu'on a intérêt à dégraisser la laine avant de l'épailler.

On opère de la manière suivante : La laine est parfaitement imbibée d'eau acidulée, par simple immersion dans un bain acide titrant 3° à 5° Baumé [1], si elle est primitivement sèche ; égouttée pendant le temps nécessaire à la pénétration des matières végétales par l'acide ; essorée pour lui laisser environ le tiers de son poids de liqueur acide : et séchée, d'abord à une température modérée, 40° à 45° C., puis à la température de 70° à 80° C., pour évaporer presque toute l'eau et concentrer au maximum l'acide qui déshydrate alors et désagrège les matières végétales.

Lorsqu'on opère sur des laines mouillées, on doit les aciduler par déplacement. A cet effet, on jette la marchandise dans une cuve, d'où l'on soutire le bain plusieurs fois de suite pour le renverser chaque fois dans la cuve. C'est le seul moyen qui permette d'acider les laines mouillées en évitant le feutrage qui se produit si facilement en solution acide.

1. L'acide sulfurique est dans un bassin en ciment avec revêtement de plomb.

A leur sortie de l'étuve, les laines sont comprimées entre deux ou trois paires de cylindres cannelés, et battues pour détacher les matières végétales désagrégées, puis lavées pour être désacidulées autant que possible. Le lavage est fait dans la laveuse à tambour ou dans la laveuse à fourches, mais l'eau seule ne suffit pas pour neutraliser complètement la laine. Cependant, le peu d'acide restant n'est pas nuisible, il ne gêne pas le blanchiment, facilite la teinture en bain acide, et il est neutralisé dans la cuve à indigo ou dans la dégorgeuse, pendant le dégraissage des tissus, si le bain alcalin est assez concentré.

Essoreuse à force centrifuge (*fig.* 40). — Le panier intérieur est recouvert d'ébonite fixée par couches successives sur le métal et recuite au four à haute température. La carcasse extérieure ou manteau est en plomb très pur, métal peu attaquable par les acides. Avec un appareil ainsi conditionné, les taches provenant de l'attaque du métal sont évitées.

Essoreuse exprimeuse. — On peut remplacer l'essoreuse à force centrifuge par de forts rouleaux exprimeurs caoutchoutés, dont la pression peut être rendue considérable par un système de leviers (voir essorage après désuintage).

Sécheuses-carboniseuses. — Les étuves où se font le séchage de la laine et la déshydratation des matières végétales sont disposées de différentes manières. Nous donnons ici les dispositifs que l'on rencontre le plus souvent.

Le schéma (*fig.* 69) montre une sécherie formée de deux chambres. La laine séchée pendant deux à trois heures dans une des deux chambres, à une température de 30° à 45° C., est carbonisée dans l'autre chambre, où la température oscille entre 70° et 80° C. Les tuyaux à ailettes sont chauffés à la vapeur et un ventilateur renouvelle l'atmosphère, à mesure qu'elle se charge de vapeur acide.

La figure 70 représente une sécherie à parcours. La laine versée par la trémie *d* est entraînée par le tablier sans fin *a*, muni de crochets, qui l'élève jusqu'au batteur *b*. Ce batteur ouvre le textile et le projette sur un petit tablier *c*, lequel le déverse sur une claie mobile qui l'introduit dans la sécheuse-carboniseuse. La marchandise y est exposée à une température variant graduellement de 30 à 80° C., et la vapeur qui se dégage est chassée par des ventilateurs.

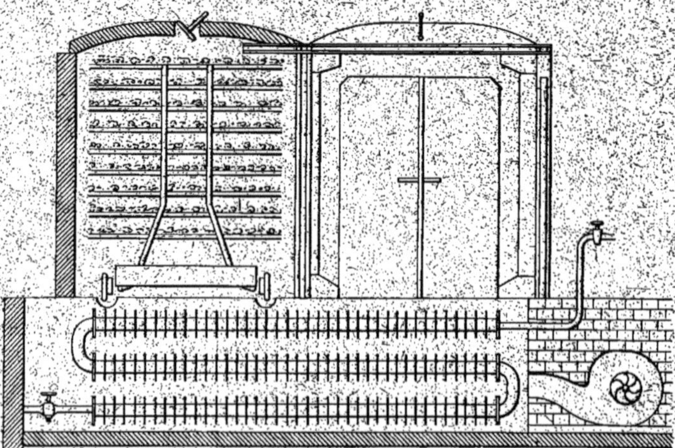

Fig. 69. — Schéma de la sécheuse-carboniseuse à deux étuves.

La chambre de séchage est divisée en plusieurs compartiments, dans chacun desquels la température peut être réglée à volonté. La claie mobile qui fait circuler la laine d'une extré-

Fig. 70. — Croquis de la sécheuse-carboniseuse à long parcours.
d, trémie. — a, tablier élévateur. — b, batteur. — c, petit tablier déversant la marchandise sur la claie mobile mue par les tambours A et B.

mité du séchoir à l'autre, est une longue toile sans fin, mue par les deux grands tambours A et B.

La figure 71 est le croquis d'une sécherie à claies mobiles étagées. C'est une sorte de four à parois formées de maçonnerie ou de plaques de fonte. En avant se trouve l'auge d'alimentation. Un tablier sans fin muni de pointes ou de crochets entraîne la laine devant un batteur à palettes qui l'ouvre tout en la projetant.

Le séchage et le carbonisage se font successivement dans le même appareil, au moyen d'une série de tabliers mobiles superposés sur lesquels passe automatiquement la marchandise acidée. Le tablier inférieur rejette la laine dans le bac de décharge, il est aidé d'un rouleau cannelé ou recouvert de pointes.

Un faux-fond perforé livre passage à la chaleur qui se dégage

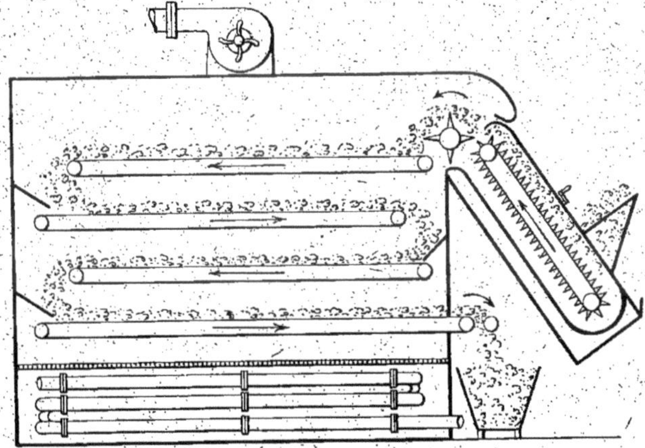

Fig. 71. — Croquis de la sécheuse-carboniseuse à claies mobiles étagées.

des tuyaux de chauffage disposés en batterie. Au-dessus du plafond de la carboniseuse, un ventilateur aspire la vapeur et les rejette au dehors.

Épaillage chimique des tissus de laine. — L'épaillage des étoffes écrues diffère peu de celui de la laine en fibres.

La carbonisation des matières végétales s'effectuant par le concours combiné d'un acide et de la chaleur, il est évident que l'on pourra modérer d'autant plus la température que le bain acide sera plus concentré ; en d'autres termes, si le bain d'acide sulfurique marque 5° Baumé, une température de 100 à 110° C. suffira pour arriver à la désagrégation des substances cellulosiques ; mais, si le bain ne pèse que 3° à 3° 1/2 Baumé, il faudra atteindre une température de 120° à 130° C.

La pièce étant bien dégraissée, on la déroule, entre des rouleaux compresseurs, dans une solution d'acide sulfurique titrant environ 4° Baumé. Elle est ensuite essorée et dirigée dans une sécheuse-carboniseuse, où elle passe au large sur des roulettes, ou des tournettes, placées alternativement en bas et en haut de l'appareil, pour que l'air chaud arrive également partout.

L'étuve est d'ordinaire divisée en trois compartiments qui sont chauffés à des températures croissantes : le premier est à 45° C., le deuxième à 70°-75° C. et le troisième à 110°-115° C. La vitesse du passage varie avec l'épaisseur du tissu, de 3 à 4 mètres par minute.

On remplace souvent l'étuve simple par la rame à parcours; deux chaînes à crochets fixent et redressent les lisières et en

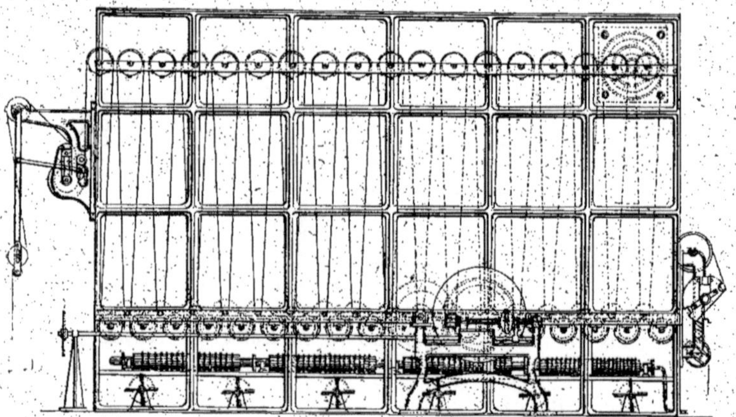

Fig. 72. — Croquis d'une sécheuse-carboniseuse à tournettes.

même temps égalisent la laise pendant le séchage-carbonisage.

Les différents parcours sont chauffés séparément, par des tuyaux à ailettes ou par des plaques de fonte. Un aspirateur, relié par un tuyau à chacun des trois compartiments, enlève à mesure les vapeurs produites, condition essentielle pour rendre la dessiccation rapide et le carbonisage régulier et continu.

Remarque. — L'acidage se pratique aussi soit en trempant

simplement l'étoffe, soit en la travaillant dans un lavoir en boyau ou dans un foulard, soit encore en la faisant passer d'un mouvement régulier dans un bac garni de plusieurs rouleaux conducteurs et de rouleaux exprimeurs à la sortie du bain; les rouleaux exprimeurs sont en fonte et recouverts de caoutchouc, ils sont munis d'une pression convenable pour exprimer l'excès du bain (*fig.* 73).

La sécheuse-carboniseuse peut être remplacée par deux

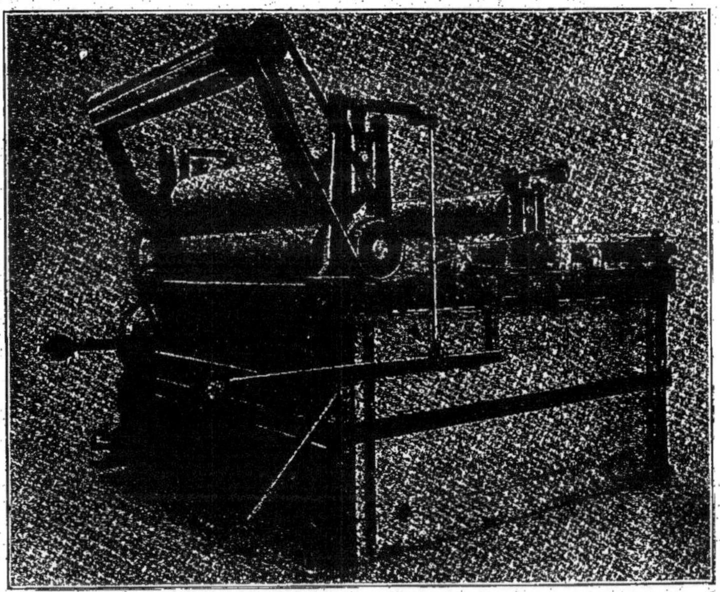

Fig. 73. — Bac muni de rouleaux conducteurs et de rouleaux compresseurs pour imprégner en acide (Dehaître, Paris. Licence de fabrication Grosselin, Sedan).

séries de cylindres en cuivre chauffés à la vapeur à une température comprise entre 128° et 140° C.

Pour préserver les lisières de coton ou autres textiles végétaux de l'action du carbonisage, on les recouvre à la main à l'aide d'un pinceau, ou automatiquement, d'argile malaxée avec une solution concentrée de carbonate de sodium. L'emploi d'une simple solution concentrée de carbonate de sodium diminue trop sensiblement l'affinité de la laine pour les malières colorantes, il en résulte des irrégularités de nuances localisées principalement sur les bords des pièces, si elles sont teintes en couleurs acides.

Essorage. — L'essorage est réalisé par force centrifuge, par compression ou par aspiration.

Les essoreuses à panier n'extraient pas l'eau d'une manière bien uniforme. Les plis conservent davantagent l'humidité. Comme les étoffes épaillées sont teintes en bain acide, il en résulte qu'elles prennent irrégulièrement la couleur.

Les portions les plus acidées se teignent en nuance plus vive, plus foncée, ou même en nuance différente, lorsque, comme il arrive fréquemment, le bain de teinture est composé de plusieurs colorants. Car, le lavage en bain de carbonate de

Fig. 73 *bis*. — Sécheuse-carboniseuse à tournettes (Construction Fernand Dehaître).

sodium est rarement assez énergique pour neutraliser l'acide sulfurique absorbé par la laine. Les ombres, les flammes, les barres ou les taches qui prennent naissance pendant la teinture des étoffes épaillées, disparaissent, quand on vient à travailler les pièces dans une dissolution d'acide chlorhydrique à 6 poids d'acide du commerce pour 100 poids de tissu. Si alors la nuance se démonte trop visiblement, on reforme le bain de teinture après addition d'une proportion convenable d'acide sulfurique ; l'acide chlorhydrique ne favorisant pas la pénétration des colorants même acides.

Si la marchandise garde par places une proportion élevée d'eau acidulée, les propriétés de la fibre sont modifiées au point de diminuer son affinité pour les colorants. Il se forme alors des parties claires, la marchandise étant plus ou moins réservée en ces endroits. Ces réserves imparfaites sont dues à une action destructive ; aucune opération subséquente ne les fera disparaître, excepté, peut-être, l'époutillage, peinture ou crayonnage.

L'expression à l'aide de rouleaux compresseurs caoutchoutés est préférable ; mais, si leurs axes ne sont pas parfaitement parallèles, ou si l'un d'eux est légèrement courbé, le défaut cité peut se reproduire. Il est toutefois bien moins accusé.

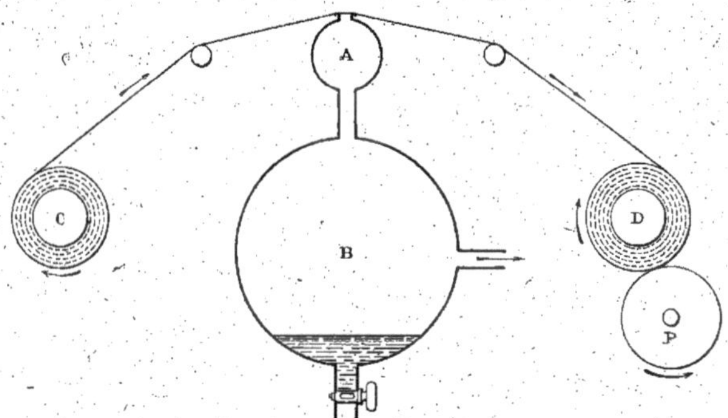

Fig. 74. — Schéma de l'essorage par aspiration ou succion.

C et D, ensouples. — P, cylindre moteur. — A, aspirateur. — B, réservoir retenant l'eau aspirée.

La meilleure essoreuse est l'essoreuse par aspiration ou succion, ordinairement désignée sous le nom de *suceuse*.

Le tissu mouillé placé sur une ensouple C, à l'avant de la machine, est entraîné par un mouvement d'appel donné par le cylindre P et s'enroule à l'arrière de la machine sur une autre ensouple D, ou bien pénètre directement dans l'étuve. Pendant son mouvement, il vient s'appuyer sur l'aspirateur A, qui est un cylindre de faible diamètre, pourvu d'une étroite rainure longitudinale. Ce cylindre A communique avec un réservoir B dans lequel on fait le vide au moyen d'une puissante pompe à air : pompe à piston, pompe rotative, trompe ou Giffard.

Le passage rapide de l'air à travers l'étoffe entraîne, par succion, la plus grande partie de l'eau qu'elle renferme. Cette eau tombe dans le réservoir d'où elle est extraite d'une façon continue et automatique. Les draps sont donc essorés sur toute leur largeur, d'une manière régulière et continue, quels que soient leur poids et leur laise.

Pour atténuer l'action résultant de l'inégale pression que peuvent exercer les rouleaux, on soumet le tissu sortant du

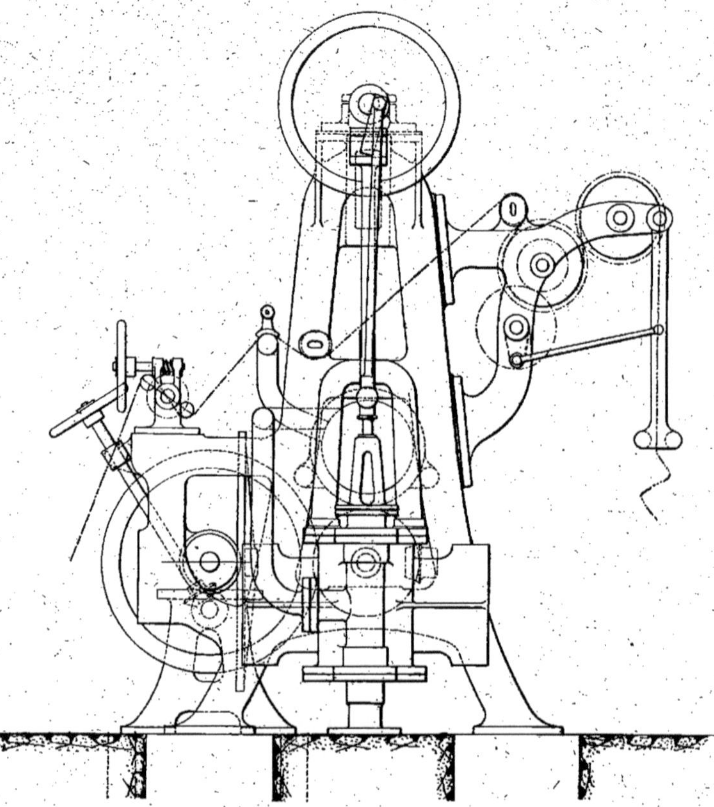

Fig. 75. — Croquis d'une essoreuse-suceuse au large par aspiration, modèle avec attracteur, plieuse et mouvement progressif (Construction Dehaître, Le Saché, Vivraire et Cie).

bain acide à deux essorages successifs, l'un par compression, l'autre par succion.

Ajoutons qu'une étoffe ne doit pas seulement être essorée après épaillage ; elle subit cette opération chaque fois qu'elle doit être séchée. Or, ce mode d'essorage présente le grand avantage d'éviter la formation de plis ; l'eau restante ne se localise donc pas de place en place, elle est au contraire répartie d'une manière bien uniforme. La marchandise ayant ainsi une composition bien homogène, subira les mêmes modifications chimiques en tous ses points, la chaleur agissant également partout, pendant toute la durée de la dessiccation.

Épaillage par les sels minéraux ou épaillage des tissus teints. — L'idée première d'épailler la laine teinte revient à M. Joly, teinturier à Elbeuf, qui prit un brevet à ce sujet, en 1877.

Tandis que l'acide sulfurique ne peut être utilisé à l'épaillage des marchandises teintes en couleurs petit teint et de beaucoup de marchandises teintes en couleurs grand teint, les solutions de sels métalliques peuvent parfaitement servir dans ces conditions ; elles n'altèrent pas les nuances.

Les sels généralement employés en épaillage sont : le chlorure d'aluminium et le chlorure de magnésium.

Le *chlorure d'aluminium*, appelé aussi chlorhydrate d'alumine, est livré aux industriels en solution pesant 20° à 30° Baumé. Cette solution est étendue d'eau, car les bains de trempage ne titrent que 6° à 7° Baumé.

Le *chlorure de magnésium* est toujours livré à l'état solide. C'est un sel cristallisé fortement hygroscopique. On l'utilise en solutions titrant 10° à 15° Baumé, suivant l'épaisseur du drap à épailler.

Ces deux produits sont parfois employés en mélange.

On s'est également servi de *chlorure de zinc* en solution titrant 8° à 9° Baumé, ainsi que du superphosphate de chaux, *phosphate acide de calcium*, concentré à 6°-8° Baumé.

Les sels ne déshydratent pas aussi bien les matières végétales que l'acide sulfurique. *Il faut chauffer l'étuve à une température plus élevée*, 120°-130° *C., et désagréger les composés cellulosiques par frottement ou écrasement.* On constate que ce sont les substances les plus dures qui sont les premières attaquées : les pailles et graterons d'abord, puis le lin, le chanvre et le coton.

Les tissus épaillés avec les sels et laissés à l'humidité pendant un jour n'abandonnent plus les composés d'origine végétale, ceux-ci ont repris leur composition première et leur élasticité, par suite de l'absorption de l'eau ; ils ne se laissent plus broyer par passage entre rouleaux compresseurs.

Épaillage à sec par l'acide chlorhydrique. — Ce procédé, très employé pour l'épaillage des chiffons et dont nous parlons plus loin, a l'avantage de respecter la teinture et de ne pas jaunir la marchandise, comme le font, du reste, les sels minéraux. Cependant, la destruction de la cellulose, surtout celle des pailles, n'est pas aussi énergique qu'avec l'acide sulfurique.

Lavage des tissus épaillés. — Les tissus épaillés à l'acide sulfurique ou à l'acide chlorhydrique sont travaillés plusieurs heures, en dégorgeuse, dans une solution de carbonate de sodium pesant 3° à 4° Baumé. On neutralise ainsi partiellement l'acide qui les imprègne. Les étoffes épaillées aux sels sont traitées de la même manière, en remplaçant la liqueur alcaline par une bouillie de terre à foulon.

Le bisulfate de sodium considéré comme agent d'épaillage. — Le sulfate acide de sodium, en solution titrant 6° à 7° Baumé, peut remplacer l'acide sulfurique. La température d'étuvage est de 100° à 110° C. Ajoutons que les matières végétales ne sont pas aussi bien déshydratées, elles conservent leur couleur naturelle, jamais elles ne se noircissent dans la carboniseuse. Elles se ramollissent pourtant et se laissent facilement broyer.

Le bisulfate de sodium convient donc pour les marchandises blanches ou jaunâtres qui seraient souillées par la présence de résidus carbonisés. S'il présente les avantages des sels à chlorure d'aluminium, chlorure de magnésium, chlorure de zinc, il en a aussi les inconvénients. Si, après carbonisage, la laine reste exposée assez longtemps à l'humidité avant l'élimination des débris végétaux, la cellulose résiste alors à l'écrasement ou foulon à sec, on ne peut plus l'enlever.

On croit que par épaillage au bisulfate de sodium, la laine

souffre moins, qu'elle est moins altérée que par l'acide sulfurique, qu'elle reste plus souple, plus solide et plus apte à se feutrer.

Carbonisage des tissus non dégraissés. — L'ensimage et l'encollage gêneraient-ils l'épaillage au point d'empêcher la déshydratation des graterons, des pailles et des textiles végétaux ? L'acide sulfurique est tellement avide d'eau que ceci n'est pas à craindre. Pourtant, les fabricants de drap refusent d'essayer ce procédé qui diminuerait le prix de la façon.

La toile arrivant du tissage serait épaillée à l'acide sulfurique, comme nous l'avons expliqué, puis dégorgée et foulée ou directement foulée.

Le lubrifiant, en quelque sorte cuit sur la marchandise, la jaunirait très probablement ; mais, il nous semble que l'on ne courrait aucun risque à épailler ainsi immédiatement les étoffes renaissance, qui n'ont en somme rien à perdre au point de vue de la fraîcheur. Au contraire, la laine étant préservée par la colle et la graisse, conserverait mieux le peu de solidité qui lui reste.

Épaillage ou carbonisage des chiffons, ou destruction des textiles d'origine végétale (fils ou fragments de tissu) laissés dans les déchets de laine. — Pour détruire les matières végétales dans les chiffons et récupérer la laine, c'est l'acide sulfurique qu'on a tout d'abord employé. Mais, depuis ces vingt dernières années, un certain nombre d'autres agents de carbonisation ont été préconisés.

Les chiffons sont nettoyés mécaniquement au batteur et parfois lavés au savon étendu puis à l'eau. On les plonge ensuite dans l'acide sulfurique à 4°-5° Baumé. Ils y restent une demi-heure, sont sortis, essorés et mis dans la chambre à carboniser, où ils séjournent une demi-heure à une heure.

Le bisulfate de sodium est aussi avantageux que l'acide sulfurique à certains égards ; il est meilleur marché, mais demande à être employé à un degré de concentration plus élevé et à être en contact plus longtemps avec les chiffons, pour les imbiber suffisamment.

Le gaz acide chlorhydrique est aussi très employé, son emploi nécessite des dispositions spéciales qui sont décrites plus loin. Il ne fait pas dégorger les couleurs, ce qui évite la reteinture des chiffons noirs ou des tissus noirs qui en proviennent.

On se sert aussi du chlorure d'aluminium et du chlorure de magnésium ; mais, ces composés ne s'éliminent que par lavage en acide chlorhydrique ou sulfurique étendu, et la laine extraite par l'intermédiaire de ces sels est sujette à se teindre inégalement.

D'autres corps ont aussi été employés pour le carbonisage ; cependant, l'acide sulfurique est préférable pour les petites installations et le gaz acide chlorhydrique pour les grandes.

Carbonisage des chiffons par l'acide sulfurique. — Le carbonisage des chiffons par l'acide sulfurique ne diffère de celui de la laine que par les traitements antérieurs. Les vieux chiffons de laine mélangée de coton, recueillis un peu partout, sont transformés par des opérations mécaniques appropriées et par l'épaillage chimique, en une nouvelle matière textile : l'*extract*.

L'extract, ou comme on l'appelle commercialement le *carbonisé*, constitue une matière textile dont le pouvoir feutrant, la résistance, la douceur et l'élasticité sont considérablement diminués. Les opérations de la fabrication et l'usage ont en effet durci la substance cornée qui forme le tube de la fibre de laine, et fait perdre en tout ou en partie la moelle qu'il contenait.

L'*extract* est mélangé avec les chiffons pure laine *mungo*, et la laine peu feutrante, provenant d'articles de bonneterie *Schoddy*. Ce mélange est appelé, après effilochage, *laine renaissance*. Il trouve de nombreuses applications dans la fabrication des tissus bon marché.

La *laine renaissance* et les *déchets de la fabrication* : blouses, bouts tors, bouts veules, bourre du foulage, bourres du lainage et bourres du tondage, sont désignés dans l'ensemble sous le nom de *laines artificielles*.

Les chiffons, préalablement triés, sont lavés dans des cuves à agitateurs; puis, soumis à l'action d'un bain chaud de savon et d'alcali volatil, pendant plusieurs heures, soit dans un tambour tournant, soit dans une cuve à pompe aspirante et foulante, qui rejette continuellement le liquide à la surface, maintenant ainsi les chiffons en mouvement. Après de nouveaux lavages, ils sont essorés et séchés dans de grandes chambres chauffées au calorifère.

Une fois secs, on les passe à l'escargasseuse, appelée aussi effilocheuse ou déchireuse, qui réduit les chiffons en charpie. C'est cette étoupe qui est soumise à l'épaillage, tout comme la laine brute.

Les teinturiers effilocheurs diminuent actuellement le prix de la main-d'œuvre, en modiant comme suit la méthode précédente :

A leur arrivée aux ateliers de teinture, les chiffons sont *épaillés*, *battus*, *nettoyés*, *mordancés* et *teints*. Ils sont ensuite portés à la filature, où ils sont *ensimés*, *effilochés*, mélangés ou non avec de la laine ou des déchets de laine, *cardés et filés*.

Carbonisage des chiffons par l'acide chlorhydrique à l'état gazeux. — L'épaillage à sec par l'acide chlorhydrique simplifie encore la main-d'œuvre, puisque l'action chimique et l'action calorifique sont simultanées au lieu d'être successives comme dans le système précédent.

Le carbonisage s'effectue dans une étuve en maçonnerie; les chiffons sont déposés dans une sorte de wagonnet, muni de claies, dont les dimensions s'adaptent à celles de l'étuve, et ils sont introduits dans le calorifère, en même temps qu'une quantité déterminée d'acide contenu dans un récipient en grès.

Les parois de la chambre sont, après chargement, soigneusement lavées avec de la terre glaise. Un foyer placé au-dessous porte la température intérieure à 80° C. au maximum, et fait évaporer l'acide. Au bout de douze heures, l'action combinée de la température et des vapeurs muriatiques a carbonisé toutes les parties non laineuses des chiffons.

Ce procédé a l'inconvénient de rendre le carbonisage irrégulier, on ne peut en effet intervenir ni pour régler l'évaporation, ni pour remuer les chiffons qui ne sont pas également pénétrés par l'acide chlorhydrique. Ces objections ont fait adopter le carbonisateur système Schirp, dont l'étuve est un tambour tournant A, mû mécaniquement, et dont la rotation s'opère, au moyen de galets, sur un bâti de maçonnerie. A l'arbre creux du tambour est adapté une pièce en fonte B, de forme ovoïde, la *retorte*, qu'un foyer spécial *f* porte à une température élevée, ce qui assure la volatilisation instantanée de l'acide chlorhydrique introduit automatiquement par une sorte de cuiller en grès *g* qui, tournant avec l'ensemble de l'appareil, puise l'acide contenu dans un récipient *c*, placé à sa portée. A chaque tour du tambour, l'acide s'écoule dans la retorte par un conduit *d*, et un clapet approprié assure la fermeture automatique du puiseur.

La durée pendant laquelle l'acide est introduit dans la retorte est déterminée d'avance et varie avec l'effet à produire ; lorsque l'acide a été déversé en quantité suffisante, on déplace le récipient.

Le tambour est à section pentagonale, il s'ouvre sur l'un des côtés, c'est par là que s'opèrent le chargement et le déchargement de la marchandise. Ses parois intérieures sont garnies de crochets qui, pendant la rotation, secouent les chiffons ; ces derniers sont soulevés sans interruption pour retomber ensuite. Cette agitation continuelle favorise leur imprégnation par l'acide.

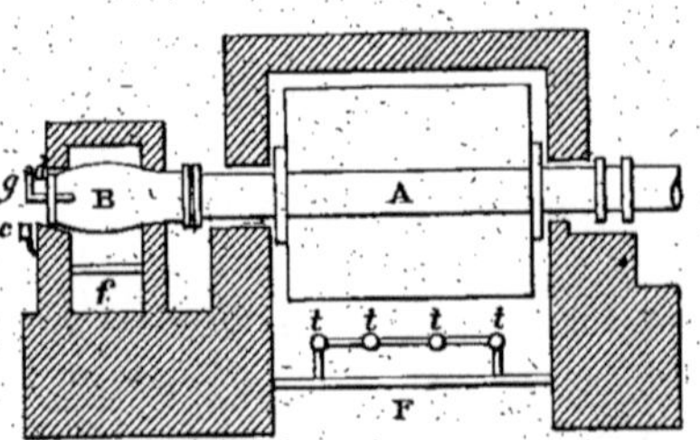

Fig. 76. — Schéma du carbonisateur système Schirp.

A, étuve tournante communiquant, par un arbre creux, avec la retorte B pour l'introduction de l'acide et avec l'extrémité opposée pour le dégagement. — F et *f*, foyers. — *t*, *t*, *t*, *t*, tuyaux de chauffe. — *g*, cuiller. — *d*, tube déversant l'acide chlorhydrique puisé dans le réservoir *c*.

Le grand foyer F élève la température du tambour jusqu'à 140° et même 150° C. Le feu traverse tout un système de tuyauterie en fonte *t* et ne vient en contact ni avec le tambour, ni à plus forte raison avec le textile. Ce qui écarte tout danger d'incendie.

Avant d'envoyer le gaz acide, on prend la précaution d'enlever l'humidité par un courant d'air surchauffé.

L'arbre creux du tambour se prolonge, du côté opposé à la retorte, par un conduit qui va déboucher dans la cheminée de l'usine ou dans un réservoir en maçonnerie contenant de l'eau. Le gaz acide chlorhydrique est par conséquent chassé avec la fumée ou récupéré par dissolution dans l'eau. Une porte à coulisse permet de créer ou d'interrompre à volonté un courant d'aspiration qui entraine l'esprit de sel au dehors.

Les chiffons sont finalement sortis de l'étuve, puis *battus*, *lavés*, *mordancés*, *teints*, *ensimés* et *effilochés*[1].

Battage des chiffons carbonisés. — L'extract est introduit dans une sorte de loup déchireur qui ne diffère du loup ordinaire décrit précédement, que par la présence de grosses pointes de fer ou d'acier fixées sur la paroi intérieure du cylindre immobile et alternant avec celles du tambour[2]. Pendant la rotation, les chiffons sont accrochés, légérement déchirés, les poussières de charbon se détachent et elles sont entraînées par un aspirateur dans un réservoir où on les recueille. Ces poussières de cellulose déshydratée et de charbon, peut-être à cause des fibrilles laineuses qu'elles contiennent, sont recherchées comme engrais.

Lavage. — Le lavage au savon n'est pas insdispensable, un nettoyage dans un ou deux bains de carbonate de sodium est amplement suffisant. On le fait suivre d'un rinçage à l'eau dans une des deux laveuses connues.

Inconvénients de l'épaillage chimique. — La laine, à cause de sa constitution chimique qui la rapproche des substances cornées, semble résister aux actions des acides dilués, même les plus puissants, à des températures qui dépassent 100° C. Mais cette résistance n'est pas illimitée. Si on compare deux échantillons d'une même laine écrue, l'un avant, l'autre après carbonisage à l'acide sulfurique, on constate une différence de couleur assez sensible. La laine épaillée est plus

1. Ou bien battus, lavés, ensimés et effilochés.
2. Cylindre mobile.

jaune. Ceci montre bien que ce textile est influencé par l'acide sulfurique. Il absorbe du reste cet acide avec une grande avidité et ne l'abandonne pas par des lavages à l'eau seule. On croit même, et avec raison, qu'il est pratiquement impossible de désacider complètement la laine par des lavages avec des solutions de carbonate de sodium. Ces solutions sont trop faibles et employées à trop basse température. L'action de l'acide sulfurique s'exercerait donc d'une manière continue. Il en serait de même des sels minéraux.

On prétend, effet (Lœbner), que lorsqu'on soumet à un examen microscopique les bourres du foulage des tissus épaillés aux acides ou aux sels minéraux, on rencontre de nombreuses fibres fendillées, brisées, ayant perdu l'aspect de fibres de laine. C'est aussi ce que nous avons relevé dans les tissus attaqués par de la soude Solvay employée en excès pendant le dégorgeage, tissus qui n'avaient pas été soumis à l'épaillage[1]. Cette observation contredit un peu l'opinion générale. En réalité, on ne peut pas être fixé sur la véritable cause de ces dégâts.

Somme toute, on exagère les méfaits de l'épaillage, on accuse trop à la légère. Une simple étude microscopique ne suffit pas pour conclure, lorsqu'il y a plusieurs actions en jeu. Les expériences doivent être sériées et menées méthodiquement, et elles ne sont jamais aussi faciles à réaliser et à poursuivre à l'usine qu'au laboratoire.

C'est encore une erreur de croire que les tissus carbonisés exigent une grande dépense de savon et qu'ils sont malgré cela malaisés à feutrer. Ce fait s'observe seulement quand l'étoffe a été trop acidée ou quand le désacidage a été négligé. En règle générale, on épaille avant foulage, parce qu'en ordonnant ainsi le travail, la désagrégation des ordures végétales est plus complète.

On peut veiller à ce que l'acide sulfurique, qui provient ordinairement du grillage des pyrites, ne contienne que des traces de sulfate de fer. Ce sel pourrait colorer la marchandise ou produire des taches.

1. La laine n'avait pas non plus été épaillée à l'état de fibres.

Au début de l'épaillage chimique on éliminait toute trace de sulfate de fer à l'état de bleu de Prusse, avec le cyanure jaune de potassium. On ne prend plus guère cette précaution ; mais, on a davantage le souci d'éviter tout contact du bain acide et de l'étoffe acidée avec le fer des machines-outils, sachant bien que les taches doivent généralement leur origine à la formation de sulfate de fer pendant l'opération de l'épaillage chimique.

Effet de l'épaillage chimique sur la résistance des étoffes de laine. — L'épaillage, et en général l'acidage suivi de la dessiccation à la température à laquelle se fait l'épaillage, augmente considérablement la résistance à la traction. Ce moyen est employé pour augmenter la force des tissus qui, pour des raisons quelconques, n'ont pas la résistance voulue. Ce fait doit être attribué au feutrage qui est favorisé par le bain acide. Les sels utilisés dans l'épaillage produisent un effet identique.

Le feutrage provoqué par les acides ou les sels acides, s'il est suffisamment prononcé, diminue la douceur et la souplesse du drap.

Théorie de l'épaillage chimique. — L'acide sulfurique est très avide d'eau, il enlève les éléments de l'eau aux composés qui ne la contiennent pas toute formée. C'est pour cette raison qu'il noircit les substances dites hydrocarbonées : sucre, bois, etc. (Voir mordants auxiliaires.)

L'expérience de l'encre sympathique rend bien compte de ce phénomène. De l'acide sulfurique est étendu de beaucoup d'eau et, avec cette solution, on trace quelques mots sur une feuille de papier blanc. Quand la feuille est portée à la température de 80° à 90° C., les caractères ne tardent pas à apparaître en noir, et si on prolonge l'action de la chaleur le papier se troue aux endroits qui ont commencé les premiers à noircir.

L'explication est des plus simples. L'acide étendu d'eau, étant étalé sur une surface poreuse, perd son eau de dilution, et lorsqu'il est suffisamment concentré, il exerce sur le papier (cellulose) lui-même, son affinité caractéristique. Il déshydrate ce composé en ne laissant finalement que le charbon.

C'est cette déshydratation de la cellulose : paille, coton, lin, etc., qui produit l'apparente carbonisation des substances végétales dans l'épaillage chimique. Le phénomène de l'épaillage ne doit, par conséquent, pas être confondu avec la calcination ou action de l'oxygène (de l'air) sur les combustibles chauffés à haute température.

L'action de l'acide chlorhydrique sec est identique à celle de l'acide sulfurique dilué. Pour nous en convaincre, nous n'avons qu'à nous rappeler la force avec laquelle l'eau est aspirée dans un flacon rempli de cet acide à l'état gazeux.

On croit assez volontiers que les sels minéraux épaillent la laine par l'acide mis en liberté. On suppose simplement que l'acide est moins actif parce que la base laissée sur le tissu protège la matière à épailler, tout en permettant cependant la destruction des composés végétaux :

$$M''Cl^2 + 2\,H^2O = \underset{\text{Base absorbée.}}{M''(OH)^2} + \underset{\text{Acide dégagé.}}{2\,HCl.}$$

M'', symbole générique des métaux divalents.

Il faut en effet admettre que, pour la généralité des sels, la dissociation est accompagnée de l'absorption partielle de la base et du dégagement d'une quantité équivalente d'acide primitivement combiné. Mais, les sels employés dans l'épaillage se comportent d'une tout autre façon, c'est la base qui est mise en liberté et l'acide qui est absorbé :

$$M''Cl^2 + H^2O = \underset{\text{Base mise en liberté.}}{M''(OH)^2} + \underset{\text{Acide absorbé par le corps poreux qui provoque la dissociation}}{2\,HCl.}$$

ainsi qu'on peut s'en rendre compte par les résultats reproduits dans le tableau suivant :

ACTION DE LA LAINE SUR :

Numéros	Poids des échantillons	Volume de la solution saline — Poids du chlorure correspondant	Al et Mg restant	Cl^2 restant	Cl^2 correspondant au poids du métal trouvé	Différence donnant le poids du chlore mis en liberté pour un poids de tissu de 5 gr.	100 gr.
		Le Chlorure d'Aluminium Al^2Cl^6					
26	5,00	50cm3 1/10 env. = 1,32335 { Al^2 = 0,2835 ; Cl^6 = 1,065 }	0,27794	0,97197	1,1457	−0,17373	−3,4746
27	5,00	50cm3 1/10 env. = Opéré à froid......	0,27463	0,97760	1,1321	−0,15450	−3,0900
		Le Chlorure de Magnésium $MgCl^2$					
28	5,00	25cm3 1/5 env. = 0,48915 { Mg = 0,1235 ; Cl^2 = 0,36565 }	0,12740	0,36849	0,376895	−0,08405	−0,1681

La dissociation a été obtenue à l'ébullition en faisant bouillir, pendant une heure et demie, 5 grammes de laine, parfaitement épurée, dans 250 centimètres cubes de solution. Il y a exception pour l'échantillon n° 27 qui est resté pendant trois mois en digestion à la température du laboratoire.

Ces chiffres ne nous disent malheureusement pas si les sels épaillent par l'acide chlorhydrique mis en liberté (Franck) ou par leur action caustique (Jolly).

Les chlorures d'aluminium, de magnésium et de zinc se dissocient déjà aux environs de 100°, lorsqu'on cherche à les dessécher. Le même phénomène peut naturellement se produire pendant le passage de la laine à l'étuve où s'effectue la carbonisation. Il faut alors supposer, comme nous l'avons déjà dit, que les vapeurs d'acide ont une action comparable à celle de l'acide chlorhydrique libre et que la base laissée sur le tissu teint protège la matière à épailler, tout en permettant la destruction complète de la substance végétale. Or, on est en droit de se demander pourquoi cette action protectrice ne s'étendrait pas sur la matière végétale elle-même.

Il est plus logique de dire que les composés salins exercent une action déshydratante et que cette action semble se continuer sur la fibre animale elle-même, comme l'expérience suivante tend à le prouver.

Deux pièces de drap, absolument identiques, ont subi toutes

les mêmes opérations de la même manière, avec cette seule différence qu'après épaillage au chlorydrate d'aluminium suivi d'un lavage à l'eau, l'une d'elles fut manipulée en dégorgeuse pendant six heures avec une bouillie de terre à foulon. Or, à leur entrée en magasin, la pièce qui avait subi un traitement mécanique supplémentaire opposa une plus grande résistance aux essais dynamométrique.

Remarque I. — Les laines, à leur sortie de l'étuve, n'ont nullement besoin d'être pressées et ouvertes pour écraser les matières pailleuses déshydratées et faire tomber leurs poussières, à la manière que nous l'indiquons aux premières lignes de la page 133, lorsque la marchandise a été imprégnée d'acide sulfurique (ce qui est toujours le cas quand on épaille les laines en fibres). Les multiples opérations subséquentes assurent ce nettoyage.

L'appareil compresseur auquel nous faisons allusion dans ce passage est composé de plusieurs paires de rouleaux cannelés entre lesquels passe successivement la laine étuvée. En sortant d'entre la dernière paire, le textile est ouvert par une sorte de cylindre batteur et débarassé de ses poussières par aspiration. Cette opération, qui est quelquefois aussi faite après teinture, a probablement pour but d'assouplir la fibre énervée par un traitement trop énergique en bain acide.

Remarque II. — Les pièces de drap ne sont pas toujours épaillées immédiatement après dégraissage (voir page 136). Elles peuvent être préalablement dégraissées et foulées ou encore dégraissées, foulées, lainées, tondues et passées à l'indestructible, si l'on craint l'action durcissante de l'acide pendant les séchages successifs. Les étoffes ne reçoivent alors, après désacidage, qu'un léger lainage ou gîtage avant de passer à la teinture.

Remarque III. — Quand les tissus sont épaillés aux sels minéraux (page 141), les substances végétales charbonnées sont pulvérisées par le passage des pièces entre des rouleaux ou par le mélange à sec dans une fouleuse. La même précaution est prise dans l'épaillage des étoffes à l'acide sulfurique, quand on craint que les charbons ne soient pas suffisamment enlevés pendant les opérations qui suivent. Cet inconvénient peut se présenter lorsque l'on teint en nuances claires des draps qui n'ont pas été suffisamment acidés ou étuvés.

Effilochage. — Les chiffons classés par couleur et battus, pour en faire tomber les impuretés, sont ensimés, dans les proportions de 3 à 5 0/0 d'oléine, afin de ménager la fibre pendant le déchiquetage, puis soumis à l'effilochage.

L'effilocheuse ou déchireuse est un outil simple mais brutal, qui transforme les chiffons en fibres fort courtes.

Un tablier sans fin AB amène la marchandise entre deux rouleaux alimentaires C et D qui la poussent contre le tambour E. Ce tambour mesure environ 1 mètre de diamètre et a $0^{m},45$ de long; il est muni de 12.000 à 15.000 petites dents ou aiguilles d'acier et tourne à la vitesse de 650 à 800 tours à la minute, suivant la force des chiffons à effilocher. Les aiguilles accrochent les fragments de tissus; ces derniers, à la fois retenus par les cannelures des alimentaires et tirés vivement par les pointes d'acier, sont divisés en menus morceaux. Les morceaux ainsi arrachés sont entraînés dans une course vertigineuse, triturés et rapidement transformés en une masse duveteuse parfaitement homogène.

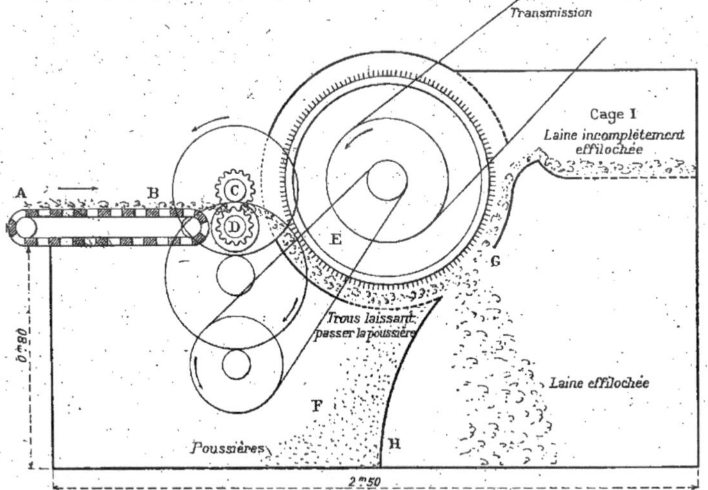

Fig. 77. — Schéma de l'effilocheuse ou déchireuse.
AB, tablier d'alimentation. — C et D, cylindres alimentaires. — E, tambour effilocheur armé d'aiguilles en acier.

Les poussières et la rénaissance s'accumulent sous la machine : les poussières sont tamisées en avant, en F, et la laine est rejetée un peu plus loin, en H, par l'ouverture G.

Quand l'alimentation est trop rapide, les chiffons ne sont pas assez retenus par les dents des alimentaires, ils sont alors insuffisamment déchiquetés et lancés en arrière dans une cage I, d'où ils sont repris et replacés sur le tablier.

La déchireuse pourrait être confondue de prime abord avec le loup ordinaire ou le loup déchireur, elle en diffère par les caractères suivants :

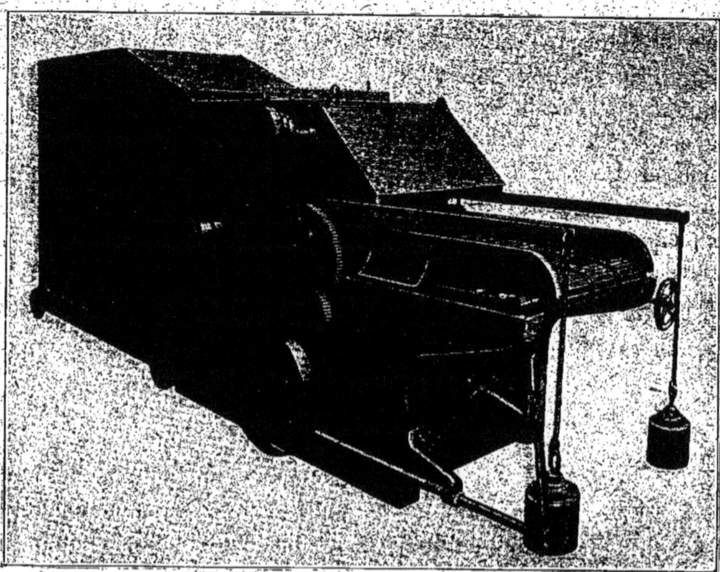

Fig. 78. — Effilocheuse travaillant au mouillé les chiffons de laine, les feutres, les tissus de crin et les lainages de bonneterie [Construction L. Crétin, Vienne (Isère)].

Fig. 78 *bis*. — Même machine, 2e côté. — La vitesse de cette machine est de 750 tours, l'arbre tourne dans des paliers à bague de construction spéciale.

L'effilocheuse est moins large que les loups ; son tablier avance plus lentement ; le rouleau alimentaire supérieur est

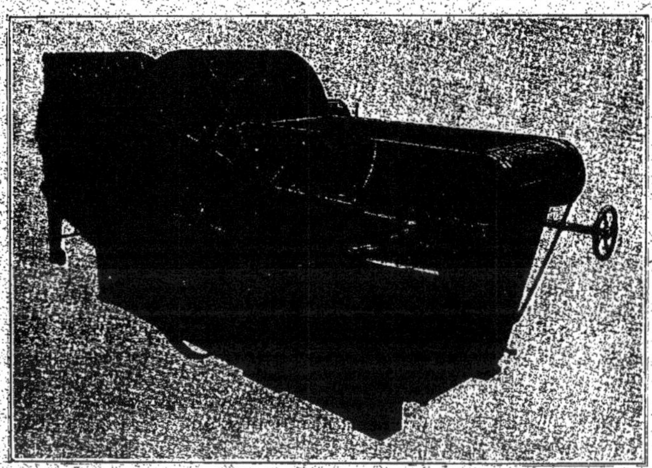

FIG. 79. — Effilocheuse pour le travail à sec de toutes sortes de fils et de tissus [Construction L. Crétin, Vienne (Isère)].

FIG. 79 *bis*. — Même machine, 2e côté.

en caoutchouc durci ; enfin, les dents du tambour sont plus courtes et plus nombreuses.

Les chiffons des vêtements pure laine dont on a préalablement enlevé les boutonnières et les coutures ne sont évidemment pas épaillés, ils sont effilochés directement.

L'appareil que nous décrivons est en usage pour les chiffons de laine secs, simplement ensimés.

La figure 78 est celle d'une effilocheuse pour travailler au mouillé les chiffons de laine, les bas, tricots, feutres et tissus en crin. Avant effilochage, ces matières sont trempées dans de l'eau ; après effilochage, elles sont lavées, essorées et séchées.

Le cylindre ou tambour est garni de 5 à 7.000 pointes plates en acier fondu, il tourne à une vitesse de 750 tours à la minute.

La laine effilochée est reçue dans une caisse mobile divisée en deux compartiments ; dans le supérieur, on trouve encore des bouts qu'on replace sur le tablier.

La figure 79 montre une effilocheuse pouvant travailler toutes sortes de fils et tissus. La table d'alimentation possède 3 vitesses, le tambour effectue 1.300 tours à la minute. Les matières insuffisamment effilochées sont rejetées sur une toile sans fin et remontées automatiquement sur la table d'alimentation.

Pour le travail des matières dures : soie, coton, le tambour est garni de 15.000 pointes; pour les articles laine, il en porte 10.000 ; pour les lainages, bas, tricots, il en a 5.000 environ.

VI

BLANCHIMENT DE LA LAINE.

Le blanchiment, ou la décoloration de la laine brute, consiste à enlever à ce textile, préalablement dégraissé, sa coloration jaune naturelle. Il est pratiqué sur fibres, fils ou tissus. Rappelons que l'on blanchit fort peu de laine en fibres ou en fil.

La laine est décolorée quand elle doit rester blanche ou encore lorsqu'on veut la teindre en nuances claires. On blanchit soit avec des réducteurs : anhydride sulfureux, bisulfite de sodium, hydrosulfite de sodium ; soit avec des oxydants : eau oxygénée (peroxyde d'hydrogène), peroxyde de sodium, ozone, permanganate de potassium.

Blanchiment à l'anhydride sulfureux (gaz sulfureux : SO^2). — L'anhydride sulfureux est, malgré son ancienneté, l'agent de blanchiment le plus en usage.

La marchandise désuintée : bourre, ou dégraissée : fil, ou encore débarrassée de la colle et de l'ensimage : tissu, est, après essorage, étalée sur des claies en bois ou en osier (bourre) ou suspendue après des lattes ou des cadres en bois, dans une chambre spéciale appelée soufroir. Cette chambre peut être hermétiquement fermée, elle est munie, à sa partie supérieure, d'une cheminée destinée à laisser échapper l'air et la vapeur d'eau. Une ouverture, ménagée à sa partie inférieure, permet d'introduire les pots de soufre et d'admettre un peu d'air pour commencer la combustion. On place, dans plusieurs vases en grès, un poids total de soufre égalant 6 à 8 0/0 du poids du textile à blanchir, on y met le feu et on ferme le soufroir. Le gaz sulfureux se dissout dans l'eau qui mouille la marchandise, agit sur la matière colorante et la fait disparaître momentanément.

On laisse le gaz en présence tout une nuit. Au matin, on établit un courant d'air pour chasser le gaz sulfureux, puis on

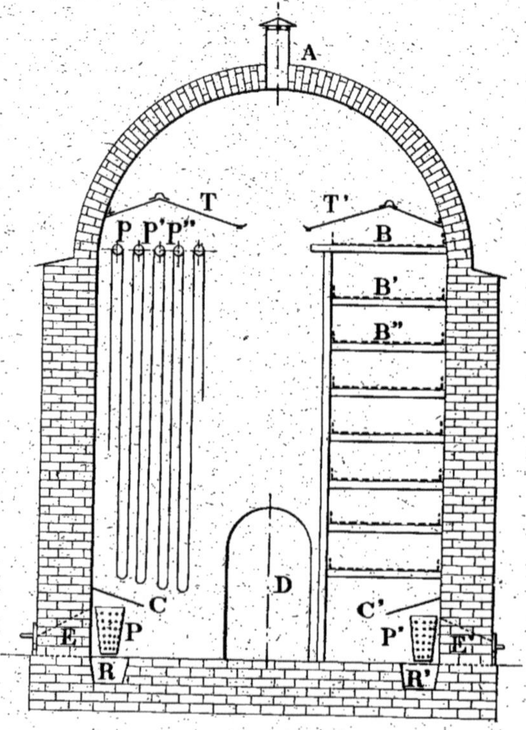

FIG. 80. — Schéma d'un soufroir en maçonnerie cimentée pour le blanchiment de la laine, par l'anhydride sulfureux.

PP', pots en fonte perforés dans lesquels on brûle le soufre. — EF, évents ou prises d'air pour la combustion du soufre. — CC', couvercles pour éviter le contact direct du soufre en combustion avec la matière à blanchir. — RR', rigoles recueillant les vapeurs condensées ou coulant des parois, et amenant l'air sous les pots à soufre. — A, cheminée d'appel. — p, p', p'', perches d'étendage pour les pièces de laine. — B, B', B'', claies d'osier pour la laine en bourre. — TT', toiture garantissant la marchandise des gouttes de soufre condensées sur le plafond. — D, porte d'entrée.

azure, rince, essore et sèche à l'air libre ou dans des étendages.

Les mousselines peuvent être blanchies à la continue, dans des chambres où l'atmosphère est constamment saturée de gaz sulfureux, par la combustion du soufre.

La laine encore mouillée est azurée au carmin d'indigo, à l'outremer, au bleu d'aniline, au violet d'aniline, à l'indigo, aux bleus d'alizarine ou à l'aide d'autres colorants bleus insensibles au soufre. Cet azurage ou bleutage masque la coloration jaune restant encore sur le textile, le bleu étant la couleur complémentaire du jaune. Il retarde aussi, pour la même raison, la disparition du blanc. Nous savons, en effet, que la couleur

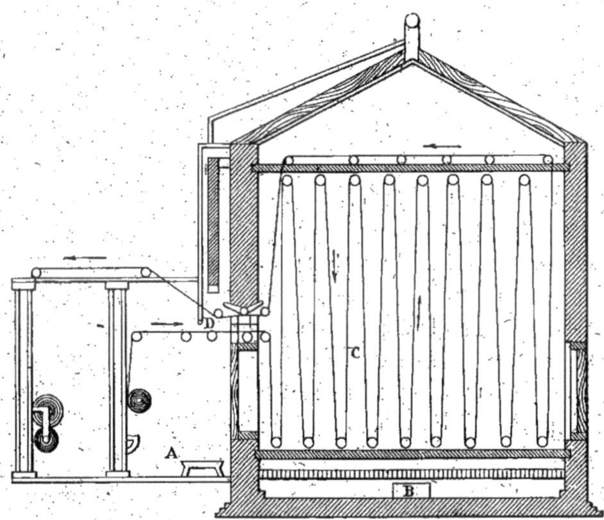

Fig. 81. — Croquis d'un soufroir continu.

Le soufre brûle en A ou en B et le produit de la combustion se répand dans le soufroir C. Le tissu introduit par une étroite ouverture D, pratiquée dans le mur, passe sur des roulettes placées en haut et en bas de la chambre C pour ressortir par le même orifice D. L'opération est répétée deux ou trois fois, si cela est nécessaire.

naturelle jaune de la laine n'est pas détruite par le gaz sulfureux, et qu'elle réapparaît, au bout d'un certain temps, au contact de l'air.

Blanchiment au bisulfite de sodium. — Le blanchiment au soufre exige des bâtiments spéciaux, il est de plus très désagréable à cause des émanations délétères qui se font sentir assez loin dans les environs, ce qui suscite des réclamations. On remplace, pour ces raisons, chaque fois que la chose est possible, le gaz sulfureux par l'acide sulfureux, c'est-à-dire une solution aqueuse d'anhydride obtenu en acidulant le bisulfite de sodium. Ce procédé est appelé, improprement, blanchiment à l'acide sulfureux liquide. Les résultats sont moins bons, mais ils suffisent dans la plupart des cas.

La concentration à donner au bisulfite est très variable, elle dépend de la durée du trempage et de l'effet à obtenir. Pour 100 kilogrammes de marchandise, on prend en moyenne 50 litres de bisulfite à 35° Baumé, 3 à 4 litres d'acide sulfurique titrant entre 60 et 62° Baumé et 4 à 5 mètres cubes d'eau froide.

Le bain se prépare dans une barque en bois ou dans une cuve spéciale surmontées d'un tourniquet carré ou d'un rouleau. On manœuvre quelque temps la pièce pour l'imprégner et on la laisse en repos douze ou vingt-quatre heures. Puis on essore, azure, rince, essore et sèche.

Blanchiment à l'hydrosulfite. — Ce procédé a l'avantage de donner en même temps à la laine un azurage grand teint. Le textile dégraissé est trempé dans un bain contenant : une solution fraîchement préparée d'hydrosulfite de sodium, dont la concentration varie avec la coloration ; 1 gramme d'indigo pulvérisé pour 100 litres d'eau, et un peu d'acide acétique. On laisse la cuve fermée, pour éviter, dans la mesure du possible, l'action oxydante de l'air pendant la réduction. Au bout de dix, quinze ou vingt heures, selon le degré de blanc à réaliser, on sort la laine et on la laisse égoutter à l'air. L'indigo réduit s'oxyde et azure la marchandise qu'on rince à fond, essore et sèche.

Le textile blanchi à l'aide des composés oxygénés du soufre, peut être désoufré par un léger chlorage. Passages successifs dans une solution de chlorure de chaux titrant 1/4 de degré chlorométrique et dans une liqueur acide très étendue.

Blanchiment à l'eau oxygénée (peroxyde d'hydrogène : H^2O^2. — Ce système de blanchiment est connu depuis longtemps, mais il a tardé à se généraliser à cause du prix élevé de l'eau oxygénée. Le prix étant notablement baissé, l'usage du peroxyde d'hydrogène se répand de plus en plus : cet oxydant convient particulièrement bien pour le blanchiment des matières textiles d'origine animale. C'est, en effet, jusqu'à présent (avec l'ozone), le seul agent qui détruise sans retour les matières colorantes naturelles de la laine qui, malgré l'azurage, prend toujours une coloration jaunâtre, au bout de quelque temps, lorsqu'elle a été blanchie à l'anhydride ou à l'acide sulfureux.

L'eau oxygénée du commerce, à 12 volumes d'oxygène, est employée soit pure, soit étendue de cinq à six fois son volume d'eau de condensation ou d'eau de pluie. On ajoute assez d'ammoniaque ou de silicate de sodium pour communiquer à la solution une réaction alcaline sensible au papier rouge de tournesol. On entre ensuite la marchandise, donne quelques tours, chauffe lentement à 45° — 50° C. ou bien maintient la température ordinaire, et laisse séjourner dans le bain. L'immersion doit être complète, car l'oxygène perd son état naissant, et par suite son activité, en arrivant dans l'air.

Suivant la concentration du liquide et la coloration naturelle de la laine, la durée du blanchiment varie de quelques heures à plusieurs jours.

Quand la blancheur est jugée suffisante, on essore, acidule avec 2 à 5 0/0 d'acide sulfurique, lave, essore et sèche à l'air libre ou dans des étuves légèrement chauffées.

Le blanchiment à l'eau oxygénée présente certains avantages sur le procédé au soufre :

1° On ne risque pas d'avoir des taches par la condensation du soufre sublimé. Ces taches font office de mordant et ressortent pendant la teinture en nuances tendres;

2° Il ne reste sur la fibre aucun produit nuisible, tandis qu'en opérant avec l'acide sulfureux, tout l'acide qui n'a pas été enlevé ou neutralisé s'oxyde peu à peu et se transforme en acide sulfurique;

3° Enfin il ne dégage aucune odeur désagréable.

Blanchiment mixte à l'eau oxygénée et à l'acide sulfureux. — On peut associer l'action décolorante de l'eau oxygénée et celle de l'acide sulfureux liquide.

On déchlore d'abord en eau oxygénée, au bout de vingt-quatre heures d'immersion, on lève, rince, essore, plonge encore un ou deux jours dans un bain de bisulfite de sodium, lave, essore, rince et sèche.

Blanchiment au peroxyde de sodium Na^2O^2. — On a voulu remplacer l'eau oxygénée, qui s'appauvrit à la longue, par le peroxyde de sodium, composé d'un transport plus facile et d'une meilleure conservation.

Le bain de blanchiment se prépare de la manière suivante, lorsqu'on veut se servir du peroxyde de sodium :

On fait une solution de sulfate de magnésium de concentration convenable et on y ajoute lentement, en agitant, le peroxyde de sodium. On obtient ainsi un liquide laiteux, troublé par l'hydrate de magnésium précipité.

$$SO^4Mg + Na^2O^2 = SO^4Na^2 + MgO^2,$$
$$MgO^2 + 2\,H^2O = H^2O^2 + Mg(OH)^2.$$

L'hydrate de magnésium rend le bain alcalin. On le neutralise en versant de l'acide sulfurique dilué, jusqu'à disparition presque complète de la teinte laiteuse.

On introduit alors le textile, le travaille le temps nécessaire pour l'imprégner, puis le laisse séjourner une nuit, après avoir élevé ou non la température jusqu'à 50°C. environ.

On peut rendre la décoloration aussi parfaite qu'avec l'eau oxygénée, mais la laine acquiert un toucher désagréable, elle durcit sensiblement. Cela provient, croyons-nous, de ce que la neutralisation est lente et incomplète à cause de la grande dilution, et peut être aussi de ce que la magnésie entraînée ne s'élimine pas complètement par lavage.

On peut obvier à cet inconvénient en versant immédiatement un excès d'acide sulfurique, que l'on neutralise, quand la réaction est terminée, avec un léger excès d'ammoniaque. Nous ferons remarquer que l'on n'évite cependant pas l'action caustique de l'hydrate de magnésium mis en liberté ; cette base est d'autant plus nuisible qu'elle reste en partie dissoute.

Il n'en est pas de même, quand on prépare la dissolution, en projetant le peroxyde de sodium dans un léger excès d'acide sulfurique calculé d'après l'équation :

$$SO^4H^2 + Na^2O^2 = SO^4Na^2 + H^2O^2.$$
$$98 + 78$$
$$6{,}282 + 5$$

On verse alors, par litre d'eau, 6gr,50 d'acide sulfurique à 66°

Baumé, au lieu de 6gr,282, quantité théorique, on mélange, et, après refroidissement complet, on remue doucement cette liqueur acide et on y projette, en plusieurs fois, 5 grammes de peroxyde de sodium en poudre.

On ajoute encore, pour favoriser le dégagement de l'oxygène, de l'ammoniaque ou du silicate de sodium, jusqu'à ce que le bain soit faiblement alcalin.

Blanchiment au permanganate de potassium. — Avec le permanganate et le bisulfite de sodium, on réalise rapidement des blancs remarquables, mais la réaction est trop énergique, elle amoindrit notablement les qualités de la fibre de laine.

On introduit la marchandise encore humide dans une liqueur de permanganate, de 5 à 10 grammes par litre, la remue de temps en temps, pendant une demi-heure à une heure. Il se fixe, par réduction, du bioxyde de manganèse qui communique à la fibre une coloration jaune. On lève, essore, rince, essore de nouveau et passe la laine dans une solution de bisulfite de sodium, préparée en étendant de 6 à 10 volumes d'eau le bisulfite du commerce titrant 30° à 35° Baumé. On traite le textile une demi-heure dans le liquide réducteur, ajoute 1 0/0 d'acide sulfurique, travaille encore, jusqu'à ce que la marchandise soit débarrassée de sa couleur bistre, puis rince, essore et sèche.

Blanchiment à l'ozone (peroxyde d'oxygène : O^2O ou O^3). — Un autre agent de blanchiment, tout aussi efficace que l'eau oxygénée, c'est l'ozone ou oxygène condensé. Tandis que la molécule d'oxygène résulte de la condensation de deux atomes O^2, la molécule d'ozone résulte de la condensation de trois atomes, O^2O ou O^3.

Ce gaz n'est pas connu à l'état pur, mais on prépare aisément, au moyen de décharges électriques lentes, de l'air ozoné renfermant 10 0/0 d'ozone à la température de 20°C. En opérant à une température plus basse, on augmente la teneur en ozone.

On introduit le tissu à l'état humide dans la chambre d'ozonisation où on le laisse séjourner environ douze heures.

L'acide chlorhydrique et l'essence de térébenthine favorisent la décomposition de l'ozone et, par suite, son action décolorante, par catalyse.

Les tissus mi-laine sont blanchis de la même manière que les tissus pur laine.

Théorie du blanchiment. — On explique de deux manières l'action de l'acide sulfureux sur la matière colorante naturelle qui jaunit la laine.

Ou bien, cet acide se combine avec la substance jaune, pour former un leucodérivé, composé incolore que l'air atmosphérique tend à détruire pour faire reparaître le colorant naturel ; ou bien, ce composé oxygéné du soufre enlève de l'oxygène à la matière colorante, qui se trouve ainsi décolorée, et l'acide sulfureux passe à l'état d'acide sulfurique.

La première hypothèse est la plus vraisemblable, puisque, à la longue, la laine blanchie à l'acide sulfureux reprend lentement sa coloration jaune sous l'action oxydante de l'air.

L'eau oxygénée opère d'une manière différente. Le peroxyde d'hydrogène se décompose en solution neutre ou légèrement alcaline, de l'oxygène à l'état naissant se fixe sur la fibre et brûle ainsi sa couleur jaune qui disparaît pour toujours.

L'action de l'ozone est identique à celle de l'eau oxygénée; ce gaz se dédouble, comme le peroxyde d'hydrogène, en dégageant de l'oxygène naissant.

Dosage de l'eau oxygénée. — L'eau oxygénée doit être titrée, non seulement à sa réception et au moment de son emploi, mais encore pendant le blanchiment. Il est, en effet, indispensable de préparer le bain au degré voulu et de maintenir ce degré entre des limites déterminées.

On appelle titre ou degré de l'eau oxygénée le volume d'oxygène qu'elle est capable de dégager lorsqu'on la traite par le bioxyde de manganèse en poudre, en milieu acide.

L'action de la chaleur ne donne pas tout l'oxygène que pourrait fournir l'eau, puisqu'elle ne s'exerce plus pour une certaine dilution; on a donc ainsi un titre trop bas. En mettant l'eau oxygénée en présence du bioxyde de manganèse, elle abandonne tout l'oxygène qui la constitue à l'état de peroxyde H^2O^2. On introduit un volume déterminé (1 centimètre cube) d'eau sous une cloche graduée, sur la cuve à mercure, on y fait passer du bioxyde de manganèse en poudre, et, quand le dégagement d'oxygène a cessé, on en mesure le volume. En employant le permanganate de potassium, on obtient un volume double d'oxygène, le réactif fournissant autant d'oxygène que l'eau oxygénée elle-même.

Le même réactif, en solution aqueuse acide, est décoloré par l'eau oxygénée, et celle-ci en décolore d'autant plus qu'elle est plus concentrée. De là, un moyen précis et rapide de titrage connaissant la richesse de la solution de permanganate.

Détermination de la valeur d'une eau oxygénée, d'après le volume de liqueur titrée de permanganate de potassium décolorée par une quantité donnée de cette eau oxygénée. — Le dosage volumétrique est fondé sur l'*action réductrice* que l'eau oxygénée exerce sur le permanganate de potassium. Cette réduction s'effectue d'après l'équation :

$$\underset{\substack{\text{Permanganate}\\ \text{de potassium.}\\ 2\times 158\\ 316}}{2\,MnO^4K} + 5\,H^2O^2 + 3\,SO^4H^2 = SO^4K^2 + 2\,SO^4Mn + 8\,H^2O + \underset{\substack{\text{Oxygène.}\\ 5\times 32\\ 160}}{5\,O^2}.$$

Deux molécules de permanganate de potassium, soit 316 grammes, décomposent cinq molécules d'eau oxygénée, et mettent en liberté cinq molécules ou dix atomes d'oxygène, soit 160 grammes. L'équation rend compte que seule la moitié de cet oxygène, soit 80 grammes, provient de l'eau oxygénée et en est l'*oxygène actif* ou l'*oxygène disponible*.

Pour simplifier les calculs, on titre avec une solution de permanganate dont *chaque centimètre cube délibère un centimètre cube d'oxygène actif*. La quantité de permanganate de potassium que doit contenir un litre d'une pareille liqueur est donnée par la proportion :

$$\frac{316}{80} = \frac{x}{1{,}43}$$

($1^{gr},43$ est le poids d'un litre d'oxygène), d'où :

$$x = \frac{316 \times 1,43}{80} = 5^{gr},6485.$$

On dissout donc, dans de l'eau distillée, $5^{gr},65$ de permanganate de potassium et on affleure à 1 litre.

Pour opérer, on prend 5 centimètres cubes de l'eau oxygénée à évaluer, on étend avec un peu d'eau distillée, on acidule fortement à l'acide sulfurique et on titre au moyen de la liqueur de permanganate. Le volume versé est aussi le volume d'oxygène, à 0°C. et sous la pression de 760 millimètres de mercure, que peuvent libérer les 5 centimètres cubes de notre eau oxygénée.

On peut se servir de la solution décinormale de permanganate, en se rappelant que chaque centimètre cube de cette liqueur correspond à $0^{cm^3},56$ d'oxygène. Il faut donc, pour trouver le résultat du dosage, multiplier le nombre de centimètres cubes par le coefficient 0,56.

Détermination de la valeur d'une eau oxygénée d'après le volume d'oxygène dégagé par une quantité donnée de cette eau, à la faveur d'un excès de permanganate de potassium. — On verse 30 centimètres cubes d'eau distillée ou d'eau ordinaire, dans un tube gradué, d'une capacité de 50 centimètres cubes ; on ajoute à peu près 1 centimètre cube d'acide sulfurique et 1 centimètre cube, exactement mesuré, de l'eau oxygénée à essayer. On ferme le tube avec le pouce, on le retourne et on lit le volume d'air qu'il contient ; soit ce volume d'air égal à *n centimètres cubes*.

On introduit alors dans ce tube gradué, que l'on referme immédiatement avec le pouce, un peu de permanganate de potassium pulvérisé, enfermé dans du papier filtre.

On agite, en ayant soin de résister, en appuyant assez fort, contre la pression intérieure, occasionnée par le dégagement d'oxygène indiqué par l'équation précédente.

On attend quelques minutes, puis on plonge le tube verticalement dans l'eau, l'orifice en bas, et on retire le pouce. Au bout d'une heure environ, le mélange d'oxygène et d'air ayant pris la température ambiante, on lit le volume occupé, après avoir ramené le niveau du liquide intérieur et de l'eau de la cuvette sur le même plan. Soit N centimètres cubes le nouveau volume.

La différence N — *n* représente le volume occupé par l'oxygène, et la moitié de ce volume, ou :

$$\frac{N - n}{2},$$

donne la valeur de l'eau oxygénée, c'est-à-dire le nombre de centimètres cubes d'oxygène actif contenu dans 1 centimètre cube d'eau oxygénée.

VII

SOIE OU SOIE NATURELLE[1]

A. — CULTURE ET PRÉPARATION DE LA SOIE

SOIE CULTIVÉE, SOIE SAUVAGE, SCHAPPE

I. **Soie cultivée.** — 1° *Fil élémentaire ou bave.* — L'appareil producteur de soie ou appareil séricigène du ver à soie est une glande formée de deux tubes longs et contournés, se réunissant en un mince canal très court qui débouche par un orifice étroit appelé *trompe soyeuse*.

Les secrétions de chaque demi-glande se soudent et se solidifient, en sortant de la trompe soyeuse, pour former le fil *élémentaire ou bave ;* ce filament de soie présente longitudinalement une ligne de suture visible au microscope (2).

C'est avec cette bave dont la longueur utilisable est d'environ 800 mètres que le ver à soie tisse son cocon. Le cocon est une enveloppe ovoïde, jaune ou blanche, rarement verdâtre, légèrement étranglée au milieu, pesant à peu près 2 grammes et mesurant 3 centimètres de long et 2 centimètres de large.

Le diamètre de la fibre de soie est de 18 à 32 millièmes de millimètres, sa ténacité ou résistance à la rupture est de 4 à 13 grammes. Cette fibre est formée de deux substances : la *fibroïne* et la *séricine*. La fibroïne est la matière soyeuse pro-

1. Dans toutes nos explications, l'expression simple « *soie* » désigne la soie naturelle ou production du ver à soie ; nous ajoutons le qualificatif « artificielle », ex. : *soie artificielle*, quand nous faisons allusion à la soie de bois ou soie de cellulose.

2. Quand on étire dans l'eau les glandes séricigènes d'un ver mûr, elles durcissent et on obtient le gros fil de soie employé par les pêcheurs à la ligne sous le nom de crin de Florence. Le *Saturnia pyroterum*, ver à soie du Tonkin, est uniquement recherché par les indigènes pour la confection du crin de Florence.

prement dite, elle est recouverte par la *séricine* ou *grès*. La séricine est une matière gommeuse qui colle entre elles les couches superposées ou vestes du cocon. Ces vestes sont au nombre d'une trentaine, elles sont constituées par un seul et même brin de soie : le *fil élémentaire*. L'intérieur du cocon est formé par une substance imperméable, continue, la fibre de soie n'y est plus apparente (1).

Lorsque la larve a atteint son complet développement, ce qui arrive entre le trente-troisième et le trente-huitième jour de son existence, elle cherche l'emplacement qui lui convient pour l'édification de son cocon. Elle accroche de nombreux fils aux branches de bruyère disposées à cet effet et, par ce tissu lâche qu'on appelle *blaze*, elle commence la construction de la cellule dans laquelle elle va s'engourdir et se transformer en papillon. Vingt à vingt-quatre jours plus tard, si la température est maintenue à 25-26° C., le papillon est formé, il perce son enveloppe et sort. On choisit les plus beaux cocons pour laisser effectuer ce développement ; ce sont les cocons réservés pour le grainage (2).

Tous les autres cocons sont mis à l'étuve avant cette période : ils sont étouffés à l'air chaud ou à la vapeur ; la température des cocons doit atteindre 80° C. L'étouffage à la vapeur est préférable, son seul inconvénient est de fournir des cocons saturés d'humidité qu'il faut sécher. On les étale en couches minces dans de vastes locaux : les *coconnières*, où on maintient un courant d'air sec. On les remue fréquemment, afin d'éviter la fermentation. Le séchage complet exige un séjour de plusieurs mois sur les claies des coconnières. Pour opérer plus rapidement, on construit maintenant des étouffoirs à double effet ; un jet de vapeur d'eau lancé dans l'étuve tue les chrysalides, puis un courant d'air chaud poussé par un ventilateur les dessèche et permet l'emballage immédiat des cocons.

1. La proportion de fibroïne diminue, celle de séricine augmente à mesure que les vestes se succèdent. Les vestes intérieures ne peuvent pas être dévidées, la soie qui les forme est trop riche en séricine. C'est à tort que l'on considère le revêtement intérieur du cocon comme une matière gommeuse spéciale.

2. Par grainage, on entend la ponte et la récolte des œufs ou graine des papillons séricigènes. On fait éclore ces œufs en avril ou mai, dès qu'apparaissent les feuilles de mûrier, nourriture des larves du B. mori.

La chaleur altérant un peu la soie, on a cherché, sans résultat, à tuer les chrysalides par les gaz toxiques. M. Lebrat a démontré que l'on peut provoquer l'étouffage et le séchage par le vide sec. Ce moyen est, paraît-il, réalisé industriellement.

2° *Filature ou dévidage des cocons ; formation du fil simple ou grège de filature.* — Les cocons étouffés qui ne sont ni doubles, ni ouverts, ni tachés, ou dont le tissu n'est pas spongieux, en un mot, ceux qui n'ont pas de défaut sont débavés [1] et vendus au filateur qui les classe en premier, deuxième et troisième choix, suivant leur grosseur.

Ce triage est fait mécaniquement à l'aide d'un cylindre à claires-voies, disposé horizontalement ou plutôt légèrement incliné, tournant autour de son axe. On tire ensuite la soie de ces cocons, c'est ce que l'on appelle *faire la grège*.

Le dévidage des cocons, appelé improprement filature, est confié à des ouvrières. Avant d'être dévidés, les cocons sont trempés dans de l'eau chauffée de 60 à 75° C. : *baignage* [2], battus avec un petit balai de bruyère ou *escoubette*, pour détacher les premières vestes de soie : *battage* [3]. Le fil est ensuite tiré à la main : *purge* ou *purgeage* [4], jusqu'à ce que le brin soit suffisamment solide pour supporter le *dévidage* ou *filature*.

Pour former le *fil simple*, la fileuse réunit les *fils élémentaires* de plusieurs cocons, le plus souvent cinq. Les cocons se dévident dans l'eau de la bassine B, récipient en cuivre (*fig.* 82), cette eau est chauffée à 60° C. environ. Le faisceau est passé dans les filières F, F', du jette-bout J, dans la croisure C, sur les poulies E, G ; il se croise ensuite une centaine de fois avec

1. Le débavage consiste à débarrasser les cocons des filaments qui servaient à les fixer aux branches de bruyère. Cette bourre soyeuse, appelée *blaze*, n'a pas une grande valeur.

2. La température doit être bien réglée ; si elle est trop chaude l'eau dissout beaucoup de grès et ramollit les cocons, le fil s'enlève alors par paquets; si elle est trop froide, le grès ne se ramollit pas et le fil casse.

3. Le battage se fait aussi mécaniquement à l'aide d'une brosse animée d'un mouvement alternatif de va-et-vient de bas en haut et de rotation. Lorsqu'on relève la brosse, elle entraîne le faisceau de larves de cocons.

4. Les déchets de filature produits au moment du *battage* et du *purgeage* des cocons sont appelés *frisons*. Le déchet occasionné par les frisons atteint 25 0/0 du poids de la soie. C'est la matière première la plus estimée pour la fabrication de la schappe.

la partie sortante de la bassine, puis se dirige sur la poulie H et de là vers un va-et-vient, non représenté sur la figure, qui l'étale sur une asple ou tournette, appelée aussi volet ou

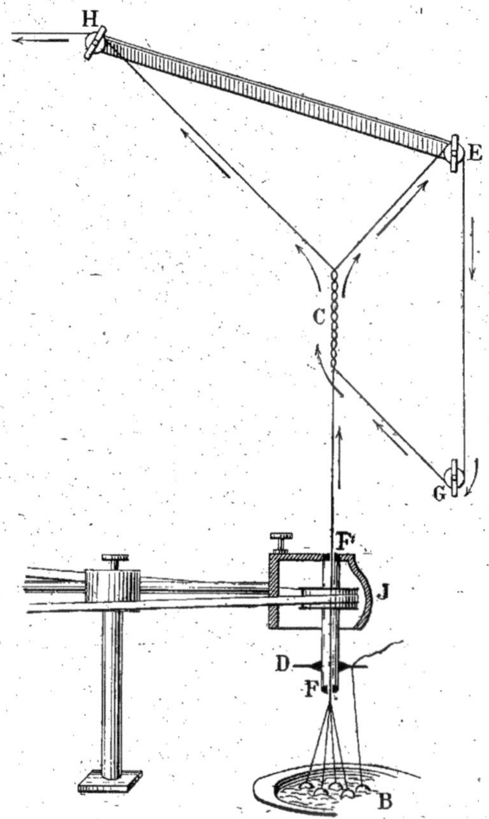

Fig. 82. — Filature ou dévidage des cocons au moyen de système à la tavelette.
Appareil de démonstration. — B, bassine. — J, jette-bout. — F et F', filières. — D, disque muni d'une encoche. — C, croisure.

guindre. L'asple reçoit la force motrice, elle attire le fil simple d'un mouvement régulier; l'asple implique aussi un rapide mouvement de rotation au jette-bout J. Le jette-bout est formé d'un tube en bronze portant la poulie réceptrice et un disque métallique muni d'une encoche. Le tube sert aussi de support aux filières, petites lentilles d'agate ou de porcelaine percées au centre. Le même jette-bout porte, en effet, deux filières, une à chaque extrémité.

Lorsqu'un cocon est sur le point d'être dévidé, on appuie contre le disque le fil d'un nouveau cocon. L'encoche accroche ce fil, le tourne autour du faisceau montant et ce dernier l'emporte. La rattache est ainsi rapidement faite, elle est solide et invisible.

Le fil de grège non ouvré et que nous appelons fil simple n'est donc pas tordu. La croisure a pour effet de faire adhérer entre eux les fils élémentaires, d'arrondir le fil simple et de l'essorer.

Le procédé de filature que nous venons de décrire est le système à la tavelette, très employé en Italie. En France, on utilise le système de filature à la Chambon; il diffère du précédent en ce que l'on croise deux faisceaux de fils simples, provenant de deux jette-bouts placés l'un à côté de l'autre.

La filature à la tavelette se substitue de plus en plus à la filature à la Chambon.

Pendant la filature, il se détache de temps en temps une double boucle : *duvet*, un ensemble de boucles en forme de huit : *bouchon* ou de menus débris de feuilles. Duvets, bouchons, débris de feuilles entrent dans le faisceau formant le fil simple. Ces défectuosités sont retirées à l'aide de pinces, opération délicate appelée *émouchetage*.

Les écheveaux émouchetés sont tordus et pliés. L'ouvrière tord les écheveaux après les avoir fixés à un crochet qu'elle tourne rapidement au moyen d'une manivelle : *plioir*, et les plie, afin de leur donner la forme qui convient pour l'emballage.

Les écheveaux sont groupés par 30, en moyenne, et chaque paquet de 30 flottes est enveloppé de papier blanc. Les paquets sont rangés dans des sacs de toile encore doublés de papier. Les sacs sont préalablement disposés dans des gabarits en bois, afin de donner aux balles des dimensions uniformes. La France et l'Italie préparent des balles de 100 kilogrammes, la Chine et le Japon nous expédient des balles d'un peu plus de 60 kilogrammes.

Les sérigènes d'Europe produisent des soies jaunes, dites soies des Cévennes ; leurs principaux centres d'élevage sont, en France, la vallée du Rhône, et l'Italie. Les soies cultivées au Japon et en Chine sont remarquablement blanches ; parmi les soies de Chine, celles de Canton sont d'un blanc légèrement jaunâtre. Dans les ateliers, on distingue ces deux grandes variétés sous les noms de *grès jaune* et de *grès blanc*.

La simple classification faite ainsi d'après les couleurs groupe ensemble des soies grèges de qualités fort différentes. Il y a, à vrai dire, autant de soies grèges que de pays d'origine, et chaque provenance se caractérise par des propriétés spéciales que le fabricant de soieries met à profit.

3° *Assemblage des fils simples : ouvraison ou moulinage. Grège de moulinage.* — Par soie grège, on entend ordinairement la soie provenant du dévidage des cocons, soie simplement filée. Or, soie grège doit signifier soie à laquelle on a laissé toute la séricine ou grès. La soie moulinée est donc aussi une soie grège ; de même les tissus confectionnés directement avec de la soie ouvrée sont des tissus de grège.

Pour la clarté de notre exposé, nous désignerons sous le nom de *grège* ou *soie grège*, toute soie qui n'a pas encore passé par les mains du teinturier. De là, il résulte qu'il y a des *grèges de filature*, des *grèges de moulinage* et des *tissus de soie grège*.

On tisse de la grège de filature et même, on teint avant tissage de la soie grège de filature. La teinture doit être faite à froid, elle présente peu de solidité. On fabrique avec ces grèges des rubans très légers, ou bien on les associe avec des soies artificielles ou avec du coton ; il en résulte des articles tout à fait bon marché.

En règle générale, les fils simples sont *ouvrés* ou *moulinés*, c'est-à-dire *assemblés* et *tordus*. En effet, *on entend par moulinage une série d'opérations purement mécaniques qui se résument en doublages et torsions.* Le moulinage augmente la solidité du fil ; par contre, il le raccourcit, diminue son élasticité et atténue son brillant.

Les opérations du moulinage sont désignées sous le nom

d'apprêts. En terme de moulinier, apprêt est synonyme de torsion : *apprêt lâche, apprêt forcé* ; dans certains cas, il a un sens plus large, il désigne des fils retors : *apprêt velours, apprêt satin*, variétés d'organsins.

Le moulinage comprend : le *dévidage des écheveaux* façonnés pendant la filature ou dévidage des cocons ; le *purgeage* ou nettoyage des fils simples ; *le filage* ou premier apprêt ; le *doublage* et le *tors* ou deuxième apprêt. Le tors est parfois suivi d'un dévidage sur guindres pour façonner les écheveaux ou d'un enroulement sur bobines.

Les écheveaux de grège de filature sont tout d'abord imprégnés d'une dissolution de savon, dans le but de ramollir le grès qui, en faisant adhérer entre eux les fils simples, gêne le dévidage.

Le moulinier prépare son bain de savon en mélangeant une dissolution épaisse de savon blanc de Marseille avec de l'huile d'olive. Cette mixture est jetée dans l'eau en même temps qu'une substance gommeuse dont le rôle est probablement d'adoucir et d'agglutiner les fils élémentaires pendant la dessiccation.

Les flottes de grège sont trempées à plusieurs reprises dans cette émulsion préalablement chauffée, exprimées après chaque immersion et mises en tas pour attendre le dévidage.

Dévidage. — Les flottes de grège de filature sont disposées sur des *tavelles* dont le diamètre est approprié au guindrage des flottes [1] (voir *fig*. 83). Le fil simple, attiré par le fuseau F que fait tourner la poulie E, traverse la glissière B et le barbin guide D qui distribue uniformément le fil sur le roquet [2] G. Le fuseau s'enlève et se replace aisément. La tavelle est formée

1. *Le guindre* est un prisme formé par 6 ou 8 lames de bois parallèles à l'axe de rotation et maintenues par des barres disposées en étoile. Nous avons vu que c'est sur le guindre que s'enroule le fil simple pendant la filature. Or, le diamètre du volet ou guindre varie avec les pays de production, ce qui oblige les mouliniers à avoir des tavelles de différentes tailles.

Par *guindrage*, on entend la grandeur des flottes, grandeur qui dépend évidemment de la taille du guindre qui a servi à les former.

Le guindre est aussi très employé au moulinage ; là son diamètre est uniforme, mais sa longueur est très variable. Il existe, pour la mise en écheveaux, des guindres de près de 2 mètres de long.

2. *Roquet* et *Roquelle :* cylindres de bois. *Le roquet* se fixe sur le fuseau, tige tronconique en acier qui reçoit le mouvement de rotation (voir *fig*. 83, 84, 85). La *roquelle*

de deux séries de baguettes de bois fort minces disposées en étoile et reliées entre elles par des ficelles. Quand les flottes sont placées sur les tavelles, elles forment la surface convexe d'un prisme à 6 ou 8 pans.

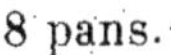

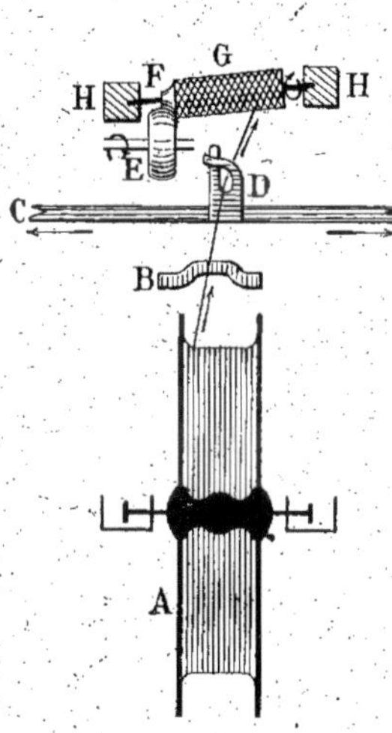

Fig. 83. — Dévidage.

Le métier sur lequel se fait le dévidage est appelé *banque* à dévider. Il comprend un assez grand nombre de dispositifs semblables à celui que nous représentons ici. A, tavelle. — B, glissière en porcelaine. — C, va-et-vient portant un barbin D, en verre ou en porcelaine. — E, poulie d'entraînement. — F, fuseau. — G, roquet. — H, supports du fuseau.

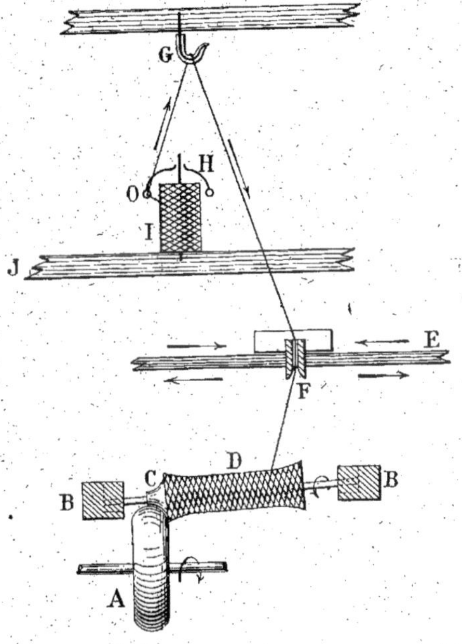

Fig. 84. — Purgeoir.

Le purgeur comprend un ensemble de dispositifs analogues à celui-ci, placés côte à côte. A, poulie d'entraînement. — B, B, supports du fuseau. — C, fuseau. — D, roquet envideur. — E, va-et-vient portant le barbin purgeur en verre F. — G, support en verre creux. — H, capelette en zinc. — I, roquet. — J, support de roquets.

Une ouvrière peut, suivant les qualités de la soie, surveiller le dévidage de 40 à 100 tavelles. La rapidité du dévidage dépend du nombre de rattaches qu'elle doit faire pendant le

plus grosse que le roquet est un peu évidée pour l'alléger ; elle tourne par l'action d'un cylindre moteur sur lequel elle appuie (voir *fig.* 86). La *bobine* est un cylindre de bois plus petit que les précédents, mais elle est munie de rebords.

dévidage; on admet qu'une ouvrière dévideuse peut réparer quatre vingts ruptures en une heure.

Purgeage (*fig.* 84). Une poulie d'entraînement A actionne le fuseau C, elle fait tourner le roquet D qui appelle le fil à purger à travers l'œillet O de la capelette et le barbin purgeur. Le barbin purgeur est formé de deux lames de verre à bords arrondis; le fil glisse dans l'étroite rainure comprise entre les deux lames de verre [1]. Les duvets, bouchons et autres grosseurs arrêtent le passage du fil, ce qui laisse à l'ouvrière le temps de voir le défaut, de le réparer et de dégager le fil.

Le va-et-vient étale uniformément le fil purgé sur le roquet envideur.

La capelette en zinc est un organe fort léger qui facilite le dévidage en conduisant latéralement le fil du roquet I.

Doublage (*fig.* 85). — Les roquets garnis de fil de grège de filature sont placés sur le support H. Les capelettes L, L, L, guident les fils à assembler vers le crochet G où ils se réunissent. Le barbin F, grâce au va-et-vient E, répartit le fil doublé sur le roquet envideur D. Quand le roquet envideur est suffisamment chargé, il est remplacé par un roquet vide.

Filage (*fig.* 86). — La courroie C glisse en appuyant contre le fuseau D et lui communique, par friction, une rotation de 5.000 à 6.000 tours par minute. La roquelle R entraînée par le manchon de feutre qui reçoit son mouvement de rotation du cylindre N, envide le fil avec une vitesse régulière.

La capelette retardée tant soit peu par la traction qu'exerce la roquelle, lui cède le fil, et le va-et-vient étale uniformément. Par conséquent, le fil est tordu pendant son passage du roquet F à la roquelle R; la torsion est d'autant plus grande que l'envidage sur la roquelle R est plus lent.

1. On purgeait autrefois le fil en le faisant glisser dans des pinces garnies de drap. Actuellement, on emploie des barbins purgeurs formés de lames d'acier ou de lames de verre munis de vis de serrage, afin de régler l'écartement selon le degré de purgeage à réaliser. Le dévidage des cocons, la filature, étant de plus en plus soignés, le purgeage s'impose moins; ce n'est plus, en somme, une opération courante du moulinage.

La vitesse de la courroie est constante ; on règle le degré de torsion, le nombre de tours par mètre, en agissant sur le cylindre d'entraînement N.

La base du moulin affecte la forme de deux ellipses qui se

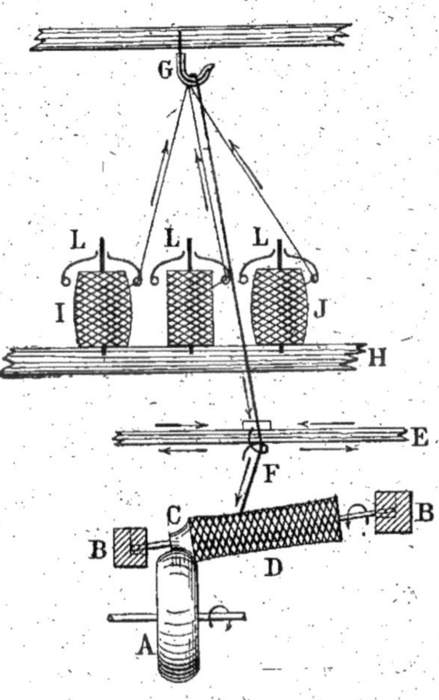

Fig. 85. — Doublage.

A, poulie d'entraînement. — BB, supports de fuseaux. — C, fuseau. — D, roquet envideur. — E, va-et-vient portant le barbin guide. — F, tortillon en verre. — G, support en verre creux. — H, support de roquets. — I, J, roquets. — L, L, L capelettes en zinc.

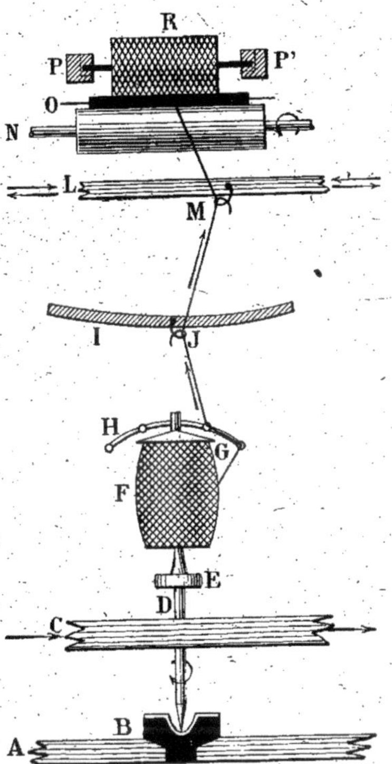

Fig. 86. — Un des éléments du moulin pour produire soit le filage, soit le tors.

A, support. — B, grenouille en verre. — C, courroie. — D, fuseau. — E, carcagnole. — F, roquet. — G, coronelle. — H, capelette. — I, support fixe du barbin J. — L, va-et-vient sur lequel est fixé le barbin M. — N, cylindre d'entraînement. — O, manchon du feutre. — P, P, supports. — R, roquelle sur laquelle s'envide le fil apprêté.

croisent un peu dans la partie médiane, où se trouve l'arbre moteur. C'est un arbre vertical portant les poulies qui mènent les courroies. La forme elliptique donnée à la disposition des courroies a dû être adoptée pour obliger celles-ci à toucher et faire tourner tous les fuseaux.

Nous représentons ici un des nombreux éléments du moulin ; ces éléments sont répartis en un, deux ou trois étages.

C'est pendant l'opération du filage que l'on fait la *trame*, que l'on tord le fil simple pour préparer le *poil*, les différentes variétés d'*organsin*, le *marabout*, le *crêpe de Chine*, etc.

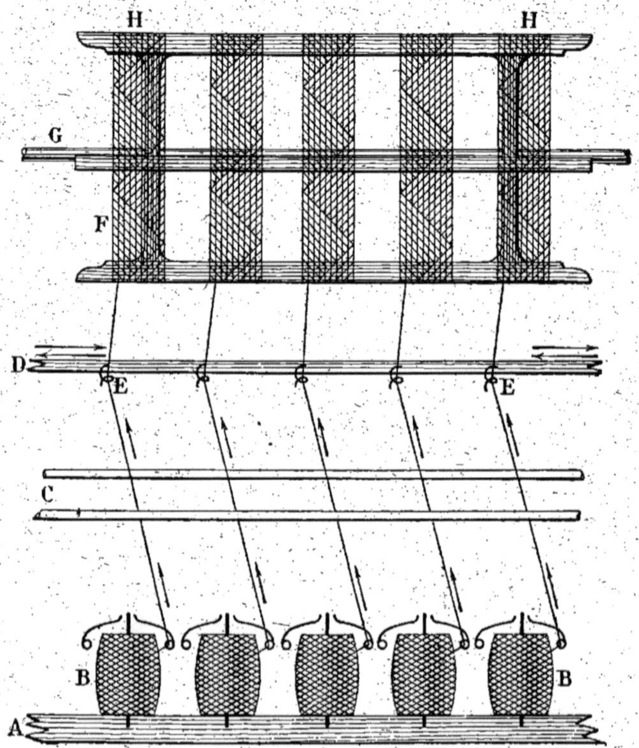

Fig. 87. — Appareil flotteur pour la mise en écheveaux.

A, support. — B, roquelles. — C, barres de verre. — D, va-et-vient portant les barbins guides E. — F, guindres. — G, arbre moteur. — H, écheveaux.

Tors. — Le deuxième apprêt se donne sur un moulin identique à celui que nous venons de décrire, mais en sens inverse du premier apprêt.

Le tors produit, suivant les conditions d'assemblage et les degrés de torsion, toutes les variétés de soies moulinées excepté la trame. L'envidage est fait sur tavelle ou sur guindre.

Mise en écheveaux. — La trame et en général les fils de soie qui ont subi le deuxième apprêt sont mis en écheveaux, s'ils n'ont pas été flottés à la suite du deuxième apprêt. La disposition en écheveaux est celle qui convient le mieux pour la teinture.

La mise en écheveaux se fait avec les appareils flotteurs. Un de ces flotteurs est représenté figure 87. Le guindre F, animé d'un mouvement de rotation qu'il reçoit de l'arbre menant G, enroule le fil en dévidant les roquelles B. Un écheveau correspond à chacune des roquelles placées sur le support A.

La soie, tendue par les barres de verre C, arrive au va-et-vient D. Les barbins E la répartissent uniformément sur le guindre, en plaçant en croix les fils à mesure que les tours se succèdent.

Lorsque la masse de chaque écheveau est d'environ 50 grammes, avant de les retirer du guindre, on relie les deux extrémités du fil dont ils sont formés à un lien annulaire en soie ou en coton appelé *capiure*.

Cette manière d'arrêter chaque écheveau est appelée *capier*, d'où vient probablement le nom de *capies* que l'on entend souvent donner aux flottes.

Détrancanage. — C'est un enroulement sur bobine, pour corriger les défauts de rattache du fil pendant l'envidage sur roquelle au cours du deuxième apprêt (*fig.* 88).

Le dévidage de la roquelle s'arrête dès que le fil manque de suite ; l'ouvrière a le temps de renouer les brins et d'enlever les déchets.

Le détrancanage est avant tout une préparation pour l'ourdissage, il réalise une économie de temps en évitant de nombreux arrêts de l'ourdissoir.

La bobine D, entraînée par le fuseau C, tire sur le fil et, grâce au renvoi I fait tourner la capelette H, facilitant ainsi le dévidage régulier de la roquelle G. Le va-et-vient, en déplaçant alternativement dans les deux sens le barbin F, croise uniformément le fil sur la bobine qui est unie et parfaitement régulière.

Variétés de soies moulinées. — D'après l'épaisseur des fils et l'agencement des apprêts, on distingue les *soies fines*, fils ouvrés employés à la fabrication des tissus et les *soies grosses*, fils ouvrés utilisés en couture, broderie, et que l'on fait intervenir, concurremment avec des fils de laine, de coton, parfois des fils métalliques, dans la confection de rubans variés, de ganses, de galons, de franges, de tresses, de cordons, etc.

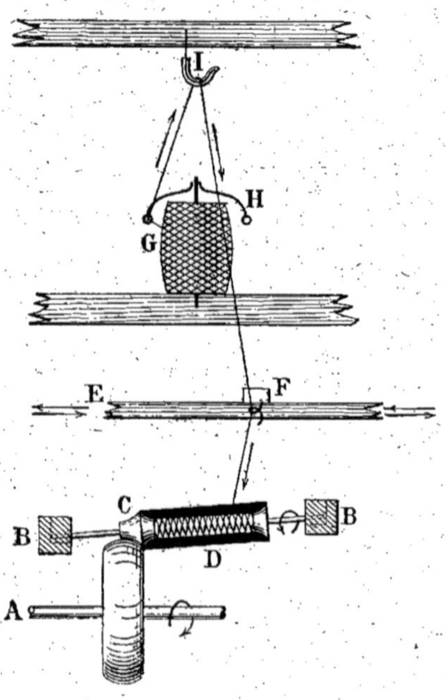

Fig. 88. — Détrancanage ou enroulement sur bobine.

A, poulie d'entraînement. — B, supports. — C, fuseau. — D, bobine. — E, va-et-vient. — F, barbin guide en verre. — G, roquelle. — H, capelette. — I, support en verre creux.

Soies fines. — Ce sont le *poil*, la *trame*, les variétés d'*organsin*, le *crêpe de Chine* et la *soie ondée*.

Le *poil*. — On appelle ainsi l'apprêt résultant de deux torsions successives : filage et tors, données à un seul fil simple. Le poil est un fil de chaîne pour étoffes légères.

La *trame*. — Deux ou plusieurs fils simples non préalablement apprêtés, réunis et tordus de gauche à droite, dans le sens des aiguilles d'une montre, de 80 à 100 tours par mètre, forment le fil de trame ou trame. A cause de sa faible torsion, ce fil est épais; on l'utilise pour gonfler, garnir les étoffes de soie.

Le *crêpe.* — Pour former le crêpe, on réunit deux ou trois grèges de filature, fils simples, et on leur donne une grande torsion.

L'*organsin.* — L'organsin est un fil de chaîne composé de deux grèges de filature tordues séparément de droite à gauche, puis réunies et tordues ensemble de gauche à droite.

On lui donne différents noms selon le degré du filage et celui du tors.

	FILAGE	TORS
Apprêt satin	600 tours environ	450 tours environ
— velours	400 —	700 —
— moyen	450 —	350 —
— grenadine	2.000 —	1.250 —

Le *marabout.* — Organsin dont le deuxième apprêt est forcé. On teint sur premier apprêt, le deuxième apprêt fonce la nuance.

Le *crêpe de Chine.* — Six, huit ou dix fils de grège de filature sont réunis et fortement tordus dans un sens; le fil ainsi apprêté est doublé d'un fil simple tordu dans l'autre sens.

(On tisse le crêpe de Chine avec deux navettes et on lance alternativement deux duites dont le filage est à gauche et deux duites dont le filage est à droite).

La *soie ondée.* — On assemble six fils de grège de filature, les apprête fortement de gauche à droite, double avec un fil simple non tordu appelé âme et donne un second apprêt dans l'autre sens.

Soies grosses. — Ce sont les *soies plates* et les *cordonnets.*

Soies plates. — Quatre, cinq ou six fils simples : grèges de filature, sont assemblés mais non tordus.

Les *cordonnets.* — Au filage, on prépare des fils par torsion de droite à gauche de trois ou quatre grèges de filature. On assemble ces fils par trois et on les retord de gauche à droite.

Tous les apprêts sont donnés sur soie grège, excepté le marabout qui, ainsi qu'il est déjà dit, reçoit la seconde torsion après teinture. On envoie aussi au moulinage des fils déjà apprêtés et teints, lorsqu'on veut assembler et tordre des fils de diverses couleurs.

Les soies fines sont tissées à l'état de soie grège, de soie teinte en crue, de soie crue blanchie et teinte, ou bien à l'état de soie demi-cuite : soie assouplie blanchie et teinte ; ou de soie cuite et blanchie, ou encore de soie cuite et teinte ou cuite chargée et teinte.

II. **Soies sauvages**[1]. — Tandis que le Bombyx mori est élevé dans des chambres chauffées à la température moyenne de 25° C. (magnaneries), les vers du genre Antherœa ne peuvent se développer qu'en plein air. Les variétés vivant dans les régions froides sont annuelles, celles du Sud de l'Inde sont polyvoltines.

Élevage du ver à soie du tussah. — La méthode d'élevage pratiquée par les indigènes du Bengale est une demi-domestication. Nous pouvons ajouter que la méthode est la même pour l'élevage de tous les sérigènes sauvages. Les cocons sont récoltés en plein air et apportés dans des chambres où les éleveurs gardent les papillons pour surveiller la ponte ainsi que l'éclosion des jeunes chenilles. Quand les vers sont assez forts, ils sont transportés sur des arbres taillés bas, afin que l'on puisse sans difficulté atteindre, par la suite, tous les cocons. Le travail des Indiens éleveurs consiste alors à empêcher les oiseaux de venir manger les larves.

1. Beaucoup des renseignements relatifs aux soies sauvages sont puisés dans l'étude de M. Lebrat : « Tussah du Bengale ».

Confection des cocons. — Quand la chenille a atteint son complet développement, elle commence par déposer sa soie sous forme d'anneau autour d'une branche et, en suivant la nervure centrale d'une feuille, elle façonne un pédoncule au bout duquel le cocon sera attaché comme un fruit à l'extrémité d'une tige. La larve met un jour pour confectionner cette attache, il lui en faut ensuite trois ou quatre pour édifier son cocon. En même temps que la bave soyeuse, elle secrète un liquide qui, en se desséchant, noircit le pédoncule, lui donne la rigidité de la corne, brunit et imperméabilise le cocon.

Le cocon de l'Antherœa milytta est plus grand que celui du Bombyx mori ; il est ovoïde, jamais étranglé en son milieu, pèse 10 à 14 grammes et mesure 55 millimètres de long sur 35 millimètres de large.

Dévidage des cocons. — La blaze entourant le cocon du Bombyx mori est remplacée dans le cocon de l'Antherœa mylitta par le pédoncule ; il n'y a donc pas à effectuer de débavage avant filature.

Le dévidage des cocons du tussah est difficile ; les Indiens font d'abord désagréger le fil en faisant bouillir les cocons dans des dissolutions de soude brute : carbonate de potassium impur (cendre de bananier), et ils tirent la grège en tenant les cocons hors de l'eau, c'est la filature à sec. Un bon procédé pour décoller le fil est de faire bouillir les cocons dans de l'eau contenant 20 à 30 0/0 de glycérine. La présence de la glycérine maintient le cocon très humide même hors de l'eau, et l'on peut facilement tirer plus de mille mètres de fil.

Quel que soit le procédé mis en œuvre, les substances employées pour préparer le dévidage dissolvent environ 8 0/0 de grès.

La cuite fait perdre au fil de soie tussah 10 0/0 et le blanchiment 5 0/0 environ [1].

1. D'après M. Lebrat la soie tussah perd toute sa séricine pendant la décoction alcaline qui précède le dévidage des cocons ; elle n'en contiendrait pas plus de 8 0/0, le fil sortant des filatures serait complètement décreusé. Cette opinion est erronée. Tandis que le fil simple du Bombyx contient 25 à 30 0/0 de séricine ou grès, celui de l'Antherœa en contient 15 0/0.

Les eaux de lavage de certaines soies sauvages laissent un résidu abondant; c'est,

Nous savons que la soie cultivée en Europe est jaune orangé, celle qui est cultivée en Chine et au Japon est généralement blanche. Un simple décreusage suffit pour donner au grès jaune une coloration d'un blanc légèrement jaunâtre. C'est la séricine qui est teinte naturellement en jaune.

La soie sauvage est orangé fauve ou gris de lin, or, la cuite laisse au fil la majeure partie de sa couleur. Il faut en conclure que la fibroïne garde la couleur naturelle de la soie tussah. Cette remarque nous explique pourquoi le blanchiment de ce textile exige une action décolorante plus énergique.

La bave de l'Antherœa milytta est plus tenace que celle du Bombyx mori, on l'apprête comme cette dernière en trame et en organsin ; il en résulte des fils extrêmement solides et dont les tissus sont d'une résistance remarquable à l'usure.

Le tussah est ouvré et mouliné comme la soie cultivée.

III. **Schappe ou fantaisie.** — On appelle *soie schappe* ou *soie fantaisie*, les fils obtenus avec les déchets de soie : déchets de *magnanerie*, de *filature*, de *moulinage*, de *tissage* et de *peignage de schappe*.

Les déchets de soie sont tout d'abord décreusés, c'est-à-dire lavés dans une dissolution chaude de savon, afin de dissoudre une partie de la séricine pour décoller les fils élémentaires, les assouplir et faciliter, après essorage et séchage, le traitement mécanique qui comprend :

Le *battage* pour ouvrir la masse et faire tomber une partie des débris de feuilles adhérant au textile ;

Le *mouillage* ou *ensimage* au moyen d'une émulsion d'huile dans de l'eau de savon ;

La *mise en nappe*. — Le déchet lubrifié subit un premier cardage ; la carde le débite en une nappe homogène et l'enroule ;

paraît-il, une charge faite avec de la terre rouge qu'on leur donne au pays de production.

Le *passage aux fondeuses.* — La nappe est, par un second cardage, transformée en un voile excessivement mince. Le voile est condensé en un ruban qui est divisé en fragments de longueur déterminée. Ces fragments de ruban sont placés à cheval sur des baguettes de bois pour être soumis au peignage ;

Le *peignage.* — Le peignage débarrasse les faisceaux de fibres des brins courts et des matières étrangères qui ne sont pas trop ténues. Les déchets du peignage sont repassés aux fondeuses et repeignés ; le même travail est répété sur les déchets successifs. Les filaments sont de moins en moins longs. Le peigné de cinquième longueur laisse un résidu fort court appelé *bourrette*. La bourrette est cardée et filée comme le coton ;

L'*épluchage.* — Les faisceaux de soie peignée sont enlevés des baguettes. Les *loquettes*, c'est le nom qu'on leur donne, sont soumises à une dernière vérification appelée improprement *éplúchage*. Des ouvrières, au moyen de pinces, retirent les impuretés que le peigne n'a pu enlever.

Les opérations qui suivent sont comparables à celles que nous décrivons sommairement à propos de la filature du lin : passage à la *machine étaleuse*, aux *bancs d'étirage*, aux *bancs à broches* et *filage*.

Variétés de fils façonnés avec les déchets de soie. — Le moulinage de la soie fantaisie s'exécute comme celui de la soie ordinaire, les principaux résultats sont :

La schappe, filoselle ou galette. — C'est un assemblage de deux ou trois fils fantaisie auquel on a donné un apprêt lâche, analogue à celui de la trame;

Le *fleurét*, fil de soie fantaisie de qualité inférieure apprêté comme le poil ; la forte tension est nécessaire pour donner de la cohésion aux débris de fibres de soie ;

La *rondelette* et la *bourrette* : fils de soie faits avec de la schappe de moindre qualité. La rondelette est un fil aussi épais que le cordonnet;

Le *cordonnet*. — Nous avons vu que le cordonnet est un fil épais préparé en moulinant de la soie de dévidage des cocons. Ce même terme, cordonnet, désigne du gros fil obtenu en apprêtant d'une manière analogue des fils de soie schappe.

Avec la soie schappe on fabrique des rubans, des franges, des chenilles; on associe la schappe avec la soie artificielle, le coton, pour faire des articles de bonneterie : foulards, gants, bas, chemises, ceintures et bretelles élastiques, etc.; on trouve aussi de la soie fantaisie dans les tissus d'ameublement.

B. — DÉCREUSAGE ET BLANCHIMENT DE LA SOIE [1]

I. Lissage et lisse. — Nous devons définir ces deux expressions que nous emploierons fréquemment.

Nous considérerons comme synonymes les termes : écheveau, flotte et matteau, afin de répéter moins souvent les mêmes termes.

Dans le traitement des textiles à l'état de fils, le décreusage, le dégraissage, le blanchiment, la teinture et l'avivage sont généralement exécutés à la main. Dans les grandes installations, les rinçages se font dans des appareils à guindres. Ces guindres sont des croisillons en porcelaine ou en bois.

Les bains sont préparés dans des récipients parallélipipédiques en bois ou en bois doublé de cuivre appelés *barques* ou *baquets*. On utilise aussi des récipients en cuivre de dimensions variées dont les plus employés sont les *peyrolles* [2].

1. Le lecteur trouvera dans ce chapitre et dans la description de la teinture par échantillonnage, un choix d'expressions techniques que nous expliquons. La plupart d'entre elles sont spéciales à la région stéphanoise.

2. Les *peyrolles* (subst. féminin) sont des récipients en cuivre placés sur des supports en fer. Les plus petites peyrolles ont une capacité de 50 litres environ, elles sont suspendues après des tourillons autour desquels elles peuvent osciller.

Le volume d'eau est, pour 100 kilogrammes de fils en écheveaux : de 3 1/2 à 4 mètres cubes pour la soie, de 3 à 3 1/2 mètres cubes pour la laine et de 2 1/2 à 3 mètres cubes pour le coton. La masse des écheveaux à traiter ensemble est fort variable et souvent inférieure à 10 kilogrammes.

Les écheveaux sont engagés sur des bâtons appelés *bâtons de lisse* qui sont, pendant le lissage, amenés l'un après l'autre vers la partie médiane du baquet. Les ouvriers prennent un à un les écheveaux, les tirent verticalement pour les sortir du bain et font plonger dans la dissolution l'extrémité des flottes qui était précédemment posée sur les bâtons. Cette manœuvre a pour résultat d'immerger la partie des matteaux qui tout à l'heure sortait de l'eau. Quand tous les matteaux ont été retournés, le bâton est poussé à l'autre bout de la barque, un second bâton lui succède et ainsi de suite.

C'est ce travail qui est désigné sous le nom de *lissage*. Déplacer une fois tous les écheveaux comme nous venons de l'expliquer s'appelle donner *une lisse*. Les ouvriers disent *un lize*. Exemple : *J'ai donné cinq lizes.*

II. **Soie crue, soie souple, soie cuite.** — Les manipulations que nous venons de décrire sont faites sur les grèges de moulinage. Le moulinier livre la soie qu'il a ouvrée en flottes de 40 à 50 grammes.

Le craquant, propriété de *crisser* que possède la soie quand on la froisse, n'existe pas dans la soie crue ; elle se manifeste dans la soie cuite et apparaît un peu dans la soie souple, si le dernier bain dans lequel on passe la marchandise est acide : *bain d'avivage*.

Soie crue ou soie écrue. — *On entend par soie crue, la soie grège soumise à un lavage ou mouillage en dissolution froide de savon additionnée d'un peu de carbonate de sodium.* On estime que ce mouillage fait perdre à la grège de 4 à 6 0/0 de son grès.

La soie crue est *mouillée* dans une dissolution d'environ 8 0/0 de savon de Marseille et 1 0/0 de carbonate de sodium, proportions calculées d'après le poids de la soie, à une température ne dépassant pas 20° C. On lui donne cinq lisses, on l'essore et on la blanchit ou on la teint. La soie crue doit garder presque toute sa séricine ; si le bain est chaud, le grès se ramollit et la soie perd de sa raideur, elle s'assouplit.

La soie crue est rarement teinte après ce simple lavage, à moins qu'elle ne soit naturellement blanche ou qu'elle soit destinée à la teinture en noir.

Soie souple. — Assouplissage. — *On appelle soie souple, de la soie dont on a diminué la raideur par mouillage, soufrage, assouplissage et chevillage.* Ces traitements font perdre à la soie 8 à 10 0/0 de son grès.

1° *Mouillage.* — Les trames et organsins qui doivent être simplement assouplis pour la fabrication des velours, et tous les articles qui doivent avoir de la raideur et peuvent rester ternes sont lissés, pendant une demi-heure à deux heures, dans une dissolution tiède, 30° C., de savon de Marseille à 10 0/0 du poids de la marchandise, additionné de 1 0/0 environ de carbonate de sodium. Ils sont ensuite essorés ou égouttés et mis au soufroir ou *mis au soufre*, expression technique.

2° *Soufrage.* — Les grèges mouillées sont exposées à l'action du gaz anhydride sulfureux provenant de la combustion du soufre, comme nous l'avons décrit pour la laine.

3° *Assouplissage.* — Après soufrage, les écheveaux sont travaillés dans une dissolution d'acide sulfureux chauffée de manière à l'amener à l'ébullition. On leur donne deux à cinq lisses selon le degré d'assouplissage exigé et on maintient la température par un coup de tube (envoi de vapeur), après chaque lissage ; on cesse de promener les matteaux dans la barque et on les immerge dans le bain. On les maintient immergés pendant que la dissolution se refroidit.

Le bain d'acide sulfureux : *bain de soufre*, est conservé ; il sert pour toutes les opérations identiques. On le renouvelle en partie quand il devient trop acide.

Pendant longtemps, on a ajouté à cette eau 3 à 4 0/0 d'acide tartrique, espérant donner ainsi du poids et un peu de brillant à la soie ; actuellement cet acide est remplacé par du chlorure de sodium. L'utilité de ce sel n'est pas davange expliquée que celle de l'acide tartrique.

C'est le lissage et le séjour du textile dans la barque contenant la dissolution d'acide sulfureux, improprement appelée *bain de soufre*, que le teinturier désigne sous le nom d'*assouplissage*. En effet, l'eau bouillante seule et d'une manière générale toutes les dissolutions aqueuses chaudes font perdre de la raideur aux grèges. On conçoit que l'assouplissage est d'autant plus accusé que la température du bain est plus élevée et que la marchandise y séjourne plus longtemps.

La soie est, après assouplissage, levée, sabrée[1], teinte, essorée et chevillée (voir chevillage). Le chevillage fait partie intégrante de la préparation des souples.

Soie cuite ou soie décreusée. — Décreusage. — *La soie cuite ou soie décreusée est de la soie débarrassée de la séricine ou grès qui cache la fibroïne. L'opération qui a pour effet de mettre à nu la fibroïne est appelée décreusage.*

La cuite diminue la ténacité de la soie, mais elle découvre le lustre, la douceur et la souplesse : qualités spéciales de ce précieux textile.

Les bureaux de conditionnement : *Conditions des soies*, soumettent les écheveaux à un essai très sévère, afin de doser leur teneur en séricine et de renseigner le fabricant sur le pourcentage de la perte que la soie examinée peut subir au décreusage.

Le mode de décreusage adopté par les conditions des soies comprend le dégommage et la cuite.

1. On *sabre les souples*. — Cette expression technique signifie que les flottes de soie assouplie sont exprimées par compression entre deux bâtons. Les ouvriers tiennent successivement en l'air tous les bâtons de lisse et glissent chaque série de huit à dix écheveaux entre deux autres bâtons solidement appuyés l'un contre l'autre. La dissolution sulfureuse retombe dans le bain d'assouplissage.

Dans la teinture aux colorants diamine, aux colorants au soufre où les vieux bains sont conservés, on récupère le liquide du bain en passant la marchandise entre deux rouleaux exprimeurs fixés à une des extrémités de la cuve de teinture. Ici, ce sont les bâtons qui font cet essorage.

1° *Dégommage :* Les flottes sont passées sur des bâtons cylindriques ou chevillons et lissés dans l'eau de savon bouillante.

2° *Cuite :* Les flottes dégommées, fortement tordues entre deux chevillons pour exprimer le savon et le grès dissous, sont placées dans des sachets de toile façonnés avec du tissu peu serré et immergées dans un nouveau bain de savon chauffé à l'ébullition.

La durée de chaque traitement est d'une demi-heure ; les deux dissolutions de savon ont la même composition : 25 grammes de savon blanc de Marseille et 4 litres d'eau par masse de 100 grammes de soie.

Les flottes sont exprimées comme précédemment rincées à fond, essorées de nouveau et séchées d'abord à l'air, puis à l'étuve.

Les lots de soie soumis à l'expertise sont pesés à l'état de sécheresse absolue avant et après décreusage ; on a de cette manière tous les renseignements pour calculer la perte pour cent.

Dans l'industrie, la cuite est ordinairement faite en une seule opération ; le teinturier apprécie au toucher l'importance du décreusage que les flottes ont subi et arrête le décreusage lorsqu'il le juge opportun.

Exposé du décreusage tel qu'il est pratiqué dans les teintureries pour préparer la soie cuite. — Jamais on ne travaille dans la même barque 100 kilogrammes de soie; nous donnons cependant, par simplification, les proportions pour une pareille masse.

Le volume d'eau est, pour 100 kilogrammes de soie, 3.500 litres d'eau et de 25 à 30 kilogrammes de savon de Marseille, plus 2 kilogrammes de carbonate de sodium. La dissolution alcaline étant portée à l'ébullition, on y plonge les matteaux et leur donne trois lisses. La durée d'un lissage varie avec l'importance du lot à travailler, elle est en moyenne de dix à quinze minutes ; l'opération totale se fait en une demi-heure à trois quarts d'heure.

Le décreusage dès grès jaunes est complété par deux ou trois lissages en bain bouillant de savon à 2 0/0 ; tandis que les soies tendres, telles que les soies de Canton, ne sont cuites que quinze minutes en dissolution de 30 0/0 de savon blanc de Marseille et 1 0/0 de carbonate de sodium.

Rappelons que les proportions de savon et de carbonate sont calculées d'après le poids de la marchandise à cuire.

Après cuite, on lève, égoutte, rince à l'eau chaude ou tiède, essore et blanchit ou teint.

On cuit aussi à la *mousse de savon*, le fond du bac servant à cet usage est garni d'un serpentin à vapeur libre ou comprimée. On introduit l'eau de savon et accroche les écheveaux à des chevilles fixées aux parois du récipient, à une hauteur suffisante pour que le textile ne touche pas le liquide. On descend un couvercle de grosse toile et on lance la vapeur. L'ébullition fait mousser la dissolution de savon, la mousse monte et couvre complètement la soie. Au bout de vingt à trente-cinq minutes, selon les qualités, on arrête et rince les flottes à l'eau tiède ou chaude.

On dit du bien de ce procédé qui semble préférable au précédent parce que l'on ne doit pas manœuvrer les flottes. On prétend, en effet, que toute opération qui peut se faire sans lissage à la main est recommandable. *Le grand avantage provient peut être de ce que le composé alcalin agit à l'abri de l'air.*

BLANCHIMENT

Blanchiment de la soie crue. — Quand les grès jaunes doivent être teints en nuances claires, on les blanchit après mouillage et égouttage ou essorage, sans rinçage préalable, dans de l'eau régale froide marquant 3 à 4° Baumé. Le mélange des deux acides est fait dans les proportions de 2 litres d'acide chlorhydrique et 1/2 à 2/3 de litre d'acide azotique du commerce.

On lisse la soie jusqu'à ce que la couleur qui est d'abord verte vire au gris verdâtre clair. On tord les écheveaux en s'aidant de baguettes de verre et on les lave en leur donnant deux ou trois lisses dans chacun des bains suivants : deux bains d'eau pour éliminer l'acide, un bain de savon additionné de carbonate, pour neutraliser l'acidité que les premiers lavages ont laissée, un bain d'eau tiède pour éliminer le savon.

Pour teindre en couleurs très claires ou pour laisser en blanc, on blanchit à l'anhydride sulfureux (on soufre), après l'action de l'eau régale. A leur sortie du soufroir, les écheveaux sont lavés par lissage d'abord dans de l'eau pure, puis dans une dissolution de savon et carbonate de sodium. Elles ne sont pas désavonnées ; elles seront teintes dans un avivage (dissolution faiblement acide), ou dans une eau contenant un peu de savon ou simplement azurées.

Azurage. — Quels que soient les procédés de blanchiment auxquels on a recours, les différents textiles émettent toujours un reflet jaunâtre que l'on cherche à faire disparaître, lorsque la marchandise doit être livrée blanche, par teinture en bain clair appelée *azurage*.

On communique aux textiles, par l'azurage, la nuance complémentaire du jaune en les teignant dans une dissolution très diluée de violet ou d'un mélange de bleu et de rouge, à froid ou à tiède, en savon non coupé : bain alcalin.

On produit, selon le désir du client, du blanc pur, du blanc à reflet bleu, du blanc à reflet violet ou du blanc à reflet orangé.

Après azurage, on avive, essore, secoue, sèche et secoue de nouveau.

Blanchiment de la soie souple. — Les soies jaunes qui doivent être teintes en nuances claires sont blanchies à l'eau régale, comme il est dit pour les soies crues, entre le mouillage et le soufrage. Pour laisser en blanc, on assouplit les grès blancs.

Après blanchiment [1], on azure, avive, essore, met au soufre,

1. Pour les soies souples devant être livrées blanches.

assouplit, lève, essore, sèche et cheville. Ou bien, on azure après assouplissage.

L'azurage s'effectuant en bain alcalin, il faut nécessairement aviver, pour faire absorber le colorant et pour donner aux soies souples le craquant qu'elles peuvent prendre malgré la grande proportion de séricine dont elles sont chargées.

Blanchiment de la soie cuite. — La soie cuite est blanchie dans de l'eau oxygénée à 3/5 de volume, c'est-à-dire 3/5 de litre d'oxygène actif par litre de bain de blanchiment.

La dissolution oxydante est préparée en utilisant 6 litres d'eau oxygénée du commerce par volume de 95 à 100 litres d'eau ordinaire. L'acidité du bain est neutralisée avec le silicate de sodium.

On *abat*[1] les écheveaux, leur donne 2 à 3 lisses pour les mouiller et les *met en saute*[2], en les maintenant immergés à l'aide d'un cadre de bois. On les laisse séjourner ainsi environ douze heures. Après ce temps on *lève*[3] les écheveaux pour chauffer le bain jusqu'à 95° C., on les descend, leur donne 5 lisses et les immerge de nouveau pendant que la dissolution se refroidit et s'épuise.

On rince par 3 lisses dans une dissolution de savon à 3 0/0 du poids de la marchandise, à une température de 50° C. et teint ou, si la soie doit rester blanche, on azure, avive, essore, secoue, sèche et secoue.

1. *Abattre.* Terme expliqué page 324. Cette expression a deux sens. Elle signifie que l'on introduit la marchandise dans le bain ; elle s'emploie aussi pour dire que l'on sort les flottes pour les égoutter et les essorer. Ex. *Abattre sur vergues.* Les *vergues* sont des perches que l'on dispose parallèlement sur chevalets, elles servent à supporter les bâtons de lisse tenant les écheveaux.

2. *Mettre en saute.* — Mettre les écheveaux en saute, c'est les immerger dans le bain. On place les bâtons de lisse obliquement, en appuyant un des bouts sur les bords de la barque, l'autre plongeant dans l'eau ; les matteaux glissent le long des bâtons et s'immergent. Un autre moyen de *mettre en saute*, c'est de faire subir aux bâtons un quart de révolution de manière à les placer dans le sens de la longueur de la barque, afin de les faire flotter sur le bain. On charge alors la marchandise avec des cadres de bois pour la maintenir plongée.

3. *Lever les écheveaux.* — Lever les écheveaux c'est les poser sur un autre bâton de lisse de manière à les placer à peu près horizontalement au-dessus du bain de teinture. Cela se fait en glissant les bâtons porteurs des écheveaux sur un bâton de lisse non chargé de matteaux et appuyé sur les bords de la barque. D'une façon générale, on lève les flottes chaque fois que l'on veut envoyer de la vapeur pour chauffer la solution. Lever est aussi employé pour indiquer que l'on abat sur vergues pour égoutter. Ex : On lève et égoutte ou essore.

Décreusage et blanchiment de la schappe. — Voir le chapitre de la teinture de la soie.

Décreusage et blanchiment de la soie tussah. — *Dégommage.* — Dans une chaudière contenant environ 1 mètre cube d'eau, on met 2 kilogrammes et demi de carbonate de sodium et 10 kilogrammes de savon neutre ou légèrement alcalin, chauffe jusqu'à 30°-35° C. et plonge la soie que l'on remue doucement. Pendant ce temps ou pousse la température jusqu'à 90° C. et on la maintient une demi-heure.

On répète cette opération dans un second bain en tout semblable, puis ayant retiré les écheveaux, on les rince à fond, dans de l'eau chaude, pour enlever jusqu'aux moindres traces de savon, on les soumet pendant un quart d'heure à une solution d'acide chlorhydrique à 30° C. ; on les essore et on les lave à grande eau.

Blanchiment. — On verse 6 kilogrammes à 7 kilogrammes d'acide sulfurique à 66° Baumé et 5 kilogramme de peroxyde de sodium, dans environ 500 litres d'eau. On neutralise l'excédent d'acide avec un peu de silicate de sodium.

On plonge 25 kilogrammes de soie dégommée dans ce bain que l'on chauffe jusqu'à 60° C., et on y manipule la marchandise pendant six à huit heures. Après cela, on sort les écheveaux, les rince à l'eau tiède et les immerge quinze à vingt minutes dans une solution également tiède de bisulfite de sodium additionné d'une petite quantité d'acide chorhydrique. A la suite de ce second blanchissage, on enlève toute trace d'acide par lavage à l'eau.

La méthode de blanchiment que nous venons de décrire nous a été rapportée par M. Lawrence : la suivante a été indiquée par M. Friedmann.

Dégommage. — Un kilogramme de savon de coco, additionné de 10 0/0 de benzine, est dissous dans 100 litres d'eau douce à 40°-50° C. On ajoute 150 à 200 grammes de perborate de sodium préalablement dissous dans l'eau froide, indroduit les écheveaux de soie et les laisse tremper cinq à six heures dans ce bain qui est ensuite chauffé jusqu'à 60° à 70° C. On maintient cette température et on fait circuler le liquide de haut en bas, pendant toute la durée du trempage.

La même solution, ramenée à son volume primitif par l'eau douce, peut resservir pour donner à la soie un traitement préliminaire à l'ébullition, pendant une durée de deux à trois heures.

Blanchiment. — On blanchit à l'eau oxygénée à 10 volumes, légèrement alcalinisée par l'ammoniaque et chauffée à 30°-40° C. Quand la décoloration est suffisante, on retire la marchandise, l'égoutte, la rince à l'eau tiède puis à l'eau courante, et la plonge pendant deux à trois heures dans une solution d'acide oxalique à 1 0/0 chauffée à 72° C.

Le bain d'eau oxygénée, ramenée à son volume primitif, peut encore servir pour un traitement préliminaire.

On rince à fond les écheveaux retirés du bain d'acide oxalique, les plonge dans une liqueur d'hydrosulfite de sodium à 1 0/0, à 30° C., pendant douze à vingt-quatre heures, les lave à fond et les sèche à basse température.

Méthode appliquée par M. Benoît Cherbut pour le décreusage et le blanchiment du tussah.

Décreusage. — Le décreusage fait perdre à la soie sauvage 10 0/0 de son poids, il s'effectue en deux temps.

1° *Préparation ou mouillage.* — Les écheveaux sont mouillés dans de l'eau chauffée à 60° C. on leur donne 5 lisses et lève.

2° *Cuite.* — Une dissolution de carbonate de sodium à 5 grammes par litre est chauffée à l'ébullition, on y plonge les écheveaux humides, leur donne 5 lisses et lève. On égoutte ou tord les flottes pour en exprimer la dissolution alcaline et termine par lissage dans de l'eau tiède.

(Dans les ateliers, la première opération est désignée sous le nom de cuite et la seconde sous le nom de décreusage.)

Blanchiment. — La soie tussah qui doit être livrée blanche ou teinte en nuances claires est blanchie au peroxyde de sodium.

Le traitement que nous allons indiquer occasionne encore au textile une diminution de poids de 5 0/0.

Les plus beaux blancs sont obtenus à l'aide d'une dissolution oxydante préparée de la manière suivante :

Acide sulfurique à 66° Baumé	5kg,850
Peroxyde de sodium	4kg,500
Eau	200 litres

L'acide et le peroxyde sont mis dans l'eau par moitié, en deux fois, pour atténuer le dégagement de chaleur et la déperdition d'oxygène occasionnée par l'élévation de température. On remue doucement. La dissolution doit être acide; si elle ne l'est pas, on ajoute de l'acide sulfurique.

On alcalinise ensuite ce bain de blanchiment avec :

Silicate de sodium	1kg,500
Savon blanc, préalablement dissous	1kg,500

Le volume total du bain, 215 à 220 litres, est suffisant pour blanchir 10 kilogrammes d'écheveaux de soie tussah. L'oxydation est, du reste, d'autant plus vive que la dissolution est plus concentrée.

On chauffe le bain à 50° C., *met dessus*[1] la soie décreusée, donne 5 lisses, lève, *donne un coup de tube*[2], *retourne abattre*[3], fait encore 5 lisses, couvre le baquet avec une toile et donne une lisse tous les quarts d'heure pendant six heures. Au bout de ce temps, on lève, égoutte ou essore, donne 3 lisses dans une dissolution de savon à 3 grammes par litre, chauffée à la température de 50° C.[4], lève, égoutte, rince en eau tiède, essore, secoue

1. *Mettre dessus.* — Introduire le textile dans le bain.

2. *Donner un coup de tube.* — Les bains sont généralement chauffés par l'intermédiaire d'un tube mobile. Donner un coup de tube, c'est introduire le tube à vapeur dans la barque et lancer une quantité de vapeur suffisante pour amener le bain à la température de l'ébullition. On dit aussi *chauffer bouillant.*

3. — *Retourner abattre*, c'est abattre de nouveau dans le bain les écheveaux qu'on avait levés.

4. — *Chauffer à la température de* 50° C. est fréquemment désigné par : *Chauffer à moitié chaleur.* Cette expression dérive probablement de la comparaison qu'a faite le teinturier entre 0° et 100° C. qui sont pour lui les températures limites. emploie même : *le 3/4 de chaleur*, 75° C.

humide et azure en blanc avec un mélange de bleu et de rouge, ou avec du violet; ou bien, on teint en nuances claires : lilas, bleu, crème, etc.

Lorsque le bain de blanchiment est préparé le soir, après les 5 lisses, avant de couvrir le baquet on *met en saute* et maintient les flottes immergées à l'aide de cadres. La marchandise est laissée dans cet état toute la nuit; le matin, on savonne à chaud et rince comme il est dit.

Peroxyde de sodium : Na^2O^2. — C'est une poudre jaune clair qui doit être tenue à l'abri de l'humidité dans des récipients hermétiquement fermés. Le commerce la désigne aussi sous le nom d'*oxylithe*.

Projetée dans l'eau, cette poudre se décompose en :

$$\underbrace{Na^2O^2}_{\substack{\text{peroxyde de sodium} \\ \text{ou} \\ \text{oxylithe.}}} + \underbrace{2\,H^2O}_{\text{eau}} = \underbrace{2\,NaOH}_{\substack{\text{soude} \\ \text{caustique.}}} + \underbrace{H^2O^2}_{\substack{\text{eau} \\ \text{oxygénée.}}} \qquad (1)$$

L'acide sulfurique ajouté ensuite neutralise la soude :

$$\underbrace{SO^4H^2}_{\text{acide sulfurique}} + \underbrace{2\,NaOH}_{\substack{\text{soude} \\ \text{caustique}}} = \underbrace{SO^4Na^2}_{\substack{\text{sulfate} \\ \text{de sodium}}} + \underbrace{2\,H^2O}_{\text{eau}} \qquad (2)$$

Ces deux réactions sont exothermiques, la chaleur qu'elles dégagent provoque la décomposition de l'eau oxygénée en eau et oxygène :

$$H^2O^2 = H^2O + O \text{ (oxygène)} \qquad (3)$$

L'eau oxygénée est un composé endothermique, les calories qu'elle met en liberté en fournissant de l'oxygène favorisent sa propre décomposition.

Nous voyons qu'il est nécessaire de projeter le peroxyde de sodium petit à petit dans de l'eau très froide, eau glacée, et de verser l'acide lentement en remuant la dissolution pour la rendre homogène.

En condensant les trois égalités, on arrive à une équation qui, lorsqu'on fait intervenir les poids moléculaires des composés mis en jeu, nous permet de calculer la masse de peroxyde de sodium neutralisée par une masse déterminée d'acide sulfurique. On trouve de même le volume d'oxygène actif que la dissolution peut fournir.

$$\underbrace{SO^4H^2}_{98} + \underbrace{Na^2O^2}_{78} = SO^4Na^2 + H^2O + \underbrace{\overrightarrow{O}}_{11^{lit},15}$$

$$\frac{98}{5,85} \quad \frac{78}{x_1} \quad \frac{11^{lit},15}{x_2}$$

$$x_1 = \frac{5,85 \times 78}{98} = 4^{kg},65 ; \qquad x_2 = \frac{5,85 \times 11,15}{98} = 665^{lit},5.$$

Un poids de $5^{kg},850$ d'acide sulfurique équivaut à $4^{kg},656$ de peroxyde de sodium, ces deux produits étant supposés purs, ce qui n'est jamais le cas, du moins pour le peroxyde de sodium.

Le volume d'oxygène actif est d'environ 3 litres d'oxygène par litre de dissolution oxydante ; $665^l,5 : 220 = 3^l,02$.

Remarque : En neutralisant $4^{kg},500$ de peroxyde avec $5^{kg},85$ d'acide sulfurique à 66° Baumé, on doit arriver à une réaction franchement acide.

Autres procédés pouvant être mis en œuvre pour blanchir la soie. — Le blanchiment peut être obtenu avec le permanganate de potassium ou de sodium ou avec le bioxyde de baryum et le permanganate.

Blanchiment au permanganate de potassium. — Le textile est plongé successivement dans une solution de 1 à 2 0/0 de permanganate de potassium et dans une solution de bisulfite de sodium légèrement acidulée par l'acide chlorhydrique ou l'acide sulfurique.

Blanchiment au bioxyde de baryum et au permanganate de potassium. — Il peut être utilisé pour les soies difficiles à blanchir, comme les Tussors. La marchandise est plongée dans un bain de bioxyde de baryum de 50 à 100 0/0, chauffé à 80° C. Au bout d'une heure d'immersion, le textile est essoré, lavé, acidulé et lavé à nouveau.

On termine par un traitement au permanganate de potassium.

Décreusage et blanchiment des tissus mi-soie. — On

tourne les pièces dans les bacs, munis de rouleaux compresseurs, garnis d'eau de savon très chaude, contenant un poids de savon pour cinq poids de marchandise. On essore par compression et recommence ce traitement une seconde fois. On passe ensuite en bain faiblement alcalin, chauffé à 50° C., et rince en eau froide.

Blanchiment. — Il se fait comme pour les tissus de laine, avec le soufre ou le bisulfite. On essore, lave, essore, azure au bleu d'aniline, au violet de méthyle, etc., acidule avec l'acide sulfurique très dilué, lave, essore et sèche.

VIII

PROCÉDÉS DE CHARGE DE LA SOIE

I. — Charge de la soie au silicophosphate d'étain[1]. — 1° *Charge des flottes de soie par lissage à la main.* — A cause du prix élevé de la soie naturelle, la charge est de plus en plus fréquente, elle devient presque une opération inhérente à la teinture.

On chargeait autrefois la soie crue, on la cuisait ensuite. Ce mode opératoire a été délaissé, la cuite faisant perdre une notable proportion de la charge. La charge peut donc se faire sur soie grège de moulinage si cette marchandise ne doit pas être assouplie ou décreusée.

Les traitements successifs auxquels il faut soumettre la soie pour la charger au silicophosphate d'étain sont :

1° La *cuite* ou l'*assouplissage ;*

2° *Un rinçage à tiède* appelé aussi *tiédissage*. Les écheveaux cuits sont lissés deux fois dans de l'eau chaude ou tiède pour éliminer le savon ;

3° *Second tiédissage* : il comprend également deux lissages dans un bain d'avivage, dissolution très diluée d'acide chlorhydrique pour neutraliser la marchandise.

Pour les souples, un seul tiédissage en eau ordinaire est suffisant ;

4° Essorage ;

1. Nous tenons de M. Benoît Cherbut les détails techniques si précis que nous exposons à propos de ce procédé de charge au chlorure stannique, phosphate et silicate de sodium.

5° *Trempage en oxymuriate d'étain*, chlorure stannique étendu d'eau de manière à marquer 30° Baumé. Les mains protégées par des gants de caoutchouc, on donne trois lisses et laisse les écheveaux immergés.

La température de ce bain de charge doit être comprise entre 3° et 10° C. En été, on maintient la température dans les limites citées par des additions de glaces.

Après deux heures d'immersion, on lève, égoutte et essore les flottes de soie. L'oxymuriate d'étain extrait par essorage est récupéré ;

6° *Grand lavage* pour éliminer le chlorure stannique en excès. Le sel d'étain insuffisamment absorbé par la fibre, et non enlevé par lavage, tache le textile et forme un précipité dans le bain de phosphate.

Il faut effectuer rapidement l'égouttage, l'essorage et le lavage, pour ne pas prolonger le séjour à l'air de la soie trempée de dissolution de perchlorure d'étain[1] ;

7° *Essorage* ;

8° *Lissage en phosphate de sodium légèrement alcalin*, dissolution titrant 6 à 7° Baumé, employée à une température de 55° à 60° C.

Pour la charge de la soie grège, la dissolution de phosphate ne peut pas être chauffée au delà de 40° C. ; si on dépassait cette température, on assouplirait la soie ;

9° *Lavage en eau tiède* ;

10° *Deux lavages en eau froide*. — La dernière eau est aiguisée d'acide chlorhydrique. On donne deux lisses à chaque la-

1. L'action de l'air diminue la solidité de la soie ayant absorbé du chlorure stannique.

Comment expliquer ce fait ?

Nous savons qu'une dissolution fort étendue d'oxymuriate d'étain commence à se séparer, au bout de quelque temps, en acide stannique et acide chlorhydrique.

Il est probable que la décomposition du perchlorure d'étain est aussi facilitée par la fibroïne, dissolvant solide ; de l'acide chlorhydrique est dans ce cas libéré dans la soie ; l'oxydation de cet acide peut alors être ébauchée à la faveur de la porosité du textile.

Dans ces conditions, l'affaiblissement de la soie serait occasionné par des traces de chlore à l'état naissant.

Cette supposition n'a rien d'invraisemblable ; les procédés chimiques de préparation du chlore sont, en effet, basés sur l'oxydation de l'acide chlorhydrique :

$$2\,HCl + O = H^2O + Cl^2.$$

vage. Par suite du prix élevé de la main-d'œuvre, on cherche à accélérer le travail en diminuant le nombre de lissages.

Les opérations 5 à 10 sont reprises 2, 3 ou 4 fois, selon la qualité de la soie et le degré de charge à obtenir;

11° *Lissage en bain de silicate.* — Après le dernier trempage en phosphate, lavages et léger avivage, on lisse les flottes dans un bain de silicate de sodium marquant 4 à 5° Baumé, chauffé à 60° C;

12° *Lavage final.* — On termine par rinçage en deux eaux tièdes suivi d'un savonnage bouillant, ou simplement chaud s'il s'agit de souples, et d'un avivage en acide acétique.

Ce dernier avivage préserve les soies, elles peuvent séjourner plus longtemps en magasin sans s'altérer sensiblement [1].

Le travail en bain de silicate doit être la dernière opération de la charge en silicophosphate d'étain. Après le passage en silicate, on ne recommence plus les traitements à l'oxymuriate d'étain et au phosphate, lors même que l'augmentation de poids est reconnue insuffisante. Le sel d'étain n'est plus guère absorbé quand la soie est imprégnée de silicate, il reste à la surface de la fibre qu'il fuse rapidement.

Nous croyons que l'on ne fait plus usage de sulfate d'aluminium ou d'alun pour donner du poids. Du reste, ce sel ne s'employait pas isolément; la charge à l'alumine se faisait après les opérations que nous venons d'énumérer. On passait en bain d'alun pour terminer, à la suite du lissage, en solution de silicate.

L'alun enlevait du brillant à la soie et la durcissait.

Par le procédé que nous venons de décrire, on augmente le poids de la trame de 80 à 90 0/0 et celui de l'organsin de 40

1. Le tétrachlorure d'étain se dissout dans la matière textile qui est considérée, ainsi que nous le disons plus haut, comme un dissolvant solide. Ce dissolvant laisse échapper dans le bain de teinture le sel dont il est chargé, pour le maintenir dans la soie; on rend la composition d'étain insoluble en la transformant en phosphate et silicate d'étain.

Les réactions sont moins rapides et vraisemblablement moins complètes que dans l'eau agissant comme dissolvant; c'est la raison des lavages prolongés que nous avons mentionnés. Malgré les rinçages nombreux, la soie fuse en magasin; le fusage est rapide lorsque la charge est poussée trop loin. La cause de ce fusage peut encore être expliquée par la dissolution du chlorure d'étain non fixé et l'oxydation de l'acide mis en liberté.

à 50 0/0[1]. La trame ne doit pas résister à des efforts de traction comme l'organsin, chaîne des tissus de soie; son rôle est d'ailleurs d'épaissir l'étoffe. C'est pour cette raison qu'on lui donne une charge plus grande. La diminution de tenacité qui en résulte ne gêne pas le tissage.

On ne peut pas dépasser les proportions que nous annonçons sans nuire à la qualité de la soie. Nous avons eu à examiner des organsins qui au bout de deux mois étaient hors d'usage. Ils étaient chargés à 100 0/0, le fusage les avait rendus indévidables.

2° *Charge des flottes de soie en appareils.* — Les grandes firmes commencent à adopter un dispositif qui simplifie considérablement la main-d'œuvre.

Les écheveaux de soie sont couchés dans une essoreuse à deux vitesses où ils sont entourés de toile ou de calicot pour les préserver des matières solides en suspension dans le bain.

On fait arriver la dissolution de chlorure stannique et imprime à l'essoreuse un lent mouvement de rotation, ce qui maintient la dissolution bien homogène en la mettant en circulation. Au bout d'une heure et demie environ, on vide l'essoreuse et on la fait tourner rapidement pour exprimer le sel d'étain non absorbé (*fig.* 89).

Le lavage est fait automatiquement à l'aide d'une machine composée de deux séries de petits guindres superposés, sortes de croisillons en porcelaine. L'axe des guindres supérieurs est creux, percé de nombreux orifices.

Les flottes placées sur les guindres sont arrosées d'une abondante pluie d'eau venant des croisillons supérieurs, tandis qu'elles sont animées d'un mouvement de rotation alternativement dans un sens puis dans l'autre, pour rendre le lavage uniforme (*fig.* 90).

Les laveuses à grand débit ont en outre des cylindres perforés placés entre les guindres supérieurs, un peu au-dessus de ces derniers (*fig.* 90).

1. La charge est calculée pour cent du poids de la soie grège. Or la grège perd à la cuite de 25 à 30 0/0 de son poids. Une augmentation de masse de 45 0/0 représente donc une absorption de 45 + (25 à 30) = 70 à 75, de silicophosphate d'étain pour 70 à 75 de fibroïne.

Les figures 91 et 92 nous montrent deux types de machines à laver les flottes un peu différentes de celui que nous décrivons.

On a recours à une autre essoreuse pour le bain de phos-

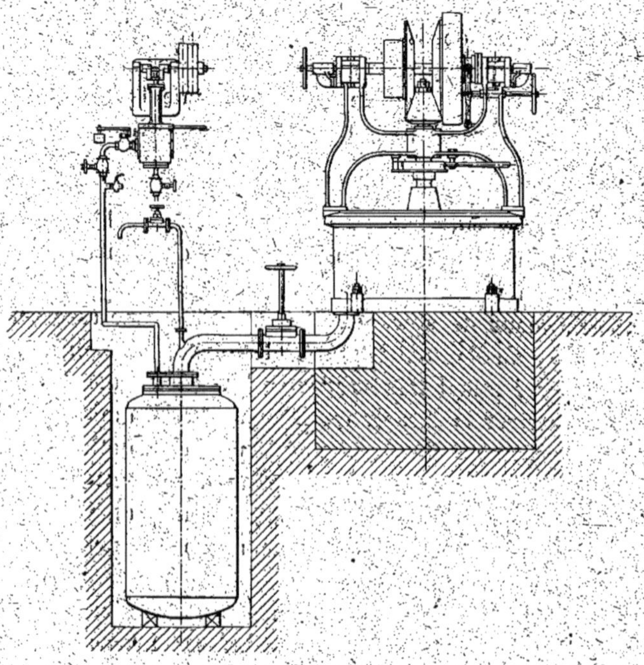

Fig. 89. — Schéma de l'essoreuse à circulation.

La cuve de cette machine peut être remplie complètement de liquide, de telle sorte que le textile qu'on y a disposé est complètement noyé dans le bain.

L'appareil est à deux vitesses. On a recours à la petite vitesse lorsque la cuve est pleine de liquide, pour produire la circulation du bain, de la cuve dans le panier. Après avoir vidé la cuve, on fait intervenir la grande vitesse pour l'essorage (Construction Ch. Lumpp et Cie, Lyon-Vaise).

phate. Par contre, les essoreuses ne sont pas utilisables pour le bain de silicate, ce sel se dépose trop. La dissolution de silicate de sodium est laissée en baquet, on opère le silicatage par lissage à la main.

3° *Charge des tissus de soie.* — On charge les tissus de soie en prenant les mêmes précautions que pour la charge de la soie en écheveaux. L'outillage est analogue à celui qu'on utilisé pour la teinture et le lavage des étoffes. Les pièces cousues aux deux extrémités tournent dans les bains successifs de charge et de rinçage.

Il est important de ne soumettre à la charge que des tissus confectionnés avec des soies de même qualité, sinon les fils gonflent différemment sous l'action du sel d'étain et l'étoffe change d'aspect.

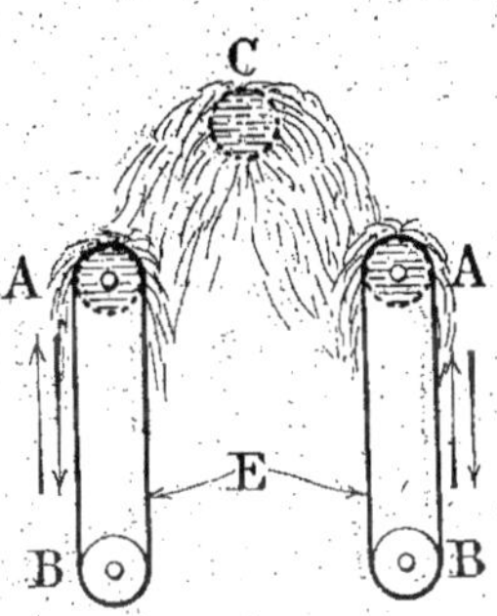

FIG. 90. — A et B guindres. Les guindres A sont perforés. — C, cylindre perforé. — E, écheveau à laver.

Les grèges de Canton sont tendres, c'est-à-dire douces, souples, faciles à décreuser. Les autres grèges de Chine et celles du Japon sont rudes au toucher; celles de Chine sont particulièrement rèches. Les grèges jaunes, dites grèges des Cévennes : soie de France et d'Italie se rangent, pour la souplesse, entre les soies de Canton et celles du Japon.

Ces variétés de soies n'absorbent pas également vite le chlorure stannique. La soie la plus tendre arrive rapidement à une demi-saturation, et les fils de même titre acquièrent des diamètres différents si les soies ne sont pas de même provenance. *Cependant, quand l'augmentation de poids atteint* 35 0/0, *la différence de grosseur s'atténue; elle tend à disparaître quand la proportion de charge dépasse* 40 0/0.

REMARQUE. — *Numéro ou titre d'un fil de soie. — Le titre d'un fil de soie est exprimé par le nombre de demi-décigrammes que représente le poids d'une longueur de 450 mètres de ce fil.*

On indiquait autrefois le titre de la soie par le poids en deniers d'une longueur de 476 mètres de fil. *Un denier* égale $0^{gr},0531$.

Pour un même fil, les deux titres sont sensiblement les mêmes. En effet, si une longueur de 476 mètres d'un fil de grosseur déterminée pèse $0^{gr},0531$, une longueur de 450 mètres du même fil pèse $0^{gr},05$, comme le montre le calcul suivant :

$$\frac{476}{450} = \frac{0,0531}{x}; \qquad \text{d'où :} \qquad x = \frac{450 \times 0,0531}{476} = 0^{gr},05019.$$

Au cause de cette similitude, la plupart des fabricants continuent à désigner sous le nom de deniers, le nombre de

Fig. 91. — Machine à laver les flottes à guindres en caoutchouc durci et injection latérale. Les cylindres d'arrosage sont un peu plus bas que la rangée des guindres (Construction Ch. Lumpp et Cie, Lyon).

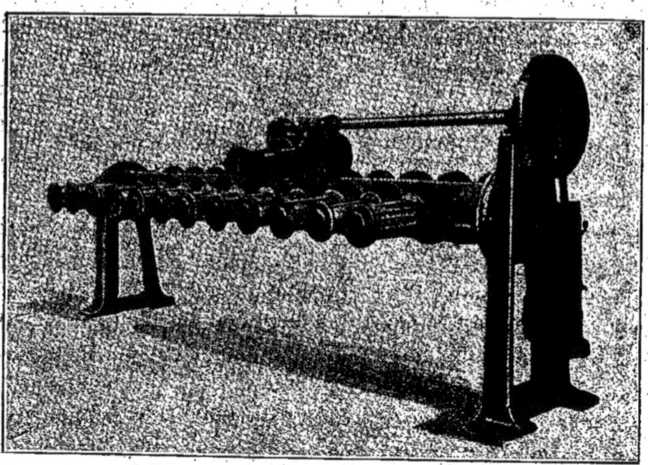

Fig. 92. — Machine à laver les flottes à guindres en porcelaine et injection centrale (Construction Ch. Lumpp et Cie, Lyon).

demi-décigrammes que pèse une longueur de 450 mètres.

La soie schappe est de la soie filée à la manière des autres textiles : laine, coton, lin ; sa grosseur est évaluée d'après le titrage généralement appelé *titrage métrique*.

Le titre ou numéro de la soie schappe est le nombre de mille mètres compris dans un poids de 1 kilogramme.

Quand les fils sont doubles, leur numéro est représenté comme une fraction qui aurait pour numérateur le nombre de bouts, et pour dénominateur le numéro du fil simple qui a servi à faire le retors. Exemple : le n° $\frac{2}{175}$; le n° $\frac{3}{210}$.

II. **Procédé de charge au sucre.** — La charge au sucre s'effectue, sur les *soies teintes*, en bain de glucose pour les teintes claires, en bain de mélasse pour les nuances foncées et les noirs.

Pour charger les soies cuites, la dissolution sucrée doit marquer 8° à 10° Baumé ; pour charger les soies souples, elle peut marquer 12° à 15° Baumé.

On lisse chaque écheveau dans la dissolution sucrée, le tord, le replonge et le tord à nouveau. Chaque lissage ou *plongée* est appelée *glacée*. Les flottes ayant subi deux *glacées* sont fortement diablées (essorées à l'essoreuse centrifuge). Après essorage les soies cuites sont secouées, les soies souples sont secouées et chevillées. Elles sont ensuite séchées et secouées.

III. **Procédé de charge de la soie accompagnant la teinture en noir.** (Voir chapitre : Teinture de la soie, page 467 et suivantes).

Remarque. — Dans l'industrie de la soie où toutes les opérations : *décreusage, blanchiment, teinture* nécessitent une notable quantité de savon, il est évident que la qualité de l'eau est excessivement importante. On ne peut travailler qu'avec de l'eau naturellement douce ou parfaitement épurée, aussi débarrassée que possible des sels calcaires et magnésiens.

IX

PRÉPARATION ET BLANCHIMENT DU COTON

PRÉPARATION DE LA BOURRE DE COTON

Récolte. — A l'époque de la maturité, septembre, octobre ou novembre, suivant les pays, les cupules [1] s'ouvrent, le coton est enlevé à la main et la gousse reste sur l'arbre.

On retire immédiatement, autant que possible, les débris des capsules et des feuilles qui salissent le coton. Pourtant, dans certains pays, notamment dans les Indes, la gousse s'ouvre peu ou reste fermée; aussi, cueille-t-on le coton avec sa cupule et ce n'est qu'en hiver que l'on procède au triage.

Séchage. — Le coton cueilli est séché au soleil. Dans les contrées où le séchage au soleil n'est pas pratique, on sèche la récolte dans des fours. Ce moyen de dessiccation peut faire jaunir la marchandise et lui enlever son brillant.

Égrenage. — Le coton brut se compose d'environ 1/3 de filaments et 2/3 de graines. Il faut tout d'abord séparer les fibres des graines; ce premier nettoyage est appelé *égrenage* ou *épluchage*. Il exige des soins tout particuliers : c'est de lui, en majeure partie, que dépend la qualité du coton.

L'égrenage se fait mécaniquement sur les lieux de production. Il existe trois types de machines : les machines à rouleaux, les machines à scie et les machines système Mac-Carthy. Nous décrirons sommairement l'épluchage à l'aide de cette dernière qui est d'une bonne production.

1. Cupules, capsules ou gousses.

Une machine Mac-Carthy se compose, dans ses parties essentielles, d'un rouleau égreneur en bois sur lequel une bande de cuir est enroulée en spirale hélicoïde et d'une règle en fer, taillée en biseau, appuyée tangentiellement contre le rouleau. A une petite distance en avant de cette règle fixe se trouve une lame qui oscille parallèlement à l'axe du cylindre égreneur.

La bourre à égrener, poussée contre le rouleau qui tourne autour de son axe, adhère au cuir et est entraînée en passant sous la règle fixe. Les graines retenues par celle-ci sont détachées par la lame mobile.

Une brosse fixe nettoie l'égreneur et un cylindre tournant, armé de lames en fer-blanc, lui enlève constamment le coton débarassé maintenant des graines qu'il enveloppait.

ÉPURATION, CARDAGE ET FILATURE DU COTON

Le coton est expédié en balles fortement comprimées pour en faciliter le transport; il arrive ainsi à la filature. Il passe successivement à la *machine ouvreuse* qui le détasse et commence le nettoyage; au *batteur*, machine qui continue l'épuration tout en rendant au coton l'élasticité qu'il avait perdue par la compression. Un appareil nappeur fait corps avec le batteur, il étale le coton et enroule la nappe. Les rouleaux de nappe sont présentés à la carde qui en fait un voile fort mince. Le voile, condensé en un ruban, est recueilli dans un pot tournant; le ruban reçoit de ce fait une légère torsion.

Le textile est alors suffisamment démêlé et purifié pour passer aux *étirages*. Les étirages produisent l'homogénéité du ruban de coton par un certain nombre de réunions en *doublages* suivis d'*étirages* ou *laminages*. En sortant du *banc d'étirage*, les rubans sont légèrement tordus et tombent dans un pot tournant. Le nombre de passes d'étirage est généralement de trois, il est de quatre pour les numéros très fins.

Les rubans passent maintenant aux *bancs à broches*, ils ne sont plus réunis; ils sont, par étirage, transformés en cordons de plus en plus minces: c'est l'*affinage*.

Les bancs à broches sont au nombre de trois: le *banc en gros*, le *banc intermédiaire* et le *banc en fin*. Ces bancs exécutent une série d'opérations successives d'étirage et de torsion combinés pour façonner le cordon de coton en une mèche destinée à être transformée en fil.

Peignage. — Le peignage du coton n'est pas une opération spéciale comme le peignage de la laine, son but est de compléter le travail d'épuration de la carde pour les cotons destinés aux numéros élevés : fils fins, de parfaire le parallélisme des fibres et surtout de trier ces dernières, afin d'éliminer les filaments qui n'atteignent pas une longueur suffisante.

Quand le peignage a lieu, il est généralement pratiqué après le deuxième passage d'étirage.

Le peignage rehausse la qualité du coton. Le fil non peigné a une apparence duveteuse, tandis que la même marchandise passée au peigne permet d'obtenir un fil bien plus net et plus fin.

Filage. — Les mèches, qu'elles aient ou non subi le peignage, sont transformées en fils par un dernier étirage suivi d'une torsion déterminée par le genre de fil à produire. Les métiers à filer sont le métier renvideur ou self-acting et le métier continu ou ring-throstles.

Les fils sont souvent retordus.

BLANCHIMENT DU COTON

Par blanchiment, on entend ici l'ensemble des opérations qui ont pour but de débarrasser les fibres des matières, naturelles ou artificielles, nuisibles à la fabrication des articles que l'on désire produire. Il comprend deux opérations bien distinctes : le nettoyage et le blanchiment proprement dit. Le nettoyage se fait par débouillissage ou lessivage ; le blanchiment se fait par chlorage et acidage.

Blanchiment du coton en fibres. — Le coton brut est recouvert de substances gommeuses ou résineuses et il est plus ou moins coloré.

Ces impuretés naturelles ne gênent pas les opérations du cardage et de la filature ; elles s'opposent simplement à la complète pénétration du textile par les solutions colorantes.

La bourre du coton devant être teinte est d'abord passée au loup pour être ouverte et débarassée de ses poussières. Elle est ensuite *débouillie* sous pression à l'eau ordinaire, ou à l'eau rendue alcaline par le carbonate de sodium, afin de la disposer à absorber le colorant. La bourre est rarement blanchie avant teinture.

Blanchiment du coton filé. — Le coton destiné à la confection du fil cardé est souvent enduit, pour assouplir la fibre, d'un mélange de 3 0/0 d'oléine, 1 0/0 de savon et 1/2 0/0 d'ammoniaque. Ce mélange lubrifiant peut être remplacé par un peu d'huile sulfoconjuguée ou d'autres composés gras. Ce simpuretés artificielles s'ajoutent donc aux impuretés naturelles qui couvrent le coton brut. Il faut encore mentionner les taches d'huile de graissage qui peuvent provenir de la filature.

Le fil, destiné à être teint en couleurs foncées, est uniquement *débouilli* sous pression dans une lessive de carbonate de sodium ou de soude caustique. Après *débouillissage*, on vide l'autoclave, on y rince le coton et on l'essore.

Quand le fil doit être teint en couleurs claires, on fait suivre le *lessivage* d'un léger *chlorage* en bain de chlorure de chaux titrant 1/2 degré à 1 degré chlorométrique [1]. On soutire le bain, laisse le chlore se dégager pendant plusieurs heures, rince, essore, et donne un bain d'acide chlorhydrique ou d'acide sulfurique à 1° Baumé. L'acide déplace le chlore du chlorure de chaux qui imprègne encore le textile et l'action décolorante se poursuit.

Les matières colorantes naturelles de la fibre sont en partie détruites et en partie rendues solubles par l'action oxydante du chlore.

Le fil est finalement rincé jusqu'à réaction neutre au tournesol, essoré, puis séché, si le séchage est nécessaire.

1. Le degré chlorométrique exprime combien 1 kilogramme de chlorure peut dégager de litres de chlore gazeux, supposé à la température de 0°C. et la pression de 760 millimètres de mercure.

Un blanchiment plus complet s'obtient en répétant les opérations du nettoyage et du blanchiment ou en se servant de solutions caustiques et chlorurantes plus concentrées.

Si le fil doit rester blanc, on l'azure, c'est-à-dire qu'on le passe dans un bain très dilué de bleu, de violet, ou composé de rouge et de bleu, afin de faire disparaître, par l'action d'une couleur complémentaire, la couleur jaune restant encore.

Blanchiment à la main du coton en écheveaux. — Il comprend le *nettoyage* toujours désigné sous le nom de *mouillage* ou *dégraissage* et le *chlorage*.

Le volume d'eau qu'il convient d'employer est de 2.500 litres pour 100 kilogrammes de coton en flottes. Ces proportions ne sont jamais observées, parce qu'on opère sur des quantités fort variables de coton, généralement 25 kilogrammes à 5 kilogrammes et au-dessous.

1° *Mouillage ou dégraissage.* — Il est fait en bain bouillant de carbonate et savon, à peu près 4 0/0 de carbonate de sodium et 2 0/0 de savon blanc. L'opération dure de demi-heure à trois quarts d'heure. On donne aux écheveaux pendant ce temps, trois à cinq lisses, selon la quantité de coton à blanchir. Un lissage est évidemment d'autant plus long que le lot est plus important.

Si la marchandise doit être teinte aux colorants directs [1], on teint sans rinçage préalable ; si, au contraire, les écheveaux doivent être engallés et teints aux colorants basiques, il faut éliminer le carbonate par rinçage suivi d'un avivage, à tiède de préférence, en acide chlorhydrique ou sulfurique très dilué. On mordance ensuite au tanin, on fixe ou non à l'émétique et on teint.

2° *Chlorage ou blanchiment proprement dit.* — Il précède la teinture en nuances claires, ainsi que nous le disons plus haut.

Les écheveaux sont lissés dans une dissolution d'hypochlorite titrant 1 1/2 à 1 degré chlorométrique selon que les cotons

1. Colorants de benzidines.

sont plus ou moins jaunes. On utilise presque uniquement l'hypochlorite de soude, improprement appelé eau de Javel.

La dissolution chlorurante est chauffée à 30°-35° C., on y plonge les écheveaux et on leur donne trois lisses ; le travail de lissage ne doit pas durer plus d'une demi-heure. On lève ensuite et donne successivement deux lisses dans chacun des bains suivants : une première eau, une deuxième eau, un avivage à l'acide chlorhydrique, une troisième eau et une dissolution d'un mélange de savon et carbonate.

Les cotons chlorés devant rester blancs sont azurés.

Pour terminer on avive en acide tartrique, acétique ou formique ; l'avivage rend craquants les fils de coton.

Remarque. — On évite autant que possible les courants d'air pendant le chlorage, et on ne dépasse pas 35° C. Le chlorage sous l'action de l'oxygène de l'air, affaiblit sensiblement les cotons. C'est pour cette raison qu'on opère rapidement à l'abri des courants d'air.

Blanchiment des tissus de coton. — Méthode généralement suivie. — En plus des matières impures inhérentes au textile et des produits d'ensimage, le coton contient encore l'encollage : amidon, fécule, gélatine, suif, savon, sels minéraux, glycérine, et enfin toutes les impuretés qu'il a ramassées pendant le tissage.

Flambage ou grillage. — La première opération que subissent ordinairement les tissus de coton venant du métier à tisser est le grillage ou flambage. Cette opération fait disparaître les filaments répartis à la surface de l'étoffe et qui nuiraient à la teinture et surtout à l'impression.

La pièce passe dans la machine à griller avec une rapidité réglée suivant la force de la marchandise, mais assez vite pour éviter les accidents, soit sur une ou plusieurs rampes de gaz à combustion complète (flamme bleue), soit sur des plaques ou des rouleaux chauffés au rouge. Des brosses tournant rapidement dans un baquet d'eau ou des tuyaux d'arrosage, placés à la suite des rampes ou des plaques chaudes, projettent un fin brouillard pour arrêter la combustion. On peut aussi garantir le tissu en le faisant passer entre des [illegible] mouillés ou dans un baquet d'eau.

FIG. 93. — Machine à griller au gaz avec rampes [illegible] L'intensité du grillage peut être réglée par la pression [illegible] leurs sont munis d'une circulation d'eau froide.

Certaines pièces sont flambées [illegible]

sont des deux côtés ; mais elles ne sont pas toutes flambées. Certaines d'entre elles sont au contraire lainées et brossées,

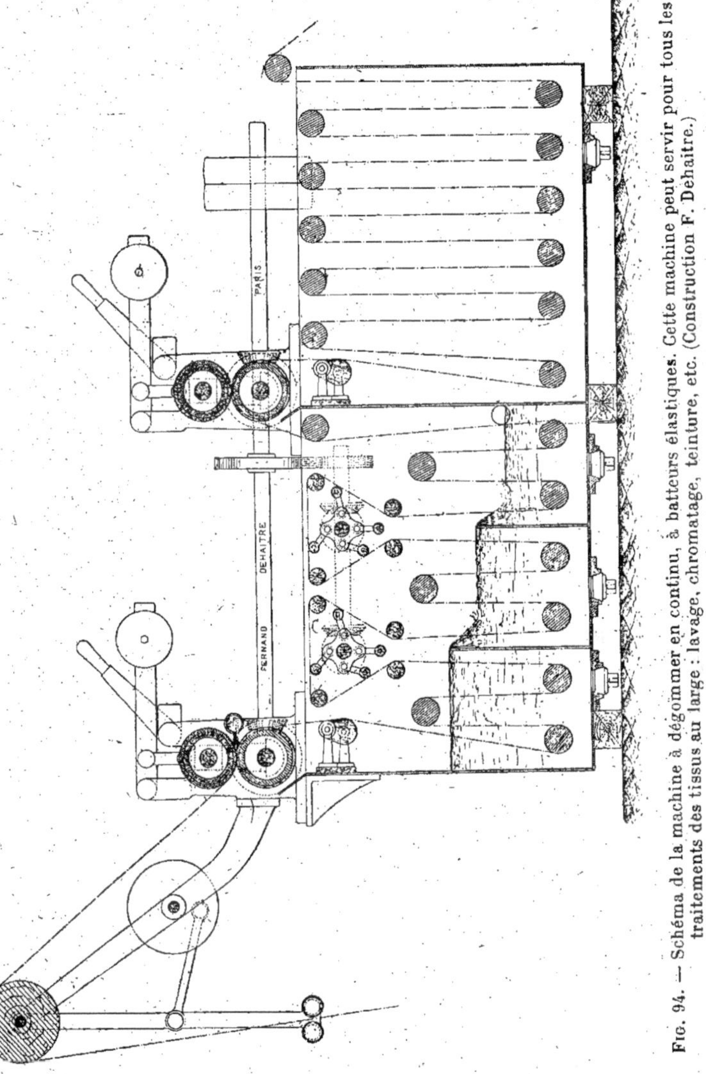

Fig. 94. — Schéma de la machine à dégommer en continu, à batteurs élastiques. Cette machine peut servir pour tous les traitements des tissus au large : lavage, chromatage, teinture, etc. (Construction F. Dehaitre.)

pour donner à une des surfaces ou aux deux surfaces un aspect velouté.

Le dégorgeage, qui doit suivre le flambage, est quelquefois facilité par le dégommage.

Le *dégommage* consiste à faire passer la marchandise dans de l'eau bouillante ou dans une infusion d'orge germée, afin de transformer la fécule d'encollage en dextrine qui se dissout pendant les lavages subséquents.

Les machines à dégommer sont des cuves en bois, à un ou à deux compartiments, où le tissu passe alternativement dans des solutions d'orge ou dans de l'eau.

Dégorgeage. — Après grillage et dégommage, le tissu est lavé, essoré, imprégné d'un lait de chaux à 2° Baumé, empilé et laissé dans cet état pendant toute une nuit. L'action saponifiante de la chaux peut être rendue plus rapide en faisant circuler, à travers le coton, une solution bouillante de chaux. On rince au clapot, essore, passe en acide chlorhydrique ou acide sulfurique faible, 1° à 3° Baumé, et laisse en tas environ douze heures, en maintenant humide par arrosage d'eau acidulée, l'acide pouvant affaiblir le coton pendant la dessiccation. Le savon calcaire est décomposé pendant cet acidage et les acides gras sont mis en liberté; ils seront plus facilement et plus complètement saponifiés par la soude; tandis que les impuretés non saponifiables sont plus ou moins désagrégées et mieux disposées à se laisser entraîner mécaniquement.

Débouillissage. — On neutralise l'acide au clapot avec de la soude caustique en solution titrant environ 1° Baumé, et procède au lessivage proprement dit ou *débouillissage*. Le débouillissage est une saponification aussi complète que possible des graisses et des résines, à l'aide de lessives alcalines. On emploie de la soude caustique additionnée de savon de résine. On peut, à ce mélange, ajouter du silicate de sodium. Cette lessive, qui marque 2° à 3° Baumé, travaille dans des cuves à débouillir à l'air libre ou dans des cuves fermées, sorte d'autoclaves, à la pression de 2 kilogrammes.

L'appareil en vogue depuis quelques années est l'autoclave

de MM. Mather et Platt (*fig.* 95 et 96). C'est un cylindre horizontal de grandes dimensions, pouvant se fermer automatiquement, dans lequel on introduit deux ou trois wagonnets chargés chacun de 800 à 1.000 kilogrammes de tissu en moyenne. La

Fig. 95. — Autoclave pour le débouillissage sous pression, système breveté de MM. Mather et Platt.

lessive est chauffée à la vapeur et elle est mise en circulation par une pompe centrifuge. Cette opération dure neuf à dix heures.

Le lessivage étant jugé suffisant, on soutire le liquide alcalin, emplit la chaudière d'eau chaude et lave environ une heure, en maintenant la pression très légèrement supérieure à la pression atmosphérique. On lave finalement à l'eau froide, jusqu'à ce que cette eau de lavage sorte limpide et froide de l'appareil.

La figure 97 est le schéma d'une cuve autoclave, pour le débouillissage, dans laquelle la marchandise est placée directement. Ses parois sont, au préalable, nettoyées soigneusement et elles sont tapissées de toile, afin d'éviter les taches de

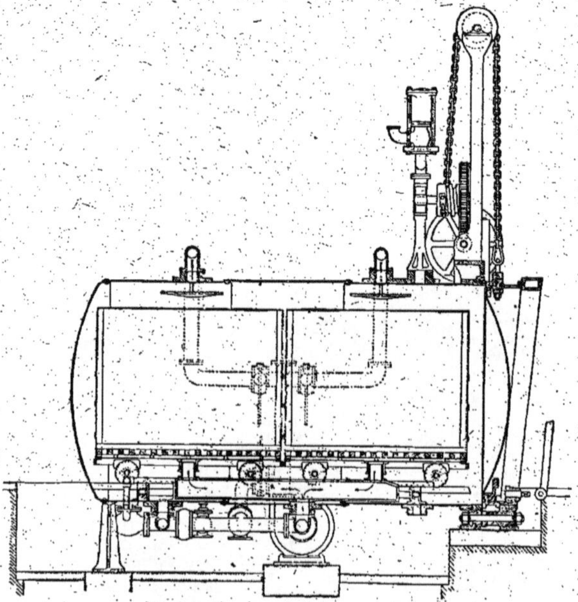

FIG. 96. — Coupe longitudinale de l'autoclave de MM. Mather et Platt.

rouille. Le mouvement des lessives y est assuré par un tuyau de circulation ordinaire.

Dans les cuves à débouillir à l'air libre, dites cuves à basse pression, la circulation des lessives est assurée par un tuyau central partant du double fond et montant au niveau supérieur de la cuve, où il se termine par un champignon. Ce champignon déverse constamment les liqueurs bouillantes à la surface des cotons (*fig.* 98).

Le tuyau de circulation peut être placé à l'extérieur. Il part alors de dessous le double fond, remonte le long du récipient, par deux coudes successifs, et se termine en pomme d'arrosoir au-dessus des tissus. Le fermeture est assurée par un couvercle posé à joint hydraulique.

Étuvage. — Le débouillissage est souvent remplacé par l'*étuvage*. Au lieu de passer à la lessive caustique dans le Mather-Platt, on passe à la soude, à froid, à l'aide du clapot; on empile ensuite la marchandise sur des wagonnets qu'on

a, robinet et tuyau pour l'arrivée de la vapeur dans le serpentin fermé S. — *t*, tuyau de purge de l'eau condensée. — V, robinet de vidange de l'autoclave. — C, tuyau pour la circulation des liquides. — *c*, crépine de jetée. — *d*, double fond en tôle. — *n*, niveau d'eau, *m*, manomètre. — *e*, robinet d'échappement de la vapeur. — *f*, crochet pour enlever le couvercle. — *j*, joint du couvercle (caoutchouc ou cordage). — *h*, manettes pour fermer le couvercle.

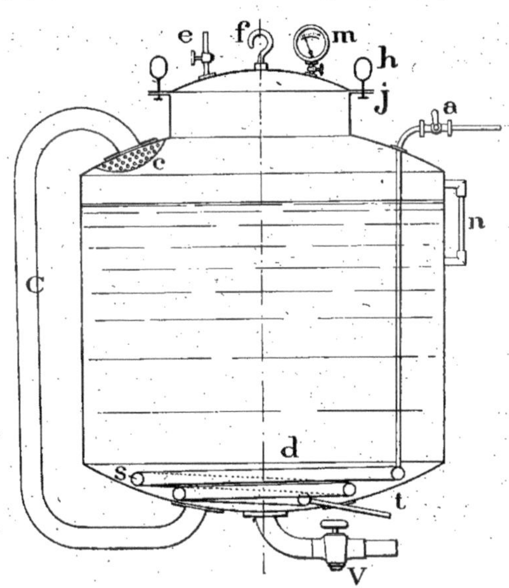

Fig. 97. — Schéma d'une cuve autoclave pour le débouillissage sous pression.

introduit par séries de deux dans une étuve, recevant de la vapeur sous pression, où ils restent vingt-quatre heures.

Chlorage. — Le coton, parfaitement bien rincé au clapot et essoré, est maintenant entassé dans de très grandes cuves, en bois ou en maçonnerie, dont le fond est garni de gros silex roulés[1]. On l'immerge de chlorure de chaux titrant 1° à 2° chlorométriques[2], et on met le liquide décolorant en circulation à

1. Ou d'un fond perforé, en bois dur.
2. Les hypochlorites alcalins sont moins employés, à cause de leur prix plus élevé.

l'aide d'une pompe. Au bout de quatre à cinq heures, on soutire l'hypochlorite et laisse le coton ainsi imprégné pendant douze à vingt-quatre heures. Le chlore se dégage lentement et oxyde les matières colorantes naturelles.

On rince ensuite dans la cuve elle-même ou au clapot, essore et continue le travail, dans la cuve ou au clapot, avec un

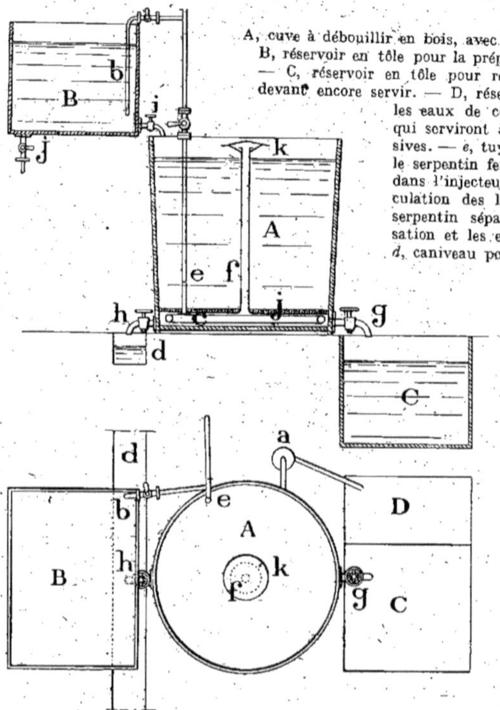

A, cuve à débouillir en bois, avec double fond J, en bois. — B, réservoir en tôle pour la préparation des lessives neuves. — C, réservoir en tôle pour recueillir les vieilles lessives devant encore servir. — D, réservoir en tôle pour recueillir les eaux de condensation de la vapeur, qui serviront à préparer les nouvelles lessives. — *e*, tuyau amenant la vapeur dans le serpentin fermé C pour le chauffage et dans l'injecteur du tuyau *f*, pour la circulation des lessives. — *a*, purgeur du serpentin séparant les eaux de condensation et les envoyant au réservoir D. — *d*, caniveau pour l'écoulement des vieilles lessives et des eaux à rejeter. — *f*, tuyau terminé par un champignon *k*, pour la circulation des lessives. — *b*, barboteur de vapeur pour la préparation des lessives neuves. — *j*, tuyau et robinet de vidange du réservoir B. — *i*, robinet pour amener les lessives neuves sur le coton. — *g*, robinet de vidange de la cuve pour les vieilles lessives devant repasser. — *h*, robinet de vidange de la cuve pour les vieilles lessives et les eaux de lavage à rejeter. Une pompe non figurée sur le croquis sert : 1° à pomper les vieilles lessives du réservoir C pour les amener sur les cotons dans la cuve A ; 2° à pomper les eaux de condensation du réservoir D, pour les amener dans le réservoir B.

FIG. 98. — Élévation et plan d'une cuve à débouillir à l'air libre.

bain d'acide sulfurique titrant 1° à 2° Baumé ou d'acide chlorhydrique à 1° Baumé, pendant une heure à une heure et demie et finalement rince au clapot à grande eau, puis essore.

Déchlorage. — Lorsque l'action prolongée du chlore est à craindre, par exemple avec les tissus très fins, tels que la mousseline, on traite l'étoffe au clapot, après acidage, par une dissolution de bisulfite de sodium marquant environ 1° Baumé. On évite aussi l'opération finale du déchlorage, en versant le dernier bain d'acide dans une solution de peroxyde de sodium qui agit également comme antichlore.

La mousseline de laine, destinée à l'impression, est ordinairement blanchie au chlore et déchlorée au bisulfite.

La marchandise doit actuellement être exprimée, *lavée à fond exprimée de nouveau*, détordue et séchée.

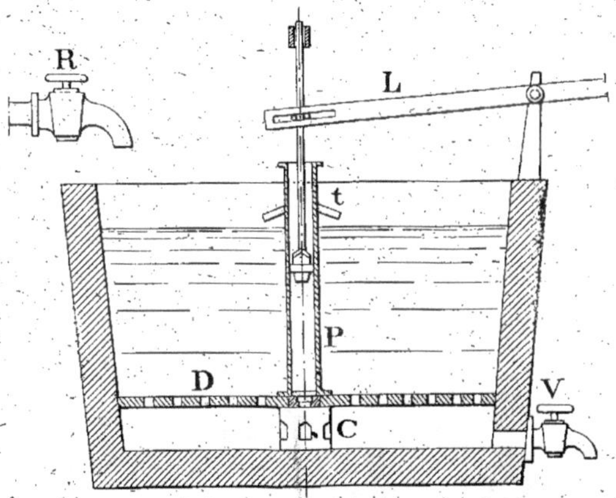

Fig. 99. — Cuve à chlore en maçonnerie cimentée.

D, double fond en bois dur de pitch-pin. — C, crépine d'aspiration de la pompe. — P, pompe pour la circulation des liquides. — *t*, tuyaux déversoirs. — L, levier en bois actionnant la pompe. — R, robinet et tuyau d'arrivée des liqueurs de chlore (Les robinets d'arrivée des liqueurs d'acide, et les tuyaux d'arrivée d'eau ne sont pas figurés, ils se trouvent à l'arrière-plan). — V, robinet de vidange. — Les réservoirs aux liqueurs de chlore et d'acide sont en bois.

Clapot. — Le clapot qui convient pour le rinçage est un large baquet en bois muni de deux forts rouleaux superposés, également en bois. Le supérieur appuie de tout son poids sur le cylindre inférieur qui reçoit la commande. Le tissu, guidé par une barre ajourée, s'enroule en hélice entre le rouleau inférieur, où il est comprimé, et un cylindre de petit diamètre, placé dans la cuve.

Après avoir plongé sept ou huit fois dans l'eau pure, il sort et passe entre deux rouleaux compresseurs.

De l'eau arrive constamment par le bord postérieur du bac et s'écoule en passant par-dessus le bord antérieur qui est moins élevé.

L'étoffe tourne donc dans de l'eau courante, comme si l'appareil était disposé sur une rivière.

Le clapot à cuve profonde (*fig.* 100, la cuve n'est pas représentée), convient mieux pour dégommer, imprégner d'alcali, de chlore ou d'acide, que pour rincer.

Squeezer. — La machine à exprimer en usage est le squeezer. Le squeezer se compose de deux gros rouleaux en bois garnis de coton[1], entre lesquels passent les pièces pour être essorées. Elles y sont conduites par une lunette en faïence. C'est du reste à l'aide de pareilles lunettes que l'étoffe est conduite d'une machine à l'autre.

Fig. 100. — Clapot avec exprimeurs doubles en caoutchouc indépendants des rouleaux de lavage (Système Fernand Dehaitre).

1. Les rouleaux du squeezer ne sont pas invariablement en bois recouvert ; ils peuvent être, selon les besoins, soit en bois de hêtre non recouvert, soit en fonte recouverte ou non d'une chemise en cuivre, ou bien, le cylindre inférieur seul est en fonte, tandis que le cylindre supérieur est en bois, en coton cardé comprimé, en calicot comprimé ou en fonte garnie de caoutchouc.

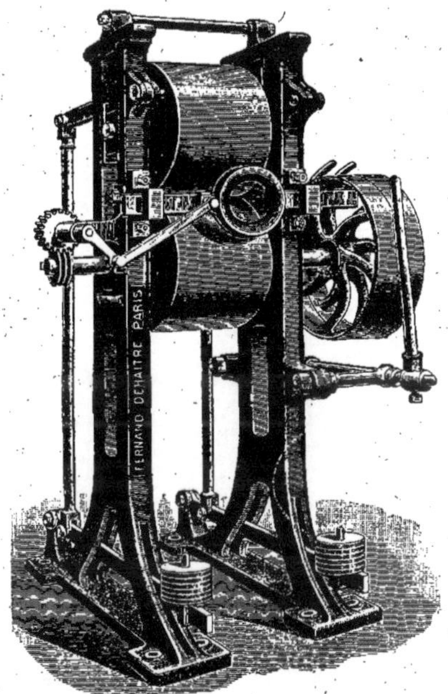

Fig. 101. — Presse à exprimer les tissus en boyau ou squeezer (Construction F. Dehaitre).

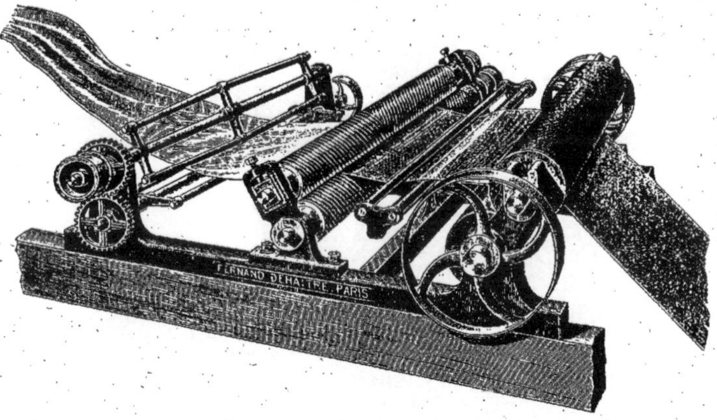

Fig. 102. — Ouvreuse à vis et à batteurs dite Scutcher, pour mettre automatiquement au large les tissus sortant en boyau des clapots ou des squeezers (Construction F. Dehaitre).

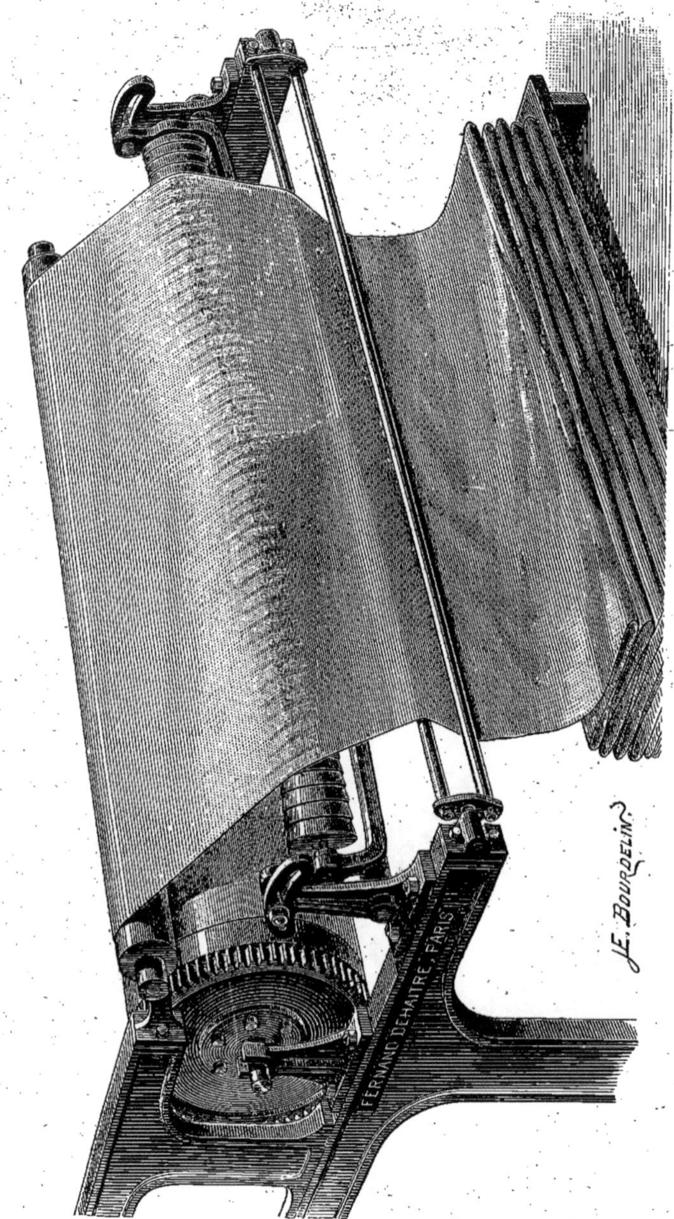

Fig. 103. — Rouleaux coniques divergents (Construction Fernand Dehaitre).

La mousseline de laine et les autres tissus légers sont essorés dans des hydro-extracteurs à force centrifuge.

Élargisseuse et déplieuse. — Le tissu, préalablement détordu par un ouvrier, arrive sur des cylindres garnis de rainures hélicoïdales divergentes : ouvreuse à vis (*fig.* 102), ou de cylindres formés d'une série de troncs de cônes, rouleaux coniques (*fig.* 103) qui le guident tout en l'étalant. Ces cylindres sont parfois munis de barres disposées suivant les génératrices. Les barres, séparées vers la partie médiane du cylindre, glissent lentement vers la base de ce dernier, dès que, par suite de la rotation, elles se trouvent mises en contact avec l'étoffe. De nombreux types d'élargisseurs sont en usage dans l'industrie textile.

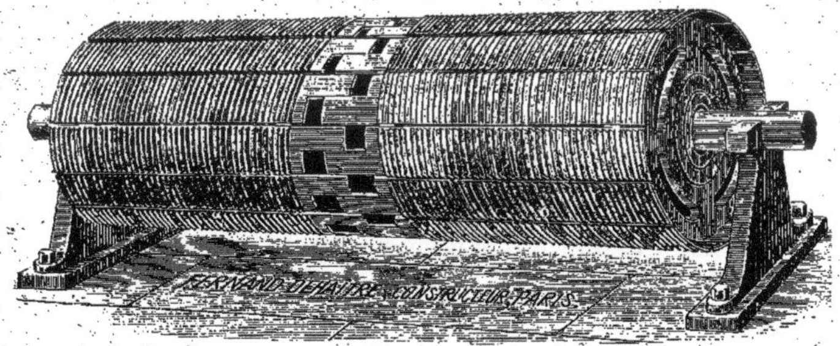

FIG. 104. — Rouleaux élargisseurs à lames mobiles, à course fixe ou réglable. Les lames sont en métal ou en bois, unies ou cannelées, garnies de caoutchouc ou de molleton (Construction Fernand Dehaitre).

Séchage. — Le séchage est fait rapidement par le passage, autour de cylindres chauffés, de la pièce exprimée et détordue.

La sécheuse se compose de cylindres creux en cuivre, chauffés intérieurement par la vapeur sous pression. Ils sont mobiles autour de leur axe et disposés horizontalement sur deux rangées au nombre de six à huit paires et plus.

Séchage au rame[1]. — Quand l'étoffe doit être élargie de quelques centimètres, on la sèche à la rameuse. Deux séries de pinces,

1. *Rame* : machine de drapier qui servait à tendre le drap mouillé et à le laisser sécher dans cette position, pour augmenter sa largeur.
Rame est employé comme un substantif masculin : *un rame, le rame.*

disposées en chaînes sans fin, prennent la pièce par ses deux lisières et la conduisent à l'autre extrémité de l'étuve, qui mesure une vingtaine de mètres de longueur, en prenant graduellement l'écart correspondant à la largeur à donner.

Cette opération est exécutée soit avant, soit après l'impression ou la teinture.

Apprêts des tissus de coton. — La marche générale que nous venons de décrire subit des modifications suivant les articles et aussi suivant les installations des usines.

Lainage. — Les pièces qui n'ont pas été flambées sont, soit après séchage, soit après teinture ou impression, lainées à sec, à l'aide de la laineuse à travailleurs.

Le lainage ou grattage est exécuté sur une ou sur les deux faces, suivant les articles ; il est suivi du brossage, pour coucher un peu le duvet. Il a pour but de garnir l'étoffe de poils assez courts, pour augmenter son pouvoir calorifuge et en même temps l'assouplir, afin de lui donner un toucher doux et agréable. C'est l'*apprêt molletonné.*

Les étoffes qui ont été flambées sont *gommées et calandrées*, ou *gommées et glacées* ou *vaporisées et calandrées*, ou encore *beetlées.*

Ces apprêts sont quelquefois terminés par le *gaufrage.* La machine à gaufrer se compose de deux cylindres très finement striés : l'un d'eux est creux et chauffé à la vapeur. La marchandise passe entre ces deux cylindres où elle est soumise à une pression de 25.000 à 50.000 kilogrammes.

X

PRÉPARATION ET BLANCHIMENT DU LIN

PRÉPARATION DE LA FILASSE ET FILAGE DU LIN

Préparation de la filasse de lin. — La plante est arrachée à la main, avant sa complète maturité, mise en bottes et séchée. La récolte sèche est, avant d'être livrée à l'industrie, soumise au *drégeage* ou au *battage*, au *rouissage* et au *teillage*.

Drégeage. — Le *drégeage*, dont le but est de faire tomber les graines et les feuilles par l'action d'un fort peigné en fer appelé *drège*, peut être remplacé par le *battage*. Les tiges sont alors frappées avec un maillet en bois appelé *batte*. La batte est une masse de bois dur dont la base est cannelée, elle est fixée sur un manche recourbé.

Après le *drégeage* ou le *battage*, les tiges de lin sont soumises au rouissage.

Rouissage. — Le *rouissage* consiste à laisser séjourner le lin, pendant deux ou trois semaines, dans de l'eau courante ou dans de l'eau stagnante : rouissage à l'eau ; ou à l'étendre longuement sur le champ, pour l'exposer à la rosée : rouissage sur pré, rouissage à la rosée ou rouissage à la terre. Le rouissage à la terre exige six à huit semaines.

Cette opération a pour but de décoller, de séparer les fibres. en décomposant et rendant partiellement soluble, par la fermentation, une substance gommeuse, agglutinante, appelée pectose. D'après Kolb, la pectose, matière adhésive insoluble, est transformée, par la fermentation, en pectine soluble qui est enlevée par l'eau, et en acide pectique insoluble qui reste sur la fibre et ne disparaît qu'au blanchiment.

Citons aussi le rouissage chimique par le procédé Penfaillet qui emploie la cuisson en autoclave sous pression avec addition d'hydrocarbures. Ce procédé récent, utilisé à l'usine de Loos-lès-Lille, n'attaque pas les fibres. Il est rapide et il est indépendant de la qualité des eaux et de la saison.

Teillage. — Le lin roui est séché et teillé. Le teillage consiste à détacher de la plante la chènevotte, masse ligneuse qui ne peut être filée, et à transformer les fibres en filasse. Il comprend trois manipulations : le *broyage*, l'*écangage* et le *sérançage*.

Broyage. — Le lin en paille est froissé à l'aide de la broie, table étroite présentant une rainure longitudinale dans laquelle s'adapte une barre de bois. Cette barre oscille autour d'une de ses extrémités, comme un levier. La poignée de lin roui étant posée en travers de la rainure, on abat le levier, appuie légèrement, le relève, change la position du lin, abaisse de nouveau le levier et continue ainsi jusqu'à ce que le broyage soit complet.

Beaucoup de cultivateurs préfèrent écraser les tiges en frappant la plante avec la *batte, macque* ou *maillet*, outil que nous avons cité à propos du battage. Ce genre de broyage est appelé *maillage* ou *macquage*.

Écangage. — On maintient une poignée de lin le long d'une planche verticale et on l'écorce en la frappant rapidement, de haut en bas, avec l'*écang* (écang, écouche ou espadon), couteau grossier en bois dur à tranchant émoussé.

L'écangage se fait aussi mécaniquement, au moyen d'un moulin ; roue munie de battes. Les battes sont des planches fixées aux extrémités des rayons de la roue, elles sont orientées normalement à l'axe et agissent comme l'écang.

Sérançage improprement appelé peignage. Le lin est passé légèrement sur un peigne en bois dur, retravaillé à l'écang, et de nouveau passé sur le peigne, jusqu'à ce que toute la chènevotte soit tombée. On termine la préparation de la filasse en promenant le long des fibres une sorte de couteau émoussé dit *racloir*.

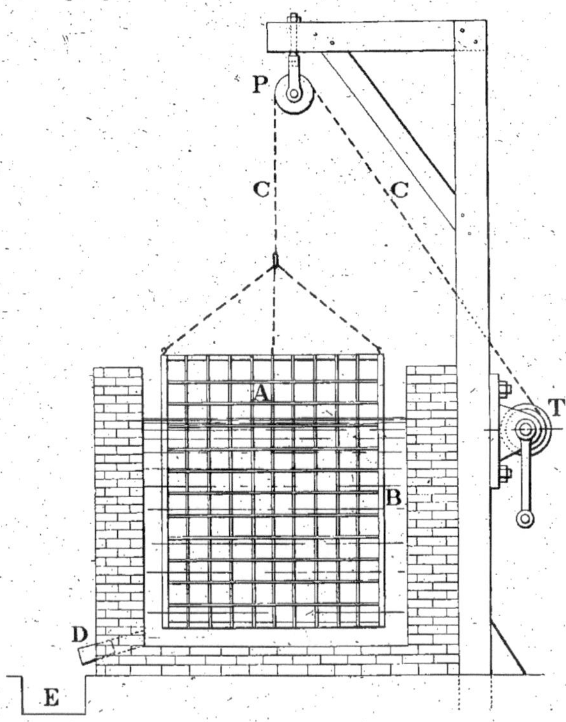

FIG. 105. — Schéma d'un appareil pour le chlorage du lin.

A, caisse à claires-voies en bois, dans laquelle on dispose le textile. — B, bassin en maçonnerie cimenté ou en bois, dans lequel pénètre la caisse A (le bassin contient le chlorure de chaux dilué au degré chlorométrique adopté). — C, chaîne ou corde, passant sur la poulie P et s'enroulant sur le treuil T. — T, treuil pour la manœuvre du trempage. — D, trou de vidange de la cuve. — E, caniveau pour l'écoulement des eaux.
Les pièces, bien lessivées, sont manœuvrées dans ce bassin en soulevant et abaissant la caisse à l'aide du treuil.

Préparation du fil de lin. — *Peignage.* — La filasse, à son arrivée à la filature, est encore recouverte d'une grande partie de son écorce. On la réunit en faisceaux. Chaque faisceau de fibres est *émouché* ou *émoucheté*, travail qui consiste à passer la tête ou pointe entre les dents d'un peigne appelé *ruffer ;* puis *peigné mécaniquement* en le fixant successivement par le pied et par la tête. Le peignage est complet lorsque le lin a été passé sur une série de peignes de plus en plus fins.

Repassage. — C'est une opération qui continue et termine le peignage, elle s'exécute à la main. Les faisceaux de fibres sont peignés dans leur portion médiane et repassés successivement sur deux peignes de dimensions différentes : le plus gros parallélise les fibres et le plus fin enlève les fibres courtes restant encore.

Chaque poignée de filasse est ensuite débarrassée de la tête [1] et même du pied [2] si cette extrémité présente des boutons.

Étalage. — Les poignées ou cordons de lin peigné sont soudées et laminées par une machine appelée *étaleuse*. Les cordons sont placés bout à bout sur les cuirs d'une table à étaler, ces cuirs forment tabliers sans fin ; plusieurs cordons entrent ainsi en même temps dans la machine qui n'en débite qu'un. Le doublage est de 4 à 6, l'étirage de 15 à 30.

Étirages. — Les cordons sont, à la sortie de l'étaleuse, soumis à l'action de trois ou quatre bancs d'étirage et d'un *banc à broches*. Les bancs d'étirage sont de véritables gills-box ; entre les cylindres étireurs sont placées des barrettes garnies de pointes fines comme des aiguilles qui avancent et se succèdent constamment, afin de contribuer à la régularisation des mèches.

Les bancs d'étirage et le banc à broches forment l'assortiment de préparation du fil ; les cordons étirés de plus en plus, sont finalement transformés en mèches fines, d'une épaisseur uniforme, qui n'auront plus à supporter qu'un dernier étirage suivi de torsion pour être transformés en fils.

Filature. — Elle se fait à sec ou au mouillé. Le filage au mouillé permet de filer du fil plus fin, plus homogène que le filage à sec.

1. *Tête* ou *pointe* : extrémité de la filasse de lin qui correspond au sommet des tiges.
2. *Pied* : extrémité de la filasse de lin correspondant aux racines.

Les bobines de fil mouillé sont dévidées sans retard, et les écheveaux sont séchés pour éviter toute fermentation.

Étoupe de lin. — Le déchet du peignage appelé *étoupe* est soumis à un seul cardage, la carde débite trois gros rubans. Les rubans subissent successivement l'action d'un gill-box, de plusieurs étirages et d'un banc à broches. Les mèches livrées par le banc à broches sont légèrement tordues, elles sont assez fines pour pouvoir être transformées en fils par un seul étirage suivi de torsion.

Blanchiment du fil et du tissu de lin. — Le fil et le tissu de lin subissent les mêmes opérations que le fil et le tissu de coton. Cependant, les traitements doivent être plus énergiques et répétés plusieurs fois : le lin contient une proportion plus élevée de matières résineuses et colorantes. Tandis que le coton brut ne perd que 5 0/0 de son poids pendant le blanchiment, le lin peut perdre 15 à 35 0/0 de son poids.

La Tiba, (numéro de mars 1923) indique le procédé énergique suivant pour blanchir au chlore et déchlorer les tissus de jute.

Les pièces sont tournées dans une dissolution d'hypochlorite de sodium ou de calcium, à la température de 38° C., exprimées et passées dans un bain de peroxyde de sodium à 3 grammes par litre à la même température de 38° C.

Le peroxyde et le chlorure décolorant réagissent de la manière suivante :

$$NaOCl + Na^2O^2 + H^2O = NaCl + 2NaOH + O^2 \nearrow$$
$$CaOCl^2 + Na^2O^2 + H^2O = CaCl^2 + 2NaOH + O^2 \nearrow .$$

On lave les pièces et on les traite comme d'habitude au bisulfite de sodium acidulé avec de l'acide oxalique. La durée de l'immersion est de douze heures à la température de 60° C. On lave, azure et sèche.

Blanchiment au permanganate de potassium. — Le blanchiment au chlore peut être remplacé par le blanchiment au permanganate de potassium.

Les textiles d'origine végétale[1] sont lessivés, rincés, essorés et passés dans un bain oxydant comprenant 5 à 20 grammes de permanganate par litre. Cette liqueur est rendue légèrement acide par addition d'un peu d'acide sulfurique.

On essore la marchandise, la laisse oxyder à l'air, et la trempe dans une solution de bisulfite de sodium marquant 2° à 3° Baumé, faiblement acidulée par l'acide sulfurique.

Le bioxyde de manganèse déposé sur la fibre disparaît peu à peu ; on rince, essore et sèche.

Si le blanc n'est pas suffisant, on recommence l'action du permanganate et de l'acide sulfureux.

1. Coton, lin, jute, etc.

XI

CHLORURES DÉCOLORANTS

On désigne sous ce nom des hypochlorites impurs obtenus en dirigeant un courant de chlore : soit sur de la chaux éteinte, soit dans des lessives froides de potasse caustique (eau de Javel) ou de soude caustique (eau de Labarraque), soit dans les solutions de ces alcalis carbonatés (CO^3K^2 ou CO^3Na^2).

Dans le commerce, on appelle eau de Javel tous les hypochlorites alcalins industriels. C'est même le produit obtenu en partant de la soude qui est le plus employé.

Le chlorure de chaux est une poudre blanche à odeur chlorée faible, attirant lentement l'humidité de l'air ; il est quelquefois préparé à l'état liquide, en faisant passer un courant de chlore dans un lait de chaux. Les hypochlorites alcalins ne peuvent être obtenus solides, ils sont toujours employés en dissolution.

On prépare les hypochlorites alcalins en solutions plus concentrées que les solutions produites par action directe du chlore gazeux, en provoquant une double décomposition entre le chlorure de chaux et les carbonates alcalins. Pour 1 kilogramme de chlorure de chaux, on emploie $1^{kg},2$ de carbonate de sodium ou $1^{kg},4$ de carbonate de potassium en solutions plus ou moins concentrées ; on mélange ces solutions froides et on filtre pour séparer le précipité de carbonate de calcium.

On a émis de nombreuses hypothèses sur la constitution du chlorure de chaux. La plus répandue est celle qui envisage le produit comme un mélange de chlorure de calcium et d'hypochlorite de calcium : $CaCl^2 + Ca(ClO^2)^2$. Cette manière de voir est en contradiction avec certains faits expérimentaux et notamment avec la décomposition du chlorure de chaux par l'acide carbonique. M. Odling a proposé pour le principe actif du chlorure de chaux, la formule $Ca\begin{matrix}Cl\\OCl\end{matrix}$ qui en fait un corps intermédiaire entre le chlorure de calcium $CaCl^2$ et l'hypochlorite de calcium $Ca(ClO)^2$, c'est-à-dire un sel mixte.

Les hypochlorites alcalins sont des mélanges de chlorure et d'hypochlorite alcalin :

$$\underbrace{\underset{\text{Hypochlorite de potassium}}{ClOK} + \underset{\text{Chlorure de potassium.}}{KCl},}_{\text{Eau de Javel.}}$$

$$\underbrace{\underset{\text{Hypochlorite de sodium.}}{ClONa} + \underset{\text{Chlorure de sodium.}}{NaCl},}_{\text{Eau de Labarraque ou eau de Javel.}}$$

ce qui en fait des composés dont la formule globale est identique à celle attribuée par M. Odling au chlorure de chaux :

$$\underset{\text{Chlorure de chaux (M. Odling).}}{CaOCl^2}, \qquad \underbrace{K^2OCl^2 \text{ et } Na^2OCl^2.}_{\text{Eau de Javel.}}$$

Les liqueurs acides très étendues et les acides les plus faibles, tels que le gaz carbonique de l'air, chassent tout le chlore contenu dans ces mélanges.

Les chlorures décolorants, mélanges de chlorure inactif et d'hypochlorite, agissent donc comme si tout le chlore qu'ils renferment était à l'état libre, ainsi que le montrent les réactions suivantes :

$$Ca\begin{matrix}Cl\\OCl\end{matrix} + SO^4H^2 = SO^4Ca + H^2O + Cl^2\nearrow,$$

$$ClONa + NaCl + SO^4H^2 = SO^4Na^2 + H^2O + Cl^2\nearrow,$$

$$Ca\begin{matrix}Cl\\OCl\end{matrix} + CO^2 = CO^3Ca + Cl^2\nearrow,$$

$$ClONa + NaCl + CO^2 = CO^3Na^2 + Cl^2\nearrow.$$

Pour retarder la décomposition des chlorures décolorants et

permettre de les conserver quelque temps, on s'arrange de façon que le chlorure de chaux renferme un excès de chaux et que l'eau de Javel ait un excès de soude ou de potasse caustiques.

Ce chlore, que le chlorure décolorant est susceptible de dégager sous l'action d'un acide, est appelé *chlore actif*. On détermine la proportion de chlore actif d'un chlorure décolorant par un dosage volumétrique connu sous le nom de *chlorométrie*.

CHLOROMÉTRIE

Méthode de Gay-Lussac. — Le procédé de Gay-Lussac, pour doser le chlore actif dans un chlorure décolorant, est fondé sur l'action oxydante exercée par le chlore sur l'acide arsénieux :

$$\underset{\text{Anhydride arsénieux.}}{As^2O^3} + 2\,Cl^2 + 5\,H^2O = \underset{\text{Acide arsénique.}}{2\,AsO^4H^3} + 4\,HCl.$$

Si donc, on prend une quantité déterminée d'acide arsénieux, il faudra y ajouter d'autant plus de chlorure décolorant que celui-ci est plus pauvre. Pour reconnaître le moment où l'oxydation est totale, on opère en présence de quelques gouttes d'une solution de sulfate d'indigo. L'action décolorante du chlorure ne s'exercera, théoriquement, qu'après oxydation de tout l'acide arsénieux.

La liqueur chlorométrique de Gay-Lussac s'obtient en dissolvant, dans 1 litre d'eau, une quantité d'anhydride arsénieux telle qu'il faille 1 litre de gaz chlore à 0° C. et sous la pression normale (760 millimètres) pour le convertir en acide arsénique. L'équation ci-dessus montre que, pour 2 Cl^2 ou 142 de chlore, il faut As^2O^3 ou 198 d'anhydride arsénieux, avec les poids atomiques en usage.

Pour $3^{gr},18$ de chlore, poids de 1 litre, il faudra donc :

$$\frac{142}{198} = \frac{3,18}{x};$$

d'où :

$$x = \frac{198 \times 3,18}{142} = 4^{gr},434 \text{ d'anhydride arsénieux sublimé.}$$

On dissout celui-ci dans de la soude, on sature la solution par un léger excès d'acide chlorhydrique faible et on étend à 1 litre.

Pour procéder à un essai de chlorure de chaux, on en pèse 10 grammes qu'on dissout peu à peu, en le broyant en présence de petites quantités d'eau, qu'on renouvelle après chaque décantation, jusqu'à obtention de 1 litre de solution. On prélève, à l'aide d'une pipette jaugée, 10 centimètres cubes de solution arsénieuse, qu'on introduit dans un vase à précipiter et qu'on colore avec quelques gouttes de sulfate d'indigo ; puis, à l'aide d'une burette graduée, on y verse goutte à goutte la solution de chlorure (filtrée ou trouble) jusqu'à disparition de la teinte bleue. On lit alors le nombre de divisions de chlorure ajoutées, soit N ce nombre, il renferme 10 centimètres cubes de chlore, puisque les 10 centimètres cubes de la liqueur arsénieuse exigent la valeur de 10 centimètres cubes de gaz chlore pour transformer l'acide arsénieux en acide arsénique.

Mais, si N centimètres cubes de notre solution de chlorure à doser renferment 10 centimètres cubes de chlore, 1 centimètre cube renferme $\frac{10}{N}$ centimètres cubes de chlore.

D'où la relation :

$$\frac{N^{cm3}}{10^{cm3}} = \frac{1^{cm3}}{x} \quad \text{et} \quad x = \frac{10}{N} \text{ centimètres cubes.}$$

Par suite, le litre entier de chlorure, ou 1.000 centimètres cubes, comprend :

$$\frac{10}{N} \times 1000 \text{ centimètres cubes de chlore.}$$

Un kilogramme du chlorure soumis à l'analyse contient dès lors :

$$\frac{10}{N} \times 1000 \times 100 \text{ centimètres cubes.}$$

Le degré chlorométrique d'un chlorure décolorant étant le nombre de litres de chlore mis en liberté par 1 kilogramme du chlorure que l'on considère (degré chlorométrique français), pour obtenir ce degré, il faudra diviser le résultat précédent par 1000; le degré chlorométrique s'obtient donc en appliquant la formule :

$$x^\circ = \frac{1\,000}{N}.$$

Cette méthode de dosage présente une cause d'erreur due à ce que la coloration bleue du sulfate d'indigo s'affaiblit graduellement, vers la fin de l'opération. A chaque nouvelle addition de la solution de chlorure, le chlore détruit une petite portion de la matière organique colorante qui, une fois détruite, ne peut se reproduire; de sorte que le titre ne peut être obtenu que d'une façon approximative, avec une seule opération.

Il est nécessaire de faire le titrage en deux fois ; par une première opération on détermine le titre approximatif, et, dans une seconde opération, on verse, d'une seule fois, un volume de la solution chlorée légèrement inférieur à celui qui a été nécessaire pour le premier essai, et alors seulement, on ajoute l'indicateur et on détermine le titrage en laissant tomber goutte à goutte la liqueur à doser.

Dosage de l'alcali libre dans un chlorure décolorant. — Le peu d'alcali libre que contiennent les chlorures décolorants : chlorure de chaux, extraits de javel ou eaux de javel, n'est pas nuisible aux textiles que l'on blanchit au chlore; mais il semble bien que c'est de cette alcalinité que dépendent la stabilité des hypochlorites et la facilité de céder leur chlore aux textiles à blanchir.

M. R. Lemyre conseille, pour titrer l'alcali, de transformer l'hypochlorite en chlorure de la manière suivante :

1 centimètre cube d'eau de javel ou de dissolution de chlorure de chaux est versé dans 100 centimètres cubes d'eau ; on ajoute 5 centimètres cubes d'eau oxygénée à 12 volumes, préalablement neutralisée. L'eau oxygénée réagit sur l'hypochlorite pour le transformer en chlorure :

$$ClONa + H^2O^2 = NaCl + H^2O + O^2 \nearrow.$$

L'alcalinité n'est pas modifiée. On agite énergiquement, et quand tout dégagement gazeux a cessé, on titre au moyen d'acide sulfurique au centième normal, en présence de méthylorange.

XII

MORDANÇAGE ET MORDANTS

Définition du mordançage. — Mordancer les fibres textiles c'est les traiter par des solutions appropriées, de manière à les rendres aptes à absorber certaines couleurs.

La nécessité de mordancer avant teinture dépend à la fois de la fibre et du colorant. Mais quelle que soit la nature du textile, on ne peut teindre sans mordançage préalable, si on veut fixer les colorants d'alizarine et la plupart des colorants naturels.

Définition et classification des mordants. — Les *mordants* pour couleurs naturelles et couleurs d'alizarine sont donc des *liens qui tiennent le colorant dans la fibre.* Nous les appellerons *mordants proprement dits* (fixateurs de colorants).

Les fibres végétales sont moins disposées à fixer les mordants, nous aurons l'occasion de démontrer à propos de la théorie de la teinture que les sels fixateurs sont assez bien retenus par le coton, la toile et même par le charbon, corps poreux ne pouvant exercer aucune action chimique ; mais nous faisons allusion à des essais faits par ébullition prolongée. Dans la pratique, il faut fixer sur le coton une proportion de mordant plus considérable que celle que l'on fixe par ébullition : pour y arriver, on a recours à des composés qui précipitent, par réaction chimique, la majeure partie de ce mordant proprement dit. D'autre part, à cause du peu d'affinité que manifestent les textiles végétaux pour les matières colorantes, le mordançage s'impose même pour des colorants autres que les alizarines et les colorants naturels. Le mordant proprement dit est donc souvent maintenu, à l'aide d'un autre composé que nous appellerons *mordant fixateur* (fixateur de mordants proprement dits).

En parcourant le chapitre intitulé : *Teinture du coton et autres fibres textiles d'origine végétale*, nous pourrons nous rendre compte qu'un même corps joue tour à tour le rôle de mordant proprement dit ou de mordant fixateur, selon son importance dans la teinture subséquente.

Par exemple : le tanin, l'oxymuriate d'étain, l'acétate d'aluminium sont tantôt mordants proprement dits, tantôt mordants fixateurs. Nous aurons par conséquent l'occasion de constater dans la suite, par l'examen de la composition des bains de mordançage, que :

Le tanin est fixé par l'émétique, par l'oxymuriate d'étain : chlorure stannique, par l'acétate d'aluminium, par l'alun ou par la gélatine ;

Le pyrolignite de fer, le sulfate de fer, l'acétate d'aluminium sont fixés par le silicate de sodium ;

Le pyrolignite de fer, le sulfate de fer sont fixés par le tanin ;

L'oxymuriate d'étain est fixé par le carbonate de sodium ;

Le stannate de sodium est fixé par l'alun ;

Les mordants gras, savon ou sulforicinate, sont fixés par l'acétate d'aluminium, etc.

D'autres composés sont ajoutés au liquide tinctorial, pour modifier le pouvoir dissolvant du bain par rapport à celui de la fibre. Leur présence n'est pas indispensable pour faire entrer le colorant dans le textile ; mais, grâce à eux, la teinture est bien pénétrée, unie et solide. Nous les appellerons des *mordants auxiliaires*.

Certains sels ou acides, tels que le tartre, l'oxalate, l'acide tartrique, l'acide oxalique, le tanin sont régulièrement additionnés au bain de mordançage, pour gêner la dissociation du sel métallique et ralentir son absorption par le textile. L'acide tartrique, l'acide oxalique, l'acide lactique, l'acide sulfurique, l'acide formique interviennent, dans les mêmes conditions, pour mettre l'oxyde actif en liberté et au besoin pour le réduire, dans le mordançage au bichromate, et rendre de ce fait, le mordant proprement dit plus efficace. Ce sont également des mordants auxiliaires.

Pratique du mordançage. — *Le mordançage est l'opération qui consiste à faire incorporer le mordant proprement dit par la fibre ou à le précipiter à la surface de la fibre.*

Le *mordançage de la laine* s'effectue en faisant bouillir la marchandise avec une solution étendue du mordant, après addition d'un acide ou d'un sel acide. Il se pratique presque exclusivement en alun et tartre, en bichromate et tartre, en un mélange de sulfate de fer, de sulfate de cuivre et de tartre, en composition d'étain et tartre.

Le *mordançage de la soie* est analogue à celui de la laine, mais il a lieu presque toujours à froid, avec l'alun pour les teintures claires et avec le rouil ou la rouille pour les noirs.

Le *coton est mordancé* à froid ou à tiède, le plus souvent à l'aide de deux bains successifs, par la formation d'un composé insoluble; le premier est ordinairement le bain de mordançage et le second, le bain fixateur.

Si le mordançage est effectué en deux bains, il n'y a pas rinçage entre le premier et le second; mais, il y a avantage à rincer après fixage du mordant proprement dit.

Si le mordançage est fait en un seul bain, on rince s'il n'y a pas à craindre une perte du mordant par entraînement, ou quand l'eau calcaire peut contribuer à fixer plus solidement le mordant (mordançage de la soie en alun).

Dans les autres cas, le rinçage est supprimé et on teint en bain concentré. C'est ainsi que l'on procède pour la teinture du coton mordancé au tanin non fixé.

La laine reçoit généralement un lavage après mordançage, pour éliminer le mordant imparfaitement absorbé. De cette manière, on facilite la pénétration de la couleur ainsi que la formation de la laque colorante dans la marchandise; et on évite un dégorgeage abondant après teinture.

Les bains de dégorgeage peuvent être à base de son, de savon, de phosphate de sodium, d'alcalis ou d'acides très étendus.

En réalité, on a rarement recours à de pareilles complications, car de semblables lavages doivent être eux-mêmes suivis d'un bon rinçage à l'eau. Ils sont donnés plus régulièrement après teinture.

Le mordant est appliqué : soit avant, soit pendant, soit après la teinture.

Le mordançage avant teinture produit les nuances les plus vives, les plus intenses et les plus résistantes.

Le mordançage pendant la teinture économise la main-d'œuvre, mais la laque est moins bien fixée et on perd une partie des ingrédients.

Le mordançage après la teinture, ou bruniture, a l'inconvénient de précipiter une partie de la laque à la surface de la fibre ; or, la laque imparfaitement dissoute lâche au lavage et au frottement.

Le procédé de bruniture est applicable pour les couleurs qui se dissolvent dans les textiles et qui sont susceptibles de se combiner aux sels métalliques.

MORDANTS

Nous passons en revue les principaux mordants, dans le but de faire ressortir le rôle qu'ils jouent en teinture, et d'en indiquer les impuretés les plus ordinaires ainsi que le moyen de les déceler.

Afin de ne pas allonger inutilement ce chapitre, nous laissons de côté les caractères chimiques, que le lecteur pourra rencontrer dans tous les traités de chimie élémentaire.

I. — MORDANTS AUXILIAIRES

Acide sulfurique [1] (SO^4H^2)

L'acide pur est un liquide oléagineux, incolore et inodore, il marque 66° à l'aréomètre Baumé et a pour densité 1,842. L'acide à 60° Baumé a pour densité 1,70 et contient 77 0/0 d'acide SO^4H^2;

1. Nom vulgaire : *vitriol*.

celui qui marque 52° Baumé a pour densité 1,563 et contient 65,5 0/0 d'acide SO^4H^2, etc.

C'est un des acides les plus énergiques que l'on connaisse. Un de ses traits saillants est son extrême avidité pour l'eau.

Son hygroscopicité est telle que non seulement il absorbe l'eau, mais il enlève même les éléments de l'eau à des corps qui ne la contiennent pas toute formée. C'est pourquoi il noircit les substances dites hydrocarbonées et qu'il se colore en brun, quand il se trouve en contact avec de petites quantités de substances organiques. *L'acide sulfurique étendu n'exerce pas d'action immédiate sur le bois et les fibres végétales, mais si l'on fait sécher un tissu imprégné d'acide étendu, celui-ci en se concentrant en détermine la destruction* (principe de l'épaillage chimique).

A cause de son affinité marquée pour l'eau, l'acide sulfurique doit être conservé dans des récipients clos. Lorsqu'on mélange directement cet acide avec de l'eau, il se produit une élévation brusque de température qui réduit instantanément l'eau en vapeur, si l'on opère ce mélange sans précaution. Aussi, pour éviter des projections d'eau et d'acide, doit-on diluer l'acide sulfurique en le versant avec ménagement dans un grand volume d'eau froide remuée constamment; l'eau ne doit pas être chaude et jamais on ne doit verser de l'eau dans de l'acide concentré. Ce mélange est accompagné d'une contraction notable et l'on remarque encore une augmentation sensible de température lorsque l'on ajoute de l'eau à de l'acide dilué. Toutefois, le vitriol étendu avec la moitié de son poids d'eau ne s'échauffe plus d'une façon gênante, quand on y verse une nouvelle quantité d'eau.

L'acide sulfurique remplace fréquemment l'acide chlorhydrique dans le blanchiment et dans le diazotage. On peut considérer que : 1 gramme d'acide sulfurique à 66° remplace 2,28 à 2,30 centimètres cubes d'acide chlorhydrique à 20° Baumé.

La fonte est à peine attaquée par l'acide sulfurique concentré, à chaud comme à froid, ce qui permet de l'employer industriellement dans un grand nombre de circonstances. L'expédition de l'acide sulfurique se fait dans des vases en fonte ou en tôle de fer ou d'acier; seulement, l'acide doit être exempt de vapeurs nitreuses et avoir une densité d'au moins 1,75 (62° Baumé).

L'action de l'acide sulfurique sur le plomb est tout aussi importante à considérer. A froid, la dissolution du plomb est très faible. A chaud l'attaque a lieu à une température d'autant plus élevée que l'acide est plus concentré. Il est à remarquer que le plomb est d'autant plus attaqué qu'il est plus pur.

L'acide sulfurique concentré est un des poisons irritants les plus énergiques. En contact avec la peau, il y détermine aussitôt une sensation de chaleur et, si le contact se prolonge, il ne tarde pas à la désorganiser et à déterminer une plaie qui devient le siège d'une suppuration abondante. Son action sur la muqueuse est beaucoup plus rapide. Ingéré dans l'estomac, à l'état concentré, il détermine une perforation rapide des parois qui provoquent rapidement la mort. Si l'acide est moyennement étendu, il provoque les mêmes désordres, mais plus lentement.

Altérations et falsifications. — L'acide sulfurique est quelquefois altéré par certains produits dont les plus nuisibles sont : le plomb, le fer et le cuivre. Dans le but d'augmenter sa densité, on le falsifie par l'argile, la soude ou le sulfate de sodium.

La présence du sulfate de plomb, provenant de l'altération des parois métalliques des chambres, est décelée par l'eau, qui forme un précipité blanc, dû à la moindre solubilité du sulfate de plomb dans l'acide sulfurique étendu que dans le même acide concentré.

Avec la solution aqueuse du résidu d'évaporation de l'acide sulfurique à essayer, le cyanure jaune donne un précipité bleuâtre, s'il y a du fer; brun marron, s'il y a du cuivre. Dans le cas d'un mélange de fer et de cuivre, on les sépare par l'ammoniaque.

L'addition de soude ou de sulfate de soude, se reconnaît en évaporant à sec une certaine quantité d'acide : on a pour résidu le sulfate de sodium qu'on fait cristalliser et que l'on peut doser.

Action exercée par la laine sur l'acide sulfurique en solution diluée. — La laine exerce un très grand pouvoir absorbant sur l'acide sulfurique. Nous avons, par des expériences multiples et variées, essayé d'indiquer comment change le coefficient d'absorption de la laine, suivant les conditions dans lesquelles on se place, et quelle est la limite de saturation de cette matière textile par l'acide sulfurique.

Les résultats de ces recherches sont résumés dans les trois tableaux ci-joints.

Le tableau I indique les coefficients d'absorption fournis par neuf expériences successives, faites en soumettant à l'ébullition pendant une heure 5 à 6 grammes de laine, dans 250 centimètres cubes d'eau contenant 20 centimètres cubes de SO^4Na^2 au 1/5. Chaque échantillon a été, après ce traitement, lavé trois fois avec un peu d'eau chaude, et ces eaux de lavage réunies à la solution première avant dosage[1].

Les deux derniers essais ont été faits en l'absence du sulfate de sodium.

Nous voyons que l'absorption de l'acide n'est jamais complète, même pour les solutions très diluées ; elle augmente rapidement et semble atteindre son maximum pour une dilution voisine de 1/400. Enfin, elle devient très lente pour des solutions plus concentrées, et ne semble guère dépasser 3 grammes d'acide sulfurique pour 100 grammes de laine. *Cette limite recule un peu en l'absence du sulfate de sodium.* Le coefficient d'absorption serait un peu plus élevé dans ce cas.

Mais, si on se contente d'analyser les solutions avant la séparation du drap, on constate (tableau II) que l'absorption est plus régulière et beaucoup plus élevée; elle doit pendant longtemps augmenter, sans être pour cela proportionnelle à la concentration. Ici encore, *l'affinité est plus faible en présence du sulfate de sodium.*

Enfin le phénomène inverse se fait encore plus lentement, nous voyons (tableau III) que la fibre abandonne difficilement l'acide sulfurique qu'elle a dissous. Il faut, pour enlever l'acide, opérer par décoctions successives dans l'eau distillée.

1. Tous les fragments de laine soumis à l'expérience ont été débouillis deux fois pendant une heure dans 250 centimètres cubes d'eau distillée.

Tableau I

Numéros	Poids de l'échantillon de laine sèche à 95°	Volume d'acide sulfurique au 1/10e contenu dans la solution avant l'expérience — Poids correspondant	Volume d'acide sulfurique absorbé par la laine — 1er chiffre : titre volumétrique 2e chiffre : titre pondéral	Différence entre le titrage volumétrique et le titrage pondéral	Poids de l'acide employé pour 100 grammes de laine	Poids de l'acide absorbé par 100 grammes de laine
1	$6^{gr},3070$	5^{cm3} SO^4H^2 au 1/10e = $0^{gr},049$	$2^{cm3},45 = 0^{gr},0245$	»	0,778	0,3885
2	$5^{gr},7306$	$10^{cm3} = 0^{gr},098$	$9^{cm3},25$ $6^{cm3},84 = 0^{gr},0670$	$2^{cm3},41$	1,711	1,1697
3	$5^{gr},9828$	$20^{cm3} = 0^{gr},196$	$15^{cm3},5$ $13^{cm3},10 = 0^{gr},12846$	$2^{cm3},40$	3,278	2,1471
4	$6^{gr},2195$	$30^{cm3} = 0^{gr},294$	$19^{cm3},4$ $16^{cm3},27 = 0^{gr},15945$	$3^{cm3},23$	4,427	2,5637
5	$5^{gr},5121$	$40^{cm3} = 0^{gr},392$	$19^{cm3},2$ $15^{cm3},6 = 0^{gr},1528$	$3^{cm3},60$	7,114	2,7721
6	$5^{gr},5875$	$50^{cm3} = 0^{gr},490$	20^{cm3} $15^{cm3},88 = 0^{gr},1555$	$4^{cm3},12$	8,766	2,7839
7	$5^{gr},7456$	$60^{cm3} = 0^{gr},588$	$19^{cm3},7$ $16^{cm3},6 = 0^{gr},16227$	$3^{cm3},10$	10,235	2,8243
8	$5^{gr},7462$	$30^{cm3} = 0^{gr},294$	$18^{cm3},95$ $15^{cm3},70 = 0^{gr},1540$	$3^{cm3},25$	5,116	2,6807
9	$6^{gr},1927$	$60^{cm3} = 0^{gr},588$	$22^{cm3},9$ $19^{cm3},1 = 0^{gr},1864$	$3^{cm3},80$	9,499	3,0099

Tableau II

Numéros	Poids de l'échantillon de laine	Volume de SO^4H^2 à 1/10e contenu dans la solution primitive — Poids correspondant	Poids de SO^4H^2 resté dans la solution après traitement, d'après dosage volumétrique : titré et d'après dosage pondéral : pesé	Différence entre titre volumétrique et titre pondéral	Poids de SO^4H^2 absorbé par la laine d'après le titrage pondéral	Poids de SO^4H^2 employé pour 100 grammes de laine	Poids de SO^4H^2 absorbé par 100 grammes de laine
7	5^{gr}	$5^{cm3} = 0^{gr},0495$	titré $= 0^{gr},000$ pesé $= 0^{gr},01985$	»	$0^{gr},02965$	$0^{gr},990$	$0^{gr},593$
8	$4^{gr},965$	$10^{cm3} = 0^{gr},099$	titré $= 0^{gr},005586$ pesé $= 0^{gr},0324$	0,026814	$0^{gr},0666$	$1^{gr},980$	$1^{gr},3414$
9	$5^{gr},045$	$30^{cm3} = 0^{gr},297$	titré $= 0^{gr},1134$ pesé $= 0^{gr},1372$	0,0238	$0^{gr},1598$	$5^{gr},940$	$3^{gr},1674$
10	$5^{gr},0176$	$50^{cm3} = 0^{gr},495$	titré $= 0^{gr},2966$ pesé $= 0^{gr},3100$	0,0134	$0^{gr},1850$	$9^{gr},900$	$3^{gr},6870$
11	$5^{gr},015$	$70^{cm3} = 0^{gr},693$	titré $= 0^{gr},4529$ pesé $= 0^{gr},4524$	0,0295	$0^{gr},2106$	$13^{gr},860$	$4^{gr},3990$
12	5^{gr}	$80^{cm3} = 0^{gr},792$	titré $= 0^{gr},5554$ pesé $= 0^{gr},59365$	0,03825	$0^{gr},29835$	$15^{gr},840$	$5^{gr},9670$
5	$5^{gr},065$	70^{cm3} SO^4H^2 au 1/10e = 0,693 20^{cm3} SO^4Na^2 au 1/5e	titré $= 0^{gr},4557$ pesé $= 0^{gr},5152$	0,0595	$0^{gr},1778$	$13^{gr},860$	$3^{gr},51$
8	$5^{gr},1274$	$80^{cm3} = 0^{gr},792$ 20^{cm3} SO^4Na^2 au 1/5e	titré $= 0^{gr},5983$ pesé $= 0^{gr},6197$	0,0214	$0^{gr},1937$	$15^{gr},840$	$3^{gr},778$

Tableau III

VOLUME D'ACIDE SULFURIQUE AU 1/10 NORMAL
ENLEVÉ A CHAQUE ÉBULLITION D'APRÈS TITRAGE A FROID
AVEC UNE LIQUEUR DE POTASSE AU 1/5 NORMALE

Numéros des bulletins	4e (P)	7e (O)
1	10^{cm3},6 (13^{cm3},73)	40^{cm3},3 (43^{cm3},4)
2	3^{cm3},3 (3^{cm3},08)	4^{cm3} (4^{cm3},05)
3	1^{cm3},85	2^{cm3},10
4	1^{cm3},2	1^{cm3},20
5	1^{cm3}	1^{cm3},15
6	1^{cm3}	1^{cm3}
7	0^{cm3},65	0^{cm3},75
8	0^{cm3},65	0^{cm3},60
9	0^{cm3},616	0^{cm3},60
10	0^{cm3},635	0^{cm3},60
11	0^{cm3},50	0^{cm3},60
12 + 13	0^{cm3},85	0^{cm3},975
14 + 15	0^{cm3},75	0^{cm3},700
16 + 17	0^{cm3},835	0^{cm3},775
18 + 19	0^{cm3},6[illegible]0	0^{cm3},700
20 + 21	0^{cm3},700	0^{cm3},65
22 + 23	0^{cm3},500	0^{cm3},40
24	0^{cm3},200	0^{cm3},200

Acide sulfurique restant dans les deux échantillons = 0^{gr},01695, c'est-à-dire 0,1417 de SO^4H^2 pour 100 de laine.

Cet acide a été enlevé par deux traitements successifs de la laine avec :

1° 20^{cm3} de potasse au 1/5 dans 250^{cm3} d'eau ;

2° 10^{cm3} de potasse au 1/5 et l'acide sulfurique du sulfate alcalin dosé à l'état de sulfate de baryum.

Numéros des bulletins	8e (R)	9e (Q) [1]
1	11^{cm3},05 (14^{cm3},3)	37^{cm3},1 (40^{cm3},9)
2	3^{cm3},3	4^{cm3},5
3	1^{cm3},95	2^{cm3},5
4	1^{cm3},40	1^{cm3},825
5	1^{cm3},05	1^{cm3},55
6	0^{cm3},90	1^{cm3},05
7	0^{cm3},65	0^{cm3},85
8	0^{cm3},65	0^{cm3},75
9	1^{cm3},525	1^{cm3},735
10	1^{cm3},525	1^{cm3},735
11 + 12	1^{cm3}	1^{cm3},17
13 + 14	0^{cm3},90	1^{cm3},05
15 + 16	0^{cm3},90	0^{cm3},90
17 + 18	0^{cm3},635	0^{cm3},775
19 + 20	0^{cm3},63	0^{cm3},725
21	0^{cm3},4	0^{cm3},500
22	»	»

Acide sulfurique restant 0^{gr},0159, c'est-à-dire 0,2562 de SO^4H^2 pour 100 de laine.

L'acide est enlevé par deux ébullitions lentes, chacune avec 20^{cm3} de CO^3NaH, et dosé ensuite à l'état de SO^4Ba.

(1) Rem. — P, O, R et Q correspondent aux chiffres 4, 7, 8 et 9 du tableau I.

Chaque ébullition n'en enlève qu'une faible portion qui va en diminuant ; mais il est possible, d'après les résultats obtenus, qu'on arrive à neutraliser la laine en multipliant suffisamment les traitements par l'eau bouillante. Car elle abandonne encore de l'acide après la vingtième ébullition, et, au moment où le titrage n'indique plus que des traces d'acide, un traitement avec une solution alcaline, contient encore une quantité relativement élevée de sulfate alcalin.

C'est de cette façon qu'on a dosé l'acide sulfurique restant dans les échantillons 4, 7 et 9. Ce traitement a dû entamer la fibre, elle est devenue cassante et offre une faible résistance à la traction. De plus, la solution chlorhydrique de chlorure de baryum provoque, outre la précipitation du sulfate de baryum, la formation d'une substance gélatineuse, assez abondante, qui se dissout à chaud pour reparaître par le refroidissement. Elle brûle en dégageant l'odeur caractéristique de la laine.

Nous remarquons (tableau I) que le dosage volumétrique indique environ 3 centimètres cubes d'acide sulfurique, au 1/10 normal, en moins que le dosage pondéral. Cette différence, qui augmente jusqu'à un certain point avec la concentration de la liqueur acide, est fort variable ; elle est encore en moyenne de 3 centimètres cubes dans la série des expériences résumées dans le tableau II. Mais, elle est nulle pour les dosages 2 des échantillons O et P. La vérification n'a pas été faite pour Q et R.

Il faut admettre, avec Knecht, qu'une certaine portion de l'acide est neutralisé par un alcali provenant de la laine.

Sulfate de sodium ou sel de Glauber

Le sulfate de sodium s'emploie soit cristallisé, $SO^4Na^2 + 10H^2O$; soit calciné, SO^4Na^2. Ce dernier peut être impur et contenir notamment un excès d'acide sulfurique ; tandis que le sulfate de sodium cristallisé est relativement pur et contient 44,1 0/0 de sulfate anhydre SO^4Na^2 et 55,9 0/0 d'eau. Le sulfate cristallisé est efflorescent, les cristaux se désagrègent à l'air et l'eau de cristallisation s'évapore.

La solubilité du sulfate de sodium ne suit pas la même graduation avec la température pour le sel anhydre et pour le sel à dix molécules d'eau. Voici, d'après Lœwel, la solubilité comparée du sel anhydre et du sel hydraté.

	0°	10°	18°	25°	30°	33°	34°
SO^4Na^2.........	5,02	9,00	16,84	28,00	40,00	50,76	55,00
$SO^4Na^2, 10H^2O$...	12,16	23,04	48,41	98,48	184,09	323,13	412,20

A partir de 34° le sulfate hydraté ne peut plus exister et la solubilité du sel anhydre va alors en diminuant.

Altérations. — Le sulfate de sodium peut contenir accidentellement, suivant son mode de préparation, du fer, du cuivre, du plomb, du chlorure de sodium, du sulfate de calcium, des sels ammoniacaux, etc.

La solution de sulfate de sodium altérée par la présence du fer se colore en noir lorsqu'on y verse une infusion de noix de galle ; elle prend une couleur bleue par l'ammoniaque, lorsqu'elle contient du cuivre ; elle noircit par l'hydrogène sulfuré ou par un sulfure alcalin, lorsqu'elle renferme un composé plombique ou cuivrique.

Le sulfate de sodium qui contient du chlorure de sodium décrépite, lorsqu'on le projette sur des charbons ardents. Chauffé avec un peu d'acide sulfurique, il dégage de l'acide chlorhydrique, lequel produit d'épaisses fumées blanches au contact d'un tube de verre imprégné d'ammoniaque. Il précipite en blanc l'azotate d'argent.

Le sulfate de calcium est décelé par l'oxalate d'ammonium ou par le carbonate de sodium.

Le *sulfate acide de sodium ou bisulfate de sodium* SO^4NaH est de l'acide sulfurique à moitié saturé par le sodium. La molécule du sel acide ne contient qu'un atome de sodium, alors que celle du sel neutre en contient deux.

Action de la laine sur les sulfates alcalins en solution aqueuse. — La laine ne semble pas avoir d'action sur les solutions de sulfate de sodium (SO^4Na^2). En effet, quatre échantillons de drap, débouillis chacun dans 250 centimètres cubes d'eau additionnée de 25 centimètres cubes de sulfate de sodium au 1/5 normal, n'ont pas absorbé la moindre quantité de ce sel. Ce dernier ayant été intégralement précipité, après chaque traitement, par des poids équivalents de chlorure de baryum en solution au dixième (soit 50 centimètres cubes), et les liquides, après filtration, n'ayant plus donné de précipité par addition de carbonate de sodium (preuve que tout le chlorure avait été transformé en sulfate).

C'est aussi ce que nous indiquent les résultats suivants, où le dosage de l'acide sulfurique du sulfate a été fait à l'état de sulfate de baryum.

D'après les chiffres donnés par les analyses 19 et 20, l'action de la fibre est également nulle sur le sulfate de potassium (SO^4K^2) et sur le sulfate d'ammonium [$SO^4(AzH^4)^2$].

POIDS DE LA LAINE	POIDS DU SO^4Na^2		DIFFÉRENCES
	EMPLOYÉ	RESTANT	
(E) 4gr,2638	0,426	0,42243	— 0,00357
(F) 4gr,4180	0,284	0,29136	+ 0,00736
(T) 5gr,4950	0,284	0,28617	+ 0,00217
(N° 19) 5gr,008	0,2455	0,2535	+ 0,008
(N° 20) 4gr,985	0,3675	0,3759	+ 0,0084

Les résultats (19) et (20) sont donnés en acide sulfurique.

POIDS DE LA LAINE	POIDS DE SO^4Na^2		DIFFÉRENCES
	INTRODUIT	RETROUVÉ	
A 4 grammes de laine peignée lavée à la benzine dans un extracteur Soxhlet.	25cm³, au 1/5 = 0gr,7120 Solution totale 250cm³ Ébullition 1 heure	0gr,73575	0gr,02375
B 5 grammes de drap 5 fois débouilli dans l'eau distillée.	»	0gr,73050	0gr,01850
C 4gr,95, 3 fois débouilli à l'eau distillée.	»	0gr,7126	0gr,0006
D 5 grammes de charbon de sucre.	»	Par évaporation de 100cm³ de la solution et calcination après addition de : $AzO^3H + SO^4H^2$ = 0gr,2869 Par dosage à l'état de : SO^4Ba = 0gr,28654	0,002 × 2,500 = 0gr,005

L'échantillon intitulé T a été débouilli une deuxième fois avec 250 centimètres cubes d'eau, et le dosage, effectué sur les deux solutions réunies après évaporation partielle.

C'est encore ce que démontrent les expériences A et B, où le dosage du sulfate de sodium, que l'on a fait agir sur deux laines différentes, a été fait directement, par évaporation de 100 centimètres cubes de solution filtrée après refroidissement, et calcination du résidu au rouge vif dans des capsules couvertes ; ainsi que l'expérience C où le sulfate a été dosé au moyen du chlorure de baryum sur 100 centimètres cubes de solution.

Les résidus de la calcination de A et B, repris par l'eau, accusent une légère réaction alcaline pouvant être due à la présence de petites quantités de chaux. On a trouvé, en effet, 4 milligrammes de chaux CaO pour la solution totale de A, et 6 milligrammes pour celle de B.

Il est donc évident, d'après les chiffres trouvés, que le sulfate de sodium n'est ni absorbé ni dissocié ; d'autre part, la solution aqueuse se concentre, par suite de la présence de la matière textile ; or, cette concentration n'est pas due à une évaporation. En effet, on a retiré dans l'expérience C 241 centimètres cubes de solution, et, après essorage, l'échantillon accusait un poids de 13 grammes ; il a donc été extrait :

$$241 + (13 - 5) = 249 \text{ centimètres cubes.}$$

Cette diminution de 1 centimètre cube peut être occasionnée par le transvasement de la solution et l'essorage du tissu. *On peut donc déduire de là que le dissolvant aqueux seul est absorbé par la fibre, tandis que le sulfate alcalin enrichit le reste de la solution.* La concentration en A était plus grande qu'en B, on peut attribuer ce fait à ce que la fibre de laine peignée, présentant un plus fort volume que la fibre de laine tissée, absorbe naturellement un plus grand volume d'eau. Le volume d'eau absorbé en A serait de $8^{cm^3},2$, et en B de $6^{cm^3},5$, *d'après le dosage direct du sulfate.* Soit respectivement $207^{cm^3},3$ et $131^{cm^3},3$ pour 100 grammes de laine immergée.

Voici maintenant une expérience qui explique clairement la

manière d'agir des sulfates alcalins. Elle est due à l'initiative de M. Stépanor :

« Un poids de laine de 6.612 grammes s'est trouvé, pendant quarante-huit heures, dans une solution au 1/10 normale d'acide sulfurique (50 centimètres cubes). Le surplus d'acide sulfurique resté dans le bain a été titré au moyen d'une solution de potasse (indicateur phénolphtaléine) jusqu'à une légère réaction alcaline ; environ deux heures après, le liquide est devenu incolore, et il a fallu ajouter $0^{cm3},1$ de solution de KOH pour obtenir la teinte précédente du bain. Puis :

Après 4 heures	$0^{cm3},4$
Pendant le 2e jour	0 ,8
— 3e —	0 ,5
— 4e —	0 ,5
— 5e —	0 ,5

et ainsi de suite jusqu'au 10e jour; en outre, la complète neutralisation du bain n'a pu être obtenue. »

Nos observations nous conduisent à expliquer ce phénomène de la manière suivante :

Par suite de la neutralisation de l'acide par l'alcali, l'équilibre entre les deux dissolvants laine et eau se trouve rompue, et le sulfate alcalin attirant et retenant l'acide sulfurique, il est évident que ce dernier quitte la laine pour passer dans la solution aqueuse.

Soudes

Sous le nom de *soudes*, l'industrie comprend deux produits distincts :

1° L'*oxyde de sodium hydraté* ou *soude caustique ;*

2° Le *carbonate neutre de soude* ou *carbonate neutre de sodium.*

C'est ce dernier qu'on distingue particulièrement sous le nom de *soude du commerce.* La plupart des acides, tels que l'acide sulfurique, l'acide chlorhydrique, l'acide acétique, etc., attaquent le carbonate de sodium en dégageant du gaz anhydride carbonique.

Carbonate neutre de sodium (CO^3Na^2)

Ce sel peut être hydraté ou anhydre.

A l'état hydraté, il a pour formule $CO^3Na^2 + 10H^2O$. Il est représenté par la soude Leblanc. C'est un corps cristallisé en gros prismes rhomboïdaux ou en pyramides quadrangulaires, à sommets tronqués, et appliqués base à base. Le carbonate de sodium cristallisé contient environ 63 0/0 d'*eau de cristallisation* et de petites quantités de sulfate de sodium ; mais il est assez bien épuré et ne contient aucune substance nuisible. Sa teneur en carbonate de sodium CO^3Na^2 est d'environ 36 0/0. Il est efflorescent et perd, au contact de l'air, la moitié de son eau de cristallisation, il tombe alors en poussière blanche. A 100° C., il se dessèche complètement et, par conséquent, devient anhydre (carbonate de sodium calciné ou soude calcinée).

Le carbonate anhydre est blanc, amorphe, en fragments grenus irréguliers. Il est fusible au rouge vif et indécomposable par la chaleur. Sous l'influence de l'humidité de l'air, il se prend facilement en blocs durs, sans cependant absorber une forte proportion d'eau.

Le carbonate anhydre se trouve dans le commerce sous le nom de soude Solvay. Dans les calculs, on peut estimer la soude Solvay à 85 0/0. En réalité, ce produit tel qu'il est livré aux industriels titre 90-92 0/0 ; mais, en présence de l'humidité, le gaz carbonique s'y combine et tend à le transformer en sesquicarbonate $(CO^3)^3Na^4H^2$ et peut être même en bicarbonate CO^3NaH. Or, la soude employée dans l'industrie textile, étant placée dans des endroits forcément toujours humides : teintures, fouloirs, est fort sujette à subir ce genre de transformation.

M. Harding déclare avoir eu à examiner des échantillons de soude Solvay qui, par suite d'une très longue exposition à l'air humide, étaient devenus moins efficaces, pour la teinture et le dégraissage, que le carbonate de soude Leblanc qui contient 10 molécules d'eau et titre théoriquement 37 0/0.

Le carbonate de sodium présente un maximum de solubilité à 38°. Voici quelle est cette solubilité dans 100 parties d'eau (Lœwel) :

	SEL ANHYDRE	SEL A 10 MOLÉCULES D'EAU
0°	6,97	21,33
10°	12,06	40,94
15°	16,20	63,20
20°	21,71	92,82
25°	28,50	149,13
30°	37,24	273,64
38°	51,67	1.142,17
104°	45,47	539,63

Action de la laine sur les solutions de carbonate de sodium. — D'après le Dr Knecht, la laine aurait un pouvoir absorbant à peu près nul pour les alcalis, presque tout l'alcali caustique est enlevé après cinq ébullitions à l'eau distillée, puisqu'il n'en reste que 0,01 0/0 du poids de la laine.

Des expériences, faites avec du carbonate acide de sodium pur, nous ont donné les chiffres suivants :

POIDS DE L'ÉCHANTILLON de laine	POIDS DE CARBONATE dans 250cm3 d'eau avant traitement	POIDS DE CARBONATE absorbé	POIDS DE CARBONATE restant après 6 ébullitions à l'eau pure
5gr,6968	0gr,18228	0gr,04788	0gr,02184 ou 0gr,3834 0/0
5gr,4950	0gr,09114	0gr,03696	0gr,01033 ou 0gr,188 0/0

L'action de la laine est donc aussi très faible sur les carbonates alcalins.

Acide pyroligneux, acide acétique (CH^3CO^2H) et acétates

Ces acides sont retirés des produits de la distillation du bois en vases clos.

L'acide pyroligneux brut est brun foncé, il renferme, outre de l'acide acétique, de l'alcool méthylique (esprit de bois), de l'acétone, des hydrocarbures lourds (goudron) et de l'eau. Il se dégage, pendant la distillation, des hydrocarbures volatils.

L'acide brut, condensé, est séparé de la majeure partie de son goudron par une nouvelle distillation. On recueille d'abord de l'esprit de bois, l'acide pyroligneux se trouve dans la seconde portion du liquide recueilli. C'est l'acide pyroligneux commercial, qui renferme 7 à 8 0/0 d'acide acétique.

On transforme l'acide pyroligneux brut en acide acétique, en préparant l'acétate de sodium ou l'acétate de calcium, par l'addition de sel Solvay ou de chaux. On laisse déposer les solutions, on les décante, évapore jusqu'à cristallisation, puis on chauffe les cristaux jusqu'à une température voisine de 250° C., afin de carboniser les matières organiques étrangères. C'est le frittage.

La matière frittée est redissoute dans l'eau, décantée et filtrée. On évapore la solution et on la fait cristalliser. On obtient ainsi des cristaux blancs, transparents et incolores d'acétate de sodium. Ces cristaux sont distillés en présence d'acide sulfurique. L'acide acétique qui en résulte est purifié par digestion et filtration avec du noir animal. On rectifie sur du bichromate ou du permanganate de potassium.

L'acide acétique chimiquement pur fond à 16°,7, bout à 118° et a pour densité 1,0553 ; il titre alors 7°,4 Baumé. L'acide ordinaire du commerce, ou acide aqueux, marque environ 8° Baumé et contient près de 45 0/0 d'acide cristallisable. La plus grande densité que peut présenter la solution aqueuse d'acide acétique est 1,075, ce qui correspond à 10° Baumé. La proportion d'acide pur est alors de 20 à 25 0/0.

L'aréomètre ne suffit donc pas pour évaluer exactement la richesse de l'acide acétique. Il faut recourir à un titrage acidimétrique, après avoir éliminé les acides minéraux, s'il y en a.

Caractères analytiques et recherche des falsifications et altérations de l'acide acétique et des acétates. — *Réactions caractéristiques.* — L'acide acétique donne avec les sels ferriques une coloration rouge sang d'acétate ferrique. En liqueur presque neutralisée par le carbonate de sodium, c'est-à-dire un peu alcaline, on obtient un précipité d'acétate ferrique qui entraîne beaucoup d'hydrate ferrique.

La même réaction se reproduit avec les acétates. Le perchlorure de fer colore les acétates en rouge foncé, la coloration disparaît par l'ébullition et il se dépose de l'acétate ferrique basique. En présence d'acides minéraux libres, la coloration ne se produit pas.

Chauffés à sec avec de l'acide arsénieux, les acétates donnent naissance à de l'oxyde de cacodyle, composé volatil très vénéneux, à odeur fortement alliacée.

Si on mélange un acétate avec de l'alcool et de l'acide sulfurique, il se dégage, déjà à froid, par une simple agitation, une odeur agréable caractéristique d'éther acétique.

Les deux dernières réactions sont spéciales aux acétates.

Altérations et falsifications. — Les diverses variétés d'acide acétique peuvent être altérées par des substances résultant de leur genre de préparation. C'est ainsi que l'on rencontre quelquefois de l'acide sulfureux, du sulfate et de l'acétate de sodium, du sel de calcium, des matières empyreumatiques, des métaux et même des acides minéraux.

Les acides minéraux sont surtout nuisibles, lorsque l'acide acétique doit servir à l'avivage ou à donner du « craquant » aux articles de coton mercerisé ; car, à la longue, ces acides minéraux attaquent le coton.

La présence des acides minéraux se reconnaît aisément : l'acide sulfurique, par le chlorure de baryum ; l'acide chlorhydrique, par le chlorure d'argent, et l'acide azotique, à l'aide du carmin d'indigo.

L'acide sulfureux se rencontre dans les acides acétiques provenant de la décomposition des acétates par l'acide sulfurique. On le caractérise grâce à sa propriété de décolorer le permanganate de potassium ; mais, les matières organiques donnent la même réaction. Le moyen le plus sûr est de verser dans le liquide à analyser un léger excès de chlorure de baryum et de l'acide chlorhydrique, de séparer le précipité s'il s'en forme un, et de faire bouillir la solution filtrée ou non en présence d'un peu d'acide azotique. S'il existe de l'acide sulfureux, il s'oxyde, se transforme en acide sulfurique qui se précipite.

Si on opère sur un volume connu, on peut, en multipliant le poids du précipité calciné par 0,275, connaître le poids d'acide sulfureux.

Les matières empyreumatiques se décèlent par l'odeur goudronneuse qu'exhale l'acide pyroligneux, par sa coloration brune, ainsi que par la décoloration du permanganate de potassium, s'il y a absence d'acide sulfureux.

Les matières fixes, les sels, sont mis à jour par évaporation. Si, à la suite d'une addition d'acide sulfurique, le résidu dégage l'odeur d'acide acétique, on en conclut à la présence d'acétate de sodium.

Cet acétate se transforme en carbonate de sodium par calcination.

L'acide acétique, employé en teinture, doit être exempt de métaux, en général, et spécialement de fer et de cuivre.

Propriétés de l'acide acétique et des acétates qui justifient leur emploi dans l'industrie textile. — L'acide acétique agit facilement sur les bases et les carbonates pour former des acétates. C'est ce qui le fait employer pour corriger les eaux calcaires devant servir à la teinture; ainsi que pour neutraliser l'action alcaline de la soude et du carbonate de sodium.

Les acétates ont un pouvoir neutralisant presque comparable aux bases ou aux carbonates, à cause du faible pouvoir acide de l'acide acétique mis en liberté. Ces sels ne sont guère plus stables que les carbonates; en solutions ils se décomposent déjà à la température ordinaire : en acide et en base; cette décomposition s'accuse à mesure que la température s'élève; elle peut être complète à l'ébullition. L'acétate de chaux du bain de teinture, abandonne donc peu à peu la chaux nécessaire à la formation de la laque. C'est également sur cette propriété qu'est basé l'emploi des acétates comme agents de mordançage. On se sert naturellement des acétates dont les bases ont une grande affinité pour les couleurs, tels que les acétates de fer et d'aluminium, souvent utilisés pour l'impression et pour le mordançage du coton.

L'acétate de fer est probablement l'acétate le plus dissociable en solution aqueuse chaude. Les acétates sont, comme nous avons eu déjà l'occasion de le dire, colorés en rouge par l'addition d'un peu de chlorure ferrique. Cette coloration est due à la formation d'acétate ferrique lequel est totalement décomposé par l'eau bouillante en acide acétique libre et hydrate ferrique qui se précipite. Les formiates se comportent comme les acétates vis-à-vis du perchlorure de fer.

On augmente notablement le pouvoir dissociant des autres acétates en les transformant, par addition de carbonate de sodium, en acétate basique, ces sels étant d'autant plus dissociables qu'ils sont plus basiques. C'est sous cet état qu'on utilise les acétates d'aluminium et de fer, pour imprégner la fibre de coton d'oxyde d'aluminium et d'oxyde de fer.

L'acétate de chrome n'est pas décomposé par l'ébullition de la solution, quelle que soit sa dilution. Cette solution n'est même pas précipitée à froid par les alcalis caustiques, les carbonates, les phosphates, les silicates alcalins, le savon ammoniacal ou les solutions d'huiles sulfoconjuguées ; par contre, ces composés provoquent la précipitation à chaud et la rendent complète à l'ébullition.

On peut préparer une solution de ce sel en mélangeant dans des proportions convenables une liqueur d'acétate de plomb avec une liqueur de sulfate de chrome ou d'alun de chrome ; dans ce dernier cas, il y a présence de sulfate de potassium. L'emploi de l'acétate de chrome comme mordant est très restreint.

On peut se servir de l'acétate de chrome, pour mordancer le coton, en préparant auparavant la marchandise avec des solutions concentrées de tanin[1].

L'acide acétique est très souvent ajouté aux bains de teinture pour adoucir l'eau, pour dissoudre les extraits de colorants naturels, les colorants basiques et surtout les colorants d'alizarine, ainsi que pour favoriser la pénétration uniforme de ces colorants dans la marchandise à teindre.

1. Voir aux sels de sesquioxyde de chrome : préparation de l'acétate et application sur coton.

Acide oxalique ($C^2H^4O^2,2H^2O$) et oxalates

Cet acide est extrait de certaines plantes ou fabriqué en faisant agir l'acide azotique ou les alcalis caustiques sur des matières organiques.

1° L'acide oxalique existe en particulier dans l'oseille. Le sel d'oseille est de l'oxalate acide de potassium combiné à de l'acide oxalique.

2° Si on le fabrique à l'aide de l'acide azotique, on fait agir cet oxydant soit sur de la mélasse de sucre de canne, soit sur des amidons et des fécules avariés, soit sur des sucres colorés, des sirops de fécule ou autres produits du même genre.

3° Pour le fabriquer par les alcalis, on chauffe dans un four à réverbère, à une température de 250° C., un mélange de sciure de bois, de potasse, de soude et de chaux caustique.

Après calcination, la masse qui est composée essentiellement de carbonate de sodium, carbonate de potassium et oxalate de calcium, est lessivée pour séparer les carbonates alcalins de l'oxalate de calcium insoluble.

L'acide oxalique est mis en liberté par une quantité calculée d'acide sulfurique. On sépare le sulfate de calcium insoluble, évapore, cristallise et purifie par une nouvelle cristallisation.

Les oxalates alcalins se préparent en faisant agir directement l'acide oxalique sur les alcalis caustiques ou carbonatés.

L'acide oxalique cristallise avec deux molécules d'eau $C^2H^4O^2,2H^2O$, en prismes obliques à quatre pans terminés par des sommets dièdres. Sa densité est 1,64 à 4°. Il est incolore, soluble dans 10 parties d'eau à 20° C.

Caractères analytiques et recherche des altérations et falsifications de l'acide oxalique et des oxalates. — La chaleur décompose l'acide oxalique sans laisser de résidu. Chauffé avec de l'acide sulfurique, il est décomposé en oxyde de carbone et anhydride carbonique qui se dégagent et eau qui est retenue. Il précipite la chaux de ses dissolutions et ne redissout pas le précipité.

L'acide oxalique obtenu par l'acide nitrique retient quelquefois un peu de ce dernier ; d'après son mode de préparation, il peut renfermer de l'acide sulfurique, des sels de cuivre, du fer, du plomb, du potassium et du calcium.

Enfin, cet acide organique est parfois mêlé de sel d'oseille, de sulfate de potassium, de sulfate de magnésium et d'alun.

L'acide nitrique peut être reconnu en faisant évaporer l'eau de lavage des cristaux et en mettant le résidu de l'évaporation en présence de l'acide sulfurique et de la tournure de cuivre.

Si sous l'action de la chaleur, il se dégage des vapeurs rutilantes, elles sont dues à la réduction de l'acide azotique par le cuivre.

L'acide sulfurique est décelé par le précipité blanc, insoluble dans l'acide nitrique ou l'acide chlorhydrique, que produit le chlorure de baryum étendu d'eau dans une solution aqueuse de l'acide suspecté.

Le cuivre se reconnaît par l'ammoniaque, le cyanure jaune ; le fer, par le cyanure jaune ; le plomb, par l'acide sulfhydrique, l'iodure de potassium, le chromate de potassium.

L'acide oxalique qui contient de la chaux à l'état d'oxalate abandonne un précipité blanc d'oxalate de calcium, lors de sa dissolution dans l'eau. Lorsqu'il contient de l'oxalate de potassium, il laisse à la calcination un résidu de carbonate de cette base.

Le sulfate de potassium, le sulfate de magnésium et l'alun sont isolés par l'alcool qui dissout l'acide oxalique seul. L'insoluble est soumis à un essai spécial.

La présence de l'alun dans l'acide oxalique, lorsqu'on ne le sépare pas au moyen de l'alcool, est mise à jour par le chlorure de baryum qui y forme un précipité blanc de sulfate de baryum insoluble dans l'acide chlorhydrique ou l'acide nitrique ; si l'acide oxalique est pur, le précipité blanc d'oxalate de baryum se dissout dans ces acides.

Enfin, calciné sur une lame de platine, il laisse un résidu charbonneux s'il contient des matières organiques et des cendres s'il contient des sels.

Propriétés qui justifient l'emploi de l'acide oxalique dans le mordançage et la teinture de la laine. — L'acide oxalique forme avec la plupart des oxydes métalliques des sels solubles; cette propriété le fait employer comme rongeant dans l'impression du coton et le rend aussi propre à enlever les taches de rouille.

L'acide oxalique est le plus énergique des acides organiques; il peut déplacer un certain nombre d'acides minéraux de leurs combinaisons salines : tel que l'acide chromique des chromates. C'est sur cette propriété qu'est basé l'enlevage au chromate sur bleu de cuve; ainsi que l'emploi de l'acide oxalique à la place de l'acide sulfurique dans le mordançage au bichromate.

La teinture de la laine utilise une quantité notable d'acide oxalique. Voici quelques exemples de mordants à l'acide oxalique :

MORDANT DE CHROME POUR NOIR AU CAMPÊCHE

Bichromate de potassium	3 0/0
Sulfate de cuivre	3 0/0
Acide oxalique	3 0/0

MORDANT POUR ALIZARINE ET COCHENILLE (TEINTURE EN UN BAIN)

Sel d'étain ($SnCl^2$)	6 0/0
Acide oxalique	6 à 8 0/0
Cochenille	5 à 12 0/0

MORDANT DE CHROME POUR ALIZARINE

Bichromate	3 à 4 0/0
Acide oxalique	1,5 à 2 0/0

MORDANT DE FER POUR ALIZARINE ET BOIS DE TEINTURE

Sulfate ferreux	5 0/0
Tartre	3 0/0
Acide oxalique	2 0/0

MORDANT A L'ALUN DE CHROME OU A L'ALUN D'ALUMINIUM POUR ALIZARINE ROUGE BLEUE ET POUR BOIS DE TEINTURE

Alun de chrome	5 à 10 0/0
Tartre	1,5 à 3 0/0
Acide oxalique	1 à 2 0/0

L'acide oxalique paraît dans bien des cas préférable à l'acide sulfurique; il semble donner avec les mordants des sels solubles moins dissociables que les sulfates. Les mordants sont par suite absorbés plus lentement et plus régulièrement qu'en présence de l'acide sulfurique ; leur pénétration dans la fibre est de ce fait plus profonde. La couleur teinte sur un pareil mordant est plus solide, mieux tranchée et la teinture est plus unie.

C'est vraisemblablement l'acidité marquée de l'acide oxalique, jointe à la pénétration plus accusée de ses sels, due à leur grande stabilité, qui explique l'emploi de ce corps combiné à celui du tartre dans un même bain.

L'acide oxalique n'a pas seulement la faculté de former avec les mordants ordinaires des sels stables ; il a en outre la propriété très appréciable de pouvoir dissoudre les laques colorées[1] (et colorantes), au fur et à mesure de leur formation dans le bain ; d'où son usage dans la teinture en bain unique. L'acide tannique jouit de la même propriété, mais elle est moins accusée.

Remarque. — Tous les sels de calcium solubles donnent, dans les solutions aqueuses d'acide oxalique et des oxalates alcalins même excessivement étendues, un précipité blanc en poudre fine d'oxalate de calcium, probablement un mélange de $C^2O^4Ca + H^2O$ et $C^2O^4Ca + 3H^2O$.

Ce précipité, insoluble dans l'eau, peu soluble dans l'acide acétique et dans l'acide oxalique, est très soluble dans l'acide chlorhydrique et dans l'acide azotique.

Les conditions nécessaires à la formation de l'oxalate de calcium se trouvent réalisées dans les bains contenant de l'acide oxalique ou des oxalates alcalins lorsque l'eau est calcaire, ce qui est le cas le plus fréquent.

Ce précipité peut diminuer la vivacité de la nuance, principalement dans les noirs au campêche en bain unique ; on empêche sa formation en ajoutant un peu d'acide chlorhydrique[2] aux ingrédients énumérés page 327.

1. On appelle laque colorée ou laque colorante toute combinaison entre un *mordant* et un *colorant à mordant*.
2. Acide muriatique ou esprit de sel.

Acide tartrique (CO^2H-CHOH-CHOH-CO^2H); **bitartrate de potassium ou crême de tartre; tartre ordinaire ou tartre brut et lie de vin.**

Tartre brut et lie de vin. — On nomme *tartre brut* le dépôt cristallin qui adhère aux parois des tonneaux où l'on renferme le vin nouveau. La lie est le dépôt volumineux qui se forme dans le moût de raisin et celui qui se dépose au fond du tonneau. On la divise en lie plâtrée et lie non plâtrée. La lie plâtrée retient beaucoup de sulfate de calcium.

Le tartre est formé principalement du bitartrate de potassium, de tartrate de calcium, de matières colorantes, de débris organiques, etc. La lie contient, en outre des composés que nous venons d'énumérer, des principes pectiques, du tanin, du ferment, etc.

Crème de tartre, appelée aussi tartre purifié, bitartrate de potassium, tartrate acide de potassium ou surtartrate de potasse. — C'est un sel blanc, cristallisé en petits prismes terminés par des sommets dièdres. Il est inaltérable à l'air, très peu soluble dans l'eau froide : $\frac{1}{208}$; plus soluble dans l'eau bouillante : $\frac{1}{15}$; insoluble dans l'alcool.

Acide tartrique. — L'acide tartrique se présente en cristaux prismatiques, incolores, transparents, inaltérables à l'air, d une densité = 1,75, fondant entre 130° et 140° C., qui brunit à 160°, puis se décompose en répandant une odeur analogue à celle du sucre brûlé et en laissant un charbon volumineux. Il est très soluble dans l'eau, soluble dans l'alcool, sa solution aqueuse étendue s'altère à la longue et se couvre de moisissures.

Préparation du bitartrate de potassium. — On traite le tartre brut par de l'eau bouillante, précipite la matière colorante par de l'argile, décante après dépôt et laisse cristalliser.

Préparation de l'acide tartrique. — Industriellement, on retire l'acide tartrique soit des lies de vin, soit des tartres bruts.

1° Les lies sont traitées par l'eau bouillante additionnée d'un peu d'acide chlorhydrique qui dissout les tartrates. Le liquide clarifié par dépôt est amené dans une cuve à agitateur où on le suture par de la craie pulvérisée.

2° Les tartres bruts sont finement pulvérisés, puis dissous dans l'eau bouillante et saturés par la craie comme précédemment. Il se forme du tartrate de calcium et du tartrate neutre de potassium; celui-ci est transformé en tartrate de calcium par une addition de chlorure de calcium.

Le tartrate de calcium, obtenu avec les lies et les tartres bruts, est décomposé par l'acide sulfurique dilué dans des cuves en bois doublées de plomb. On chauffe par un courant de vapeur. La liqueur surnageante est ensuite concentrée pour enlever le reste du sulfate de calcium, puis décantée et abandonnée pour faire cristalliser l'acide tartrique par refroidissement. On obtient ainsi un acide coloré; pour le purifier, on le redissout dans l'eau, on décolore par du noir animal, on concentre et on fait de nouveau cristalliser.

Caractères, altérations et falsifications de l'acide tartrique et des tartrates. — *Caractères.* — L'acide tartrique précipite la chaux des sels calcaires solubles à acides végétaux et non des sels calcaires à acides minéraux, ce qui le distingue de l'acide oxalique; il peut, s'il est en excès, redissoudre le précipité. Son addition à certains sels métalliques les empêche d'être précipités par les alcalis. La solution d'acide tartrique ajoutée à une solution assez concentrée d'un sel de potassium y produit, surtout par l'agitation, un précipité blanc, cristallin, de bitartrate de potassium, soluble dans les alcalis et les acides minéraux.

Le bitartrate de potassium chauffé au rouge, dégage une odeur de caramel et se convertit en un mélange de carbonate de potassium et de charbon. Sa solution bouillante, précipitée par de l'acétate de plomb, donne du tartrate de plomb insoluble, que l'acide sulfhydrique convertit en sulfure de plomb et en acide tartrique.

Altérations et falsifications. — Le *tartre brut* peut être altéré par le plâtrage qui diminue la qualité de ce produit, par suite de la formation d'une certaine quantité de tartrate de calcium.

Le poids du sable et de l'argile ne doit pas dépasser 1,5 à 2 0/0; une plus forte proportion indiquerait une fraude.

On isole ces impuretés en incinérant le tartre, reprenant le résidu par l'acide chlorhydrique qui laisse la silice (les silicates) et le sulfate de calcium; mais ce dernier est assez soluble dans les acides.

On ajoute au tartre brut les concrétions provenant des chaudières à vapeur. On est mis sur la voie de cette fraude en dosant le carbonate de calcium et le sulfate de calcium.

La *crème de tartre* peut contenir du tartrate de calcium, de la craie, du sulfate de calcium, du sable, du nitrate de potassium, de l'alun, du chlorure de potassium, etc.

En saturant la crème de tartre par une solution faible de potasse, beaucoup de ces substances étrangères, entre autres le tartrate de calcium, la craie, le sulfate de calcium, le sable, restent comme résidu.

La craie (et le marbre blanc) se reconnaissent à l'effervescence que la crème de tartre produit avec l'acide chlorhydrique ou l'acide nitrique.

Le nitrate de potassium fait fuser sur des charbons ardents la crème de tartre qui en renferme.

L'alun et le sulfate de potassium sont décelés par le précipité blanc, insoluble dans l'acide chlorhydrique, que donne une solution de chlorure de baryum dans la solution aqueuse de bitartrate à essayer.

Le chlorure de potassium est reconnu au précipité blanc, caillebotté, insoluble dans l'acide azotique, que produit le nitrate d'argent dans cette même solution.

L'*acide tartrique* mal préparé peut contenir de l'acide sulfurique, du sulfate de calcium, du tartrate de calcium, des sels de plomb et de cuivre. Il est parfois falsifié avec de la crème de tartre, du sulfate acide de potassium et de l'alun.

L'acide sulfurique se reconnaît en versant du chlorure de baryum et de l'acide chlorhydrique dans la solution aqueuse des cristaux à essayer.

Le sulfate et le tartrate de calcium sont séparés par l'alcool qui ne dissout que l'acide tartrique. Ce résidu, repris par l'eau bouillante, donne une solution qui précipite par l'oxalate d'ammonium et par le chlorure de baryum.

Si l'acide tartrique contient un sel de plomb, sa solution précipite en noir par l'hydrogène sulfuré, en jaune par l'iodure de potassium et par le chromate de potassium. S'il contient du cuivre, l'ammoniaque colore la solution en bleu et le cyanure jaune y produit un précipité ou une coloration brun marron.

L'acide tartrique traité par l'eau froide laisse pour résidu la crème de tartre dont il a été additionné.

Le sulfate acide de potassium et l'alun sont décelés soit par l'alcool, qui les laisse comme résidu ; soit par calcination, qui donne une cendre contenant du sulfate alcalin seul ou mêlé d'alumine. Le potassium se reconnaît par la coloration violette qu'il communique à la flamme. L'alumine, insoluble dans l'eau, est colorée en bleu, au chalumeau, par l'azotate de cobalt.

Propriétés qui expliquent l'emploi de l'acide tartrique et des tartrates en teinture. — L'emploi de l'acide tartrique et des tartrates : tartrate d'étain, tartrate d'aluminium, pour le mordançage des cotons, est très favorable à la beauté et à la solidité.

Le tartrate d'étain ammoniacal, sel peu soluble, en combinaison avec le mordant d'aluminium, donne un mordant composé d'une adhérence parfaite. La teinture obtenue sur ce mordant ne peut plus être démontée, même par les lessivages et savonnages énergiques ; elle est solide au frottement et d'une grande vivacité (Beltzer).

Le teinturier en laine ajoute souvent de l'acide tartrique ou du tartre au bain de mordançage, lors de l'emploi du bichromate de potassium, du chlorure stanneux, du sulfate ferreux, du sulfate d'aluminium ou de l'alun. On peut quelquefois remplacer l'acide tartrique par l'acide oxalique, l'acide formique ou l'acide lactique.

Le mordançage à l'alun et au tartre additionnés d'acide oxalique, et le mordançage au bichromate et au tartre, servent de bases pour la teinture en couleurs solides sur laine.

Le rôle que jouent l'acide tartrique et les tartrates, tient uniquement aux propriétés chimiques toutes particulières de ces composés.

Les alcalis : potasse, soude, ammoniaque, précipitent, immédiatement et complètement, la plupart des bases de leurs solutions salines. Or, la présence de l'acide tartrique combiné ou non (ainsi que de l'acide lactique, malique, etc.) empêche cette précipitation. D'autre part, beaucoup de mordants pour laine sont des sels fort dissociables, surtout lorsqu'ils sont en contact avec la fibre. L'acide tartrique en donnant, sans doute par double décomposition, des tartrates simples ou encore des sels doubles correspondant aux sels minéraux employés au mordançage, non seulement retarde la dissociation, mais l'alcali organique qui se dégage de la fibre, pendant l'ébullition indispensable à l'application du mordant, ne peut précipiter les bases des sels. Il en résulte, qu'en présence du tartre, le mordant agit lentement, progressivement, et que les couleurs que l'on fixe ensuite par teinture sont généralement mieux unies et plus vives que par l'emploi de tout autre acide[1].

L'acide tartrique peut être remplacé par un autre acide, quand ce corps intervient uniquement par sa réaction acide, c'est-à-dire lorsqu'il n'a pas pour but d'empêcher ou de retarder la précipitation des oxydes métalliques ou des sels basiques.

Émétiques. — Les émétiques sont des tartrates doubles de potassium et d'oxyde d'antimoine, d'oxyde de fer, d'oxyde d'aluminium ou d'oxyde de bore (boryle BoO).

L'émétique de bore se trouve dans le commerce sous le nom de crème de tartre soluble.

1. Voir « Théorie de la teinture : le rôle joué par le tartre comme mordant auxiliaire ».

L'émétique ordinaire ou tartrate double d'antimonyle et de potassium, sert surtout pour fixer l'acide tannique sur le coton et pour la teinture à l'aide des colorants basiques.

Il est remplacé avantageusement par l'oxalate double d'antimoine et de potassium.

Acide lactique (CH^3-CHOH-CO^2H) et lactates.

Cet acide se forme par la fermentation lactique des glucoses. On abandonne à lui-même pendant quelques jours, à 35° ou 40° C., un mélange de 100 parties d'eau, 10 parties de glucose, 1 partie de fromage blanc et 10 parties de craie. Il se développe un ferment spécial, le ferment lactique, qui transforme la glucose en acide lactique. *Celui-ci est saturé par la chaux au fur et à mesure qu'il se produit* (voir cuve à fermentation). Quand la fermentation est terminée, la masse est devenue épaisse ; on la fait bouillir avec de l'*eau*, *qui dissout le lactate de calcium* et l'abandonne après filtration. On met l'acide en liberté par une quantité calculée d'acide oxalique ou d'acide sulfurique. Pour avoir l'acide lactique tout à fait pur, on prépare son sel de zinc, qui cristallise bien, on le purifie par cristallisation et on le décompose par un courant d'hydrogène sulfuré.

C'est un liquide sirupeux et incristallisable. Soluble en toutes proportions dans l'eau, l'alcool et l'éther. Il est monobasique comme l'acide acétique et l'acide formique.

Caractères et altérations. — Chauffé avec l'acide sulfurique concentré, il est décomposé et dégage beaucoup d'oxyde de carbone. Si, à une solution de phénol bleuie par du perchlorure de fer, on ajoute un peu d'acide lactique, la coloration bleue passe au jaune. L'acide butyrique se comporte d'une manière analogue. Les lactates en solution aqueuse, chauffés à l'ébullition avec du *bioxyde de plomb* (ou du *permanganate de potassium en présence de l'acide sulfurique*), donnent lieu à un dégagement d'aldéhyde, reconnaissable à son odeur.

L'acide lactique du commerce peut retenir de l'acide sulfurique, de l'acide oxalique, de la chaux ou du sulfate de calcium, de l'oxyde de zinc, de l'acide butyrique, suivant les agents employés à sa préparation.

S'il contient de l'acide sulfurique ou un sulfate, il sera troublé par un sel de baryum soluble. L'eau de chaux y produira un précipité, s'il a retenu de l'acide oxalique ; c'est, au contraire, l'acide oxalique ou l'oxalate d'ammonium qui le troublera, s'il est rendu impur par un sel calcaire. On y trouve le zinc par l'hydrogène sulfuré qui donne naissance à un précipité blanc de sulfure de zinc. Enfin, si l'acide lactique renferme de la chaux, il sera précipité, partiellement, par une forte addition d'alcool.

L'acide lactique conserve quelquefois une odeur de beurre ranci ; c'est qu'il contient de l'acide butyrique. On reconnaît cet acide en faisant bouillir le liquide en présence d'alcool et d'acide sulfurique : il se dégage de l'éther butyrique caractérisé par une forte odeur d'ananas.

Propriétés par lesquelles l'acide lactique et les lactates se recommandent en teinture. — L'acide lactique partage avec l'acide tartrique la propriété d'empêcher la précipitation des bases métalliques par les alcalis. Il est probable que les lactates sont aussi peu dissociables que les tartrates. C'est pourquoi on préconise le remplacement, en mordançage et en teinture, de l'acide tartrique, du bitartrate et de l'émétique par l'acide lactique et les lactates. Cette substitution est du reste économique en raison du prix moins élevé des produits lactiques.

Le lactate d'antimoine remplace avantageusement l'émétique pour le mordançage des cotons en tanin et pour les teintures en couleurs basiques.

Acide formique ($H\text{-}CO^2H$) (**acide méthanoïque**).

Cet acide se prépare très simplement en chauffant à une température modérée : 100°-120° C., un mélange de glycérine et d'acide oxalique. La glycérine ne subit, dans cette réaction, aucune altération ; elle absorbe l'acide formique à mesure qu'il se produit et donne un éther qui, aussitôt formé, se décompose par la chaleur.

L'acide formique est un liquide incolore, fumant à l'air ; son odeur est aigre-piquante ; sa densité est 1,226 ; il bout à 104° et cristallise à 0°. Sa vapeur est inflammable. Il est soluble dans l'eau et dans l'alcool.

Quand il est pur, l'acide formique corrode fortement la peau et y fait apparaître des ampoules.

Caractères, altérations et falsifications. — *Caractères.* — L'acide sulfurique concentré et chaud transforme l'acide formique en eau et oxyde de carbone. Chauffé à 160°, il se décompose en anhydride carbonique et hydrogène. C'est à ces dédoublements faciles qu'il faut attribuer les propriétés réductrices de l'acide méthanoïque. En effet, il réduit facilement à chaud les sels d'or, d'argent, de cuivre et de mercure. Il décolore à chaud le permanganate de potassium, mais il ne réduit pas la liqueur de Fehling.

Voici quelques réactions tout à fait caractéristiques :

L'azotate d'argent détermine à chaud, dans les formiates, un précipité d'argent métallique. Un excès d'ammoniaque empêche la réaction.

Le bichlorure de mercure est réduit vers 60° et précipité à l'état de protochlorure de mercure, par l'acide formique ou les formiates.

En chauffant les formiates avec de l'acide sulfurique et de l'alcool, il se dégage de l'éther formique dont l'odeur est caractéristique, elle rappelle vaguement celle des noyaux de pêche.

Répétons que, mis en présence des sels ferriques, les formiates se comportent comme les acétates.

Altérations et falsifications. — L'acide méthanoïque peut être plus ou moins concentré; il peut donc renfermer un excès d'eau. Suivant son mode de préparation, on peut y rencontrer du plomb, de l'éther formique, de l'acide acétique, de l'acide sulfurique, de l'acide chlorhydrique, etc.

L'acide formique exempt de substances minérales ne doit

laisser aucun résidu fixe à l'évaporation. Il ne doit troubler ni la solution de chlorure de baryum, ni celle de nitrate d'argent, en présence d'un excès d'acide nitrique. Il ne doit pas noircir par l'acide sulfhydrique. Saturé par un alcali, il ne doit conserver aucune odeur ; autrement, il pourrait contenir de l'éther formique qu'on isolerait par distillation à la température de 55° C.

Lorsqu'il est mélangé d'acide acétique, l'acide formique ne peut être séparé que difficilement par saturation fractionnée, car il est plus énergique que le premier et il commence par s'emparer des bases en présence. Pour arriver à démontrer la présence de l'acide acétique, il faut saturer leur mélange par un léger excès d'oxyde d'argent récemment précipité, étendre la liqueur et la porter à l'ébullition. Le formiate d'argent se décompose alors en acide carbonique et argent métallique, tandis que l'acétate d'argent reste dissous pour se déposer en cristaux par le refroidissement de la liqueur filtrée bouillante.

Des raisons qui font employer l'acide formique pour le mordançage et la teinture, ou de la valeur de l'acide formique comparativement à celle de l'acide tartrique, de l'acide lactique et de l'acide sulfurique, considérés comme mordants auxiliaires utilisés avec le bichromate, et comparativement à celle de l'acide sulfurique et de l'acide acétique employés seuls (*d'après Kapff, Green et Steven*). — La teinture de la laine dans les tissus mixtes laine et coton, au moyen de colorants acides en présence d'acide sulfurique, peut amener l'affaiblissement du coton. Pour éviter cet inconvénient, dans la pratique on remplace, surtout pour la teinture des noirs, l'acide sulfurique par l'acide acétique. Mais ce dernier donne des nuances moins solides à l'eau et à la sueur, et qui déteignent plus facilement sur les marchandises blanches.

MM. Green et Steven firent plusieurs essais comparatifs de teinture, sur 10 grammes de laine dans 1 litre d'eau, en employant successivement :

1° 2 0/0 d'acide sulfurique et 10 0/0 de sulfate de sodium ;

2° 4 0/0 d'acide acétique cristallisable, et

3° 4 0/0 d'acide formique à 80 0/0.

Ils constatèrent : 1° que, dans tous les cas, les teintures faites en présence de l'acide formique étaient plus pleines que celles qui étaient obtenues en présence d'acide acétique et, qu'elles étaient même un peu plus nourries que les teintures identiques réalisées en présence d'acide sulfurique et sulfate de sodium ; 2° que les teintures à l'acide formique résistent beaucoup mieux que les teintures à l'acide acétique.

M. Kapff est d'accord avec les auteurs des expériences citées, il est même plus affirmatif, car il prétend que l'emploi de l'acide formique, à la place de l'acide sulfurique, est avantageux dans la teinture de la laine et des tissus de coton et laine avec les colorants acides. La solidité à la lumière, au décatissage et au potting est la même et, ainsi que nous l'avons dit plus haut, on n'a pas à craindre l'action ultérieure de l'acide sulfurique sur le coton.

L'acide formique s'emploie dans les proportions de 2 0/0, tandis que, si l'on veut remplacer l'acide sulfurique par l'acide acétique, il faut au moins 10 0/0 de ce dernier titrant 40 0/0.

Pour la laine seule, l'acide méthanoïque est préférable, quand, par crainte d'une égalisation défectueuse, on doit se servir d'acide acétique ou de son sel d'ammonium. Le nettoyage de la marchandise s'opère mieux et on n'a pas à craindre l'odeur défectueuse de l'acide pyroligneux.

L'acide formique est aussi préférable aux acides sulfurique acétique et oxalique, lorsqu'on veut teindre des tissus de laine avec effets de soie de manière que cette dernière soit réservée ou se teigne différemment. Il existe du reste peu de colorants qui se comportent ainsi avec les articles laine et soie.

Pour la teinture et l'avivage de la soie, l'acide formique peut remplacer l'acide acétique, il n'exerce aucune action nuisible sur la fibroïne, contrairement aux acides minéraux.

C'est surtout dans le travail de la soie chargée au silicophosphate d'étain que les acides minéraux doivent être évités et remplacés par les acides organiques : acétique, lactique, formique qui sont considérés comme les plus inoffensifs.

A cause de son poids moléculaire moins élevé, l'acide formique donne à la soie un craquant meilleur et plus durable, à des doses moins élevées, que les acides acétique et lactique.

Pour la teinture du coton seul, l'acide formique est sans importance, mais il peut remplacer l'acide acétique pour donner du « craquant » aux tissus mercerisés.

Le rôle principal de l'acide formique en mordançage est celui de réducteur du bichromate (pour le mordançage des laines). Avec 1,5 de bichromate de potassium et 1,5 d'acide formique, la laine est bien mieux mordancée qu'avec le bichromate de potassium et l'acide tartrique ou sulfurique, quelles que soient les proportions adoptées. L'acide sulfurique fixe le mordant trop rapidement, ce qui provoque des inégalités de nuance ; l'acide tartrique, au contraire, retarde trop la fixation du mordant, le bain n'est jamais complètement épuisé. Enfin, la solidité au foulon et au frottement des couleurs teintes sur mordant formique est excellente.

Le formiate de chrome imprimé sur laine donne, avec les couleurs d'alizarine, des nuances plus foncées que l'acétate de chrome. Le formiate de chrome ne saurait cependant remplacer le fluorure pour fixer par mordançage le chrome sur la laine, parce qu'il se décompose trop rapidement. Les autres formiates: de fer, d'aluminium, etc., se décomposent aussi facilement.

Le grand pouvoir dissociant du formiate d'aluminium rend ce sel très propice à l'imperméabilisation des étoffes. Les résultats sont meilleurs qu'avec l'acétate d'aluminium et les tissus ne conservent pas une odeur désagréable.

Enfin l'acide formique possède des propriétés antiseptiques que n'a pas l'acide acétique et qui peuvent s'appliquer à la conservation des épaississants, des apprêts, etc. L'empois d'amidon additionné de 5 grammes d'acide formique par litre se conserve parfaitement à froid.

II. — MORDANTS FIXATEURS

Parmi les mordants fixateurs, nous avons signalé : la gélatine, le silicate de sodium, le carbonate de sodium, l'émétique, le tanin, l'alun, l'acétate d'aluminium et l'oxymuriate d'étain.

Certains d'entre eux ont été examinés à propos des mordants auxiliaires. L'alun sera étudié avec les mordants proprement dits. Pour ce qui concerne la gélatine et l'oxymuriate d'étain (tétrachlorure d'étain ou chlorure stannique $SnCl^4$), tout ce que nous pourrions en dire se trouve dans tous les traités de chimie; il en est de même des composés rentrant dans un des trois groupes de mordants que nous nous contenterons de mentionner en énumérant les modes de teinture des différents textiles.

Tanin.

Le tanin ordinaire $\left[(OH)^3C^6H^2\text{-}CO\text{-}O\text{-}C^6H^2\begin{smallmatrix}\nearrow CO^2H \\ \searrow (OH)^2\end{smallmatrix}\right]$ est un éther de l'acide gallique $(OH)^3.C^6H^2.CO^2H$. On le rencontre dans beaucoup de substances végétales notamment dans la noix de galle et dans le sumac. Les principales matières tanantes employées dans l'industrie textile sont :

La *noix de galle*, excroissance de la grosseur d'une noisette, formée d'amidon et de tanin, qui vient sur les feuilles et les jeunes pousses d'un chêne qui croît en Syrie. Cette excroissance est provoquée par la piqûre d'un insecte hyménoptère, pour y déposer un œuf. Il faut cueillir la noix avant que l'œuf éclose, sinon l'animal perce un trou et s'échappe après avoir vécu quelque temps aux dépens du tanin ;

Le *sumac*, poudre grossière d'un jaune verdâtre obtenue en broyant les feuilles et les panicules florales de diverses espèces de térébinthacées et particulièrement du *Rhus coriaria*, originaire de l'Asie et cultivé en Europe ;

Les *myrobolanes*, fruits de diverses plantes de la Chine et des Indes orientales ;

La *Vélanède*, nom donné dans le commerce aux cupules du chêne Vélani. Ce chêne croît abondamment en Grèce et en Asie-Mineure.

Le *divi-divi*, gousse d'une plante de l'Amérique centrale et de l'Amérique du Sud,

On peut encore citer l'écorce de chêne, d'aune ou d'aulne et de châtaignier.

Toutes ces matières sont estimées d'après la quantité de tanin qu'elles contiennent.

Le tanin est une substance amorphe jaune brun ou jaune clair, très soluble dans l'eau, peu soluble dans l'alcool, insoluble dans l'éther.

Il existe plusieurs variétés de tanin : les unes donnent, dans leur dédoublement sous l'influence des acides, deux molécules d'un acide à fonction phénolique, c'est le tanin proprement dit ou tanin ordinaire ; les autres donnent naissance, dans les mêmes conditions, à une ou plusieurs molécules de sucre et à des acides à fonction phénolique ou à des polyphénols, ce sont des glucosides.

A côté du tanin qui est un éther de l'acide gallique, il existe donc dans les plantes toute une série de composés qui se rattachent à la classe des glucosides. Mais ces différentes sortes de tanin s'écartent de la plupart des autres glucosides, parce qu'elles précipitent l'acétate neutre de plomb.

Chauffé, le tanin fond entre 215° et 220° C., il se décompose en donnant du pyrogallol et de l'anhydride carbonique. Sa dissolution aqueuse rougit la teinture de tournesol ; exposée à l'air, elle en absorbe lentement l'oxygène et devient brune ; pendant cette réaction, il se dégage du gaz carbonique et le tanin se transforme en acide gallique. Cette transformation est plus rapide en présence des alcalis. Elle se produit également par l'eau acidulée bouillante, c'est un des modes de préparation de l'acide gallique.

On emploie beaucoup pour la teinture de la soie un produit liquide appelé *gallique*. C'est une infusion de noix de galle exposée à l'air, ou un extrait aqueux de la coque de la châtaigne oxydée par un séjour à l'air.

Le tanin décompose les carbonates ; réduit les sels d'or, d'argent, la liqueur cupropotassique ; donne avec les bases des sels non cristallisables, peu solubles ; c'est ainsi qu'il précipite les sels de plomb, de zinc, d'antimoine, d'étain, de mercure, etc., en composés tout à fait insolubles. Il précipite également l'émétique, l'albumine, la gélatine, les sels d'alcaloïdes, l'empois d'amidon, etc. Ses solutions sont troublées par les acides minéraux, le chlorure de sodium et l'acétate de potassium. Un lambeau de peau fraîche l'enlève complètement à ses solutions, en donnant une combinaison imputrescible (principe du tannage).

La plupart des combinaisons du tanin sont solubles dans l'acide acétique ou dans la glycérine.

Altérations, falsifications, analyse du tanin et des matières tannantes. — Le tanin du commerce est rarement pur ; il renferme de la glucose, de la chlorophylle, de l'acide gallique, quelquefois de l'amidon et des matières minérales.

Lorsqu'il est extrait à l'aide de l'esprit de bois, il possède une odeur agréable et n'est pas tout à fait soluble dans l'eau.

Chlorophylle. — On agite le tanin avec volumes égaux d'éther et d'eau ; s'il renferme de la chlorophylle, l'éther se colore en vert.

Glucose. — La solution de tanin est précipitée par l'acétate de plomb, on filtre et titre la glucose, dans la liqueur filtrée, par une solution cupropotassique (liqueur de Fehling, de Violette ou de Pasteur). On peut reconnaître les glucosides par la même méthode, après ébullition de la solution, pendant dix minutes, avec de l'acide sulfurique dilué, puis neutralisation par la soude.

Amidon. — Le tanin est dissous dans l'alcool ; l'amidon insoluble est recueilli et caractérisé par la coloration bleue que lui fait prendre l'eau iodée.

Matières minérales. — On incinère un poids connu de tanin et on évalue les cendres. Elles ne doivent pas dépasser 0,4 0/0.

État de pureté du tanin. — Pour reconnaître si le tanin est pur ou s'il contient de *l'acide gallique*, on laisse sa solution en contact avec un morceau de peau de bœuf dépilée et on agite de temps en temps. Si le tanin est pur, il est absorbé en totalité ; l'eau qui le tenait en dissolution devient insipide et ne donne plus de coloration avec les sels ferriques ; le contraire a lieu s'il renferme de l'acide gallique.

Moyen de reconnaître la valeur d'une matière tannante. — Voici un procédé assez simple dû à Ferdinand Jean, facile à être exécuté par les contremaîtres, pour analyser les écorces, les extraits ou toute autre matière contenant du tanin.

Sur un fond noir, on place un disque de papier blanc de 5 centimètres de diamètre, sur lequel on pose un verre cylindrique, de 8 à 9 centimètres de diamètre, d'une capacité d'environ 800 centimètres cubes, et portant un trait de jauge correspondant à un volume de 200 centimètres cubes.

On y introduit 5 centimètres cubes d'une solution de perchlorure de fer, préparée avec 10 centimètres cubes d'acide chlorhydrique, plus 14 grammes de chlorure ferrique par litre, et on complète avec de l'eau ordinaire le volume de 200 centimètres cubes. A l'aide d'une burette, on verse goutte à goutte dans le verre et en agitant une solution de tanin pur à $\frac{1}{1.000}$, jusqu'à ce que l'on cesse de distinguer la tache blanche faite par le papier sur le fond noir.

On recommence ce titrage avec des solutions au millième des échantillons à doser.

On peut apprécier la quantité d'acide tanique et autres acides astringents, non fixables par la peau, en traitant au préalable la solution par de la peau fraîche, qui absorbe le tanin ; puis, après filtration, en recommençant le même titrage avec cette solution ainsi privée de tanin. Mais, la liqueur traitée de cette manière étant généralement presque épuisée, on ajoute, avant titrage, $0^{gr},10$ de tanin pur à 100 centimètres cubes de solution, et on tient compte de cette addition dans le calcul.

Emploi du tanin dans l'industrie textile. — *Application à la laine.* — Le tanin teint les fibres animales en gris jaunâtre ; avec un mordant de fer il donne sur laine, comme sur coton et sur soie, des gris allant jusqu'au noir, selon la force du mordant employé.

En pratique, ce produit n'est pas d'une grande utilité pour la laine.

On recommande l'action du tanin après teinture sur laine, afin d'augmenter la solidité à l'eau de la plupart de ses colorants. L'action du tanin est surtout avantageuse pour les draps de parement, par exemple, teints en vert : avec vert foulon brillant ou vert cyanol solide, ainsi que pour tissus drapeaux.

Voici comment on procède.

La marchandise teinte et rincée est traitée, pendant vingt à trente minutes, dans un bain de volume restreint, chauffé à 30° C. et contenant, pour 100 litres d'eau, 500 grammes de tanin pur. Puis on essore sans rincer et sèche.

La nuance n'est pas ou presque pas modifiée par ce traitement.

Pour des teintes vives il convient d'employer du tanin aussi pur que possible, de préférence du tanin à l'éther.

Application au coton. — Les tanins sont employés pour le mordançage du coton. Ils sont parfois aussi additionnés, en faibles proportions, aux bains de teinture. L'acide tannique favorise en effet l'absorption du colorant, quand ce dernier est combiné au mordant, dans le cas où la teinture et le mordançage se font simultanément (teinture en bain unique).

Le coton, comme la plupart des textiles, possède à un haut degré la propriété d'extraire le tanin de ses solutions, sans le concours de substances intermédiaires. La quantité d'acide tannique, que l'on peut ainsi fixer, dépend de la concentration de la solution et de la durée de l'immersion.

Il existe deux méthodes d'imprégnation :

Première méthode. — On plonge le coton dans un bain chaud de tanin qu'on laisse refroidir. On abandonne ainsi la marchandise une ou plusieurs heures, ou même toute une nuit, selon que la nuance à reproduire est claire ou foncée. Le mordançage ne peut être accéléré par une élévation de température. Si on veut diminuer la durée du trempage, il faut augmenter la dose de tanin.

Deuxième méthode. — La marchandise est foulardée, pendant un temps très court, dans une solution de tanin d'autant plus concentrée que l'on désire opérer plus rapidement.

Le tanin, comme les autres mordants travaillés sur coton, a besoin d'être maintenu, afin de l'empêcher de se perdre dans le bain de teinture. A cause de son action sur les sels d'antimoine, les sels d'étain, l'émétique, il peut être fixé dans la fibre de coton ou servir de fixateur. Nous avons fait remarquer que ce produit naturel peut être considéré comme un mordant proprement dit ou comme un mordant fixateur, selon que l'action qu'il exerce dans la teinture subséquente est principale ou secondaire.

Exemple. — Dans les noirs au campêche, le sel de fer est le mordant proprement dit, le mordant principal ; le tanin n'est que le réactif précipitant, le fixateur. Dans la teinture aux colorants basiques, c'est au contraire le tanin qui est le mordant proprement dit ; l'émétique, le chlorure stannique (oxymuriate d'étain), l'acétate d'aluminium ou l'alun, dont le concours est indispensable pour rendre le tanin insoluble, pour le fixer définitivement dans son dissolvant solide, sont des fixateurs. Ces sels ne sont donc ici que des mordants secondaires, ce sont, comme nous le disons, les fixateurs du tanin.

Par sa réaction acide, le tanin est en réalité un mordant pour les matières colorantes basiques ; il se combine avec elles pour produire une laque colorée insoluble. Cette laque se forme même lorsque l'acide tannique se trouve combiné à une base métallique. Les tannates métalliques possèdent donc une affinité tout aussi marquée pour les bases colorantes ; ils donnent évidemment des sels bibasiques insolubles.

Application à la soie. — Le tanin est très utile pour charger la soie et en même temps pour la teindre en noir. La soie absorbe jusqu'à 15 0/0 de tanin, en solution froide ; en solution chaude, elle peut en absorber 25 0/0.

L'acide tannique résiste au lavage à l'eau, mais une solution de savon, principalement quand elle est chaude, peut enlever presque tout cet acide, en laissant la soie légèrement teintée.

Quand on emploie le tanin pour teindre et charger la soie, on plonge ce textile, à plusieurs reprises, alternativement dans des dissolutions bouillantes ou tièdes de ce mordant organique et des dissolutions de pyrolignite chauffées à environ 45° C.

Comparaison entre l'acide sulfurique, l'acide oxalique, l'acide tartrique et l'acide tannique, considérés comme mordants. — L'acide oxalique et l'acide tartrique, étant des acides très énergiques, peuvent remplacer l'acide sulfurique. Ils ont, sur ce dernier, l'avantage de former des sels moins dissociables, se dissolvant par suite mieux dans les fibres textiles.

L'acide oxalique n'a pas, comme l'acide tartrique, la propriété d'empêcher la précipitation des bases en présence des alcalis; mais la plupart de ses sels sont plus solubles que les tartrates, et leur pouvoir dissociant n'est pas plus grand dans les bains, même en présence de la laine. C'est pourquoi on a intérêt à l'associer au tartre, chaque fois que le mordançage exige que le textile soit fortement acidulé.

Enfin l'acide oxalique et l'acide tannique peuvent dissoudre les laques colorantes. Cette propriété est très accusée chez le premier de ces deux acides. Aussi, joint-on généralement de l'acide oxalique, de préférence à l'acide tannique, dans les cas de teinture en bain unique, c'est-à-dire quand le mordançage et la teinture se font en même temps.

III. — MORDANTS PROPREMENT DITS

Mordants de chrome.

Les deux classes de sels de chrome sont utilisées au mordançage.

1° Parmi les sels chromiques, sels où le chrome combiné à l'oxygène constitue le radical acide, on n'emploie que le bichromate de potassium qui peut être remplacé par le bichromate de sodium ;

2° Parmi les sels de sesquioxyde de chrome, on emploie :

Le fluorure et le chlorure de chrome;

L'alun de chrome;

L'acétate de chrome et le bisulfite de chrome.

Ces sels ne communiquent pas à la laine, pendant la teinture, une couleur aussi intense. La teinture est aussi moins résistante que celle qui est faite sur bichromate de potassium ou de sodium.

Bichromate ou dichromate de potassium ($Cr^2O^7K^2$)

On l'obtient industriellement en calcinant, dans un four à reverbère, du fer chromé[1] pulvérisé avec du carbonate de potassium et du salpêtre. On reprend la masse par l'eau, on acidule la solution par l'acide sulfurique, on filtre pour séparer la silice et on fait cristalliser la solution qui abandonne d'abord du sulfate de potassium.

Le dichromate de potassium cristallise en beaux cristaux tabulaires, d'une couleur rouge orangé foncé, de 2,692 de densité. Chauffé il fond ; au rouge blanc, il se décompose en oxyde chromique (vert), oxygène et chromate neutre de potassium CrO^4K^2.

Sa solubilité dans l'eau varie avec la température :

A 0°,	le bichromate	de potassium	se dissout	dans 20	fois son poids d'eau ;
10°	—	—	—	10	—
40°	—	—	—	3,43	—
80°	—	—	—	1,37	—
100°	—	—	—	dans son poids d'eau.	

Caractères et falsifications du bichromate de potassium. — Le bichromate de potassium contient 68,33 d'oxyde chromique et 61,37 de potasse.

Le carbonate de potassium, ajouté à une solution de bichromate, provoque un dégagement de gaz carbonique et la solution vire au jaune, par suite de la formation de chromate neutre.

Le chlorure de baryum produit dans les solutions de bichromate ou de chromate neutre, un précipité jaune de chromate de baryum, soluble dans les acides chlorhydrique et azotique. Ce caractère permet de déceler le sulfate de potassium avec lequel les chromates sont souvent mêlés, parfois dans des pro-

1. *Fer chromé* : chromite, sidérochrome, Cr^2O^4Fe. Composé qui correspond à l'oxyde magnétique de fer. C'est un minerai cristallisé en octaèdres réguliers, mais il se rencontre en général en masses cristallines compactes, presque noires. Il est infusible et inattaquable par les acides.

portions considérables. On décompose par l'azotate ou le chlorure de baryum, une solution aqueuse de chromate (acide ou neutre); il se forme un précipité de chromate et de sulfate de baryum, sur lequel on verse un excès d'acide azotique ou d'acide chlorhydrique qui dissout le chromate de baryum en laissant intact le sulfate de baryum. Cette recherche peut être rendue quantitative, en opérant sur un poids connu de sel et en pesant le précipité après calcination. Un poids de 174 grammes de sulfate de potassium équivaut à 233 grammes de sulfate de baryum.

Application du bichromate de potassium au mordançage et à la teinture des textiles. — *Application à la laine.* — On n'emploie guère que le bichromate de potassium, bien que l'on puisse avoir recours indistinctement an bichromate de potassium ou au bichromate de sodium. Ce dernier sel présente une économie dans le prix et dans la richesse en oxyde chromique.

Si le bichromate de sodium est dans un état de pureté suffisant, il doit fournir des couleurs aussi belles et aussi solides. Un grand inconvénient, à son usage courant, réside dans la facilité avec laquelle il absorbe l'humidité de l'air. Il faut le conserver dans des récipients bien bouchés, et tenir compte, dans la préparation des bains, de la proportion d'eau qu'il contient.

Le bichromate est le composé le plus usuel pour le mordançage de la laine. Il est presque toujours employé lorsqu'il s'agit de teintures en nuances foncées. Pour les noirs au campêche, on le remplace avantageusement par des sulfate ferreux.

Le bichromate de potassium est utilisé dans les proportions de 2 à 4 0/0 du poids de la marchandise. On ne dépasse jamais 5 0/0, même pour l'obtention des nuances les plus foncées.

La laine mordancée est très sensible à l'action de la lumière. De jaune qu'elle est après mordançage au bichromate, elle devient verdâtre quand on la laisse au jour. Ce phénomène doit être attribué à la réduction du sel absorbé. Les parties non exposées se teignent plus vite que les autres et acquièrent une teinte un peu plus foncée et moins brillante. La lumière modifie donc les propriétés de ce mordant. On peut rapprocher ce fait de ce qui se passe dans la photographie dite au charbon. Le papier pour positif est imprégné de gélatine mélangée à du charbon ou à une autre matière colorée, divisée en poudre très fine. Avant de s'en servir, on le fait flotter sur un bain de chromate, puis on le sèche dans l'obscurité.

Lorsqu'on procède au tirage de l'épreuve, la gélatine modifie ses propriétés, aux endroits où elle est exposée à la lumière, au point de devenir insoluble. tandis que la gélatine non impressionnée se dissout dans l'eau tiède et entraîne avec elle la poudre qui la colore.

Quelles sont donc les réactions qui se passent :

1° Pendant le mordançage ?

2° Pendant l'exposition à la lumière de la laine mordancée ?

1° La théorie du mordançage au bichromate seul est expliquée de la manière suivante :

Le bichromate est plus ou moins dissocié par la fibre en chromate neutre CrO^4K^2 et anhydride chromique CrO^3 :

$$Cr^2O^7K^2 = CrO^4K^2 + CrO^3.$$

La laine réduit cet anhydride, à mesure qu'il est absorbé, et le transforme en oxyde chromique :

$$2\ CrO^3 = Cr^2O^3 + O^3.$$

L'action dissociante de la laine agirait en même temps sur une certaine portion du chromate neutre formé, pour donner une nouvelle quantité d'anhydride chromique qui se combinerait à l'oxyde chromique, afin de former le composé CrO^3-Cr^2O^3, chromate de chrome :

$$CrO^4K^2 = CrO^3 + K^2O.$$

La réaction peut être représentée en bloc par l'équation :

$$3\ Cr^2O^7K^2 + 3\ H^2O = 2\ (Cr^2O^3\text{-}CrO^3) + 6\ KOH + 3\ O^2.$$

La proportion de bichromate de potassium étant relativement faible, 3 0/0 en moyenne, et le tiers seulement de cette quantité étant absorbée, l'oxydation de la laine qui résulte de ce mordançage est par conséquent assez faible. D'autre part, la potasse ne peut guère avoir d'action nuisible ; elle doit avoir pour effet de neutraliser une partie du bichromate restant dans le bain.

$$Cr^2O^7K^2 + K^2O = 2\,CrO^4K^2.$$

L'absorption de l'acide chromique doit être admise, bien que l'absorption de l'acide des sels n'ait été constatée que pour l'acide chlorhydrique à propos des chlorures d'aluminium et de magnésium. Quant au pouvoir réducteur de la laine, il est incontestable et il s'exerce certainement aux dépens de l'anhydride chromique. Cet oxyde est, en effet, facilement réduit par tous les agents réducteurs.

2° S'il est réellement vrai que le pouvoir réducteur de la laine et des autres matières albuminoïdes, imprégnées de bichromate, est augmenté par l'action de la lumière, il faut néanmoins attribuer à la réduction du sel de chrome, et par suite à l'oxydation de la marchandise, l'une est une conséquence de l'autre, la modification qui rend la laine moins apte à absorber le colorant et qui insolubilise la gélatine chromatée.

C'est probablement aussi une suroxydation qui empêche la laine de se teindre, lorsqu'elle a été travaillée dans un excès de bichromate : laine surchromée. A cette cause, il faut ajouter la présence d'un excès d'acide chromique. Le mordant employé en excès passe de la laine dans le bain de teinture et précipite, sous forme de laque, une certaine portion de la matière colorante.

Bien souvent, le mordançage au bichromate se fait en présence d'un acide : acide sulfurique, oxalique, tartrique, lactique ou formique.

Pour les couleurs à l'alizarine rouges et bleues, les galléines, la céruléine, etc., on emploie ordinairement 1 à 4 0/0 de bichromate de potassium plus 3 0/0 de tartre, et on ajoute quelquefois 1 0/0 d'acide sulfurique pour augmenter la solidité au foulon.

Pour les alizarines plus foncées et les alizarines noires, ainsi que les noirs au campêche, on prend généralement 2 à 5 0/0 de bichromate de potassium avec 2 à 5 0/0 d'acide sulfurique. En présence de ces mordants auxiliaires, la presque totalité du bichromate se trouve utilisée; le mordançage est plus régulier, plus complet. Le mordant est mieux fixé et les couleurs sont naturellement plus solides.

On pourrait admettre que l'acide ajouté au bichromate a pour effet : 1° de neutraliser la potasse mise en liberté, et 2° d'empêcher la formation de chromate neutre. Mais, l'explication théorique est plus facile, en se basant sur des faits observés.

Le bichromate de potassium, chauffé avec de l'acide sulfurique concentré, donne naissance à de l'alun de chrome, de l'eau et de l'oxygène, suivant l'équation chimique :

$$Cr^2O^7K^2 + 4\,SO^4H^2 = \underbrace{SO^4K^2(SO^3)^3Cr^2 + 4\,H^2O + O^3}_{\text{Mélange oxydant}}.$$

Il est probable qu'il se passe la même réaction lorsqu'on fait bouillir une solution aqueuse diluée, de ces deux composés chimiques. Or, nous savons que les sulfates alcalins ne sont absorbés ni par les textiles, ni par les corps poreux en général, dépourvus de fonctions chimiques ; il reste donc le sulfate chromique. Si la solution de sulfate chromique se comporte, en présence de la laine, comme la plupart des solutions salines maintenues quelque temps à l'ébullition, il doit y avoir absorption par la matière textile d'un sel basique et mise en liberté dans le bain d'un sel acide. Ce fait n'a pas été prouvé en particulier sur le corps en question, mais cela découle d'observations que nous avons faites sur d'autres sels, notamment le sulfate de cuivre, dont il sera parlé plus loin, dans ce chapitre. On connaît du reste deux sulfates basiques : l'un de la formule $(SO^3)^2Cr^2O^3$, obtenu en saturant l'acide sulfurique étendu par l'hydrate chromique ; l'autre de la formule $(SO^3)^2(Cr^2O^3)^3$, obtenu en faisant bouillir la solution du précédent. Le sel normal a pour composition $(SO^4)^3Cr^2$ ou $(SO^3)^3Cr^2O^3$; d'après notre hypothèse, c'est ce dernier qui se formerait directement dans la fibre.

Application au coton. — (Voir jaune et orange de chrome et noir au campêche.)

Le bichromate de potassium et le bichromate de sodium sont souvent utilisés dans le mordançage et la teinture du coton ; on les emploie aussi comme rongeants, à cause de leurs propriétés oxydantes. Ils servent comme oxydants dans la teinture en noir d'aniline. Ils s'emploient pour fixer les couleurs diamine et les couleurs immédiates.

Application à la soie. — Le bichromate sert quelquefois à fixer et à virer certaines nuances.

Sels de sesquioxyde de chrome.

Le *fluorure de chrome* (Fl^6Cr^2) s'obtient en dissolvant l'oxyde précipité dans l'acide fluorhydrique et évaporant la solution. C'est une masse cristalline verte.

L'*alun de chrome* [$(SO^4)^4Cr^2K^2$)] s'obtient en réduisant le bichromate de potassium en présence de l'acide sulfurique. Avec l'anhydride sulfureux, la réaction est la suivante :

$$Cr^2O^7K^2 + SO^4H^2 + 3SO^2 = (SO^4)^4Cr^2K^2 + H^2O.$$

Avec les autres agents réducteurs, comme l'alcool et autres matières organiques, il faut évidemment faire intervenir plus d'acide sulfurique. L'alun de chrome se forme toujours dans l'oxydation des matières organiques par le bichromate de potassium et l'acide sulfurique, mélange oxydant fréquemment employé dans la préparation des composés organiques ; c'est ainsi qu'on le trouve comme sous-produit dans la fabrication de l'alizarine artificielle.

L'*acétate de chrome* se prépare, comme nous l'avons vu, en mélangeant proportions calculées de solutions d'acétate de plomb et d'alun de chrome ou de sulfate de chrome (procédé général de préparation des acétates).

Lorsqu'on part de l'alun, il y a formation de sulfate de potassium qui reste mélangé à l'acétate.

Les sels de sesquioxyde de chrome doivent être exempts de fer, ou n'en contenir que des traces.

Application des sels de sesquioxyde de chrome au mordançage et à la teinture des textiles. — *Application à la laine.* — Les sels de sesquioxyde de chrome sont des mordants moins énergiques que les bichromates de potassium ou de sodium. Ils ne donnent pas sur laine des laques aussi foncées.

Le fluorure de chrome est quelquefois utilisé allié à l'acide oxalique, dans les proportions de 4 0/0 de fluorure de chrome et 2 0/0 d'acide oxalique pour l'obtention de nuances claires et vives ainsi que pour mordancer sur bleus de cuve clairs. Ces fonds bleus seraient trop attaqués par le mordançage au bichromate. Les cuves en cuivre sont alors remplacées par des cuves en bois, à cause de la présence de l'acide oxalique.

L'acétate de chrome sert comme mordant dans la teinture en un seul bain. On peut admettre que ce sel se forme dans la teinture sur laine mordancée au bichromate, quand on teint en présence d'un excès d'acide acétique. Il est reconnu que cet excédent d'acide acétique influe, d'une manière très avantageuse, sur l'absorption des couleurs d'alizarine. En voici la raison : la combinaison du colorant avec le mordant se fait toujours lentement, on ne peut la considérer comme complète qu'au bout de une heure et demie, dans une opération bien conduite. Bouillant dans une solution qui ne contient pas de sel de chrome, la laine doit évidemment perdre une partie de son chromate de chrome ; mais, la présence de l'acide acétique le transforme en un sel de sesquioxyde qui reste fixé dans la fibre. Nous nous rappelons bien, à cette occasion, que l'acétate de chrome, contrairement aux autres acétates, n'est pas dissociable. L'acide acétique s'opposerait donc à la mise en liberté et à la réduction de l'oxyde de chrome absorbé pendant le mordançage et permettrait sa transformation intégrale en laque de chrome. Voilà pourquoi il est recommandable d'ajouter de l'acide acétique aux bains de teinture montés avec des colorants d'alizarine, même lorsque l'eau est exempte de sels calcaires.

L'alun de chrome est utilisé au même titre que le fluorure de chrome. Il exige le concours de mordants auxiliaires : crème de tartre uni à l'acide oxalique ou l'acide oxalique seul.

Application au coton. — Les laques de chrome sont très solides sur fibres végétales, mais elles sont assez difficiles à préparer.

Le mordançage s'effectue en imprégnant le coton d'une solution d'un sel de chrome et en passant, après dessiccation, dans une solution au dixième, bouillante, de carbonate de sodium. Les résultats sont bons, ils sont encore meilleurs si on a soin d'enduire la marchandise, avant mordançage, d'une solution au dixième de sulforicinate d'ammonium ou de sodium. Dans ce cas, la solution de soude carbonatée peut être remplacée par de l'eau tenant en suspension de la craie pulvérisée.

On se contente quelquefois d'immerger plusieurs heures, la bourre ou le tissu, dans une solution alcaline d'acétate de chrome.

Un moyen de fixer une suffisante quantité de chrome, pour la production de nuances foncées, c'est de tourner le coton quelque temps dans un bain pour noir d'aniline : aniline, acide chlorhydrique et bichromate de potassium. L'oxydation de l'aniline a pour effet de précipiter sur le textile une quantité notable d'oxyde de chrome.

L'alun de chrome est beaucoup utilisé pour fixer les couleurs diamine et les couleurs immédiates.

Le fluorure de chrome s'emploie pour le fixage des couleurs diamine.

Application à la soie. — Les sels de sesquioxyde de chrome ne sont pas d'un usage courant. On peut les faire servir au mordançage de la soie, en la faisant bouillir dans le bain, comme la laine. Mais les mordants auxiliaires sont inutiles.

Mordants d'aluminium

Ce sont les mordants dont l'emploi est le plus fréquent. Nous ne décrirons que le sulfate d'aluminium, les aluns et l'acétate d'aluminium qui, en réalité, sont les mordants d'aluminium les plus importants.

Sulfate d'aluminium. $(SO^4)^3 Al^2$. — Le sel normal qu'on rencontre dans la nature (alun de plume) est préparé en dissolvant l'argile, réduite en poudre et calcinée (pour peroxyder le fer et le rendre insoluble), dans la moitié de son poids d'acide sulfurique à 52° Baumé. La dissolution s'effectue entre

100° et 150° C., dans des chaudières en tôle plombée pourvues d'un agitateur. La solution clarifiée par dépôt est concentrée à cristallisation dans des chaudières plates en plomb.

On obtient du sulfate d'aluminium plus pur, en employant l'alumine provenant de l'aluminate de sodium. Ce dernier sel s'obtient en traitant la cryolithe par la craie, par voie sèche; ou bien en faisant bouillir la cryolithe avec un lait de chaux.

$$Al^2Na^6Fl^{12} + 6\,Ca(OH)^2 = Al^2(OH)^6 + 6\,CaFl^2 + 6\,NaOH.$$

Le mélange repris par l'eau laisse insoluble le fluorure de calcium $CaFl^2$; et la solution traitée par le gaz anhydride carbonique précipite l'alumine $Al^2(OH)^6$ et dissout du carbonate de sodium.

Les *sulfates basiques* sont nombreux, on les obtient en faisant bouillir la solution du sel normal avec de l'alumine, ou en la saturant partiellement avec de l'ammoniaque, du sel Solvay ou du carbonate de sodium.

Aluns. — Cette classe importante de sels doubles a pour type l'*alun proprement dit* : $(SO^4)^3Al^2.SO^4K^2 + 24H^2O$, ou alun de potassium.

Le potassium de ce sel peut être remplacé par un autre métal alcalin ; exemples :

Alun de sodium : $(SO^4)^3Al^2.SO^4Na^2 + 24H^2O$;
Alun d'ammonium : $(SO^4)^3Al^2.SO^4(AzH^4)^2 + 24H^2O$,

et le double atome d'aluminium peut être remplacé par un double atome de fer, Fe^2; de chrome, Cr^2, ou de manganèse, Mn^2.

L'acide sélénique peut y remplacer l'acide sulfurique. Tous ces sels sont cristallisables en octaèdres réguliers et peuvent cristalliser l'un sur l'autre.

Nous ne nous occupons que des trois aluns d'aluminium.

On prépare l'*alun de potassium* par l'*alunite*, sulfate basique double naturel ou pierre d'alun : $3[SO^4Al^2(OH)^4]\,SO^4K^2$, et les *aluns de sodium, d'ammonium et de potassium*, en partant des argiles ou des schistes pyriteux.

Aluns basiques. — On les prépare comme les sulfates d'aluminium basiques, en ajoutant aux aluns ordinaires des quantités convenables d'alcalis caustiques ou carbonatés.

Pyrolignite d'aluminium ou acétate d'aluminium. — On prépare le pyrolignite d'aluminium en dissolvant l'alumine, en gelée fraîchement précipitée, dans l'acide pyroligneux tiré du pyrolignite de calcium. On peut encore le préparer par double décomposition entre le pyrolignite de calcium et le sulfate d'aluminium. L'acétate ainsi obtenu contient de la chaux et du fer ; il n'est bon que pour la production de nuances ternes.

On obtient l'acétate d'aluminium exempt de fer par la méthode générale de préparation des acétates : double décomposition entre l'alun et l'acétate de plomb cristallisé.

Les solutions d'acétate d'aluminium ordinaire pur ne précipitent même pas à chaud lorsqu'elles sont fraîchement préparées, mais elles se décomposent spontanément à la longue et à froid. Le dépôt d'alumine qui en résulte adhère très fortement aux parois des vases dans lesquels il s'est déposé. C'est dans cet état que l'alumine doit être précipitée sur la fibre pour obtenir des nuances dégorgeant peu au frottement et solides au blanchiment.

Acétate basique d'aluminium. — Il se forme en chauffant une solution d'acétate neutre. A 40° C., la décomposition est lente ; à 80° C., la dissociation est plus rapide ; à 100° C., elle est presque instantanée.

Propriétés. — Le *sulfate d'aluminium* cristallise par la concentration en un amas de lamelles hexagonales nacrées, renfermant 13 molécules d'eau. Il est soluble dans deux fois son poids d'eau froide. Chauffé, il fond dans son eau de cristallisation, se boursoufle et laisse une masse poreuse qui est le sulfate anhydre, sel qui ne se dissout que difficilement dans l'eau. Calciné, il laisse un résidu d'alumine.

L'*alun* cristallise en octaèdres volumineux avec 24 molécules d'eau. C'est un corps très déliquescent.

100 parties d'eau dissolvent :

A 20° C. :	15,1 parties d'alun de potassium	;	13,6 parties d'alun d'ammonium			
40° C. :	30,9	—	—	;	27,3	—	—
70° C. :	90,7	—	—	;	72,0	—	—
100° C. :	357,5	—	—	;	421,9	—	—

L'*acétate d'aluminium* n'est connu que sous forme de solution.

Altérations du sulfate d'aluminium. — Ce sel peut renfermer de la silice, du sulfate de fer, un excès d'acide sulfurique, et parfois, de la chaux, du cuivre et du zinc.

Le sulfate se dissout dans l'eau distillée, tandis que la silice reste en suspension dans la liqueur, puis se dépose. Ce résidu recueilli lavé et séché, ne donne pas de vapeurs acides au chalumeau et ne se colore pas en bleu lorsqu'on le chauffe avec l'azotate de cobalt.

La présence de fer est mise en évidence par le cyanure jaune ou par le sulfocyanure de potassium.

Lorsqu'il y a excès d'acide sulfurique, la solution colore en rose l'orangé Poirrier ; versée dans le sel neutre, la solution d'orangé méthyle reste jaune orangé.

On peut isoler l'acide sulfurique libre et le doser, en traitant une quantité déterminée de l'échantillon à essayer par de l'alcool absolu dans lequel ce sel est presque insoluble. L'alcool retient l'acide sulfurique libre.

Une solution d'extrait ou de bois de campêche se colore en violet rougeâtre très foncé, au contact du sulfate neutre d'aluminium ; tandis qu'elle prend une coloration brun rougeâtre, sous l'influence d'un sel acide. En ajoutant au liquide une solution titrée de soude caustique jusqu'à ce qu'il vire au violet rougeâtre, on pourra connaître la proportion d'acide libre contenu dans le sulfate d'aluminium.

La solution de sulfate d'aluminium qui contient du cuivre brunit par l'acide sulfhydrique. Ce métal se dépose sur la lame de fer qu'on plonge dans la solution.

La chaux est précipitée par l'oxalate d'ammonium rendu un peu alcalin si la liqueur à éprouver est trop acide.

En ajoutant un excès de potasse ou de soude caustique à la

solution de sulfate d'aluminium, de manière à redissoudre le précipité qui se forme d'abord, l'hydrogène sulfuré fait naître dans la liqueur un précipité blanc, si elle renferme du zinc.

Altérations de l'alun. — L'alun contient souvent du fer, à ses deux degrés d'oxydation. Le fer est l'impureté qui gêne le plus aux applications de l'alun dans l'industrie textile. Pour le reconnaître, on verse un peu de cyanure jaune dans la solution d'alun à essayer. La liqueur prend une teinte bleue immédiate si le fer est à l'état de fer ferrique ; elle ne se colore en bleu qu'après addition d'eau de chlore, si le fer est à l'état de sel ferreux. Si le ferrocyanure de potassium faisait prendre à la solution d'alun une coloration brun marron, ce serait l'indice de la présence du cuivre.

On pourrait reconnaître le fer et la chaux dans le pyrolignite d'aluminium, en suivant la marche indiquée pour trouver ces impuretés dans les autres sels d'aluminium.

Application des sels d'aluminium au mordançage et à la teinture des textiles. — *Application à la laine.* — Les seuls sels d'aluminium employés pour la laine sont l'alun et le sulfate normal d'aluminium. Le sel basique est trop dissociable, il serait trop rapidement décomposé, et la laine ne serait mordancée que superficiellement. La couleur subséquente serait terne, déchargerait au frottement, et de plus, la marchandise aurait un mauvais toucher.

Le mordant d'aluminium employé seul est difficilement dissous par la laine, l'addition de tartre paraît indispensable pour obtenir des nuances vives et solides On prend, suivant les nuances à produire, du tartre brut, des cristaux de tartre ou de la crème de tartre. Dans un but d'économie, on remplace quelquefois le tartre par du sulfate neutre ou du sulfate acide de sodium, mais les résultats sont moins bons.

Le poids du tartre doit égaler le quart ou le tiers du poids de l'alun ou de sulfate d'aluminium.

Il se forme probablement pendant le mordançage un tartrate d'aluminium moins dissociable que le sulfate, qui ne se transforme en sel basique qu'après son absorption par la fibre.

On opère le mordançage en solution bouillante, afin d'expulser l'air et d'amollir la fibre.

La laine est plongée dans la solution froide ou tiède de mordant, on monte à 100° C., en une heure environ, et on maintient l'ébullition une demi-heure ou mieux une heure.

Les vieux teinturiers prétendent que la laine ainsi travaillée ne doit pas être lavée de suite et qu'il est bon de la laisser deux ou trois semaines dans des endroits humides pour que le mordant achève de se combiner au textile. Les nuances obtenues sur laine ainsi reposée sont, d'après eux, beaucoup plus nourries et plus solides que celles produites sur laine lavée sitôt après mordançage. C'est une erreur profonde. La laine mordancée au sel d'aluminium peut être immédiatement lavée et teinte.

Les praticiens ont grand tort de conserver cette routine, malgré les nombreuses occasions qu'ils ont de constater que les laines teintes en rouge d'alizarine naturelle ou artificielle, qui ont ainsi séjourné sur leur mordant, sont devenues réfractaires au foulage, ou tout au moins foulent difficilement.

Application au coton. — Le mordançage du coton avec les sels d'aluminium est la base d'un nombre considérable de teintures. C'est en effet avec les sels d'aluminium que la plupart des matières colorantes donnent leur couleur fondamentale.

La meilleure méthode de mordançage est la méthode de la précipitation, qui consiste à plonger la marchandise dans une dissolution d'un sel d'alumine, où elle attire une proportion de sel plus grande que celle contenue dans le liquide qui l'imprègne; de la laisser sécher et de la faire passer dans une liqueur capable de fixer l'alumine à l'état de sel basique.

Les couleurs, teintes sur fibres végétales mordancées à l'alumine, ne présentent généralement pas une grande solidité au lavage et au savonnage. Ce défaut de solidité tient à l'état physique de l'alumine qui n'est pas entièrement fixée dans les pores du coton, mais qui reste en partie déposée à la surface du textile.

Le mordant employé principalement sur coton est l'alun basique.

On peut se servir, pour fixer l'alumine, des substances suivantes : carbonate d'ammonium, phosphate de sodium, arséniate de sodium, silicate de sodium, savon, sulforicinate d'ammonium ou de sodium, etc.[1].

Un sel encore employé pour ce fixage est le stannate de sodium, SnO^3Na^2 (voir teinture du coton avec les colorants acides). On obtient également de bons résultats en imprégnant d'abord le coton d'alun et en le passant ensuite en aluminate de sodium $Al^2O^4Na^2$. L'alumine se précipite alors, sans doute, comme base et comme acide, en formant un aluminate d'aluminium.

Quelles que soient les solutions employées pour précipiter le mordant, on doit toujours, et cela dans tous les cas, déterminer par l'expérience leur degré de concentration, leur température et la durée de l'immersion.

Pour la teinture en rouge d'Andrinople, on fixe le mordant d'aluminium sur coton préparé à l'huile sulfoconjuguée, sulforicinate ou sulfooléate de sodium ou d'ammonium. Le textile est, après huilage, séché et entré dans la solution de sel d'aluminium, qui est de l'acétate ou du sulfate basique, amené au degré de concentration voulue suivant l'intensité de la nuance à produire. Après une nouvelle dessiccation, on passe la marchandise dans une bouillie de craie, ou une solution de carbonate acide de sodium, ou un bain d'acétate d'aluminium, de silicate, de sodium, de phosphate de sodium ou d'arséniate de sodium.

C'est un deuxième bain de fixage dont l'effet est d'augmenter la solidité du mordant. Il est maintenu tiède, bien qu'il soit bon d'opérer à l'ébullition, l'alumine étant fixée plus intimement.

Le deuxième fixage doit toujours être suivi d'un lavage à fond.

On passe quelquefois en bain de tanin à 1 0/0 (engallage) entre le huilage et l'alunage.

1. Nous ne voulons pas contredire ici l'opinion émise à propos des mordants fixateurs et des mordants proprement dits. Dans bien des cas, le sel d'aluminium n'exerce qu'une action secondaire, celle de fixer le mordant principal. Mais, dans certaines circonstances, les deux mordants sont utiles au même degré, pour fixer le colorant. Dans la teinture en rouge turc, c'est le sel d'aluminium qu'il faut considérer comme mordant proprement dit ; car c'est lui qui semble être le fixateur du colorant.

Lorsque l'on veut des nuances bien unies et très solides, on donne deux mordançages et deux fixages; on passe quelquefois en huile entre les deux séries d'opérations et on vaporise sur l'huile.

La méthode générale de teinture en rouge turc, que nous résumons dans le chapitre relatif à la teinture du coton, peut subir de multiples modifications.

L'acétate d'aluminium ou l'alun sont mis dans le bain de certains colorants acides. L'alun peut être ajouté dans la teinture des colorants basiques, pour les faire monter d'une manière plus lente et plus régulière. Enfin les sels d'aluminium augmentent la résistance de tous les colorants diamine.

Application à la soie. — La soie peut se mordancer à l'ébullition en sulfate d'aluminium ou alun non basiques, comme la laine. Mais, dans bien des cas, le mordançage peut être effectué à froid ; on laisse alors la soie dans le bain pendant plusieurs heures et même toute une nuit. Il n'est pas utile d'ajouter du tartre. On lave de préférence en eau calcaire, fixe avec une solution de silicate de sodium marquant 0°,5 à 1° Baumé et lave à fond.

La soie mordancée au sulfate d'aluminium ne doit pas être séchée avant teinture, parce qu'il serait très difficile de l'humecter ensuite.

Cuivre et sulfate de cuivre

Cuivre

Le cuivre est un métal qui entre fréquemment dans la construction des machines servant à l'industrie textile; il est donc utile d'en connaître les principales propriétés.

Le cuivre est très bon conducteur et sa chaleur spécifique est moins élevée que celle du fer ; c'est ce qui le rend propre à la confection de chaudières de teinture.

Ce métal n'exerce qu'une faible action sur l'acide chlorhydrique. Il est sans action sur l'acide sulfurique étendu et chaud. Il agit vivement sur l'acide azotique ordinaire. Son action sur le gaz sulfhydrique est lente.

Au contact des acides même faibles, surtout les acides organiques : acide pyroligneux, acides gras, et même les graisses et les corps gras en général, il s'oxyde à l'air. Cette affinité particulière du cuivre peut occasionner bien des ennuis dans l'industrie drapière, si on n'y prend garde.

La potasse est sans action sur le cuivre ; il n'en est pas de même de l'ammoniaque, qui provoque rapidement son oxydation à l'air ; l'oxyde formé se dissout dans l'ammoniaque en donnant une liqueur bleue qui possède la propriété de dissoudre la cellulose.

Le cuivre se dissout en petites quantités dans les sels alcalins : azotate de potassium, chlorure de sodium et surtout dans le sel ammoniac.

Sulfate de cuivre (SO^4Cu) (vitriol bleu ou couperose bleue)

On le prépare industriellement en traitant les pyrites cuivreuses grillées par l'acide sulfurique des chambres de plomb et la vapeur d'eau. L'acide n'est ajouté que peu à peu. La solution légèrement acide, que l'on obtient ainsi, est introduite dans des vases doublés de plomb, et on y suspend des lames de cuivre qui précipitent l'argent, l'antimoine et l'arsenic ; le bismuth se dépose à l'état de sel basique et le sulfate ferrique est réduit à l'état de sel ferreux.

La solution est alors amenée à cristallisation.

On peut débarrasser le sulfate de cuivre du sulfate de fer qu'il renferme, en suroxydant celui-ci par le chlore ou l'acide azotique, puis faisant digérer la solution avec de l'oxyde de cuivre qui précipite l'oxyde ferrique.

Le sulfate de cuivre cristallise en parallélépipèdes doublement obliques. Ce sont des cristaux volumineux, d'un beau bleu, renfermant cinq molécules d'eau : $SO^4Cu + 5H^2O$. Ils se dissolvent dans $3^{g},32$ d'eau à 4° C. ; dans leur poids d'eau vers 75° C. et dans $0^{g},47$ d'eau à 102° C. Ils sont insolubles dans l'alcool. Ils perdent facilement quatre molécules d'eau à 100° C. Le sel ainsi desséché est verdâtre.

Altérations et falsifications. — Le sulfate de cuivre peut contenir du fer. On associe souvent le vitriol bleu à des sulfates d'un prix moins élevé ; tels sont : les sulfates de fer, de zinc, de magnésie ; on y a trouvé du sulfate de sodium et du sulfate de potassium.

Recherche et dosage du sulfate de fer. — Si on fait dissoudre le sulfate de cuivre à éprouver dans de l'eau acidulée par l'acide nitrique, et si on ajoute un excès d'ammoniaque, afin de redissoudre le précipité d'oxyde de cuivre ; le fer, s'il y en a, se précipite sous forme d'oxyde ferrique ; on peut en prendre le poids après l'avoir séparé, lavé et séché.

Les autres produits qui souillent le sulfate de cuivre ne sont pas aussi faciles à séparer. Le meilleur moyen pour apprécier la valeur de ce sel, c'est d'en faire le dosage.

Un excellent procédé industriel est le titrage volumétrique comparatif à l'aide du protochlorure d'étain, en solution fortement acidulée par l'acide chlorhydrique. Ce titrage est basé sur les réactions suivantes :

1° L'acide chlorhydrique communique aux solutions de sels cuivriques une coloration jaune verdâtre d'autant plus prononcée que l'acide est plus abondant ;

2° Le chlorure stanneux réduit le chlorure cuivrique en passant à l'état de chlorure stannique :

$$2\,CuCl^2 + SnCl^2 = Cu^2Cl^2 + SnCl^4.$$

Il suit de là que la méthode consiste à traiter, à l'ébullition, par le protochlorure d'étain, un poids déterminé de sel cuivrique en présence d'un grand excès d'acide chlorhydrique. Le dosage est terminé quand la solution est devenue incolore comme de l'eau distillée. Dans une première opération, on fixe le titre de la liqueur de chlorure stanneux, à l'aide d'une solution de sulfate de cuivre dont le titre est connu. La vérification de la liqueur de chlorure stanneux doit être faite à chaque opération.

Lorsque du fer est mélangé au cuivre, il se trouve exprimé, dans ce titrage par une quantité équivalente de cuivre. On vérifie la présence du fer et on dose ce métal, directement, en précipitant par des rognures de zinc le cuivre compris dans un volume connu du sulfate de cuivre à évaluer, oxydant le fer par du permanganate de potassium et refaisant le dosage. La différence des deux résultats donne le sulfate de cuivre pur.

Cette méthode permet de comparer rapidement deux sulfates de cuivre.

Action exercée par la laine sur le sulfate de cuivre en solution très diluée. — Un grand nombre de sels en solution sont dissociés par la laine.

On admet qu'une certaine quantité de métal se fixe sur la fibre à l'état d'hydrate d'oxyde ou de sel basique, tandis qu'un sel acide ou même de l'acide libre reste en dissolution. Cette action dissociante de la fibre sur les dissolutions des sels métalliques est attribuée, à tort, à sa composition chimique.

Les résultats que nous insérons dans le tableau ci-joint permettent de nous faire une idée sur la nature des sels fixés pendant le mordançage, et prouvent bien que la réaction chimique provient principalement de la décomposition de la laine. Dans tous nos essais nous avons fait agir à l'ébullition, pendant une durée variant de une à deux heures, des solutions très diluées de sulfate de cuivre, sur des fragments de drap d'un poids de 5 grammes débouillis deux ou trois fois pendant une heure et demie en moyenne dans de l'eau distillée.

Les chiffres fournis par ces expériences, qui ont été faites sur un même poids de laine et en présence des solutions de même volume, mais de richesse variable, prouvent que la décomposition du sulfate de cuivre, qui n'est pas complète même dans les solutions étendues, est indépendante de la concentration ; elle semble croître avec l'intensité et la durée de l'ébullition.

Il faut ajouter que toutes les solutions contenaient après traitement des traces de fer, pouvant être mis en évidence par le ferrocyanure ou le sulfocyanure de potassium, après évaporation partielle des solutions. La présence de ce métal ne peut toutefois influencer d'une manière sensible la valeur relative des résultats.

ACTION EXERCÉE PAR LA LAINE SUR LE SULFATE DE CUIVRE SO^4Cu EN SOLUTION FORT DILUÉE

NUMÉROS	POIDS des ÉCHANTILLONS	VOLUME DE LA SOLUTION DE SULFATE DE CUIVRE — POIDS DU SULFATE CORRESPONDANT		Cu absorbés	SO^4 absorbés	SO^4 correspondant au poids de cuivre	DIFFÉRENCE donnant le poids de SO^4 en liberté pour un poids de laine de	
							5 grammes	100 grammes
		ACTION DE LA LAINE						
1	5,03	5^{cm3} 1/10 = 0,07529...	SO^4 = 0,04532 Cu = 0,02997	0,11526	0,013332	0,017424	0,004092	0,08184
2	5,027	10^{cm3} 1/10 = 0,15059...	SO^4 = 0,09064 Cu = 0,05995	0,037348	0,031865	0,056464	0,024599	0,49198
3	5,01	20^{cm3} 1/10 = 0,30118...	SO^4 = 0,18128 Cu = 0,11990	0,037835	0,041672	0,057200	0,015428	0,30856
4	5,012	30^{cm3} 1/10 = 0,45177...	SO^4 = 0,27192 Cu = 0,17985	0,044872	0,046620	0,067840	0,021220	0,42440
5	5,017	40^{cm3} 1/10 = 0,60236...	SO^4 = 0,36256 Cu = 0,23980	0,050511	0,045110	0,076364	0,031254	0,62508
6	5,012	50^{cm3} 1/10 = 0,75295...	SO^4 = 0,45320 Cu = 0,29975	0,032774	0,062007	0,079034	0,017027	0,34054
7 (Q + R)	3,07	25^{cm3} 1/5 = 0,7998...	SO^4 = 0,481425 Cu = 0,318450	0,050100	0,058700	0,075740	0,017040	0,35505
8	5,00	25^{cm3} 1/5 = Traitement à froid..........		0,039760	0,056225	0,060110	0,003885	0,07770
9	5.00	25^{cm3} 1/5..................................		0,007435 Cu restant 0,311015	0,014850 SO^4 restant 0,496275	0,470200	Il y a concentration. 0,026075	0,52150
		ACTION DE LA TOILE						
10	20,00	50^{cm3} 1/10 = 0,75295...	SO^4 = 0,45320 Cu = 0,29975	0,16974	0,44787	0,2566	0,19127	0,95635

R. — L'échantillon de l'expérience 8 a été laissé en digestion à la température ordinaire du 8 avril au 13 mai 1903.
Toutes les autres expériences ont été faites à l'ébullition.
Tous les dosages ont été faits après refroidissement et filtration, les échantillons restant dans les solutions.

Les résultats des expériences (Q + R) n° 7 sont obtenus en opérant sur les échantillons Q et R traités primitivement par l'acide sulfurique, puis soumis à une vingtaine d'ébullitions successives dans de l'eau distillée. Ces morceaux de tissu, ensuite désacidulés avec le carbonate acide de sodium, puis traités par 25 centimètres cubes d'acide chlorhydrique au 1/1 normal dans 300 centimètres cubes d'eau, furent finalement lavés par ébullition dans l'eau pure, jusqu'à ce que, après évaporation au vingtième environ, ces décoctions n'accusassent plus trace ni d'acide chlorhydrique, ni de chlorure de sodium, en présence de l'héliantine et du nitrate d'argent.

Il va sans dire qu'après des traitements si énergiques, la composition chimique de la fibre doit être profondément altérée. Car la laine est une substance de nature colloïdale, très complexe et très sensible aux réactions des agents chimiques.

Malgré cela, elle a agi tout aussi énergiquement sur la solution saline.

De la toile débouillie dans l'eau distillée additionnée d'un peu de bicarbonate de sodium, puis acidulée par l'acide chlorhydrique et neutralisée complètement par ébullitions successives à l'eau, exerce de même une action dissociante sur les solutions salines, lorsqu'elle se trouve placée dans les mêmes conditions que la laine.

Il y a cependant une différence dans les deux actions exercées par la laine et par la toile. Contrairement à ce que nous constatons pour la laine, c'est le radical acide qui est absorbé en plus grande proportion. *Il se forme donc sur la fibre végétale un sel acide.*

Emploi du sulfate de cuivre en teinture. — Le sulfate de cuivre est le seul composé de cuivre qui soit réellement utilisé en teinture.

Application à la laine. — Le sulfate de cuivre est associé à d'autres mordants pour préparer les noirs au campêche.

On l'emploie aussi seul, en bain acétique, pour fixer certains noirs azoïques acides qu'il brunit et rend plus solides à la lumière.

Application au coton. — Le sulfate de cuivre est surtout à considérer à cause de son intervention dans le fixage des colorants de benzidine et des colorants immédiats.

On fixe souvent les colorants diamine à l'aide de 1 à 3 0/0 de sulfate de cuivre avec ou sans addition de 2 à 3 0/0 de bichromate de potassium. Pour le fixage des colorants immédiats, c'est le sulfate de cuivre qui est le composé salin le plus important.

La solution de sulfate de cuivre est toujours rendue acide par de l'acide acétique, afin de prévenir le trouble qui pourrait être provoqué par la dissociation de ce sulfate.

Le sulfate de cuivre augmente considérablement la solidité à la lumière de la majorité des couleurs teintes.

Application à la soie. — Les sels de cuivre peuvent servir pour brunir ou pour donner à certains noirs un ton particulier et une grande résistance à la lumière.

Fer et mordants de fer

Le fer est le métal le plus important par ses applications ; c'est pourquoi nous en donnons les principales propriétés chimiques.

Le fer est sans action sur l'eau purgée d'air, mais il se recouvre de rouille lorsqu'il est exposé à l'air humide.

Les acides les plus faibles favorisent la formation de la rouille, les alcalis au contraire empêchent l'oxydation.

Le gaz anhydride carbonique est la cause déterminante de l'oxydation des métaux et notamment du fer à l'air humide.

Le fer ne s'oxyde ni dans l'eau ni dans l'air humide privés de gaz anhydride carbonique ; il ne s'altère même pas dans l'eau ordinaire, si cette eau contient une matière capable de fixer cet acide. Ainsi, on préserve indéfiniment de l'oxydation un clou placé dans un récipient fermé contenant un peu d'eau rendue alcaline par la potasse, la soude ou l'ammoniaque.

On protège le fer contre l'oxydation en le couvrant d'une couche de vernis ou de peinture au minium ; on le protège plus efficacement encore en le couvrant d'un métal presque inaltérable, comme le nickel ou l'étain (fer-blanc), ou bien d'un métal qui ne s'altère que superficiellement comme le cuivre, le zinc (fer galvanisé). Un excellent préservatif est une couche de sesquioxyde Fe^3O^4 (oxyde de fer magnétique), obtenue en plaçant le fer comme électrode positive dans un bain de sulfate ferreux additionné de sel ammoniac (Becquerel), ou bien en chauffant le fer à 650° C. dans un courant de vapeur d'eau; l'oxyde forme alors à la surface du fer une couche compacte très adhérente (Barff).

Le fer se dissout dans presque tous les acides étendus avec dégagement d'hydrogène.

Fer-blanc ou fer étamé. — La couche d'étain forme à la surface du fer un véritable alliage. Pour que la protection du fer soit efficace, il faut que la couche d'étain n'offre aucune solution de continuité. S'il en était autrement, le fer, plus électropositif que l'étain, s'oxyderait plus rapidement que le fer non étamé. C'est, en effet, ce que l'on observe quand le fer-blanc offre une surface même très petite de fer libre.

Fer galvanisé. — Le fer galvanisé remplace avantageusement le fer-blanc, car la couche de zinc qui le recouvre protège bien plus efficacement le fer que ne le fait l'étain. Le zinc étant plus électro-positif que le fer, c'est lui qui sera oxydé de préférence; mais, l'oxydation du zinc n'est que superficielle.

Le fer galvanisé ne peut cependant pas toujours remplacer le fer étamé, car le zinc se dissout facilement dans les acides forts étendus même de beaucoup d'eau ou dans les acides faibles; tandis que ces mêmes acides n'ont que peu d'action sur l'étain. Ces métaux sont tous deux influencés par les solutions salines ou alcalines.

Sulfate ferreux ($SO^4Fe + 7H^2O$) (vitriol vert ou couperose verte). — On le prépare industriellement par la dissolution des déchets de fer dans l'acide sulfurique étendu ayant servi à certaines opérations, telles que l'épuration des huiles ou du pétrole. On l'obtient en outre en grande quantité en exposant à l'air les pyrites efflorescentes, les schistes pyriteux ou les pyrites préalablement grillées ou calcinées en vase clos; pour transformer le sulfure de fer naturel FeS^2 en sulfure FeS. L'oxydation achevée, le sulfure de fer s'est transformé en sulfate ferreux SO^4Fe. Le sulfate est extrait avec de l'eau et, on met la dissolution dans des vases en bois qui contiennent des rognures de fer, pour neutraliser l'acide sulfurique libre et pour réduire en sels ferreux le sel ferrique mélangé à la masse. On sature la dissolution par évaporation en présence des rognures de fer, on décante pour séparer le sédiment jaune qui se forme ; sulfate ferrique basique et plâtre, et on laisse cristalliser.

Le sulfate ferreux cristallise avec 7 molécules d'eau en prismes clinorhombiques verts, de 1,889 de densité. Cent parties d'eau dissolvent 61 parties de cristaux à 10°, 151 parties à 33°, 263 parties à 60°, 370 parties à 90° et 333 parties à 100° C.

Le sulfate ferreux est à peu près insoluble dans l'alcool.

Sulfates ferriques. — Ces sulfates sont nombreux, ils se préparent par l'oxydation du sulfate ferreux en présence de l'acide sulfurique.

Sulfate ferrique normal $(SO^4)^3Fe^2$. — C'est le sulfate de peroxyde de fer que la notation dualistique représentait : $(SO^3)^3, Fe^2O^3$.

On le prépare en oxydant le sulfate ferreux en dissolution par l'acide azotique en présence d'acide sulfurique ; l'acide azotique est versé lentement dans la dissolution maintenue chaude. On utilise les quantités de sel et d'acides données par l'équation (5). Nous décomposons la réaction traduite par l'équation (5), afin de l'expliquer.

En présence d'un réducteur comme le sulfate ferreux, l'acide azotique, oxydant énergique, se dédouble en :

$$2\,AzO^3H = 2\,AzO + H^2O + 3.O \qquad (1)$$

Le sulfate ferreux se scinde en :

$$6.\,SO^4Fe = 2\,(SO^4)^3\,Fe^2 + 2.\,Fe. \qquad (2)$$

L'oxygène fourni par l'acide azotique transforme le fer ferreux en fer ferrique et l'oxyde :

$$2\,Fe + 3\,.\,O = Fe^2O^3. \qquad (3)$$

L'acide sulfurique se combine à l'oxyde ferrique :

$$3\,SO^4H^2 + Fe^2O^3 = (SO^4)^3\,Fe^2 + 3H^2O. \qquad (4)$$

En associant les 4 équations, nous arrivons à l'équation (5) qui résume la réaction de transformation du sulfate ferreux en sulfate ferrique :

$$6\,SO^4Fe + 3\,SO^4H^3 + 2\,AzO^3H = 3\,(SO^4)^3\,Fe^2 + 4\,H^2O + 2\,AzO. \qquad (5)$$

(Nous ne faisons pas mention des 7 molécules d'eau du sulfate ferreux cristallisé : $SO^4Fe, 7H^2O$.)

On concentre par ébullition, afin de compléter la réaction. On ne prolonge pas inutilement l'ébullition, le sel normal en dissolution se transformerait en sulfate basique insoluble et en acide sulfurique libre.

Sulfates ferriques basiques. — Ils se produisent dans un grand nombre de circonstances avec une composition variable et représentent le sulfate ferrique normal combiné à une ou plusieurs molécules d'oxyde ou d'hydrate ferrique.

Un sulfate très employé pour la teinture en noir de la soie se prépare selon la méthode décrite pour le sel normal, mais en doublant les proportions de sulfate de protoxyde de fer et d'oxydant. La réaction s'explique comme précédemment, la moitié seulement de la quantité d'oxyde ferrique formé se combine à l'acide sulfurique.

Il y a donc, en plus du sel ferrique, de l'oxyde ferrique plus ou moins hydraté.

$$\begin{array}{r}
12\,.\,SO^4Fe = 4\,(SO^4)^3\,Fe^2 + 4Fe \\
4\,AzO^3H = 4\,AzO + 2\,H^2O + 3\,O^2 \\
4\,Fe + 3\,O^2 = 2\,Fe^2\,O^3 \\
3\,SO^4H^2 + Fe^2O^3 = (SO^4)^3\,Fe^2 + 3\,H^2O \\
\hline
12\,SO^4Fe + 4\,AzO^3H + 3\,SO^4H^2 = \underbrace{5\,(SO^4)^3\,Fe^2,\,Fe^2O^3}_{\text{sulfate ferrique basique}} + 5\,H^2O + 4\,AzO
\end{array}$$

Ce sulfate basique de peroxyde de fer est connu dans les ateliers sous le nom de *rouille*. Les ouvriers le désignent par : *le* rouille, *du* rouille. C'est un liquide rouge brun marquant 40° Baumé qui, lorsqu'on l'étend d'eau, se décompose en un sel insoluble plus riche en oxyde ferrique, ce sel plus basique se dépose, et en un sel ferrique plus acide restant en dissolution.

Des deux sulfates ferriques, le sel normal est moins dissociable que le sel basique, quoique ce soit déjà un sel fort dissociable. C'est le premier qu'il convient d'employer pour la teinture des plumes. Ni l'un, ni l'autre ne sont en usage pour la teinture de la laine.

A cause de la dissociabilité très grande de ces deux sels, il est raisonnable de ne les employer qu'à froid ou à tiède, à moins d'ajouter un mordant auxiliaire : acide oxalique, acide tartrique, bioxalate ou bitartrate.

Altérations. — Le sulfate de fer du commerce n'est pas pur; il renferme des sulfates de cuivre, de zinc, d'aluminium, de calcium, de magnésium, de l'alun, de la mélasse et souvent même un excès d'acide.

Exposés à l'air, les cristaux de vitriol vert perdent leur transparence et se recouvrent d'une couche ocreuse de sulfate ferrique basique, qui se produit aussi par oxydation de la solution à l'air. Pour faciliter la conservation de ce sel, très oxydable, on ajoute généralement de la glucose ou de la gomme à la solution avant de la faire cristalliser.

Si le sulfate de fer contient un excès d'acide, il fait effervescence avec les carbonates.

Le sulfate de peroxyde de fer est décelé, dans le sulfate de protoxyde, par le précipité de bleu de Prusse qui se forme dans la solution du sel suspecté, lorsqu'on y ajoute du ferrocyanure de potassium, et par la coloration noire, qui prend naissance dans le même liquide, par suite de son contact avec une infusion de noix de galle.

La présence du zinc est indiquée en ajoutant de l'ammoniaque en excès à la dissolution du sulfate de fer oxydé, filtrant et chassant par l'ébullition l'excès d'ammoniaque, de la liqueur filtrée : l'oxyde de zinc se sépare alors en flocons.

La chaux se reconnaît dans la même dissolution au moyen de l'oxalate d'ammonium; il faut d'abord éliminer le fer en le peroxydant par l'acide azotique et en le précipitant ensuite par un excès d'ammoniaque. C'est dans la liqueur filtrée qu'on précipite la chaux à l'état d'oxalate. Si le sulfate de fer à examiner renferme de la magnésie, la liqueur séparée par filtration de l'oxalate calcaire, additionnée de phosphate de sodium, donne un précipité cristallin de phosphate ammoniaco-magnésien.

Alun de fer. — Le sulfate ferreux produit des sulfates doubles avec les sulfates alcalins. Le plus important est le sulfate ferroso-ammonique $(SO^4)^2Fe(AzH^4)^2 - 6H^2O$, qui cristallise en prismes volumineux d'un vert pâle. Il est moins altérable à l'air que le sulfate ferreux seul.

Pyrolignite de fer. — Acétate de fer impur préparé en saturant par de la tournure de fer l'acide pyroligneux; acide acétique titrant 6° à 8° Baumé provenant de la distillation de l'acide pyroligneux brut. Il renferme toujours un peu d'acétate ferrique; mais *l'acide pyroligneux contient des substances goudronneuses réductrices, telles que la pyrocatéchine, qui retardent l'oxydation du sel ferreux.*

Le pyrolignite de fer est un liquide olive foncé titrant environ 18° Baumé, d'une odeur caractéristique, à la surface duquel il se forme, par oxydation à l'air, une pellicule noirâtre et brillante.

L'acétate de fer à peu près pur se prépare par double décomposition entre le sulfate ferreux et l'acétate de plomb.

Altération. — Ce sel peut être trop étendu d'eau, ce qu'indiquera facilement l'aréomètre.

Falsification. — Le pyrolignite de fer est fraudé quelquefois par l'addition de sulfate de fer; sa solution, étendue d'eau, produit alors avec le chlorure de baryum un précipité blanc de sulfate de baryum dont le poids peut servir à apprécier le degré de fraude que l'on veut déterminer.

Acétonitrate ferrique ou nitroacétate ferrique. — Pour préparer ce sel double, on fait dissoudre de la tournure de fer dans de l'acide azotique jusqu'à formation d'une masse pâteuse d'azotate ferrique basique. On dissout ensuite ce précipité dans une quantité insuffisante d'acide acétique chaud. On laisse refroidir et décante la dissolution rouge ainsi produite.

Applications des sels de fer dans l'industrie textile. — *Application à la laine.* — Le sulfate ferreux est employé comme mordant associé à la crème de tartre, à cause de son grand pouvoir dissociant, pour la production des noirs au campêche : noir à la couperose, noir au pastel, noir au tartre.

Depuis la disparition de la plupart des teintures au bois, il est beaucoup remplacé par le bichromate de potassium.

Le sulfate ferreux peut être remplacé par l'alun de fer.

Application au coton. — Le pyrolignite ferreux est un des meilleurs mordants pour la teinture du coton en couleur foncée. Il se transforme sur le textile en acétate très basique, ou bien on le précipite à l'état d'hydrate par un alcali. Cette précipitation doit être effectuée à froid. Dans les deux cas, l'oxydation doit se faire lentement à l'air, si on veut que le mordant soit uni et solide. On ralentit l'action oxydante de l'air par l'addition au bain de pyrolignite d'acide arsénieux dissous dans un mélange d'acide acétique et de sel marin, ou d'arsénite de sodium ou encore d'alcool méthylique. Quand l'oxydation est trop rapide pendant le séchage, on produit des couleurs inégales, parce que le peroxyde ainsi formé n'imprègne qu'imparfaitement la marchandise ; il est plutôt disposé à la surface d'une manière irrégulière.

On peut répartir le mordant ferrique, en évitant de sécher entre le mordançage et la teinture. Dans ces conditions, on le fixe par un des procédés suivants :

1° Le coton est préparé à l'huile sulfoconjuguée, puis travaillé dans le bain de pyrolignite de fer ;

2° Le coton est imprégné de pyrolignite de fer, puis passé dans un bain de silicate de sodium ;

3° On imprègne le coton d'une dissolution froide de matière tannante ou de tanin, on le laisse en tas jusqu'au lendemain, puis on le plonge pendant environ une heure dans une dissolution froide de pyrolignite de fer. On laisse reposer un certain temps, lave et teint. La proportion de fer fixé dépend évidemment de la concentration du bain de tanin et de la durée de l'immersion.

Dans ce troisième procédé, dit procédé de tannage ou d'engallage, on peut se servir d'une solution bouillante de tanin qu'on laisse ensuite refroidir (voir tanin).

Le sulfate basique de peroxyde de fer peut être substitué au pyrolignite pour la teinture du coton en noir.

On opère de la manière suivante :

La marchandise, d'abord imprégnée d'une décoction froide d'acide tannique, est ordinairement passée en bain de chaux, puis travaillée pendant une heure dans une solution de sulfate ferrique basique. On lave alors à l'eau ordinaire, à laquelle on peut ajouter de la craie pulvérisée, pour compléter la précipitation des sels basiques sur la fibre et enlever toute trace d'acide.

Le sulfate de fer SO^4Fe est surtout utilisé pour la préparation de la cuve à indigo.

La production des nuances *rouille* et *bleu de Prusse* exige aussi une certaine proportion de sel de fer. Pour ces couleurs, on fait surtout appel au nitrate de fer.

Application à la soie. — Nous avons expliqué, à propos de l'étude du tanin, que le pyrolignite de fer est utilisé pour la teinture en noir et pour la charge de la soie.

Le sulfate ferreux n'est d'aucun usage. Mais, par contre, le sulfate ferrique basique soluble est par excellence le mordant de fer pour la teinture en noir de la soie.

(Voir charge de la soie et teinture en noir.)

Le nitroacétate ferrique est utilisé pour mordancer la peluche des chapeaux en vue de la teinture en noir.

La couleur noire ainsi obtenue n'est pas modifiée par le repassage ou le pressage à chaud.

Huiles solubles ou huiles sulfoconjuguées.

Les huiles solubles qui servaient anciennement à la teinture du rouge d'Andrinople étaient obtenues en oxydant à l'air des huiles d'olive, d'arachides, ou autres. L'oxydation n'était suffisante qu'au bout de plusieurs années, lorsqu'on la laissait se faire à froid. On l'a rendue beaucoup plus rapide, en envoyant de l'air comprimé dans de l'huile chaude constamment agitée.

L'appareil souvent employé consiste en une cuve cylindrique chauffée extérieurement par la vapeur. Un agitateur à palettes maintient l'huile en mouvement. Un serpentin percé de trous amène l'air comprimé. Toutes les parties de cet outil, qui doivent se trouver en contact direct avec l'huile, sont construites en cuivre.

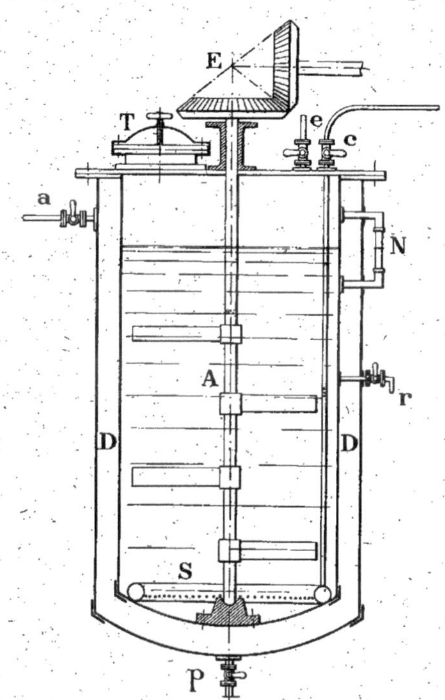

Fig. 106. — Schéma d'un appareil pour l'oxydation des huiles par émulsion d'air (Fabrication des huiles tournantes).

D, double enveloppe pour le chauffage par circulation de vapeur. — *a*, tuyau et robinet d'arrivée de vapeur. — *p*, purge d'eau condensée. — N, niveau d'eau, trait de jauge. — *c*, tuyau et robinet d'arrivée de l'air comprimé. — S, serpentin percé de trous pour le passage de l'air comprimé. — A, arbre à palettes pour l'agitation de l'huile. — *e*, échappement de l'air comprimé. — T, trou d'homme. — E, engrenage conique. — *r*, robinet de prise d'essai.

Les huiles rendues solubles par l'action oxydante de l'air, ou huiles tournantes, sont maintenant remplacées par des huiles sulfoconjuguées dont l'idée est due à M. Horace Koechlin. Elles sont préparées en versant lentement dans de l'huile (ou dans des acides gras), agitée énergiquement, de l'acide sulfurique à 66° Baumé. Le mélange doit être maintenu froid, ou du moins à une température inférieure à 30° C., sinon il noircit et dégage de l'anhydride sulfureux.

Dans 100 kilogrammes d'huile froide, on verse lentement, en agitant, 26 kilogrammes d'acide sulfurique à 66° B. Lorsque tout l'acide est introduit, ce qui, pour les proportions indiquées, demande en moyenne huit heures, on laisse la préparation en repos pendant douze heures pour que la réaction s'achève.

L'acide sulfonique est ensuite lavé à l'eau salée (solution à

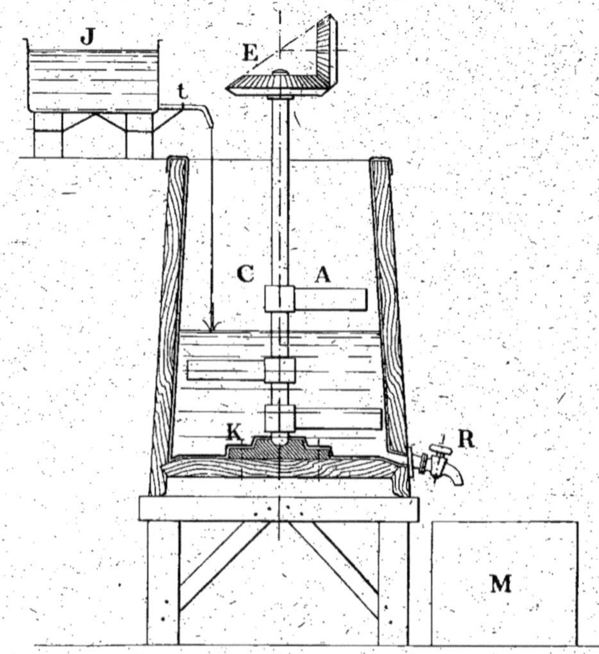

FIG. 107. — Cuve en bois garnie de plomb pour la fabrication des huiles sulfoconjuguées.

J, jaugeur en plomb contenant l'acide sulfurique à 66° B. — *t*, tuyau versant goutte à goutte l'acide dans l'huile. — C, cuve garnie de plomb, contenant l'huile. Cette cuve contient un serpentin en plomb dans lequel circule la vapeur pour la fusion des suifs ou huiles consistantes. — A, arbre à palettes garni de plomb. — K, crapaudine. — E, engrenage conique. — R, robinet de vidange (soutirage des eaux de lavage et de l'huile sulfonée). — M, cuve recevant l'huile sulfonée.

3 0/0 de chlorure de sodium), jusqu'à ce qu'elle soit à peu près neutre au papier de tournesol.

Emploi des huiles sulfoconjuguées dans l'industrie textile. — Les huiles sulfoconjuguées sont d'un grand emploi pour la teinture du coton où on donne la préférence aux sulforicinates alcalins. Elles rendent les nuances aux colorants diamines et aux colorants immédiats plus nourries et plus régulières sur coton mercerisé. Elles facilitent la formation des colorants azoïques sur la fibre. Ce sont donc là d'excellents auxiliaires. On les utilise pour le mordançage du coton avant teinture aux colorants basiques, on les fixe alors à l'aide d'un sel d'aluminium. Dans ce dernier cas, ce sont les acides gras qui jouent le rôle de mordant. Elles sont indispensables pour la teinture du rouge turc et de nuances grand teint sur mordant (nuances à l'alizarine). C'est en majeure partie à ce mordant gras que les couleurs à l'alizarine et surtout le rouge d'Andrinople doivent leur grande solidité.

Les sulfohuiles ont aussi un débouché dans l'industrie des tissus de laine. Rappelons-nous, en effet, que les eaux calcaires sont, dans la fabrication drapière, la cause de multiples désagréments. Il est vrai que les dégâts occasionnés par ces eaux sont, la plupart du temps, ainsi que nous l'avons démontré, la conséquence d'une mauvaise manœuvre, et qu'il est possible, par une épuration soignée, d'éliminer les sels nuisibles et d'éviter ainsi tous les inconvénients. Mais, vu l'énorme quantité d'eau que nécessitent les opérations du dégorgeage, pour débarrasser les tissus de l'huile d'ensimage, ainsi que de l'huile ou du savon employé au foulage, on se trouve souvent dans l'obligation d'économiser l'eau épurée en employant trop tôt l'eau ordinaire ou eau dure. C'est alors que se préparent les réserves ou enduits qui apparaissent pendant la teinture, si la moindre faute a été commise pendant le rinçage des pièces.

Beaucoup de manufacturiers mettent leurs étoffes à l'abri des tares provenant de la nature de l'eau, en ayant recours, pour le dégorgeage, aux huiles tournantes artificielles. Ces composés ne produisent pas de précipité en présence des eaux calcaires; ils ne déposent pas davantage sur les tissus; si ces derniers en sont enduits, on les enlève sans difficulté.

C'est à ce propos que nous avons eu à examiner des huiles solubles fort diverses : sulforicinate de soude, sulforicinate d'ammoniaque, huile monopole, savon monopol, tétrapol, saposel, savon universel, etc.

Nous les caractérisons et les dosons par la méthode suivante :

Méthode d'analyse des huiles sulfoconjuguées : sulforicinates, sulfooils divers et savons sulfogras. — *Caractères.* — Tous ces produits sont solides, liquides ou visqueux, solubles dans l'eau, et ils ont, du moins ceux qui sont offerts à l'industrie drapière, une réaction franchement alcaline.

Lorsqu'on essaie de séparer les acides gras, par une courte ébullition en présence d'acide chlorhydrique ou d'acide sulfurique, comme l'on opère la séparation des acides gras dans les savons ordinaires ; les graisses qui viennent surnager se dissolvent dans l'eau de lavage, et leur décantation devient impossible.

Si on évapore, puis calcine un échantillon en présence d'un alcali fixe, on constate que ses cendres sont très riches en sulfate.

Enfin, évaporées et calcinées directement, les huiles tournantes artificielles laissent un faible résidu qui ne contient que fort peu de carbonate alcalin ; les savons sulfogras donnent davantage de cendres souvent fort chargées en carbonate alcalin.

Dosage. I. — On évapore, d'abord au bain-marie, puis à l'étuve, un poids exactement connu de l'échantillon à analyser, afin d'en déterminer la teneur en matières fixes.

II. La concentration étant connue, on saponifie un poids de produit pouvant contenir environ 7 grammes de substance fixe[1]. Le prélèvement, exactement pesé, est étendu d'un volume d'eau distillée voisin de 300 centimètres cubes, additionné de 20 centimètres cubes de liqueur normale d'acide sulfurique et mis à bouillir dans un ballon muni d'un tube à reflux. Si, au bout de quelques heures, la solution conserve un aspect laiteux, on ajoute 20 centimètres cubes de liqueur normale d'acide sulfurique et porte de nouveau à l'ébullition.

La solution aqueuse étant devenue liquide, on la décante après refroidissement, lave à trois reprises, avec environ 200 centimètres cubes d'eau bouillante, les graisses que l'on recueille, sèche et pèse. On calcule, d'après un titrage avec une solution demi-normale de potasse ou de soude, la proportion d'alcali fixe potasse ou soude, selon le cas, capable de

1. On peut sans inconvénient opérer sur une quantité plus importante.

saturer ces graisses. On regarde en outre si elles contiennent de la lanoline, des composés résineux, des parties insaponifiables, etc.

Pour l'examen approfondi de ces matières grasses, qui d'ordinaire sont des mélanges, nous conseillons d'opérer sur des échantillons qui n'ont pas subi un étuvage prolongé et de suivre la marche détaillée dans le *Précis de l'analyse des apprêts*, par le Dr Wilhelm Massot, traduit de l'allemand et annoté par M. Gustave Hinard.

III. Les eaux mères et les eaux de lavage réunies sont amenées à un volume total de un litre. Sur cette solution, on effectue les dosages suivants :

Acide sulfurique total : P_t ;
— préexistant : P_e ;
— qui s'est combiné à l'alcali pendant le dédoublement : P_n [1].

Les acides gras dissous et la glycérine; comme il est dit en 1, 2 et 3.

L'acide sulfurique conjugué : P_j, ainsi que l'acide sulfurique combiné à l'alcali avant le dédoublement : P_a, sont dosés, d'après IV, sur une autre quantité de l'échantillon à analyser.

1° Un premier prélèvement de 250 centimètres cubes est utilisé pour doser pondéralement l'acide sulfurique total. Du poids d'acide sulfurique trouvé P_t, on défalque celui de l'acide sulfurique introduit P_i et on obtient le poids de l'acide sulfurique préexistant :

$$P_t - P_i = P_e.$$

Ce dosage peut être fait directement sur le composé sulfogras, après évaporation puis calcination en présence d'un excès de potasse ou de soude caustique ou carbonatée [2].

IV*a*. Un troisième prélèvement du composé sulfogras est pesé et additionné d'un volume d'alcool fort d'autant plus important que l'échantillon contient plus d'eau [3]. L'insoluble est

1. En se servant de P_a, qui est mentionné plus loin.
2. Une réduction du sulfate est à craindre pendant cette calcination.
3. Nous ne conseillons pas une évaporation préalable au bain-marie, une saponification des glycérides sulfonés ou non pouvant se produire ; à moins qu'il ne s'agisse de savons sulfogras neutres ou alcalins, ce qu'il est impossible de prévoir.

traité pour la vérification et, s'il y a lieu, le dosage du carbonate alcalin et du chlorure-alcalin, ainsi que pour le dosage du sulfate et, par suite, du poids P_a de l'acide sulfurique correspondant.

Ce poids P_a, retranché de celui de l'acide sulfurique préexistant P_e, donne le poids de l'acide sulfurique conjugué :

$$P_e - P_a = P_j.$$

Ce dernier prélèvement peut aussi être mélangé avec une quantité suffisante de pierre ponce pulvérisée, pour faire une pâte homogène qui sera épuisée, à l'alcool fort, dans un extracteur Soxhlet. La masse de pierre ponce restante garde l'insoluble, qui sera entraîné par l'eau, examiné et dosé.

2° Un deuxième volume de 250 centimètres cubes de notre litre de solution aqueuse, provenant des eaux mères et des eaux de lavage des acides gras, est titré au moyen d'une liqueur normale ou demi-normale de potasse ou de soude : d'abord en présence du méthylorange, pour saturer l'acide sulfurique libre P^l; puis, après neutralisation de l'acide minéral, en présence de la phtaléine du phénol, pour évaluer approximativement les acides gras solubles.

En retranchant du poids de l'acide sulfurique total P_t la somme des poids de l'acide sulfurique libre P_l et de l'acide sulfurique P_a qui, dans l'échantillon, se trouve combiné sous forme de sulfate, on obtient le point P_n de l'acide sulfurique qui s'est combiné à l'alcali pendant le traitement :

$$P_t - (P_l + P_a) = P_n.$$

Car il faut tenir compte de l'acide sulfurique conjugué P_j; cet acide est intégralement mis en liberté, pendant l'ébullition de l'émulsion aqueuse, et il vient s'ajouter à l'acide sulfurique introduit P_i, pour opérer le dédoublement.

Le poids P_n permet d'évaluer celui de l'alcali libre ou la somme des poids de l'alcali libre et de l'alcali combiné aux acides gras, dans le cas des savons sulfogras. Cette estimation se fait en soude, potasse ou ammoniac, selon les indications fournies par l'analyse qualitative.

IV*b*. On carbonate l'alcali de la solution alcoolique préparée en IV*a*, sépare le carbonate, le dissout dans l'eau pour le titrer, en présence de méthylorange, avec une solution décinormale d'acide sulfurique.

Dans le cas d'échantillons liquides ou peu visqueux, l'alcali a été simplement ajouté pour neutraliser l'acide sulfurique restant après lavage. Le poids de l'alcali libre est par suite sensiblement voisin de l'équivalent en alcali de la quantité P_n d'acide sulfurique.

Au contraire, s'il s'agit d'échantillons fort visqueux ou solides, la différence, entre l'alcali libre et l'alcali total, permet de juger si on se trouve en présence d'un savon sulfogras.

La comparaison entre l'alcali nécessaire pour saturer les acides gras insolubles plus les acides gras solubles et l'alcali combiné sous forme de savon, montre si le savon sulfogras est alcalin, neutre, ou s'il est incomplètement formé.

Remarque. — Le dédoublement, opéré sur l'échantillon prélevé en IV*a*, permettrait de calculer directement la proportion d'acide sulfurique conjugué, en appliquant la relation :

$$P_t - P_l = P_j,$$

et la différence, entre l'acide préexistant et l'acide conjugué nous donnerait la quantité d'acide sulfurique combiné sous forme de sulfate, avec une exactitude plus grande que le dosage direct.

$$P_e - P_j = P_a.$$

Nous pourrions de même contrôler la quantité d'acide sulfurique qui a été neutralisée, par l'application de la formule :

$$P_t - P_l = P_n.$$

XIII

MATIÈRES COLORANTES MINÉRALES

Ces colorants, dont nous ne citons que les principaux, ne conviennent qu'aux cotons et aux autres fibres végétales. Ils sont formés directement sur la fibre par des réactions chimiques simples. Les renseignements techniques que nous émettons à leur sujet sont empruntés à M. Francis Beltzer. Le lecteur les retrouvera dans *la Grande Industrie tinctoriale*.

Jaune de chrome

C'est le chromate neutre de plomb CrO^4Pb. On le forme par double décomposition entre l'acétate de plomb et le bichromate de potassium.

Les cotons, débouillis à l'eau, sont passés en sulforicinate ou huile tournante et séchés. On les imprègne d'une solution d'acétate de plomb de 1° à 3° Baumé, suivant le ton jaune que l'on veut obtenir, et les essore à fond. Après quoi, on les passe à froid ou à une température de 40° à 50° C., dans une liqueur de bichromate, formée avec 3 à 5 0/0 de bichromate de potassium et 1 à 2 0/0 d'acide sulfurique.

La nuance jaune se développe aussitôt. On lave, essore et sèche.

Orangé de chrome

C'est le chromate basique de plomb, $CrO^3,2PbO$. On peut l'obtenir en fixant de l'oxyde de plomb sur le sel neutre, ou en enlevant de l'acide au chromate neutre à l'aide de la chaux hydratée.

On passe les cotons, simplement débouillis à l'eau ou huilés comme précédemment, dans un bain de sous-acétate de plomb à 7° ou 8° Baumé, et on teint en jaune, en passant dans une solution de bichromate de potassium additionnée d'acide sulfurique. On lave ensuite à grande eau et travaille vivement la marchandise dans un bain de chaux, clair et bouillant, jusqu'à ce que la nuance orange soit bien développée. On rince, essore et sèche. L'orangé de chrome résiste à la pluie, au soleil, aux lavages, au chlore ; il est très solide.

Oxyde de fer ou rouille [$Fe^2(OH^6)$]

Oxyde ferrique préparé en précipitant un sel de fer par un alcali.

Les cotons, fortement débouillis aux lessives caustiques, sont lavés à fond, puis passés dans une solution de sulfate ferreux à 10 ou 11 0/0, chauffés à 50° C. On les piète[1] énergiquement, les lève, les essore et les plonge dans une solution ammoniacale froide, à 5 centimètres cubes d'ammoniaque à 22° Baumé pour 100 centimètres cubes d'eau.

L'oxyde ferreux se précipite, on lave, essore et peroxyde dans une liqueur tiède de chlorure de chaux, préparée avec 50 centimètres cubes de chlorure à 12° Baumé pour 1 litre d'eau.

La nuance se développe ; on lève, essore, laisse quelque temps à l'air et lave à fond.

On répète cette opération deux ou trois fois, suivant le ton que l'on doit avoir. Les nuances rouille sont solides aux lavages, à l'air et à la lumière ; mais elles sont altérées par les acides.

Bleu de Prusse [$(FeCy^6)^3(Fe^2)^2$]

On le prépare en traitant un sel ferrique par le cyanure jaune (ferrocyanure de potassium).

1. Piéter est ici considéré comme synonyme de malaxer, travailler, manœuvrer dans le bain.

C'est un beau bleu qui est presque abandonné, à cause de sa faible résistance.

On commence par charger la marchandise d'un pied de rouille, puis on la manœuvre à froid dans une liqueur acide de prussiate jaune de potasse comprenant 20 grammes de prussiate et 10 grammes d'acide sulfurique par litre.

La nuance se développe ; on lave à froid et fait sécher dans l'obscurité.

Oxyde de manganèse ou bistre au manganèse (MnO^2).

Le coton, débouilli et huilé si possible, est passé dans une dissolution de chlorure de manganèse à 10 ou 11 0/0, essoré, plongé dans une solution de soude caustique, exposé à l'air et enfin oxydé avec une liqueur de chlorure de chaud à 1° ou 2° Baumé.

Cette manipulation peut être répétée comme pour la rouille.

M. Léon Bloch opère de la manière suivante: 1° Mordançage au chlorure de manganèse, dissolution à 150 grammes par litre, à 50° C., suivi d'un essorage très uniforme par compression au large et séchage.

2° Imprégnation de soude caustique par deux passages dans un bain froid de soude à 20° Baumé. On exprime au foulard après chaque manipulation et laisse le tissu en tas pendant quelques heures ; lave, essore et sèche.

3° Oxydation par chromatage au moyen d'un bain de bichromate de potassium à 40 0/0, à la température de 95°-96° C. On lave et sèche au tambour.

On varie les nuances du bistre de manganèse en associant des sels de fer ou de chrome.

Les nuances sont mieux unies et plus solides, quand on adopte la marche suivante :

On dissout 2 à 5 kilogrammes de permanganate dans 1.000 litres d'eau douce, à la température ordinaire, ajoute une solution froide de 200 grammes de peroxyde de sodium dans 200 litres d'eau et y piète fortement le textile.

Le peroxyde est en solution trop diluée pour réduire rapidement le permanganate dans le bain ; il agit au contraire lentement, et précipite par réduction le peroxyde de manganèse sur le coton.

Les teintures à l'oxyde de manganèse sont très solides ; elles supportent des blanchissages énergiques à l'eau de Javel.

XIV

MATIÈRES COLORANTES NATURELLES

Excepté la *cochenille* et quelques composés que nous ne pouvons citer ici à cause de leur peu d'importance, les matières colorantes nous viennent des *plantes tinctoriales*. Elles sont fournies par les plantes entières, telles que les *lichens* qui nous donnent l'*orseille*, ou plus ordinairement pour l'un ou l'autre de leurs organes :

Soit par les tiges et les troncs :
- Bois de Campêche ;
- Bois rouge du Brésil ;
- Bois de Santal, de Caliatour, de Barwood et de Camwood ;
- Bois jaune ;

Soit par l'écorce :
- Quercitron, Flavin ;

Soit par les fruits :
- Rocou ;

Soit par les sucs :
- Cachou ;

Soit par les feuilles :
- Gaude, Indigo ;

Soit par les racines :
- Garance.

La racine de la plante est appelée *alizari*. L'alizari reçoit le nom de garance quand il est pulvérisé. C'est de cette poudre que l'on extrait l'alizarine naturelle.

Les matières colorantes sont dans le commerce telles que la nature nous les livre ou sous forme d'extraits. On se sert du colorant brut ou de ses extraits, en tenant compte que, dans ces derniers, le principe colorant est à une concentration plus grande.

Nous relatons ci-après : la valeur industrielle, les propriétés et le mode d'emploi de ces colorants. Nous indiquons dans le chapitre *la Pratique de la Teinture* l'état sous lequel la marchandise doit se présenter pour pouvoir être teinte.

La plupart des matières colorantes naturelles produisent des *nuances grand teint*[1] par excellence. Sur laine, elles ne sont guère dépassées que par un certain nombre de colorants d'alizarine. Sur coton, les couleurs naturelles sont moins solides, bien que les teintures en garance, en indigo, en cachou, soient très résistantes.

En général, les tons sont moins vifs que ceux que nous pouvons obtenir avec les colorants artificiels.

Campêche

Le bois de Campêche, appelé aussi bois d'Inde, bois noir, bois bleu, est fourni par un arbre de 10 à 13 mètres de haut, l'*Hematoxylon campechianum*. La baie de Campêche, au Mexique, lui a donné son nom. On le trouve dans les Antilles et dans toute l'Amérique méridionale.

C'est un bois très dur, rouge brun, d'une saveur astringente et sucrée ; il colore la salive en rouge.

La matière colorante du campêche, appelée *hématine* ou *hématoxyline*, peut être entraînée par l'alcool ; on obtient ainsi une solution brun foncé qui, évaporée ou distillée, laisse une matière visqueuse ou dure, selon le degré de dessiccation : c'est l'extrait de campêche.

En présence des alcalis ou de l'oxygène de l'air, l'hématine se transforme en un corps fortement coloré en rouge, l'*hématéine*. L'*hématéine* est donc le résultat de l'oxydation de l'*hématine*.

La décoction du bois de Campêche, mélange d'hématine et d'hématéine, présente les réactions suivantes :

1. Les nuances grand teint sont celles qui supportent les opérations de la fabrication et répondent aux usages sans virer sensiblement.

Elle est colorée en jaune par les acides minéraux ou organiques dilués, en rouge par les acides concentrés ;

Les alcalis la colorent en rouge d'abord, puis la couleur devient violacée ;

L'aluminate de soude provoque un abondant précipité bleu, insoluble dans un excès d'alcali. Ce caractère très sensible permet de déceler le campêche dans un mélange ;

Les sels de fer donnent un précipité noir bleuâtre ;

Les sels de cuivre, un précipité bleu ;

Les chromates et les bichromates, un précipité noir;

Le chlorure stanneux, un précipité violet foncé.

Le campêche est, après l'indigo, la matière colorante naturelle la plus employée. C'est le seul bois de teinture qui puisse lutter avantageusement contre les colorants artificiels, grâce à son bon marché. On superpose souvent le noir Campêche au bleu indigo, pour obtenir du noir bleu grand teint.

Le campêche est couramment employé sous forme d'extraits.

On distingue :

L'extrait sec,

L'extrait en pâte et

Les extraits liquides dont la concentration est fort variable ; ils pèsent entre 30° et 5° Baumé.

Application à la laine. — Le campêche est encore le principal colorant pour la production des noirs sur laine, bien qu'on le mélange fréquemment avec d'autres colorants, pour modifier le ton noir et la résistance aux acides.

Noir au chrome. — Les procédés de teinture du noir dit noir au chrome ne sont plus guère utilisés ; nous les indiquons cependant, car ils permettent de se rendre compte de l'influence du jaune sur le bleu et des sels métalliques sur les matières colorantes polygénétiques.

On appelle colorants polygénétiques ceux qui donnent naissance à des nuances différentes, suivant le mordant employé pour les fixer.

On produit le noir au chrome en mordançant la laine, à

l'ébullition, pendant une heure à une heure et demie, avec :

Bichromate de potassium	3 0/0
Acide sulfurique	1 0/0

et, après lavage, en teignant à l'ébullition, dans un bain séparé, pendant le même laps de temps, avec :

1° 35 à 50 0/0 de bois de Campêche [1], pour obtenir un noir bleu ;

2° 35 à 50 0/0 de bois de Campêche et 5 à 8 0/0 de bois jaune pour obtenir un noir noir ;

3° 35 à 50 0/0 de bois de Campêche et 15 à 20 0/0 de bois jaune pour obtenir un noir vert ;

4° Si au bain n° 1 on ajoute, après épuisement suffisant du colorant, 2 0/0 de protochlorure d'étain, on produit un noir violet ;

5° Et si, au bain n° 2, on ajoute, après épuisement, 3 à 4 0/0 de sulfate ferreux ou 1/2 0/0 de bichromate, le noir est plus foncé et plus solide.

Ce mordançage après teinture, qu'on désigne sous le nom de brunitûre, fixe le colorant qui n'a pas été fixé par le premier mordant. En règle générale, cette fixation est nécessaire dans l'usage des couleurs à mordant, lorsque la matière est destinée à paraître dans les tissus à côté de fils blancs ou teints en couleurs claires. Le noir au campêche, et tous les noirs mordancés ou non, lâchent plus ou moins pendant foulage ; mais, si le campêche est bien combiné avec le mordant, ce n'est pas le principe colorant qui dégorge, mais la laque colorante, c'est-à-dire le colorant combiné au mordant. Cette laque s'échappe sous forme de poudre insoluble, incapable de se combiner avec les fibres voisines, lors même que ces dernières sont mordancées.

Les noirs au chrome résistent au dégraissage et au foulage ; mais la lumière leur fait prendre un ton verdâtre qu'on prévient en ajoutant au bain du rouge d'alizarine ou du rouge au bois ou en donnant à la laine une teinte brun rouge avant de la travailler au campêche.

1. L'extrait pâteux est 4 à 5 fois supérieur au bois. Ceci est du reste très variable, c'est au teinturier à apprécier la valeur de l'extrait d'après les rendements.

Le bichromate de potassium peut, dans tous les cas, être remplacé par le bichromate de sodium ; ce dernier est très hygroscopique. L'acide tartrique ou l'acide oxalique peuvent remplacer l'acide sulfurique. L'acide oxalique est toutefois moins recommandable.

Noir à la couperose ou au sulfate de fer. — Il y a deux méthodes :

1° *Mordançage suivi de teinture.* — On mordance la laine une heure et demie à deux heures, au bouillon, avec :

Sulfate ferreux	4 à 6 0/0
Sulfate de cuivre	2 0/0

lève, tord, laisse en repos pendant toute une nuit, puis teint, pendant une heure et demie, avec 40 à 50 0/0 de bois de Campêche.

2° *Teinture suivie de bruniture.* — On fait bouillir la laine, une heure à une heure et demie, dans une décoction de :

Bois de Campêche	40 à 50 0/0
Bois jaune	5 à 10 0/0

lève, ajoute au même bain refroidi :

Sulfate ferreux	4 à 6 0/0
Sulfate de cuivre	2 0/0

abat[1] la laine, chauffe jusqu'à 100° et fait bouillir environ une demi-heure

Le tartre et encore mieux l'acide oxalique, 2 molécules d'acide pour 1 molécule de sulfate de fer, empêchent la formation, sur la laine, d'un précipité de sulfate ferrique basique. Si l'eau n'est pas calcaire, on ajoute un peu de craie ou d'acétate de chaux, pour rendre la couleur plus intense.

Le noir au sulfate ferreux supporte très bien l'action du savonnage et du foulage ; il résiste mieux à la lumière que les noirs au chrome. Le sulfate de cuivre augmente encore la solidité à l'air et à la lumière. De sorte qu'il est avantageux d'employer en mélange le sulfate de fer et le sulfate de cuivre ou le

1. Abattre et lever sont des termes techniques. Abattre, c'est entrer le textile dans le bain ; lever, c'est sortir le textile du bain.

bichromate et le sulfate de cuivre. Mais, le sulfate ferreux donne aux noirs au campêche une résistance plus grande que le bichromate.

Noir au pastel. — Après avoir passé la laine une ou deux fois dans la cuve à indigo, afin de faire développer un bleu de cuve clair ou moyen ; en d'autres termes, après avoir donné un ou deux pieds d'indigo, on dégorge la marchandise au carbonate de sodium, épaille au besoin [1] et neutralise alors dans un nouveau bain de soude carbonatée, puis mordance en :

Tartre	5 0/0
Sulfate de cuivre	9 0/0
Sulfate ferreux	9 à 10 0/0

auquel mélange on ajoute, par habitude, peut-être aussi pour distinguer ce genre de mordant :

Bois de Campêche	1 à 2 0/0
Bois jaune	1 à 2 0/0

Après deux heures à deux heures et demie d'ébullition, on lave ou non et teint avec 10 0/0 d'extrait de campêche ou 50 0/0 de bois.

S'il le faut, on met encore un peu de campêche et du bois jaune.

Si on préfère le noir au chrome, on mordance avec alun de chrome et acide oxalique, au lieu de bichromate et acide sulfurique, pour éviter l'oxydation du bleu d'indigo.

Les noirs très solides se font encore sur bleu de cuve, ils reviennent fort chers, mais ils ne s'altèrent pas à l'usage.

Noir au tartre. — On fait bouillir le textile environ deux heures, avec :

Tartre	6 à 8 0/0
Sulfate ferreux	8 à 10 0/0
Bois jaune	8 0/0

On évente, lave et teint avec 40 0/0 de bois de Campêche ou 8 à 10 0/0 d'extrait et 1 0/0 de sulfate de cuivre.

1. Les teintures au campêche ne sont jamais épaillées, elles sont trop sensibles aux acides.

On modifie sans inconvénient le mode de travail. Ainsi certains teinturiers produisent ce noir en un seul bain, et ajoutent vers la fin de l'opération, ou même au commencement, 1/2 à 1 0/0 de bichromate de potassium.

Dans notre région, on suit l'une ou l'autre des deux formules ci-après :

Mordançage, en moyenne deux heures et demie à l'ébullition, avec :

Tartre	4 0/0
Sulfate ferreux	7 0/0
Sulfate de cuivre	7,5 0/0
Extrait de campêche	4 0/0
— de bois jaune	0,5 0/0

Teinture, une heure et demie à l'ébullition avec 10 0/0 d'extrait de campêche;

Ou bien : mordançage au bouillon, pendant deux heures et demie en moyenne, avec :

Tartre	4 0/0
Sulfate ferreux	6 0/0
Sulfate de cuivre	7 0/0
Extrait de campêche	3 0/0
— de bois jaune	0,25 0/0

Teinture, une heure et demie au bouillon, avec 5 0/0 d'extrait de campêche.

On arrive au même résultat en remplaçant le campêche par le noir de naphtylamine. On teint alors avec addition de :

Sulfate de sodium	20 0/0
Acide sulfurique	5 0/0

et monte lentement à l'ébullition, condition nécessaire pour avoir un noir vif.

Quand on désire faire disparaître le fond bleu du noir naphtylamine, foncer le noir ou lui communiquer un reflet verdâtre, on mélange une proportion convenable de vert naphtol 3B.

Le noir au tartre est considéré, par beaucoup de teinturiers comme supérieur aux noirs précédemment étudiés. Il résiste à la lumière pendant trois mois.

Noir au chromate. — Le noir au chromate, improprement appelé noir engallé, est beau, solide et économique; mais il verdit assez vite à l'air, comme la généralité des noirs au chrome.

On mordance à l'ébullition, une heure et demie, avec :

Bichromate de potassium	3 0/0
Sulfate de cuivre	3 0/0
Acide oxalique	3 0/0

laisse reposer une nuit sur le mordant, puis lave à grande eau et teint avec campêche additionné soit de bois jaune ou son extrait, soit d'alizarine noir. On entre à tiède et on monte à l'ébullition, ou on abat en pleine ébullition. Au bout d'une heure de teinture, on lève la laine, l'évente pendant une heure, puis on l'abat de nouveau et continue la teinture jusqu'à épuisement de la couleur.

L'aérage de la laine sortant du bain bouillant produit un effet curieux, qui n'est pas expliqué, le noir est plus nourri et ne dégorge presque plus, ni au foulon ni au frottement.

Finalement on lave à fond, et quelquefois on adoucit la nuance par un savonnage chaud.

Par économie de main-d'œuvre, on exécute aussi les noirs au campêche en un seul bain. Ce genre de teinture repose sur la propriété que possède l'acide oxalique de dissoudre la laque métallique de campêche[1], solution dans laquelle le textile se teint en une couleur noir intense, mais peu solide au frottement.

Les proportions les plus convenables sont :

Sulfate ferreux	3 0/0
Sulfate de cuivre	3 0/0
Bioxalate de potassium (sel d'oseille)	2 0/0
ou acide oxalique	1/2 0/0
Extrait de campêche	12 0/0
Extrait de bois jaune	1 à 2 0/0

On peut ajouter 1/2 0/0 de bichromate de potassium.

L'opération demande à peu près deux heures d'ébullition; elle est suivie d'un lavage à froid.

1. L'acide oxalique dissout également les laques formées par la combinaison des sels métalliques avec les autres colorants à mordant.

On peut teindre plusieurs fois sur le même bain, à condition de diminuer les doses de mordants et de colorants.

Par contre on augmente légèrement la proportion d'acide oxalique.

Barquage de la laine. — On dévelope beaucoup les nuances au campêche en faisant subir à la laine l'opération du barquage.

Le barquage consiste à retirer la marchandise du bain bouillant et à la mettre en tas serré. On la couvre de toile d'emballage, pour la conserver aussi chaude que possible ; si le refroidissement paraît trop rapide, on l'arrose de bain chaud.

La couleur brunit rapidement ; dès qu'elle a atteint l'intensité voulue, on évente le textile pour le refroidir avant de le remettre en tas.

Les teinturiers prétendent que, pendant le barquage, la laine cède de l'oxygène aux colorants. Ce n'est certes pas à l'oxydation qu'il faut attribuer cette réaction, car la laine est un corps réducteur. Cette teinture complémentaire semble due plutôt à ce que la couleur qui est incomplètement absorbée, se trouvant en contact plus intime avec le mordant, s'y combine et se transforme en laque colorante solidement fixée.

Le barquage est économique et donne des nuances plus résistantes. Mais il ne doit guère durer plus d'une heure, sinon la fibre s'altère.

Application au coton. — Le campêche est encore utilisé pour produire des noirs ou des gris sur coton.

Noirs au campêche. — *Mordançage.* — Le coton étant bien débouilli, on le travaille dans une dissolution d'environ 30 à 40 0/0 de sumac ou son équivalent de tanin (liqueur à 2° Baumé) ; on l'y laisse plusieurs heures ou même toute une nuit, exprime et manœuvre sans laver, dans une solution froide de pyrolignite de fer titrant 3 à 4° Baumé, ou un mélange de pyrolignite de fer et de pyrolignite d'aluminium pesant à peu près 4° Baumé. Afin de neutraliser l'acide qui imprègne la fibre et de fixer plus complètement le sel basique de fer, on lave et passe la marchandise dans un bain froid de craie ou d'eau de chaux.

Pour les tissus bon marché le pyrolignite est remplacé par le sulfate ferreux.

Lorsque la substance tannique employée est le cachou, on traite le coton dans une dissolution bouillante de cette substance et on l'y laisse jusqu'à refroidissement du liquide. On manipule ensuite dix à quinze minutes dans une solution bouillante de bichromate de potassium à 5 grammes par litre, avant de passer au pyrolignite de fer.

Les noirs au cachou résistent mieux au foulage que les noirs au tanin; c'est pourquoi cette méthode est recommandée pour la teinture des floches de coton que l'on veut mélanger à la laine avant tissage.

On peut aussi mordancer comme suit :

On plonge le coton dans un bain de pyrolignite de fer à 6° Baumé, ou dans un bain formé par un mélange de pyrolignite de fer à 4° Baumé et du pyrolignite d'aluminium à 4° Baumé, le mélange de ces deux pyrolignites donnant un noir plus nourri.

Après une immersion suffisante, on tord, essore fortement, passe dans un bain de fixage contenant 6 à 8 grammes de silicate de sodium par litre et essore.

Teinture. — Quelle que soit la méthode suivie pour le mordançage, on prépare un bain séparé de campêche contenant un peu d'extrait de bois jaune, de quercitron ou de cachou, ou le bois lui-même.

Quand le mordançage a été effectué avec du pyrolignite de fer seul, on peut ajouter un peu de pyrolignite de cuivre ou de sulfate de cuivre, pour atténuer le ton rougeâtre que communique le mordant de fer employé sans alumine.

Le bain étant monté et les cotons lavés, on les abat à froid, travaille quinze à vingt minutes, puis chauffe graduellement jusqu'à l'ébullition. En ce moment, on lève la marchandise qui est d'un noir bleuâtre et on la passe dans un bain faible de sulfate ferreux ou de bichromate de potassium ou de sodium chauffé entre 50 et 60° C.

Cette bruniture fixe l'excès de colorant et rend le noir solide et intense.

On rince à grande eau, lave à température modérée dans une

solution de savon contenant 3 à 6 grammes de savon par litre, exprime et sèche ; on rince de nouveau, exprime et sèche.

On produit des noirs très économiques en supprimant le mordançage au fer et teignant directement dans un bain de campêche additionné de 3 à 4 grammes par litre de bichromate et 6 et 7 grammes d'acide chlorhydrique à 20° Baumé, ou une quantité équivalente d'acide sulfurique.

Cette formule de noir en un bain convient principalement pour les tissus. Le coton en bourre est aussi teint sur bichromate, mais on préfère séparer les bains pour rendre le noir plus résistant.

On débouillit les plocs, les manœuvre dans un bain de campêche (environ 30 0/0 d'extrait) et brunit dans une solution mixte de :

Bichromate	8 à 10 0/0
Sulfate de cuivre	6 0/0

On rince, passe de nouveau dans un bain de campêche, et, pour finir, lave, rince, savonne, rince encore, essore et sèche.

On règle, dans tous les cas, la température du bain de teinture, comme il a été décrit ; c'est-à-dire qu'on entre à froid et monte jusqu'à l'ébultition.

Gris au campêche. — On manœuvre le coton dans une solution de campêche à la température de 40° à 50° C., laisse égoutter et passe dans une autre solution de 10 0/0 de sulfate ferreux ou 2 à 3 0/0 de bichromate. On lève, lave, rince et sèche.

Par économie de main-d'œuvre, beaucoup de teinturiers mélangent les deux bains de teinture et de bruniture. Une partie de la couleur est précipitée dans le bain, une autre partie sur la fibre. Cette dernière paraît se fixer pendant l'exposition à l'air et le lavage.

Le ton gris peut être modifié en ajoutant au bain de teinture soit du tanin, soit du bois jaune ou son extrait.

Comme pour la laine, on emploie parfois le campêche en mélange avec d'autres colorants. Ce qui permet de varier à volonté les nuances.

Application à la soie. — Le campêche est considéré comme le colorant produisant les plus beaux noirs sur soie. Les noirs au campêche sur soie ont un défaut : ils verdissent en magasin, à la longue.

On mordance la soie dans un bain de nitroacétate de fer, de nitrosulfate de fer, de sulfate ferreux ou de nitrate ferreux ; lave et teint en campêche additionné de :

Sulfate de cuivre....................	1 à 2 0/0
Sulfate ferreux......................	5 à 10 0/0

Ou encore : on mordance une première fois avec du sulfate ferrique basique, lave, savonne, développe en bleu de Prusse ; mordance une deuxième fois avec du sulfate ferrique basique, lave, donne un bain de cachou ; passe dans un bain froid monté en alun ou sulfate d'aluminium, si on désire un noir violacé ou bleuté ; et teint en campêche et savon avec addition de bois jaune, si le ton est trop bleu.

Les recettes suivantes sont empruntées à M. Hummel, de Leeds, elles sont appliquées sur la soie décreusée.

1. *Noir pour peluche de chapeau.* — 1° Mordançage dans bain froid de nitroacétate ferrique, essorage et lavage.

2° Teinture dans un bain de *campêche* additionné de *bois jaune*. On ajoute à ce bain d'ordinaire :

1 à 2 0/0 d'acétate de cuivre
5 à 10 0/0 de rouille.

3° Seconde teinture dans un bain de *campêche* et savon ; essorage, lavage et

4° Adoucissage à la potasse.

2. *Noir anglais.* — 1° Mordançage avec sulfate ferrique basique, après avoir laissé traîner quelque temps, essorage, lavage et savonnage en dissolution de savon chauffée à 90°C. environ ;

2° Teinture en *bois jaune*, sulfate ferrique et acétate de cuivre ; essorage et lavage ;

3° Teinture en *campêche* en dissolution dans l'eau de savon, essorage, lavage et

4° Adoucissage à la potasse.

Volume du bain. — La longueur du bain, ou le rapport entre le poids de la matière à teindre et le volume du liquide tinctorial, est très variable. Nous en parlons plus loin. Disons de suite, pour fixer les idées, que :

Pour 1 kilogramme de laine, il faut 30 à 35 litres de bain ;

Pour 1 kilogramme de coton, il faut 15 à 20 litres de liqueur ;

Pour la soie, le bain est plus volumineux, afin de ménager la marchandise.

On teint les tissus dans des bains plus courts.

Bois du Brésil.

Les bois rouges ou bois du Brésil sont fournis par des arbres de la famille des légumineuses qui croissent aux Indes.

Application à la laine. — Ils ne donnent pas de couleurs bien solides. On les a du reste remplacés par les rouges d'aniline.

Application au coton. — Ces bois ne sont guère utilisés que pour nuancer sur mordant de tanin, de sumac, d'alumine ou de fer.

Toutes ces nuances sont peu solides, un savonnage même léger les dégrade sensiblement.

Application à la soie. — Les bois du Brésil sont remplacés par les couleurs artificielles.

Bois de Santal de Camwood de Barwood et de Caliatour.

Ce sont des bois durs, brun noirâtre à l'extérieur, rouges à l'intérieur. Ils sont originaires de l'Inde et de l'Afrique occidentale.

Application à la laine. — Ces bois ne sont plus guère employés que pour piéter la laine avant la teinture en indigo de cuve.

On les utilisait unis à d'autres bois de teinture : campêche, bois jaune, fustet, ou à l'orseille, pour obtenir des tons bruns, marrons, etc. On teignait sur mordants d'alun et tartre ou de bichromate et tartre.

A cause du peu de solubilité des colorants fournis par ces bois et de l'affinité qu'ils manifestent pour la laine, ils convenaient parfaitement bien à la méthode de teinture suivie de bruniture.

Les tons obtenus par la méthode de bruniture, qui était préférée, à juste titre, étaient plus solides et plus bleus que ceux que l'on obtenait par la méthode du mordançage suivie de teinture.

Les praticiens préféraient le caliatour, qui avait la réputation de donner des tons plus doux.

Application au coton. — Ces bois de teinture, le barwood de préférence, sont encore employés dans le but d'obtenir le rouge imitant le rouge turc.

Les cotons débouillis sont passés en mordant d'oxymuriate d'étain à 5° Baumé, essorés, manœuvrés en solution de soude Solvay à 3° Baumé pour fixer l'étain ; lavés et teints en bain de Barwood[1], ce bain est monté à raison de 200 kilogrammes de bois de Barwood [1] pour 100 kilogrammes de coton.

On entre à froid et chauffe jusqu'à l'ébullition que l'on maintient environ une heure.

On peut aviver la couleur rouge en projetant dans le bain de teinture 2 0/0 de sel d'étain et continuant de teindre à l'ébullition environ une demi-heure.

On lave et sèche.

On réalise un rouge identique en teignant dans les mêmes conditions, après mordançage en solution d'acétate d'aluminium à 5° Baumé et fixage en solution de silicate de sodium à 5 grammes par litre.

Si on mordance en pyrolignite de fer à 4° Baumé et que l'on passe en solution de sumac ou tanin, à 2 grammes par litre, on produit, en teignant comme précédemment, des nuances grenat. Le ton est grenat rouge, si au pyrolignite de fer on mélange une certaine proportion d'acétate d'aluminium.

Soie. — Les bois de Santal, de Barwood, de Camwood et de Caliatour ne sont pas appliqués sur la soie.

1. Le bois de Santal ou un des trois autres bois susnommés.

Garance.

La garance est une plante herbacée, de la famille des rubiacées, dont tout le pouvoir colorant est dans la racine.

Application à la laine. — Elle est employée depuis longtemps dans la teinture en rouge des draps pour l'armée.

On mordance la laine à l'ébullition, avec :

Sulfate d'aluminium	6 0/0
Tartre	5 à 8 0/0
Garance	5 à 10 0/0

La garance permet de se rendre compte de l'égale répartition du mordant.

On lève au bout de une heure et demie environ, et laisse la marchandise en tas, pendant deux à trois semaines, sans lavage préalable. *Le but de cette digestion prolongée est de fixer plus intimement le mordant, mais la teinture subséquente n'est ni plus vive ni plus résistante. La fibre se trouve simplement durcie, irritée par le sulfate d'aluminium, et elle se montre un peu réfractaire au foulage.* Il est donc bien préférable de teindre sitôt après mordançage.

On prépare le bain de teinture avec 60 à 80 0/0 de garance, abat à la température de 40° C. et chauffe de manière à arriver au bout d'une heure à la température de 80° C., que l'on maintient pendant encore une heure. On peut atteindre 100° C. vers la fin de la deuxième heure ; mais l'ébullition ne peut durer que quelques minutes, sinon la nuance ternit. Si l'eau ou la garance manque de chaux, on ajoute au bain de teinture de l'acétate de calcium ou de la craie en poudre. La couleur est ainsi plus brillante.

L'addition d'un peu de tanin contribue à mieux épuiser le colorant et à donner des nuances plus résistantes. Il faut éviter un excès, qui donnerait des tons clairs.

Aucun avivage n'est nécessaire, le foulage suffit pour dépouiller le textile de la couleur mal fixée.

Le rouge garance est une couleur solide, qui résiste parfaitement à l'action de la lumière, du foulon et du savon. Les solutions alcalines la font virer au bleu violacé, pendant le dégraissage et le foulage, mais l'épaillage lui rend sa vivacité première.

Les rouges solides à l'alizarine artificielle reviennent à meilleur compte. Cependant on n'arrive pas, avec les rouges d'alizarine à imiter la teinte rouge fauve de garance. Ceci explique pourquoi les teinturiers ont cherché à tourner la difficulté, en remplaçant une partie de la garance par de l'alizarine. Le génie militaire ayant toléré cette substitution, la garance perdit son importance. Actuellement le rouge militaire est examiné pour la solidité de la couleur teinte, sans souci de sa provenance. On a donc essayé d'exécuter ce rouge dans les meilleures conditions de bon marché.

On imite fort bien la couleur rouge exigée pour la troupe, en mordançant au bouillon pendant deux heures et demie à trois heures, avec :

Alun	7,5 0/0
Acide oxalique	2,5 0/0
Tartre	6 0/0
Roccelline	0,125 0/0

(L'adjonction d'un peu de couleur aux mordants a pour but, comme dans les cas précédents, de s'assurer du bon unisson et de pouvoir reconnaître la marchandise mordancée) ; et, en teignant environ deux heures, à l'ébullition, sur le même bain ou sur bain nouveau, avec près de 2 0/0 de rouge d'alizarine S.

Au besoin, on met de la roccelline pendant l'échantillonnage.

Dans les deux opérations de mordançage et de teinture, on chauffe graduellement, de manière à faire bouillir les bains en une heure et demie.

On peut aussi mordancer et teindre en même temps.

On obtient encore le rouge militaire, en teignant en :

1° Rouge diamine (Manufacture lyonnaise), et en remontant la couleur avec :

2° Rouge d'alizarine, plus orangé d'alizarine ;

3° Et garance,

ou en teignant trois lots différents de laine, suivant 1, 2 et 3, et en les mélangeant, avant filature, dans des proportions convenables.

Certains teinturiers exécutent le rouge soldat avec un mélange de : rouge, brun et orange d'alizarine. D'autres le font simplement avec le rouge d'alizarine de Meister.

Ceux-là risquent de s'attirer des ennuis.

Enfin, on voit qu'avec le grand nombre de colorants artificiels que l'on possède actuellement, les combinaisons, pour arriver à une nuance désirée, sont faciles à réaliser.

Application au coton. — La teinture à la garance (alizarine naturelle) est remplacée par la teinture à l'alizarine artificielle.

Nous prions le lecteur de se rapporter à l'application des couleurs polygénétiques sur mordant d'aluminium : rouge d'Andrinople ou rouge turc.

Soie. — La garance n'est plus appliquée sur la soie.

Cochenille.

C'est une matière colorante contenue dans le corps d'un insecte du genre *Coccus*, de l'ordre des Hémiptères.

Les espèces principales sont :

La cochenille, *Coccus cacti* et *Coccus sylvestris*, originaire du Mexique ;

La gomme laque, *Coccus lacca*, originaire des Indes orientales ;

La cochenille Kermès, *Coccus Illicis*, vivant sur le *Quercus coccifera*, arbrisseau de l'Europe méridionale. Le carmin de cochenille est un mélange d'extrait de cochenille avec l'alun, le tartre ou un autre sel acide.

La cochenille n'est plus utilisée sur coton, elle est remplacée par les rouges d'aniline sur soie, et son emploi devient de plus en plus rare dans la teinture de la laine, où les rouges azoïques, principalement les ponceaux d'aniline, l'ont détrônée. On a encore recours à la cochenille lorsqu'on veut des nuances présentant une grande solidité à la lumière.

Application à la laine. — On fait encore les ponceaux et les écarlates à la cochenille. On réussit assez bien, en mordançant, à l'ébullition, une heure et demie avec :

Chlorure stanneux	6 0/0
Crème de tartre	5 0/0

lavant et teignant une heure à une heure et demie à l'ébullition, avec :

Cochenille	5 à 12 0/0

On peut opérer en un bain, monté avec :

Acide oxalique	10 à 12 0/0
Chlorure stanneux	9 0/0
Cochenille	12 à 17 0/0

Ces rouges résistent à la lumière, mais ils prennent un ton plus terne, plus bleuâtre, sous l'action des solutions alcalines étendues. On doit donc éviter un foulage prolongé. Le ton brillant est rétabli par rinçage dans l'acide acétique.

Le rouge cochenille ne coule pas et ne tient pas les fibres adjacentes, comme le font les rouges azoïques.

Application au coton. — Les cotons débouillis sont mordancés à l'acétate d'aluminium, puits teints au bouillon avec une décoction de cochenille et de noix de galle.

Les nuances sont peu solides.

Application à la soie. — En mordançant avec l'alun et teignant avec de la cochenille, on obtient le cramoisi. En plongeant dans un bain de rocou à 10 0/0, faisant digérer longtemps dans une solution froide de nitromuriate d'étain, lavant et teignant en cochenille et crème de tartre, on obtient l'écarlate.

La cochenille est mise à contribution pour nuancer les soies chargées lorsqu'on arrive à peu près au ton voulu.

Les couleurs auxquelles on peut avoir recours pour le ton rouge écarlate, safranine, fuchsine, rhodamine, teignent trop rapidement.

Orseille.

Certains lichens peuvent fournir une matière colorante d'un rouge vineux. Ces plantes sont incolorés, mais elles renferment une matière colorable : l'*orcine*, qui, sous l'action combinée de l'ammoniaque et de l'oxygène de l'air, se transforme en *orcéine*, principe colorant de l'orseille.

L'orseille est dans le commerce en pâte et en extraits liquides.

Les matières colorantes artificielles, et principalement les substituts d'orseille, ont remplacé les extraits d'orseille, qui trouvent encore un emploi restreint dans la teinture et l'impression de la laine et de la soie.

Application à la laine. — L'orseille teint la laine directement, sans le concours d'autres ingrédients. Mais on la fait teindre aussi en présence de sulfate de sodium et d'acide sulfurique ou sur mordants d'alun et tartre, ou plus simplement en présence d'acide acétique ou de savon.

Les nuances ainsi réalisées diffèrent toutes entre elles. Elles sont uniformes, malheureusement elles résistent peu à la lumière. Les nuances claires surtout sont plus égales que celles que donnent la plupart des rouges d'aniline.

L'orseille s'emploie encore en mélange avec le carmin, le sulfate d'indigo, le bois jaune, le campêche et nombre de couleurs d'aniline, en particulier celles qui teignent en bain acide.

On réussit fort bien les *gris perle* avec un mélange d'orseille et de carmin d'indigo, additionné de bisulfate de sodium.

Application au coton. — On teint à l'orseille sur coton mordancé à la façon du rouge turc.

Application à la soie. — On ajoute au bain une solution de savon additionnée ou non d'un peu d'acide sulfurique ou d'acide acétique.

Rocou.

Matière colorante peu employée, provenant de la pulpe du rocouyer : *Bina Orellana*, cultivé dans l'Amérique méridionale.

Avant de s'en servir, il faut la dissoudre en la faisant bouillir avec du carbonate de sodium.

On s'en sert pour les couleurs chair, jaune foncé et orangées. Ces nuances sont peu solides.

On teint la soie et aussi la laine, en ajoutant du savon au bain.

Pour ce qui concerne le coton, le rocou est surtout appelé à remonter les teintures obtenues avec les bois jaunes et les couleurs minérales à l'oxyde de fer. On peut le faire servir de pied aux cotons devant être teints en bleu de cuve. Les tons verdâtres qui résultent de cette combinaison sont assez appréciés.

Cachou.

On désigne sous ce nom la décoction concentrée à l'état sirupeux, ou à l'état sec, préparée avec le bois et les fruits d'acacias qui croissent aux Indes. C'est une matière sirupeuse ou solide, dont la couleur varie du jaune brun au noir.

Le cachou est très employé pour la teinture et l'impression du coton, et il est encore un peu utilisé pour teindre en noir et en brun la laine et la soie.

Application à la laine. — Nous lisons dans l'ouvrage de M. Piequet les renseignements suivants, qui, bien que déjà vieux, valent la peine d'être relevés.

Beaucoup de teinturiers en laine évitent l'emploi du cachou, malgré la solidité et le bon marché des teintes qu'il permet d'obtenir, sous prétexte qu'il durcit la laine; cela n'est vrai que lorsque la laine n'est pas suffisamment lavée après teinture, car, si le rinçage est bien fait, les parties non tinctoriales du cachou, qui engomment la laine, disparaissent complètement. Le résultat est plus parfait encore si on passe la laine après lavage dans de l'eau contenant 1 gramme par litre d'huile pour rouge turc (sulforicinate d'ammonium ou de sodium).

On ne mordance la laine destinée à être teinte en cachou que lorsque l'on veut associer ce produit à d'autres matières colorantes telles que : garance, campêche, bois jaune, calliatour, etc.; dans beaucoup de cas, même lorsqu'il y a mélange, on fait bouillir d'abord la laine avec le colorant et on ajoute ensuite le mordant, soit avec le même bain, soit dans un bain séparé. C'est dire qu'on préfère opérer par *bruniture*. Dans ce cas, le bain de cachou peut servir plusieurs fois. On ajoute une quantité moindre de cachou pour les passes suivantes.

La teinture et la bruniture se font à l'ébullition. Les mordants qui servent dans la teinture en cachou sont : le sulfate de cuivre, le vitriol de Salzbourg ou sulfate de fer et de cuivre, le bichromate de potassium ; on emploie aussi l'eau de chaux à tiède, 30° C. environ.

Les couleurs au cachou sur laine ont le grand avantage de teindre en même temps le coton et la soie, en nuances solides au foulon, à l'air et à la lumière (O. Piequet).

Application au coton. — La teinture du coton en cachou ne diffère guère de celle de la laine qu'en ce que le bain de teinture est maintenu froid ou tiède. Après son imprégnation, la marchandise est soumise à des actions oxydantes variables suivant les résultats à atteindre.

Les cotons sont manœuvrés une heure à tiède ou à chaud, dans une solution de cachou à 20 0/0 environ. On laisse égoutter et refroidir tout à fait, et on fixe la couleur, à une température de 50° à 60° C., avec une liqueur de bichromate à 1 ou 2 gr. par litre.

La teinte ainsi développée est brune ; on modifie la nuance en mettant dans le bain soit du bois rouge, soit du bois jaune, soit de l'acétate de cuivre.

Pour les nuances foncées, on teint avec 20 0/0 de cachou et 4 0/0 de bois jaune; on lève, ajoute 5 0/0 de sulfate de fer plus 2 0/0 de sulfate de cuivre et abat de nouveau.

Finalement on lève, égoutte et oxyde la couleur par un passage à la température de 70° C., dans une solution de bichromate de potassium ou de sodium.

On associe également les colorants organiques mentionnés avec des colorants minéraux.

Toutes les teintes ainsi réalisées sont solides, vives et souvent utilisées dans la pratique.

Application à la soie. — Le cachou sert surtout à donner du poids dans les nuances foncées, principalement dans les noirs. On donne plusieurs bains consécutifs de cachou, suivis ou non de passages en pyrolignite de fer.

Bois jaune.

Bois d'un arbre de 20 mètres de haut, le *Morus tinctoria*, mûrier des teinturiers, qui croît au Mexique, aux Antilles et aux Indes. Il en existe un grand nombre de variétés, celle de Cuba est la meilleure. Il est en usage dans la teinture de la laine, de la soie et du coton.

Application à la laine. — Les jaunes les plus vifs et les plus solides s'obtiennent sur mordant d'étain.

La laine est mordancée pendant une heure à une heure et demie avec :

Chlorure stanneux	8 0/0
Tartre	8 0/0

lavée, puis teinte en bain séparé, pendant une demi-heure à trois quarts d'heure, à une température de 80° à 100° C., avec 20 à 40 0/0 de bois jaune.

On réussit aussi bien par la méthode en bain unique, qui est plus rapide. On monte le bain avec :

Protochlorure d'étain	8 0/0
Tartre	4 0/0
Acide oxalique	2 0/0
Bois jaune	40 0/0

Il ne faut pas trop prolonger la teinture, sinon la grande quantité de tanin renfermée dans le bois jaune ternit la nuance. On obvie à cet inconvénient en précipitant le tanin, par l'addition au bain de teinture de 4 parties de gélatine pour 100 parties de bois jaune.

Les jaunes au bois jaune sont peu solides à la lumière, ils virent au brun après un mois d'exposition à la lumière solaire. Par contre, ils supportent assez bien le foulage avec le savon ou le carbonate de sodium dilué.

On se sert encore actuellement du bois jaune pour les nuances composées. Il s'allie fort bien avec l'orseille, le carmin d'indigo, le campêche, les alizarines, etc., sur mordants d'alun et tartre avec ou sans sel d'étain.

Application au coton. — On mordance en acétate d'aluminium, ou en pyrolignite de fer et fixe avec le silicate de sodium à 5 ou 10 grammes par litre. On lève et teint dans un bain monté avec le bois ou son extrait.

L'acétate de cuivre introduit dans le bain de teinture rend les teintes plus jaunâtres.

Les tons sont plus purs, si la liqueur tinctoriale renferme un peu de gélatine pour précipiter le tanin.

Les nuances au bois jaune sont peu résistantes. Le savonnage, l'air et la lumière les altèrent rapidement.

Application à la soie. — Le bois jaune est employé, avec le campêche, pour les noirs sur soie.

Gaude.

Plante herbacée du genre Réséda (*Reseda Luteola*), à tige grêle, atteignant une hauteur de 1^{m},50. Sa couleur est jaune ou jaune verdâtre. Toutes les parties de la plante sont utilisées, mais les parties les plus riches sont les feuilles et les extrémités portant les fleurs et les fruits. On la cultive en France, en Allemagne et en Angleterre.

Application à la laine. — L'usage de la gaude est très limitée, bien qu'elle soit considérée dans la teinture de la laine comme la plus solide des matières colorantes jaunes. C'est ce jaune qui, aux Gobelins, était encore associé, il y a quelques années, à la garance, la cochenille et l'indigo pour la teinture en nuances composées. Nous ignorons s'il en est encore ainsi.

Avant l'introduction dans le bain de teinture de la laine mordancée, on fait bouillir environ une heure la gaude dans de l'eau douce, puis on ajoute 4 0/0 de craie ou de carbonate de sodium ou même du sel ammoniac. Les décoctions de gaude se conservent longtemps.

La gaude est encore employée pour teindre en jaune la laine, devant servir à fabriquer le tissu destiné à faire le col des tuniques de nos soldats. Certaines usines piètent la laine en jaune de gaude, avant son passage à la cuve d'indigo, pour l'obtention des verts billard.

On obtient le jaune de gaude en mordançant avec :

Sulfate d'aluminium	4 à 6 0/0
Tartre	3 à 4 0/0

ou :

Alun	15 0/0
Tartre	8 0/0

ou :

Alun	12 0/0
Sulfate de sodium	5 0/0

ou enfin :

Alun	10 0/0
Sel d'étain	4 0/0
Tartre	4 0/0

et teignant avec 50 à 100 0/0 de gaude.

Le jaune ainsi développé résiste bien à la lumière et au foulon.

Application au coton. — La gaude s'applique, comme le bois jaune, en mordançant soit avec l'acétate d'aluminium, soit avec le pyrolignite de fer, soit avec un mélange de ces deux mordants, soit encore avec le bichromate, et teignent en bain séparé avec une infusion de gaude.

Application à la soie. — La gaude est la matière colorante naturelle qui présente le plus d'intérêt, parce que ses nuances sont brillantes et résistent à la lumière et au savon.

Pour la teinture en jaune, la soie est mordancée en alun, lavée, puis travaillée, à 50-60° C., dans une décoction de 20 à 40 0/0 de gaude additionnée d'un peu de savon.

Quercitron

On désigne sous ce nom l'écorce du *Quercus tinctoria*, arbre de la famille des Amentacées, atteignant une hauteur de 25 mètres. Les variétés les plus estimées sont celles de New-York, de Baltimore et de Philadelphie.

Une décoction fraîche de ce bois a une couleur orangé foncé ; elle se trouble en peu de temps, en laissant déposer des cristaux, tandis que le liquide surnageant devient gélatineux, rougit et perd ses propriétés tinctoriales.

Application. — On pourrait répéter pour le quercitron ce qui a été dit pour le bois jaune. Les modes de teinture, les nuances et leur résistance sont à peu près les mêmes.

On s'est longtemps servi de cette matière colorante pour teindre la laine et le coton en tissus mélangés. Les marchandises étaient d'abord mordancées en alun et tartre, puis passées successivement dans un bain d'oxymuriate d'étain, dans un bain de sumac et finalement dans un bain de quercitron additionné d'alun.

Flavin

C'est une préparation de l'écorce du quercitron qui se compose essentiellement de quercitine. Le flavin donne des nuances plus vives, parce qu'il est exempt de tanin.

Application à la laine. — On teint en jaune brillant par la méthode en un seul bain, en adoptant la formule suivie pour les écarlates de cochenille.

On fait bouillir la laine à peu près une heure, avec :

Chlorure stanneux....................	4 à 8 0/0
Crème de tartre......................	1 à 4 0/0

lève, ajoute 1 à 8 0/0 de flavin en pâte, fait bouillir quelques minutes, abat et continue l'ébullition une demi-heure à une heure.

Les jaunes et orangés obtenus sur mordant stanneux sont très brillants. Leur solidité est comparable à celle des couleurs fournies par le bois jaune et le quercitron.

Application au coton. — On teint le coton sans mordançage préalable, en le faisant tremper une ou deux heures dans un bain de flavin froid ou tiède, puis on ajoute de l'alun, du sulfate de cuivre ou du bichromate.

La quercitine jouant en teinture le même rôle que le tanin, ses couleurs peuvent facilement être nuancées avec les colorants basiques d'aniline.

L'extrait de quercitron est rarement employé seul, les nuances qu'il donne sont peu solides. On le fait intervenir dans la préparation des nuances composées. On réalise des tons plus résistants, en donnant d'abord au textile un pied de bleu d'indigo, mordançant en acétate d'aluminium et sel d'étain fixés en silicate de sodium, lavant et teignant avec du flavin.

Fustel ou Fustet

Arbre à bois très dur (*Rhus cotinus*) d'un beau jaune, croissant dans les Indes occidentales, en France et au sud de l'Europe. On ne l'a jamais mis beaucoup à contribution, à cause du peu de solidité des couleurs qu'il permet d'obtenir.

ACTION DES RÉACTIFS USUELS SUR LES DÉCOCTIONS AQUEUSES FROIDES DES MATIÈRES COLORANTES NATURELLES [1]

COULEUR DE LA SOLUTION AQUEUSE	COULEUR DE LA SOLUTION ALCOOLIQUE
Campêche : rouge orangé.	Rouge brun.
Bois du Brésil : rouge brun.	Rouge brun foncé.
Bois de Santal : rouge foncé.	Rouge foncé plus accusé.
— Calliatour : rouge foncé.	
— Camwood : rouge jaunâtre.	
Garance : rouge clair.	REMARQUE. — Les solutions alcooliques sont en général plus foncées que les solutions aqueuses correspondantes.
Cochenille : rouge vif.	
Orseille : rouge grenat.	
Bois jaune : jaune orangé.	
Gaude : jaune orangé foncé.	
Quercitron : jaune sale.	
Bois de fustet : jaune orangé.	
Tanin : jaune orangé clair.	
Sumac : jaune.	

Acide sulfurique. — Cet acide éclaircit et avive les solutions aqueuses [2] des colorants sauf celle du fustet qu'il précipite.

Acide chlorhydrique. — Son action est comparable à celle de l'acide sulfurique. Il éclaircit davantage les colorations et les rend moins vives.

Le sumac est précipité et le bain décoloré.

1. Nous ajoutons, à cause de leur origine, le tanin et le sumac qui doivent être considérés comme des mordants et non comme des colorants.

2. Dans ce qui suit, nous sous-entendons les mots *solution aqueuse* et désignons directement la matière colorante.

Acide azotique. — Sans action sur le caliatour[1] ; il fonce le bois du Brésil et le tanin. Sur les autres matières colorantes naturelles les résultats sont identiques aux précédents.

Potasse. — Les solutions deviennent plus foncées. Le campêche vire au violet. Le sumac et le quercitron sont précipités.

Ammoniaque. — Contrairement à la potasse, l'ammoniaque donne des réactions colorées très variées. Elle fait passer le campêche du rouge brun au violet, fonce la couleur de la garance, brunit celle du camwood, etc.

Chlorure de chaux. — Il décolore certains bois.

Sulfate de cuivre. — Donne des précipités avec toutes les matières colorantes. La couleur de ces précipités est influencée par celle de ce sulfate.

Sulfate de fer. — Provoque la formation de précipités de couleur foncée, quelquefois noire.

Sulfate d'alumine. — Les décoctions sont plus ou moins troublées, la précipitation est rarement nette.

Sels stanneux (protochlorure d'étain). — Fournit des précipités avec toutes les matières colorantes.

Sel stannique : tétrachlorure d'étain. — Les précipités sont moins abondants qu'avec le chlorure stanneux.

Bichromate de potassium. — Il fait ordinairement virer les couleurs au brun. La garance vire au rouge clair, la cochenille au jaune, l'orseille au rouge jaunâtre, le campêche au noir. Il donne des précipités dans la plupart des cas.

Tanin. — Le tanin ternit les couleurs.

L'indigo est fabriqué industriellement, il a pris rang parmi les colorants artificiels. Cependant le produit naturel est loin d'être abandonné. Nous étudions l'indigo dans un chapitre à part, en raison de ses propriétés toutes spéciales.

1. Caliatour ou calliatour.

XV

INDIGO

EXTRACTION — PROPRIÉTÉS — APPLICATIONS

L'indigo est la plus ancienne des matières colorantes et c'est encore actuellement une des plus importantes. Elle provient de diverses plantes du genre *Indigofera* dont il existe plusieurs centaines de variétés.

Les indigotiers sont des plantes herbacées à tige unique, demi-ligneuse, de la grosseur du doigt, d'une hauteur de 1 mètre à $1^m,50$, se ramifiant à la partie supérieure. Les fleurs sont roses, elles se présentent en grappes. La semence d'un noir verdâtre est de la grosseur d'un grain de poivre, elle est renfermée dans des gousses cylindriques. La culture de l'indigotier se fait par semis. On sème soit au printemps, soit en automne, suivant les espèces et les régions. On peut réaliser jusqu'à trois et même quatre récoltes successives, suivant les pays, mais la qualité va en diminuant avec le numéro de la récolte.

Lorsque la plante est arrivée à maturité, elle est coupée au ras de terre, mise en bottes et traitée le jour même pour l'extraction de l'indigo.

Extraction de l'indigo. — Il existe deux procédés d'extraction. Le plus ancien consiste à immerger le végétal dans des cuves et à le laisser fermenter pendant douze heures. Le liquide est alors soutiré, battu avec de longs bambous pour oxyder l'indigo et le précipiter sous forme de petits flocons. Après dépôt, on décante, soumet la masse pâteuse à la cuisson, afin d'arrêter la fermentation, et filtre sur de fortes toiles.

La pâte obtenue est pressée au moyen d'une presse à vis, dans de petites boîtes solides en bois percées de trous, garnies intérieurement de toile ou de calicot. On retire de la boîte un pain cubique de 5 à 8 centimètres de côté. Les pains sont séchés à l'air.

Ce procédé permet d'extraire en moyenne 1 kilogramme d'indigo marchand pour 1.000 kilogrammes de tiges et de feuilles des meilleures espèces d'indigofera. Le colorant préparé de la sorte renferme une proportion d'indigo pur variant de 40 0/0 à 72 0/0. Or, les indigos admis sur les marchés d'Europe doivent titrer de 60 à 72 0/0 d'indigotine.

L'étude des conditions de transformation de l'indican, qui existe dans les tissus de la plante, en indigo et en indiglucine, a conduit M. Calmette à adopter une méthode d'extraction qui donne des résultats incomparablement plus parfaits.

Les plantes entières, tiges et feuilles, ou les *feuilles seulement*, sont introduites dans des cuves en maçonnerie, en bois ou en métal, munies de couvercles mobiles permettant d'éviter les rentrées d'air. Après avoir fermé les cuves, en ne laissant ouvert qu'un petit orifice à la partie supérieure destiné à laisser échapper l'air, on introduit de l'eau à une température de 50° à 60° C. ; à mesure que les récipients s'emplissent d'eau, l'air s'échappe par l'orifice susmentionné qui est fermé ensuite au moyen d'un robinet. On laisse macérer les plantes dans l'eau chaude, à l'abri de l'oxygène de l'air, durant deux à trois heures, et fait couler l'infusion aqueuse, qui est une solution d'indigo réduit, dans des bacs d'oxydation. Ces bacs sont munis de dispositifs permettant la précipitation rapide de l'indigo blanc à l'état d'indigo bleu, par l'émulsion continue d'air filtré comprimé. L'oxydation peut aussi être provoquée par la chute en cascade dans une série de réservoirs superposés. Le dépôt d'indigo bleu recueilli sur les toiles des filtres-presse, après décantation, est comprimé en pains de forme variable et séché dans une étuve à la température de 75° C., jusqu'à ce qu'il ne renferme pas plus de 5 à 7 0/0 d'eau.

Le liquide sortant des filtres-presse renferme encore des diastases oxydantes extraites des sucs cellulaires de la plante, diastases à l'action desquelles est due la précipitation de l'indigo bleu. Ce liquide retourne en totalité ou en partie dans les cuves à émulsion d'air, où les diastases oxydantes sont utilisées à hâter la précipitation d'une nouvelle cuvée d'indigo.

Le second mode d'extraction est donc exclusivement effectué par l'action de zymases hydratantes et oxydantes, qui préexistent dans le suc cellulaire des indigofera, et qui sont mises en liberté par la rupture des cellules végétales.

On obtient ainsi la transformation complète de l'indican et le maximum de rendement. Ce rendement, avec les sortes d'indigofera ordinairement cultivées, atteint toujours de 6^{kg},600 à 8 kilogrammes d'indigo pour 1.000 kilogrammes de plantes. Il peut s'élever à 10 kilogrammes avec des plantes de qualité supérieure, récoltées immédiatement avant la floraison.

L'indigo ainsi obtenu est plus riche en indigotine[1]. Il peut titrer jusqu'à 80 et même 82 0/0 d'indigotine.

On peut donc extraire d'un même poids de plantes indigofères une quantité d'indigo six fois plus grande que par l'ancien procédé, et cet indigo est constamment plus riche en indigo pur. Ce nouveau moyen d'extraction est applicable au traitement de l'*Isatis Tinctoria* (pastel)[2] et des autres plantes indigofères.

L'invention de M. Calmette permet à l'indigo naturel de se maintenir sur les marchés, malgré la concurrence de l'indigo synthétique.

L'indigo nous parvient des pays de production sous les formes les plus variées : en pains cubiques et en morceaux irréguliers anguleux ou arrondis. La surface présente souvent la texture du tissu dans lequel la pâte a été moulée. La couleur varie du bleu noirâtre au bleu cuivré.

Propriétés de l'indigo. — Inodore à froid, l'indigo dégage une odeur toute particulière quand on le chauffe. On reconnaît à l'odeur l'atelier où l'on fait des bleus de cuve.

L'indigo est très poreux, il happe à la langue.

Sa densité est inférieure à celle de l'eau. Sa cassure est nette,

1. On appelle indigotine l'indigo pur contenu dans la pierre d'indigo.

2. Le pastel est une plante indigofère cultivée en Europe, dont l'emploi fut seul toléré en France pendant très longtemps. Elle était autrefois utilisée directement en teinture. Plus tard on en a retiré un composé semblable à l'indigo.

d'une belle couleur violet bleu qui devient d'un beau rouge cuivré par le frottement d'un corps dur.

La nature et les proportions des impuretés végétales ou minérales qui accompagnent l'indigo sont si variables qu'elles donnent aux diverses sortes d'indigo les caractères les plus différents. Parmi ces impuretés, certaines sont indifférentes, tandis que d'autres sont nuisibles parce qu'elles chargent la cuve et ternissent les nuances.

On peut partager en trois classes les nombreuses variétés d'indigo ; ce sont :

1° Les indigos d'Asie (Bengale, Coromandel, Manille, Madras, Java...) ;

2° Les indigos d'Afrique (Égypte, Sénégal, île de France) ;

3° Les indigos d'Amérique (Guatémala, Mexique, Brésil, Antilles...).

Les trois variétés les plus estimées sont : le Bengale, le Java et le Guatémala.

Dans le Bengale, les qualités supérieures sont d'un bleu violet foncé, à pâte fine et unie ; leur cassure offre un magnifique reflet bleu pourpre.

Les autres variétés sont d'un beau violet rougeâtre, elles sont préférées aux précédentes, à cause du fond rouge qu'elles donnent aux nuances.

Le Java se distingue par la grande pureté de sa matière colorante. Il est recherché pour la fabrication du carmin d'indigo.

Le Guatémala est très mélangé ; souvent, on trouve dans le même suron des morceaux qui valent les plus riches Bengale à côté d'autres de qualité très inférieure.

Les différents caractères qui guident dans le choix des indigos sont : la forme et la dimension des pains ; la couleur, que l'on juge sur une cassure fraîche ; la friabilité ; la douceur au toucher ; la porosité, que l'on apprécie en appliquant une cassure fraîche sur la langue mouillée ; le cuivré, obtenu en frottant un échantillon avec l'ongle ; enfin, l'homogénéité de la pâte.

D'après ce qui précède, l'indigo du commerce n'est pas un produit pur, et sa composition est loin d'être constante. Ce fait a une importance très grande dans la pratique, la valeur effective de l'indigo brut dépend uniquement de sa teneur en indigotine, composé chimique qui présente des propriétés invariables quel que soit l'indigo considéré. Dans les indigos de qualité inférieure, on peut ne trouver que 14 à 18 0/0 d'indigotine; mais les belles variétés en renferment environ 80 0/0.

On trouve aussi dans le commerce des indigos raffinés qui répondent mieux aux exigences de la pratique que les indigos bruts. On reproduit même l'indigo industriellement. L'indigo artificiel n'est pas une imitation de l'indigo végétal, mais bien de l'indigo reproduit par voie de synthèse et appelé, à cause de son mode de fabrication, indigo synthétique.

Les fabriques de matières colorantes présentent l'indigo artificiel à l'état de pâte, de poudre ou de tablettes, d'une teneur constante, à des prix qui lui permettent de lutter contre l'indigo végétal.

Caractères analytiques et propriétés de l'indigotine. — L'indigotine est insoluble dans l'eau, l'alcool, l'éther, les huiles, les acides et les alcalis étendus; peu soluble dans le chloroforme, l'alcool amylique, le sulfure de carbone, l'essence de térébenthine et le pétrole; un peu plus soluble dans le phénol. Elle est considérée comme soluble dans la nitrobenzine et dans l'aniline bouillantes, qui l'abandonnent par refroidissement.

Le meilleur dissolvant est l'acide acétique glacial (acide acétique cristallisable), qui dissout l'indigotine à l'ébullition[1] *et l'abandonne presque entièrement par refroidissement. Le dépôt devient complet lorsqu'on ajoute à l'acide trois ou quatre fois son volume d'eau.*

L'indigotine *chauffée au-dessus de* 400° *C.*, et non pas vers 160°, se volatilise sans passer par l'état liquide. Elle se sublime en donnant des vapeurs pourpre foncé qui se condensent en petites aiguilles d'un bleu cuivré superbe. Cette sublimation réussit particulièrement bien, quand on chauffe sous pression réduite. Ainsi, en chauffant sous une pression voisine de 100 millimètres de mercure, on obtient de l'indigotine absolument pure en toute quantité voulue.

1. Il est préférable d'additionner l'acide acétique cristallisable de quelques gouttes d'acide sulfurique concentré, pour le maintenir anhydre.

L'acide sulfurique donne avec l'indigotine le pourpre d'indigo, qui fournit par précipitation le carmin d'indigo.

Les oxydants tels que l'acide chromique en solution concentrée, le chlore en présence de l'eau, les permanganates alcalins, etc., transforment l'indigotine en un composé incolore, l'isatine. L'acide nitrique provoque la même transformation, c'est le réactif le plus employé pour reconnaître l'indigo sur tissus. Une goutte d'acide azotique tombant à la surface d'une étoffe bleu cuvé détruit en quelques minutes l'indigo et laisse une tache jaune auréolée de vert.

La propriété la plus intéressante de l'indigotine, propriété qui est la base de la teinture en indigo, c'est la facilité avec laquelle ce corps fixe de l'hydrogène pour devenir incolore. Ce leucodérivé est soluble dans les liqueurs alcalines ou alcalino-terreuses; il est susceptible de reproduire l'indigotine bleue par simple oxydation au contact de l'air.

On appelle indigo blanc le produit résultant de l'hydrogénation de l'indigotine. On donne le nom de cuve au liquide alcalin dans lequel s'effectue la transformation de l'indigo ordinaire en indigo réduit ou indigo blanc. Faire une cuve, c'est donc préparer une solution alcaline d'indigo réduit. Cette solution est apte à teindre les fibres textiles.

Les principaux corps sucesptibles de réduire l'indigo sont, d'après Schützenberger :

1° Les métaux alcalins qui, tout en décomposant l'eau et en fournissant de l'hydrogène à l'état naissant, engendrent la base alcaline qui dissout l'indigo blanc. Leur action est beaucoup plus régulière lorsqu'on les emploie à l'état d'amalgame. Il suffit, par exemple, de mettre de l'amalgame de sodium en présence de l'indigotine, en poudre très fine délayée dans l'eau, pour former une cuve;

2° Les métaux et les métalloïdes qui décomposent l'eau en présence d'une base alcaline : *étain*, *zinc*, antimoine, aluminium, phosphore. Ils agissent rapidement en présence d'un alcali et à une température voisine de l'ébullition. L'*étain* et le *zinc* réduisent parfaitement l'indigo à froid, même en présence de la chaux;

3° Les oxydes métalliques susceptibles de passer à un degré

supérieur d'oxydation; tels sont les *protoxydes de fer* et d'*étain*;

4° Les acides oxygénés qui peuvent passer à un degré supérieur d'oxydation : acides phosphoreux et hypophosphoreux, *acide hydrosulfureux*.

Leur action n'est efficace qu'en présence des bases;

5° Quelques matières organiques oxydables en présence des alcalis : glucose, acide gallique...;

6° *Les fermentations réductrices et alcalines; fermentation butyrique.*

Nous verrons plus loin quels sont, parmi ces composés, ceux qui sont utilisés dans la pratique.

Sulfate et carmin d'indigo[1]. — L'indigotine se combine avec l'acide sulfurique pour former un composé bleu soluble, très employé dans la teinture et l'impression de la laine et de la soie.

On prépare la dissolution sulfurique d'indigotine, en mélangeant[2] :

Indigo finement pulvérisé	1	kilogramme
Acide sulfurique fumant	1	—
Acide sulfurique ordinaire	1	—

On laisse reposer pendant quarante-huit heures, puis chauffe au bain-marie jusqu'à ce qu'une goutte du mélange jetée dans l'eau s'y dissolve sans laisser de précipité. On laisse alors refroidir la masse pâteuse et ajoute de l'eau jusqu'à ce que le bain marque 18° Baumé.

On peut aussi préparer du sulfate d'indigotine, en ajoutant lentement 12 parties d'acide sulfurique concentré à 1 partie d'indigo finement pulvérisé. Après un repos de deux jours, on verse la préparation dans vingt fois son poids d'eau froide et on filtre.

Le sulfate d'indigo est de nos jours remplacé en majeure partie par le carmin d'indigo. On obtient le carmin d'indigo en précipitant le sulfate par du carbonate de sodium. Il se

1. Appelés aussi extraits d'indigo.
2. Formule de Persoz.

produit, pendant cette neutralisation, du sulfindigotate et du sulfate de sodium. C'est ce dernier sel qui précipite le sulfindigotate en flocons bleu foncé, qui sont recueillis par filtration et lavés.

Le carmin en pâte se dessèche facilement et se recouvre alors d'efflorescences salines. On évite cette dessiccation en ajoutant 3 à 4 0/0 de glycérine.

Les produits vendus sous le nom d'indigotine pour fond, indigotine soluble, etc., sont des carmins desséchés et réduits en poudre.

Le sulfate et le carmin d'indigo teignent directement la laine, à la manière des colorants acides, avec addition de 15 0/0 de bisulfate de sodium ou de 2 à 5 0/0 d'acide sulfurique et 10 à 20 0/0 de sulfate de sodium.

Autrefois on employait ces produits sur tissus mordancés avec le quart de leur poids d'alun et un peu de tartre. On laisait le mordant séjourner durant trois jours sur la marchandise, puis on lavait avant de teindre.

La teinture de l'indigo solubilisé par l'acide sulfurique donne un bleu de beaucoup inférieur, en beauté et en résistance, à celui qui est fourni par la cuve.

Préparation et emploi de la cuve d'indigo. — L'indigo, insoluble dans l'eau, est donc capable de teindre toutes les fibres animales et végétales après réduction dans la cuve, à moins qu'il n'ait été transformé en sulfate ou carmin d'indigo, auquel cas il a perdu ses qualités premières pour acquérir les propriétés des colorants acides.

La cuve a été définie comme étant une dissolution alcaline d'un colorant réduit. Le textile immergé dans ce liquide s'en imprègne et le colorant reprend à l'intérieur de la fibre sa composition première et son indissolubilité, par exposition à l'air.

C'est de cette manière que l'on teint avec l'indigo. Ainsi donc, l'indigo décoloré par réduction, dissous dans un alcali ou une base alcalino-terreuse et mis en présence des fibres textiles, les pénètre en totalité. Si ensuite, par une oxydation convenable, on vient à transformer l'indigo décoloré en indigo bleu, celui-ci redevient insoluble et se trouve emprisonné dans les pores du textile. Il y est donc fixé solidement.

Tel est en quelques mots le mode d'emploi de l'indigo de cuve, soit en teinture, soit en impression.

Pour la teinture, la dissolution de l'indigotine est effectuée d'avance, par réduction alcaline, et la marchandise est plongée dans le bain.

Pour l'impression, l'indigo blanc peut être précipité sous forme de pâte[1], et cette pâte, mélangée à un réducteur alcalin pour la préserver d'une oxydation trop rapide, peut être épaissie et imprimée. Si le tissu ainsi préparé est soumis au vaporisage, l'eau condensée dissout le leucodérivé de l'indigo, à la faveur de l'alcali, et le fait pénétrer dans la marchandise.

Ce procédé d'impression est copié directement sur le mode de teinture à l'indigo de cuve ; l'indigo ne pouvant entrer dans le textile qu'à l'état de dérivé incolore. Cependant, on n'imprime plus avec de l'indigo réduit. On plaque l'indigo bleu, en présence d'un réducteur alcalin, et la réduction se fait, sur la marchandise même, par vaporisage (Voir : Impression de l'indigo).

Broyage de la pierre d'indigo. — La réduction intégrale de l'indigo ne peut avoir lieu que s'il est d'abord réduit en poudre impalpable. Si la poudre n'est pas suffisamment fine, une partie échappe à l'action de l'hydrogène et se trouve perdue pour la teinture. Une des premières conditions à remplir, avant d'utiliser l'indigo, est par conséquent de le broyer aussi finement que possible. L'indigo artificiel en tablettes doit également être pulvérisé ; mais, avec l'indigo artificiel en pâte ou en poudre, on évite les frais de broyage. S'il doit servir à la fabrication de carmin, l'indigo doit être moulu à sec ; mais, pour la cuve, il peut être mélangé à l'eau, ce qui facilite la mouture.

Les moulins d'indigo les plus en vogue sont des récipients en fonte, dans lesquels la pierre est réduite en poudre au moyen de boulets ou de cylindres en fer. Les broyeurs à boulets, *fig.* 108, donnent la poudre la plus fine et les moulins à cylindres ont le meilleur rendement.

1. Lorsqu'on acidule la cuve, on précipite l'indigo réduit en un composé blanc jaunâtre, qui verdit puis bleuit, par exposition à l'air.

Les différentes cuves d'indigo. — Il existe deux procédés industriels de réduction de l'indigo : le procédé des cuves à fermentation qui convient pour la teinture de la laine, et le procédé des cuves chimiques, employé pour le coton.

FIG. 108. — Machine à broyer l'indigo. (Moulin à boulets.) (Construction Fernand Dehaitre.)

Cuves à fermentation. — Ces cuves sont en usage de temps immémorial.

La réduction de l'indigotine est le résultat d'une fermentation spéciale que l'on produit au sein d'un liquide alcalin avec des substances azotées et des corps riches en sucre ou autres hydrates de carbone.

Les principales sont :

La cuve au pastel ;

La cuve à l'urine;
— d'inde à la potasse.
— allemande ou à la soude.
— au suint.
— à fermentation froide.

Cuve au pastel. — On prépare la cuve au pastel avec de l'extrait de pastel, de l'eau bouillante, de la garance, du son, du carbonate de sodium, de la chaux et parfois de la gaude. Lorsque la fermentation est bien établie, on l'entretient par des additions journalières d'indigo, de chaux, de carbonate de sodium et de garance.

Au bout de quelques mois, on épuise le bain et on fait une nouvelle solution.

Cuve à l'urine. — On la monte avec :

Urine	500 litres
Sel de cuisine	3 kilogrammes

On chauffe pendant 4 à 5 heures, laisse quelque temps en repos, puis on introduit 750 grammes d'indigo et autant de garance. Quand la réduction est en bonne voie, on ajoute environ 200 grammes d'indigo, chauffe, écume et teint.

Cuve d'inde à la potasse. — On chauffe, vers 90° C., un mélange d'eau, de son, de garance et de potasse; puis, on ajoute l'indigo et laisse tomber la température à environ 40° C. On entretient la fermentation par des additions de potasse, d'indigo et de garance[1].

Cuve allemande. — La cuve à fermentation la plus employée est la cuve à la soude dite cuve allemande. Elle est économique et peut fonctionner indéfiniment. On la prépare en mélangeant dans 5.000 litres d'eau, par exemple, 40 seaux de son, 22 kilogrammes de cristaux de soude ou un poids équivalent de soude Solvay, 11 kilogrammes d'indigo et 5 kilogrammes de chaux vive préalablement éteinte. On chauffe vers 50° et maintient

1. O. Picquet, *la Chimie des teinturiers.*

cette température. Au bout de douze à quinze heures, la fermentation commence, le liquide prend une odeur de son aigri, laisse dégager des bulles de gaz et se colore en bleu verdâtre. On remet de temps en temps du carbonate de sodium, de l'indigo et de la chaux, dans les proportions indiquées plus haut, ainsi que 7 à 8 kilogrammes de mélasse. Au bout de trois ou quatre jours, la cuve peut commencer à teindre. Il faut alors l'entretenir tous les soirs, par addition des mêmes ingrédients, en quantités variables suivant les services rendus par la cuve dans le courant de la journée. Aucune règle ne permet de connaître la dose de chaque produit nécessaire à la fermentation. Une pareille cuve se conduit au nez et à l'œil; ce qui en rend son maniement difficile.

Le guédron fait remuer énergiquement la masse liquide et son dépôt, pallier suivant l'expression technique, à la fin de chaque journée de travail, avant de procéder à son examen. La cuve est aussi palliée le matin, on y ajoute un peu de chaux[1], pour ralentir la fermentation, et la température, si elle a baissé la nuit, est ramenée à 45-50° C., par chauffage à la vapeur. On commence à teindre quand la température normale est atteinte et la solution suffisamment clarifiée par le repos[2].

D'après notre description, la fermentation est entretenue par la mélasse. On pourrait remplacer ce jus résiduaire, dont la teneur en sucre est très variable, par du sucre ou d'autres hydrates de carbone de composition plus constante : farine de blé, farine de riz, amidon, pâte de pain, dattes, raisins secs, miel, son, etc. Certains de ces produits augmenteraient le prix de revient, mais d'autres le diminueraient sensiblement. La fermentation doit être conduite de manière à faire dégager toujours une certaine quantité de gaz; la cuve est ainsi modérément, mais constamment, en activité. Il faut, pour arriver à ce résultat, que la température ne soit pas inférieure à 45° C.

Sous l'influence du microbe lactique, le glucose se dédouble

1. L'action de la chaux ne se produisant qu'à la longue, il ne faut jamais procéder à l'addition de chaux qu'après avoir constaté que la température est voisine de 50° C.

2. On pallie, en général, le matin à 6 heures, laisse en repos 2 heures, teint de 8 heures à 11 heures, pallie, ajoute de nouveau un peu de chaux si la fermentation est trop active, et, après un nouveau repos, teint de 1 h. 1/2 à 4 heures.

en acide lactique [1] :

$$C^6H^{12}O^6 = 2C^3H^6O .$$

Cette fermentation acide se développe en liqueur neutre, grâce aux matières azotées contenues dans le son et les autres substances organiques que l'on introduit journellement dans le bain. Elle est suivie d'un dédoublement de l'acide lactique en acide butyrique, anhydride carbonique et hydrogène :

$$2C^3H^6O^3 = C^4H^8O^2 + 2CO^2 + 2H^2.$$

L'hydrogène naissant se fixe sur l'indigo et le décolore :

$$\underset{\text{Indigotine.}}{C^{16}H^{10}Az^2O^2} + H^2 = \underset{\text{Leucodérivé de l'indigotine.}}{C^{16}H^{12}Az^2O^2}.$$

La chaux et la soude caustique provenant de l'action de la chaux sur le carbonate de sodium dissolvent l'indigo blanc et l'amènent en solution.

Avant de se servir des cuves, on enlève la fleurée, légère croûte d'indigo oxydé qui se forme constamment à la surface, et on y plonge un panier cylindrique, formé d'un grillage en fer ou d'un filet. C'est dans ce panier, dont le fond ne descend pas à 1 mètre de la surface du liquide, que l'on teint la laine en fibres ou en fils. On peut également y teindre la laine tissée. La durée de l'immersion est fort variable, dix à trente minutes en moyenne. La marchandise est jaune verdâtre en sortant de la cuve, elle passe rapidement au bleu sous l'action de l'air, en prenant successivement toutes les colorations intermédiaires entre le jaune et le bleu. La nuance définitive n'est jamais donnée par une seule immersion ; la teinture serait inégale et la couleur imparfaitement fixée. On donne au moins trois trempes suivies chacune d'un déverdissage complet à l'air. On peut procéder plus rapidement pour la laine en fibres, qui s'imprègne plus facilement et dont les différents lots sont ensuite parfaitement mélangés pendant le cardage.

Lorsque la nuance désirée est atteinte, on lave à l'eau acidulée, puis à l'eau courante et on sèche.

1. La saccharose, contenue dans la mélasse, s'intervertit d'abord en glucose et lévulose qui se dédoublent de la même manière. Si on nourrit la cuve avec de la fécule ou de l'amidon, ces hydrates de carbone sont d'abord hydratés par la diastase et transformés en glucose.

Les cuves à fermentation sont sujettes à des maladies. Les deux plus fréquentes sont dues : l'une à un excès[1], l'autre à une quantité insuffisante de chaux[2]. Dans le premier cas, la cuve ne teint plus, elle est dite de *rebut ;* le liquide prend une teinte brune de plus en plus claire, il perd sa fleurée et son odeur. L'acide lactique est neutralisé au fur et à mesure de sa formation ; la fermentation est par suite arrêtée par la précipitation du lactate de chaux, sel qui échappe à la fermentation butyrique. On remédie à cet inconvénient en ajoutant du sulfate ferreux qui élimine le trop grand excès de chaux :

$$SO^4Fe + Ca(OH)^2 = SO^4Ca + Fe(OH)^2.$$

On peut encore tourner la difficulté en augmentant la dose de sucre ou de matière amylacée. On augmente ainsi l'acide lactique.

On peut aussi renforcer l'effet des matières fermentescibles, en localisant la fermentation. Dans ce but, on place du son dans un sac lesté, bien fermé, que l'on fait descendre au fond de la cuve. Les gaz qui se produisent gonflent peu à peu le sac et le font remonter lorsque les hydrates de carbone sont à peu près épuisés. Si ce traitement ne suffit pas, on le renouvelle. On peut suivre la diminution de la teneur en chaux par le papier réactif à la teinture de tournesol ou à la phtaléine du phénol. Quand les moyens ordinaires ne remettent pas la cuve en activité, l'alcali doit être neutralisé avec de l'acide acétique ou de l'acide sulfurique. Pour éviter de rendre la cuve acide, on verse lentement, par petites portions, l'acide très dilué, en palliant sans cesse, jusqu'à ce que la liqueur de cuve ne soit plus que faiblement alcaline. Ce but atteint, on ajoute de la mélasse et du son.

Dans le deuxième cas, lorsqu'il y a manque de chaux, la fermentation devient trop active, elle dégénère en fermentation putride et détruit l'indigo par une réduction trop énergique. La cuve est dite *coulée* ou *décomposée.* Elle prend une teinte rouge et décolore en peu de temps les marchandises déjà teintes en indigo. Il faut alors ajouter de la chaux et chauffer

1. Rebutage.
2. Coulage.

vers 90° C. Si la fermentation butyrique ne se rétablit pas, la cuve est bonne à jeter[1].

Un autre accident provient de manipulations trop fréquentes, il se reconnaît par le dégagement d'une odeur légèrement ammoniacale[2]. On y remédie en cessant momentanément tout travail et en mettant un peu de chaux. Si, malgré cette précaution, la fermentation s'active, elle devient putride. Les maladies dues soit à un manque de chaux, soit à une manipulation trop fréquente, ont le même caractère. La maladie occasionnée par l'épuisement est désignée sous le nom de *faux-rebut*.

Si la fermentation putride ne peut être arrêtée, la cuve s'épuise complètement; il se produit le *coup-de-pied*, expression technique indiquant que la cuve est hors d'usage.

Aux approches d'un orage, il se manifeste souvent un mouvement subit et violent de fermentation, qu'il est urgent de surveiller.

Si aucune anomalie ne se manifeste dans le fonctionnement de la cuve à fermentation, elle peut, ainsi que nous l'avons déjà dit, durer indéfiniment. Quand le dépôt boueux devient trop abondant ou que le récipient exige des réparations, on transvase la solution claire et on remonte la cuve. Cette opération est assez délicate, car l'introduction inévitable de l'oxygène de l'air ralentit la fermentation par suite de la destruction d'un grand nombre de microbes. Il faut, pour renouveler une cuve, autant de précautions que pour monter une cuve nouvelle.

Lorsque la cuve doit rester quelque temps en repos, on y met un fort excès de chaux et on la laisse refroidir. Pour la remettre en marche, on la chauffe vers 50° C., en palliant

1. L'addition de chaux, qui est faite dans le but de modérer la fermentation, est donc une opération des plus importantes. Il arrive au guédron le plus expérimenté d'éprouver des déboires à ce sujet. La température élevée a pour effet de détruire une partie des microorganismes qui commencent déjà à périr quand la température dépasse 80° C.

2. La cuve doit être d'autant plus franchement alcaline, pour le cas échéant, d'autant plus riche en chaux, qu'elle est appelée à teindre en bleu plus clair. L'alcali enlevé par les marchandises, lors de la teinture, ne dépend pas de la durée de l'immersion, mais elle est fonction de la quantité de textile travaillé pendant un même laps de temps.

La cuve teignant des bleus clairs reçoit plus de laine, toutes choses égales, que lorsqu'elle teint des gros bleus et même des bleus moyens; elle s'appauvrit donc plus vite en chaux et elle doit en être pourvue en conséquence.

énergiquement, et on ajoute du son et de la mélasse. Si la fermentation ne s'est pas déclarée au bout de 24 heures, on neutralise lentement l'excès d'acide.

Cuve au suint. — La cuve au suint, qui rappelle la vieille cuve à l'urine, est en usage en Hongrie et dans les Balkans. La réduction de l'indigo a lieu sous l'influence du suint en bain faiblement alcalin. L'hydrogène est produit par certains phénomènes de putréfaction. Le dissolvant est la cendre de bois (potasse) ou une lessive préparée à la cendre de bois et à la chaux. En Grèce, on ne fait aucune addition d'alcali, la dissolution du colorant réduit se fait au moyen de l'alcali (potasse et ammoniaque) fourni par le suint au cours de la fermentation.

Comme on peut teindre directement la laine brute dans la cuve au suint[1], le lavage et la teinture se font en une seule opération.

La réduction est lente dans la cuve au suint, mais les nuances sont solides.

Cuve à fermentation froide. — En Asie, la teinture se fait encore dans des cuves tout à fait primitives. L'indigo est réduit à l'aide de substances saccharifères : dattes, raisins secs ou des parties constituantes de la plante d'indigo elle-même, et dissous avec de la chaux ou des cendres végétales : potasse et soude naturelles. De pareilles cuves s'emploient souvent à froid, contrairement à l'opinion, généralement admise, que la laine ne peut se teindre à froid.

Sur ces cuves froides qui doivent être tenues relativement peu alcalines, en raison de la sensibilité des ferments à l'égard des réactifs alcalins, on peut teindre indifféremment coton, laine et soie.

Cuves chimiques. — Ce sont les cuves dans lesquelles l'indigo est réduit par une réaction chimique nettement caractérisée. Parmi ces dernières, on trouve dans la pratique :

1° La cuve à la couperose ou au sulfate de fer ;
2° — au zinc ;
3° — à l'étain ;
4° — à l'hydrosulfite.

1. Ainsi que dans la cuve à l'urine.

Les trois premières sont spéciales à la teinture du coton; la cuve à l'hydrosulfite convient aussi bien pour la teinture de la laine que pour celle du coton.

Dans les autres parties du monde, notamment en Asie, on teint encore les textiles d'origine végétale dans des cuves à fermentation froides ou chaudes. Elles se maintiendront encore longtemps dans ces régions, parce que, si la production est faible, la main-d'œuvre revient à bon marché.

La contenance des cuves à fermentation pour coton est moindre que celle des cuves identiques pour laine. Les cuves chaudes à la potasse et au son tiennent en moyenne deux cents litres; les cuves froides ne contiennent guère plus de 150 litres.

Au Japon, elles ont une capacité d'environ 200 litres; en Chine, elles sont beaucoup plus grandes, elles renferment plusieurs milliers de litres.

Les cuves froides comme les cuves chaudes sont montées à chaud, 50° à 55° C.

Après teinture, on fait sécher la marchandise sans rincer.

Cuve au sulfate de fer ou à la couperose. — Les matières employées au montage de cette cuve sont :

	PROPORTIONS MOYENNES	
	TISSUS	FILS
Eau	4.000 litres	750 litres
Indigo	40 kg.	4 kg.
Sulfate ferreux	60 à 80 kg.	6 à 8 kg.
Chaux vive	50 à 100 kg.	5 à 10 kg.

La chaux décompose le sulfate ferreux SO^4Fe et produit de l'hydrate d'oxyde ferreux $Fe(OH)^2$, lequel, en s'oxydant, donne naissance à de l'hydrogène qui réduit l'indigotine pour former l'indigo blanc. L'indigo blanc se combine, dès sa formation, avec l'excès de chaux pour entrer en solution :

$$SO^4Fe + Ca(OH)^2 = SO^4Ca + Fe(OH)^2,$$

$$2Fe(OH)^2 + 2H^2O = Fe^2(OH)^6 + H^2,$$

$$\underset{\text{Indigotine.}}{C^{16}H^{10}Az^2O^2} + H^2 = \underset{\text{Indigo blanc.}}{C^{16}H^{12}Az^2O^2}.$$

Le sulfate de fer doit être aussi pur que possible. On doit éviter un trop grand excès de réducteur et de chaux.

En remplaçant la chaux par la soude, on formerait du sulfate de sodium, sel très soluble, au lieu de sulfate de calcium qui est très peu soluble ; le dépôt serait donc moins considérable. Ce n'est qu'un médiocre avantage, si l'on songe que la combinaison de l'indigo réduit avec la chaux[1] teint plus facilement et que la pellicule de carbonate de chaux, qui se forme à la surface pendant le repos, préserve l'intérieur du liquide de l'oxydation.

Une cuve nouvellement préparée se présente dans de bonnes conditions lorsqu'en la remuant on voit se produire de nombreuses veines d'un bleu très foncé, et que sa surface se couvre rapidement d'une épaisse écume bleue quand on cesse d'agiter. La liqueur doit être limpide et d'une couleur brun ambré.

A la fin de la journée de travail, il est indispensable de remuer (pallier) et de faire des additions de chaux, de sulfate ferreux et d'indigo, suivant des proportions variant avec l'aspect du bain[2]. Le râble avec lequel on mélange est une plaque de fer rectangulaire munie d'un long manche en bois.

Avant de teindre, il faut enlever la fleurée d'indigo avec une écumoire, car il se fixerait au coton et le tacherait.

Cuve à la poudre de zinc. — Le zinc placé dans de l'eau de chaux s'oxyde aux dépens de l'eau, en mettant de l'hydrogène en liberté. L'oxyde formé se combine à la chaux pour donner du zincate de calcium :

$$Zn + Ca(OH)^2 = ZnO^2Ca + H^2.$$

Le métal remplace en réalité l'hydrogène de la molécule d'hydrate d'oxyde de calcium.

Les proportions des divers produits varient beaucoup avec la qualité de l'indigo. Les quantités moyennes sont :

1. L'action dissolvante de la chaux, sur le leucodérivé de l'indigo, est moindre que celle de la soude.

2. Ordinairement on monte une cuve mère dans laquelle on effectue la réduction à 60° C. La cuve à la couperose n'utilise que 75 à 80 0/0 de l'indigo employé.

Eau	4.000 litres
Indigo	40 kg.
Poudre de zinc	20 kg.
Chaux	20 kg.

Le mélange est agité de temps à autre, pendant une période de dix-huit à vingt-quatre heures, et la cuve peut ensuite être employée.

C'est une cuve fort simple, d'un maniement facile. Son principal défaut est de se troubler et d'être écumeuse, par suite du dégagement de l'hydrogène. Et encore, le dégagement de ce gaz ne devient manifeste que lorsque tout l'indigo est décoloré ; de sorte que, la production d'une grande quantité d'écume accuse un excès de zinc. L'expérience seule peut indiquer la proportion de zinc à employer pour faire travailler la cuve dans de bonnes conditions.

On peut avec avantage ajouter 20 kilogrammes de limaille de fer. La limaille agit mécaniquement, en présentant une surface considérable et irrégulière. L'hydrogène est ainsi mis plus régulièrement en liberté et la cuve est plus claire. On pallie énergiquement chaque fois, avant de s'en servir. Cette cuve donne six à sept fois moins de dépôt que la cuve à la couperose.

La cuve au zinc ne peut pas être trop froide, la température la plus favorable est 20° à 25° C. Une température plus élevée provoque une perte d'indigo par suite d'une réduction trop énergique.

Cuve à l'étain. — Elle se prépare en ajoutant de l'étain en poudre à de l'indigo délayé dans un lait de chaux :

$$Sn + Ca(OH)^2 + H^2O = \underset{\text{Stannate de calcium}}{SnO^3Ca} + 2H^2.$$

Cette cuve est très réductrice et ne sert que pour la teinture à la continue. Elle utilise les résidus des autres cuves préalablement lavés à l'acide chlorhydrique et qui sont peu solubles dans la cuve à la couperose.

Cuve à l'hydrosulfite. — Le réducteur est l'acide hydrosulfureux SO^2H^2, que l'on peut préparer par l'action à froid du zinc sur une solution d'acide sulfureux SO^3H^2 :

$$SO^3H^2 + Zn = SO^2H^2 + ZnO.$$

Dans la pratique, on remplace l'acide sulfureux par le bisulfite de sodium. L'acide hydrosulfureux est remplacé par de l'hydrosulfite, d'après l'équation :

$$Zn + 3\,SO^3NaH = \underset{\text{Hydrosulfite de sodium.}}{SO^2NaH} + (SO^3)^2Na^2Zn + H^2O.$$

L'indigo n'est pas réduit dans chaque bain de teinture. On prépare une solution concentrée d'indigo réduit (cuve mère), à l'aide de laquelle on monte et on entretient les cuves de teinture.

Préparation de la liqueur d'hydrosulfite. — On met en présence le bisulfite de sodium à 30° Baumé (densité 1,2624) et le dixième de son poids de poudre de zinc, en ayant soin d'empêcher toute élévation de température, par un rapide courant d'eau froide.

Réduction de l'indigotine et dissolution de l'indigo réduit. Cuve mère. — On empâte l'indigo avec un lait de chaux, dans les proportions moyennes suivantes : 1 kilogramme d'indigo, 200 grammes au moins de chaux vive, 1.000 grammes d'eau, et on y verse en malaxant constamment 8 à 9 litres d'hydrosulfite fraîchement préparé.

Quand le mélange est effectué, on le chauffe lentement jusqu'à 70°-75° C. La réduction s'opère très vite, le liquide prend en peu de temps une couleur jaune verdâtre[1].

Montage de la cuve de teinture. — Le bassin est rempli d'eau que l'on chauffe jusqu'à 50° C. On élimine tout l'oxygène dissous en versant un peu d'hydrosulfite. On ajoute alors un volume suffisant d'indigo réduit, préparé dans la cuve mère, et on y passe la marchandise.

La concentration du bain est maintenue par des additions

1. La cuve au bisulfite, au zinc et à la chaux que nous décrivons ici est connue sous le nom de « Cuve anglaise ».

Au lieu de chaux, on peut prendre comme dissolvant la soude caustique.

Pour préparer la solution mère de la cuve à *hydrosulfite et soude caustique*, on remplace les 200 grammes de chaux vive par 0 litre 300 de solution de soude caustique à 40° Baumé ou par un volume double de solution de soude caustique à 25° Baumé.

successives de chaux, d'hydrosulfite et de cuve mère. La cuve doit être claire, avoir une couleur jaune et renfermer un excès d'hydrosulfite. Si la liqueur devient verdâtre, il y a oxydation de l'indigo blanc; il faut alors augmenter la dose d'hydrosulfite, et peut-être même du lait de chaux, et élever la température jusqu'à 70°-75° C., pour ramener rapidement la couleur au jaune par réduction.

La cuve à hydrosulfite, par suite de sa grande teneur en chaux et la température relativement élevée à laquelle elle doit être maintenue (70° C. à 75° C.), durcit bien plus la laine que la cuve à fermentation. A côté de cet inconvénient, elle offre certains avantages, dont les principaux sont : rapidité et régularité de marche et facilité dans le maintien du pouvoir colorant.

Les redos. — La préparation de l'hydrosulfite est assez délicate, et la conduite des cuves à fermentation est un véritable tour de main qui ne s'acquiert que par un long apprentissage. Aussi a-t-on cherché à simplifier le procédé de teinture à l'indigo.

Une maison lyonnaise lança, en 1894, de l'indigo réduit prêt à être employé avec de la chaux, de la soude, de la potasse, de l'ammoniaque ou de l'urine. Ceci permettait de teindre à n'importe quel moment. Mais, le produit se conservait mal, de plus il était trop coûteux. Il ne fut guère utilisé.

Quelques années plus tard, MM. L. Deschamps et J. Harding livraient à l'industrie des hydrosulfites à un degré de concentration non encore réalisé, se conservant pendant plusieurs mois. C'est à ces composés qu'ils ont donné le nom de *redos*, à cause de leur propriété réductrice.

Voici les explications que donne le brevet pris par eux le 5 décembre 1902.

On attaque le zinc en poudre par une solution aqueuse d'acide sulfureux combiné ou libre. Après dépôt, on décante et on ajoute la quantité voulue de lait de chaux, pour rendre alcalin, et on filtre avant que l'alcalinité ne soit manifeste (ceci est, paraît-il, important, le rendement étant diminué si on attend que le liquide soit alcalin).

A la liqueur filtrée, on ajoute un peu de lait de chaux pour déterminer la précipitation du réducteur.

On traite ce précipité par un courant d'anhydride carbonique et on additionne de chlorure de calcium.

On obtient finalement un corps solide, légèrement soluble, ayant un grand pouvoir réducteur et une grande stabilité. Cette stabilité est toutefois sous l'influence de deux conditions : les *redos* doivent rester *humides* et *alcalins*.

On évite la décomposition, en même temps que l'on maintient l'humidité, en recouvrant la pâte d'eau alcaline, d'eau de chaux, par exemple. L'alcalinité est vérifiée de temps en temps, par le papier de tournesol rouge.

L'emploi des redos apporte une grande simplicité dans le montage des cuves. Seulement ces réducteurs ne peuvent être utilisés qu'en liqueur très alcaline. Or, une trop grande alcalinité du liquide gêne l'absorption de l'indigo et détériore les fibres animales.

Les redos ne conviennent donc pas à la teinture de la laine.

Hydrosulfite sec. — La Badische Anilin und Soda Fabrik livre, sous le nom d'hydrosulfite concentré en poudre, un réducteur, d'une assez grande stabilité, permettant de conduire les cuves avec sûreté sans employer une quantité d'alcali aussi grande que celle que nous avons indiquée pour la confection de la cuve anglaise.

Excès d'hydrosulfite. — Les cuves contenant trop d'hydrosulfite déverdissent très lentement, elles ne peuvent d'ailleurs fournir des teintes foncées.

Repos prolongé des cuves à hydrosulfite. — Lorsqu'une cuve à hydrosulfite reste assez longtemps en repos, l'indigo s'oxyde et se dépose. On remet, en peu de temps, la cuve en état en la chauffant à 40° C. environ pour renforcer l'action de l'hydrosulfite. Quand sa densité atteint 10° Baumé, on l'épuise et on la vide.

Cuve à hydrosulfite et ammoniaque. — La Badische préconise, pour la laine, la cuve à hydrosulfite et ammoniaque, dite cuve de Hoechst. Bien que cette cuve soit exempte d'alcali fixe, nuisible, soude caustique et chaux, son emploi nécessite, comme pour les autres cuves à hydrosulfite, l'usage de rouleaux exprimeurs afin d'essorer les marchandises teintes dès leur sortie du bain.

L'alcalinité de l'ammoniaque est trop faible pour maintenir l'indigo réduit en solution, il faut épaissir le liquide. L'adjuvant qui répond le mieux au besoin est la colle. La colle et les composés similaires ont, en effet, la remarquable propriété de maintenir en suspension colloïdale l'indigo réduit à l'état de particules tellement ténues, que le liquide de cuve se comporte comme une solution parfaitement homogène. La colle, qu'il suffit d'employer en proportion relativement faible, n'exerce aucune action nuisible ni sur les nuances, ni sur la qualité de la laine[1].

Tandis que pour la préparation de la cuve à hydrosulfite et chaux, ainsi que pour la préparation de la cuve à hydrosulfite et soude, l'indigo doit être préalablement réduit et amené en solution concentrée, la cuve à hydrosulfite se dispense d'une cuve mère. La solution d'indigo 20 0/0 ou la cuve 60 0/0 (toutes deux fournies par la Badische[2]), tiennent lieu de cuve mère.

On teint à une température voisine de 50° C. comme dans les autres cuves à hydrosulfite.

La cuve à hydrosulfite et ammoniaque peut servir à teindre le coton à condition d'y ajouter du chlorure de sodium dans la proportion de 4 kilogrammes pour cent litres de bain.

Montage d'une cuve de Hoechst pour la teinture du bleu moyen. — Supposons un volume d'eau, d'environ 3.000 litres, chauffée à 50° C. On y verse successivement : de l'ammoniaque jusqu'à réaction alcaline (1 à 2 litres) ; dix litres de solution fraîchement préparée de colle forte à 10 0/0 ; et, en dernier lieu, 10 à 20 litres de solution d'indigo réduit, plus 10 à 15 litres d'hydrosulfite.

On brasse bien le mélange et entre immédiatement la laine.

La cuve que nous prenons comme exemple doit être *légèrement alcaline ;* la solution plus concentrée, servant à teindre en bleu foncé, doit être *faiblement alcaline ;* et, celle qui est

1. Brevet de la Badische.
2. Ou bien la solution ammoniacale d'indigo réduit MLB/I de la Compagnie parisienne des couleurs d'aniline.

préparée pour le bleu clair doit, au contraire, être *franchement alcaline.*

Théorie de la teinture de l'indigo de cuve. Rôle de l'alcali. — La cuve n'est en somme qu'une dissolution alcaline d'indigo blanc, exempte d'air et d'oxygène.

L'indigo lui-même n'est pas un colorant, il ne possède aucune affinité pour les fibres. La propriété de teindre n'appartient à l'indigo que s'il est réduit, et le leucodérivé de l'indigo ne se dissout dans l'eau que si cette eau est alcaline. C'est, du reste, du degré d'alcalinité de la cuve que dépendent l'unisson et la solidité de la teinture.

Dans une cuve faiblement alcaline, l'indigo blanc s'unit trop rapidement à la marchandise, il la pénètre mal ; les parties internes restent plus claires que les parties externes. C'est surtout lors de la teinture en pièces que le manque d'alcali s'accuse, en fournissant des tissus mal traversés. Si, par contre, la cuve est très alcaline, elle ne cède son indigo blanc que lentement, la pénétration devient donc meilleure ; mais l'excès d'alcali, à cause du grand pouvoir dissolvant qu'il communique au bain, empêche le textile de l'épuiser.

L'influence exercée par le composé alcalin sur l'absorption de l'indigo réduit a fait croire que l'indigo s'unit à la laine à la façon des colorants acides, c'est-à-dire en formant avec la fibre un sel dans lequel la laine joue le rôle de base et l'indigo celui d'acide.

Les partisans de cette manière de voir ne semblent envisager que la teinture des fibres animales. Le coton ne se teint-il pas aussi solidement en indigo que la laine, et pourtant on ne peut pas lui attribuer de fonction basique.

Nous croyons que le phénomène de teinture à l'indigo de cuve est plutôt d'ordre physique, et que ce colorant s'introduit dans le textile par simple dissolution [1]. Après réoxydation, il se trouve précipité et emprisonné. Nous donnons comme preuve le peu de solidité de l'indigo au frottement. Les étoffes teintes en bleu de cuve se décolorent par l'usure, parce que les fibres s'ouvrent et laissent échapper le précipité d'indigo qu'elles retenaient.

1. Voir « Théorie de la teinture : L'influence des coefficients de solubilité. »

L'indigo artificiel et les cuves à fermentation. — En montant la cuve avec l'indigo naturel, on y introduit les spores nécessaires à son développement. Rappelons-nous, en effet, que le produit naturel s'obtient en faisant fermenter les plantes indigofères. Or, les ferments qui travaillent, à ce moment, sont les mêmes que ceux qui provoquent la réduction dans la cuve à fermentation. L'indigo végétal renferme donc les germes nécessaires à cette fermentation. Il n'en est évidemment pas de même pour l'indigo synthétique. Il suit de là que ce dernier est plus difficilement réduit dans les cuves allemandes et autres cuves du même genre, bien qu'il convienne tout aussi bien que l'indigo des plantes pour le travail au moyen des cuves chimiques.

L'indigo artificiel présente une composition constante, ce qui permet de maintenir la cuve toujours à la même concentration. Malheureusement, les cuves à fermentation travaillent plus lentement avec ce composé, et nos teinturiers en laine, qui craignent la cuve à hydrosulfite à cause de sa plus grande causticité et aussi à cause des connaissances chimiques spéciales qu'exige sa préparation, sont obligés d'employer l'indigo végétal en mélange avec l'indigo de synthèse. Ils prennent moitié de chaque colorant, et ils ne peuvent guère dépasser cette proportion. Peut-être leur serait-il possible d'augmenter sans inconvénient la dose d'indigo chimique, en se procurant ce produit réduit à l'avance.

APPLICATION DE L'INDIGO DE CUVE

TEINTURE DE LA LAINE

L'indigo est fixé sur laine par la cuve à fermentation, à une température de 45° à 50° C., ou par la cuve à hydrosulfite, à une température de 70° à 75° C.

La cuve à fermentation est un grand bassin circulaire, en fonte ou en cuivre, entouré de maçonnerie[1], d'environ 2 mètres

1. On construit aussi des cuves en maçonnerie sans garniture métallique (Voir *fig.* 109).

de diamètre et 3 à 4 mètres de profondeur (capacité moyenne 10 mètres cubes). (La cuve à hydrosulfite a une capacité moindre.) Le pourtour du récipient, à partir d'un mètre au-dessus du fond, est entouré d'une double paroi, permettant le chauffage à la vapeur sans agiter le dépôt. Un serpentin perforé permet, au besoin, d'élever le niveau du liquide par chauffage direct.

Teinture sur cuve à fermentation. — Avant de se servir de la cuve, on suit les prescriptions indiquées plus haut et, après repos suffisant[1], on suspend, à 1 mètre de profondeur environ, le panier ou cadre en corde ou en fil de fer (*fig.* 109). On n'introduit que des marchandises préalablement débouillies et exprimées. La majeure partie de l'air emprisonné est ainsi chassé et le textile se laisse pénétrer plus rapidement et plus régulièrement par la liqueur alcaline. On le remue doucement à l'intérieur du liquide à l'aide de perches, en évitant de l'amener à la surface, puis on le retire après une immersion de quinze à trente minutes. On laisse égoutter ou on exprime et étale à terre jusqu'à ce que la couleur bleue soit développée. La marchandise, qui est jaune clair dans la cuve, devient rapidement verte, quand on la sort, puis passe au bleu. Cette exposition à l'air est appelée *déverdissage*. L'opération que nous venons de décrire s'appelle, en terme d'atelier, *donner une passe*.

Une première passe ne développe qu'un ton bleu clair; pour foncer la nuance, il faut donner une deuxième et même une troisième passe.

Après le dernier déverdissage, la marchandise est lavée à grande eau, ou mieux à l'eau acidulée, pour la soustraire à l'influence de l'alcali, si elle ne doit pas subir de remontage en bain acide.

La laine est généralement teinte dans la cuve à l'état de fibres, à cause de la solidité toute spéciale de ce genre de bleu.

Pour teindre les fils de laine, on traite séparément dans le bain, pendant un temps fort court, chaque écheveau, on le tord et on le laisse déverdir. Ou, afin d'opérer avec plus de rapidité, on dispose les écheveaux par séries sur des bâtons que l'on remue au-dessus du bain.

1. Au moins deux heures après avoir pallié.

On les exprime, après une immersion suffisante, et les plonge dans de l'eau froide ou on leur donne quelques lisses (tours). On arrive de la sorte à un déverdissage rapide et uniforme.

On peut ajouter, à l'eau servant au déverdissage, des réactifs

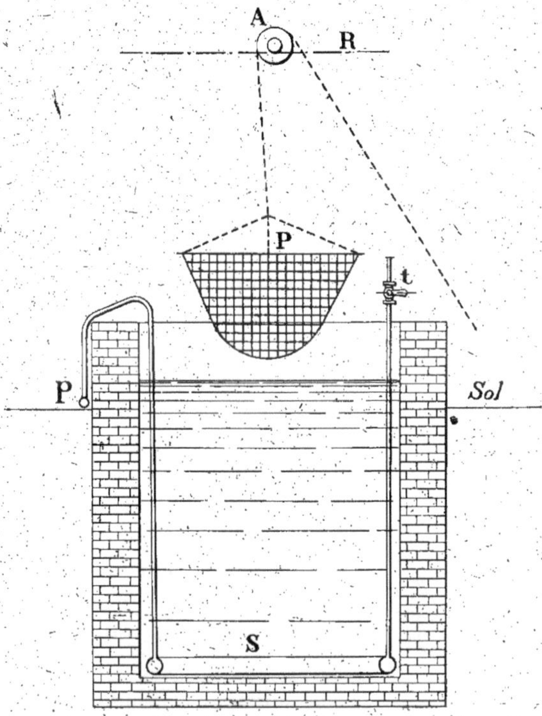

Fig. 109. — Cuve à fermentation en maçonnerie cimentée sans garniture métallique, munie d'un panier pour la teinture, à l'indigo réduit, de la laine en bourre.

P, panier ou filet dans lequel on dispose la laine. — A, poulie servant à la manœuvre du filet pour les trempages ou les déverdissages successifs. — R, rail sur lequel la poulie peut se déplacer de façon à charrier la marchandise. — *t*, tube et robinet amenant la vapeur dans le serpentin S. — *p*, purge de vapeur.

oxydants ou bien de l'acide chlorhydrique, de l'acide sulfurique ou de l'acide acétique.

Avant chaque nouvelle passe, les écheveaux doivent être désacidés.

La durée de l'immersion pour les tissus est d'environ une demi-heure, elle varie avec la concentration de la liqueur, la force du drap et la nuance qu'il s'agit de réaliser. On peut teindre les tissus en bleu de cuve, soit simplement en les remuant dans le panier au moyen de crochets, soit préférablement à l'aide de la champagne ou d'un cadre à roulettes.

La *champagne* est formée de deux châssis étoilés à six ou huit branches, sur lesquelles sont fixés des crochets très près l'un de l'autre, permettant d'enrouler la pièce en forme d'une spirale serrée.

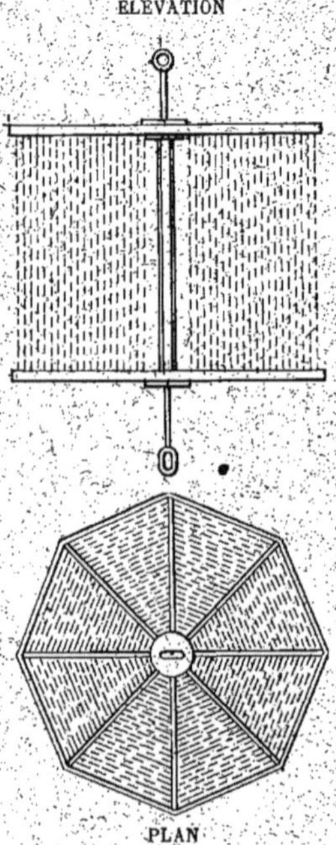

Fig. 110. — Élévation et plan de la champagne à deux châssis.

Les deux châssis peuvent être écartés au moyen d'une vis placée sur l'axe qui les relie ; ce qui permet de tendre l'étoffe et empêcher ses différentes circonvolutions de se toucher. On trempe l'appareil garni dans la cuve, au bout d'une demi-heure à trois quarts d'heure, on le sort, déverdit, puis retrempe encore une ou deux fois, suivant l'intensité de la nuance à obtenir (*fig.* 110).

La champagne simple n'a qu'un châssis ; on ne peut donc y accrocher le tissu que par une de ses lisières. Il faut alors, pendant chaque déverdissage, passer une baguette entre les plis pour les décoller. Il est utile, après une ou deux trempes, de changer la lisière suspendue. Avec la champagne double, on retourne simplement l'appareil.

Le *cadre à roulettes*[1] fait circuler l'étoffe au large. Il est avantageusement remplacé par une machine qui se compose essentiellement d'une paire de rouleaux presseurs placés sous la surface du liquide. Le tissu est ouvert, passé entre les rouleaux dont on peut régler à volonté la pression, et les deux extrémités sont cousues pour former une bande sans fin. Cette bande chemine d'une manière continue dans la

1. Voir plus loin les figures des machines à teindre au large.

cuve, entre les rouleaux. Grâce à la pression, la teinture est bien régulière et elle pénètre jusqu'au cœur des tissus les plus épais.

Après teinture, la marchandise doit être rincée dans de l'eau faiblement acidulée et bien lavée à l'eau ordinaire, comme cela a été dit pour la laine en fibres. Afin d'enlever toute trace d'indigo non complètement fixé, on peut donner un bon lavage au savon ou à la terre à foulon, si l'on veut que la pièce ne déteigne pas sur un linge blanc frotté à sa surface.

La teinture de la laine peignée, en rubans, doit être effectuée dans des appareils spéciaux, dans lesquels le bain circule doucement à l'abri de l'air. Ces machines, dont il existe beaucoup de types, sont toutes très simples; les deux suivantes sont, paraît-il, recommandables.

Dans l'appareil breveté de J. Simonis, de Verviers, les rubans de peigné sont empelotonnés et placés dans huit à dix cylindres *e*, *e'* disposés en cercle (*fig.* 111).

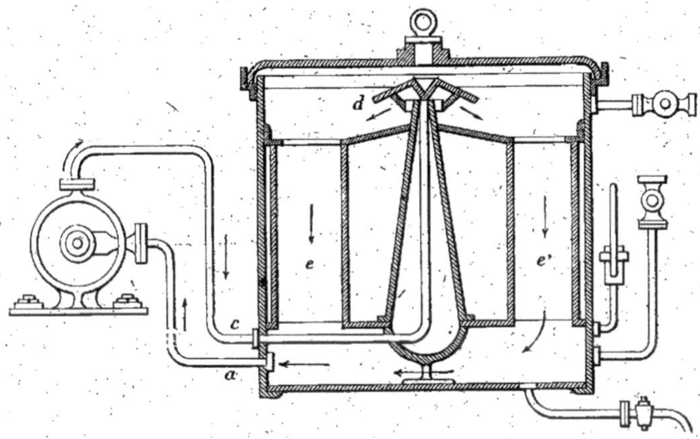

Fig. 111. — Appareil Simonis pour teindre les rubans de laine peignée.
a, tuyau d'aspiration. — *c*, tuyau de refoulement. — *e*, *e'*, cylindres contenant la laine peignée.

La pompe aspire la cuve en *a* et la refoule par le tube *c*, jusqu'à la partie supérieure de l'appareil, d'où elle est répartie dans les cylindres *e*, *e'* dont les fonds sont perforés. La solution descend en traversant les pelotons de laine, qui sont enveloppés dans des sacs de toile. Tous ces sacs sont fortement pressés afin de faire pénétrer la marchandise d'une manière bien uniforme.

Au bout d'un certain temps, les pelotes sont retirées et essorées. Le déverdissage se fait pendant l'essorage.

L'appareil suivant, système Obermaier, diffère peu du précédent (*fig.* 112).

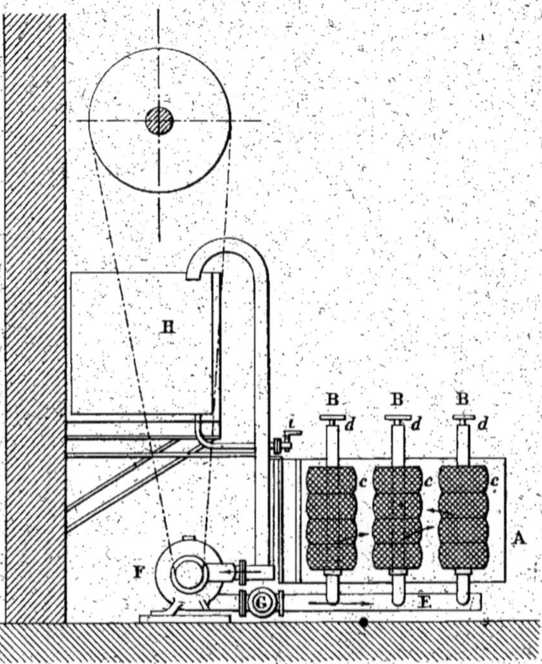

Fig. 112. — Appareil Obermaier pour la teinture des rubans de laine peignée.

A, barque de teinture. — B, tubes sur lesquels sont placés les peletons de laine peignée *c*. — *d*, broches fixant les tubes. — F, pompe qui met la cuve en circulation. — E, tuyau conduisant la liqueur de cuve dans les pelotons. — G, robinet à trois voies. — H, réservoir. — *i*, conduit et robinet par où arrive la liqueur de cuve renouvelée.

Sur le fond de la barque de teinture A peuvent être vissés un certain nombre de tubes B, percés de trous, sur lesquels viennent se placer les pelotons de laine peignée *c*, maintenus en place par un couvercle et par les broches *d*. La cuve, lancée par la pompe F, arrive par le tuyau E au centre des pelotes qu'elle traverse pour se répandre dans la barque. Un robinet à trois voies G permet de refouler le liquide dans son réservoir H. Un tuyau *i*, soudé au fond de ce réservoir, sert à amener dans la barque A la solution d'indigo renforcée.

Dès que le bain de colorant est enlevé, on donne accès, au moyen d'un autre robinet à trois voies, à de l'eau acidulée venant d'un bassin non figuré dans le dessin ci-contre. L'eau acide traverse à son tour les bobines et en provoque le déverdissage.

Les tubes non pourvus de laine doivent être momentanément supprimés. On peut placer des tubes de rechange plus courts pour teindre des pelotes isolées.

Teinture sur cuve à hydrosulfite. — On teint sur cuve a hydrosulfite comme sur cuve allemande. La marchandise peut être remuée davantage, car le dépôt est bien moins abondant. Une précaution à prendre, précaution de la plus haute importance, c'est d'exprimer la laine avant de la faire déverdir. Le bon fonctionnement de cette cuve exige un grand excès d'hydrosulfite, et l'action de ce réducteur se continue si on laisse le textile en tas sans l'avoir d'abord exprimé. On trouve alors en peu de temps des endroits plus clairs et même complètement décolorés.

Ce défaut peut se manifester après teinture en cuve à fermentation, mais il est plus lent à se produire. Nous avons trouvé des mèches ainsi déteintes dans des laines laissées trop longtemps en tas après leur sortie de la cuve allemande. L'examen microscopique nous a montré que ces fibres, soumises à une réduction ultérieure, se trouvaient plus ou moins endommagées. Nous avions attribué ce fait à l'action prolongée de la soude, la fermentation butyrique y était peut-être pour quelque chose. Les guédrons devraient avoir soin de ne jamais laisser ainsi séjourner les marchandises après leur sortie de la cuve. S'ils sont à la veille d'un jour de repos, ils doivent au moins les faire abondamment arroser à l'eau froide. Ils provoquent ainsi rapidement l'oxydation et arrêtent l'action caustique du bain. Après teinture, on rince et lave suivant les explications décrites à propos de la manœuvre en cuve à fermentation.

Nuançage au bleu de cuve. — Une partie de l'indigo, qui monte sur laine pendant l'immersion dans la cuve, est enlevée par les opérations du dégraissage et du foulage. Les tons développés par déverdissage, qu'il s'agisse de laine en bourre, en fils, en pièces ou en rubans de peignés, doivent par conséquent subir un lavage énergique avant d'être examinés.

Pour la laine en fibres, on échantillonne après avoir feutré à la main un paquet de 15 à 20 grammes de laine. Pour les tissus, il faut à l'échantillonnage tenir compte de la perte que la nuance supportera pendant le lavage.

Du reste, toutes les couleurs, quelle que soit leur provenance, perdent aux apprêts ; et, à moins d'une très grande habitude, l'examen de la teinte se fait sur échantillon préalablement feutré ou énergiquement frictionné au savon.

On arrive assez exactement à une nuance bleu foncé, en donnant à la première passe un ton un peu plus clair, puis en terminant le travail dans une cuve moins concentrée.

TEINTURE DE LA SOIE

En Chine et au Japon, il se teint beaucoup de soie en cuve à fermentation froide ou tiède. En Europe, l'indigo de cuve n'est pas souvent appliqué sur soie, et, si cette application a lieu, c'est pour produire des tons bleus avec dessins réservés en blanc.

A cause de la grande sensibilité de la soie aux alcalis caustiques, le bleu genre indigo se fait de préférence au bleu de Prusse. La chaux rend ce textile rugueux. Lorsqu'on juge à propos d'appliquer le bleu de cuve, on a recours à la cuve d'Inde ou à la cuve de la poudre de zinc et ammoniaque.

On met en présence :

Indigo bleu pulvérisé..................	1 partie
Zinc en poudre........................	1 —
Ammoniaque, solution commerciale...	3 —

Cette liqueur sert, après réduction, à monter la cuve. On verse, pour former le bain, une proportion de cuve mère en rapport avec le ton de bleu que l'on veut obtenir ; et on ajoute un peu de sulfure de sodium pour empêcher l'oxydation de l'indigo dans la cuve.

L'alcali est saturé par un léger vitriolage, passage en liqueur d'acide sulfurique à 1° Baumé, et l'acide est entraîné par de bons rinçages.

TEINTURE DU COTON

L'indigo est fixé à froid sur le coton dans la cuve à la couperose, la cuve au zinc ou la cuve à l'étain. On peut donc manœuvrer dans des baquets simples. Il est fixé à chaud dans la cuve à hydrosulfite. Cette dernière doit donc être aménagée de manière à pouvoir être chauffée. Néanmoins, on chauffe souvent entre 35-40° C. les cuves chimiques autres que celle à hydrosulfite, pour faciliter les réactions et obtenir un meilleur tranchage des tissus épais.

On purge d'air la marchandise, par ébullition, avant de la plonger dans la cuve. L'imprégnation est de ce fait rendue plus régulière. La méthode de travail la plus économique consiste à teindre le coton d'abord dans des liqueurs faibles et à le passer successivement dans des solutions de plus en plus fortes, jusqu'à ce que la nuance soit réalisée.

Comme pour la laine, l'action dissolvante exercée par la fibre sur le leucodérivé de l'indigo est plus grande que celle de la solution alcaline; de sorte que, le coton exerce sur l'indigotine une attraction qui a pour effet d'enlever toute la matière colorante avant que le liquide du bain soit absorbé. On épuise, par conséquent, chaque cuve à son tour et on la remonte seulement lorsqu'elle cesse de teindre. La cuve renouvelée, qui était précédemment la moins chargée en indigo, devient maintenant la plus concentrée.

Coton en bourre. — La bourre de coton absorbe beaucoup de colorant qu'on récupère, il est vrai, par essorage; mais, cet excès de cuve ne retourne dans le bain qu'après avoir subi l'action oxydante de l'air. D'autre part, les passes successives imposées pour l'obtention des tons moyens et foncés enchevêtrent les fibres, les feutrent et en rendent le filage difficile.

Pour ces raisons, on ne teint à l'indigo que le coton devant être mélangé ultérieurement à la laine.

La teinture se fait, soit dans un panier ou dans un filet, soit en appareil. Pour teindre en appareil, on se sert exclusivement de la cuve à hydrosulfite.

Quelle que soit l'importance du lot de bourre à teindre, on n'opère que sur quelques kilogrammes à la fois, 5 ou 6 kilogrammes, 7 kilogrammes tout au plus. En principe, on en prend d'autant moins qu'il s'agit de développer des bleus plus foncés.

Coton filé. — Avant son passage à la cuve, le coton filé est, au besoin, débouilli dans une solution de carbonate de sodium ou de soude caustique pour le débarrasser des impuretés provenant de la filature, lesquelles impuretés donneraient des teintes mal unies et déchargeant au frottement. Après débouillissage, on essore ou tord et immerge dans la cuve le coton encore humide.

Coton filé en écheveaux. — On le teint dans les cuves chimiques ou dans les cuves à fermentation chaudes ou froides. Ces dernières cuves sont extrêmement répandues en Asie, en Afrique et dans l'Amérique centrale. La réduction est fort lente, mais la fixation est parfaite.

Quand on teint du coton filé en écheveaux, on ne prend qu'un petit nombre d'écheveaux, on les dispose côte à côte sans les serrer et les exprime très régulièrement avant de les déverdir. Le bleu n'est pas uniforme, si on n'observe pas ces conditions.

Les récipients pour cuves chimiques sont ordinairement des réservoirs rectangulaires en ciment, en bois doublé de ciment en fonte ou en pierre, d'environ 2 mètres de profondeur. Ceux qui servent à la teinture des bourres ou des écheveaux ont en moyenne 1.000 litres de capacité.

Coton filé en cannettes et en bobines croisées. — Il est préférable de teindre les cannettes ou les bobines envidées sur des tubes perforés plutôt que de les tasser ensemble. Les cannettes doivent être confectionnées régulièrement et rester constamment immergées pendant la teinture. Il est avantageux de faire, avant teinture, le vide dans les cannettes préalablement mouillées.

L'élimination du bain ainsi que le déverdissage des cannettes doivent se faire, par aspiration, dans l'appareil même.

Coton filé disposé en chaîne. — Le passage des chaînes de coton dans le bain de teinture se fait d'une manière analogue au passage des pièces dans les cuves à roulettes; c'est-à-dire par circulation horizontale ou verticale sur un système de rouleaux immergés dans la cuve.

On ne laisse séjourner la marchandise que peu de temps, une à cinq minutes pour le coton en fil, un peu plus pour le coton en bourre. Après la première passe, le bleu est fort clair, le textile est simplement déblanchi. Il se nourrit graduellement, à mesure que les passes se succèdent, en même temps que la couleur pénètre davantage et que le bleu devient plus solide. C'est le *corsage*.

Pendant les déverdissages successifs, la chaux caustique, enlevée au bain par la fibre, se carbonate et couvre le bleu. On élimine cette craie par un rinçage en bain acide chlorhydrique ou acide sulfurique très dilué, 1° Baumé.

Ce rinçage, qui dissout le carbonate de chaux, entraîne aussi l'indigo non fixé; il avive donc et consolide la nuance. L'avivage est donné avant ou après le passage dans la dernière cuve ou *finisseuse*. Lorsque l'avivage suit le finissage, il est nécessaire de laver le coton avant de le sécher pour éviter le phénomène de l'épaillage qui se produirait infailliblement pendant la dessiccation. Quand l'avivage alterne avec le corsage et le finissage, l'acide se trouve saturé; il n'est plus nuisible.

Coton en pièces. — Les tissus de coton doivent être nettoyés par un débouillissage préalable, tout comme les filés, si on veut produire des bleus de cuve unis et solides.

Les tissus sont teints à la champagne ou sur un cadre à roulettes.

La cuve à la champagne est circulaire, d'une contenance de 1.000 litres ou de 3.000 à 4.000 litres. Elle se monte à la coupe-

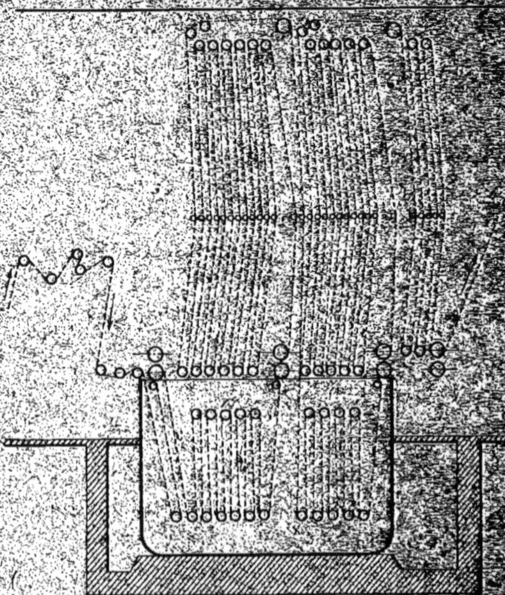

FIG. 113. — Schéma d'une cuve continue à roulettes pour chargement [illegible]
et à la poudre de zinc.

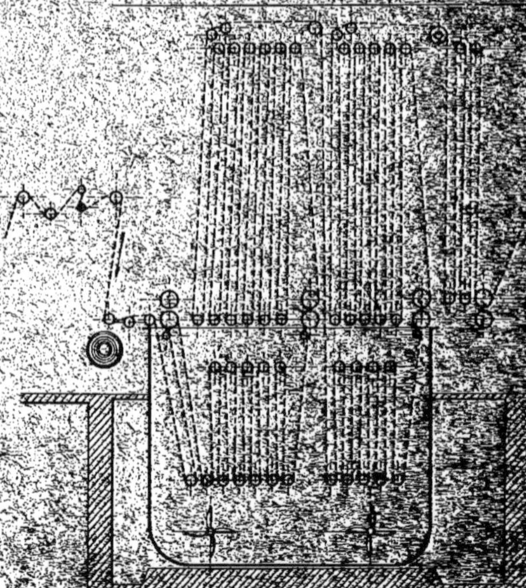

FIG. 114. — Schéma d'une cuve continue à roulettes pour chargement
à l'hydrosulfite.

rose ou au zinc. La champagne convient surtout pour la toile, le calicot épais et les tissus mi-lin, pour lesquels la trempe doit être de longue durée ; et pour les articles genre réserve, dont la matière imprimée, réservant le tissu, pourrait être étalée et déplacée par les rouleaux.

Lorsqu'il s'agit de ne teindre l'étoffe que sur une seule face ou de laisser l'envers aussi clair que possible (pilou pour pan-

Fig. 115. — Vue perspective d'une cuve à indigo pour la teinture des tissus au large.

talon, drap réservé pour robe), on accroche ensemble deux pièces dos à dos, en ayant soin de tendre souvent la champagne pendant la teinture. De cette manière, les tissus restent bien accolés et le bain pénètre le moins possible par les faces en contact.

Les étoffes peuvent être entrées dans la cuve à l'état sec, mais celles qui se pénètrent difficilement doivent être préalablement mouillées.

Les cuves à roulettes sont de grands bassins rectangulaires, d'une capacité variant entre 4.000 et 12.000 litres. Elles servent couramment pour les teintures unies. Ces cuves sont montées à la poudre de zinc ou à l'hydrosulfite.

Comme l'indiquent les figures 113, 114, 115, 116, les roulettes

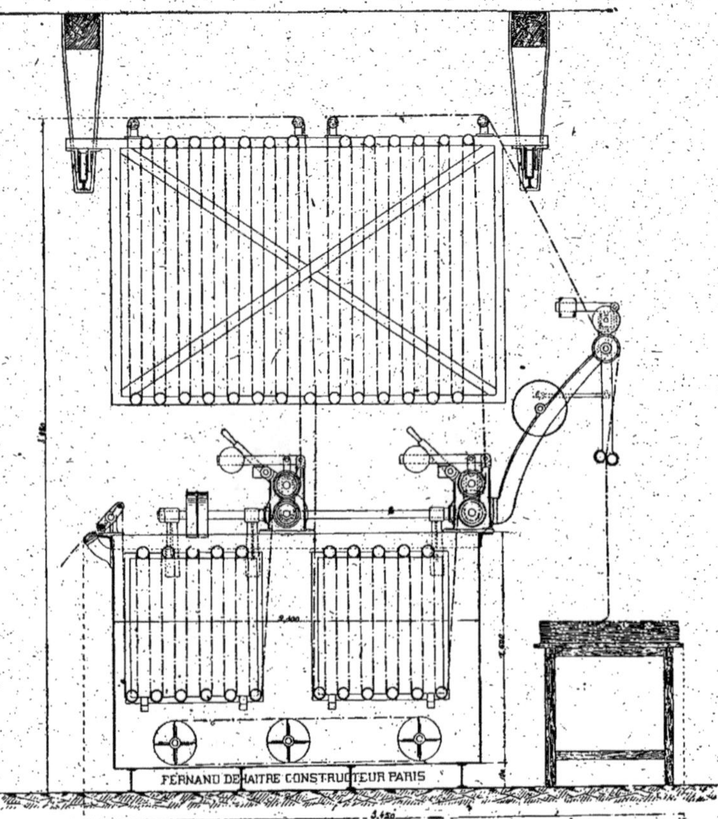

Fig. 116. — Schéma d'une cuve continue à teindre en indigo. — Ce type de cuve pour la teinture au large est caractérisé par la disposition de la course de déverdissage qui est montée sur rails. La partie supérieure peut ainsi être déplacée latéralement et dégager le dessus de la cuve, quand on veut en retirer les châssis intérieurs pour procéder au nettoyage (Construction Fernand Dehaitre).

sont disposées pour que l'étoffe soit imbibée uniformément, sitôt son entrée dans la solution d'indigo réduit, pour qu'elle soit parfaitement exprimée à sa sortie, et pour qu'elle fasse un long parcours de déverdissage avant de replonger dans le bain.

L'exposition à l'air doit être d'une durée au moins aussi longue que la trempe qui la précède.

A l'entrée du bain ainsi que sur le parcours du premier et du deuxième déverdissage se trouvent disposés des rouleaux élargisseurs afin d'éviter la formation des plis.

Les tissus teints en indigo de cuve doivent subir l'avivage, le lavage et le savonnage, tout comme les fibres et les fils, si l'on veut qu'ils ne déteignent pas au frottement.

PIÉTAGE ET REMONTAGE DU BLEU DE CUVE

1° SUR LAINE

Vus de face, les tissus teints en indigo de cuve sont d'un bleu pur, si la nuance est claire; ils sont d'un bleu cuivré, pourpré, si la nuance est foncée. Lorsqu'on les examine horizontalement, en faisant glisser le rayon visuel sur la surface de l'étoffe, la couleur paraît sensiblement plus pâle et verdâtre.

L'indigo, teint sur cuve, est le seul colorant qui communique aux fibres ce curieux phénomène de dichroïsme.

Le bleu de cuve, d'une résistance remarquable à l'eau, au savon, aux alcalis, aux acides, à l'air, change légèrement au vaporisage; évidemment, par suite d'une faible volatilisation du colorant. Cependant, la solidité de l'indigo de cuve au foulon et surtout au frottement n'est pas irréprochable; cela tient au mode de fixation, qui est purement mécanique.

Somme toute, les bleus de cuve teints en pur indigo sont réputés les plus solides, bien qu'ils soient égalés, voire même dépassés, par certains bleus d'alizarine. On ne leur connaît que le défaut déjà mentionné; ils blanchissent par l'usure de la fibre. Ce manque de solidité au frottement ne se fait donc sentir qu'à la longue. Dans le but de diminuer le prix de revient fort élevé de la teinture en indigo de cuve, qui, suivant l'intensité de la nuance, varie de 2 à 4 francs le kilogramme, on associe ce bleu avec d'autres colorants, soit par *piétage*, soit par *remontage*.

Lorsqu'on manœuvre la marchandise dans un bain de santal, camwood, rouge d'alizarine, rouge d'aniline, etc., avant de la passer dans la cuve, on opère par *piétage;* les ouvriers disent qu'ils donnent un *pied de rouge.* Si, au contraire, on commence par donner la moitié ou les trois quarts du ton en indigotine et que l'on termine dans un bain d'un autre colorant, on opère par *remontage;* les ouvriers disent qu'ils *remontent le pied de cuve.* Par cette double teinture, on économise l'indigo et on augmente la résistance au frottement, tout en conservant au bleu l'aspect dichroïque et en lui donnant un reflet rougeâtre qu'on ne peut pas obtenir avec certaines variétés d'indigo.

Le bleu d'alizarine SNG ou les bleus indigo d'alizarine SMW et SW (Badische), remontés sur bleu hussard, donnent des tons aussi intenses, aussi nourris et plus solides que le bleu capote.

On emploie indifféremment le piétage ou le remontage pour produire avec l'indigo des bleu marine, des noir bleu, des noir brun, des noirs, des verts, etc. Toutes ces couleurs guédées sont recherchées pour les qualités que nous leur connaissons, et parce qu'on peut leur faire prendre aux apprêts un reflet particulier très estimé.

Ce sont des raisons de frais de main-d'œuvre qui font adopter le piétage ou le remontage. Par le piétage, on s'expose à introduire dans la cuve des mordants dont l'effet est d'amener au bleu, par oxydation, le leucodérivé de l'indigotine; ou de neutraliser une partie de la soude, par l'introduction d'un mordant acide ou salin. Toutes causes qui gênent le bon fonctionnement de la cuve et la fixation de l'indigotine. On ne peut passer dans la solution d'indigo blanc que les fibres qui ont été lavées à fond, après teinture. Par le remontage, on s'expose à détruire un peu le pied de bleu, par l'action d'un mordant oxydant trop énergique. On peut mordancer le bleu indigo avec le bichromate de potassium ou de sodium, en l'absence de l'acide sulfurique, tant que la proportion ne dépasse pas 3 à 4 0/0. Dans le cas contraire, on doit remplacer le chromate par le fluorure de chrome ou un autre mordant oxydant.

Voici quelques indications sur la préparation des nuances guédées[1].

On produit :

1° Les bleu marine :

Avec rouge d'alizarine remonté à la cuve;

2° Les noir bleu :

Avec calliatour remonté à la cuve,

Ou avec un pied de bleu de cuve remonté avec :

Soit couleur d'aniline et extrait de campêche;

Soit extrait de campêche seul;

Soit noir d'alizarine;

Soit encore noir naphtylamine;

3° Les noir brun :

Avec brun et noir d'alizarine remontés à la cuve;

4° Les verts foncés :

Avec pied de cuve remonté au vert d'alizarine.

Beaucoup de noirs sur fond indigo sont encore obtenus en teignant à la cuve sur pied camwood et en remontant au campêche. Comme toutes les nuances au campêche, ces dernières

1. Les références des différentes fabriques de matières colorantes donnent des renseignements détaillés concernant la préparation des nuances guédées. Voici, à titre d'exemple, quelques indications relevées dans la firme Meister Lucius et Brüning.

On obtient :

Les bleu violet, sur pied d'indigo remonté au violet à l'acide 5RF et au violet à l'acide solide R fixés avec environ 6 0/0 alun de chrome.

Les gros bleus, en remontant l'indigo avec le bleu d'alizarine à l'acide BB fixé au fluorure de chrome, environ 2,5 0/0.

Les bruns, en remontant l'indigo avec :

Brun d'alizarine à l'acide B.

Rouge d'alizarine 1WS poudre.

Rouge d'alizarine 1WS poudre.

Jaune d'alizarine S poudre.

Ces colorants sont fixés avec :

3 à 3,5 0/0 bichromare de potassium et 2 à 3 0/0 acide lactique.

Les nuances mode, en remontant les bleus de cuve clairs avec :

Gris d'alizarine à l'acide G.

Rouge d'alizarine 1WS, poudre.

Jaune d'alizarine GGW, avec ou sans brun d'alizarine à l'acide B.

Ces couleurs sont fixées avec :

0,25 à 1 0/0 bichromate de potassium et 1/2 à 1 0/0 acide lactique.

Les verts de toutes nuances, en remontant l'indigo avec jaune d'alizarine S, poudre, ou jaune d'alizarine et bleu carmin breveté A, auxquels on ajoute, au besoin, gris ou vert d'alizarine à l'acide G.

Ces colorants doivent être fixés avec :

1,5 à 3 0/0 bichromate de potassium.

1 à 2 1/2 0/0 acide lactique et, en plus, quand les proportions sont élevées, 1 0/0 acide sulfurique.

dégorgent en rouge sous l'influence des acides. Les noirs d'alizarine ou le noir naphtylamine remplissent bien mieux les conditions demandées.

La galléine sur mordant de chrome est considérée comme reproduisant à la perfection, par piétage ou remontage au bleu de cuve, le reflet violacé des bleu foncé des meilleures variétés d'indigo. Il est évident que nombre de violets et rouges d'alizarine répondent aux mêmes conditions.

Ce sont probablement ces deux formules pour noirs et bleus cuivrés, qui ont fait croire que le remontage couvre le pied de bleu de cuve, tandis que le piétage suivi de teinture à l'indigo réduit conserve la couleur bleue. Les indications énumérées prouvent bien que la couleur finale dépend de l'intensité des deux teintures successives : bleu indigo de cuve et couleur complémentaire.

Il ne faut pas perdre de vue que les couleurs servant de pied doivent pouvoir supporter l'alcalinité et la réduction de la cuve sans être modifiées.

2° SUR COTON

Sur coton, l'indigo est plus sensible au frottement que sur laine. La résistance au chlore est également limitée, à cause de l'action destructive exercée par cet oxydant énergique sur toutes les matières organiques.

On peut augmenter la solidité au chlore en couvrant la marchandise d'une pellicule de sulforicinate d'aluminium. Le coton teint puis rincé est passé dans un bain de sulforicinate au dixième, tordu, séché à 50°-70° C., pendant douze heures, passé en liqueur d'acétate d'aluminium à 6° Baumé, tordu et séché.

Les bleus de cuve sur coton sont remontés comme les bleus de cuve sur laine. On travaille soit avec le campêche sur mordant d'alun, soit avec les violets ou bleus pour coton.

Le piétage se pratique aussi sur cette fibre. On emploie de préférence le cachou de Laval (pied gris), le rocou (pied orangé) ou le bistre de manganèse (pied marron foncé).

Le bistre de manganèse, préparé : soit en décomposant par la soude caustique un sel de manganèse dont on a imprégné le coton, soit en teignant simplement la marchandise dans une dissolution de permanganate de potassium ou de sodium, constitue un excellent piétage solide au savon. Le bioxyde de manganèse fixé procure, selon son importance, des tons allant du bleu foncé au noir.

Voir dans le chapitre relatif à la teinture du coton avec les colorants artificiels : combinaison de l'indigo de cuve avec les couleurs diamine, les couleurs immédiates ou les couleurs basiques.

AMÉLIORATION DES TEINTES DÉFECTUEUSES OBTENUES SUR TISSUS DE LAINE

Fixage insuffisant. — Lorsque l'indigo est insuffisamment fixé, les draps salissent au frottement. Ce défaut disparaît par un dégorgeage énergique à la terre à foulon.

Nuances rabattues. — On avive les nuances rabattues en vaporisant les pièces ou en les faisant tourner dans une solution chaude d'acide acétique à 1 0/0 [1].

Quand le ton terne du bleu provient de l'emploi de laine jaunâtre, on expose la marchandise à l'action de l'eau oxygénée. Le tissu, préalablement mouillé et essoré, est plongé, pendant deux heures, dans de l'eau légèrement alcaline contenant 12 à 25 0/0 d'eau oxygénée ; on le sort, le laisse empilé environ six heures, le passe dans une solution faible de bisulfite de sodium, lave et sèche.

Mauvais unisson. — Si les nuances ne sont pas unies, on peut les corriger en faisant tourner l'étoffe dans une solution chaude d'hydrosulfite de sodium alcalinisée par l'ammoniaque. On opère à la température de 50° C. Il y a décoloration des parties foncées et, si la cuve n'est ni trop réductrice ni trop alcaline, il y a reteinture des parties claires. On ne réussit, toutefois, à rendre la teinture uniforme que si les taches ne sont pas trop apparentes.

1. Badische Anilin et Soda-Fabrik « Indigo pur BASF ».

Eclaircissement des bleus trop foncés. — Les bleus trop foncés peuvent être éclaircis au moyen du permanganate de potassium qui détruit l'indigo. On fait tourner la marchandise préalablement mouillée dans un bain froid monté avec environ 225 grammes de permanganate de potassium et un litre un tiers d'acide sulfurique à 66° Baumé pour 1.000 litres d'eau. Au bout d'une heure, en moyenne, on rince et recommence le même travail dans une solution d'acide oxalique à 2gr,50 par litre chauffée à 50° C. On essore, rince, essore de nouveau et sèche.

TRAITEMENTS SPÉCIAUX DU COTON EN FILS ET EN TISSUS AVANT OU APRÈS TEINTURE

Coton en fils. — On obtient des bleus de cuve plus foncés par l'application de certains apprêts ou par traitement au sulfate de fer avant ou après teinture.

Avant teinture. — *Par piétage au fer.* — Les bleus de cuve sont plus ternes, plus foncés, quand on passe d'abord la marchandise dans une solution de 5 à 10 grammes de sulfate ferreux, par litre, chauffée à 40° C.

On essore et teint directement sans rincer.

Après teinture. — *Par remontage au fer.* — On brunit aussi les bleus de cuve en rinçant la marchandise dans une solution de sulfate ferreux à 5 grammes par litre. On tord avant de faire sécher.

Ces deux procédés de brunissage consistent, en somme, à piéter ou à remonter le bleu indigo de cuve avec un précipité d'oxyde ferrique ou rouille.

Par l'apprêt. — Les apprêts composés d'empois d'amidon ou de dextrine mélangés de matières grasses ternissent les bleus à l'indigo de cuve, particulièrement les bleus foncés.

En ajoutant à la composition d'encollage 3 à 5 grammes de sulfate ferreux, préalablement dissous, par litre de colle, on produit des bleus noirâtres.

Coton en tissus. — Ces trois moyens de renforcer les bleus de cuve s'appliquent également aux tissus de coton. Le traitement au sulfate ferreux n'est toutefois pas applicable aux étoffes devant être réservées ou rongées ; il ternit les blancs. Le mercerisage, le sulfate de cuivre et la colle influencent aussi notablement le ton du bleu de cuve.

Influence du mercerisage. — Le mercerisage augmente considérablement l'affinité du textile pour l'indigo réduit. Par suite de la rapide fixation du colorant, la teinture a des tendances à mal unir et à pénétrer imparfaitement. On évite ces défauts en mercerisant après teinture.

Influence du sulfate de cuivre. — On peut encore exalter l'affinité de l'indigo réduit pour le coton en fourlardant l'étoffe dans une solution de sulfate de cuivre. Malgré la rapidité de l'absorption, la nuance est uniforme si on épaissit la solution saline avec de l'amidon.

Les proportions à employer sont : 7 grammes d'amidon et 5 à 10 grammes de sulfate de cuivre par litre.

Influence de la colle. — C'est la Badische-Anilin et Soda-Fabrik qui indiqua en 1907 l'action remarquable des substances protéiques (gélatine, albumine, caséine), sur la teinture des fibres végétales en bleu de cuve. La plus active de ces substances est la colle forte. Ces composés augmentent le pouvoir absorbant des matières végétales pour l'indigo réduit et agissent comme fixateurs.

La marchandise est passée dans de l'eau tenant en solution 2^{gr},5 de colle par litre, exprimée, séchée ou non et plongée dans la cuve.

L'addition de colle peut se faire dans la cuve même. Il faut dans ce cas vingt à trente parties de colle pour cent parties d'indigo en poudre. La colle pouvant être coagulée par l'alcalinité très accusée de la cuve mère, on verse, séparément, dans le bain, la dissolution de colle et la cuve mère.

Le pouvoir absorbant et fixateur de la colle se manifeste très nettement. Les tissus préparés à la colle sont aussi intenses, aussi cuivrés en trois passes que les tissus non préparés le sont en quatre passes, et l'indigo tombe moins pendant le rinçage et l'acidage.

Le coton imprégné de colle épuise donc davantage la cuve et retient mieux le colorant.

IMPRESSION DE L'INDIGO

I. Réserves sous indigo. — On est arrivé à imprimer au rouleau des réserves assez solides pour teindre ensuite à la continue.

II. Rongeage de l'indigo. — A. *Rongeants oxydants.* — 1° *Rongeant au chromate.* — Le procédé Thompson, qui consistait à foularder au bichromate le tissu teint et à imprimer avec un acide (acide oxalique), a été perfectionné, en 1870, par Camille Koechlin. On applique du chromate sur pièces teintes en indigo qu'on tourne ensuite dans une solution chaude d'acide sulfurique additionnée d'acide oxalique. C. Koechlin préparait les rongeants colorés en ajoutant au chromate des colorants à l'albumine : les acides coagulent l'albumine. Plus tard, on remplaça les couleurs minérales par des pigments organiques : laques de colorants azoïques et de phtaléines.

2° *Rongeant au chlorate-prussiate.* — Le rongeant au chlorate-prussiate découvert par Jeanmaire, en 1889, est plus important. On plaque sur tissu un mélange de chlorate alcalin, de ferricyanure ou de ferrocyanure de potassium et d'acide tartrique ou citrique, vaporise, puis passe en alcali. On obtient un blanc pur. En ajoutant un sel d'aluminium au rongeant, on peut fixer l'alumine et la teindre.

3° *Rongeant au nitrate.* — On peut provoquer des enlevages en faisant passer dans de l'acide sulfurique chaud, assez concentré, la marchandise préalablement teinte en indigo et imprimée avec de l'azotate de sodium additionné ou non d'azotite de sodium.

B. *Rongeants réducteurs.* — Avec les rongeants réducteurs, au lieu de détruire l'indigo, on le rend soluble sous forme d'indigo blanc et on l'élimine par lavage avant qu'il ait eu le temps de s'oxyder.

Ce mode d'enlevage fut tout d'abord mis en pratique avec la rongalite (formaldéhyde sulfoxylate). En ajoutant au rongeant des colorants indanthrène ou autres couleurs de cuve récente, on produit des rongeages colorés très solides.

Quel que soit l'empressement que l'on mette à laver le leuco-dérivé de l'indigo obtenu par vaporisage, on empêche difficilement une réoxydation partielle. La Badische Anilin et Soda-Fabrik a adroitement amélioré le résultat en mélangeant à la rongalite de l'acide diméthylphénylbenzylammonium disulfonique ou des composés analogues qui donnent, avec l'indigo blanc, des produits jaunes solubles dans l'alcali. On peut enlever totalement ces dérivés jaunes sans se hâter ; ils sont insensibles à l'action oxydante de l'air. Si l'on emploie le chlorure de diméthylphénylbenzylammonium, au lieu de son acide sulfonique, on obtient un jaune résistant aux alcalis.

Le mélange de l'acide sulfonique de la base ammonium avec la rongalite est vendu sous le nom de rongalite CL.

III. Impression directe de l'indigo. — Le *bleu au pinceau*[1], le *bleu faïencé*[2] et le *bleu solide* sont abandonnés depuis bien des années. Le bleu solide, qui résista le plus longtemps, était obtenu en imprimant avec le précipité formé dans la cuve d'indigo par addition de sel d'étain et d'acide chlorhydrique. La leucoindigotine était rendue soluble par un passage en chaux. L'indigo bleu se reformait pendant le lavage.

Parmi les procédés qui succédèrent immédiatement au bleu solide, nous n'indiquerons que l'impression sur glucose de Schlieper et Baum. Les pièces préparées en glucose sont imprimées avec de l'indigo délayé dans de la soude caustique et vaporisées, pendant très peu de temps, une demi-minute environ. L'indigo est réduit, il entre dans la fibre et s'oxyde pen-

1. *Bleu au pinceau.* — L'étoffe était peinte avec une solution alcaline d'indigo réduit contenant de l'orpiment (trisulfure d'arsenic, As^2S^3).

2. *Bleu faïencé.* — On imprimait le tissu avec un mélange d'indigo et de sulfate de fer et on le passait dans de l'eau de chaux.

Le lecteur trouvera des renseignements plus complets dans les références des différentes fabriques de matières colorantes et dans le *Bulletin annuel de l'Association des chimistes de l'industrie textile*, année 1912, conférence de M. Noelting.

dant le lavage. Le fixage de l'indigo s'effectue aussi sur le tissu teint en rouge turc ; l'alcali enlève la laque d'alizarine. Actuellement, l'impression directe de l'indigo se fait principalement à l'aide de l'hydrosulfite. On imprime l'indigo avec de la rongalite et de l'alcali et vaporise quelque temps. Le vaporisage décompose la formaldéhyde sulfoxylate, le sulfoxylate (hydrosulfite), mis en liberté, réduit l'indigo qui pénètre dans le textile grâce à l'action dissolvante de l'alcali. L'air reprécipite l'indigo une fois que l'hydrosulfite est lui-même oxydé. Ce moyen s'emploie également pour les indigos bromés, les thioindigos, les colorants Ciba, les indanthrènes, les algols et les colorants au soufre.

DIFFÉRENCIATION DE L'INDIGO

RECHERCHE DES IMPURETÉS NATURELLES OU AJOUTÉES FRAUDULEUSEMENT

Il faut se rappeler tout d'abord les propriétés de l'indigo, ainsi que les caractères analytiques et les propriétés de l'indigotine (voir plus avant).

Grillé à l'air, l'indigo doit donner des vapeurs pourpres et ne laisser qu'un résidu maximum de 8 0/0 de cendres. Séché à l'étuve, il ne doit pas perdre plus de 7 0/0 de son poids.

Dans un but de lucre, on mélange à l'indigo : des matières minérales, de l'eau, des matières résineuses, des matières amylacées, du bleu de Prusse, etc. Ces substances, ajoutées frauduleusement, diminuent la valeur tinctoriale du produit et peuvent exercer une influence fâcheuse sur les opérations de la teinture.

Ces corps étrangers sont faciles à déceler :

Les *matières minérales :* sable, terre, oxyde de plomb, restent dans les cendres après calcination ;

L'*excès d'eau* s'aperçoit par une diminution anormale de poids pendant la dessiccation dans l'étuve chauffée à 100° C. ;

Les *matières amylacées* passent dans la solution alcaline avec laquelle on chauffe l'indigo pulvérisé. Le liquide filtré, refroidi, bleuit alors par l'iode.

La pierre d'indigo et la poudre d'indigo peuvent être confondues avec le bleu de Prusse, de prime abord. Mais ce dernier n'est ni soluble dans l'acide sulfurique concentré, ni décoloré par le chlore. Chauffé, il se décompose sans émettre de vapeurs pourpres et laisse un résidu rouille Fe^2O^3.

Si on redissout ce résidu dans l'acide chlorhydrique, qu'on filtre et qu'on ajoute soit du cyanure jaune de potassium, soit du sulfocyanure de potassium ou d'ammonium, on reconstitue le bleu de Prusse ou on fait naître une belle coloration rouge sang;

Le *bleu de Prusse* se reconnaît par l'ébullition de l'indigo falsifié dans une solution de potasse. Le bleu d'origine minérale se transforme en ferrocyanure de potassium et en oxyde de fer. Par filtration on recueille le cyanure jaune;

Les *matières résineuses* sont dissoutes dans l'alcool qui les abandonne par évaporation.

ANALYSE DE L'INDIGO

DÉTERMINATION DE LA VALEUR TINCTORIALE D'UN INDIGO[1]

Les divers procédés d'analyse de l'indigo ne conduisent pas à des résultats aussi précis que ceux que l'on obtient en analyse minérale, abstraction faite, d'ailleurs, des variations dues à la difficulté de prélever, sur le lot d'indigo, un échantillon présentant la composition moyenne de la marchandise.

Le teinturier estime, le plus souvent, la valeur relative d'un indigo par teinture comparative sur laine. Ce moyen permet au praticien de reconnaître, très simplement, lequel des deux types est le plus riche en colorant.

Il est prudent de tenir compte, lors de l'appréciation du rendement d'une marque d'indigo, de l'influence exercée par la qualité de la laine sur la nuance réalisée. Une laine jaunâtre provoquera la formation de bleus plus ternes, moins cuivrés, qu'une laine blanche de même qualité. Et, une laine fine exige plus de colorant qu'une laine grossière ; la différence peut, en

1. Voir même titre : Analyse des couleurs.

nuances foncées, dépasser 15 0/0. Il est, par suite, indispensable, lorsqu'on veut comparer différentes qualités d'indigo[1], d'opérer toujours sur des lots de laine parfaitement identiques.

Il est possible de recourir à une semblable comparaison sans recourir à la cuve. On dissout séparément, dans de l'acide sulfurique, des poids égaux des divers échantillons d'indigo à comparer; et, avec les acides indigo-sulfoniques résultants, on teint des poids égaux de fil ou de tissu de laine. La comparaison des intensités des teintes obtenues donne la mesure des richesses relatives des indigos.

Un procédé, qui se rattache à la méthode précédente, est l'examen colorimétrique de la solution d'acide indigo-sulfonique. Cette expertise se fait à l'aide du colorimètre; elle permet de trouver le degré de richesse relative des indigos étudiés d'après les intensités respectives des solutions mises en parallèles.

ANALYSE QUANTITATIVE DE L'INDIGO

Les divers modes d'analyse quantitative de l'indigo couramment employés sont :

1° Le dosage volumétrique par réduction à l'aide de la liqueur titrée d'hydrosulfite de sodium.

2° Le dosage volumétrique par oxydation. La liqueur oxydante la plus usitée est une solution titrée de permanganate de potassium.

3° Le dosage pondéral de l'indigotine enlevée, après réduction, par dissolution dans un alcali fixe.

4° Le dosage pondéral de l'indigotine extraite par un dissolvant approprié. L'acide acétique cristallisable est le dissolvant qui conduit aux résultats les plus exacts.

Le dosage de l'indigo à l'acide acétique glacial fournit seul de très bons résultats pour la détermination de l'indigo de cuve fixé sur la fibre. (Voir : Analyse des couleurs teintes. — Recherche et dosage de l'indigo sur fibre par voie d'extraction.)

1. Ou même différents genres de cuves.

XVI

LES COLORANTS DE CUVE D'ORIGINE RÉCENTE

Définition. — On entend par colorant de cuve un colorant insoluble dans les bains préparés pour la teinture ordinaire, mais qui est apte à subir l'action d'agents réducteurs, tout comme l'indigo.

Le colorant ainsi dissous peut, comme nous l'avons vu pour l'indigo, imprégner les fibres et s'y fixer par oxydation à l'air, en reprenant sa composition première et son indissolubilité.

Classification. — Les différents colorants de cuve, autres que l'indigo naturel et l'indigo artificiel, peuvent se grouper de la manière suivante :

1° Les colorants Anthrène (Badische) ;
2° — Thioindigo (Kalle) ;
3° — Algol et les Indigos bromés (Bayer) ;
4° — Ciba et Cibanone (Société pour l'industrie chimique, à Bâle);
5° Les colorants Hydrone (Manufacture lyonnaise);
6° — soufrés ;
7° — Hélindone (Compagnie parisienne des couleurs d'aniline. Meister Lucius et Brüning).

Solidité. — Ces colorants fournissent des teintures très résistantes à la lumière, au lavage, aux alcalis, aux acides, à la reteinture ou surteinture, au frottement, à la sueur et au chlore.

Le chlore attaque les teintes aux colorants soufrés et fait

verdir ou rougir certaines marques des autres groupes. Cependant les nuances sont restaurées par la soude ou l'hydrosulfite.

Préparation du bain. — La préparation du bain rappelle la teinture de l'indigo à l'aide de la cuve à l'hydrosulfite et à la soude caustique.

En effet, souvent on procède d'abord à la réduction dans la cuve-mère qui sert à monter et à entretenir la cuve de teinture.

1° *Préparation de la cuve-mère.* — La préparation de la cuve-mère varie beaucoup suivant la concentration de la solution et la marque du colorant à dissoudre.

On empâte, puis on délaye, 20 grammes de colorant ou 100 à 400 grammes, suivant le groupe auquel il appartient, avec un litre d'eau chaude et verse 0^{cm^3},83 à 400 centimètres cubes de soude caustique à 30° Baumé, ou à 36° Baumé, et, tout en remuant, on ajoute 2 à 100 grammes et plus d'hydrosulfite de sodium en poudre ou une quantité équivalente de solution d'hydrosulfite. Au bout d'une demi-heure, le produit est dissous et la dissolution est prête à servir.

Certaines firmes modifient considérablement les proportions de soude caustique et d'hydrosulfite avec le genre de colorant de cuve et la nuance à produire ; d'autres conservent constamment la même proportion de soude caustique, les proportions de colorant et de réducteur seules étant modifiées. Le principe reste le même, malgré ce changement : *production de teintes claires sur cuves très alcalines.*

En résumé :

1° Les quantités de colorant oscillent entre 1 et 40 0/0, suivant la composition et l'intensité de la nuance à obtenir.

2° Les proportions de soude caustique et d'hydrosulfite sont calculées d'après le volume du bain, et aussi d'après le poids de colorant à réduire.

3° Le volume de la solution de soude caustique dépend aussi de l'intensité à donner à la nuance.

Ces indications sont très vagues parce qu'elles sont très générales. Nous donnons plus loin des renseignements plus précis. D'ailleurs, les fabriques de matières colorantes accompagnent chaque échantillon de colorant d'explications détaillées relatives aux poids de colorant, de dissolvant et de réducteur; et éventuellement, de produits auxiliaires : huile monopole, sulfate de sodium, chlorure de sodium ou carbonate de sodium.

Elles font aussi savoir si le colorant peut être simplement empâté avec de l'eau et ajouté directement au bain de teinture, après tamisage.

2° *Préparation de la cuve de teinture.* — Le bain se monte alors comme suit : dans 1.000 litres d'eau chauffée vers 50° C., on ajoute 100 à 200 grammes d'hydrosulfite, 150 à 600 centimètres cubes de soude caustique à 30° Baumé, et on verse, à travers un tamis, la dissolution du colorant réduit (cuve-mère).

Ce volume de 1 mètre cube n'a rien d'absolu; mais, si le bain a un volume double ou triple, on augmente, dans le même rapport, le poids d'hydrosulfite et le volume de soude caustique.

Les solutions des colorants Thioindigo et Algol s'épuisent bien mieux, lorsqu'on a eu soin de les additionner ainsi que nous l'avons dit, de 20 à 60 grammes de sulfate de sodium cristallisé par litre, au moment de la confection de la cuve-mère, ou de la moitié de ce poids de sel marin. On a parfois avantage, pour ces mêmes colorants ou pour d'autres colorants de cuve, à remplacer ces produits auxiliaires par environ 350 grammes de carbonate de sodium calciné ou 175 centimètres cubes d'huile monopole.

Après la teinture, qui dure de vingt minutes à trois quarts d'heure, quelquefois une heure, selon la nuance à produire, on exprime, laisse oxyder un moment à l'air, rince avec de l'eau contenant 1 à 2 0/00 d'acide sulfurique et, si on le juge à propos, 1 0/00 d'hydrosulfite. Ce premier rinçage est suivi d'un lavage à fond et d'un savonnage bouillant.

Ce traitement peut être modifié de la manière suivante, en particulier pour les teintes produites par combinaison.

On entre la marchandise, immédiatement après essorage, dans un bain tiède formé avec 1,5 à 2 0/0 de bichromate de potassium plus 3 à 4 0/0 d'acide acétique, et la manœuvre environ un quart d'heure. L'oxydation du colorant se fait également et rapidement.

Après chromatage, on rince à fond et savonne au bouillon.

Nous n'avons encore, évidemment, voulu donner, par les indications qui précèdent, qu'une marche très générale. Les références des firmes indiquent, pour chaque couleur, les conditions particulières suivant lesquelles il faut monter le bain et la température à laquelle il convient de teindre.

Colorants Anthrène

Les divers colorants Anthrène sont :

L'Indanthrène, hydrodérivé de l'anthraquinone azine ;

L'Indanthrène C, qui est son dérivé bromé, et l'Indanthrène CD, qui en est le dérivé chloré ; les Mélanthrène, Flavanthrène, Cynanthrène, Rufanthrène, Violanthrène, Anthraflavine, etc. Il en apparaît constamment des nouveaux.

Les couleurs Anthrène ne sont applicables qu'à la teinture des fibres végétales, probablement à cause de la haute proportion de soude caustique qu'il est nécessaire d'employer pour amener en solution le colorant réduit. La température du bain varie avec le colorant de 50° à 90° C.

Pour la production de nuances composées par l'emploi d'un seul bain, les colorants doivent être choisis parmi ceux qui sont appliqués à la même température. On prend alors une quantité de soude comprise entre celle donnée pour chacun des colorants.

Dans la teinture avec les colorants Anthrène, on doit éviter l'usage d'ustensiles en cuivre. Pour les pièces, on se sert d'un jigger dont les rouleaux sont disposés au-dessous du niveau du liquide.

Impression. — Toutes les couleurs Anthrène ne peuvent pas être appliquées dans l'impression des cotonnades. On peut recourir aux différentes méthodes connues.

1° *Impression par la méthode avec vaporisage subséquent.* — La pâte : mélange d'oxyde d'étain, de glycérine, d'épaississant alcalin et de matière colorante, est imprimée sur tissu huilé, puis la marchandise est séchée, aérée et vaporisée pendant quatre à sept minutes. Après vaporisage, le tissu est bien lavé, acidé pour neutraliser l'alcali, lavé de nouveau et savonné.

2° *Impression par la méthode sans vaporisage.* — Le tissu, non préparé, est imprimé avec une pâte contenant du sulfate ferreux, du chlorure stanneux, de l'acide tartrique, de la matière colorante et l'épaississant. Après séchage, la marchandise est passée au large, dans un bain de soude caustique marquant 20° Baumé, chauffé à 70°-80° C., où elle peut séjourner environ trente secondes.

L'addition, au bain de soude caustique, d'un peu d'hydrate de manganèse, à l'état de pâte, prévient la formation d'une cuve et préserve le blanc.

3° *Impression du colorant mélangé à un épaississant alcalin et à de l'hyraldite.* — Le tissu est imprimé, séché et vaporisé pendant trois à cinq minutes, lavé, puis séché. Comme cette méthode peut être suivie pour l'indigo, il est possible d'imprimer, de cette façon, l'indigo à côté de l'indanthrène.

4° *Impression par le procédé ordinaire d'impression de l'indigo.* — C'est-à-dire en préparant le tissu avec de la glucose et en imprimant avec l'indigo mélangé à un épaississant alcalin.

Enfin on peut aussi produire des impressions à réserves.

Colorants Thioindigo

Ils sont un peu plus récents que les précédents et ne datent guère que de l'année 1905. Les premiers furent le Rouge thioindigo B et l'Écarlate thioindigo R.

Les colorants Thioindigo appartiennent, comme leur nom générique l'indique, au groupe des colorants soufrés. Ils peuvent teindre en bain de sulfure de sodium, comme les colorants substantifs soufrés, mais ils sont avantageusement appliqués à la cuve.

Les colorants Thioindigos teignent : le coton, dans la cuve à la couperose, au zinc ou à l'étain ; la laine, dans la cuve à fermentation ; le coton, la laine et la soie, dans la cuve à l'hydrosulfite.

L'addition des rouges de Thioindigo, dans la cuve à indigo, rougit les nuances et augmente la résistance au frottement de l'indigo naturel ou artificiel.

Les colorants Algol et les Indigos bromés

Colorants Algol

Les premiers types de colorants Algol furent le bleu Algol KF pâte, le vert Algol B pâte, parus en 1906 ; le bleu Algol 3G pâte, le brun Algol B pâte et le rouge Algol B, parus en 1907. Depuis cette date, les couleurs Algol se sont considérablement multipliées ; toutes les nuances y sont représentées.

Ces colorants ne sont encore appliqués que sur tissus de coton, de lin, de mi-lin, devant servir à la confection d'articles qui sont fréquemment lavés : chemises, blouses, costumes de sport, serviettes de bain, ou qui sont beaucoup exposés à l'air et à la lumière : oriflammes, tentes, etc. Ils servent aussi un peu à la teinture de la soie.

Ces colorants travaillent sur cuve à hydrosulfite ; la réduction au moyen de la dextrine ou de la glucose (10 à 40 grammes par litre de bain) additionnées de soude caustique (30-40 centimètres cubes de lessive à 30° Baumé et 20 à 30 grammes de sulfate de sodium par litre) est aussi mise en pratique. Elle est même préférable dans certains cas, car elle donne des nuances plus foncées.

On augmente la solidité au bouillon des colorants Algol, en traitant la marchandise une demi-heure à 80°-90° C. sur bain garni de :

Bichromate de potassium	2 à 3 0/0
Sulfate de cuivre	2 à 3
Acide acétique	3 à 4

Indigos bromés.

Ce que nous venons de dire des Algols peut être répété pour les Indigos bromés.

On fait volontiers servir ces derniers comme nuances de fond à des tons modes obtenus à l'aide de colorants acides ou de colorants à mordants. Dans ce cas, l'acidage qui suit la teinture en cuve devient naturellement inutile, car les teintes se développent par l'effet du bain acide subséquent ou du mordançage au bichromate de potassium et tartre qui précède l'application des couleurs à mordant.

On a tout récemment employé l'Indigo bromé FB à la teinture de la laine.

On délaye 100 grammes d'Indigo bromé FB dans 1 litre d'eau, ajoute 35 à 50 centimètres cubes de soude caustique, lessive à 30° Baumé, et 25 grammes d'hydrosulfite concentré en poudre. Cette liqueur est versée dans le bain chauffé à 40°-50° C., additionné d'un peu d'ammoniaque.

En règle générale, la température du bain et les quantités d'hydrosulfite ont une grande importance sur les résultats à obtenir ; mais ces deux facteurs influent surtout dans l'emploi des Algols et des Indigos bromés.

Colorants Ciba et Cibanone

Les proportions d'hydrosulfite et de soude nécessaires à la réduction et à la dissolution du colorant, dans la préparation de la cuve-mère, sont plus élevées que celles employées pour les séries que nous venons de passer en revue.

On empâte, par exemple, 1 kilogramme de colorant en poudre avec 3 litres de soude caustique à 36° Baumé et 0gr,1 de savon Monopole par litre de bain, dans 50 litres d'eau chaude. On ajoute ensuite lentement et en remuant 3 kilogrammes d'hydrosulfite de sodium en poudre et laisse en repos pendant quinze à trente minutes, à la température indiquée dans les références, température qui change entre 40° et 90° C. Dans la majorité des cas, cette température reste entre 60° et 70° C.

La température de la cuve de teinture est tantôt 40°, tantôt 60° ; mais, pour certains de ces colorants, elle ne doit pas dépasser 30° C.

Il est recommandé de teindre le coton en bourre dans des appareils formés ; mais on peut teindre le coton filé soit dans la cuve, soit sur appareil mécanique, et le coton tissé, au jigger, au foulard ou sur machine à la continue.

Ces deux séries de colorants peuvent être travaillées sans inconvénient dans des appareils en cuivre ou en fer.

Tandis que les colorants Cibanone, qui dérivent de l'anthraquinone, comme les Anthrènes, ne teignent que les fibres végétales, les colorants Ciba, qui dérivent de l'indigo et du thioindigo, manifestent aussi des affinités pour les fibres animales. Voici comment on teint la laine en bourre avec les colorants Ciba.

On empâte, par exemple, 1 kilogramme de colorant en poudre avec 2 litres de soude caustique à 36° Baumé et un peu de savon Monopole[1]. On ajoute 50-70 litres d'eau chaude et, lentement, tout en remuant, $1^{kg},5$ d'hydrosulfite de sodium en poudre. Au bout de quinze à trente minutes de repos, le colorant est dissous.

Pour faire la cuve de teinture, on prend de l'eau douce ou de l'eau dure corrigée, et verse 200-500 centimètres cubes d'ammoniaque et 200-300 grammes d'hydrosulfite de sodium poudre par mètre cube d'eau. On chauffe jusqu'à 60° C., puis ajoute, à travers un fin tamis, la quantité de cuve nécessaire pour obtenir la nuance désirée. On entre la laine, teint pendant une demi-heure à trois quarts d'heure à la température de 60° C., essore, laisse reposer la marchandise une demi-heure, rince à fond, puis développe pendant une demi-heure à 60° C. dans une solution contenant par litre 1 à 2 centimètres cubes d'acide sulfurique à 66° Baumé.

Les teintures au brun Ciba R seul ou en mélange doivent être développées au bouillon dans le bain acide.

Les teintes au gris Ciba G sont rincées, passées pendant dix à quinze minutes dans une solution froide de bichromate de potassium à $0^{gr},05$ 0/0 et $0^{cm^3},5$ 0/0 d'acide formique, rincées et acidulées à 90° C.

1. $0^{gr},1$ de savon Monopole par litre de cuve de teinture.

Quand on veut nuancer avec de l'indigo, on piète d'abord avec les colorants Ciba sur cuve séparée, essore, oxyde, puis on remonte avec l'indigo de cuve.

On imprime les tissus de coton après avoir délayé le colorant avec de la glycérine, de l'hydrosulfite et du carbonate de potassium. L'alcali libre doit être évité.

Colorants Hydrone

Le groupe des colorants de cuve le plus récent est celui des colorants Hydrone, dérivés du carbazol.

Les bleus Hydrone G et R firent d'abord leur apparition ; ils furent bientôt suivis du violet Hydrone R, du jaune Hydrone G et de l'olive Hydrone G.

La dissolution des produits en pâte peut être effectuée directement dans le bain de teinture. On délaie le colorant autant que possible avec de l'eau exempte de sels calcaires et on l'ajoute au bain chauffé à 50°-60° avec la quantité nécessaire de soude caustique, puis on verse, en agitant, l'hydrosulfite préalablement dissous dans l'eau froide. En quelques minutes la dissolution est parfaite.

Quant aux produits en poudre, il faut d'abord les délayer lentement dans 5 fois leur poids d'eau froide ou tiède, exempte de sels calcaires, contenant environ 50 à 100 centimètres cubes d'alcool dénaturé.

On applique également les colorants Hydrone à la glucose ou au sulfure de sodium et hydrosulfite de sodium. Dans le cas où on mélange le sulfure à l'hydrosulfite, il ne faut qu'une proportion d'hydrosulfite relativement minime, ce qui diminue le coût de la teinture.

Lorsque la réduction est parfaite, la cuve a une coloration jaune. La teinture se fait entre 50° et 70° C. et dure d'une demi-heure à une heure.

Pendant la teinture, la cuve doit avoir une coloration jaune d'or et le coton qu'on en retire doit être jaune clair et non bleu ou vert ; sinon, la solution ne contient pas assez de dissolvant et de réducteur et il faut ajouter une proportion convenable de ces deux corps.

La présence, dans la cuve, d'huile pour rouge ralentit la pénétration et rend les nuances plus uniformes.

Au sortir de la cuve, le coton est exprimé, suspendu à l'air pendant une demi-heure à une heure pour s'oxyder, puis rincé.

On peut l'exprimer et le rincer immédiatement pour l'oxyder au perborate. Pour cela, on ajoute au dernier bain de rinçage 1/2 à 3/4 0/0 de perborate de sodium, chauffé à 40°-50° C., et manœuvre dix à quinze minutes.

Le même effet s'obtient par traitement au bichromate et acide acétique ou au bichromate et bisulfite.

Au bain, froid ou tiède, on ajoute :

Soit 3 à 5 0/0 d'acide acétique plus 2 à 3 0/0 de bichromate de potassium et laisse agir pendant dix à quinze minutes ;

Soit 1/2 à 1 0/0 de bichromate de potassium, laisse agir quinze minutes, puis verse dans la même solution 2 à 4 centimètres cubes de bisulfite de sodium par litre et travaille quelques minutes.

La vivacité des teintes est considérablement augmentée par un traitement énergique au perborate après rinçage. On prépare une solution de 1 à 2 0/0 de perborate de sodium, chauffe vers 50°-60° C., entre le coton et élève lentement la température jusqu'à l'ébullition. On manœuvre en tout pendant environ une demi-heure.

Bien que la solidité des teintes à la lumière et à l'eau bouillante soit déjà remarquable, on peut encore l'augmenter en les soumettant, pendant vingt à trente minutes, à une solution très chaude formée de :

Sulfate de cuivre..................	3 à 4 0/0
Acide acétique....................	3 à 5

Toutes ces opérations sont évidemment suivies d'un rinçage à fond.

Les colorants Hydrone peuvent être mélangés dans la même cuve; ils peuvent aussi être employés conjointement avec l'indigo et les autres colorants de cuve. Il suffit de ne pas perdre de vue que certains colorants de cuve exigent une plus forte quantité d'hydrosulfite de sodium et de soude caustique, et qu'on doit augmenter en conséquence les additions de ces produits auxiliaires.

Dans la combinaison avec le jaune Hydrone, il faut avoir soin de ne pas dépasser la température de 40° C. En outre, pour les teintes foncées, on ajoute du sel marin ou du sulfate de sodium, afin d'aider le jaune Hydrone à monter sur la fibre.

Lorsqu'on combine le bleu Hydrone avec de fortes quantités d'indigo, on teint à une température plus basse que pour l'indigo, à environ 40° C., par exemple, en tenant compte que le bain retient entre les 3/4 et les 4/5 du poids d'indigo préalablement en dissolution, tandis que le bleu Hydrone dissous est absorbé en presque totalité.

Le bleu Hydrone est souvent remonté avec les colorants Diamine, immédiats ou basiques.

On peut employer les colorants Diamine dans le bain de teinture qui convient pour cette classe de colorants ; mais, s'il s'agit d'un faible remontage seulement, on les ajoute au dernier bain de rinçage ou dans un bain de savon très chaud.

Pour les combinaisons avec les colorants immédiats, on effectue le remontage en bain de sulfure de sodium.

Le remontage avec les colorants basiques se fait en bain froid additionné de 3 à 5 0/0 d'acide acétique. On met le colorant en plusieurs fois et on chauffe lentement à 40°-50° C. Il faut un bon rinçage pour terminer.

Impression. — Les deux marques de bleu Hydrone conviennent parfaitement pour l'impression sur pièces et sur filés.

Impression directe. — Le mélange de glycérine, de colorant, de carbonate de sodium, d'hydraldite et d'épaississant est imprimé, séché, vaporisé, acidulé dans un bain de 5 centimètres cubes d'acide sulfurique et 2 à 3 grammes de bichromate de potassium par litre, lavé, savonné, rincé et séché. Un traitement subséquent dans une solution de 1/2 à 1 gramme de perborate par litre, vers 40°-50° C., avive les couleurs d'impression.

Impression par réserve. — On peut employer avec le bleu Hydrone les mêmes réserves plastiques aux sels de cuivre et de plomb qu'avec l'indigo. La teinture peut également s'effectuer dans la cuve à immersion. Comme le bleu Hydrone se teint plus facilement et plus uniformément que l'indigo, on peut se servir d'un simple foulard ou d'une petite cuve à roulettes munie de rouleaux exprimeurs.

Le jaune Hydrone peut être imprimé directement ou par enlevage, et l'olive Hydrone peut être employé en impression directe.

Colorants soufrés.

Les colorants immédiats peuvent être considérés comme colorants de cuve. La seule différence dans leur application est que le bain d'acidage est toujours additionné de bichromate de potassium.

Cette propriété des colorants immédiats permet de faire une cuve mixte : indigo et noir immédiat ou indigo et bleu immédiat, etc., et d'obtenir des nuances solides excepté au chlore. Les couleurs soufrées ne résistent pas au chlore.

Les teintes réalisées de cette façon sont plus solides que les noir bleu et les noirs obtenus par remontage au campêche des pieds de cuve foncés.

Nous devons cependant ajouter que la teinture en cuve des couleurs immédiates ne donne pas un rendement pratiquement suffisant.

Colorants Hélindone.

L'intérêt de ce groupe de colorants de cuve s'accroît par le fait qu'ils teignent la laine tout aussi facilement que l'indigo.

Leurs nuances très variées : rouge, orangé, gris, violet, bleu et brun permettent de reproduire, à peu près, toute la gamme des couleurs.

On les emploie soit en chaudière ouverte, soit en appareil à circulation alternante, à l'exception du jaune hélindone CG.

Mode d'emploi. — On prépare un bain de 1.000 litres, à une température de 50° à 75° C. suivant le colorant, avec :

Colle forte	500 grammes
Carbonate de sodium calciné	511 —
Huile Turcone	500 —
Hydrosulfite concentré en poudre	150 —

et on y verse le volume nécessaire de cuve-mère préparée, à une température comprise entre 50° et 65° C. en mélangeant :

Eau chaude	3 à 6 litres
Huile Turcone	100 à 200 grammes
Soude caustique à 40° Baumé	220 à 480 —
Hydrosulfite de sodium en poudre	100 à 200 —

Pour le gris Hélindone B, 300 grammes d'hydrosulfite de sodium en poudre.

La cuve de teinture doit être suffisamment alcaline pour colorer en rouge sang le papier à la phénolphtaléine. Au besoin, on augmente l'alcalinité par addition de carbonate de sodium.

Pour les combinaisons de couleurs, on réduit les colorants ensemble, en choisissant, autant que possible, comme nuanceurs, les produits qui se réduisent dans les mêmes conditions.

Après trois quarts d'heure de teinture, on exprime, rince avec de l'eau froide et acidule la marchandise pendant un quart d'heure au bouillon avec 5 0/0 d'acide acétique ou 2 0/0 d'acide formique, pour obtenir une oxydation complète de la couleur fixée.

Les hélindone teignent le coton à froid en bain moins alcalin que les autres colorants de cuve récente.

XVII

LES MATIÈRES COLORANTES ARTIFICIELLES

1. — ORIGINE, GENÈSE ET CLASSIFICATION DES MATIÈRES COLORANTES ARTIFICIELLES

I. — ORIGINE

Le goudron de houille est le point de départ de la préparation des matières colorantes artificielles. C'est ce qui fait dire vulgairement que les colorants artificiels sont tirés de la houille. Il serait toutefois inexact de croire que le goudron, ce liquide visqueux, noir, à odeur aromatique particulière, contient toutes formées les innombrables couleurs employées dans la teinture et l'impression. Non, cette matière complexe abandonne, à la distillation, des composés incolores qui servent de base à la préparation de l'immense variété des matières colorantes artificielles.

Le goudron de houille, sous-produit de la fabrication du gaz d'éclairage, renferme un nombre considérable de corps dont les uns ont une réaction acide, les autres une réaction basique et dont d'autres sont neutres.

Les principaux de ces composés sont :

Parmi les corps neutres : la benzine, le toluène, les xylènes, etc., hydrocarbures liquides; la naphtaline, l'anthracène, le pyrène, hydrocarbures solides ;

Parmi les corps acides : le phénol et ses homologues, les crésols, et le naphtol, hydrocarbures oxydés ;

Parmi les corps basiques : l'aniline, les toluidines, la pyridine, hydrocarbures fixés à l'ammoniaque ou alcalis organiques.

Tous ces composés sont de la série aromatique ou série cyclique, c'est-à-dire à chaîne fermée.

L'autre série de corps organiques, la série acyclique ou à chaîne ouverte, appelée encore série des composés aliphatiques, intervient dans la préparation des squelettes carbonés de certaines classes de matières colorantes.

II. — GENÈSE

Un aperçu de la genèse des matières colorantes pourra seul nous faire comprendre le rôle important joué par les composés fondamentaux que nous venons d'énumérer. Cette étude ne sera, en quelque sorte, qu'une ébauche, un simple croquis, qui nous donnera en même temps une idée de la classification scientifique si longuement détaillée, d'une manière toujours identique, dans la plupart des *ouvrages de teinture pratique*.

Nous nous contenterons de mettre en parallèle quelques types seulement des principaux groupements théoriques, afin d'en faire ressortir les propriétés générales et d'arriver à expliquer par déduction, après un examen d'ensemble, la classification admise dans la pratique *en colorants basiques, colorants fortement acides, colorants faiblement acides, couleurs directes pour coton, couleurs immédiates et couleurs de cuve*, cette classification étant la seule dont le technicien ait à s'occuper.

La benzine :

```
        H
        |
       ,C,
H-C         C-H
  ||        |
H-C         C-H
       `C"
        |
        H
```

(benzène, benzol ou phène), mise en contact avec l'acide nitrique AzO^3H, se transforme en un liquide huileux, jaunâtre, la nitrobenzène,

$$C^6H^5.AzO^2$$

(nitrobenzène, nitrobenzol ou nitrophène), qui traitée par le fer et l'acide chlorhydrique HCl, fournit un autre liquide huileux incolore, l'*aniline:*

$$C^6H^5.AzH^2$$

(aminophène ou phénylamine). Cette huile brunit à l'air en absorbant de l'oxygène.

En poursuivant l'action de l'acide nitrique, la nitrobenzine donne des binitrobenzines, lesquelles se transforment par réduction en dérivés diaminés (diaminobenzène ou phénylène-diamine) :

$$C^6H^4 \begin{cases} AzH^2 \\ AzH^2 \end{cases}$$

Chauffée en vase clos, en présence d'alcool méthylique et d'acide chlorhydrique, l'aniline se change plus ou moins complètement en diméthylaniline :

$$C^6H^5.Az(CH^3)^2,$$

qui est aussi un liquide incolore.

D'autre part, l'acide sulfurique SO^4H^2 concentré et chaud, agissant sur l'aniline, donne un acide qui se présente sous la forme de petits cristaux blancs, l'acide parasulfanilique :

$$C^6H^4 \begin{cases} AzH^2 \quad (1) \\ SO^3H \quad (4) \end{cases}$$

En continuant l'action de l'acide sulfurique, on produit un dérivé disulfonique de l'aniline :

$$C^6H^3 \begin{cases} AzH^2 \\ (SO^3H)^2 \quad \begin{matrix} (1) \\ (3) \end{matrix} \end{cases}$$

L'acide sulfurique fumant dissout la benzine pour la modifier en un acide benzène-sulfonique :

$$C^6H^5SO^3H.$$

Ici encore la réaction peut se poursuivre. En fondant le sel de potassium ou de sodium de ce dérivé avec la potasse KOH, ou avec la soude NaOH, on prépare le phénate correspondant.

Les alcalis fixes produisent dans les mêmes conditions : 1° avec le benzène métadisulfonate de sodium (1-3), du métadiphénol potassé ou sodé ; 2° avec l'orthobromophénol ou avec l'orthochlorophénol, de la pyrocatéchine potassée ou sodée ; 3° avec les acides chlorophénol-sulfuriques, des triphénols potassés ou sodés, parmi lesquels nous citerons le pyrogallate de potasse :

$$C^6H^3 \begin{cases} ONa & (1) \\ ONa & (2) \\ ONa & (3) \end{cases}$$

ou de soude.

L'acide chlorhydrique change finalement ces produits :

L'un en résorcine :

$$C^6H^4 \begin{cases} OH & (1) \\ OH & (3) \end{cases},$$

L'autre en pyrocatéchine :

$$C^6H^4 \begin{cases} OH & (1) \\ OH & (2) \end{cases};$$

Le troisième en pyrogallol et le phénate en phénol :

$$C^6H^5.OH,$$

ou acide phénique.

L'acide nitrique fumant agit sur les phénols pour en faire des dérivés nitrés :

Les nitrophénols $AzO^2\text{-}C^6H^4\text{-}OH$;

Les binitrophénols ;

Les trinitrophénols ou acide picrique.

L'acide sulfurique peut aussi faire subir aux phénols des modifications profondes. Il donne d'abord naissance à des dérivés monosulfonés :

$$C^6H^4 \begin{cases} OH \\ SO^3H \end{cases}.$$

puis à des dérivés bisulfonés et trisulfonés.

Neutralisé par la soude, le phénol, soumis à l'action du gaz anhydride carbonique CO^2 et de la chaleur devient le salicylate de soude, qu'un acide minéral change en acide salicylique :

$$C^6H^5 \begin{cases} CO^2H & (1) \\ OH & (2) \end{cases}.$$

Tous ces composés sont obtenus : soit en remplaçant dans la benzine un ou plusieurs atomes d'hydrogène du noyau benzénique par un ou plusieurs groupements suivants :

AzO^2 : nitryle ou azotyle ;
AzH^2 : aminogène ou amidogène ;
SO^3H : acide sulfonique ;
OH : oxhydrile ou hydroxyle ;

Soit en substituant à deux atomes d'hydrogène du noyau benzénique deux radicaux différents, tels que : AzH^2 et SO^3H ; AzO^2 et OH ; SO^3H et OH et CO^2H et OH. Enfin, la fixation directe d'une molécule d'anhydride carbonique CO^2 introduit dans le noyau typique C^6H^6 le groupement carboxyle CO^2H qui prend la place d'un atome d'hydrogène. C^6H^6 devient ainsi :

$$C^6H^5.CO^2H,$$

acide benzoïque.

Nous avons même constaté, par l'exemple du diméthylaniline, que les atomes d'hydrogène du radical amidogène AzH^2 peuvent être remplacés par des radicaux alcooliques.

Or, les réactions que nous venons d'énumérer, ainsi que toutes les réactions qui vont suivre, peuvent être, en général, aussi facilement répétées avec les autres hydrocarbures cycliques, tels que le toluène :

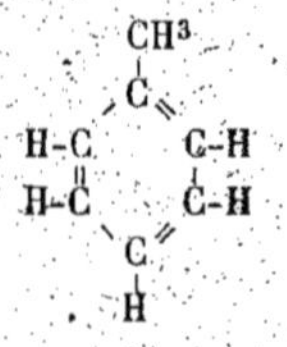

```
        CH³
        |
       ╱C╲
   H-C     C-H
     ‖     |        (C⁷H⁸),
   H-C     C-H
       ╲C╱
        |
        H
```

et le naphtalène :

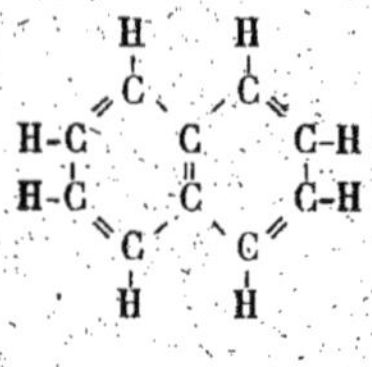

```
       H      H
       |      |
      ╱C╲   ╱C╲
  H-C     C     C-H
    |     ‖     |       (C¹⁰H⁸).
  H-C     C     C-H
      ╲C╱   ╲C╱
       |      |
       H      H
```

Le napthalène réagit même avec plus de facilité, aussi la

molécule de naphtaline s'altère-t-elle fréquemment dans ces réactions. C'est ainsi que le tétrachlorure de naphtalène $C^{10}H^8Cl^4$, oxydé par l'acide azotique, donne l'acide orthophtalique :

$$C^6H^4 \begin{matrix} \diagup CO^2H \quad (1) \\ \diagdown CO^2H \quad (2) \end{matrix}$$

corps qui perd de l'eau à 203° et devient l'anhydride phtalique :

$$C^6H^4 \begin{matrix} \diagup CO \diagdown \\ \diagdown CO \diagup \end{matrix} O.$$

Ces produits ne sont pas encore des matières colorantes, la plupart ne sont même pas colorés. Voyons comment ils peuvent donner naissance à ces multiples couleurs qui rehaussent tant la valeur marchande de nos fils et de nos tissus de toutes provenances.

Les amines primaires substituées ou non, dissoutes dans l'eau, en présence d'un excès d'acide chlorhydrique (sulfurique ou azotique), et additionnées d'azotite de sodium AzO^2Na, donnent naissance, si on a soin de refroidir le mélange, au sel de diazobenzène correspondant, ou à un dérivé de ce sel dans le noyau benzénique.

$$C^6H^5Az{=}AzCl$$

(chlorure de diazobenzol).

Cette réaction très importante est désignée sous le nom de *diazotation.*

Les composés diazoïques en agissant : soit sur les phénols, soit sur les amines phénoliques, conduisent à des *corps azoïques* d'une grande importance industrielle, comme matières colorantes.

Voici quelques-uns de ces corps choisis pour en faire comprendre la genèse et les principales propriétés.

a) Le benzène aminé diazoté donne :

1° Avec l'aniline, le *jaune d'aniline :*

$$C^6H^5.Az{=}Az.C^6H^4.AzH^2;$$

2° Avec le phénylènediamine, la *chrysoïdine :*

$$C^6H^5.Az{=}Az.C^6H^3 \begin{matrix} \diagup AzH^2 \ (1) \\ \diagdown AzH^2 \ (3) \end{matrix};$$

3° Avec la diméthylaniline, le *jaune de beurre :*

$$C^6H^5.Az{=}Az.C^6H^4.Az(CH^3)^2.$$

b) L'acide parasulfanilique diazoté, en présence de HCl,

$$SO^3H\text{-}C^6H^4Az{=}AzCl,$$

donne :

4° Avec la diméthylaniline, l'*orangé III*, *méthy.orangé* ou *hélianthine :*

$$SO^3Na.C^6H^4.Az{=}Az.C^6H^4.Az(CH^3)^2;$$

5° Avec la diphénylamine, l'*orangé IV :*

$$SO^3Na.C^6H^4.Az{=}Az.C^6H^4.Az\begin{matrix}\diagup H\\ \diagdown C^6H^5\end{matrix};$$

c) La paraintraniline diazotée :

$$AzO^2\text{-}C^6H^4Az{=}AzCl.$$

donne :

6° Avec l'α-naphtylamine sulfonique, le *substitut d'orseille :*

$$AzO^2.C^6H^4Az{=}Az.C^{10}H^5\begin{matrix}\diagup AzH^2\\ \diagdown SO^3Na\end{matrix};$$

d) Le diazoïque de l'acide méta-sulfanilique donne :

7° Avec le naphtol α, le *métanil orangé I :*

$$SO^3Na.C^6H^4Az{=}Az.C^{10}H^6.OH;$$

8° Avec le naphtol β, le *métanil orangé II.*

Ce que nous venons de dire, concernant la benzine, peut être répété pour le toluène et la naphtaline. Ces hydrocarbures pouvant être aminés et diazotés, comme la benzine.

Nous venons de passer en revue les modes de formation des couleurs azoïques. Le nombre de ces couleurs est considérable, il est illimité, et cela se conçoit. En effet, toutes les amines phénoliques primaires et leurs dérivés sulfonés, nitrés, carbonylés sont diazotables, et leurs diazoïques peuvent réagir sur les amines ou les phénols à fonction simple ou complexe.

Un corps possédant deux fonctions amine peut donner naissance à un composé deux fois azoïque, capable de réagir sur deux molécules d'une même amine ou d'un même phénol, ou sur deux molécules différentes. On arrive évidemment à composer, de cette manière, des molécules colorantes excessivement complexes.

Citons encore quelques-uns de ces composés, afin de faciliter l'exposé des raisons qui ont motivé la distinction de certaines catégories de couleurs en couleurs acides et en couleurs basiques. Nous pouvons signaler :

9° Le ponceau cristallisé 6R :

$$\begin{matrix}(SO^3Na)^2 \\ OH\end{matrix} \rangle C^{10}H^4.Az{=}Az.C^{10}H^6.AzH^2;$$

10° Le grenat azorubine :

$$\begin{matrix}(SO^3Na)^2 \\ OH\end{matrix} \rangle C^{10}H^4.Az{=}Az.C^{10}H^6SO^3Na;$$

11° Le noir naphtol 6B ou noir brillant B :

$$\begin{matrix}(SO^3Na)^2 \\ OH\end{matrix} \rangle C^{10}H^4.Az{=}Az.C^{10}H^6.Az{=}Az.C^{10}H^5(SO^3Na)^2;$$

12° Le brun toluylène G :

$$\begin{matrix}SO^3Na \\ CH^3\end{matrix} \rangle C^6H^2{=}[Az{=}Az.C^6H^3(AzH^2)^2]^2;$$

13° Le brun acide G :

$$OH{-}C^{10}H^5{=}(Az{=}Az.C^6H^4SO^3Na)^2;$$

14° Les jaunes diamant R et G :

$$CO^2H.C^6H^4.Az{=}Az{-}C^6H^3 \langle \begin{matrix}CO^2H \\ OH\end{matrix};$$

15° Les jaunes d'alizarine GG et R :

$$\begin{matrix}CO^2H \\ OH\end{matrix} \rangle C^6H^3{-}Az{=}Az{-}C^6H^4{-}AzO^2.$$

Les diazoïques ne sont pas les seuls composés pouvant donner naissance à des matières colorantes. Si, faisant intervenir la série linéaire, nous mettons en présence le dérivé dichloré du méthane CH^2Cl^2 et la benzine C^6H^6, nous obtenons, sous l'influence du chlorure d'aluminium, le diphénylméthane :

$$CH^2 \begin{smallmatrix} \diagup C^6H^5 \\ \diagdown C^6H^5 \end{smallmatrix}$$

qui, par oxydation, produit la benzophénone :

$$CO \begin{smallmatrix} \diagup C^6H^5 \\ \diagdown C^6H^5 \end{smallmatrix}$$

noyau des *auramines.*

Deux représentants des auramines sont dans le commerce : ce sont l'*auramine O* et l'*auramine G.*

L'auramine O a pour formule :

$$(CH^3)^2Az.C^6H^4\text{-}\underset{Cl \diagup \quad \diagdown AzH^2}{C}\text{-}C^6H^4.Az(CH^3)^2.$$

Si nous remplaçons le méthane dichloré par le chloroforme $CHCl^3$, nous obtenons le triphénylméthane qui, par oxydation, donne le triphénylcarbinol :

$$(C^6H^5)^3{\equiv}C\text{-}OH,$$

noyau des *rosanilines* et des *aurines :*

Rosaniline :

$$OH\text{-}C{\equiv}(C^6H^4\text{-}AzH^2)^3.$$

Aurine :

$$OH\text{-}C{\equiv}(C^6H^4\text{-}OH)^3$$

(ou acide rosolique).

Le vert malachite (*b*)[1], le vert solide (*a*), le bleu patenté BN ou bleu carmin extra (*a*), la cyanine B (*a*), le vert sulfo (*a*), la fuchsine (*b*) :

$$Cl\text{-}C \begin{smallmatrix} \diagup\!\!\diagup (C^6H^4\text{-}AzH^2)^2 \\ \diagdown C^6H^3\text{-}AzH^2 \\ \quad | \\ \quad CH^3 \end{smallmatrix}$$

la fuchsine acide ou fuchsine S.

$$OH\text{-}C \begin{smallmatrix} \diagup\!\!\diagup \left(C^6H^3 \begin{smallmatrix} \diagup AzH^2 \\ \diagdown SO^3Na \end{smallmatrix}\right)^2 \\ \diagdown C^6H^2 \begin{smallmatrix} \diagup AzH^2 \\ \diagdown SO^3Na \end{smallmatrix} \\ \quad | \\ \quad CH^3 \end{smallmatrix}$$

1. (*b*) indique que la couleur est basique
(*a*) — — acide.

le vert méthyle, vert lumière ou vert de Paris (*b*), etc., sont autant de couleurs dérivées de la rosaniline.

Voyons maintenant le rôle de la pyrocatéchine, de la résorcine et du pyrogallol, dont nous avons indiqué déjà un mode de préparation.

La pyrocatéchine, orthodioxybenzène :

$$C^6H^4\begin{matrix}\diagup OH \ (1) \\ \diagdown OH \ (2)\end{matrix}$$

est le point de départ de la préparation de l'alizarine.

En chauffant ensemble, vers 200°C., l'anhydride phtalique et la pyrocatéchine en présence d'acide sulfurique, on obtient en effet de l'alizarine :

$$C^6H^4\begin{matrix}\diagup CO \diagdown \\ \diagdown CO \diagup\end{matrix}O + C^6H^4\begin{matrix}\diagup OH\ (1) \\ \diagdown OH\ (2)\end{matrix} = \underbrace{C^6H^4\begin{matrix}\diagup CO \diagdown \\ \diagdown CO \diagup\end{matrix}C^6H^2\begin{matrix}\diagup OH\ (1) \\ \diagdown OH\ (2)\end{matrix}}_{\text{Alizarine ou dioxyanthraquinone}} + H^2O.$$

Toutes les alizarines ont la même constitution, elles ne diffèrent entre elles que par le nombre d'oxhydriles (OH) substitués à des atomes d'hydrogène du noyau anthraquinone, par la position de ces différents radicaux oxhydriles et aussi par la présence de groupements AzO^2, SO^3H et même AzH^2.

La résorcine, métadioxybenzène :

$$C^6H^4\begin{matrix}\diagup OH \ (1) \\ \diagdown OH \ (3)\end{matrix}$$

est le point de départ de la préparation de la *fluorescéine* et des *éosines*.

La fluorescéine s'obtient, en effet, en faisant agir l'un sur l'autre l'anhydride phtalique (1 molécule) et la résorcine (2 molécules) :

$$\begin{matrix} & & C^6H^3 - OH \\ & C \begin{matrix}\diagup \\ \diagdown\end{matrix} & \begin{matrix}\diagdown \\ \diagup\end{matrix} O \\ & \diagup \ \diagdown & C^6H^3 - OH \\ C^6H^4 & & O \\ & \diagdown \ \diagup & \\ & CO & \end{matrix} \quad \text{(Fluorescéine)},$$

ce produit traité en solution alcoolique par le brome (4 molécules) se transforme en un dérivé tétrabromé, dont les sels de potassium, de sodium, d'ammonium ou de calcium sont désignés sous le nom d'*éosines*.

L'éosine à l'alcool est l'éther monométhylique d'une des fonctions phénoliques et l'érythrine en est l'éther monoéthylique.

L'érythrosine, la phloxine, la rose Bengale et la safranine sont des dérivés iodés, chloro-bromés, chloro-iodés, bromonitrés de la fluorescéine.

Le pyrogallol, trioxybenzène

$$C^6H^3 \begin{cases} -OH & (1) \\ -OH & (2) \\ -OH & (3) \end{cases}$$

ou acide pyrogallique, est préparé en grand par l'hydratation et le dédoublement du tanin (acide digallique). Chauffé quelques heures à 200°C avec l'anhydride phtalique, il fournit la *Galléine :*

$$\begin{array}{ccccc} & & & & OH \\ & & C^6H^2 & - & O- \\ & C & & & O \\ & & C^6H^2 & - & O- \\ C^6H^4 & & O & & OH \\ & CO & & & \end{array}$$

qui, déshydratée par l'acide sulfurique, devient de la *Céruléine.*

Remarque. — Les matières premières servant à la fabrication des colorants ne s'obtiennent pas toutes industriellement comme nous l'avons indiqué. Nous avons voulu montrer, en choisissant ainsi nos modes de préparation, que toutes ces matières premières doivent être considérées comme dérivant des principaux hydrocarbures retirés du goudron de houille.

Le goudron de houille est donc bien le point de départ de la préparation des matières colorantes artificielles.

III. — CLASSIFICATION

L'ammoniaque neutralise les acides, comme le font la potasse ou la soude. L'ammoniaque est donc une base. C'est ce qui la fait désigner sous le nom d'alcali volatil.

Si nous substituons à un, à deux ou aux trois atomes d'hydrogène de la molécule d'ammoniaque un, deux ou trois radicaux alcooliques, identiques ou différents, nous obtenons des amines acycliques, mono, bi ou trisubstituées, qui sont encore des bases fortes. Nous arrivons à des bases plus faibles en remplaçant les radicaux alcooliques par des carbures de la série cyclique. Ce sont néanmoins des bases, mais des bases faibles. Ainsi, l'aniline, amine dont le noyau hydrocarbure est le moins complexe, n'exerce même aucune action sur la teinture de tournesol. Elle donne cependant, avec les acides forts, des sels stables en solution aqueuse.

Tous les composés tels que le jaune d'aniline, le chrysoïdine, le jaune de beurre, les auramines, la fuchsine, etc., *qui contiennent un ou plusieurs groupements amidogènes AzH^2, sont des colorants basiques.* Ils sont d'autant plus basiques que les radicaux AzH^2 sont plus nombreux. La présence de radicaux alcoo liques, substitués aux H de AzH^2, affaiblit la basicité, sans la faire disparaître. Ces bases sont livrées au commerce à l'état de sels, principalement à l'état de chlorures.

L'acide sulfurique est un acide fort ; si on l'introduit dans un hydrocarbure, il lui communique évidemment ses propriétés acides. Ainsi, l'acide benzènesulfonique est capable de décomposer la craie pour former un sel calcaire stable. Sa fonction acide est presque comparable à celle de l'acide sulfureux.

Par conséquent, si l'acide sulfurique est substitué, dans l'aniline, à un atome d'hydrogène du noyau benzénique, l'aniline perd ses propriétés basiques ; elle devient le composé que nous avons désigné sous le nom d'acide sulfanilique. Il suit de là que *la présence du radical SO^3H, dans le noyau hydrocarbure des amines cycliques, communique à ces bases faibles une fonction acide très caractérisée.*

Il est facile de constater, par ce qui précède, que l'hélianthine, l'orangé IV, le substitut d'orseille, la fuchsine acide, le ponceau cristallisé 6 R, etc., sont des couleurs acides, provenant des couleurs basiques dans lesquelles un ou plusieurs atomes d'hydrogène, du noyau hydrocarbure, ont été remplacés par autant de radicaux sulfoniques SO^3H.

Leur acidité est proportionnelle au nombre de radicaux SO^3H et inversement proportionnelle au nombre de radicaux AzH^2. Toutefois, l'action de ces derniers est bien moins active, que leurs atomes soient ou non remplacés par des radicaux alcooliques. Ces acides sont neutralisés par de la soude ou de la chaux, avant d'être livrés au commerce.

Il faut conclure, de nos considérations, que ces couleurs acides s'approchent d'autant plus des couleurs basiques dont elles dérivent que les groupements AzH^2 sont plus nombreux. Tel est, par exemple, le brun de toluylène, pour ne citer que celui-là, qui pour un groupement SO^3H, comprend quatre groupes AzH^2. C'est un colorant basique, et il se comporte comme tel dans la pratique.

Le phénol est un acide pouvant donner des sels cristallisés très stables. En général, tous les composés qui possèdent un groupe OH fixé sur un noyau hydrocarbure cyclique peuvent être considérés comme des acides cycliques. L'introduction d'un groupe CO^2H dans un noyau hydrocarbure en fait un acide plus actif. L'acide benzoïque $C^6H^5CO^2H$, par exemple, est de la force de l'acide acétique; il agit donc plus énergiquement sur les bases que l'acide benzènesulfonique, $C^6H^5SO^3H$. La présence de radicaux : SO^3H, CO^3H, dans le phénol, renforce naturellement son acidité.

Ces explications indiquent que le grenat azorubine, le noir naphtol 6B, le brun acide G, les jaunes diamant R et G, les jaunes d'alizarine GG et R, l'alizarine, la fluorescéine, les éosines, la galléine, la céruléine, etc., sont des colorants acides ; mais *ils diffèrent des colorants acides précédents, en ce sens qu'ils ne contiennent pas de groupements basiques. Ce ne sont donc pas des sels internes, comme les premiers, mais des acides vrais.*

La constitution chimique de ces acides vrais permet d'en faire trois groupes : ceux dont la molécule ne renferme qu'un ou plusieurs radicaux OH et ceux qui, à côté des radicaux OH, possèdent : soit le groupement acide sulfonique SO^3H, soit le groupement acide carboxylique CO^2H.

1° *Acides possédant le groupe OH, ou acides à fonction phénolique. — Ce sont des acides faibles.* Ils se comportent de deux manières :

a) Les couleurs de résorcine : fluorescéine et éosines, qui sont monogénétiques ;

b) Les alizarines, la galléine, la céruléine, etc., qui sont polygénétiques.

2° *Acides possédant le groupe OH, à côté d'un ou plusieurs groupes* CO^2H, tels que les jaunes diamant, les jaunes d'alizarine, etc. *Ce sont des acides forts.* Mais la présence du groupe carboxyle CO^2H ne détruit pas la propriété apportée par la fonction phénol. Ce sont, en effet, des couleurs teignant la laine chromée, autrement dit, des *couleurs à mordant.*

3° *Acides possédant le groupe OH, à côté d'un ou plusieurs groupes* SO^3H. — Tels sont : le grenat azorubine, le noir naphtol 6 B, le brun acide G, etc. La fonction phénol s'efface complètement devant le groupe sulfo SO^3H. *Ce sont des acides forts.* Ils se comportent, vis-à-vis des textiles, comme les dérivés sulfoniques des couleurs basiques.

Il existe tout un groupe de couleurs azoïques acides dans lesquelles ce caractère n'a guère d'importance dans la pratique.

Ces couleurs, qui dérivent des bases diphényliques, possèdent la curieuse et importante propriété de teindre le coton non mordancé. Elles sont appelées pour cette raison *couleurs directes pour coton.*

Le point de départ de leur formation est le benzène-azobenzène qui, réduit par l'hydrogène naissant, se transforme en diphénylhydrazine :

$$\underset{\text{Benzène-azo-benzène}}{C^6H^5.Az{=}Az\text{-}C^6H^5} + H^2 = \underset{\text{Diphénylhydrazine}}{C^6H^5.AzH\text{-}AzH.C^6H^5}.$$

Sous l'influence des acides, la diphénylhydrazine se modifie à son tour en base biphénylée :

$$C^6H^5.AzH\text{-}AzH\text{-}C^6H^5 = \underset{\text{Biphénylamine ou benzidine}}{AzH^2\text{-}C^6H^4\text{-}C^6H^4\text{-}AzH^2}.$$

La préparation de ces couleurs est, au point de vue théorique, la même que celle des autres azoïques. On diazote la diamine avec deux molécules d'acide azoteux et on combine le corps deux fois diazoïque ainsi formé avec deux molécules d'une amine ou d'un phénol.

Les deux molécules peuvent provenir soit du noyau benzénique, soit du noyau naphtalénique, soit à la fois l'une d'un noyau benzénique et l'autre d'un noyau naphtalénique. Ces produits, déjà si complexes, sont encore quelquefois compliqués par diazotation du noyau naphtalénique ou du noyau benzénique, ce qui donne lieu à de nouvelles additions.

Voici un exemple de la préparation et de la constitution d'une des couleurs de benzidine les plus simples.

La benzidine diazotée en solution acide chlorhydrique donne le chlorure de tétrazobiphényle :

$$AzH^2.C^6H^4.C^6H^4.AzH^2 + 2\,HCl + 2\,AzO^2H$$
$$= 4\,H^2O + ClAz{=}Az.C^6H^4.C^6H^4.Az{=}AzCl.$$

Ce tétrazoïque réagit sur deux molécules d'acide salicylique, en liqueur alcaline, pour fournir la chrysamine qui répond au sel de sodium de la formule :

$$\begin{matrix}CO^2H \\ OH\end{matrix} > C^6H^3.Az{=}Az.C^6H^4.C^6H^4.Az{=}Az.C^6H^3 < \begin{matrix}CO^2H \\ OH\end{matrix}$$

Salicylique azo-biphényle-azo-salicylique

Le noyau biphényle peut subir des substitutions sans que la couleur perde sa qualité primordiale de teindre le coton sans mordant.

Ainsi, le Congo LR est un dérivé de la toluidine copulé avec une molécule de résorcine et d'acide naphtionique.

$$\begin{matrix}OH \\ OH\end{matrix} > C^6H^3.Az{=}Az.\underset{CH^3}{C^6H^3}.\underset{CH^3}{C^6H^3}.Az{=}Az.C^{10}H^5 < \begin{matrix}AzH^2 \\ SO^3H\end{matrix}$$

Résorcine-azo-diméthylbiphényl-azo-naphtionique.

Les deux méthyles introduits dans le biphényle changent la nuance des couleurs, ils n'altèrent pas leur pouvoir tinctorial. On peut de même introduire deux groupes méthoxyle $-O.CH^3$, éthoxyle $-O.C^2H^5$, oxhydrile, sulfonique, etc., qui tous influent plus ou moins sur la nuance.

Outre les substitutions dans le noyau biphényle, les noyaux combinés par diazotation renferment presque tous des radicaux sulfoniques en même temps que des radicaux amidogène, carboxyle et oxhydrile. Ceux-là semblent intervenir dans l'affinité de ces colorants pour la fibre. On constate, en effet, que les couleurs directes pour coton qui possèdent plusieurs radicaux acides paraissent avoir moins d'aptitude à teindre le coton et teignent la laine et même la soie en bain acide, et que certaines molécules, riches en oxhydriles, peuvent teindre la laine chromée.

La substantivité n'est pas une propriété exclusive aux dérivés du biphényle, d'autres diamines dans lesquelles les deux noyaux benzéniques sont réunis par différents groupes, tels que :

-CO-, -AzH-, -SO^2-, -Az=Az-, -Az-Az-, -CH^2-CH^2-, -CH=CH-, -CO-CO-, etc.
(O pontant les deux Az)

fournissent aussi des colorants tétrazoïques dont les uns sont substantifs et dont les autres n'ont que peu d'affinité pour le coton.

Il nous reste à parler des *couleurs soufrées* ou *couleurs sulfurées* et des *colorants de cuve.*

Les couleurs au soufre dont les plus anciennes sont : le cachou de Laval, la thiocatéchine, le noir Vidal, le noir solide BS..., sont obtenues par l'action, entre 200 et 300° C., du sulfure de sodium, seul ou additionné de soufre, sur les matières organiques les plus diverses; sur le son, la sciure de bois ou l'humus, pour le cachou de Laval ; sur des corps aromatiques parasubstitués : quinone, paranitro ou para-aminophénol, ou encore sur des para-diamines acétylées pour les autres couleurs.

La thiocatéchine s'obtient en chauffant entre 200° et 250° C. du soufre avec de la para phénylène-diamine acétylée.

Pour le noir Vidal, on chauffe vers 200° C. seulement, et on ajoute, en plus, du sulfure de sodium. On peut remplacer la paradiamine par le para-aminophénol.

Le noir solide BS se produit en chauffant à l'ébullition du dinitronaphtalène 1-8 avec du sulfure de sodium.

Ce sont donc, sauf le cachou de Laval, des couleurs retirées du goudron de houille. Ces sulfures organiques, entrés dans la pratique tinctoriale depuis une dizaine d'années seulement, sont actuellement très nombreux. On les rencontre sous les noms les plus divers, mais bien souvent sous les noms génériques de : colorant immédiat, katiguène, thiogène, sulfogene, etc. La présence du soufre dans leur molécule leur donne des propriétés particulières. Ils permettent de réaliser, sur coton, toutes les nuances sauf le rouge pur.

De nombreux procédés de synthèse permettent de fabriquer l'indigo, la plus ancienne des matières colorantes, en partant des produits tirés de la houille. Nous citerons, à titre d'exemple, une méthode qui a été appliquée industriellement et qui, croyons-nous, l'est encore.

Le chlore transforme le toluène bouillant en dérivés chlorés. En arrêtant assez tôt la réaction, on prépare du chlorure de benzylidène :

$$C^6H^5.CH^3 + 2\,Cl^2 = C^6H^5.CHCl^2 + 2\,HCl,$$

ou phényldichlorométhane qui, sous l'action de l'oxyde de plomb et de l'eau, se change en aldéhyde benzoïque

$$C^6H^5.COH.$$

En chauffant le dérivé ortho-nitré de cette aldéhyde avec l'acétone en présence d'un peu de soude, on obtient une huile, composé d'addition :

$$C^6H^4\begin{cases}COH\\AzO^2\end{cases} + CH^3\text{-}CO\text{-}CH^3 = C^6H^4\begin{cases}CH.OH\text{-}CH^2\text{-}CO\text{-}CH^3\\AzO^2\end{cases}$$

que les alcalis transforment en indigo avec régénération d'acide acétique.

$$2\left[C^6H^4\begin{cases}CH.OH.CH^2.CO.CH^3\\AzO^2\end{cases}\right]$$
$$= \underbrace{C^6H^4\begin{cases}CO\\AzH\end{cases}C{=}C\begin{cases}CO\\AzH\end{cases}C^6H^4}_{\text{Indigotine}} + \underbrace{2\,CH^3CO^2H}_{\text{Acide acétique}} + 2\,H^2O.$$

L'indigo artificiel a les mêmes propriétés et est absolument semblable à l'indigotine extraite de l'indigo naturel.

En fixant directement du chlore ou du brome sur l'aldéhyde benzoïque en présence du chlorure de zinc ou de l'acide sulfurique, on forme des produits halogénés qui, à la nitration, donnent chacun deux isomères ortho.

Ces dérivés nitrés traités comme l'aldéhyde ortho-nitrée elle-même, par l'acétone en présence de soude, fournissent des indigos substitués, autrement dit des dérivés de l'indigo, des colorants de cuve. D'autres produits de substitution comprennent du soufre dans leur molécule, au lieu d'éléments halogènes.

Les bleus Ciba sont des dérivés bromés.

Les Thioindigos sont des dérivés sulfurés. Comme autres produits de cuve moderne, signalons les colorants *Indanthrène* et les colorants *Algol*, dérivés de l'anthraquinone, des amino-anthraquinones et autres produits complexes de la série anthraquinone.

Pour être complet, ajoutons les *couleurs azoïques développées* sur fibre et le *noir d'aniline*.

Pour l'obtention des premières, on répète, sur la fibre elle-même, la réaction de diazotation indiquée au début de ce chapitre. Quant au *noir d'aniline*, il résulte de l'oxydation de l'aniline, dans les conditions particulières indiquées dans les notes relatives à la teinture du coton. On admet que l'aniline

$$C^6H^5AzH^2$$

et ses homologues se transforment en noir, par suite de l'élimination d'une molécule d'eau sous l'action de l'oxygène :

$$C^6H^5AzH^2 + O = H^2O + \underset{\text{Noir}}{C^6H^5Az},$$

et qu'il se produit en même temps une polymérisation dont le multiple n'est pas connu.

Le bain de noir doit comprendre, outre l'amine et son dissolvant, l'oxydant (bichromate ou chlorate alcalin), un véhicule d'oxygène (sel de cuivre ou mélange de sel de cuivre et sel de vanadium), un corps hygrométrique (sel ammoniac) et un sel ou un acide organique (acide tartrique). Voir : *Teinture en noir d'aniline d'oxydation.*

2° EMPLOI DES MATIÈRES COLORANTES ARTIFICIELLES DANS LA TEINTURE DES FIBRES, DES FILS ET DES TISSUS.

I. Teinture de la laine.

II. Teinture de la soie naturelle.

III. Teinture du coton et des autres fibres textiles d'origine végétale.

IV. Teinture des bourres et des tissus mélangés.

V. Teinture de la soie artificielle.

XVIII

TEINTURE DE LA LAINE

COULEURS BASIQUES

Caractères analytiques et généralités. — Les couleurs basiques sont les sels des bases colorantes des groupes diphénylméthane et triphénylméthane : acridine, oxazine, thiazine, safranine, induline, et d'un certain nombre de corps amido-azoïques.

Elles sont toutes précipitées de leurs solutions par le tanin et teignent la laine ainsi que la soie directement et le coton sur mordant tannique.

Modes de teinture. — Les couleurs basiques montent en bain neutre, c'est-à-dire en eau pure seule, à l'ébullition ou à une température voisine de l'ébullition. On entre la marchandise vers 40° C. et chauffe jusqu'à 80°, 90° et même 100°, température que l'on maintient pendant toute la durée de la teinture.

Si l'eau n'est pas douce, si elle n'est pas exempte de sels alcalino-terreux [1], on la corrige par addition d'acide acétique.

Il faut environ un litre d'acide acétique à 8° Baumé par mètre cube d'eau. La proportion d'acide acétique à ajouter doit varier cependant avec la dureté de l'eau, elle doit être basée sur l'analyse et sur la pratique, car *un excès d'acide acétique empêcherait la couleur de teindre*. Les couleurs qui montent trop rapidement font exception à cette règle. On

1. L'eau calcaire et les sels alcalino-terreux, en général, précipitent les bases colorantes.

est obligé, lorsqu'on fait usage de ces dernières, d'augmenter la proportion d'acide, ou d'en ajouter même dans l'eau douce. La présence d'une assez grande quantité d'acide acétique est donc indispensable quand on fait usage de couleurs dont la fibre est trop avide. L'acide les maintient plus longtemps en solution dans le bain, ne les laisse pénétrer que lentement dans la laine, où elles se répartissent d'une manière bien uniforme.

L'acide acétique peut, dans certaines conditions, être remplacé par de l'alun.

Avec la fuchsine, le violet méthyle[1], on augmente le brillant de la nuance en ajoutant un peu de savon au bain de teinture. Les tissus travaillés de cette manière sont, après essorage, suspendus toute une nuit dans le soufroir.

Les couleurs faiblement basiques, telles que le bleu Victoria et les *rhodamines*[2], forment par leur composition chimique, la transition entre les colorants basiques et les colorants de résorcine.

On les teint en eau additionnée de 10 0/0 d'acide acétique et on peut les mélanger avec les colorants azoïques acides. Mais, et ceci est une règle très importante, *tous les autres colorants basiques ne se mélangent qu'entre eux*. Placés en présence des colorants des autres groupes, et notamment des colorants acides forts, ils donneraient des précipités insolubles qui provoqueraient facilement la formation de taches, et les nuances obtenues seraient peu solides.

Lorsqu'on emploie certaines marques de colorants basiques, pour couvrir les matières végétales, dans les mélangés laine et coton ou dans les tissus de laine renaissance, on teint d'abord avec ces colorants basiques, en bain neutre, et on remonte ensuite en bain acide avec les colorants acides.

En résumé, *on applique les couleurs basiques par la méthode de teinture en bain neutre, si l'eau est douce; ou en bain additionné d'acide acétique ou de savon, si l'eau est calcaire.* On les

1. On peut ajouter : l'auramine concentré O, I, II; le bleu Victoria B, R, 4 R; le jaune méthylène H; la rhodamine B, G, O; le violet méthylène RRA, BN, 3 RA extra; le vert malachite cristallisé extra et cristallisé extra N; le vert brillant, mêmes marques; etc. On teint entre 50° et 60° C.

2. Excepté les rhodamines 4 G, 6 G, 6 G extra, 6 GD et 6 GD extra (marques Meister).

applique aussi, mais rarement, sur bain de sulfate de sodium et d'acide sulfurique.

Pour l'emploi du vert méthyle et du vert malachite, la laine doit être préalablement mordancée au soufre. Ce mordançage consiste à manipuler le textile dans un bain contenant 15 0/0 d'hyposulfite de sodium, 5 0/0 d'alun et 3 0/0 d'acide sulfurique, à la température de 60° C., pendant une heure, et à le laisser séjourner quelques heures dans cette solution avant de le laver.

Indications théoriques. — Les teinturiers qui supposent dans la laine des fonctions acides et basiques bien distinctes prétendent que la fibre s'unit aux colorants basiques, grâce à sa fonction acide. Comme l'affinité de la laine pour les bases colorantes est faible, à cause de son caractère faiblement acide, les matières colorantes basiques doivent, d'après cette hypothèse, teindre bien uniformément. C'est, dans la majorité des cas, ce qui arrive. On ne peut toutefois pas considérer cette particularité comme une preuve évidente que le phénomène de la teinture a lieu, uniquement, d'après les affinités chimiques de la fibre de laine.

Solidité des couleurs teintes. — Les nuances obtenues avec les colorants basiques sont vives, moyennement solides à la lumière et au lavage, solides aux alcalis, au foulon, au soufre; mais elles résistent peu au frottement.

Dissolution. — Presque tous les colorants de ce groupe sont difficilement solubles dans l'eau. Leur dissolution s'opère dans l'eau bouillante additionnée d'acide acétique, si l'eau est calcaire.

Les couleurs les plus difficilement solubles sont empâtées avec un peu d'acide acétique, laissées dans cet état pendant plusieurs heures, puis additionnées d'eau très chaude.

Remarque. — La laine, blanchie à l'acide sulfureux, est impropre à la teinture de la plupart des couleurs basiques.

COULEURS ACIDES

Caractères analytiques et généralités. — Ce sont les sels de soude ou de chaux des acides sulfoniques des couleurs de nature basique, et les sels de soude des acides sulfoniques des couleurs nitrées et azoïques.

Les couleurs de ce groupe ne précipitent pas par le tanin, ne sont pas isolées de leur solution acide par l'éther. Elles sont détruites par ébullition avec la poudre de zinc et l'acide chlorhydrique; celles de la première catégorie, dérivés sulfoniques des couleurs de nature basique, reparaissent par refroidissement; tandis que celles de la deuxième catégorie, qui sont des acides vrais, sont détruites d'une façon permanente; elles ne se reforment pas, comme les précédentes, par oxydation lente.

Modes de teinture. — *Les couleurs acides n'ont aucune affinité pour les fibres végétales*, les teintes qu'elles donnent sur coton même mordancé peuvent disparaître par simple lavage. *Ces couleurs teignent directement la laine et la soie*, ***sans mordant***, *en bain acide contenant :*

Sulfate de sodium	10 à 20 0/0
Acide sulfurique	3 à 5 0/0

ou simplement :

Sulfate acide de sodium	10 0/0

Le sulfate acide de sodium est préférable pour l'unisson, et ce n'est guère que pour des tons écarlates vifs que l'on se trouve dans l'obligation d'ajouter de l'acide sulfurique, parce que cet acide permet d'arriver à une plus grande vivacité de nuance.

La méthode de teinture de la laine en bain acide est celle qui a trouvé le plus d'extension, pour la raison que la majeure partie des colorants peuvent teindre d'après ce procédé, et que l'ébullition, même prolongée, dans un bain acide de la concentration indiquée, laisse à la fibre son brillant, sa solidité et son toucher naturels.

Cette méthode de teinture et la méthode de teinture en bain neutre sont du reste les plus avantageuses pour la laine. La proportion des colorants acides est moins élevée que celle des colorants basiques, pour arriver à des nuances de même intensité.

Le bain étant monté avec le sulfate et l'acide ou avec le bisulfate, on le chauffe à une température de 60°-70° C., entre la marchandise et amène à l'ébullition en quinze ou vingt minutes.

Entre temps, on ajoute, par portions, la couleur préalablement dissoute. Une ébullition de une heure et demie suffit bien souvent. On atteint le maximum d'épuisement en mettant, vers la fin de l'opération, 2 0/0 d'acide sulfurique ou 5 0/0 de sulfate acide de sodium.

Une teinture solide au frottement ne s'obtient qu'en épuisant le bain; cette condition est indispensable si l'on désire, dans les mélangés, réserver les effets de coton, de ramie ou de soie artificielle.

Il existe, parmi les colorants acides, des marques qui ont pour la laine une telle avidité que le bain s'épuise rapidement. Alors, par une espèce d'entraînement, la réaction ou simplement la dissolution, selon la manière dont on envisage le phénomène de la teinture, s'accuse spécialement aux points du tissu qui, les premiers, ont commencé à se colorer; il en résulte une teinture très inégale, une teinture tachée, barrée ou présentant des nuages. D'autres fois, la marchandise paraît finement mouchetée, la base de la fibre étant plus foncée que la pointe qui, parfois, reste fort claire; on désigne ce fait en disant que la nuance est piquée.

Les taches, les barres et les nuages ont parfois leur origine dans un mauvais dégraissage, mais le piquage provient uniquement du colorant[1].

Pour obtenir des teintes uniformes avec les couleurs qui unissent difficilement, on doit modifier le procédé général d'application.

1. Cependant, des marchandises peuvent paraître piquées sans que le procédé de teinture ou les matières colorantes soient imputables. C'est ce qui arrive, parfois, avec des mélanges de laines de qualités fort différentes ou avec des laines jarreuses teintes par des colorants les plus favorables à l'unisson.

On favorise la production de nuances unies avec des couleurs de mauvais unisson :

1° Par la manœuvre de la marchandise dans le bain bouillant contenant seulement le colorant et du sulfate de sodium, et addition d'acide sulfurique ou mieux de bisulfate de sodium à partir d'une demi-heure de marche ;

2° Par l'emploi soit de proportions élevées de sulfate de sodium, soit de vieux bains où ce sel s'est accumulé par additions successives.

Nous savons que le sulfate de sodium ralentit l'absorption du colorant par la laine et qu'il redissout même plus ou moins le colorant déjà absorbé par ce textile[1], ce qui permet d'arriver à une plus grande pénétration et à un meilleur nuançage.

Il est donc recommandable de forcer la dose de sulfate de sodium, non seulement pour réaliser des nuances claires ou pour teindre en couleur dont l'affinité pour la laine est grande, mais encore pour la teinture des tissus épais, énergiquement foulés, par conséquent difficiles à pénétrer, et de faire des additions subséquentes de ce sel dans tous les cas où la couleur paraît mal répartie ou insuffisamment pénétrée ;

3° En retardant l'addition de l'acide, par l'emploi de proportions ou de quantités réduites d'acide sulfurique, ou encore en remplaçant cet acide énergique par des acides plus faibles : acide chlorhydrique, acide acétique, acide formique, acide oxalique, ou même des sels ammoniacaux d'acides fixes : acétate, oxalate ou sulfate d'ammonium. Sous l'action de l'ébullition, ces sels se décomposent, le gaz ammoniac se dégage et la proportion d'acide mis en liberté augmente lentement dans le bain, ce qui favorise le tirage progressif;

4° En pénétrant la marchandise dans un bain chauffé à une température inférieure à celle que nous avons indiquée ;

5° Ou enfin, en faisant bouillir le bain garni de sulfate de sodium et d'acide sulfurique, ajoutant le colorant après que l'ébullition a chassé tout le gaz carbonique, et entrant la marchandise au bouillon.

1. Voir notre étude *Recherches relatives à l'action de la laine sur certains réactifs* (*Bull. de la Société industrielle d'Elbeuf et de la Société chimique du Nord*, 1903-1904).

On est obligé d'opérer ainsi avec les eaux fortement calcaires, car il peut arriver que l'anhydride carbonique, dissous sous forme de bicarbonate, entraîne, en se dégageant, les particules d'acides colorants à la surface du bain, d'où elles se déposeront inévitablement sur le tissu.

Pour les colorants nécessitant l'emploi de l'acide acétique, on monte le bain avec :

Sulfate de sodium	10 à 20 0/0
Acide acétique	2 à 5 0/0

ou

Sulfate de sodium	10 à 20 0/0
Acétate d'ammonium	5 a 10 0/0

lorsque les marchandises sont particulièrement difficiles à pénétrer.

Le tissu est introduit dans le bain tiède ou demi-chaud, 30°-60° C. ; on chauffe à l'ébullition en quinze à vingt minutes, maintient cette température environ une heure, puis on épuise par l'addition, répétée au besoin, de 2 0/0 d'acide sulfurique, ou 5 0/0 de bisulfate de sodium, ou 2 à 5 0/0 d'acide acétique ou encore 2 0/0 d'acide formique, suivant les colorants ou suivant les renseignements fournis par les références des fabriques ou par des observations personnelles.

Pour certains noirs acides, la conduite du travail reste la même, mais on prépare le bain avec :

Acide oxalique	1 1/2 à 2 1/2 0/0
Acide acétique	5 0/0
Sulfate de sodium	20 0/0

plus le colorant.

Au bout d'une heure d'ébullition, on épuise par l'addition de 3 à 4 0/0 d'acide acétique ; on ajoute finalement 3 0/0 de sulfate de cuivre et, à partir de ce moment, on abandonne une demi-heure sans chauffer.

L'addition du sulfate de cuivre fait foncer un peu la nuance.

Tous les colorants acides employés seuls unissent bien, si on tient compte des précautions signalées plus haut ; mais, dans les mélanges de colorants pour l'obtention de nuances composées, il est indispensable de n'employer ensemble que des colorants unissant particulièrement bien, c'est-à-dire s'absorbant lentement.

Les couleurs unissant difficilement peuvent cependant concourir à la formation d'une nuance composée, avec des couleurs unissant bien, à la condition de les employer l'une après l'autre.

Les acides colorants des bleus alcalins et des violets alcalins sont insolubles dans l'eau acidulée, et leur affinité, pour la laine, est si grande que la combinaison[1] s'effectue même en bain alcalin. Ces couleurs teignent donc en bain alcalin; les acides ayant pour effet de les précipiter et de provoquer des teintes irrégulières. Ce procédé particulier n'est qu'une modification de la méthode générale. Même après absorption du colorant, la laine est presque incolore, la nuance n'apparaît que par passage en eau acidulée. C'est du reste par des passes successives en eau acide que l'on suit le progrès de la teinture.

L'eau du bain est rendue alcaline par 1 à 2 0/0 de carbonate de sodium ou 3 à 6 0/0 de borax[2], ou par du silicate de sodium; on ajoute le colorant, chauffe à 60° C., entre la marchandise, monte jusqu'à 90° C. et maintient cette température environ une heure. Au bout de ce temps, on développe un échantillon rincé dans de l'eau chaude acidulée. S'il est à la nuance désirée, on rince soigneusement toute la mise pour la débarrasser de la couleur non fixée, et travaille un quart d'heure à une demi-heure dans de l'eau chauffée à 80° C., contenant 0,15 à 0,20 0/0 d'acide sulfurique à 66° Baumé. Proportion d'acide calculée d'après le poids de l'eau.

L'addition soit : d'alun, de sulfate de zinc, de chlorure d'étain, d'acide tartrique, augmente la solidité au foulon. On peut aussi, dans le but d'augmenter la solidité au foulon, remplacer simplement l'acide sulfurique par un poids équivalent d'un de ces composés chimiques.

Indications théoriques. — On considère volontiers la teinture, avec les colorants acides, comme étant le résultat de la

1. L'absorption, pour ceux qui ne voient dans la teinture qu'un phénomène de dissolution.
2. Et même davantage 10 0/0 dans certains cas.

formation d'un sel où la laine joue le rôle de base et le colorant, mis en liberté par l'acide sulfurique, celui d'acide.

Solidité des couleurs teintes. — Ces couleurs ont l'inconvénient de ternir au lavage, surtout au lavage alcalin, et de ne supporter qu'un léger foulon. Par contre, elles ne sont pas influencées par le soufrage, le carbonisage et le décatissage.

Les nuances vives et les nuances foncées résistent assez bien à la lumière.

Dissolution. — La meilleure manière de dissoudre les colorants acides est de verser dessus de l'eau bouillante exempte de chaux, autant que possible.

COULEURS DE BENZIDINE

Généralités. — Les Congos, les Diamines, les Oxydiamines, les Colorants directs, les couleurs Pluton ; celles dont le nom comprend un des préfixes : Benzo, Azurine, Diazo, etc., sont des Benzidines.

Modes de teinture. — Leur affinité pour la laine est telle qu'ils teignent en bain d'eau additionnée de 10 0/0 de sulfate de sodium cristallisé, employé seul ou en présence de 5 0/0 d'acétate d'ammonium[1] si on veut arriver à donner à la longue, par ébullition, une légère réaction acide.

Pour les teintes en nuances claires, le sel de sodium peut même être supprimé.

Le mode opératoire est le même que pour les autres couleurs acides. On entre à 60° et chauffe au bouillon que l'on maintient une heure environ. Il est parfois utile, pour épuiser totalement le bain, d'ajouter vers la fin 2 à 5 0/0 d'acide acétique.

Ce qui différencie principalement, au point de vue technique,

1. On prépare l'acétate d'ammonium, en mélangeant :

Ammoniaque à 24° Baumé (24 0/0)........	190 grammes
Acide acétique à 6° Baumé (30 0/0)........	500 —

La solution ne doit virer que faiblement le papier de tournesol.

les colorants de benzidine des autres colorants azoïques acides, c'est que la plupart se fixent si solidement après teinture, par le concours des sels métalliques, qu'ils peuvent s'appliquer aux articles devant supporter un fort foulon.

La fixation à l'aide des mordants consiste à mettre dans le bain complètement épuisé une proportion de bichromate égale à la moitié du poids du colorant, ou une proportion soit de fluorure de chrome, soit de sulfate de cuivre, égale au poids du colorant, sans toutefois dépasser 3 1/2 0/0. On peut remplacer le mordant simple par un mélange de :

Bichromate de potassium..........	1/2 à 2 0/0
Sulfate de cuivre................	1/2 à 2 0/0

Si le bain de teinture n'est pas complètement épuisé, on effectue le traitement avec les sels métalliques, en bain nouveau acidulé de 3 à 4 0/0 d'acide acétique.

Solidité des couleurs teintes. — Comme toutes les autres couleurs acides, les dérivés de benzidine, faibles à la lumière, résistent au soufre, au carbonisage et au décatissage. Elles se remarquent surtout par leur grande solidité au lavage, aux alcalis et au foulon.

Couleurs azoïques dont la molécule renferme du soufre. — Parmi les couleurs de ce genre, nous avons à citer les couleurs de primuline, qui se comportent de la même manière que les couleurs de benzidine. Elles couvrent la laine en présence du sulfate de sodium et acide sulfurique ou acétique.

Solidité des couleurs teintes avec les colorants de primuline. — Les primulinés ne résistent pas, leurs nuances sont fugaces.

Dissolution. — Les couleurs de benzidine, comme les couleurs acides, sont très solubles dans l'eau. Leurs dissolutions s'obtiennent dans l'eau bouillante, non calcaire, comme celles des couleurs acides.

TEINTURE DE LA LAINE EN NOIR, AU MOYEN DU NITROSULFURE DE FER

Les couleurs dérivées des sulfures organiques possèdent la propriété importante de teindre le coton non mordancé, elles ne conviennent pas pour la laine.

Voici par contre, plutôt à titre de curiosité que par intérêt pratique, un procédé de teinture en noir au nitrosulfure de fer, applicable à la laine seulement. La couleur est préparée dans le bain, au moment de son emploi.

On verse, dans 200 centimètres cubes d'eau bouillante contenant 8 grammes de sulfure de sodium et 5 grammes de nitrite de sodium, une solution de 14 grammes de sulfate de fer dans 150 centimètres cubes d'eau et on fait bouillir quelques minutes.

Ce bain étant étendu de son volume d'eau (ou un peu plus), on y plonge 25 grammes de laine et élève la température vers 90° à 95° C. On obtient, au bout d'une heure, un noir à reflet brun.

On évite ce reflet brun en travaillant d'abord l'échantillon en campêche, en indigo, en bleu, vert ou violet d'aniline, etc. ; ou mieux, en le couvrant de bleu de Prusse. On produit le bleu de Prusse sur la fibre en la plongeant dans 700 à 800 centimètres cubes d'eau ayant dissous 2gr,5 de prussiate rouge plus 5 grammes d'acide sulfurique (pour les 25 grammes de laine) et en maintenant ce bain trois quarts d'heure à 95° C.

On fonce cette nuance bleue en la passant dans une eau faiblement ammoniacale (10 grammes par litre). On lave à fond dans de l'eau ordinaire et on teint au nitrosulfure de fer.

NOIR D'ANILINE

On désigne ainsi un noir qui ne se forme que sur la fibre elle-même par l'oxydation des sels d'amines cycliques.

Ce noir qui réussit fort bien sur coton, n'est cependant pas spécial à la teinture des fibres végétales. Bien que le pouvoir réducteur de la laine soit gênant, on peut lui fixer des noirs d'aniline assez réussis, après avoir détruit son action réductrice par un léger chlorage.

Un chlorage modéré, réalisé en manipulant la laine dans de l'eau à 8 0/0 de chlorure de chaux (au maximum) et 14 0/0 d'acide chlorhydrique, favorise le développement du noir d'aniline et ne nuit pas à la solidité de la fibre. On peut remplacer le chlore ou ses composés oxygénés par d'autres oxydants, tels que : l'eau oxygénée, les persulfates et surtout les permanganates.

Le permanganate de potassium est tout à fait propice. C'est lui qui satisfait le mieux aux conditions. Comme il faut l'employer dans les proportions de 14 à 16 0/0, et qu'à une pareille concentration il altère la laine, on prend des liqueurs de permanganate à une concentration moindre et on passe par la méthode d'oxydation.

Mode opératoire. — La laine est traitée à froid par de l'acide sulfurique dilué, 3 à 4 0/0; puis on ajoute, en une fois, 6 à 7 1/2 0/0 de permanganate de potassium.

Quand le bain, que l'on a soin de maintenir toujours acide, est devenu limpide, on sort la marchandise, on la lave et on l'essore.

Le textile, ainsi préparé en bistre de manganèse, est foulardé dans un bain renfermant par litre :

Sel d'aniline	80 à 100	grammes
Chlorate de sodium	28 à 30	—
Chlorure d'ammonium	20 à 30	—
Sulfate de cuivre	30 à 40	—
Glycérine	15 à 20	—

On ne peut développer que le noir d'oxydation et l'acide sulfurique seul produit de l'effet. Les autres acides ne permettent d'obtenir que des tons gris plus ou moins foncés.

Les laines peignées conviennent mieux pour la préparation du noir d'aniline ; les laines cardées, sauf les laines grossières, ne donnent qu'un noir défectueux.

Un procédé tout récent pour l'obtention du *noir d'aniline inverdissable sur laine* a été présenté à la Société industrielle de Mulhouse par MM. Heilmann, Battegay et Cie.

Il consiste à oxyder l'aniline par le chlorate en présence de la *paraphénylènediamine*[1], ses dérivés ou ses homologues, sur laine chlorée ou non.

Sur laine chlorée, la réaction est si intense que le noir se développe déjà au séchage.

La quantité de paradiamine est variable; mais, dès que la dose est trop forte, le noir prend un ton bronzé.

Les paradiamines s'oxydent facilement sur les cheveux, avec l'oxygène de l'air seul, ou sur les poils des fourrures, par l'eau oxygénée. Sur laine, un oxydant comme le chlorate est indispensable, et on peut sans inconvénient varier la proportion de chlorate.

Ce noir se réserve facilement en blanc au moyen de l'hyraldite à laquelle on ajoute, si c'est nécessaire, du blanc de zinc coloré.

L'impression directe sur fond blanc réussit tout aussi bien.

GROUPE DES MATIÈRES COLORANTES D'ORIGINE PHÉNOLIQUE OU FAIBLEMENT ACIDES

1° MATIÈRES COLORANTES MONOGÉNÉTIQUES

Caractères analytiques et généralités. — Ce sont les couleurs de résorcine : les sels de soude ou de potasse de la fluorescéine et de ses dérivés, les éosines. *Elles précipitent de leurs solutions aqueuses par les acides minéraux et peuvent alors être isolées par agitation avec l'éther.* Leurs solutions se distinguent par une fluorescence caractéristique. *Elles teignent les fibres animales sans le concours des sels métalliques.*

Modes de teinture. — Les couleurs de résorcine servent surtout pour obtenir des roses et des rouges vifs. La teinture s'effectue sous l'addition de 2 à 5 0/0 d'acide acétique, ou 10 0/0 d'acide acétique et 10 0/0 d'acétate de sodium. On entre vers 50°-60° C., amène à l'ébullition en une demi-heure et fait bouillir

1. Paradiamine ou paramine.

environ une demi-heure. Pour les nuances foncées, on ajoute encore un peu d'acide acétique.

Si l'on désire des nuances particulièrement brillantes, on garnit le bain avec :

Acide acétique	5 0/0
Alun	5 0/0
Tartre	3 à 5 0/0

Le mode opératoire reste le même.

Ou bien, on mordance d'abord une demi-heure au bouillon avec alun, tartre et acide acétique, suivant les proportions mentionnées, refroidit le bain à 50° C., ajoute le colorant dissous et fait bouillir encore une demi-heure.

Théorie. — On admet que ces couleurs faiblement acides teignent d'après le même principe que les colorants fortement acides.

Solidité des couleurs teintes. — Ces couleurs résistent peu à la lumière, aux acides et au frottement. Elles sont tout à fait solides aux alcalis, au foulon et au soufre.

Dissolution. — On dissout les couleurs acides faibles dans l'eau chaude, exempte d'acide. Les marques solubles dans l'alcool sont de préférence dissoutes dans ce solvant. Les bromofluorescéines exigent de l'eau à 20 0/0 de soude Solvay.

2° MATIÈRES COLORANTES POLYGÉNÉTIQUES OU COULEURS A MORDANT

Généralités. — Ces composés sont représentés par les couleurs d'alizarine, les galléines, la céruléine, la gallocyanine, la gallamine, les chromotropes, les chromogènes, les couleurs d'alizarine à l'acide, etc., auxquels on peut ajouter les couleurs anthracène au chrome et les couleurs anthracène acides.

Ces couleurs sont reconnaissables par le fait qu'elles nécessitent, soit pour teindre, soit pour se fixer solidement, l'intervention d'un sel métallique ou mordant. La base du sel se combine à la couleur pour former un composé insoluble ou laque.

Modes de teinture. — La combinaison du colorant avec le mordant peut s'effectuer par teinture en deux bains ou par teinture en un bain.

I. Teinture en deux bains. — La marchandise est d'abord traitée dans la solution du mordant approprié, où elle se charge d'oxyde métallique, puis elle est essorée, rincée et passée dans le bain de colorant.

II. Teinture en un bain. — Elle se pratique de trois manières.

1° *Mordançage préalable avec teinture consécutive sur le même bain.* La couleur est ajoutée au bain de mordançage après épuisement du mordant.

2° *Teinture de la laine non mordancée avec action consécutive du mordant.* On commence par incorporer le colorant à la fibre et on ajoute le mordant dans le bain de teinture épuisé.

Ces deux modes ne sont, à part quelques exceptions présentées par les colorants à développement, appliquées dans la pratique qu'avec le bichromate comme mordant.

3° *Teinture par action simultanée du colorant et du mordant.* Le colorant et le mordant sont mis en même temps dans le bain.

I. *Teinture en deux bains, ou teinture sur laine préalablement mordancée.* — Cette méthode, d'une importance considérable pour la teinture grand teint, est basée :

1° Sur la propriété que possède la laine, maintenue dans des solutions étendues et bouillantes de sels métalliques, de les fixer à l'état de sels fortement basiques ;

2° Sur l'affinité que manifestent les colorants à mordant pour les oxydes métalliques ;

3° Sur le fait que les couleurs à mordant fournissent avec les oxydes métalliques des corps insolubles ou laques, d'une grande solidité, parce qu'ils se forment dans la fibre.

La teinture de la laine avec les couleurs d'alizarine et autres couleurs à mordants ressemble en principe à la teinture du coton ; mais, peut-être à cause de sa composition chimique, la laine a beaucoup plus d'affinité que le coton pour les mordants et fixe mieux les couleurs d'alizarine, ce qui simplifie la teinture. La laine se mordance par simple ébullition, tandis que le mordançage du coton nécessite plusieurs bains successifs.

Mordançage. — Il n'existe que deux oxydes métalliques qui soient susceptibles de fixer, d'une façon parfaite, les couleurs d'alizarine et les autres couleurs à mordant. Ce sont :

L'*alumine*, incorporée à l'aide des mordants dits d'alumine ;

Et l'*oxyde de chrome*, incorporé à l'aide des mordants de chrome.

Le mordant d'alumine employé sur laine est : soit l'alun de potassium, soit le sulfate d'aluminium, avec tartre et acide oxalique.

Les proportions les plus avantageuses sont :

	Pour nuances ordinaires.	Pour nuances claires.
Alun...........................	10 0/0	5 0/0
Tartre...........................	3 0/0	1,5 0/0
Acide oxalique..................	2 0/0	1 0/0

Le mordant de chrome employé sur laine est le bichromate de potassium ou de sodium, en présence : d'acide sulfurique, de tartre, d'acide oxalique, d'acide lactique ou d'acide sulfurique et lactique ; et dans certains cas, le fluorure de chrome en présence d'acide lactique.

La proportion d'eau varie un peu avec la qualité de la marchandise. Elle doit être, pour le mordançage comme pour la teinture, de *trente* à *trente-cinq fois* le poids de la laine. Lorsque le bain est plus volumineux, il faut augmenter la proportion des drogues. Si le volume du bain dépasse notablement trente-cinq fois le poids de la laine, le mordant est insuffisamment fixé, les teintures seront vides, piquées et déchargeront au frottement. Si, au contraire, le bain comprend moins de trente fois le poids de la laine, il est trop court, la solution est trop concentrée, la fibre ne pourra pas retenir tout l'oxyde fixé, et la teinture aura encore le défaut de décharger au frottement.

Pour régulariser l'absorption du mordant, on commence le mordançage à froid ou vers la température de 30° C., on élève à 100° C., en une demi-heure, et maintient l'ébullition durant une heure à une heure et demie. Après cela, on essore et rince à fond, afin d'éliminer l'excédent de mordant, dont la présence aurait de nombreux inconvénients, entre autres celui de diminuer la solidité des nuances en les faisant mâchurer (déteindre au frottement).

Les bains de mordançage peuvent servir plusieurs fois, à la condition d'être remontés à chaque reprise avec les deux tiers des quantités initiales de produits. Pour éviter l'accumulation excessive des impuretés dont la laine est toujours plus ou moins souillée, il est préférable de ne pas faire servir trop souvent les mêmes solutions.

L'eau ne se comporte pas de la même manière avec les deux sortes de mordants. Elle peut être calcaire pour le mordançage à l'alumine; le sel d'aluminium étant très acide empêche tout dépôt de chaux. Cependant, lorsque la dureté atteint 30 degrés hygrométriques, on la corrige par addition d'environ un litre d'acide acétique à 6° Baumé[1] par mètre cube d'eau. Dans le mordançage à l'oxyde de chrome, on doit augmenter la proportion de mordant auxiliaire : acide sulfurique, tartre, acide oxalique, ou acide lactique, selon la dureté de l'eau; car, les mordants au chrome n'étant pas acides, leur absorption en bain neutre est gênée par les sels calcaires et magnésiens.

La présence du fer, lors du mordançage à l'alumine, nuit à la beauté et à la vivacité de la nuance; par contre, une eau ferrugineuse n'exerce guère d'influence sur le résultat du mordançage au chrome, elle gêne simplement quelque peu la production de nuances claires.

Teinture. — La teinture se fait par cuisson de la laine mordancée en présence de colorant, ce qui détermine la combinaison de ce dernier avec l'oxyde de chrome ou d'aluminium dont la fibre est imprégnée. POUR CETTE OPÉRATION, LA NATURE DE L'EAU JOUE UN ROLE DES PLUS IMPORTANTS. La chaux et la magnésie, en dissolution sous forme de bicarbonates, préci-

1. L'acide acétique à 6° Baumé contient 30 0/0 d'acide acétique cristallisable.

pitent beaucoup de matières colorantes à l'état de laques calcaires et magnésiennes. *Dans la teinture des couleurs d'alizarine sur mordant d'aluminium, la présence de la chaux est nécessaire, tandis qu'elle nuit à la teinture sur mordant de chrome, pour laquelle la formation de laques calcaires doit être évitée.* Mais, si de l'eau très calcaire ou très riche en matières organiques[1] doit servir à la teinture des couleurs d'alizarine sur mordant d'alumine, elle doit être épurée ou adoucie par addition d'acide acétique. La couleur ne serait qu'incomplètement absorbée par la fibre sans cette précaution.

En règle générale, on empêche la formation de laques calcaires dans la teinture des couleurs à mordant, en teignant sur bain légèrement acétique : pour arriver à ce résultat, on verse plus ou moins d'acide acétique, selon que l'eau est plus ou moins dure. L'acide acétique transforme en acétate les carbonates de chaux contenus dans l'eau.

Le volume nécessaire d'acide acétique à 6° Baumé (30 0/0) est de 1 litre par mètre cubé d'eau, pour 10 degrés hygrométriques. En somme, une quantité suffisante pour ramener au rouge le papier bleu de tournesol.

Les couleurs d'alizarine et les autres couleurs à mordant ne se teignent bien sur mordant de chrome qu'avec addition d'acide acétique. L'acide acétique libre influe, d'une manière très avantageuse, sur la formation des laques de chrome; aussi, faut-il ajouter au bain de teinture de l'acide acétique, même lorsqu'il est exempt de sels calcaires.

L'effet de l'acide acétique, dans la teinture sur mordant de chrome, est de :

1° Corriger l'eau;

2° Saturer l'alcali qui provient de la laine et de certains mordants;

3° Faire tirer toute une série de matières colorantes, telles que la céruléine[2] et certains noirs, verts et jaunes d'alizarine, qui exigent une proportion d'acide acétique libre égale à environ 2 0/0 du poids de la laine.

1. Les matières organiques empêchent aussi la teinture de certaines couleurs d'alizarine.

2. La *céruléine* est aussi désignée dans le commerce sous le nom de vert d'alizarine ou d'anthracène.

Il est nécessaire de mentionner que les marques de rouge, orangé, brun d'alizarine et la galléine[1] nécessitent, au contraire, un bain aussi neutre que possible.

Les couleurs d'alizarine sont toutes susceptibles de se fixer sur alumine, mais peu de laques ainsi formées répondent aux exigences de la teinture grand teint. Les couleurs vives, rouges, oranges, bleues et aussi les marrons donnent les meilleurs résultats.

On augmente considérablement la solidité au foulon de ces sortes de nuances en ajoutant au colorant :

Acétate de chaux .... 7,5, 5 ou 2,5 0/0

et

Tanin.................................... 2, 1 ou 1/2 0/0

Malgré ces précautions, la plupart des colorants d'alizarine ne se fixent pas aussi solidement sur laine préparée aux mordants d'alumine que sur laine préparée aux mordants de chrome.

La teinture des couleurs à mordant commence à froid, on élève progressivement la température jusqu'à l'ébullition. Lorsqu'on manœuvre dès le début dans un bain trop chaud, les couleurs s'absorbent trop rapidement et les nuances sont mal unies et ternes.

Les exigences varient en ce qui concerne l'unisson et la vivacité des teintes, suivant la nature de la marchandise.

Sur la laine en bourre, dont les teintes se régularisent ultérieurement par cardage, l'uniformité de la nuance s'obtient facilement, à condition que le dégraissage, le mordançage et la teinture aient été effectués avec le soin voulu.

La réussite est plus problématique dans les teintures sur laine peignée, et surtout sur laine filée et sur laine en pièces. La tendance qu'ont les composés d'alizarine à tirer très rapidement sur laine mordancée est cause de la grande difficulté que l'on rencontre, dans certains cas, à réaliser des nuances nettes. Le plus souvent on retarde l'absorption du colorant en ralentissant le chauffage, ou bien en n'ajoutant l'acide acétique

1. La galléine est aussi appelée violet d'alizarine ou d'anthracène.

que progressivement après avoir amené le bain à l'ébullition.

Il existe un autre procédé, très recommandable, pour arriver à des nuances vives et tranchées ; il consiste à ajouter au bain de teinture un réactif faiblement alcalin, par exemple de l'acétate d'ammonium légèrement ammoniacal[1]. L'excès d'alcali dissout les couleurs d'alizarine et les empêche ainsi de se fixer; mais l'ammoniaque se volatilise peu à peu au cours de l'ébullition, l'acide acétique domine bientôt et précipite peu à peu le colorant sur la fibre.

Pour terminer la teinture, on augmente l'acidité du bain en ajoutant de l'acide acétique et on achève le fixage en faisant bouillir encore un certain temps.

L'acétate d'ammonium est principalement utilisé dans la teinture sur mordant de chrome, il peut aussi servir pour la teinture sur mordant d'alumine. Quand on teint sur mordant d'alumine, on peut retarder le tirage du colorant par addition d'ammoniaque ou d'un alcali carbonaté. La base alcaline se combine aux acides colorants pour fournir des sels solubles, le bain ne cède le colorant que lentement et incomplètement à la fibre, par dissociation. L'absorption se complète quand le bain devient acide.

On fait usage de la propriété qu'ont les alcalis de ralentir l'absorption des colorants, non seulement pour la teinture des couleurs de mauvais unisson, mais aussi pour la teinture des marchandises difficiles à pénétrer : tissus épais fort foulés, chapeaux de feutre, peigné teint en appareils mécaniques et toute teinture en nuance claire.

Les nuances foncées ne s'obtiennent que sur mordant de chrome et encore en présence d'un excès de colorant. Il arrive alors qu'une partie de la couleur n'est pas fixée par le mordant ; cet excédent, qui n'est pas insolubilisé sous forme de laque, dégorge au foulon et tache les blancs ainsi que les tons clairs s'il y en a. On retient toute la couleur et augmente la solidité au foulon des nuances foncées, en mordançant à nouveau, après teinture, avec 1/2 à 1 1/2 0/0 de bichromate de potassium ou avec 1 0/0 de sulfate de cuivre. Ce second mordançage s'appelle

1. Les couleurs d'alizarine sont dissoutes par les solutions alcalines et précipitées par les solutions acides.

bruniture, et en fait, il brunit un peu la nuance primitive.

Les teintes bichromatées peuvent être nuancées avec des colorants acides solides au foulon, ou avec des colorants anthracène ou autres colorants à développement pouvant teindre sur laine chromée. Quand on nuance avec les colorants à développement ultérieur, ce qui a lieu en bain acide, il est indispensable de brunir au bichromate.

Dans l'emploi des matières colorantes à mordant, il est avantageux, pour l'uni et la solidité, d'ajouter, dès le début du travail, tout le poids de couleur à utiliser et de prolonger un peu l'ébullition après tirage au clair.

II. *Teinture en un bain.* — 1° *Mordançage préalable avec teinture consécutive sur le même bain ou mordançage suivi de teinture sur le même bain.* — Les opérations de mordançage et de teinture s'effectuent exactement de la même manière que pour la teinture en deux bains. Toute la différence réside dans le fait que, au lieu de préparer un bain nouveau pour la teinture, le colorant est introduit dans le bain lorsque le mordant est épuisé.

2° *Teinture de la laine non mordancée avec action consécutive du mordant, ou teinture avec développement subséquent.* — Cette méthode est adoptée pour les colorants à développement ou fixage ultérieur : les chromotropes, les chromogènes, les couleurs au chrome, les couleurs anthracène au chrome, les couleurs anthracène acides, les couleurs d'alizarine à l'acide, ainsi que pour le rouge cuivre N, le bleu cuivre B et B extra, les noir cuivre SB et S, etc. On peut également, pour la production de tons vifs solides au foulon, associer dans le même bain les couleurs anthracène avec certaines couleurs acides : vert foulon brillant B, bleu formyl B, violet formyl (toutes les marques), rouge pour laine BS, jaune foulon, etc. ; ils supportent très bien le traitement au chrome.

Tous ces composés sont des colorants phénoliques auxquels l'introduction des fonctions sulfo ou carboxyles communiquent la propriété de teindre en bain acide, à la manière des acides forts[1]. Cependant, la présence de la fonction sulfonique dans

(1) Voir page 423. Acides possédant le groupe OH à côté d'un ou de plusieurs groupes SO^3H.

un noyau aussi caractérisé que le noyau anthracène ou le noyau anthraquinone, qui en dérive, ou même dans un radical alcoolique, n'efface pas la fonction phénolique OH ; et ces colorants conservent la propriété de se combiner aux sels métalliques pour former des laques.

Le procédé de teinture suivi de mordançage est donc basé sur ce que les produits en question ont la propriété de tirer sur laine en bain acide, et qu'ils se transforment, sur la fibre même, en composés insolubles pour la plupart plus foncés et plus solides par un traitement subséquent de la marchandise au bichromate de potassium ou de sodium ou au fluorure de chrome.

Les proportions sont de 1/2 à 2/3 de bichromate du poids de colorant, ou autant de fluorure que de colorant.

La marche générale à suivre est la suivante : garnir le bain avec 10 0/0 de sulfate de sodium, 2 à 5 0/0 d'acide sulfurique et le poids jugé nécessaire de colorant. Entrer la marchandise vers 50°-70° C., chauffer à 100° C. en vingt minutes, maintenir l'ébullition une heure à une heure et demie, jusqu'à épuisement de la couleur ; refroidir vers 50°-70° C. et ajouter le mordant.

Lorsqu'on teint sur l'appareil de cuivre, il faut, pour certaines couleurs, ajouter du sulfocyanure d'ammonium, 1/4 à 1/2 du poids de la laine, et agiter vingt minutes avant d'introduire la marchandise.

Les noirs anthracène au chrome, certains noirs anthracène acides et quelques noirs d'alizarine à l'acide doivent être teints en eau très douce. On précipite alors les sels calcaires avec une quantité d'oxalate d'ammonium calculée suivant la dureté de l'eau. Pour d'autres couleurs, il est plus avantageux d'aciduler d'abord le bain avec de l'acide acétique. Dans les deux cas on garnit le bain avec :

Sulfate de sodium, ordinairement 10 0/0, quelquefois 20 0/0 ;
Acide acétique, — 2 à 5 0/0, — 10 0/0.

Quand l'unisson est particulièrement difficile, on remplace l'acide acétique par l'acétate d'ammonium.

Que la teinture soit préparée avec l'acide acétique ou avec son sel d'ammonium, on commence par faire bouillir environ une demi-heure, puis on épuise lentement la solution colorante par des additions modérées d'acide sulfurique.

Les teintures réalisées entièrement en présence de l'acide acétique sont moins solides que celles que l'on termine en ajoutant 1 à 2 0/0 d'acide sulfurique.

Lorsque le colorant est à peu près épuisé, on laisse descendre la température jusque vers 50° C. et on donne le bichromate de potassium, pour fixer ou développer. (Ces deux expressions peuvent, pour le cas présent, être considérées comme synonymes.)

Le plus souvent on fixe au bichromate de potassium sans acide ; mais on peut, avec un certain nombre de marques, augmenter la solidité au foulon en opérant la bruniture après addition de :

Acide sulfurique	4 0/0

ou mieux :

Acide lactique	2 à 3 0/0
Acide sulfurique	1 à 2 0/0

Si on désire utiliser longtemps le bain de teinture, on effectue le traitement au chrome en bain nouveau.

Un excès de mordant : bisulfate, sulfate, acide sulfurique, acide lactique, ou bichromate, ainsi qu'une ébullition trop prolongée font perdre de la beauté aux nuances.

La transformation qui se produit sur la fibre par cette manipulation subséquente en bain de mordançage est due à une oxydation des chromotropes ou des chromogènes, ou à la formation d'une laque avec les couleurs d'alizarine à l'acide.

Certaines couleurs d'alizarine sont endommagées par l'action oxydante du bichromate ; elles exigent l'emploi de mordants de chrome non oxydants : alun de chrome ou fluorure de chrome.

Les bleus d'alizarine à l'acide BB, GR et SN (Meister), en particulier, deviennent gris lorsqu'on les développe au bichromate.

L'alun de chrome et le fluorure de chrome ne servent qu'exceptionnellement ; ils ne sont pas recommandables pour la solidité. On les utilise dans les proportions de :

Fluorure de chrome.......................... 1 à 4 0/0

ou :

Alun de chrome.............................. 5 à 10 0/0

La céruléine BWR (Meister) et un grand nombre de colorants d'alizarine à l'acide peuvent teindre sur laine mordancée au chrome, d'après le mode de teinture en deux bains. Dans ces conditions, la bruniture, développement ou fixage reste indispensable, mais ce traitement n'exige que 1/2 à 1 0/0 de bichromate de potassium.

Le rouge cuivre N, les bleu cuivre B et B extra et les noir cuivre S et SB (Meister) sont développés avec :

Sulfate de cuivre........................... 2 à 3 0/0

et les noir au chrome 2 G, B et T (même origine), avec un mélange de :

Bichromate de potassium..................... 1,5 à 2 0/0
Sulfate de cuivre........................... 2 à 3 0/0

3° *Teinture par action simultanée du mordant et du colorant.* — Elle n'est pas applicable pour les nuances foncées, c'est-à-dire nécessitant beaucoup de colorants. Mais, tandis que les deux modes précédents de teinture en un seul bain se font presque uniquement avec mordant de chrome, celui-ci peut être réalisé soit avec mordant d'alumine, soit avec mordant de chrome. On joint au mordant et au colorant une proportion convenable d'acide oxalique. L'acide oxalique dissout les laques et facilite leur absorption par la laine. Le tanin agit de même.

Les procédés de teinture en un seul bain sont beaucoup employés, parce qu'ils économisent la main-d'œuvre et la marchandise. Par contre, ils donnent facilement des teintures dégorgeables un peu piquées. C'est inévitable, principalement pour le dernier mode ; car, la laque colorée se forme en grande partie dans le bain, elle doit être absorbée après dissolution par l'acide oxalique ou l'acide tannique ; or cette dissolution est imparfaite, il en résulte qu'une partie de la laque est fixée d'une manière irrégulière et peu solide.

Nous devons signaler comme faisant exception les chromate anthracène EB, 3G, les différentes marques d'anthracène, les alphanol, etc., lancés par la Manufacture lyonnaise sous le nom générique de couleurs chromate anthracène et permettant d'obtenir directement, en bain unique, sans le concours d'acide oxalique ou tannique, des couleurs parfaitement unies solides au foulon.

Le colorant dissous dans l'eau très chaude est versé dans le bain; on fait bouillir, laisse refroidir et ajoute 0,4 à 2,25 de bichromate; entre la marchandise à une température voisine de l'ébullition et travaille au bouillon environ deux heures. Pour la teinture en pièces, on met, en plus du bichromate, 10 0/0 de sulfate de sodium.

Si le bain s'épuise insuffisamment, on l'additionne au bout d'une heure de 2 à 4 0/0 d'acide acétique.

Solidité des couleurs teintes. — Les couleurs d'alizarine, vu leur grande variété de composition, ne présentent pas toutes le même degré de solidité. Toutefois, l'extraordinaire résistance de beaucoup d'entre elles leur assure un rôle des plus importants dans la teinture grand teint de la laine.

Les couleurs d'alizarine tiennent bon au foulon, aux acides, au soufre, au décatissage, au potting, au repassage et à la sueur. La solidité à l'eau est très grande, et la solidité à la lumière égale celle de l'indigo et dépasse celle du campêche, du santal et de tous les autres produits naturels. La résistance au frottement est irréprochable; sous ce rapport, les alizarines dépassent de beaucoup l'indigo.

Dissolution. — Les couleurs d'alizarine sont en poudre ou en pâte aqueuse. Elles sont peu solubles. La pâte doit, avant prélèvement, être rendue homogène par brassage. Toutes ces couleurs ne peuvent être employées qu'après avoir été délayées dans dix fois leur poids d'eau froide.

Les alizarines en pâte diminuent de valeur par la dessiccation. Il faut alors les redissoudre dans de la soude caustique, les précipiter par de l'acide sulfurique et les bien laver, si on désire obtenir le même rendement.

Remarque. — Nous avons signalé dans le texte que la longueur du bain doit être de 1/30 à 1/35. Cette indication est générale pour la laine en floche. Pour teindre les tissus, le bain peut être plus court ; dans la pratique, il varie entre 1/25 et 1/30.

EMPLOI DES COLORANTS D'ALIZARINE ENTRE EUX ET AVEC LES BOIS OU LEURS EXTRAITS, AINSI QU'AVEC LES COLORANTS D'ANILINE

Sauf de rares exceptions, les colorants d'alizarine peuvent être unis entre eux et avec la galléine, la céruléine, ainsi qu'avec les autres colorants teignant sur laine mordancée. Tous ces colorants peuvent aussi se combiner sur la fibre avec certains colorants franchement acides. Ces derniers s'ajoutent après teinture des couleurs à mordant avec addition de bisulfate de sodium ou d'acide sulfurique et sulfate neutre de sodium.

Les nuances retravaillées en bain acide sont avivées, mais moins résistantes.

On mélange souvent les colorants d'alizarine avec les colorants naturels, notamment le campêche, pour abaisser le prix de la teinture tout en augmentant sa solidité.

Il a été dit, à propos de la teinture de la laine avec action consécutive du mordant, que l'on peut associer, dans le même bain, les colorants anthracène avec certains colorants acides, et produire de la sorte des tons vifs solides au foulon.

XIX

TEINTURE DE LA SOIE NATURELLE

En teinture, les soies d'élevage ou soies cultivées, appelées aussi soies du mûrier, se distinguent pleinement des soies sauvages dont le principal représentant est la soie tussah. La soie tussah prend en effet bien plus difficilement la couleur que la soie du mûrier.

D'une manière générale, la teinture peut avoir lieu sur soie chargée ou non ; nous savons, d'autre part, que la charge peut se faire au cours de la teinture : voir les noirs sur soie au campêche ; ou après teinture : charge au sucre.

La soie grège, soie brute ou soie crue est dure, raide, sans brillant. Elle est utilisée sous cet état pour les gazes, les blondes et les fonds d'étoffes, où elle apporte de la raideur. Pour découvrir les qualités particulières qui font la valeur de la soie, il faut la débarrasser de la séricine ou grès, cette enveloppe rigide qui entoure le filament intérieur ou *fibroïne*. On a alors la soie cuite ou soie décreusée (décreusée ou décruée).

Les couleurs ne tiennent pas aussi bien sur soie crue que sur soie décreusée. Au lavage, la teinture se dissout dans l'eau en même temps que la séricine.

L'opération du décreusage s'impose donc avant teinture, si on veut que cette dernière soit solide et soignée.

Cependant, la séricine qui rend les couleurs peu solides au lavage, si elle reste sur la fibre, doit être employée à la confection du bain de teinture si on veut conserver à la soie son éclat et développer par la suite le craquant qui la font rechercher.

On peut remplacer, il est vrai, le savon de grès, par addition au bain de teinture de colle, de dextrine ou d'amidon ; mais l'action de ces substances est loin d'égaler celle du savon de grès.

Le savon de grès semble servir d'intermédiaire dans la teinture de la soie. La matière colorante se combinerait d'abord à la séricine, et elle ne serait attirée par la fibre qu'à la faveur de cette combinaison.

Le grès exerce donc son action non seulement sur le brillant et le craquant, mais aussi sur l'émission des nuances, en ralentissant le tirage.

Le savon de grès est employé tel qu'il sort de la barque de cuite ; on ne le dilue, la plupart des cas, que si on ne dispose pas d'un volume suffisant pour les besoins de la teinture. Le savon de grès concentré favorise l'unisson, en retenant plus longtemps le colorant en dissolution dans le bain.

INDICATIONS GÉNÉRALES SUR L'EMPLOI DES DIFFÉRENTS GROUPES DE COLORANTS

I. — TEINTURE EN BAIN NEUTRE OU TEINTURE AVEC LES COLORANTS BASIQUES

La teinture en bain neutre s'applique aux matières colorantes basiques. On suppose que la soie précipite la base du colorant basique et forme avec celle-ci une combinaison saline insoluble où la fibre joue le rôle d'acide.

La teinture est accélérée par l'élévation de la température du bain ou par une réaction faiblement alcaline ; elle est ralentie par une réaction légèrement acide. *Les acides énergiques, surtout les acides minéraux, empêchent les colorants de teindre.*

Se basant sur ces propriétés, on monte le bain avec environ 1/3 de savon de grès, neutralise presque la réaction alcaline par addition d'acide acétique ou formique, ajoute le colorant dissous et filtré, introduit la marchandise à 30°-40° C., élève lentement la température et achève la teinture à une température voisine de l'ébullition.

Les couleurs tendres sont teintes en présence d'un léger excès d'acide acétique, afin de les maintenir plus longtemps en dissolution et rendre ainsi la nuance plus uniforme.

Si l'on juge à propos d'employer des couleurs basiques en combinaison avec des colorants d'autres groupes, on teint en bains séparés, ainsi que cela se fait pour la laine.

On avive alors à l'acide acétique ou à l'acide tartrique, car l'acide sulfurique influence trop la nuance des couleurs basiques.

II. — TEINTURE EN BAIN ACIDE OU TEINTURE AVEC LES COLORANTS ACIDES

Toutes les couleurs acides se teignent en bain de savon de grès coupé à l'acide sulfurique. L'unisson est facilité, avons-nous dit, par l'augmentation de la proportion du savon de grès ; mais on arrive au même résultat en diminuant la proportion d'acide sulfurique ou en teignant à basse température.

A cause de l'affinité marquée de la soie pour les colorants acides, on peut, avec un grand nombre de ces produits, teindre à froid et chauffer seulement à une température voisine de l'ébullition pour terminer.

Les bleus alcalins montent trop violemment en bain acide, ils sont même très vite absorbés en bain neutre. Aussi est-on obligé de préparer le bain avec 10 0/0 à 30 0/0 de savon de Marseille, selon que la nuance doit être claire ou foncée, et la proportion de colorant. Après ébullition suffisante (le bain ne s'épuise jamais), on lave, afin d'éliminer toutes les parties non fixées [1], et passe en bain chaud acidulé pour développer la nuance de la soie qui, en sortant de la solution alcaline de teinture, est seulement colorée en bleu mat. L'acidulage se fait soit avec l'acide sulfurique, soit avec l'acide chlorhydrique, soit encore avec le sel d'étain et l'acide chlorhydrique, si on désire augmenter la solidité.

Avec les colorants diamine, on met, en plus du savon de grès, 10 0/0 de sulfate de sodium, et on ajoute 3 à 10 0/0 d'acide

1. Les eaux de lavage doivent être exemptes de chaux, pour éviter la formation de savon calcaire.

acétique, vers la fin de l'opération, pour achever l'épuisement. Après teinture, on peut traiter aux sels métalliques ou copuler.

III. — TEINTURE AVEC LES COULEURS AZOÏQUES SULFURÉES

Les composés du groupe de la primuline teignent la soie sur bain de savon coupé.

IV. — TEINTURE EN BAIN FAIBLEMENT ACIDE OU TEINTURE AVEC LES COULEURS PHÉNOLIQUES

1° TEINTURE AVEC LES MATIÈRES COLORANTES MONOGÉNÉTIQUES

Elle s'effectue en bain acétique de la manière suivante :

On monte le bain avec 1/3 de savon de *grès*, 2/3 d'eau et assez d'acide acétique pour que le bain réagisse sur le papier de tournesol ; on ajoute alors la matière colorante dissoute dans l'eau chaude et entre la marchandise à 30-40° C. On chauffe progressivement et achève le travail à une température voisine de l'ébullition.

Les couleurs de résorcine : éosine, érythrosine, cyanosine, phloxine et rose Bengale, fournissent des nuances roses et rouges, très variées, qui toutes se distinguent par une pureté extraordinaire et une fluorescence caractéristique.

2° TEINTURE AVEC LES MATIÈRES COLORANTES POLYGÉNÉTIQUES

Ce sont des couleurs à mordant déjà mentionnées à propos de la teinture sur laine. Pour la soie, on a le plus souvent recours au procédé de teinture en deux bains.

La soie a bien plus d'affinité que la laine pour les oxydes métalliques ou les sels basiques de ces oxydes, aussi le mordançage peut-il être fait à froid.

La teinture des nuances grand teint se fait sur mordant d'alumine ou sur mordant de chrome, parfois aussi sur mordant de fer, fixés par des procédés analogues à ceux qui servent à fixer les mordants sur coton : précipitation du mordant sur la fibre.

La soie est immergée à froid, quelques heures, de préférence toute une nuit, dans une des solutions suivantes :

Alun partiellement neutralisé au carbonate de sodium ;

Chlorure de chrome,

Ou sulfate de fer (rouille), sulfate ferrique ± basique, tordue, essorée, neutralisée en bain de silicate ou de bicarbonate de sodium et enfin rincée en grande eau.

Il s'est formé pendant l'immersion, ainsi qu'on l'a vu pour le coton, un dépôt de sulfate basique d'alumine, de chlorure basique de chrome ou sulfate ferrique basique.

A cause de la grande affinité des couleurs à mordant pour la soie mordancée, la teinture a lieu sur bain concentré de savon de grès, comprenant le plus souvent une partie de savon pour une partie d'eau. Dans ces conditions, le tirage est lent, les teintures sont unies et brillantes.

On manipule la marchandise une demi-heure à froid dans le bain de teinture, chauffe ensuite progressivement de façon à atteindre l'ébullition en une heure et travaille encore une heure au bouillon.

Dans le cas particulier de la teinture du rouge d'alizarine sur soie mordancée à l'alumine, il faut opérer en eau dure et en bain rigoureusement neutre.

Dans tous les autres cas, la chaux est inutile, parfois même nuisible, et le bain doit être tenu faiblement acide par des additions d'acide acétique.

On termine par un savonnage bouillant suivi d'un bon rinçage et d'un avivage à chaud en bain aiguisé d'acide acétique.

Pour la production de tons très foncés et en particulier de noirs purs avec le noir d'alizarine, on teint en bain très concentré, sans addition de savon de grès ni d'acide acétique. Les opérations subséquentes, savonnage et avivage, ne sont pas modifiées.

La teinture des nuances claires sur soie peut aussi se pratiquer en un seul bain.

On met dans le bain, en plus du colorant, le mordant : alun ou acétate de chrome, et de l'acide oxalique. L'acide oxalique maintient un certain temps la laque en dissolution dans le bain et permet ainsi son absorption par la fibre. Cependant, on ne peut pas obtenir des nuances foncées sur soie par ce mode de teinture simplifiée.

TEINTURE DE LA SOIE, PROCÉDÉ PAR ÉCHANTILLONNAGE

La soie est teinte en écheveaux, à part certains articles, comme les crêpes qui sont tissés avec de la soie grège. *On utilise presque uniquement les colorants acides et basiques.* Les nuances solides sont produites aux colorants de cuve récente, rarement aux alizarines. On a parfois recours au diazottage et développement.

Teinture en bain acide de la soie grège ou soie crue. — La grège de filature ou grège de dévidage est, pour des articles légers : rubans pour confiserie, cache-coutures, tissée directement. Ces tissus sont teints à froid, 20°C.

Des flottes de grège de filature sont aussi teintes en crue, avec des couleurs qui teignent à froid, évidemment. Le dévidage est fait pendant que l'écheveau est encore mouillé.

On teint fréquemment à l'état de soie crue, à froid, des fils de grège de moulinage. On travaille avec les colorants acides : pour les *nuances foncées*, en bain de savon de grès coupé ; pour les *nuances claires*, en bain de savon de grès coupé ou dans un avivage ; pour les *tons fort clairs* : roses violets, lilas, on teint aussi en bain d'avivage ou dans une dissolution de savon de Marseille pour les bleus clairs, les blancs. Dans ce dernier cas on avive après rinçage [1].

Ces soies grèges teintes sont dissimulées dans les tissus auxquels elles apportent de la raideur.

1. Toutes ces manipulations ont lieu à froid, 20 à 25°C., pour ne pas assouplir les grèges.

Teinture en bain acide de la soie souple. — Après assouplissage on teint directement les soies souples qui ne doivent pas être blanchies. La teinture des soies souples se fait comme celle des soies cuites, avec cette différence que la température ne peut dépasser 50°C. pour les organsins; pour les trames, on chauffe parfois jusqu'à l'ébullition.

Les soies souples sont plus faciles à charger que les soies cuites. Le tissage les fait servir de préférence pour la trame, parce que le dévidage en est facile. Les soies souples donnent de l'épaisseur, elles gonflent les tissus.

Teinture en bain acide de la soie cuite, non chargée. — La dissolution de savon de grès, telle qu'elle sort de la barque de décreusage, additionnée ou non d'eau ordinaire, est acidulée avec de l'acide sulfurique (dissolution de savon coupé). On la chauffe à 30°-40°C., on *met dessus* la soie décreusée à laquelle on donne ordinairement deux lisses, pour la préparer; on lève les écheveaux, on verse la dissolution de colorant acide en quantité suffisante pour former le bain, on replonge la soie, donne trois à cinq lisses, lève, *échantillonne* [1], *reponchonne* [2],

1. *Échantillonner.* — Échantillonner, c'est comparer la couleur du textile que l'on teint avec la nuance à imiter qu'on appelle *échantillon.*

La teinture en écheveaux est pratiquée sur des masses fort variables de marchandises. On teint parfois, sur commande, 50 grammes de flottes de soie, laine ou coton, et il n'est pas rare de devoir teindre du textile filé par quantité inférieure à 1 kilogramme. Les ateliers ne possèdent évidemment pas assez de récipients pour proportionner, dans toutes les circonstances. le volume du bain avec le poids de la matière à teindre. Ces variations ont habitué le teinturier à *teindre au jugé.*

Excepté pour les couleurs foncées sur coton, où l'on a presque toujours le même poids de textile, les noirs au soufre, par exemple, on n'opère pas par *poids et mesure,* c'est-à-dire que l'on ne vérifie pas les masses d'adjuvants et de colorants et le volume du bain. Cette manière de travailler exige de l'ouvrier un goût prononcé pour le nuançage, du coup d'œil et un apprentissage approfondi.

Il faut être initié au langage des teinturiers stéphanois pour les comprendre.

On ne teint pas dans un bain, on *teint sur un bain.* On commence par remplir d'eau le récipient, on chauffe à la température voulue, on donne deux ou trois *lizes,* on lève, ajoute la *drogue :* le ou les colorants ; c'est la *teinture sur une eau.* D'autres fois on acidifie cette eau : *teinture sur un avivage.* La plupart du temps on utilise l'*eau de savon :* savon de grès dilué ou non, et acidifié avec de l'acide sulfurique : *teinture sur un bain coupé ;* ou bien on ne coupe le savon qu'à moitié, le bain reste alcalin : *teinture sur un soluble ou laiteux.*

2. *Reponchonner.* — Reponchonner, c'est ajouter du colorant. *On reponchonne* autant de fois que l'on remet du colorant dans le bain pendant la teinture.

Quand l'ouvrier dépasse la nuance type, *il s'est assommé ;* dans ce cas, il lize ses écheveaux dans une solution bouillante de savon de Marseille : *bain de savon chauffe*[1], et introduit la soie de nouveau pour lui donner trois à cinq lisses.

On continue la teinture par échantillonnages successifs, et en chauffant jusqu'à l'ébullition. Lorsqu'on a atteint la température de l'ébullition, on continue le travail en laissant refroidir le bain. Quand la nuance est conforme à l'échantillon, on rince, essore, secoue, sèche et secoue.

Les rubans de soie pour chapellerie sont fort exposés à l'air vif et à l'humidité, ils sont aussi sujets à rester plusieurs saisons en magasin. S'ils sont chargés au sel d'étain, la couleur change vite, et ils fusent ; de là des causes de litiges toujours onéreux.

Afin de pouvoir garantir la marchandise contre le fusage et augmenter même la solidité de la couleur, on maintient moins jaune la nuance des flottes de soie devant servir au tissage de rubans pour chapellerie et, vers la fin de l'échantillonnage on ajoute au bain bouillant, épuisé ou presque, du tanin ou de l'extrait de sumac. Ou bien, les flottes sont passées dans un bain d'avivage bouillant formé de tanin ou d'extrait de sumac et d'acide acétique ou formique. On continue à lisser la soie pendant que le bain se refroidit.

Les soies perdent pendant la cuite en moyenne 25 0/0 de leur poids ; si l'on désire compenser en partie cette perte, on soumet le textile, après teinture, à un bain bouillant concentré de tanin ou d'extrait de sumac : 2 litres d'extrait de sumac par kilogramme de soie. Comme précédemment, on lisse les écheveaux tout en laissant la dissolution se refroidir.

On réduit, par cet engallage, à 10 0/0 la perte au décreusage. Des teinturiers prétendent que l'on peut même donner à la soie teinte le poids qu'elle avait à l'état de soie grège.

Teinture de la soie chargée au silicophosphate d'étain. — Avant de teindre en nuances claires : bleus, roses, lilas, blancs,

gras. Une fois la couleur éclaircie, il revient au premier bain pour continuer à teindre.

Vers la fin du nuançage, *on donne un coup d'œil*, pour atteindre aussi exactement que possible la couleur de l'échantillon.

Donner un coup d'œil, c'est faire un *léger repochon*, ajouter une toute petite quantité de colorant.

1. *Chauffer*. — Chauffer c'est introduire assez de vapeur pour maintenir la température ou pour l'élever un peu, mais toujours sans atteindre l'ébullition.

on élimine l'acide de l'avivage par lissage en carbonate de sodium et savon, on rince et teint dans un *bain alcalin* formé d'une dissolution étendue de savon de Marseille, ou de savon de *grès blanc*, chauffé à 40°C. On peut même teindre ainsi en nuances foncées. On utilise les colorants acides qui tous teignent en bain alcalin, les soies chargées. Il est cependant impossible de teindre de cette manière les soies non chargées.

Les *nuances foncées* produites sur soies chargées avec les *colorants basiques* sont obtenues en teignant en bain de savon coupé avec l'acide acétique ou formique.

Les *nuances foncées*, réalisables avec les *colorants acides* pour soie, peuvent être obtenues assez rapidement en savon de grès complètement coupé avec l'acide sulfurique.

On sait que les opérations de teinture déchargent plus ou moins les soies au sel d'étain ; la perte de poids peut aller jusque 10 0/0, quand les bains sont acides. Pour cette raison, beaucoup de techniciens travaillent leurs soies chargées en *bain laiteux* (bain de savon de grès à moitié coupé avec l'acide sulfurique) ; lorsque la nuance est conforme à l'échantillon, ils rincent et avivent en eau additionnée en acide acétique ou formique.

Lorsqu'on n'est pas conforme, on peut finir la nuance en ajoutant dans ce bain d'avivage de l'acide picrique, de la cochenille, du bleu cyanol... ; mais on ne peut pas ajouter de colorant basique : bleu de méthylène, vert malachite, auramine, chrysoïdine... ; ils tachent, parce qu'ils sont trop rapidement absorbés.

Les *laiteux* conservent bien la charge, ils ménagent la soie ; par contre le colorant se dissout moins profondément dans la fibre, il doit être en grand excès dans le bain : 8 à 10 0/0 au lieu de 3 à 4 0/0 (trois à quatre fois plus de colorant qu'en bain acide).

Dans la teinture des soies chargées, il est recommandable de maintenir le bain le moins longtemps à une température voisine de l'ébullition, afin de préserver autant que possible la marchandise. On attaque vers 45° C., chauffé en deux fois jusqu'à 95° C. et on termine l'échantillonnage en laissant le bain de teinture se refroidir.

Décreusage, blanchiment et teinture de la soie schappe. — Pour la *teinture en couleurs foncées*, les écheveaux sont d'abord travaillés en dissolution d'acide chlorhydrique. Les proportions de cet avivage sont pour 100 kilogrammes de schappe, 3.000 litres d'eau et 10 kilogrammes d'acide chlorhydrique. (L'acide chlorhydrique est désigné ici sous le nom de fumant.)

On chauffe à 90° C., on introduit la soie, on donne cinq lisses, on lève, égoutte, donne trois lisses en eau froide, essore et teint.

Pour la *teinture en couleurs claires*, il faut préalablement décreuser en bain alcalin, en deux opérations.

1° *Décreusage ou dégraissage.* — La schappe reçoit d'abord trois lisses dans une dissolution de carbonate Solway, 10 0/0 environ, chauffée à 40° C.

2° *Cuite.* — On prépare de l'eau de savon à 8 0/0 environ, on la chauffe à 90° C., on donne trois lisses aux flottes de schappe, on lève, redonne trois lisses en eau de rinçage, on lève et blanchit en eau oxygénée ou teint directement.

TEINTURE DE LA SOIE TUSSAH

On peut employer les mêmes colorants que pour la soie cultivée; seulement, la soie tussah se teint plus lentement et plus difficilement; il faut une quantité plus grande de couleur pour obtenir la même nuance. Ceci tient à ce que le tussor a un pouvoir absorbant très faible et aussi à ce que les fibres, à cause de leur forme aplatie, ne réfléchissent pas la lumière comme les fibres de la soie cultivée.

Dans le cas particulier où l'on veut des teintes vives et que l'on n'attache pas une grande importance à la solidité, les colorants basiques donnent un bon résultat. On teint en bain contenant un peu de savon ou un peu d'acide acétique, à une température initiale de 25° C. qu'on élève graduellement jusqu'à 80° C.

Tous les colorants noirs que l'on peut employer donnent des tons un peu gris.

Les meilleurs noirs sont encore obtenus avec le campêche sur fond de fer; ils peuvent être réalisés de la manière suivante :

On manipule la soie à froid pendant une heure dans une solution de nitrate de fer basique à 24° Baumé, tord, lave et recommence quatre fois cette opération. On la travaille ensuite une demi-heure dans un bain de savon dilué à une température de 90°-95° C. On répète ce traitement si l'on désire augmenter la charge.

La marchandise est maintenant traitée, à 65° C., dans une solution formée avec 2 0/0 de ferrocyanure de potassium et 10 0/0 d'acide chlorhydrique. Au bout d'une demi-heure, on ajoute 10 0/0 d'acide chlorhydrique et on prolonge la manipulation encore une demi-heure.

On rince la soie avec soin et on la soumet d'abord durant une heure, à 65° C., à l'action d'un bain d'extrait de sumac titrant environ 3° Baumé, puis pendant une heure encore à l'action d'une solution d'acétate de fer de 9° Baumé en moyenne à 45°-50° C. On essore, sèche et teint les écheveaux pendant une heure à 65° C., dans un bain d'extrait de campêche à 5°,4 Baumé additionné de 25 0/0 de savon neutre préparé à l'huile d'olive.

La marchandise est enfin lavée dans une solution chaude de savon, rincée à l'eau tiède contenant un peu d'huile pour rouge turc, essorée et séchée.

Ce procédé est signé Lawrence; voici la méthode appliquée par M. Benoît Cherbut.

Toutes les nuances foncées sont réalisées sans difficulté avec les couleurs acides pour laine en bain préparé avec acide sulfurique et sulfate de sodium [1], environ 3 à 4 0/0 d'acide et 10 0/0 de sulfate. On attaque à 50° C., travaille en montant jusqu'à l'ébullition et termine la nuance en laissant la dissolution se refroidir. Une ébullition prolongée est nuisible à la douceur et à la souplesse, la soie devient difficile à dévider et à tisser, elle subit du feutrage.

1. Le mélange acide sulfurique et sulfate de sodium est appelé *sulfate brûlé*. Ex. : On teint sur un sulfate brûlé.

Les colorants pour laine teignent bien le tussah, même en l'absence du savon de grès.

Les nuances moyennes, les couleurs modes : gris, beige, vieux bleu, héliotrope sont produites en bain de savon de grès dilué d'un égal volume d'eau et additionné d'un peu de sulfate de sodium, 5 0/0 environ. On coupe le savon avec de l'acide formique ou de l'acide acétique, on ajoute le colorant, on attaque à 40° C., donne trois lisses, lève, échantillonne, reponchonne, redonne trois lisses pour de nouveau lever, échantillonner, reponchonner. On recommence ainsi jusqu'à ce que la teinture soit suffisante.

Si l'on juge que le bain n'est pas assez coupé, on en facilite l'épuisement en ajoutant un peu d'acide sulfurique au cours de la teinture.

Quand la nuance est conforme à l'échantillon, on lève, rince par lissage en eau froide, on essore, secoue, sèche et secoue.

Charge de la soie et teinture en noir. — La teinture en noir de la soie est une industrie ancienne ; elle permet de donner une importante augmentation de poids, sans craindre le fusage plus ou moins rapide pendant le magasinage, avarie à laquelle sont exposées les soies chargées au silicophosphate d'étain. Ce genre de teinture n'emploie que des produits connus presque de toute antiquité ; aussi a-t-il été mis en pratique un peu partout, parce qu'il permet de réaliser des bénéfices considérables. Un ancien fabricant normand me racontait volontiers que, lorsque lui ou ses confrères manquaient de soies noires, ils s'adressaient à leur teinturier qui leur en fournissait sans délai. Le teinturier n'achetait jamais de la soie, il en vendait ! D'après les conventions, il devait rendre au fabricant un poids de marchandise égal à celui qu'il en avait reçu ; mais la soie restituée étant non seulement teinte mais aussi chargée ; il retenait, sans être considéré comme un fraudeur, un lot de soie, peut-être aussi conséquent que celui qu'il retournait.

Actuellement, la teinture en noir de la soie est devenue la spécialité de quelques grandes firmes qui, semble-t-il, gardent soigneusement les avantages qu'elles se sont octroyés, en étouffant jalousement toute concurrence. Ce procédé ne me semble pas digne d'éloge, il est tout simplement à la hauteur des capacités pécuniaires dont disposent les grandes associations.

Nous n'avons pas trouvé l'occasion d'approcher ces ateliers de teinture ; M. Hummel, directeur du Collège de teinture de Leeds, en parle dans son ouvrage qui était, au temps où ce livre a fait son apparition, le meilleur manuel du teinturier.

Voici comment nous concevons la pratique de la charge de la soie, pendant la teinture en noir, de ce textile :

I. — CHARGE ET TEINTURE EN NOIR DE LA SOIE CUITE

Les trames et les organsins préalablement cuits sont :

1° *Mordancés à la rouille.* — On donne aux écheveaux trois à cinq lisses, durée une heure environ, dans une dissolution froide de sulfate ferrique basique, pesant 29 à 30° Baumé ; on lève, exprime entre rouleaux ou on tord de manière à récupérer le bain. L'excès de liquide enlevé, on lave par deux ou trois lisses dans deux eaux successives, l'une froide, l'autre tiède. Ces opérations sont répétées jusqu'à huit fois pour charger à 100 0/0. Après lavage dans de l'eau tiède, on donne à la soie rouillée quatre à cinq lisses dans un bain bouillant de savon, cette dissolution de savon peut resservir ; on peut également utiliser les dissolutions de savon de grès, après les avoir renforcées de 10 à 12 0/0 de savon blanc de Marseille et de 2 0/0 de cristaux de soude ; ces proportions sont calculées d'après le poids de la soie ;

2° Teints en bleu de Prusse par lissage dans une dissolution de cyanure jaune, ferrocyanure de potassium, acidulée à l'acide chlorhydrique, chauffée à 60° C. environ, rincés et essorés.

L'acide chlorhydrique est versé en deux ou trois fois, à mesure que s'effectue le développement en bleu de Prusse, afin de ne pas détruire la basicité du mordant de fer dissous par la fibre ;

3° Passés de la même manière dans une dissolution aqueuse, composée de 100 à 150 0/0 de *cachou* et 10 à 15 0/0 de chlorure stanneux $SnCl^2$, chauffée à 70° C. environ, *exprimés au rouleau ou sabrés* [1], de manière à récupérer la dissolution de cachou qu'entraîne la soie, rincés et essorés.

Le chlorure stanneux permet la fixation d'une grande quantité de cachou, non seulement dans le bain actuel, mais encore dans le bain suivant ;

4° Travaillés par lissage dans un second bain de *cachou* plus concentré, 150 à 200 0/0 de cachou, à la même température de 70 à 80° C ;

5° Lissés dans un bain chaud de pyrolignite de fer, exprimés, rincés, égouttés et teints au campêche.

Teinture. — On donne aux écheveaux mordancés comme nous venons de l'indiquer deux à trois lisses dans du savon de grès chauffé à 60° C. ; on lève, verse la dissolution d'extrait de campêche et on teint en montant lentement à 90° C. Les proportions employées sont en moyenne 50 0/0 de savon et 100 0/0 de campêche (100 0/0 de *bois* de campêche ou quantité d'extrait équivalent) ; elles varient en plus ou en moins avec l'intensité du noir que l'on doit obtenir.

On termine par un *adoucissage à la potasse* [2].

Les matières étrangères dont la fibre s'est imprégnée l'ont plus ou moins dénaturée, elle est devenue dure et terne.

L'adoucissage la rend plus souple, plus douce et lui restitue une partie du brillant que la charge lui avait fait perdre.

Considérations théoriques. — Le mordançage au sulfate ferrique basique est dû à la dissociation de ce sel par l'action de l'eau. La fibre absorbe le sel basique pendant l'immersion. Après essorage, les eaux de lavage enlèvent au mordant de l'acide sulfurique et laissent dans le textile un sel basique plus riche en oxyde ferrique et par conséquent moins soluble. Les eaux calcaires facilitent cette décomposition.

On ne peut pas laisser sécher la soie mordancée au sulfate de

1. *Sabrés ou exprimés aux rouleaux* (voir renvoi, page 189).
2. *Adoucissage à la potasse*, (voir pages 479 et 485).

peroxyde de fer basique, avant de la traiter au savon ; il faut la conserver, en attendant, dans la dissolution concentrée de mordant, ou bien, la maintenir mouillée en la couvrant de draps humides. L'oxyde ferrique est un oxydant énergique ; si on abandonne quelque temps à l'air la soie fort chargée en rouille non combinée, il se produit une oxydation de la fibre, une combustion lente.

L'ébullition en eau de savon complète la décomposition du mordant de fer et transforme la base en oléate de fer, composé d'un brun foncé qui n'affaiblit pas la solidité de la marchandise.

II. — CHARGE, ASSOUPLISSAGE ET TEINTURE EN NOIR DE LA SOIE GRÈGE

1° La grège est mouillée dans une dissolution froide de savon blanc et de carbonate de sodium, comme il est dit page 187 (voir Soie crue ou écrue). Après lavage à l'eau froide et essorage elle est lissée dans une dissolution froide de sulfate de peroxyde de fer basique titrant environ 10° Baumé, levée après cinq à six lisses, durée environ une heure, exprimée entre rouleaux ou tordue pour récupérer le bain, rincée, tordue et passée en dissolution de 5 0/0 de cristaux de soude chauffée à 40° C. environ. Au bout de quatre à cinq lisses, on essore, lave et essore.

Un recommence ces opérations, si l'on veut accroître sensiblement le poids. La deuxième passe dans les deux bains du mordançage apporte une augmentation plus faible que la première ; et la masse de sel ferrique absorbé pendant la troisième passe est naturellement encore plus petite, le textile commençant à se saturer. Mais en quatre ou cinq passes qui se succèdent on atteint un accroissement d'environ 90 0/0.

2° Les écheveaux sont maintenant lissés dans une dissolution froide d'un mélange d'acide chlorydrique et de ferrocyanure de potassium, pour teindre la soie en bleu de Prusse. L'acide chlorhydrique est versé en plusieurs fois, afin de ne pas trop influencer l'oxyde ferrique absorbé par le textile.

C'est évidemment l'oxyde ferrique entré dans la fibre qui

accroche le tanin, pendant l'engallage effectué dans le bain n° 3. Il faut donc éviter de transformer trop complètement cet oxyde ferrique en chlorure ferrique ; il n'en serait que mieux attaqué par le cyanure jaune, pour produire du bleu de Prusse, mais la majeure partie du bleu se formerait dans le bain au détriment de la marchandise.

Les traitements que nous venons de décrire se font à froid afin d'éviter d'assouplir la grège.

3° A ces bains succède une dissolution très chaude ou bouillante de gallique ou autre substance tanante. On donne cinq à six lisses : durée une à deux heures, on lève à chaque lisse pour donner un *coup de tube* [1], on *met en saute* [2], et on laisse refroidir toute la nuit ou *laisse traîner* [3] deux à trois heures ou davantage, selon la proportion de tanin à faire entrer dans la soie.

Le nombre de lissages dans le bain de galle, chauffé à 90°-100° C. doit dépendre du degré d'assouplissage à donner à la marchandise.

Nous savons, en effet, que toute dissolution aqueuse bouillante, non alcaline, ne décreuse que fort imparfaitement les soies écrues, mais les assouplit d'autant plus qu'elles y sont lissées plus longtemps.

4° On lève les écheveaux et, dans le bain refroidi, on projette 5 à 15 0/0 de cristaux de protochlorure d'étain, ou bien, on prépare une nouvelle dissolution avec cette proportion de chlorure stanneux, on donne quelques lisses à 30-40° C., on laisse égoutter.

5° On termine par lissage en dissolution de savon chauffée à 30-40° C., contenant environ 70 0/0 de savon.

Les bains 4 et 5 sont seulement maintenus tièdes, pour éviter d'augmenter l'assouplissage.

6° On termine par un adoucissage à la potasse.

Conceptions théoriques. — On emploie pour la grège une dissolution relativement étendue de rouille ; le grès, l'eau de rin-

1. Donner un coup de tube (voir renvoi, page 196).
2. Mettre en saute (voir renvoi, page 193).
3. Laisser traîner (voir renvoi, page 500).

çage et la dissolution de carbonate de sodium décomposent le sel basique, lui enlèvent de l'acide sulfurique primitivement à l'état de sulfate ferrique, et laissent dans la fibre un sel fortement basique insoluble.

Charges très fortes sur soies souples. — La soie absorbe des proportions élevées de tanin, même en dissolution froide ; on s'est basé sur cette propriété pour la charger jusqu'au point de lui faire perdre ses caractères de fibre de soie.

On donne à la soie grège deux à cinq lisses dans un bain très chaud ou bouillant de gallique, et met en saute ou laisse traîner pendant le refroidissement ; on lève, tord ou essore en recueillant dans le bain le liquide exprimé et on donne trois à quatre lisses en bain de pyrolignite titrant 8 à 10° Baumé, chauffé à environ 55° C. ; on essore, rince, essore et recommence cette série d'opérations d'autant plus souvent que l'on veut donner davantage de poids.

Le premier bain de gallique est chaud ou bouillant, selon le degré d'assouplissage que l'on veut communiquer à la grège ; les bains suivants de galle sont seulement chauffés à 30°-40°C., avant l'introduction de la marchandise.

On charge ainsi jusque 400 0/0 et davantage ; de pareilles augmentations de poids ne peuvent être données qu'à la trame et aux soies grasses.

On termine par un bon adoucissage à la potasse.

Au dire des vieux teinturiers stéphanois, on faisait ainsi, il y a 25 à 30 ans, des noirs sur soies souples avec augmentation de poids de 600 0/0. Ces noirs, que l'on désignait sous le nom de *noirs persans*, s'appliquaient sur gros fils de soie, tels que les cordonnets.

Les soies ainsi travaillées étaient peu résistantes et ternes ; on leur rendait un peu de ténacité en les chargeant au sucre ; on leur faisait un brillant factice en les frottant ensuite avec un chiffon enduit de suif (M. Forissier).

Il paraît que, dans dans le but de laisser à la soie ses qualités particulières, on ne dépasse plus guère une augmentation de 200 0/0.

Moyen de reconnaître la soie chargée. — La combustion suffit pour distinguer la soie chargée aux sels minéraux. On incinère un fragment du tissu à examiner ; s'il est chargé avec des composés minéraux, il noircit, mais garde sa forme aussi lontemps qu'il n'est pas secoué ou frotté entre les doigts ; s'il n'est pas chargé, il disparaît en laissant un peu de cendres.

Les conditions des soies procèdent de la manière suivante :

Pour mettre en évidence la charge aux matières organiques, on soumet un échantillon à l'action des différents dissolvants : eau distillée, alcool, éther ordinaire, éther de pétrole, benzine, etc. ; on isole alors le sucre, le gluten, la vaseline, le suif, la paraffine, etc.

Pour évaluer approximativement la charge aux composés minéraux, on part de ce principe que l'incinération totale de 100 grammes de soie grège laisse $0^{gr},85$ de cendres. On incinère 5 grammes de soie et on pèse les cendres blanches. La charge est d'autant plus conséquente que la masse des cendres dépasse :

$$\frac{0,85 \times 5}{100} \quad \text{c'est-à-dire} \quad 4^{cg},25.$$

Teinture de la soie aux colorants de cuve[1]. — La teinture aux colorants de cuves d'origine récente est une véritable spécialité. On teint la soie à l'état écru ; le décreusage se fait, au cours de la teinture, par l'alcalinité de la cuve. Si la dissolution est fort alcaline, on protège encore le textile par addition de gélatine.

L'oxydation, après teinture, se fait lentement par lissage dans l'eau de rinçage.

Remarque. — Les colorants basiques conviennent pour les tons vifs ou foncés qui ne doivent pas présenter une grande solidité. Nous les mentionnons à propos de la teinture de la soie chargée aux sels d'étain.

Les couleurs acides résistent assez bien. Les diamines sont peu employées, bien qu'elles aient la réputation d'être particulièrement solides à l'eau, au lavage et au foulon.

1. Spécialité de la maison Brosse, Cizeron et Gonon de Saint-Étienne

On teint à l'ébullition dans un bain 1/20, composé comme pour la teinture du coton. On met en plus un poids de glucose double du poids de sulfure et 3 centimètres cubes d'huile pour rouge turc par litre de bain.

La proportion du colorant est de 5 à 10 0/0 (20 à 30 0/0 pour les noirs).

Le travail peut se faire sur marchandise non décreusée. Si elles doivent être soumises ultérieurement au décreusage, il est recommandable de les traiter après teinture dans un nouveau bain bouillant, préparé avec :

Bichromate de potasse	2 0/0
Sulfate de cuivre	2 0/0
Acide acétique	5 0/0

puis de rincer et aviver.

Pour les noirs, on mordance avant teinture avec du nitrate de fer à 18° Baumé environ.

Les couleurs d'alizarine sont évidemment très solides; on n'en fait guère usage. Dans la région stéphanoise, ce sont les colorants de cuve qu'on utilise pour produire des couleurs vraiment solides sur soie.

TEINTURE EN NOIR DES TISSUS DE SOIE GRÈGE DESTINÉS A LA FABRICATION DU CRÊPE ANGLAIS[1]

Mordançage. — On mouille les pièces bien également dans de l'eau froide ou tiède, les mordance, dans la même barque, en bain monté avec la proportion voulue d'extrait de vélanède et chauffé à la température maximum de 50° C. Après trente à quarante minutes de manipulation, on immerge les pièces dans le bain et les laisse ainsi le temps nécessaire pour qu'elles fixent de l'acide tannique en quantité suffisante. On les lave ensuite à grande eau pour les débarrasser de l'extrait tannant qui n'a pas été fixé.

On emploie en moyenne : 8 litres d'extrait de vélanède

1 Extrait d'une conférence faite par M. P. Montavon, au troisième Congrès de l'Association générale des chimistes de l'industrie textile, 1913.

à 30° Baumé pour mordancer 50 pièces pesant 1 kilogramme à 1^{kg},300 aux 100 mètres carrés; 6 litres pour celles qui pèsent de 1^{kg},300 à 2 kilogrammes; 3 litres pour les tissus d'un poids supérieur à 2 kilogrammes.

La durée de l'immersion est en raison inverse de la qualité des tissus : les plus légers doivent séjourner pendant toute une nuit dans le bain; les sortes moyennes, pendant quatre à cinq heures, et les belles qualités, pendant deux heures seulement. Il faut aussi établir une différence de traitement entre les grèges blanches et les grèges jaunes; pour ces dernières, la teneur du bain en vélanède doit être de moitié plus faible que pour les premières.

Après mordançage, les tissus doivent avoir une teinte d'un jaune légèrement brun; ils possèdent alors l'élasticité nécessaire pour le gaufrage. Si, au contraire, la teinte est trop brune, par suite de l'absorption d'un excès de vélanède, la fibre perd sa nervosité, devient cassante et ne résiste plus aux fortes saillies de la gravure.

L'extrait de vélanède est fourni par les cupules des glands du véláni, espèce de chêne très commun en Grèce et en Asie Mineure (*Quercus Aegylops*). Il peut être remplacé par tous autres extraits tannants, comme ceux du sumac, de noix de galle, de châtaignier, de dividivi, de myrobolan, de guebrancho, etc., pourvu qu'ils ne soient pas trop chargés de matières colorantes brunes qui pourraient influencer la nuance du noir.

Teinture. — On dissout préalablement dans l'eau bouillante 8 0/0 de noir naphtylamine 6B. On en verse à peu près la moitié dans la barque de teinture contenant déjà de l'eau tiède aiguisée d'un demi-litre d'acide acétique; après y avoir manœuvré le tissu pendant quinze minutes, on le lève, chauffe le bain un peu plus, ajoute un demi-litre d'acide acétique, tourne encore un quart d'heure ; lève de nouveau, verse le reste du colorant et 1 litre d'acide sulfurique à 3° Baumé. On y retravaille la marchandise en chauffant lentement jusqu'à 65° C., tout en ajoutant encore 1 litre d'acide sulfurique à 3° Baumé. Quand tout le colorant est épuisé, on rince à grande eau, essore et sèche à la chambre chaude.

Avant de sécher les tissus de qualités inférieures, on doit, après essorage, les imprégner bien uniformément d'une solution de dextrine ou de gélatine à raison de :

20 grammes par litre pour les qualités pesant de	1 kg.	à 1 kg. 100 ;
15 — — — —	1 kg. 100	à 1 kg. 200 ;
10 — — — —	1 kg. 200	à 1 kg. 300.

Ce commencement d'apprêt a pour but de donner plus de poids et plus d'épaisseur aux tissus légers, sans en augmenter la raideur, tout en évitant, par raison d'économie, de trop charger en gomme laque.

Pour les étoffes légères, on doit forcer la proportion de noir 6B jusqu'à 9 0/0. Si la nuance reste bleu marine, il y a insuffisance de colorant; si, au contraire, le noir prend un ton roux, il y a excès de colorant.

Quelquefois des pièces sont nuancées de bleu et de brun.

On les égalise en les reprenant dans l'eau chauffée à 65° C. Lorsque la nuance est suffisamment démontée, on ajoute au bain, qui a pris une teinte foncée, d'abord de l'acide acétique, puis de l'acide sulfurique, et on continue à reteindre le tissu jusqu'à ce qu'il ait repris tout le colorant.

Comme on emploie moins de colorant pour les qualités lourdes (celles qui pèsent 2 à 3 kilogrammes aux 100 mètres carrés), il est nécessaire d'ajouter au bain de teinture un colorant jaune pour rabattre le ton violet du noir.

A cet effet, on emploie soit le jaune indien, soit la citronine, à raison de 50 à 60 grammes par kilogramme de noir naphtylamine.

MOYEN D'OBTENIR SUR FIL DE LAINE TEINT AUX COULEURS D'ALIZARINE LE BRILLANT ET LE CRAQUANT DE LA SOIE

Le fil est dégraissé, passé durant vingt minutes dans de l'eau légèrement acidulée avec un volume d'acide chlorhydrique à 20° Baumé pour 50 volumes d'eau ; essoré et travaillé vingt minutes dans une autre solution contenant 1gr,5 de chlorure de chaux pour 100 centimètres cubes d'eau.

La laine ainsi chlorée est alors rincée, mordancée, teinte en couleurs d'alizarine, rincée de nouveau et manœuvrée environ un quart d'heure dans de l'eau savonneuse, à 5 grammes de savon par litre.

Après ces deux séries d'opérations, les écheveaux sont, sans rinçage préalable, manipulés dans de l'eau acidulée avec 5 grammes d'acide sulfurique à 66° Baumé par litre, rincés avec soin et séchés.

Tout le travail se fait à tiède, entre 25° et 35° C.

Pour certaines nuances claires, les 5 grammes d'acide sulfurique sont remplacés par 10 centimètres cubes d'acide acétique.

Il se dépose sur la fibre, pendant le savonnage, une certaine proportion d'acides gras, dont l'effet, ajouté à celui produit par le chlorage, donne à la laine l'éclat et le craquant de la soie.

XX

TEINTURE DE LA SOIE NATURELLE (*suite*)

APPRÊTS MÉCANIQUES ET CHIMIQUES QUI ACCOMPAGNENT OU SUIVENT LA TEINTURE DE LA SOIE EN ÉCHEVEAUX

AVIVAGE. — ADOUCISSAGE. — SECOUAGE. — CHEVILLAGE ET LUSTRAGE

A part le secouage qui se fait sur toutes les soies en écheveaux, on pratique l'une ou l'autre des opérations sus-nommées d'après l'usage que le fabricant veut faire des flottes de soie teintes ou simplement blanchies. Le but est de développer le craquant et le brillant ou de leur communiquer une grande douceur.

Avivage. — Le textile convenablement rincé est lissé dans un bain tiède ou chaud d'acide sulfurique, d'acide acétique ou d'acide formique très dilués. Proportion : 500 grammes d'acide sulfurique ou 180 grammes d'acide organique, environ, par mètre cube d'eau. C'est ce passage en dissolution acide qui est appelé avivage.

L'avivage à l'acide sulfurique doit être suivi d'un rinçage. On ne rince pas après avivage aux acides organiques.

Le but de l'avivage est de donner du craquant aux soies cuites ou assouplies, avant de les livrer, si elles ont subi préalablement un *lissage en bain non acide*, tel que le bain de savon de grès à moitié coupé : *bain soluble ou laiteux*. Les soies chargées teintes dans *un soluble* sont trop molles ; il faut les aciduler, si on veut donner le craquant qui est spécial aux fibres de soie.

Les organsins cuits destinés à la fabrication des rubans de velours de très belle qualité sont encore avivés après teinture.

bien qu'ils soient teints en bain acide : bain de savon coupé. L'avivage améliore encore l'aspect de la soie et son craquant.

Le craquant se maintient tel que après avivage à l'acide sulfurique ; il diminue à la longue lorsqu'il est développé aux acides organiques.

Adoucissage. — 1° *Adoucissage aux deux huiles.* — Il donne aux fils de soie un toucher mou, permettant aux rubans de prendre l'apprêt moiré. L'avivage adoucissage se pratique en lissant rapidement les flottes *teintes et rincées* dans de l'eau additionnée d'un mélange en parties égales d'huile d'olive et d'acide sulfurique [1] ; après quoi, on lève, égoutte et essore.

2° *Adoucissage à l'alumine.* — Les soies cuites et les soies assouplies devant servir à la fabrication des articles velours doivent être douces et suffisamment molles pour se laisser sectionner et raser.

Les soies destinées à subir l'adoucissage à l'alumine sont, après teinture, rincées à fond pour les désacider le plus complètement possible, et travaillées *à froid* dans une dissolution résultant d'un mélange d'alun et de cristaux de soude [2]: bain d'adoucissage à l'alumine. On donne quatre, cinq ou six lisses aux écheveaux, en ayant soin de les tordre après chaque lisse. Entre temps, on essore une flotte pour s'assurer du degré d'adoucissage, puis on termine par un simple essorage. Des teinturiers *font une eau* avant l'essorage, ce qui signifie qu'ils pratiquent un rinçage ; ils se servent d'eau aiguisée d'acide acétique. C'est une main-d'œuvre inutile.

On applique parfois les deux modes d'adoucissage sur les organsins cuits, devant servir à la fabrication des velours. On adoucit d'abord aux deux huiles, selon l'expression technique *on casse aux deux huiles*, puis on rince et passe en bain faible d'alumine.

Ces adoucissages sont donnés, évidemment selon les articles, aux soies chargées comme aux soies non chargées. On n'utilise d'ailleurs plus guère de soies non chargées.

1 et 2. Voir plus loin, page 484, préparation des bains pour adoucissage.

3° *Adoucissage à la potasse.* — Toutes les soies chargées doivent être adoucies par lissage dans une eau contenant une émulsion d'huile tournante et de soude Solway. Cette manipulation supplémentaire les rend plus faciles à dévider et à tisser; elles deviennent plus souples, plus douces, plus luisantes, et si elles sont chargées au protochlorure d'étain, elles résistent plus longtemps au fusage.

Secouage. — Les soies décreusées et les soies teintes sont secouées après essorage.

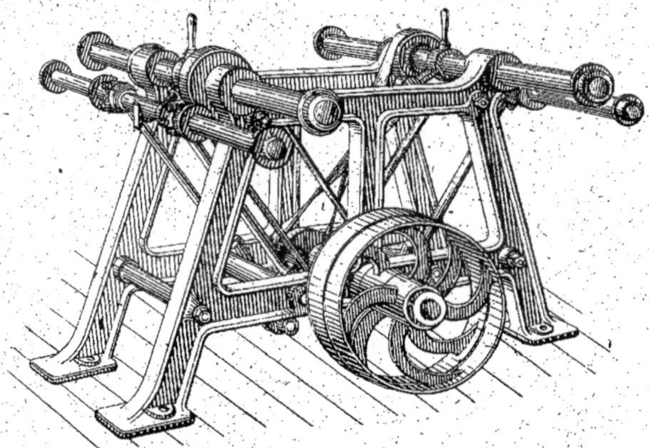

Fig. 117. — Secouage. Machine à secouer et à dresser les écheveaux.

La machine à secouer se fait à 2 paires ou à 4 paires de chevilles batteuses. On peut, avec cette machine, secouer et dresser les écheveaux de soie, quel que soit le guindrage (Construction Ch. Lumpp et Cie). Lyon.

Les soies devant rester blanches et les soies teintes sont ensuite séchées et secouées après séchage.

On suspend les flottes après une *cheville* : traverse cylindrique en bois fixée horizontalement dans un mur (le groupe des chevilles est appelé chevilloir ou pantinoir), passe à l'autre extrémité un chevillon : court bâton également cylindrique. Prenant le chevillon avec les deux mains, on soumet les écheveaux à des secousses et des tractions vigoureuses et rapides, en les changeant plusieurs fois de place. Ces tractions et secousses successives séparent les fils et leur enlèvent toute tendance à se friser et leur donnent du brillant.

On peut opérer le secouage à la machine (*fig.* 117).

Chevillage. — Cheviller, c'est secouer énergiquement puis tordre les écheveaux secs, tantôt dans un sens, tantôt dans

Fig. 118. — Machine à cheviller les soies (Ch. Lumpp et Cie, Lyon).

l'autre, en les soumettant à une tension fixe et progressive.

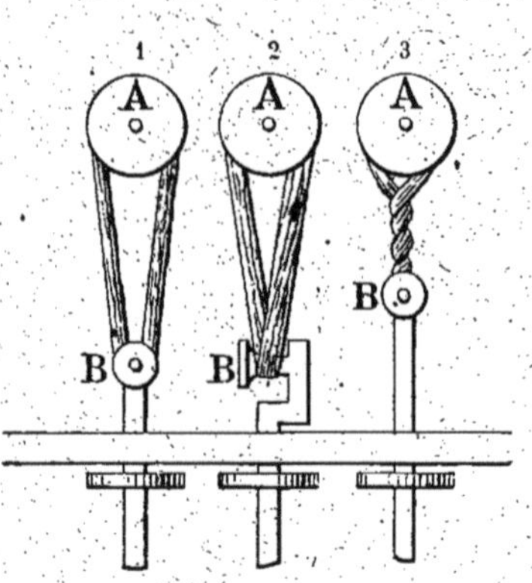

Fig. 119. — Appareil usité pour opérer mécaniquement le chevillage.

Le chevillage fait partie de la préparation de la soie souple; il complète l'assouplissage. Chaque partie de soie doit être secouée, tordue et étirée durant trois à six minutes. C'est un travail fatigant. Il existe des chevilleuses mécaniques, mais tous les ateliers n'ont pas assez de soies souples à traiter pour occuper une machine; c'est pourquoi ce travail se fait encore assez souvent à la main.

La chevilleuse se compose d'une rangée de chevilles A pouvant tourner sur un axe fixe, et d'une rangée de chevilles B placées sous les premières.

Chaque cheville B est fixée sur un axe vertical qui, lorsque les flottes sont en place, peut tirer sur elles avec une force de 80 kilogrammes.

Pendant le chevillage, toutes les tiges verticales, commandées par une crémaillère, tournent de la position indiquée par la figure 1, à celle de la figure 3, pour revenir à la position figure 1 et continuer la torsion en sens inverse. Chaque fois que les flottes reprennent la position figure 1, les chevilles A évoluent d'un quart de tour, de façon à soumettre successivement à la torsion toutes les parties de chaque flotte.

Lustrage. — Les flottes de soie teintes, séchées, sont soumises à une tension variable entre deux cylindres polis, tour-

FIG. 120. — Machine à lustrer (Construction Ch. Lumpp et Cie, Lyon).

nant suivant le même sens dans une caisse en fonte où l'on maintient de la vapeur d'eau sous faible pression.

Cet apprêt purement mécanique comme le secouage et le chevillage, n'est appliqué que sur demande quand le fabricant veut accentuer le brillant de la soie.

Grand brillant. — Le lustrage, placé entre le mouillage et la cuite, développe au plus haut degré l'éclat de la soie.

La soie crue est mouillée à chaud dans de l'eau additionnée de glycérine, essorée et étirée en présence de vapeur d'eau. L'étirage se fait à l'étireuse, comme nous venons de le décrire pour le lustrage. La glycérine intervient probablement pour maintenir la soie humide malgré la chaleur fournie par la vapeur. L'étirage, dans ces conditions, fait donner aux flottes tout l'allongement dont elles sont susceptibles ; par contre elles ont perdu toute leur élasticité.

Fig. 121. — Chevilleuse à trois cylindres de chaque côté pour permettre de lustrer l'intérieur et l'extérieur de l'écheveau (Construction Ch. Lumpp et Cie, Lyon).

La soie est, après cela, décreusée à fond. Parfois, on fait encore suivre la cuite du lustrage, opération qui se donne à sec, comme nous venons de le voir.

Cette série d'opérations donne à la soie le maximum de brillant ; les teinturiers le désignent sous le nom de *grand brillant*.

Mettage en main. — La soie moulinée arrive à la teinture en flottes de 50 grammes environ. Les opérations de teinture terminée, une ouvrière teinturière, la *metteuse en main*, accroche chaque flotte à une cheville et tout en tirant un peu, elle roule l'autre extrémité de dehors en dedans ; ce travail nécessite l'emploi de deux mains. Le résultat est de disposer les brins des deux branches de l'écheveau en hélices symétriques. La fausse torsion dont la raison est d'éviter l'enchevêtrement des fils est fixée à l'aide d'un nœud coulant, fait avec une des branches de l'écheveau lui-même.

Les teinturiers appellent cela *pantiner* ou *pantumer*. La flotte ainsi fixée est une *pantine* ou *quart*.

L'ouvrière groupe ensuite les pantines par quatre pour en faire une *main* ou *matteau*. Les matteaux sont réunis au nombre de quinze pour faire un paquet appelé *masse*. C'est ainsi assemblée par *masses* que la soie teinte est remise au fabricant.

PRÉPARATION DES BAINS POUR ADOUCISSAGE[1]

I. — PRÉPARATION DE L'ALUMINE DES TEINTURIERS

Dans une dissolution bouillante d'environ 15 kilogrammes de cristaux d'alun de potassium ou de sodium exempt de fer, dans 100 litres d'eau, on projette des cristaux de soude par petites quantités, on agite après chaque addition, et on continue jusqu'à ce qu'une dernière addition ne provoque plus d'effervescence. Il faut 4 à 5 kilogrammes de carbonate de sodium cristallisé. La réaction est assez violente. On laisse refroidir avant de prélever le volume de liquide nécessaire au bain d'adoucissage.

Quelle est la composition de la dissolution ainsi formée ? Il se forme du carbonate d'aluminium :

$$\underbrace{(SO^4)^4\,Al^2Na^2}_{\text{alun}} + \underbrace{3\,CO^3Na^2}_{\text{carbonate de sodium}} = \underbrace{4\,SO^4Na^2}_{\text{sulfate de sodium}} + \underbrace{(CO^3)^3\,Al^2}_{\text{carbonate d'aluminium}}$$

1. Les proportions que nous indiquons ne sont qu'approximatives ; nous rappelons qu'on ne pèse et qu'on ne mesure rien d'une façon générale en teinture par échantillonnage ; tout se fait au jugé.

Le carbonate d'aluminium formé s'hydrolise plus ou moins, donnant naissance à de l'alumine qui se transforme vraisemblablement en aluminate de potassium ou de sodium restant en dissolution

$$\underset{}{(CO^3)^3\,Al^2} + 6\,H^2O = \underbrace{3\,CO^2 \nearrow}_{\text{anhydride carbonique}} + \underbrace{3\,H^2O}_{\text{eau}} + \underbrace{Al^2\,(OH)^6}_{\text{alumine hydratée ou hydroxyde d'aluminium}}$$

L'adoucissage serait une lessive d'aluminate :

$$\underbrace{Al^2O^6H^6}_{\text{hydroxyde d'aluminium}} + CO^3Na^2 = \underbrace{Al^2O^4Na^2}_{\text{aluminate de sodium}} + CO^2 \nearrow + 3H^2O$$

D'après les masses des molécules grammes des sels qui entrent en réaction :

Alun de sodium cristallisé : $(SO^4)^3\,Al^2,\ SO^4Na^2 + 24\,H^2O = 917$,
Cristaux de soude Leblanc : $CO^3Na^2 + 10\,H^2O = 286$,

le poids de cristaux de soude équivalant à 15 kilogrammes d'alun est :

$$\frac{917}{15} = \frac{286}{x}, \qquad \text{d'où :} \qquad x = \frac{15 \times 286}{917} = 4^{kg},678,$$

$4^{kg},678$, poids auquel il faudrait ajouter celui du carbonate qui intervient dans la transformation de l'alumine en aluminate.

Cette composition qui se prépare toujours dans le même récipient dépose beaucoup ; il se forme sur les parois une croûte cristalline. Lorsque le dépôt est trop abondant, on vide et nettoie le tonneau dans lequel on prépare l'alumine avant de faire une nouvelle solution d'adoucissage.

II. — BAIN POUR ADOUCISSAGE

Le bain pour adoucissage s'obtient en ajoutant 10 à 15 casses[1] de la mixture précédente dans 1.000 litres d'eau environ. Dans

1. *Casse.* — Cuiller hémisphérique en cuivre prolongée par un manche en bois. La casse a une capacité d'environ 5 litres. Ce récipient portatif est en usage dans toutes les teintureries.

un pareil volume de liquide, on adoucit ordinairement 10 à 12 kilogrammes d'écheveau de soie.

I. *Préparation de l'émulsion aux deux huiles.* — Les teinturiers mélangent à froid volumes à peu près égaux d'huile d'olive et d'acide sulfurique concentré, en remuant la masse. Ils versent dans l'eau froide ce sulfo-oléate très acide et agitent énergiquement la dissolution, de manière à provoquer la formation d'une mousse abondante (voir Huiles sulfoconjuguées).

II. *Bain pour adoucissage.* — On verse de l'émulsion aux deux huiles dans de l'eau pour préparer des bains d'avivage dont l'effet sera de ramollir, d'adoucir la soie.

On lisse dans ce bain d'avivage gras les *écheveaux de soie teints et rincés*. Après adoucissage, on lève, égoutte et essore.

L'adoucissage est plus ou moins accusé, conformément à la demande formulée par le fabricant. Le teinturier adoucit les écheveaux de soie *au quart*, *à demi*, ou bien il leur donne le *toucher plume*. Pour arriver au toucher plume, il faut enlever à la soie tout son craquant.

Le toucher plume permet de produire aux apprêts, sur les tissus de soie, le *moiré antique* [1]. Le *moiré français* et le toucher mousseline sont réalisés par le cylindrage des étoffes de soie tissées avec de la soie non adoucie.

I. — *Préparation de l'émulsion pour adoucissage à la potasse.* — Les teinturiers foréziens désignent couramment le carbonate de sodium sous le nom de *potasse*. La soude Leblanc est la *potasse en morceaux ;* la soude Solway est la *potasse en poudre*.

On dissout dans 5 à 10 litres d'eau, 150 grammes de soude Solway, on ajoute 300 grammes d'huile tournante et on chauffe quelque temps à l'ébullition.

II. *Bain pour adoucissage.* — On verse cette émulsion dans l'eau de rinçage.

1. *Moiré.* — Étoffe à reflet changeant et ondulé obtenu en écrasant le grain du tissu avec une calandre. Le *moiré antique* est un tissu moiré à grandes ondes.

APPRÊT DES RUBANS

La fabrication des rubans est une importante industrie stéphanoise, c'est pourquoi nous sommes heureux de reproduire les renseignements suivants que nous tenons de M. Chapuis, des établissements Pinatel et Chapuis de Saint-Étienne.

L'*apprêtage* ou *finissage* est un ensemble de manipulations qui terminent la fabrication ; il fait subir aux étoffes, et tout spécialement aux rubans, des changements profonds, principalement quand il met en valeur des marchandises de qualité inférieure.

Les substances d'apprêt sont, dans tous les cas, des mélanges complexes d'*épaississant*, d'*émollient* et d'*antiseptique*.

Les *épaississants* sont des matières amylacées ; amidon, fécule, dextrine ; des matières albuminoïdes : albumine, gélatine et des matières gommeuses : gomme adragante, gomme arabique.

Les *émollients*, dont le rôle est d'adoucir le toucher rendu plus ou moins rugueux par les épaississants sont : la glycérine, les huiles et les graisses.

Les *antiseptiques* auxquels on a recours pour prévenir la fermentation ou putréfaction des mixtures d'apprêt avant leur emploi ou même après leur application sur les tissus sont, le plus généralement, le phénol, le crésol, le salol et le borax.

Deux machines concourent au finissage ordinaire des rubans ce sont le *baigneur* et la *calandre*.

Le *baigneur* est composé d'un réservoir où le tissu s'imprègne de la composition d'apprêt, de rouleaux compresseurs et d'un dispositif de séchage formé par une série de rouleaux chauffés au gaz ou à la vapeur.

La *calandre*, formée simplement de rouleaux pouvant exercer une pression variable, écrase les fils et lustre l'étoffe. Tous les rubans ne sont pas calandrés, toutefois cette opération est indispensable pour finir les satins, les rubans de lingerie et les rubans brochés.

Les effets *moirés* et *gaufrés* sont produits au moyen de calandres spéciales, leurs rouleaux sont chauffés au gaz.

Le *moirage* se fait avec des calandres dont les rouleaux sont rayés parallèlemenl à l'axe. Les rainures ont entre elles une distance égale à celle des duites du tissu que l'on doit moirer. Il faut donc, pour effectuer le moirage, autant de rouleaux qu'il peut y avoir de battants dans la fabrication des rubans.

Le *gaufrage* est donné avec des rouleaux gravés d'après les dessins que l'on veut reproduire sur le tissu.

XXI

TEINTURE DU COTON ET DES AUTRES FIBRES TEXTILES D'ORIGINE VÉGÉTALE

COULEURS BASIQUES

Modes de teinture. — *Coton.* — *Teinture directe.* — Presque tous les colorants basiques teignent légèrement le coton, en bain neutre tiède additionné ou non d'alun. Les couleurs ainsi obtenues ne résistent pas à l'eau.

Quelques colorants, tels que : le Naphtindone BB, l'Irisamine G, peuvent se teindre, comme les couleurs diamine, en bain de chlorure de sodium 30-50 0/0.

Cependant, bien que les teintes soient moins fugaces que celles obtenues par le procédé précédent, elles manquent de solidité au lavage et à la lumière.

Teinture sur coton mordancé. — On obtient des teintes plus solides en teignant sur mordants gras : sulforicinate ou savon, fixés à l'aide de l'acétate d'aluminium ; ou sur tanin, fixé soit à l'émétique [1], soit à l'oxymuriate d'étain. Le second procédé, tanin émétique, est de beaucoup le plus usité.

La teinture sur mordant tannique s'opère de la manière suivante :

Le coton, débouilli et bien rincé, est entré dans le bain de tanin chaud où on le laisse refroidir une à deux heures pour les nuances claires et toute une nuit pour les nuances foncées.

1. On peut remplacer le tartre émétique (sel de stibyle ou d'antimonyle) par un sel d'antimoine (voir plus loin).

Lorsque le bain de mordançage n'excède pas 15 à 16 fois le poids du coton, la proportion de tanin est de 1 1/2 à 2 0/0 pour les nuances claires et de 4 à 5 0/0 pour les nuances foncées. Au sortir de ce bain, le coton est essoré et laissé vingt à trente minutes dans un bain froid contenant une proportion de tartrate double de potassium et de stibyle correspondant au tiers ou à la moitié du tanin employé et 1 à 2 litres d'acide acétique par mètre cube de bain.

Le premier bain, ou bain de mordançage, imprègne le coton d'acide tannique, ou mieux, fait dissoudre le tanin dans le coton ; et le second, au bain fixateur, le transforme en un composé insoluble ; il fixe donc le tanin d'une manière durable dans le textile.

Le tanin a en effet la propriété de précipiter l'émétique et presque tous les sels métalliques. La préférence est donnée au tartre émétique, parce que ce sel n'influe pas sur la pureté de la nuance. *On pourrait toutefois remplacer l'émétique par un mélange de fluorure d'antimoine et de sulfate d'ammonium, ou par le lactate double de calcium et d'antimonyle ou encore par l'oxymuriate d'étain.*

Les sels de fer donnant avec l'acide tannique des précipités bruns, plus ou moins foncés suivant la proportion de métal, il est indispensable de se servir d'eau exempte de fer. Des traces de fer suffisent, en effet, pour communiquer, au coton imprégné de tanin, un ton gris très gênant lorsqu'il s'agit de nuances très claires. On peut atténuer l'action du fer en ajoutant un peu d'acide chlorhydrique au bain de mordançage.

Pour les nuances foncées, le tanin peut être remplacé par du sumac.

Pour les nuances très foncées, le tanin est fixé par un séjour de dix à quinze minutes dans une solution froide de pyrolignite de fer. Seulement, les teintes formées avec le concours du pyrolignite de fer étant moins solides, on préfère foncer avec ce sel de fer, après fixage à l'émétique ; sinon, on passe au pyrolignite après teinture.

La teinture s'effectue en manipulant la marchandise mordancée dans le bain de couleur additionné de 1 à 1 1/2 d'acide acétique par litre, d'abord à froid, puis en chauffant progressivement jusqu'à 60°. Le colorant est ajouté un peu à la fois.

On augmente la solidité des colorants basiques en repassant le coton, après teinture, successivement dans le bain de mordançage et dans le bain fixateur.

Jute. — La teinture en bain neutre est réalisée avec les couleurs basiques grâce à la présence du tanin dont le jute est pénétré. Il y a donc formation de combinaisons insolubles avec la base des colorants basiques.

On opère à une température comprise entre 70° et 80° C., pendant un temps fort court : trente à quarante minutes.

L'addition d'alun ou d'acide acétique ralentit le tirage, ces corps exerçant une action dissolvante sur les bases colorantes.

Paille. — La paille étant préalablement débouillie pendant deux heures, à l'eau non calcaire, on la fait bouillir à nouveau un quart d'heure, en bain contenant uniquement 1 à 2 0/0 d'acide acétique ; puis on ajoute la solution du colorant par petites portions.

Copeaux. — Les copeaux se teignent en une ou deux heures, en bain bouillant, avec addition de 10 à 20 grammes d'acide acétique ou 1/2 gramme d'acide formique par litre de bain, si l'eau est calcaire.

Solidité des couleurs teintes. — La solidité au lavage est moyenne, quelques couleurs basiques résistent très bien, d'autres ternissent considérablement.

En général, assez solides à la lumière, aux acides, mais peu solides au soufre, ces couleurs manquent tout à fait de solidité au chlore. Par contre, elles sont très solides au fer chaud.

COULEURS ACIDES

Modes de teinture. — *Coton.* — Les couleurs acides proprement dites comprenant le groupe sulfo, sauf les couleurs de benzidine, ne conviennent pas à la teinture des fibres végétales ;

car même sur coton mordancé, elles donnent des teintes pouvant disparaître par un simple lavage. Elles ne sont utilisées que pour la production de nuances vives.

Les *Ponceaux* et les *Crocéines* sont teints à froid, avec 10 poids d'eau pour 1 poids de coton. L'eau contient, outre le colorant, 3 0/0 d'acétate d'aluminium ou d'alun et 20 0/0 de sulfate de sodium. La marchandise est préalablement mordancée avec 4 0/0 de stannate de sodium, fixé à froid avec 15 à 20 0/0 d'alun. Il se forme ainsi du stannate d'aluminium qui a le pouvoir de fixer les acides colorants cités.

Les *Éosines* sont teintes dans une même proportion d'eau, sur coton non mordancé, en bain contenant, outre le colorant, 40 à 50 0/0 de chlorure de sodium pour diminuer leur solubilité.

Pour les bleus solubles, on procède soit directement avec alun et sulfate de sodium, soit sur coton mordancé au tanin, exactement comme avec les colorants basiques.

Jute. — La fibre du jute se combine à un grand nombre de colorants acides, de même qu'aux couleurs de résorcine, en bain acide bouillant.

On teint au bouillon avec addition d'environ 2 à 3 0/0 d'acide acétique auquel on ajoute, au besoin, 2 à 5 0/0 d'alun.

Le jute est très sensible aux acides; les acides minéraux, même fort dilués, diminuent sensiblement la résistance de la fibre; c'est pourquoi on ne se sert que d'acides faibles : acide acétique; ou de sels acides : alun ou sulfate d'aluminium.

Paille. — On immerge la paille, tout d'abord débouillie deux heures, dans le bain froid contenant simplement le colorant, fait bouillir quinze minutes et ajoute alors 5 à 10 0/0 de bisulfate de sodium.

Copeaux. — On fait bouillir les copeaux une à deux heures, en bain de teinture comprenant, en plus de la couleur, 5 0/0 d'acide acétique et 5 0/0 de sulfate de sodium. L'acide acétique peut être remplacé par 1 à 2 grammes d'acide formique (cette dernière proportion s'entend pour 1 litre de bain).

On peut aussi teindre, sous la seule addition de 1 à 2 0/0

d'acide sulfurique, en ayant soin de rincer très bien après teinture, pour enlever toute trace d'acide qui pourrait attaquer sensiblement les copeaux.

Solidité des couleurs teintes. — Les nuances ainsi obtenues sont solides à la lumière, mais elles passent rapidement au lavage.

Remarque. — On peut encore rendre le coton et les autres fibres végétales aptes à se couvrir des couleurs acides ou basiques en enduisant ces matières textiles d'une substance albuminoïde : albumine, caséine, colle.

C'est le procédé de teinture sur fibre animalisée qui n'a plus qu'un intérêt historique.

COULEURS DE BENZIDINE

Généralités. — Les couleurs substantives ou couleurs de benzidine, qui occupent une certaine place dans la teinture de la laine, prennent une importance autrement grande lorsqu'on envisage la teinture du coton et celle des textiles de même nature. *Ce sont, à vrai dire, les seules couleurs substantives pour les fibres végétales.* Elles sont pratiquement si avantageuses que l'industrie des matières colorantes cherche sans cesse à en augmenter le nombre.

Modes de teinture. — On opère par teinture directe et on fixe les teintes aux sels métalliques, si on veut en augmenter la solidité à la lumière et au lavage. On arrive au même résultat par diazotation de la couleur sur la fibre et fixation subséquente d'un phénol ou d'une amine.

Teintes directes. — On teint environ une heure à l'ébullition avec addition de sel neutre : sulfate de sodium ou chlorure de sodium avec ou sans addition de carbonate de sodium ou de savon.

La présence des sels neutres active l'absorption de la couleur, celle des corps alcalins la ralentit.

Le bain est garni avec 1 à 2 0/0 de sel Solvay et 3,5,10 0/0 ou 20 0/0 de sulfate de sodium calciné[1], suivant que l'on désire produire des nuances claires, moyennes ou foncées.

Pour les nuances claires, le sulfate de sodium peut être remplacé par 3 à 5 0/0 de phosphate de sodium ; mais on ajoute, outre le sel neutre, 1 à 2 0/0 de savon ou d'huile pour rouge.

Si on veut remplacer le sulfate de sodium par le chlorure de sodium, il faut augmenter la dose de sel neutre dans la proportion de 50 0/0, c'est-à-dire qu'il est nécessaire de prendre un poids de chlorure de sodium égal aux 3/2 du poids de sulfate de sodium.

La concentration du bain joue un rôle important, au point de vue de la rapidité de l'opération, rapidité qui est bien souvent défavorable à l'unisson. Mais les bains concentrés favorisent l'épuisement et donnent pour une même proportion de colorant, des nuances plus nourries.

Pour les nuances claires, on se sert d'un bain très étendu ; et pour les nuances foncées, on réduit, au contraire, le plus possible le volume du bain. Le volume de ce dernier doit, cependant, être ordinairement au moins égal à vingt fois le poids du coton.

L'épuisement du bain est facilité :

1° Par la présence d'une grande quantité de sel neutre. Quand les bains doivent resservir, on leur donne, par addition de sel neutre, une densité de 1 à 1/2 degré Baumé pour les teintes moyennes, et une densité de 3 à 4 degrés Baumé pour les teintes foncées ;

2° Par l'emploi de la vapeur directe ;

3° Par refroidissement de la marchandise dans le bain, après teinture.

Traitement aux sels métallique. — Le traitement aux sels métalliques[2] modifie quelque peu la nuance, mais les teintes ainsi fixées peuvent encore, après rinçage, être nuancées à nouveau dans un bain contenant le colorant et 2 à 3 0/0 de

1. 100 poids de sulfate de sodium calciné valent environ 220 poids de ce sel cristallisé.
100 poids de sel Solvay valent 270 poids de soude Leblanc.

2. La marchandise teinte est toujours rincée avant fixage.

carbonate de sodium, sans qu'un second passage aux sels métalliques soit nécessaire.

Les sels ordinairement employés pour ce fixage sont : 1 à 3 0/0 de sulfate de cuivre, avec ou sans addition de 1 à 2 0/0 de bichromate de potassium ; ou 2 à 3 0/0 de bichromate de potassium plus 2 à 3 0/0 d'alun de chrome ou de fluorure de chrome ; avec addition, dans les deux cas, de 1 à 3 0/0 d'acide acétique.

Ce bain doit être très chaud ou bouillant et il doit toujours avoir une réaction acide, quel que soit le fixateur choisi.

Les sels d'aluminium augmentent aussi la résistance de tous les colorants diamines. On traite en bain tiède avec 5 centimètres cubes d'acétate ou 3 à 4 grammes de sulfate, ou encore 5 grammes d'alun par litre[1].

Diazotation et développement sur fibre. — La diazotation des couleurs diamines augmente, outre la solidité de la couleur, l'intensité de la nuance.

Le diazotage et le développement des couleurs diamines ont seulement l'inconvénient d'être un peu compliqués. La production de ces sortes de teintes exige, en effet, trois opérations :

1° La teinture directe, comme nous l'avons indiqué ;

2° Le diazotage, qui consiste à travailler quinze à vingt minutes le coton, à froid, dans des cuves en bois ou en cuivre avec :

Azotite de sodium....................	1 1/2 à 2 1/2 0/0
Acide chlorhydrique à 20° B........	2 1/2 à 5 0/0

L'acide chlorhydrique peut être remplacé par 3 à 5 0/0 d'acide sulfurique ;

3° Le développement, qui s'effectue en laissant à froid, pendant environ vingt minutes, le coton rincé en eau légèrement acide, dans un des développeurs suivants : β-naphtol, naphtylamine, résorcine, ou dans les produits préparés spécialement.

Les amines sont dissoutes dans de l'acide chlorhydrique et les phénols sont dissous dans de la soude.

Le développement est suivi quelquefois d'un traitement au sulfate de cuivre, puis d'un rinçage et d'un savonnage, ou bien d'un rinçage et d'un léger huilage.

1. L'acétate de fer agit à peu près comme les sels d'alumine. On manœuvre quelques minutes seulement, à froid.

Les teintes, ainsi nuancées, peuvent être développées encore par un remontage en colorants basiques.

Teintes copulées. — On peut, à l'aide du nitrazol C[1] ou paranitraniline diazotée, fixer toute une série de couleurs diamine par le procédé dit de copulation. Ce procédé est plus simple que le précédent, car il s'effectue en un seul bain.

La teinte directe étant produite, le coton est bien rincé à froid, puis travaillé également à froid, durant une demi-heure, dans une solution composée de : 2 à 4 0/0 de nitrazol (36 à 70 litres de paranitraniline diazotée) et 1/2, 3/4 ou 1 0/0 de carbonate de sodium, selon que l'on opère sur des teintes claires ou foncées. On ajoute 0,20 à 0,25 0/0 d'acétate de sodium, si l'on copule avec le nitrazol, et 0,20 à 0,4 0/0 de ce sel, si l'on copule avec l'aniline paranitrée.

Les couleurs de primuline teignent aussi le coton sur bain de sulfate de sodium ou de phosphate de sodium et savon, dans les proportions indiquées pour les colorants de benzidine. Il y a cependant quelques exceptions : la thioflavine T, par exemple, ne teint que le coton mordancé au tanin.

Lin et ramie. — Le lin se teint en couleurs diamine, comme le coton. Toutefois, la fibre de lin étant plus dure que le coton, une bonne pénétration est plus difficile à obtenir. On doit, par suite, empêcher le colorant de monter trop rapidement sur la fibre soit en diminuant la proportion de sel neutre, soit en augmentant la proportion de carbonate de sodium, soit encore en ajoutant du savon ou de l'huile pour rouge.

La ramie se comporte généralement comme le lin.

Jute. — Le jute se teint sous la simple addition de 20 0/0 de sulfate de sodium. On préfère, pour ce textile, les couleurs diamine aux couleurs basiques qui unissent moins facilement.

La fibre de coco se teint comme le jute.

Paille. — On fait bouillir la paille pendant une à deux heures avec de l'eau corrigée à l'acide acétique, si elle est calcaire ;

1. Le nitrazol C est de la paranitraniline diazotée.

on la travaille ensuite à une température voisine de l'ébullition avec addition de 10 0/0 de sulfate de sodium seulement.

Copeaux. — Les copeaux se teignent au bouillon sans aucune addition. Si l'eau est calcaire, on verse dans le bain 1 à 2 0/0 d'acide acétique ou 1/2 gramme par litre d'acide formique.

Solidité des couleurs teintes. — Les couleurs diamine sont, en général, assez solides à la lumière, au lavage, au fer chaud, aux acides, au soufre et au chlore. Tous les genres d'apprêts augmentent considérablement la résistance des teintes à la lumière.

Dissolution. — Nous avons dit, à propos de la teinture sur laine, que la dissolution doit se faire en eau bouillante non calcaire. Si on n'a à sa disposition que de l'eau calcaire, on jette, dans cette eau dure, un poids de carbonate de sodium égal au poids du colorant à dissoudre, chauffe à l'ébullition et ajoute le colorant.

Remarque générale

Volume du bain, par rapport au poids de la marchandise.

La teinture du coton se fait en bain de 1 : 15 à 1 : 25 ; celle du jute, en bain de 1 : 20, et celle de la paille et des copeaux, en bain de 1 : 50.

C'est-à-dire qu'on emploie 15 à 25, 20 ou 50 litres de bain, pour teindre 1 kilogramme de marchandise.

La concentration du bain joue un grand rôle en teinture. Ce rôle, nous le répétons, est particulièrement important dans l'emploi des couleurs diamine. On conçoit bien que, plus la proportion d'eau est élevée, plus l'absorption du colorant par le coton est difficile et inversement.

Il n'est pas possible d'indiquer, d'une façon précise, quelle doit être la longueur du bain. Nous avons vu que cette proportion oscille, pour le coton, entre 15 et 25 fois le poids de ce textile. Ainsi, pour la production de nuances claires, qui doivent être teintes lentement, on doit se servir d'un bain très étendu, 1 : 25 par exemple, et pour la production de nuances foncées, on travaille quelquefois avec des bains de 1 : 15.

Cependant, la teinture des couleurs de benzidine est, par économie de main-d'œuvre, souvent effectuée dans des bains de 1 : 15 à 1 : 20.

TEINTURE DU COTON EN ÉCHEVEAUX. — PROCÉDÉS PAR ÉCHANTILLONNAGE

1° **Teinture aux colorants de benzidine.** — Le mode de teinture aux colorants directs pour coton est plus suivi que le mode de teinture aux colorants basiques ; le premier mode donne des couleurs plus solides à la lumière et au lavage.

Les flottes de coton sont tout d'abord mouillées, c'est-à-dire lissées dans un bain bouillant d'eau additionnée de carbonate de sodium et de savon blanc pour les dégraisser.

On prépare ensuite le bain de teinture avec savon et colorant, pour les couleurs claires ; savon, sulfate et colorant pour les couleurs foncées.

Le savon maintient plus longtemps le colorant dans le bain de teinture, il ralentit le nuançage et facilite par conséquent l'unisson. Son emploi est préférable à celui du carbonate de sodium. Ce dernier, lorsqu'il est en dissolution chaude, ne ralentit pas suffisamment la teinture ; de ce fait, il gêne l'unisson.

On commence à teindre sans sulfate ; ce sel n'est ajouté, par petites portions à la fois, qu'au cours de la teinture, afin de produire des teintes unies et bien pénétrées en n'épuisant pas trop rapidement le colorant.

On chauffe le bain jusqu'à la température de 50° C., on introduit le coton bouilli et humide, on donne cinq lisses, lève, échantillonne, reponchonne, chauffe un peu pour élever la température ou simplement la maintenir, on replonge les écheveaux, redonne trois à cinq lisses, lève de nouveau pour échantillonner, reponchonner, donner un peu de vapeur et mettre le sulfate de sodium si on le juge utile. On recommence ainsi jusqu'à ce que la nuance soit conforme à l'échantillon.

On termine à la température de 70° à 80° C., pas au delà.

Lorsque les flottes de coton ont déjà été dégraissées, on simplifie la main-d'œuvre en les mouillant dans de l'eau non alcalinisée. Nous pouvons ajouter que des teinturiers ne mouillent jamais autrement le coton filé qu'ils ont à teindre. Ils assurent que le coton ainsi sommairement préparé garde sa douceur, sa souplesse et se dévide toujours bien.

On donne aux flottes trois à cinq lisses dans de l'eau ordinaire bouillante, un coup de tube à chaque lisse pour maintenir l'ébullition; on lève, fait le bain dans cette eau de mouillage, qu'on laisse refroidir à dessein, on met dessus le coton humide, donne trois à cinq lisses, échantillonne, reponchonne, maintient la température à 80° C. et ajoute du sulfate si on le croit nécessaire.

Après teinture, on fait une eau, c'est-à-dire que l'on rince, puis on avive à tiède en acide acétique ou formique pour neutraliser le carbonate ou le savon [1], et communiquer du craquant au coton; on rince, essore et sèche.

On termine ainsi les nuances que l'on veut résistantes au lavage, c'est-à-dire les couleurs lavables sur commande. Les autres couleurs, celles qui ne sont pas appelées à supporter de lessivage, sont maintenues au-dessous du ton demandé et terminées aux colorants basiques. On obtient alors des nuances plus nettes, plus vives.

Lorsque l'on finit la nuance aux colorants basiques, on ajoute, au bain d'avivage tiède mentionné plus haut, un peu de tanin. Après avoir donné trois à cinq lisses dans ce bain d'engallage, on prépare une dissolution très faible de rouille, dans laquelle on fait subir quelques lisses aux écheveaux engallés, afin de fixer le tanin. On rince, fait le nouveau bain de teinture : bain de finissage, en ajoutant à l'eau un peu de savon de grès : environ 40 litres pour 100 kilogrammes de coton ; on coupe faiblement le savon avec de l'acide chlorhydrique ou sulfurique et on verse la dissolution de colorant basique. On chauffe à

1. Selon que le bain a été fait avec carbonate et colorant, ou savon et colorant.

30° C., donne trois lisses, lève, échantillonne, reponchonne et recommence à lisser pour de nouveau échantillonner, afin d'achever le nuançage.

Dans la teinture en nuances claires on ne passe pas en rouille.

Teinture en noir du coton aux colorants de benzidine : Teinture en noir direct. — On monte le bain avec environ 6 0/0 de noir diamine et 20 à 30 0/0 de sulfate de sodium. Si le bain a déjà servi, on le reforme avec le tiers seulement des proportions que nous venons de mentionner.

En général, les noirs diamine sont trop bleus, on les corrige avec un peu de jaune direct : 1/2 0/0 de jaune de chrysophénine, par exemple.

Le coton étant préalablement mouillé, on lui donne cinq lisses dans le bain de teinture chauffé jusqu'à l'ébullition, on lève, échantillonne, donne un coup de tube, lisse de nouveau et continue ainsi jusqu'à ce que la nuance soit conforme.

On lève, égoutte, avive et passe en bain de tanin. On ne rouille pas après engallage, mais on remonte directement aux colorants basiques : bleu de méthylène, jaune de chysoïdine..., à une température de 40° C. en eau aiguisée d'acide chlorhydrique, par économie et additionnée de savon de grès, environ 1 litre d'eau de savon de grès par kilogramme de coton à teindre.

2° **Teinture du coton aux colorants basiques.** — On teint le coton aux colorants basiques lorsque les benzos ne donnent pas de nuances assez nettement accusées dans le ton que l'on doit réaliser. Le violet évêque, le vert émeraude, le cerise, le bleu royal ne peuvent pas être obtenus avec les colorants de benzidine.

Le coton est débouilli en dissolution de carbonate et savon, *bain de mouillage*, rincé, avivé à tiède pour détruire l'alcalinité, engallé et teint.

Engallage ou mordançage. — Pour les nuances claires, on mordance avec 1 à 2 0/0 de tanin ou 5 à 10 0/0 de gallique ;

pour les couleurs foncées, il faut 3 à 5 0/0 de tanin ou 25 0/0 d'extrait de sumac ou bien 30 0/0 de gallique. On engalle en dissolution concentrée : 1.500 à 1.600 litres d'eau pour 100 kilogrammes de coton[1].

On introduit les écheveaux à la température de 80° C. et on leur donne trois à cinq lisses. S'ils doivent être teints en nuances claires, on les retire au bout d'une demi-heure à une heure ; s'ils doivent être teints en nuances moyennes, on les *laisse traîner*[2] une heure à trois heures ou davantage. Les écheveaux devant être teints en nuances foncées sont mis en saute et laissés au moins une nuit dans la dissolution de galle. Dans ce cas, lorsqu'on juge l'immersion suffisante, on lève, réchauffe le bain d'engallage à 60° C. environ et donne deux à trois lisses. Cette précaution rend le mordançage plus homogène.

Les flottes de coton préparées pour les tons clairs sont tordues, rincées et teintes, ou simplement égouttées et teintes ; celles qui doivent être teintes en couleurs foncées sont tordues et plongées dans un bain froid d'émétique : *bain fixateur*. La quantité d'émétique doit être égale à la moitié du poids de tanin utilisé pour l'engallage. On donne aux flottes trois à cinq lisses dans le bain fixateur : durée quinze à vingt minutes, on lève, rince et égoutte.

Pour réaliser en teinture des nuances bien uniformes, il faut rouiller un peu après fixation de l'émétique, excepté pour les bleus, les roses, les lilas et toutes les couleurs claires. Encore faut-il dire qu'un *coup d'œil* de rouille est parfois avantageux. Après quoi, on lève et rince.

Teinture. — On prépare un bain d'eau aiguisée d'acide formique, ou d'eau additionnée du quart de son volume de savon

1. Nous rappelons ces proportions uniquement pour en donner une idée, le teinturier échantillonneur ne faisant pas usage de la balance les évalue simplement à l'œil. Exception est faite pour les noirs qui, en général, sont travaillés par grandes quantités ; alors le contremaître pèse et mesure, ou il tient à sa disposition des récipients de jauge qui lui permettent d'avoir une appréciation relativement exacte des poids et mesures des ingrédients mis en œuvre.

2. *Laisser traîner* c'est maintenir les flottes suspendues dans le bain, tandis que celui-ci se refroidit, et leur donner une lisse toutes les quinze à vingt minutes.

de grès coupé d'acide sulfurique; on donne trois lisses au coton pour le préparer, on lève, verse la dissolution de colorant, met dessus à tiède et lisse. On lève de temps en temps pour donner un peu de vapeur, afin de maintenir la température, échantillonner et reponchonner. On ne dépasse pas 50° C. Lorsque la couleur est conforme à l'échantillon, on lève, essore et sèche.

Dans le cas de certains tons clairs, on teint le coton préalablement mouillé, mais non préparé au tanin, simplement en bain de colorant additionné d'acide formique ou acétique et d'un peu d'extrait de sumac.

Moyen de faire border le fil de coton. — *Faire border le coton* est une expression technique en usage chez les passementiers.

Un fil de coton sec, raide, ne traverse pas assez facilement les anneaux et l'œillet de la navette, il tire sur les bords du ruban pendant le tissage et, de ce fait, les lisières ne sont pas parfaitement rectilignes, mais plus ou moins sinueuses. C'est un grand défaut que le tisseur attribue à la teinture.

Lorsque le passementier constate que le fil qu'il travaille ne borde pas ou que ce fil borde mal, il l'assouplit en l'enduisant d'un peu d'huile de vaseline pendant la mise en canettes.

Le teinturier fait border le fil et prévient toute réclamation à ce sujet, en teignant les flottes de coton dans un bain contenant un peu de savon de grès.

Le savon est évidemment ajouté dans le but de teindre en uni les colorants de benzidine, mais nous l'avons aussi vu employer en teinture aux colorants basiques. Pendant l'avivage après teinture aux colorants directs, et pendant la teinture aux colorants basiques : teinture en savon coupé, les acides gras du savon se déposent uniformément sur le coton, l'ensiment, et lui donnent en le lubrifiant ainsi assez de souplesse pour se défiler pendant le tissage.

Les teinturiers qui, par routine ou par préjugé, se contentent de mouiller les écheveaux de coton uniquement avec de l'eau ordinaire, pour les préparer à la teinture, fournissent des fils qui borderont : ils laissent sur le textile le peu de composé gras dont celui-ci avait été enduit avant filature.

Quand le passementier renvoie à la teinture des écheveaux de coton sous le prétexte que le fil ne borde pas, on donne aux flottes successivement trois lisses : 1° en dissolution de savon de Marseille à 5 0/0 ; 2° en bain d'avivage formé avec de l'eau additionnée de 5 0/0 d'acide formique. Il est même possible de retoucher la nuance dans le bain d'avivage.

Cette retouche, non seulement communique de la douceur aux cotons, mais leur donne du craquant et augmente leur ténacité.

Remarque. — Le défaut que nous venons de signaler se rencontre plus fréquemment dans la soie artificielle que dans le coton, il se trouve aussi dans la soie souple.

On diminue la raideur de la soie artificielle en pratiquant l'adoucissage à la potasse (voir Soie artificielle, p. 556).

La soie souple se défile difficilement, en général ; le passementier l'adoucit en l'enduisant d'un peu de savon ; le teinturier la corrige par l'adoucissage à la potasse, comme la soie artificielle. L'adoucissant est versé dans l'eau de rinçage chauffée à 30°-40° C.

Adoucissage à l'alumine. — On le fait sur les cotons destinés à la fabrication des velours, afin que le rasoir sectionne le fil pendant tissage, sans le déchirer.

On donne aux cotons teints trois lisses, en dissolution froide de savon non coupée d'acide : *savons gras* ; on rince et lisse la marchandise dans le bain d'adoucissage préparé en ajoutant, à de l'eau ordinaire, l'adoucissant à l'alumine en proportion convenable.

DES EFFETS DE LA TEINTURE SUR LE COTON MERCERISÉ

Les fibres de coton, vues au microscope, ressemblent, avons-nous dit, à des cellules allongées, affaissées, contournées sur elles-mêmes ; sous l'action de la soude caustique concentrée, elles se raccourcissent, s'arrondissent et se gonflent. Donc, au lieu d'être aplaties et enroulées en hélice allongée, les fibres de coton deviennent cylindriques et presque droites ; leurs parois s'épaississent et le canal axial diminue d'autant plus

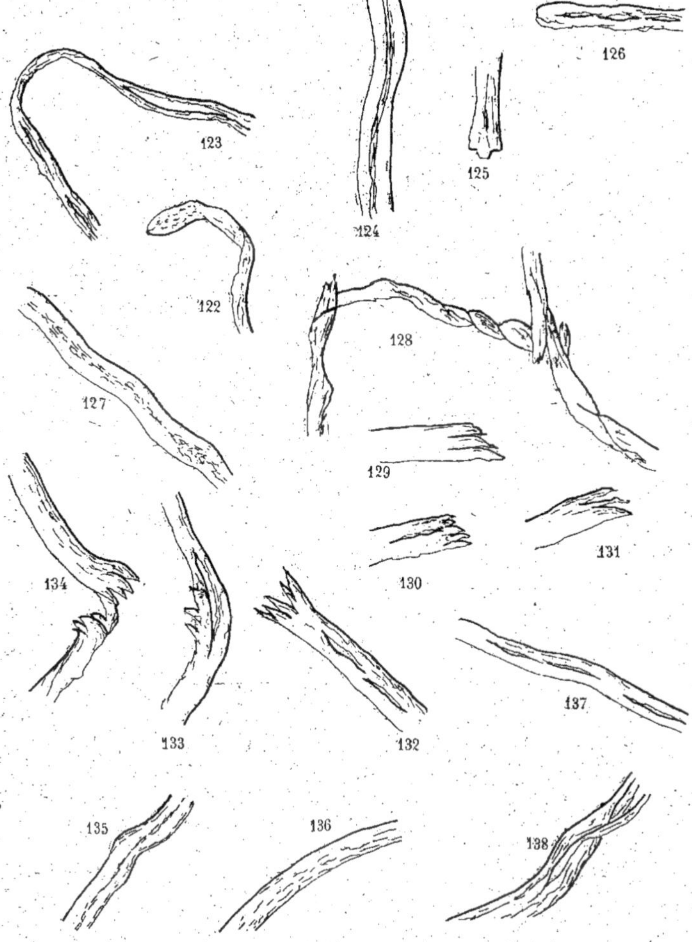

FIG. 122 à 138. — Dessins de filaments de coton agrandis d'environ 210/1 montrant les dégâts occasionnés pendant la teinture.

que les lessives sont plus concentrées (*fig.* 124, 135, 137, 127).

La soude absorbée continue-t-elle à agir sur le textile pour en diminuer la valeur marchande? La teinture peut-elle, selon les circonstances, accentuer ou amoindrir l'action de la soude?

Nous eûmes à examiner du coton filé teint l'un en rouge, l'autre en bleu, et provenant d'un même lot de Jumel mercerisé. Le rouge et le bleu étaient ourdis avec du mercerisé blanc pour tisser du ruban tricolore. Le premier, le fil rouge s'éraillait, s'usait pendant le tissage et, malgré l'intervention de la paraffine du savon ou de l'huile de vaseline, les ruptures étaient si fréquentes que le passementier n'arrivait pas à sa production journalière habituelle; le fabricant dut lui verser une indemnité.

Les deux sortes de fibres furent examinées comparativement, au microscope, nous reproduisons ici quelques-unes des figures que nous avons relevées.

Une différence très nette s'observe entre les fibres rouges et les fibres bleues; les parois des premières sont épaissies, (*fig.* 127, 132, 136), au point de faire disparaître le canal axial et celles des secondes sont moins gonflées (*fig.* 122, 123, 124, 138). En suivant les cellules dans toute leur longueur, on relève une autre différence, plus importante. Tandis que les cellules bleues sont régulières, unies, que leurs extrémités sont nettes (*fig.* 124, 125, 126), les cellules rouges commencent à se désagréger (*fig.* 133, 135) ; dans certaines, l'état de désagrégation est fort avancé (*fig.* 128); les terminaisons de ces fibres rouges ont généralement des fentes longitudinales donnant naissance à des fibrilles (*fig.* 129, 130, 131).

Les deux échantillons de fils ne se différencient pas uniquement par l'état des fibres qui les composent, elles s'écartent encore par leur torsion, leur résistance et leur élasticité. Les résultats des essais moyens faits à la Condition de Saint-Étienne sont :

	FIL BLEU	FIL ROUGE
Tors moyen du fil double ou retors..	800	880 tours au mètre
Résistance moyenne	318,14	484,24 gr. —
Élasticité	7,16	7,85 cm —

La modification subie par ces deux échantillons de fil provenant d'un même lot de coton mercerisé ne peut avoir pour cause que la teinture.

L'analyse des couleurs teintes nous conduit à conclure que le *rouge* a été obtenu avec des colorants diamine, probablement benzo-purpurine et jaune diamine, et que la teinture n'a pas été suivie d'avivage pour désalcaliniser la marchandise; la couleur bleue a été réalisée avec des colorants basiques après mordançage au tanin.

(La couleur rouge a vraisemblablement été produite à l'aide d'un Ponceau, d'une Crocéine ou d'un colorant de benzidine.

Les Ponceaux et les Crocéines sont teints en bain d'alun et sulfate de sodium sur coton mordancé au stannate de sodium fixé à l'alun.

Les colorants de benzidine sont teints en sulfate de sodium ou sel marin).

Nous n'avons pas pu établir de comparaison avec le coton mercerisé non teint, sur lequel avaient été faits les prélèvements pour les nuances rouge et bleue; mais nos observations nous amènent à conclure que la teinture est cause des différences notables que nous constatons et qu'elle est capable d'accentuer ou d'amoindrir, selon les circonstances, l'action du mercerisage.

Voici notre façon de concevoir l'intervention de la teinture. Le tanin a enlevé de l'alcali au coton teint en bleu, il l'a un peu démercerisé; le coton rouge, n'ayant pas été désalcanisé, a subi, sous l'influence des bains chauds et aussi pendant le séchage, l'action de la soude caustique absorbée et celle de l'air, ce qui a rendu le fil rouge sec et très sensible aux frottements, tractions et secousses provoquées par le foulage et le battage du métier.

Ces inconvénients auraient été évités, croyons-nous, si on avait observé les précautions que nous indiquons plus haut: teinture en bain de savon de grès dilué, avivage, rinçage pour neutraliser, essorage et séchage.

COULEURS AZOÏQUES PRODUITES DIRECTEMENT SUR LA FIBRE

Grâce aux formules trouvées par Horace Kœklin, on peu produire les couleurs azoïques directement sur les textiles. Ce mode de teinture n'est pas pratiqué sur une grande échelle, car il présente certains inconvénients : la plupart des couleurs ne semblent pas bien fixées, elles s'effacent peu à peu, elles disparaissent par sublimation ; on réalise assez difficilement les nuances, ces dernières s'écartent en effet toujours un peu du ton demandé ; enfin, les teintes successives, obtenues avec des liqueurs identiques, varient constamment quelque peu d'une opération à l'autre.

Le procédé consiste à passer la marchandise dans un bain alcalin de phénol et, après séchage, à la manœuvrer dans une dissolution du diazoïque de l'amine.

Certaines couleurs ainsi développées sont pourtant très appréciées. Nous pouvons citer tout particulièrement le rouge de paranitraniline, β-naphtol et paranitraniline, qui est d'une solidité remarquable au lavage, au chlore, aux acides et au frottement, ce qui le fait préférer au rouge d'alizarine.

On le prépare de la manière suivante :

1° On prend, pour 50 kilogrammes de coton, 1^{kg},1 de β-naphtol qu'on délaye dans un poids égal de soude à 40° Baumé, ajoute 10 litres d'eau bouillante, puis 2^{kg},5 à trois kilogrammes d'huile pour rouge turc, étend à 60 ou 65 litres et passe le coton préalablement blanchi.

2° On forme alors le bain de diazoïque avec 1^{kg},67 de paranitraniline, délayée dans 4 litres à 4^{l},5 d'eau tiède, et ajoute 1^{kg},75 à 1^{kg},80 d'acide sulfurique à 66° Baumé. La chaleur du mélange suffit pour dissoudre la paranitraniline.

On peut remplacer l'acide sulfurique par 4^{l},1 à 4 litres d'acide chlorhydrique à 20° Baumé, à condition de délayer d'abord l'amine dans l'eau bouillante, ou de chauffer jusqu'à l'ébullition, après l'addition de l'acide. Il se dégage évidemment des vapeurs d'acide chlorhydrique qui sont très gênantes.

On verse lentement la paranitraniline dissoute dans environ 25 litres d'eau froide et on refroidit avec de la glace, ou bien on projette 5 à 6 kilogrammes de sulfate de sodium.

Quand la température est descendue à 10° ou 12° C, on ajoute 1 kilogramme de nitrite de sodium dissous dans 3 litres d'eau froide, étend avec de l'eau froide de manière à former 70 à 75 litres de solution et verse finalement 25 litres d'eau tenant en dissolution 4 kilogrammes d'acétate de sodium.

La marchandise mordancée en β-naphtol est travaillée dans ce mélange, puis lavée et savonnée.

Le bain de diazoïque ou bain développeur ne peut en aucun cas dépasser la température de 18° C.

On peut diazoter et développer après teinture les couleurs azoïques aminées. Nous nous rappelons que c'est ainsi qu'on diazote et développe sur fibre les couleurs de benzidine.

Les teintes copulées proviennent aussi de couleurs développées après teinture. Mais ce procédé dit « de copulation » diffère en ce sens que le Nitrazel (paranitraniline diazotée) est substitué au β-naphtol ou autre développeur. La couleur teinte est combinée à une amine diazotée séparément.

COULEURS IMMÉDIATES OU COULEURS SULFURÉES

APPELÉES AUSSI

COULEURS SUBSTANTIVES SOUFRÉES

Généralités. — Les couleurs immédiates se rapprochent des couleurs substantives, que nous venons d'étudier, parce qu'elles s'appliquent sur coton non mordancé ; mais elles en diffèrent par plusieurs points importants :

1° Leur constitution comprend du soufre ;

2° Elles sont ordinairement peu solubles ;

3° Leur application ne peut se faire qu'en présence du sulfure de sodium, dont le rôle est de faciliter la dissolution ;

4° Tous les noirs soufrés se bronzent aisément, par oxydation à l'air, pendant la teinture. Le sulfure de sodium a aussi pour effet de prévenir cette oxydation et d'éviter ainsi le bronzage.

Modes de teinture. — La teinture des couleurs immédiates se fait, de préférence, en eau douce ou en eau dure corrigée avec du carbonate de sodium, dans des récipients en bois ou en fonte, jamais en cuivre.

Le bain, dont le volume représente 15 à 20 fois le poids du coton, est monté invariablement avec :

6 à 8 0/0 de carbonate de sodium calciné ou 5 à 6 0/0 de soude caustique ;

14 à 16 0/0 de sulfure de sodium[1] ;

14 à 16 0/0 de couleur,

et 10 à 40 0/0 de sel marin.

Le sel marin peut être remplacé par du sulfate de sodium, 10 poids de chlorure correspondant, dans la pratique, à 12 poids de sulfate de sodium calciné ou à 24 poids de sulfate de sodium cristallisé.

Toutes les couleurs sulfurées sont solubles dans les sulfures alcalins ; c'est ce qui explique, ainsi que nous l'avons dit plus haut, l'importance de ce sel alcalin dans le montage des bains. S'il y a trop peu de sulfure, le bain est troublé ; une goutte du liquide, déposé sur du papier filtre, montre alors un précipité. Mais une trop grande proportion de sulfure de sodium est à éviter ; un excès de ce dissolvant gêne la dissolution de la couleur dans la fibre et donne des teintes claires.

La teinture dure une heure à une heure un quart, elle peut s'effectuer à froid ou à chaud, mais on économise le colorant en teignant à une température voisine du bouillon. Il est avantageux de ne pas prolonger inutilement l'ébullition, afin de ne pas favoriser l'oxydation du sulfure. Toujours, afin d'empêcher l'oxydation, il faut éviter que la fibre soit en contact avec l'air, pendant la teinture ; car les noirs prennent alors inévitablement un ton bronzé.

Ce ton peut toutefois disparaître, si on traite le textile par un bain de savon ou une émulsion d'huile d'olive et de savon.

1. La quantité de sulfure est, en réalité, égale à 1 fois, 1 fois 1/2 ou 2 fois le poids de la couleur.

Le carbonate de sodium ou la soude sont nécessaires pour adoucir l'eau, maintenir l'alcalinité du colorant[1] et accentuer l'action du sulfure, en somme pour faciliter l'uni.

Le chlorure de sodium et le sulfate de sodium ont pour effet, comme dans l'emploi des couleurs de benzidine, de mieux faire tirer les colorants. Aussi, pour les nuances claires, ne faut-il que des quantités modérées de ces sels.

En sortant du bain, la marchandise doit être fortement exprimée et soigneusement lavée. Au dernier bain de rinçage, on ajoute 2 à 3 grammes d'acétate de sodium par litre. Exception est faite pour les cotons qui doivent être savonnés ou ensimés après teinture.

Malgré ce lavage soigné, les couleurs au soufre ont le grave défaut d'altérer les fibres végétales, principalement le coton. Cette altération semble due à la présence soit d'acide sulfurique, soit de soufre très divisé restant dans la marchandise teinte. On se demande même si la couleur ne se décompose pas dans certaines conditions en mettant de l'acide en liberté.

Lin. — On diminue l'addition de sel et on augmente la proportion de sulfure de sodium. On ajoute au besoin de l'huile pour rouge turc.

Jute. — Les couleurs immédiates ne sont employées que rarement, uniquement pour leur grande solidité.

Solidité des couleurs teintes. — Les teintes obtenues avec les couleurs immédiates offrent une grande solidité à l'air, à la lumière, au frottement, aux lessives et au foulon. Elles sont très sensibles à l'action du chlore, ainsi qu'aux bains acides de la teinture en laine pour tissus fantaisie.

La solidité des couleurs sulfurées peut être augmentée par fixage : soit à l'aide des sels métalliques, soit à l'aide des acides, soit par oxydation, soit encore par copulation de diazoïques.

1. Il se forme, pendant la teinture, par action de l'eau sur le sulfure de sodium, de l'hyposulfite de sodium qui se change en sel de calcium, dès que le bain cesse d'être alcalin. Or, l'hyposulfite de calcium est dangereux, il se transforme en sulfite correspondant et soufre au delà de 60° C.

a) *Fixage par les sels métalliques.* — Les deux sels les plus employés sont le bichromate de potassium et le sulfate de cuivre, seuls ou en mélange. On se sert aussi : d'acétate de sodium, qui neutralise les traces d'acides et prévient la formation d'acide sulfurique ; de sulfate de nickel mélangé avec du sulfate de cuivre ; de l'alun de chrome mélangé avec le bichromate de potassium. Ce traitement aux sels a lieu à l'ébullition ou en bain très chaud.

b) *Fixage aux acides.* — L'acide sulfurique à 1° ou 2° Baumé est quelquefois employé, mais il faut ensuite soigneusement laver et sécher.

c) *Fixage par oxydation.* — On développe le noir Vidal à l'eau oxygénée et le bleu immédiat de la Manufacture lyonnaise au peroxyde de sodium ou à l'aide d'un vaporisage par injection d'air.

d) *Fixage par copulation de diazoïques* (méthode lancée par la Manufacture lyonnaise). — Les colorants, une fois fixés sur la fibre, fonctionnent comme mordants ; ils se prêtent facilement aux remontages, surtout avec les colorants basiques. Ces remontages se font à froid, ils sont peu solides aux lavages.

Les colorants soufrés sont aussi utilisés pour piétage d'indigo :

Les bleus, pour pieds sous nuances claires ;
Les noirs, — — foncées ;
Ou encore pour pieds sous noir d'aniline en bain plein.

Dissolution. — On verse de l'eau bouillante sur le colorant additionné de sulfure de sodium.

Il est même avantageux d'empâter avec un peu de lessive de soude, avant de mettre le sulfure de sodium.

Pour la dissolution, comme pour la teinture, il faut éviter les récipients en cuivre. Les parties métalliques peuvent être en fonte ou en plomb.

Remarque. — Les teintes des couleurs immédiates peuvent se démonter, partiellement, en bain chaud comprenant 2 à 8 grammes de sulfure de sodium par litre d'eau.

Nous nous permettons de rappeler que les *couleurs de primuline*, qui sont des composés sulfurés, pour la plupart azoïques, teignent directement le coton sur bain de sulfate de sodium ou de phosphate de sodium additionné de savon. Leur mode d'application rappelle donc celui des couleurs de benzidine.

NOIR D'ANILINE

Nous savons déjà qu'on désigne ainsi un noir qui ne se forme que sur la fibre elle-même, par l'action d'agents oxydants sur des sels d'amines cycliques.

Il existe deux méthodes distinctes de formation du noir d'aniline sur coton :

I. La méthode en bain plein ;
II. — dite d'oxydation.

Ces méthodes reposent toutes deux sur le principe général que nous venons de citer :

Oxydation, dans diverses conditions et avec certains agents appropriés, d'un mélange de sels d'amines cycliques.

Les mélanges qui conviennent le mieux sont les chlorures ou sulfates :

D'aniline et de benzidine ;
— et de toluidine ;
— de naphtylamine et de paratoluidine[1].

Remarque. — Dans le texte qui va suivre, on dira quelquefois, par simplification, aniline pour mélange d'amines cycliques.

I. **Teinture en noir d'aniline en bain plein.** — Ce mode de teinture consiste à manœuvrer les cotons filés ou les tissus dans un bain composé de sels d'amines cycliques et de divers oxydants. On opère à froid ou à chaud.

Lorsque l'opération s'effectue à chaud, on emploie les chlor-

1. Dans les conditions où ces amines produisent des noirs, la paraphénylènediamine (paramine) et le métaaminophénol (fuscamine) donnent des bruns de différentes nuances (M. Henri Schmid).

hydrates d'amines seuls ou mélangés aux sulfates. A froid, on emploie les sulfates seuls.

Pour obtenir un bon résultat comme noirs, il faut débouillir les cotons à l'eau pure. Si on fait les débouillis dans des lessives alcalines, la soude doit être neutralisée par des lavages à l'acide, puis l'acide totalement enlevé par des rinçages à grande eau.

Mode opératoire. — **1° Préparation des liqueurs d'aniline.** — Dans une cuve contenant déjà 100 litres d'eau, on verse 80, 60 ou 40 kilogrammes d'aniline, suivant que l'on désire obtenir un noir chargé, un noir moyen ou un noir bon marché. On ajoute 320, 240 ou 160 kilogrammes d'acide chlorhydrique, agite jusqu'à dissolution complète de l'aniline et verse 100 litres d'eau, puis 20 à 100 kilogrammes d'acide sulfurique dissous dans 100 litres d'eau, et on rend le mélange parfaitement homogène par agitation. Pour le noir bon marché, on n'ajoute pas d'acide sulfurique.

2° Préparation des liqueurs de bichromate. — On dissout 120 ou 80 kilogrammes de bichromate, selon le genre de noir que l'on veut teindre, et l'on amène le volume à 500 litres.

a) **Procédé pour la teinture à chaud.** — Dans 600 litres d'eau, volume nécessaire pour la teinture de 50 kilogrammes de coton, on verse 12 litres et demi de la solution de bichromate, introduit le coton, donne cinq lisses et lève la marchandise.

On verse alors 12 litres et demi de la solution acide d'aniline, mélange bien par agitation puis on abat; on manœuvre le coton une demi-heure dans ce bain, on lève et on ajoute 12 litres et demi de chaque liqueur, mélange bien et abat de nouveau. On manœuvre alors les cotons environ une demi-heure, à froid, dans la solution ainsi renforcée; après quoi on chauffe progressivement jusque vers 70°, maintient cette température un quart d'heure et lève. L'opération a duré deux heures.

b) **Procédé pour la teinture à froid.** — 1° *En bain double.* — Au début, le mode opératoire est le même que pour la teinture à chaud. Mais, lorsque le bain est complet, au lieu de chauffer au bout d'une demi-heure de manipulation, on prolonge encore une demi-heure à froid et lève la marchandise. N'ayant pas besoin de chauffer, le travail est plus rapide.

L'opération complète ne dure que une heure et demie.

2° *En bain simple.* — Dans le même volume d'eau, 600 litres, on introduit d'un coup les 25 litres de bichromate, on lisse cinq fois, puis on lève et verse les 25 litres de solution d'aniline. On manœuvre alors une heure et demie.

Savonnage. — Après teinture, on lave d'abord à l'eau, puis au savon.

L'essentiel, pour l'obtention d'un beau noir, est que celui-ci soit uniformément d'un bronze doré. Toutes les parties qui ne présentent pas cette teinte ressortent désagréablement après savonnage. On pourrait toutefois remédier à ce défaut en donnant au textile une deuxième teinte légère.

Le teinturier a intérêt à préparer lui-même ses solutions de savon. On verse, dans 100 litres de lessive à 21° Baumé (15 0/0 NaOH), 180 litres d'oléine de saponification ou de distillation, par petites portions, jusqu'à ce que des gouttelettes huileuses restent à la surface, même après chauffage et agitation énergique. Le savon n'est, à ce moment, que faiblement acide et en état d'être employé pour le virage du noir bronzé. On procède à ce virage, comme suit :

A 1.500 litres d'eau bouillante, on ajoute 80 litres de la solution savonneuse et 4 litres et demi d'oléine délayée dans 40 litres de la même solution de savon. Le bain étant bien mélangé et maintenu bouillant, on entre, après les avoir lavés à fond, 100 kilogrammes de coton noir bronzé à faire virer, et on les manœuvre une heure à une heure et demie en remuant constamment.

Solidité. — Ces noirs ont le grave inconvénient de dégorger au frottement et de maculer les fibres avec lesquelles ils sont ensuite employés. Cependant, leur solidité incomparable aux agents atmosphériques, au lessivage, au savonnage, en un mot aux produits employés dans les divers traitements des tissus, peut les faire qualifier de grand teint.

II. **Teinture en noir d'aniline d'oxydation.** — Les cotons bien débouillis sont passés dans un bain légèrement acide contenant : un sel d'aniline, un chlorate alcalin et un sel métallique convenablement choisi. Ce bain s'obtient généralement en mélangeant deux solutions : l'une est formée d'acide chlorhydrique, d'aniline et d'acide tartrique ou d'acide lactique ; l'autre, de chlorate de potassium ou de sodium, de chlorure d'ammonium et d'un porteur d'oxygène : sulfate de cuivre additionné ou non d'un peu de sel de vanadium.

De nombreuses formules ont été émises pour la production du noir d'aniline d'oxydation. Le lecteur les trouvera au complet dans la *Grande Industrie tinctoriale* de M. Beltzer, ainsi que dans les diverses revues et les bulletins qui s'occupent spécialement de cette branche de l'industrie textile.

On prépare séparément la solution d'amine, bain n° 1 ; et la solution oxydante, bain n° 2. Lorsque ces solutions sont refroidies jusque 15° à 20° C., on verse, au moment de s'en servir, le bain n° 2 dans le bain n° 1, en agitant, afin de rendre le liquide bien homogène.

FORMULE DE GRŒBLING

Bain n° 1

Aniline	6 litres
Acide chlorhydrique à 22° Baumé	6 —
Acide tartrique	1 kilogramme
Eau pour faire un volume total de	50 litres

Bain n° 2

Chlorate de potassium	2 kilogrammes
Sulfate de cuivre	1kg,350
Sel ammoniac	1kg,350
Eau pour faire un volume total de	50 litres

FORMULE A LA LÉIOCOME

Bain n° 1

Aniline	12 litres
Acide chlorhydrique	12 —
Acide lactique à 50 0/0	2 kilogrammes
Léiocome	2 —
Glycérine	3 litres
Eau	30 —

Bain n° 2

Chlorate de sodium	4 kilogrammes
Sulfate de cuivre	1 —
Sel ammoniac	4 —
Sel de vanadium	1 gramme
Eau	50 litres

La glycérine, la léiocome, l'empois d'amidon, la dextrine, etc., ont pour but de garantir les fibres de l'oxydation en les imprégnant d'un apprêt légèrement réducteur qui conserve constamment un certain degré d'humidité. Ces composés ont l'inconvénient de nuire à la beauté du noir. D'ailleurs, ils ne fonctionnent pas toujours de la même manière, d'où inégalité dans le ton des nuances.

Quelques formules de bains émeraldinogènes[1] font intervenir les sulfates ferriques, nitrosulfates de fer ou perchlorures de fer dans leur composition. On obtient des nuances plus jaunâtres ou rousses dues à la rouille qui s'est fixée sur la fibre. Pour obtenir les belles nuances « noir corbeau » recherchées, les sulfates de nickel et de cuivre conviennent mieux.

Cependant, dans quelques cas, l'introduction des sels ferriques offre l'avantage d'obtenir des noirs plus solides au verdissage.

Nous donnons ci-dessous une formule au chlorhydrolactate d'aniline, nitrosulfate de fer et sel de vanadium, qui donne de bons résultats (M. Beltzer).

Bain n° 1

Aniline	6 kilogrammes
Acide chlorhydrique	6kg,500
Acide lactique à 50 0/0	2 kilogrammes
Glucose	3 —
Eau	40 litres

Bain n° 2

Chlorate de sodium	3 kilogrammes
Sulfate de cuivre	0kg,500
Sel de vanadium	5 grammes
Nitrosulfate de fer à 40° B.	2 kilogrammes
Sel ammoniac	1kg,500
Eau	50 litres

1. Grace Calvert appliqua, en 1860, sous le nom d'*émeraldine*, la couleur que l'aniline développait par oxydation sur la fibre. C'est encore ainsi, comme le men-

Les cotons sont ensuite essorés ou exprimés et étendus dans les chambres d'oxydation. Ce sont des chambres chauffées entre 30° et 50° C. plus ou moins saturées d'humidité. Pendant l'étendage, la coloration verte d'éméraldine se développe. Généralement, ces cotons sont, après cela, passés dans un bain de bichromate de potassium ou de sodium, qui vire le vert en un noir intense, appelé noir d'oxydation. Ils sont alors rincés, savonnés et séchés.

Le noir d'aniline d'oxydation est indégorgeable au frottement, malheureusement il altère la fibre de coton. L'affaiblissement de la fibre est attribué à deux causes :

1° A l'action oxydante des composés oxygénés du chlore produits par la réduction du chlorate. Ces composés tendent à convertir le coton en oxycellulose;

2° A l'action destructive de l'acide libéré de sa combinaison avec l'aniline.

Nous avons vu que la glycérine et la léiocome ne sont pas recommandables.

Un procédé dû à Green évite l'affaiblissement de la fibre, par le fait qu'il n'exige pas la présence d'un oxydant dans le bain d'aniline. L'oxydation de cette base étant faite, principalement par l'air, grâce à la présence d'un peu de paradiamine ou de paraaminophénol. A cause d'une diamine ou d'un phénol aminé, en position para, le mélange peut être basique ou rendu acide par un acide organique. L'action de ces composés organiques est supposée être catalytique.

Le véhicule d'oxygène le plus convenable est un chlorure et même le chlorure cuivreux. On a recours au chlorure cuivrique que l'on met en présence de sulfite de sodium et d'un chlorure soluble : chlorure de sodium, de potassium ou d'ammonium. Le sulfite réduit le sel cuivrique et le chlorure alcalin maintient le sel cuivreux en solution.

Le noir d'aniline n'est applicable, tel que nous venons de l'expliquer, ni sur laine, ni sur soie [1]. Il a de plus l'inconvé-

tionne le texte, que l'on désigne le produit vert qui se forme pendant l'exposition de la marchandise dans une chambre chaude dite chambre d'oxydation.

Le vocable *éméraldine* a fait désigner les bains pour teinture en noir d'aniline sous le nom de bains *éméraldinogènes*.

1. Green met à profit, dans la teinture de la soie, l'avantage que présente l'emploi de la paraphénylènediamine ou de ses homologues.

nient de verdir à la longue. On arrive à un noir d'aniline presque inverdissable, en soumettant le noir fini à une oxydation ultérieure dans un bain de chromate, additionné d'une trace de chlorure de vanadium, et chauffé à une température supérieure à 75° C.

Solidité. — Ces noirs d'oxydation sont les meilleurs noirs que l'on puisse produire actuellement. Ils reviennent à meilleur compte que les autres, sont plus intenses et d'une solidité incomparable.

TEINTURE EN DEUX BAINS SUCCESSIFS DE SUBSTANCES COLORANTES OU PIÉTAGE ET REMONTAGE DES COULEURS.

Piéter, c'est teindre d'abord avec une ou plusieurs couleurs appartenant à un groupe déterminé, pour passer ensuite la marchandise dans une solution de colorants d'un groupe différent. La seconde teinture s'appelle teinture de remontage.

Remonter une nuance, c'est donc reteindre avec des couleurs ayant des propriétés différentes de celles déjà fixées.

Le piétage ainsi que le remontage ont pour effet de rendre le ton plus plein, plus intense et surtout plus solide.

Le remontage est aussi employé pour recouvrir le coton et les corps étrangers, qui n'ont pas été teints dans un premier bain. C'est l'épontillage par teinture.

1° Remontage des couleurs diamine ou des couleurs immédiates avec les couleurs basiques. — Les teintes obtenues avec les couleurs diamine et principalement celles obtenues avec les couleurs immédiates possèdent la propriété d'absorber et de fixer les colorants basiques.

Le remontage a lieu à froid ou à tiède, sur textile rincé à fond, en bain frais contenant, outre la solution de colorant, 1 à 3 0/0 d'alun et 2 à 5 0/0 d'acide acétique, ou simplement 2 à 5 0/0 d'acide acétique.

Afin d'augmenter la solidité, on peut, avant remontage, mordancer la marchandise au tanin et tartre émétique.

2° **Remontage des couleurs diamine et des couleurs immédiates avec le noir d'aniline bain plein.** — Lorsque le coton a été teint, au bouillon pendant une heure, avec les couleurs diamine, il est tordu ou essoré et entré dans le bain d'aniline. Si la teinture a eu lieu avec les couleurs immédiates, on tord, puis on rince avant remontage en noir d'aniline.

Le second procédé donne au coton une charge un peu plus forte. La combinaison du noir immédiat et du noir d'aniline est donc surtout avantageuse lorsqu'on veut charger le coton.

3° **Remontage des couleurs diamine avec le noir d'aniline d'oxydation.** — Le remontage, à l'aide du noir d'aniline d'oxydation, fixe le noir diamine et lui donne une bonne solidité au lavage, tandis que la présence d'un pied de couleur diamine diminue, semble-t-il, le danger d'un affaiblissement de la fibre.

4° **Combinaison de l'indigo de cuve avec les couleurs diamine, les couleurs immédiates ou les couleurs basiques.** — Les couleurs diamine sont employées soit pour piéter, soit pour remonter les bleus de cuve. On donne un pied de colorant noir ou brun diamine et remonte en indigo de cuve ; ou on donne un pied de cuve et remonte avec des bleus ou des violets diamine.

Les couleurs immédiates donnent d'excellents résultats pour le piétage des bleus de cuve.

Enfin, les colorants basiques ne servent que comme remontage des bleus de cuve, pour les aviver et pour recouvrir les nopes ou époutils de tissus de coton insuffisamment teints par l'indigo.

GROUPE DES MATIÈRES COLORANTES D'ORIGINE PHÉNOLIQUE OU FAIBLEMENT ACIDES

1° MATIÈRES COLORANTES MONOGÉNÉTIQUES

Coton. — Les couleurs de résorcine sont rarement utilisées sur coton. On peut les employer en bain tiède, avec une forte addition de sel marin, afin de diminuer la solubilité du colorant dans le bain et provoquer sa précipitation dans la fibre.

Jute. —Nous savons que le jute peut être teint par les couleurs de résorcine, en bain acide bouillant, à la manière des couleurs acides proprement dites.

2° MATIÈRES COLORANTES POLYGÉNÉTIQUES

Les matières colorantes polygénétiques s'appliquent en plusieurs bains ou en un seul.

Teinture en plusieurs bains. — On teint soit sur mordant d'aluminium, soit sur mordant de fer, soit sur mordant de chrome, soit encore sur mordant mixte d'aluminium et fer, d'aluminium et chrome ou de chrome et de fer.

Couleurs polygénétiques sur mordant d'aluminium. — La plus ancienne teinture sur mordant d'aluminium est le rouge d'Andrinople ou rouge turc, qui pendant des siècles a été faite avec la garance (alizarine naturelle). Actuellement, le rouge turc ne s'applique plus qu'avec les différentes marques de rouge d'alizarine artificielle.

Le rouge d'Andrinople se fait rarement sur bourre à cause de la difficulté que l'huile apporte à la filature; il est beaucoup employé sur fils et tissus.

Le coton filé ainsi teint sert à la fabrication d'articles d'habillement, de lingerie, de literie; en résumé, à la fabrication de tous les articles qui exigent une grande solidité à la lumière et au lavage.

Le rouge turc peut être obtenu par deux procédés.

Le *procédé ancien*, fort compliqué, n'est plus employé. Nous le résumons à titre de document historique :

La marchandise était, à plusieurs reprises, passée dans de l'huile tournante émulsionnée avec une lessive carbonatée ; séchée à 60°, macérée dans une solution faible de soude caustique (bain blanc) et séchée à l'air. Ces opérations ayant été répétées trois ou quatre fois, le coton était traité au sumac ou

Fig. 139. — Machine pour huiler ou mordancer les écheveaux de coton (Système Fernand Dehaitre).

au tanin, mordancé à l'alun ou au sulfate d'aluminium en partie neutralisé par du carbonate de sodium ; énergiquement lavé et passé dans un bain d'alizarine chauffé lentement jusqu'à l'ébullition.

Après teinture, la nuance était *avivée* ou *rosée* par ébullition dans des solutions de savon, de soude ou de sel d'étain.

Le *procédé nouveau* repose sur l'emploi des huiles sulfoconjuguées ; ces huiles, après séchage, sont aptes à fixer le mordant.

Les opérations successives sont : l'*huilage* (*fig.* 139), par trempage à froid dans de l'huile pour rouge ; le *séchage* ; le *mor-*

dançage à l'acétate d'aluminium ou mieux au sulfate basique d'aluminium ; le *bousage* ou passage dans de l'eau chaude, maintenant en suspension de la poudre de craie ; le *rinçage* (*fig.* 140), la *teinture* et l'*avivage* ou *rosage*. Les trois dernières opérations : *rinçage*, *teinture* et *avivage*, sont conduites comme pour le rouge ancien procédé. La teinture est souvent suivie d'un vaporisage dont l'effet est de mieux fixer l'alizarine.

Ce procédé, déjà rapide, peut encore être simplifié. Le coton

Fig. 140. — Machine circulaire pour le lavage des écheveaux de coton (Système Fernand Dehaitre).

peut être mordancé à l'alumine et manœuvré dans un bain qui contient l'huile et le colorant; ou bien, le coton peut être imprégné d'une solution d'aluminate de sodium et d'huile pour rouge, séché et passé en solution de chlorure d'ammonium, afin de plaquer l'alumine sur la fibre.

Proportions moyennes adoptées dans la teinture en rouge turc, procédé nouveau. — *Huilage.* — 10 poids d'huile pour rouge, 90 poids d'eau.

Mordançage. — Liqueur d'acétate d'aluminium à 6° Baumé, ou une quantité équivalente de sulfate basique d'aluminium.

Bousage. — Boue aqueuse formée avec de la craie en poudre, 500 grammes de craie pour 100 litres d'eau.

Teinture. — L'alizarine se trouve dans le commerce : en pâte, d'une concentration variable ou en morceaux à 60-80 0/0. Le bain peut contenir 6 à 15 0/0 d'alizarine en pâte à une concentration de 20 0/0. On abat à froid, travaille quinze à vingt minutes, chauffe ensuite modérément pour atteindre 60 à 65° C, et manœuvre pendant une heure à cette température.

FIG. 141. — Appareil continu pour vaporiser, fixer ou oxyder les teintures sur tissus (Système Fernand Debaitre).

Vaporisage. — Il peut se faire en soumettant la marchandise, pendant une à deux heures, à la vapeur sans pression ou sous une pression de 1/2 à 1 atmosphère (*fig.* 141). Le vaporisage peut être remplacé en chauffant le bain de teinture jusqu'au bouillon et en maintenant l'ébullition pendant une heure.

Théorie. — Le rouge turc est une combinaison de l'alizarine avec de l'alumine et de la chaux. Voici comment se forme et se fixe probablement la laque.

L'huile pour rouge se dissocie, probablement par catalyse, pendant le séchage, en acide sulfurique et acides gras qui se combinent, lors du mordançage, pour donner du sulfate soluble et du savon d'aluminium insoluble. Le bousage facilite ces combinaisons, en saturant les acides libres, et fixe, en même temps, une certaine quantité de chaux sur la fibre, évidemment à l'état de sulfate, car l'acétate est très soluble, à moins que cette fixation ait lieu par suite de la dissociation de ce dernier sel.

Pendant la teinture, l'alizarine se combine à l'alumine et à la chaux et la laque se trouve formée et fixée. L'avivage élimine les impuretés ainsi que la laque non suffisamment collée.

Le rouge d'Andrinople se fait avec l'alizarine en pâte, mais on peut teindre par le même procédé avec la purpurine, les jaunes, orangés, marrons et bleus d'alizarine, la céruléine et le brun d'anthracène.

Pour obtenir un rouge turc beau et solide, il faut :

1° Employer des huiles sulfoconjuguées peu alcalines ; toutefois le sulfoléate peut être remplacé par du savon ou de la glycérine ;

2° Répartir bien uniformément le mordant gras et sécher à une température moyenne de 50° C. ;

3° Éviter la présence de composés de fer solubles pendant toute la série des opérations. Les composés insolubles ne deviennent nuisibles que par l'emploi des mordants acides qui les dissolvent. Les composés de fer fournissent des laques violettes qui ternissent l'éclat du rouge d'alizarine ;

4° Se servir pour la teinture d'eau renfermant une proportion de chaux équivalente à 10°-16° hydrotimétriques. Une eau insuffisamment chargée en chaux doit être additionnée de craie, d'acétate de chaux ou de lait de chaux, et une eau trop dure doit être partiellement épurée, car la chaux en excès donne un rouge bleuté sans éclat ;

5° Teindre en bain bouillant ou mieux entre 60°-65°. Les tons obtenus vers 60° sont beaucoup plus vifs.

Couleurs polygénétiques sur mordant de fer. — Les nuances à la garance sur mordant de fer varient du violet au noir. Elles sont aussi anciennes que le rouge d'Andrinople ; mais, ici encore, les rouges d'alizarine artificielle ont tout à fait remplacé la garance.

On emploie presque uniquement du rouge d'alizarine en pâte, bien qu'on puisse avoir recours aux différents autres produits que nous avons cités à propos du rouge turc.

Le coton, fil ou tissu, préparé ou non à l'huile pour rouge, est imprégné d'une solution de pyrolignite de fer, puis exposé aux courants d'air dans des chambres spéciales, afin de volatiliser l'acide pyroligneux et oxyder l'oxyde ferreux en oxyde ferrique. Les opérations subséquentes se font, après cela, comme pour le rouge d'Andrinople. Cependant le bousage n'est pas indispensable, car la présence de la chaux est moins importante.

Couleurs polygénétiques sur mordant de chrome. — La teinture des couleurs d'alizarine sur mordant de chrome se fait surtout pour nuances Bordeaux et autres nuances foncées d'alizarine, sur coton filé ou tissé. Elle est de date relativement récente.

Les différents sels que l'on utilise pour fixer l'oxyde de chrome sont : le chlorure, l'acétate, le bisulfite et l'oxyde de chrome sodique.

Mordançage au chlorure de chrome. — Le coton, imprégné d'une solution de chlorure chromique à 20° Baumé, est rincé avec de l'eau calcaire ou alcaline, afin de précipiter l'hydrate d'oxyde chromique. Pour l'obtention de nuances moyennes, on accroît, par huilage, la quantité d'oxyde de chrome fixé et, pour les nuances foncées, le mordançage est encore accentué par engallage (passage en tanin ou sumac).

Mordançage à l'acétate de chrome. — La marchandise est imprégnée de ce sel, puis vaporisée. Pendant le vaporisage, l'acétate de chrome se dissocie : l'oxyde de chrome se dépose sur la fibre, tandis que l'acide acétique se volatilise.

L'acétate est moins dissociable que le chlorure, son emploi est donc préférable pour la teinture subséquente en nuances claires.

Mordançage au bisulfite de chrome. — La marchandise est trempée dans la solution du mordant : essorée et séchée. Pendant le séchage, le sel se dissocie et s'oxyde partiellement, du gaz sulfureux se dégage et du sulfate basique de chrome, peu soluble, se fixe sur la fibre. La fixation du chrome est augmentée par un bain de savon.

On peut arriver à fixer une grande quantité de chrome en concentrant la solution et en l'épaississant au moyen d'amidon.

Mordançage au moyen de l'oxyde de chrome sodique. — L'emploi du mordant de chrome alcalin, pour le mordançage du coton, repose sur la double propriété que possèdent les alcalis fixes de dissoudre l'oxyde de chrome et de le laisser précipiter par ébullition et même par simple dilution aqueuse.

On travaille, à froid, la marchandise dans une solution d'acétate de chrome additionnée d'un excès de potasse ou de soude et d'un peu de glycérine ; retire, essore et rince pour précipiter l'hydrate d'oxyde chromique.

La glycérine donne plus de stabilité au bain de mordançage.

Couleurs polygénétiques sur mordants mixtes. — Nous venons d'expliquer comment l'acétate ou le sulfate basique d'alumine sont utilisés pour la teinture en rouge, rose, orange ou marron d'alizarine ; comment le pyrolignite de fer concourt à l'obtention des violets et des noirs d'alizarine, et comment les chlorure, acétate, bisulfite de chrome et l'oxyde chromique sont employés pour la teinture en Bordeaux et autres couleurs foncées d'alizarine.

Or on a souvent recours au mordançage mixte, pour faciliter les nuançages et aussi pour augmenter leur solidité.

On combine toujours par deux, dans des proportions convenables, les trois bases énumérées. Un mordant mixte comprend donc : alumine et oxyde de fer, alumine et oxyde de chrome ou oxyde de fer et oxyde de chrome. On arrive ainsi à produire, par teinture en couleurs d'alizarine et autres couleurs à mordants, des effets que l'on ne pourrait avoir avec aucune des trois bases prises isolément.

Le nombre des combinaisons possibles est considérable, car les nuances que l'on peut ainsi réaliser ne varient pas seulement avec la nature du mélange de mordants, mais encore avec l'intensité du mordançage et les proportions respectives suivant lesquelles les mordants sont associés.

Le mordançage mixte s'effectue : soit en traitant la marchandise successivement dans les différents bains de mordançage ; soit en la traitant dans un seul bain de mordançage, renfermant le mélange de différents mordants.

Teinture sur mordants mixtes fixés successivement ou en même temps. — La teinture s'effectue comme celle du rouge, d'Andrinople. Cependant le rouge, le marron et l'orangé d'alizarine seuls exigent la présence de la chaux ; pour toutes les autres couleurs d'alizarine, la chaux est nuisible et, si l'eau en contient, elle doit, avant teinture, être corrigée par addition d'acide acétique ; un excès de cet acide est parfois recommandable. Dans quelques cas, au contraire, le bain a besoin d'un peu d'acétate d'ammonium, comme pour certaines teintures sur laine.

La teinture se fait de préférence à l'ébullition, elle est suivie d'un savonnage également au bouillon, pour aviver la nuance.

Teinture en un seul bain. — Le procédé de teinture en une seule opération est applicable pour les tons clairs sur mordant d'alun ou d'acétate de chrome. Rappelons que, comme pour la laine, on retarde la précipitation de la laque dans le bain, par conséquent hors de la fibre, par l'addition, au bain unique, d'acide tannique ou mieux d'acide oxalique.

Un mode particulier de teinture en un seul bain est la teinture par foulardage.

La marchandise est manœuvrée dans le bain unique, contenant le mordant et le colorant (on ajoute une certaine proportion d'amidon lorsque la nuance doit être foncée), puis, après un bon séchage, la laque est développée et fixée par vaporisage.

Solidité des couleurs d'alizarine sur coton. — Les couleurs d'alizarine se distinguent par leur remarquable résistance aux différentes causes d'altération. Cette résistance varie un peu cependant avec les colorants, mais elle varie surtout avec le mordant ainsi qu'avec le mode de fixation de ce dernier.

La solidité à la lumière est irréprochable ; le rouge d'Andrinople notamment peut, sous ce rapport, être considéré comme indestructible.

Certaines couleurs d'alizarine mâchurent[1] au frottement ; mais, dans nombre de cas, cet inconvénient disparaît par un savonnage soigné de la marchandise.

L'intensité des nuances est peu amoindrie par un savonnage moyen.

Nous ne devons guère considérer la solidité aux acides, le coton étant lui-même détruit par les acides forts.

Certaines couleurs sont d'une résistance parfaite au chlore, d'autres résistent bien à un chlorage léger, mais sont visiblement attaquées par un chlorage énergique.

La résistance au chlore des couleurs d'alizarine est souvent demandée, parce que, dans bien des cas, on relève les blancs par des bains de chlorage, ou bien encore parce que les articles de coton se lavent souvent dans l'eau additionnée de chlorure de chaux.

La plupart des couleurs d'alizarine présentent une grande solidité au soufrage. La résistance au soufre, peu importante pour les teints de coton, est demandée pour l'article mi-laine, en laine blanche et coton teint, pour lequel on a recours au soufrage en vue d'obtenir un blanc parfait de la laine.

Les couleurs d'alizarine supportent le repassage à chaud sans modifieation visible. Si la nuance se ternit, le changement n'est que momentané.

Quant à la solidité à la sueur, elle répond à toutes les exigences.

Remarques. — Tous les textiles végétaux : lin, chanvre, jute, ramie, china grass, ortie, etc., se teignent comme le coton, sauf dans les cas particuliers indiqués pour le jute, la paille, les fibres de bois et les copeaux.

Dans bien des cas, la paille et le bois sont peints avec les laques à l'alcool.

La teinture se fait à l'ébullition, pendant un temps qui varie de une heure à deux heures, excepté dans les circonstances indiquées spécialement.

Les fibres végétales doivent être préparées pour la teinture :

1. Mâchurer ou brousser, c'est-à-dire salir.

soit par un débouillissage en eau additionnée ou non de carbonate de sodium, soit par le blanchiment.

La ramie est une matière généralement très blanche, aussi a-t-elle rarement besoin d'être blanchie.

Dans nos formules relatives à la composition des bains, toutes les proportions sont rapportées à 100 poids de marchandise.

XXII

TEINTURE DES BOURRES ET DES TISSUS MÉLANGÉS

Dans les mélangés *laine et coton, soie et coton,* on peut teindre les deux sortes de fibres uniformément ou différemment dans le même bain, avec une seule couleur; ou bien s'arranger de manière qu'un des deux textiles échappe à l'action du colorant. Il est facile aussi de teindre les deux textiles en nuances différentes avec deux couleurs, soit en un bain, soit en deux bains successifs ; l'un pour laine, l'autre pour coton.

La teinture en couleurs différentes sur mélangés *laine et soie* est plus difficile, car la laine et la soie ont à peu près la même affinité pour les colorants.

I. — TEINTURE DES MÉLANGÉS LAINE ET COTON

Les procédés permettant d'obtenir des nuances unies ou des effets bicolores sur mi-laine [1] sont nombreux. On teint d'abord la laine en bain acide et on remonte le coton avec une matière colorante basique après mordançage au tanin et émétique, ou au tanin et oxymuriate d'étain ; ou bien, on teint la laine et le coton avec les couleurs de benzidine seules, ou avec un mélange de couleurs de benzidine et de couleurs teignant la laine en bain neutre ; ou encore, on teint successivement la laine avec une matière colorante acide et le coton avec une matière colorante basique, etc.

En résumé, la teinture des mélangés laine et coton peut

1. Par tissu mi-laine, on entend souvent les tissus laine et coton.

être effectuée soit en nuances uniformes, soit en nuances différentes, en opérant en bain unique ou en deux bains.

1° **Procédés de teinture en bain unique.** — *Production de nuances unies.* — Les tissus genre peigné, les cheviottes (confection pour homme), certains molletons, les présidents, les imitations d'astrakan (pour manteaux) ; les flanelles mi-laine, les imitations de peaux de mouton, ainsi que les bourres, les chiffons et leurs effilochages pour laine renaissance, peuvent être teints en un bain, par économie de main-d'œuvre.

Cette méthode est particulièrement avantageuse pour les chiffons et leurs effilochages, car elle supprime l'épaillage.

On teint, en bain bouillant, avec les couleurs diamine, quelquefois additionnées, pour les besoins du nuançage, de colorants pour laine qui se teignent en bain neutre (colorants basiques).

Aux couleurs diamine on ajoute 5 à 20 0/0 de sulfate de sodium calciné (ou des poids doubles de sulfate de sodium cristallisé), plus 5 à 8 0/0 de borax ou 1 0/0 à 1 1/2 0/0 de sel Solvay. *On a recours au carbonate de sodium dans un double but : pour faciliter la pénétration de la marchandise et empêcher au besoin la laine de prendre un ton trop foncé.*

Le volume du bain de teinture doit être, pour les couleurs foncées, de 20 à 25 litres par kilogramme de marchandise ; pour les couleurs claires, il doit être plus dilué.

On opère de façon identique pour les noirs, sur cachemire mi-laine et sur les crêpons. Cependant, dans les cas des crêpons, *à cause de la plus grande affinité que manifeste le coton mercerisé pour les couleurs diamine*, on peut diminuer de moitié la quantité de sulfate de sodium et prolonger l'ébullition du bain.

Lorsque, au moment de l'échantillonnage, la laine est trop claire, on continue l'ébullition ; si au contraire le coton est insuffisamment couvert, on laisse refroidir le bain et on ajoute un peu de colorant pour coton.

Les mi-laine pour doublures : satins, sergés, sont le plus souvent teints en noir en bain unique, par simplification. Au sortir du bain, le tissu est soit exprimé et rincé à froid ; soit, par raison de solidité, exprimé et traité une demi-heure dans une solution tiède comprenant : 3 0/0 de bichromate de potassium plus 1/4 à 1/2 0/0 d'acide sulfurique, s'il doit être ébroué ou vaporisé ; ou soit exprimé et passé à l'eau tiède comprenant 3 à 5 0/0 d'alun, s'il ne doit pas subir l'ébrouissage.

Voici un procédé expéditif pour nuances égales en un seul bain.

On mordance la matière, deux heures environ, à 50°-60° C. avec 2 à 3 0/0 de tanin, puis une demi-heure à froid, sur un bain frais additionné de 1 à 1,5 0/0 de tartre émétique ; rince et teint la laine et le coton simultanément, avec des colorants acides et basiques sous additions de 2 à 3 0/0 d'acide acétique.

On dissout les colorants séparément, entre la marchandise à froid, monte lentement au bouillon qu'on maintient quelque temps, et ajoute, si la laine n'est pas suffisamment couverte, un peu d'acide sulfurique.

Pour les nuances tendres, on peut teindre sans rincer sur le bain de tartre émétique.

Les couleurs ainsi produites sont d'une bonne solidité au frottement.

C'est une heureuse modification de la méthode en deux bains, comprenant teinture de la laine avec des colorants acides, suivie de la fixation des colorants basiques sur coton préalablement mordancé.

Production de doubles teintes. — On travaille la laine, au bouillon, avec des colorants acides, laisse refroidir, rince à fond et remonte en bain froid ou tiède avec des colorants diamine de couleur différente, ne prenant pas sur laine ou prenant davantage sur coton que sur laine. On ajoute au deuxième bain 20 à 40 0/0 de sulfate de sodium et 1/2 0/0 à 1 0/0 de parbonate de sodium.

On met aussi à profit la façon très variable dont se comportent les couleurs diamine vis-à-vis des fibres animales et eégétales. En effet, si un grand nombre de colorants de benzidine colorent uniformément la laine et la soie, beaucoup ont une affinité plus marquée pour l'une ou l'autre de ces deux fibres. Cette propriété permet d'arriver à des teintes bicolores en un bain avec une seule matière colorante.

Les couleurs qui n'ont aucune prise sur la laine sont utilisées pour la teinture des nopes ; c'est le procédé d'époutillage par teinture.

2° **Procédés de teinture en deux bains.** — On opère en deux bains pour les articles sur lesquels on ne peut obtenir par un seul bain des teintes suffisamment vives et unies.

Ou bien on teint d'abord la laine en bain acide chaud et on couvre le coton en bain froid ou tiède, soit avec des colorants diamine, soit, après mordançage, avec des colorants basiques ; ou bien, on teint premièrement le coton, à température modérée, avec des couleurs diamine résistant aux acides et on couvre la laine en bain acide.

Les tissus mi-laine, fabriqués avec laine renaissance démontée, peuvent souvent être teints, par un seul bain, en nuances suffisamment vives. Il ne faut pas perdre de vue que la laine démontée a plus d'affinité pour les colorants que les autres laines et que, par conséquent, il faut utiliser des couleurs diamine teignant plus fortement le coton que la laine.

Pour les nuances foncées, on procède en deux bains : on teint d'abord la laine, puis on remonte le coton. La laine est teinte en bain bouillant très acide, 6 à 12 0/0 d'acide sulfurique, et après le rinçage, qui a lieu de préférence avec de l'eau contenant un peu d'ammoniaque ou un peu de carbonate de sodium, le coton est teint à tiède ou à froid avec des couleurs diamine en présence de :

Sulfate de sodium cristallisé......	20 à 40 0/0
Carbonate de sodium...........	1/2 à 1 0/0

Lorsqu'un démontage a été effectué avec l'acide chromique (bichromate et acide sulfurique), on ne doit utiliser que des colorants pour laine qui résistent à l'oxydation, sinon l'acide chromique restant sur la marchandise ternit les couleurs.

Si on a des raisons pour teindre le coton avant la laine, on inverse la marche précédente : le coton est teint vers 55° C. en noirs para ou oxydiaminé, en noir foulon ou en toute autre couleur de benzidine, en présence de sulfate de sodium et carbonate de sodium, comme il a été dit, et la laine est teinte en bain contenant le colorant pour laine et de l'acide sulfurique, en chauffant lentement jusqu'à l'ébullition que l'on maintient une demi-heure à une heure[1]. Le bain pour laine doit être constamment acide, sans quoi le colorant pour coton se démonte.

La teinture préalable du coton peut aussi être faite pendant foulage. La marchandise est foulonnée à la façon habituelle en bain alcalin, autant que possible en bain de savon additionné de noir diamine ou d'autres couleurs de benzidine pouvant résister à un remontage ultérieur en bain acide, rincée, puis travaillée en bain acide pour teindre la laine[1]. Le bain pour laine doit, comme dans la méthode précédente, conserver une réaction bien acide, sans quoi le colorant pour coton serait en partie démonté.

Si la laine ne doit pas être remontée, on peut employer toutes les couleurs diamine pour teindre au foulon.

II. — TEINTURE DES MÉLANGÉS SOIE ET COTON

Elle est, ainsi que le prouvent les descriptions que nous donnons ci-dessous, identique à celle des mélangés laine et coton.

La teinture des tissus mélangés contenant de la soie tussah est particulièrement difficile. Pour teindre en couleur uniforme le mélange de tussor et de coton, on utilise les couleurs directes pour coton. On fait usage de matières colorantes sulfurées pour obtenir du noir ou deux nuances en teintes solides. Pour couvrir ou nuancer, on fait appel aux colorants acides ou basiques.

TEINTURE DES TISSUS SOIE[2] (NATURELLE) ET COTON EN NUANCES UNIES. — PROCÉDÉ PAR ÉCHANTILLONNAGE[3]

Nous supposons dans l'exposé des deux procédés que nous donnons ici, que les tissus à teindre sont des rubans de velours

1. C'est le procédé de surteinture de la laine.

2. Par le mot *soie*, nous entendons la *soie naturelle* ; nous ajoutons, pour éviter toute confusion, le qualificatif *artificielle*. Exemple : *soie artificielle*, pour désigner la soie fabriquée avec de la cellulose.

3. C'est, nous nous le rappelons, le procédé d'après lequel le teinturier se base sur l'expérience qu'il a acquise dans son métier, pour apprécier les quantités de drogues qu'il doit ajouter dans son bain, à mesure que la nuance se développe.

Les quelques proportions que le lecteur lira, dans la rédaction de ce mode de teinture sont par conséquent des données approximatives.

ou des rubans ordinaires suffisamment étroits, pour pouvoir être manipulés comme les échevaux.

Pour les larges rubans et les étoffes, la confection du bain et les procédés de teinture sont les mêmes, mais le lissage est remplacé, comme nous l'expliquons plus loin, par la rotation de la marchandise dans la dissolution colorante.

I. **Teinture en bain unique.** — 1° *Teinture du coton.* — On prépare une dissolution bouillante de savon de Marseille comprenant 20 à 25 0/0 de savon, on y plonge les rubans, leur donne trois à cinq lisses et un coup de tube à chaque lisse pour maintenir l'ébullition. Cette opération nettoie le coton et décreuse la soie. On lève la marchandise, on dissout dans cette solution savonneuse le ou les colorants de benzidine teignant soie et coton. Le bain étant refroidi jusque 70° à 80°. C., on abat le tissu mouillé auquel on donne trois à cinq lisses, en maintenant la température ; on lève, échantillonne, reponchonne, retourne abattre, donne trois lisses pour de nouveau échantillonner et au besoin reponchonner. On termine le nuançage du coton par addition du sulfate de sodium, si c'est nécessaire.

2° *Teinture de la soie.* — Après teinture du coton, on rince et avive avec de l'acide acétique ou de l'acide formique. Si la soie est trop claire, on dissout des colorants acides ou basiques dans le bain d'avivage, et remonte la soie en lissant les rubans dans cette solution acide chauffée à 40°-50°C.

Lorsque la couleur des rubans est jugée conforme à l'échantillon, on leur fait une eau [1], on essore et sèche.

II. **Teinture en deux bains.** — Ce procédé convient à certaines teintes pures : bleu, cerise, violet, etc., que l'on n'imite pas bien avec les colorants diamine. On commence par teindre la soie aux colorants acides et, après engallage, on teint le coton avec les colorants basiques.

Les rubans sont tout d'abord lissés dans une dissolution bouillante de savon, pour nettoyer le coton et décreuser la soie, comme nous le disons à propos de la teinture en bain unique.

1. *Faire une eau*, c'est rincer, c'est-à-dire laver dans de l'eau non acide ; *faire deux eaux*, c'est rincer une première fois, renouveler l'eau et rincer une deuxième fois la marchandise.

1° *Teinture de la soie aux colorants acides.* — Du savon de grès faiblement coupé est chauffé à 30°-40°C., on y introduit les rubans et leur donne trois à cinq lisses pour les préparer, on lève le tissu, verse la dissolution du colorant pour former le bain de teinture, met dessus les rubans mouillés, donne cinq à six lisses, lève, échantillonne, reponchonne, chauffe, abat de nouveau la marchandise et continue ainsi à lisser et à échantillonner en élevant la température jusqu'à l'ébullition.

Lorsque la nuance est conforme à l'échantillon, on rince et avive à 40°-50°C.

2° *Teinture du coton aux colorants basiques.* — *a) Engallage.* — On donne trois à cinq lisses dans un bain chauffé à 80°C., formé avec 2 à 10 0/0 de tanin, selon la nuance à reproduire met en saute et laisse refroidir quelques heures ; si on ne met pas en saute on laisse traîner. Après ce mordançage on rince et laisse égoutter.

b) Teinture. — On prépare un bain d'eau aiguisée d'acide formique, ou d'eau additionnée du quart de son volume de savon de grès coupé d'acide sulfurique, et *donne à froid* trois lisses. On lève, verse la dissolution de colorant, *met dessus à tiède* et lisse. On lève de temps à autre pour maintenir la température, échantillonner et reponchonner. On ne dépasse pas 60°C. Quand la couleur est conforme à l'échantillon, on lève, lave, essore et sèche.

Remarque. — Des ateliers remplacent le savon de Marseille et le savon de grès par des huiles ou des savons sulfoconjugués et, ils avivent à l'acide tartrique, souvent sans raison, par habitude.

Les avivages chauds faits sur les marchandises faiblement imprégnées de savon leur donnent un toucher particulier et les rubans émettent, quand on les froisse, un crissement comparable à celui de la soie. Cette propriété est fort recherchée.

TEINTURE DES RUBANS ET DES ÉTOFFES PAR ROTATION DANS LE BAIN

Nous disions que les rubans étroits sont teints par lissage à la main, comme les flottes ; mais les installations spéciales pour rubans et autres tissus plus larges les teignent après les avoir étalés sur des moulins ou tourniquets.

Les tourniquets sont formés d'un axe en bois ou en cuivre à chaque extrémité duquel sont fixés six rayons également en bois ou en cuivre. Les deux séries de rayons sont orientées de la même manière ; autrement dit, les rayons opposés sont parallèles. Des mortaises pratiquées dans ces rayons, à des distances égales, reçoivent pendant l'enroulement des tissus, des tiges creuses façonnées avec un alliage léger inoxydable.

La marchandise est donc disposée en spirale ; les spires sont assez distantes les unes des autres pour ménager les surfaces des velours et faciliter l'égale pénétration du colorant.

Les moulins reposent par leurs tourillons sur les parois verticales de bacs en cuivre, ayant la forme de demi-cylindres. Ces récipients sont, à cause de leur aspect particulier, appelés des demi-lunes. La marchandise tourne lentement, à moitié immergée dans le bain qui est chauffé à la vapeur libre.

Les lavages ou rinçages et les avivages se font sur le même appareil. On peut faire un gommage pendant le lavage ou pendant l'avivage, en effectuant ces opérations en présence d'un peu de gélatine.

Les tissus teints et rincés sont enroulés sur des moulins identiques et séchés, au large, pendant la nuit. Les baguettes qui leur servent sont en bois, ou en verre pour les couleurs tendres.

Une fois sèches, les pièces sont gommées, cylindrées à chaud et pliées. Le gommage se fait avec la gélatine, avec la gomme arabique, avec la dextrine, l'amidon ou avec une composition d'apprêt. Le pliage comprend l'enroulement sur support en carton.

La teinture des tissus soie naturelle et soie artificielle est pratiquée comme celle des tissus soie naturelle et coton.

Les rubans soie artificielle et coton sont teints comme le coton seul, en ayant soin de travailler à température plus basse la soie artificielle manifestant une plus grande affinité pour les colorants.

III. — TEINTURE DES MÉLANGÉS LAINE ET SOIE

Ces fibres sont toutes deux d'origine animale, elles n'ont qu'une légère différence dans leur constitution; leurs éléments sont les mêmes; la laine contient seulement du soufre en plus.

On teint facilement la laine et la soie en nuances uniformes, à l'aide de colorants acides. On manipule la laine au bouillon, abat et travaille la soie à tiède. On utilise de préférence les colorants acides pour la laine et les colorants basiques pour la soie.

IV. — TEINTURES DES MI-LAINE ET DES MI-SOIE [1] EN NUANCES GRAND TEINT

Les procédés de teinture en deux bains peuvent être appliqués aux couleurs d'alizarine, lorsqu'on désire obtenir des nuances très résistantes. A cause du bon marché des étoffes mi-laine, qui nécessitent la plus grande réduction possible des dépenses de fabrication et de teinture, les couleurs d'alizarine n'ont pour ces mélangés qu'une importance restreinte; elles trouvent davantage leur emploi dans les articles mi-soie.

Mi-laine. — Voici, à titre de document, la marche à suivre qui varie selon que l'une des fibres est teinte ou que les deux sortes de fibres doivent subir la teinture.

Premier cas. — *Le mélange contient de la laine teinte et du coton teint.* — Si la laine est déjà teinte, on teint le coton en suivant la marche tracée dans notre aperçu général de la teinture du coton. On supprime l'huilage, même pour les tons foncés, afin de conserver la laine intacte.

Si le mélange contient du coton teint, on colore la laine d'après la marche indiquée dans notre aperçu général de la teinture de la laine.

Deuxième cas. — *Il faut teindre à côté l'un de l'autre le coton et la laine.* — Le travail en bain unique n'est pas recommandable, la laine absorbant toujours plus facilement le mordant

1. Par l'expression mi-soie, on entend les mélangés soie et coton aussi bien que les mélangés soie et laine.

et la couleur. Le meilleur moyen est de teindre premièrement la laine aux couleurs d'alizarine, puis le coton aux couleurs d'aniline ou aux bois.

Mi-soie. — Les tissus *soie et coton* ou *soie et laine* sont fréquemment utilisés comme étoffes d'habillement de toutes sortes.

Mi-coton[1]. — Le mordançage simultané de la soie et du coton s'effectue en laissant digérer à froid, toute une nuit, la marchandise dans un bain d'acétate d'aluminium ou de chlorure de chrome. Après rinçage dans l'eau courante, on teint simplement comme il est dit pour la soie.

Mi-laine[2]. — Le mordançage s'opère en deux fois. On mordance premièrement la laine à l'ébullition, avec 3 0/0 de bichromate de potassium et 2,5 0/0 de tartre, et en deuxième lieu la soie, à froid, avec le chlorure de chrome. On teint comme il a été dit pour la laine.

V. — TEINTURE DES TISSUS MI-LAINE CONTENANT DE LA SOIE

Les tissus mixtes composés de laine, coton et soie, peuvent être teints en nuances presque unies ou en nuances bi ou tricolores.

A. **Production de teintes unies.** — La propriété que possèdent un grand nombre de couleurs diamine, de teindre presque uniformément les trois sortes de fibres, rend possible la production de nuances unies en une seule opération. Les couleurs substantives sont employées soit seules, soit en combinaison avec des colorants pour laine teignant en bain neutre. Ce procédé a beaucoup d'analogie avec la teinture des articles

1. Soie et coton.
2. Soie et laine.

mi-laine, en un seul bain. La température joue un rôle important. Dans la pratique, on considère qu'au-dessous de l'ébullition les colorants montent de préférence sur le coton et la soie; qu'à l'ébullition, ils teignent davantage la laine tandis que le coton et la soie se dégradent plus ou moins. *C'est, en réalité, à la température de 70° C., que le coton et la soie absorbent le plus facilement les colorants; les températures plus élevées favorisent la coloration de la laine.*

On garnit le bain avec la quantité voulue de colorant et, suivant l'intensité de la nuance à réaliser, 10 à 30 0/0 de sulfate de sodium cristallisé. On introduit le tissu, chauffe à 50°-60° C., manœuvre pendant un quart d'heure, porte lentement au bouillon, fait bouillir pendant dix minutes, ferme la vapeur et laisse refroidir une demi-heure environ. C'est en ce moment qu'on échantillonne. *L'ébullition fait porter la couleur sur la laine, le coton et la soie se recouvrent principalement pendant le refroidissement.*

Si, lors de l'échantillonnage, la laine n'a pas absorbé assez de couleur, on peut faire bouillir de nouveau; mais il est préférable de nuancer avec des colorants pour laine teignant en bain neutre. Quand on a recours à l'ébullition, il faut échantillonner souvent. L'ébullition fait, en effet, démonter sensiblement le coton et la soie, en faveur de la laine. Il faut surtout éviter de donner à la laine une nuance trop foncée, car il est presque impossible de la corriger, tant est grande l'affinité de ce textile pour les colorants substantifs. On n'aime pas avoir recours à des agents énergiques, tels que l'ammoniaque, le carbonate de sodium, l'hydrosulfite, parce qu'ils détériorent la fibre. Mais, même avec de pareils produits, on change peu la laine, alors que le coton et la soie sont presque démontés.

On voit, par ce qui précède, que la teinture de ces tissus mixtes n'est pas chose aisée : elle exige une grande attention si l'on veut arriver à un bon résultat.

Si en un bain on ne peut obtenir des nuances suffisamment uniformes, on teint d'abord la laine et le coton avec des couleurs de benzidine, puis on donne à la soie un ton identique, en travaillant avec des colorants acides en nouveau bain tiède additionné d'acide acétique.

B. **Production de teintes différentes.** — Les fabriques de matières colorantes et notamment la Manufacture lyonnaise indiquent toute une série de couleurs pouvant être utilisées dans l'un des trois cas suivants :

1° *La laine et la soie sont teintes à la même nuance, le coton est réservé en blanc ou teint en une nuance différente.* — Le choix des colorants qui conviennent pour cette application n'est pas grand, car ceux qui réservent complètement le coton teignent généralement la soie moins que la laine. Pour obtenir un coton bien blanc, il est souvent nécessaire de faire bouillir le bain pendant longtemps, mais il arrive alors presque toujours que la soie se trouve trop démontée.

Cependant, il existe des colorants qui donnent des résultats satisfaisants, si on adopte la marche que voici :

On garnit le bain avec : 10 0/0 de sulfate de sodium + 10 à 15 0/0 de sulfate acide de sodium, ou 15 à 20 0/0 de sulfate de sodium + 3 à 5 0/0 d'acide sulfurique ou de l'acide acétique.

On entre à environ 50° C., manœuvre la marchandise à peu près une demi-heure et épuise le bain en y mettant au besoin de l'acide.

On pourrait teindre rapidement la laine, même à une nuance foncée, en faisant bouillir ; mais il est préférable d'opérer plus lentement, par addition d'acide et sans dépasser 90° C., parce que, en opérant ainsi, on ne démonte pas la soie.

Lorsqu'on veut teindre le coton, on le fait en bain tiède avec des colorants diamine, plus 10 à 40 grammes de sulfate de sodium par litre de bain, sans addition d'ammoniaque ou de soude carbonatée.

Nous croyons que c'est uniquement avec les couleurs mentionnées spécialement par la Manufacture lyonnaise que l'on peut travailler dans cette condition. Dans tous les autres cas le coton se remonte avec des colorants substantifs additionnés de 10 0/0 de savon de Marseille + 1,5 à 3 0/0 de carbonate de sodium calciné et on évite la présence du sulfate de sodium qui tend à favoriser la teinture de la soie et de la laine. On travaille à une température de 50° C., pendant une heure à une heure et demie.

L'addition de savon et de carbonate alcalin, ainsi que la basse température, ont pour objet d'empêcher autant que possible le colorant de monter sur les fibres de soie et de laine; la basse température a encore un autre but, c'est de diminuer l'action nuisible du bain alcalin sur les fibres animales.

2° *Teinture préalable du coton, la soie et la laine sont réservées en blanc ou teintes en d'autres nuances.* — Il est rare que l'on réserve en blanc la laine et la soie; on a ordinairement recours à une surteinture. Dans ces combinaisons de couleurs, le coton ne sert guère que de fond et par conséquent il est teint, autant que possible, en nuances foncées; la laine est teinte de la même nuance ou non et la soie est appelée à produire de l'effet.

Deux méthodes peuvent être suivies pour la teinture préalable du coton. On peut la teindre : avec des colorants substantifs ou avec des colorants sulfurés.

Teinture du coton avec des colorants substantifs. — On teint vers 50° C., en bain de savon de Marseille et de soude carbonatée, comme on vient de le décrire pour le remontage du coton (voir 1°, p. 540).

Le remontage de la laine se fait en bain bouillant contenant une forte proportion d'acide acétique. Or, bien peu des colorants qui peuvent être employés pour la teinture du coton possèdent une résistance suffisante aux acides pour subir cette opération.

Si la soie doit en outre être colorée, on aura recours au procédé qui sera décrit sous le 3°, pages 542 et 543.

Les références de la Manufacture lyonnaise recommandent de manœuvrer le coton à tiède entre 50°-60° C., avec des colorants résistant aux acides dilués, noirs, bleus ou rouges, additionnés : soit d'un peu de savon, 2 à 3 grammes par litre, si on tient à réserver les fibres animales; soit de 10 grammes de sulfate de sodium par litre, si une légère coloration de ces fibres ne nuit pas à leur teinture ultérieure.

Après teinture on diazote et développe avec β-naphtol ou β-naphtol et diamine, puis effectue le remontage en nuance différente, avec les colorants pour laine et soie.

Teinture du coton avec des colorants sulfurés[1]. — Si on a en vue la production d'effets bicolores ou tricolores, les colorants sulfurés offrent plus de garantie de solidité que les colorants du groupe de benzidine. La plupart des colorants sulfurés résistent en effet très bien aux acides, ainsi qu'au remontage de la laine et de la soie en bain très chaud.

Afin que les fibres animales n'aient pas à souffrir de la teinture en bain alcalin, on opère à basse température, avec le moins possible de sulfure de sodium et de carbonate de sodium. En ajoutant au bain 10 à 20 0/0 de colle forte ou de caséine, on empêche tout à fait le colorant sulfuré de monter sur la soie. *Mais, tandis qu'en employant des colorants substantifs, pour teindre le coton, la laine est à peine colorée, elle l'est toujours lorsqu'on se sert de colorants sulfurés.*

La manière de préparer le bain de teinture avec les couleurs immédiates, ainsi que la fixation aux sels métalliques, ont été indiquées à propos de la teinture du coton.

La caséine est délayée d'abord avec un peu d'eau, de manière à former une pâte épaisse à laquelle, on ajoute une suffisante quantité d'eau froide pour obtenir une pâte claire; puis 5 0/0 d'ammoniaque pour rendre gluante la solution qui est ensuite versée dans le bain de teinture.

Le coton mercerisé absorbant plus rapidement et plus abondamment les colorants sulfurés que le coton ordinaire, on traite souvent les tissus mixtes à la soude caustique. Ce traitement, qui a pour but de merceriser le coton, est effectué en présence de glycérine afin de combattre l'action nuisible de la soude caustique sur la laine et la soie. Après mercerisage, on rince et neutralise l'alcali avec de l'acide acétique.

3° ***La laine est teinte, la soie et le coton sont réservés en blanc ou teints en d'autres nuances de façon à obtenir des effets bicolores.*** — Pour cette application, on peut encore avoir recours aux références de la Manufacture lyonnaise. Nous ajouterons cependant que la soie reste rarement blanche, lors même qu'elle n'est pas décreusée.

1. Cette méthode n'est pratique que sur tissus contenant des laines moyennes ou grossières, les laines douces et fines étant attaquées par l'alcalinité du bain.

On teint dans un grand volume d'eau, 100 pour 1, et on met dans le bain, avec le poids de colorant jugé nécessaire : 10 0/0 de sulfate de sodium cristallisé et 8 à 15 0/0 d'acide acétique ou 1 1/2 à 2 1/2 0/0 d'acide formique à 85 0/0 ; teint au bouillon et rince. Au dernier rinçage, on rend l'eau légèrement acétique.

Si la soie est teintée, on la démonte avec une solution d'hydrosulfite et on la teint en bain tiède additionné d'acide acétique.

Le coton est finalement teint avec des couleurs diamine, comme nous l'avons déjà indiqué, sans addition d'ammoniaque ou de carbonate de sodium.

On peut aussi colorer d'abord le coton, puis remonter la soie. Nous appelons l'attention sur l'utilité de teindre la soie avec des colorants acides qui teignent bien à basse température. On ne peut pas employer, pour couvrir la soie, des colorants basiques, parce qu'ils montent très bien sur coton ; et si le coton a déjà été recouvert d'un autre colorant, ce premier colorant servira infailliblement de piétage.

Toutes les couleurs couvrent un peu la laine, aussi la nuance donnée à la laine doit-elle être plus vive, si les couleurs employées ultérieurement sont assez différentes. Ces dernières rabattent la nuance première de la laine et la ramènent au ton voulu.

Si, par exemple, la laine est d'abord teinte en bleu et que la soie doive ensuite être teinte en rouge, le bleu doit être tenu plus vif et plus verdâtre qu'il ne devrait l'être. Le ton rougeâtre manquant est donné par le remontage de la soie.

Si la laine est d'abord teinte en rouge et que la soie doive ensuite être teinte en bleu, il faut naturellement obtenir un rouge aussi vif que possible, puisque le colorant bleu, destiné à la soie, rabattra cette vivacité.

Avant de clore ce chapitre, nous tenons à signaler les *couleurs Duatol* de la Manufacture lyonnaise qui permettent de teindre en bain unique et en nuance uniforme, non seulement des mi-laines, mais encore des mi-laines contenant de la soie. L'opération se fait à l'ébullition en présence de 20 grammes par litre de sulfate de sodium. Quand la soie est présente, on laisse la marchandise refroidir dans le bain pendant une demi heure à trois quarts d'heure. Le rinçage final est effectué ordinairement en présence d'un peu d'acide acétique.

Ce qui augmente l'importance de ces intéressantes couleurs, c'est qu'elles peuvent être nuancées avec les colorants diamine.

XXIII

TEINTURE DE LA SOIE ARTIFICIELLE

Origine et classification. — La soie artificielle est d'origine végétale ; c'est de la cellulose ayant subi certaines modifications chimiques, pour la rendre capable de se dissoudre.

Tous les procédés de fabrication de ce textile se résument en quatre opérations :

1° Désagrégation et purification de la matière végétale ;

2° Transformation de la matière végétale désagrégée en une masse visqueuse ;

3° Dissolution et filage du produit visqueux ;

4° Coagulation ou durcissement de la masse fluide ainsi obtenue.

Deux procédés sont mis en œuvre pour changer la composition chimique de la cellulose :

1° Le traitement de la cellulose par les alcalis ;

2° Le traitement de la cellulose par les acides.

Dans le premier cas, on transforme la cellulose en hydrocellulose soluble dans la dissolution ammoniacale d'oxyde de cuivre : cette opération permet d'obtenir la *soie de Givet ;* ou bien, on combine la cellulose avec le sulfure de carbone, ce qui la rend soluble dans l'eau ; le filage de cette dissolution aqueuse donne par durcissement la *Viscose*.

Dans le second cas, on fait agir sur la cellulose de l'acide nitrique ou de l'acide acétique.

Avec l'acide nitrique, on obtient la nitrocellulose que l'on dissout dans un mélange d'alcool et d'éther ; la masse fluide qui en résulte, après filage et dénitrification, devient la *soie Chardonnet.*

Avec l'acide acétique, on obtient l'acétate de cellulose dont les dissolvants sont nombreux; le filage de la dissolution d'acétate de cellulose fournit *la soie d'acétate* ou *soie à l'acétate.*

La soie de Givet, la Viscose et la soie Chardonnet sont des celluloses dont les molécules ont été plus ou moins hydratées; leur composition les rend comparables au coton mercerisé.

La soie d'acétate est, comme son nom l'indique, de la cellulose éthérifiée avec de l'acide acétique; sa composition la différencie, par conséquent, des autres soies.

Les soies artificielles ont des propriétés que ne possède pas la cellulose initiale; il y a des différences réelles dans leur composition : elles n'ont pas les mêmes affinités pour les colorants.

L'élasticité et la ténacité de la soie artificielle sont loin d'égaler celle de la soie naturelle : la résistance à la rupture est, de plus, considérablement diminuée par l'humidité.

La ténacité de la soie Chardonnet mouillée n'est que le 1/8 de la même soie sèche; celle de la Viscose mouillée est égale à 1/6 de celle de la Viscose sèche.

L'idée première de la fabrication de la soie artificielle est attribuée à Audemars, de Lausanne (brevet 1855); mais la soie artificielle ne prit son essor qu'à la suite des travaux du comte Hilaire de Chardonnet, travaux connus en 1888.

Préparation et propriétés. — 1° *Soie Chardonnet, appelée aussi soie artificielle de Francfort, soie de Besançon, soie de Tubize et soie de Hongrie.* — La pâte de bois purifiée par l'ébullition sous pression avec de la soude caustique d'abord, puis avec du bisulfite de sodium, est rincée, essorée et séchée. Elle est ensuite soumise à l'action combinée des acides sulfurique et nitrique et transformée en cellulose tétranitrique. La nitrocellulose est alors dissoute dans un mélange d'alcool et d'éther (collodion) et poussée dans des filtres, d'où elle sort sous forme de fils fins qui sont dissous par l'air chaud ou par l'eau.

Le fil de nitrocellulose est des plus inflammable; il se décomposé lentement comme le coton poudre en dégageant des vapeurs nitreuses. Ce fil est blanchi au chlorure de chaux afin de lui faire perdre sa couleur jaunâtre, et dénitré avec des réducteurs pour enlever son pouvoir explosif. La dénitrification diminue l'élasticité et la solidité de ce textile.

Les sulfhydrates sont les dénitrants les plus utilisés. On cheville les flottes de soie artificielle dans une dissolution froide de sulfhydrate de magnésium qui est le réducteur le plus employé.

La soie Chardonnet, qui est en somme une oxycellulose, se remarque par son *affinité très grande pour les colorants basiques.* Ces colorants peuvent être employés avec une légère addition d'acide acétique. Elle manifeste une affinité moindre pour les couleurs diamine et immédiates. Ces dernières doivent par conséquent être employées en plus forte proportion, si l'on désire obtenir des teintes de même intensité.

2° *Soie de Givet, soie parisienne appelée encore Glanzstoff, soie d'Elberfeld, d'Oberbruck.* — La pâte de bois, désagrégée en autoclave par une lessive formée d'une proportion élevée de carbonate de sodium additionnée de soude caustique, est transformée en quelque sorte en cellulose mercerisée, puis dissoute dans une solution d'oxyde de cuivre ammoniacale, à *basse température.* La liqueur bleue est après cela filée et durcie dans l'acide sulfurique à 30-65 0/0 (bain coagulant).

La soie de Givet, dont la composition se rapproche le plus de la cellulose pure, *se comporte en teinture comme le coton.* Son affinité pour les colorants artificiels est même plus grande que celle du coton.

3° *Soie Viscose.* — C'est actuellement la plus répandue ; elle se recommande par sa ténacité, et par son prix de revient qui est inférieur à celui des deux précédentes.

La préparation de la Viscose se divise en deux phases :

1° Préparation de l'alcali-cellulose par action de la soude caustique sur la cellulose ;

2° Traitement de l'alcali-cellulose par le sulfure de carbone.

La matière première de l'alcali-cellulose est la pâte à papier.

Préparation de la pâte à papier. — Le bois est coupé menu, lavé avec une lessive faible de soude caustique chaude, trituré et brassé dans des malaxeurs. Il en résulte une pâte débarassée des résines et des matières incrustantes : pierres, sable.

La pâte est soumise à l'action de l'eau de chlore ; les acides provenant de l'action oxydante du chlore sur les composés hydrocarbonés sont neutralisés par la soude. La pâte est ensuite lavée, blanchie au chlorure de chaux et séchée. Elle est expédiée en France sous forme de feuilles.

Préparation de l'alcali-cellulose. — D'après E. Graire [1] la pâte à papier, provenant en général de Norvège, est étuvée à 21° C. pendant une semaine de façon à humidifier également toutes les feuilles. Elle est alors trempée, une heure environ, dans une dissolution de soude maintenue à la température constante de 21° C. Après égouttage, on la presse fortement. Les feuilles suffisamment ramollies sont broyées et retransformées en une masse visqueuse ; on maintient la température de 21° C.

Vieillissement ou mûrissage. — Le produit léger, floconneux qui sort des broyeurs est l'*alcali-cellulose* ; il est mis en boîtes et conservé toujours à la même température de 21° C. C'est là l'opération du mûrissement, qui expose la pâte à des phénomènes physiques et chimiques qui sont encore mal connus.

Préparation de la Viscose. — L'alcali-cellulose est additionnée de sulfure de carbone, suivant le procédé de Cross et Bevan, dans les proportions de 1/2 poids de sulfure de carbone avec 1 poids de cellulose initiale. On agite environ deux heures dans des cuves fermées, la température s'élève et la masse du blanc soyeux vire lentement au brun et même au noir, si l'attaque

1. Voir dans *Chimie et industrie*, 1924.

est trop poussée. On s'arrête lorsqu'on a la teinte orangée.

On obtient ainsi un sulfocarbonate ou xanthate de cellulose. Pour obtenir la Viscose il faut ajouter au xanthate presque le 1/3 de son poids d'alcali-cellulose. Cette opération connue sous le nom de mixage s'effectue dans un broyeur mélangeur. La Viscose est alors filtrée et on la laisse mûrir pendant un temps assez long : cinquante-huit à cent heures, à la température à laquelle s'est effectuée la préparation.

Suivant M. Gustave Klotz [1], on purifie la Viscose par l'action de l'acide carbonique ou de l'acétique étendu, il y a production d'acide sulfhydrique qu'on entraîne par l'air ; on peut aussi combiner l'excès de soufre en ajoutant à la Viscose du sulfite de soude contenant 1/3 de son poids de soude caustique. Il se forme de l'hyposulfite, tandis que la Viscose se décolore.

La Viscose précipite par le sel marin, les sels amoniacaux, l'alcool ; elle se coagule par la chaleur et se décompose même spontanément en donnant du Viscoïd, cellulose régénérée impure.

Pour obtenir la soie artificielle on file la Viscose à travers des orifices capillaires dans une dissolution de sel ammoniac de densité 1,05 à 1,06. La Viscose durcit, on laisse les fils six à douze heures dans cette dissolution froide ; on chauffe ensuite le bain à l'ébullition et on y maintient les fils quelques minutes.

Pour blanchir ce textile, on le lave d'abord dans de l'eau bouillante, puis avec une lessive de carbonate de sodium bouillante. On rince et on passe en hypochlorite de sodium. On rince une deuxième fois et on décompose l'hypochlorite restant avec un acide dilué ; on rince à fond et on sèche.

La soie Viscose n'est pas uniquement utilisée en tissus, elle est aisément moulable et peut servir à fabriquer des objets durs imitant la corne.

La soie Sténose est de la soie Viscose rendue plus réfractaire à l'eau par l'action du formol en présence de l'acide sulfurique, agent déshydratant.

1. Voir *le Celluloïd*, traduction de M. Gustave Klotz. Librairie Dunod.

Il est de toute évidence que les masses successives de Viscoses provenant d'une même fabrique, sont préparées, par quantités égales, suivant des proportions invariables des différents ingrédients qui concourent à la production, et qu'elles sont passées, régulièrement dans les mêmes filières. Or, un même fabricant ne livre jamais deux lots de soie Viscose possédant, pour les mêmes colorants, le même pouvoir absorbant. Autrement dit, le teinturier n'arrive pas à réaliser identiquement la même nuance sur deux lots de soie Viscose ne provenant pas de la même mise, de la même masse visqueuse. Pour cette raison, il faut, lors de la teinture, prendre pour une même nuance des soies Viscoses, non seulement de même provenance, mais encore de même lot.

La soie Viscose *se comporte en teinture à peu près comme la soie de Givet;* son affinité pour les colorants basiques est un peu plus grande, ce qui permet d'obtenir des nuances claires sans mordançage préalable.

4° *Soie d'acétate de cellulose* ou soie à l'acétate de cellulose, vendue à Lyon sous le nom de Célanèse, fabriquée par les Usines du Rhône sous le nom de Rhodiaseta.

La soie d'acétate était fabriquée, pendant la guerre, pour vernir les ailes des avions. Pour fabriquer cette soie, on prépare une dissolution de cellulose dans le chlorure de zinc, à chaud, et on précipite l'hydrate de cellulose par un acide dilué[1].

On mélange intimement une dissolution concentrée d'acétate de zinc avec l'hydrate de cellulose, dans les proportions de 1 1/2 poids d'acétate pour 1 poids de cellulose hydratée.

La masse est séchée à l'étuve à 110° C., pulvérisée, additionnée peu à peu de chlorure d'acétyle dans les proportions de deux molécules de chlorure d'acétyle pour une molécule d'acétate de zinc ; on refroidit pour maintenir la température au-dessous de 30° C.[2].

1. Extrait d'articles parus dans *Tiba*, années 1923-1924.

2. D'après MM. Cross et Bevan, la réaction s'explique ainsi :

$$\underbrace{(CH^3CO^2)^2\,Zn}_{\text{acétate de zinc.}} + \underbrace{C^6H^{10}O^5}_{\text{cellulose.}} + 2\,\underbrace{CH^3COCl}_{\text{chlorure d'acétyle.}} = \underbrace{C^6H^6O^5\,.\,(CH^3CO)^4}_{\text{acétate de cellulose.}} + 2\,H^2O + ZnCl^2$$

Le produit obtenu est lavé, essoré, séché, dissous dans le chloroforme ou un autre dissolvant : acide acétique, formique, acétone, phénol ou alcool. La dissolution est filée dans l'eau, où elle durcit.

L'acétate de cellulose brûle difficilement en fondant, ce qui la fait considérer comme étant ininflammable. La soie d'acétate de cellulose est moins sensible à l'eau que les autres variétés de soies artificielles ; par contre, elle est très difficile à teindre.

Outre les soies artificielles dont nous venons de montrer sommairement des moyens de préparation, nous pouvons citer certains produits qui sont employés en remplacement du crin de cheval, fils glacés, etc... ; tels sont :

Le *Météore ou Crinol*, qui se teint comme la soie Chardonnet ;

Le *Sirius* et l'*Excelsior*, qu'on teint comme la soie de Givet ;

Le *Fil de Viscelline*, fil de coton revêtu de soie Viscose, qui se teint comme la Viscose.

MODES DE TEINTURE

Généralités. — La soie artificielle présente un grand inconvénient, elle se détériore facilement lorsqu'elle est mouillée ; aussi faut-il la manipuler avec de grandes précautions, la teindre aussi vite que possible et ne jamais la tordre après teinture.

Pour donner à la teinture sa durée minimum, on emploie surtout des colorants directs et on nuance, si c'est nécessaire, avec des colorants basiques, à l'avivage. S'il s'agit d'obtenir des teintes nourries et intenses que ne donnent pas les colorants substantifs, on travaille avec des colorants basiques après avoir mordancé au tanin.

Le rapport du volume du bain au poids de la marchandise à teindre est de 30 litres pour 1 kilogramme environ ; avec les noirs, il peut être de 20 litres pour 1 kilogramme. Bien souvent, afin d'éviter que la soie ne se mêle et ne se déchire et dans le but d'égaliser parfaitement les nuances, on préfère teindre sur grands bains. Pratiquement, on compte : pour 1 kilogramme de soie artificielle, 40 litres de bain.

On mouille le textile à 50°-60° C., teint à une température qui varie entre 30° et 60° C., en ajoutant le colorant en trois fois ; lève avec précaution, essore et sèche à une température modérée. La durée de la teinture est de une ou deux heures. Les bains ne s'épuisent pas ; par économie, on les renouvelle avec les deux-tiers ou les trois quarts des proportions de colorants qui ont servi à les former et le quart de produits auxiliaires.

La nuance se modifie peu, si l'on sèche à froid ou à tiède ; seulement elle est d'autant plus foncée que l'on sèche à température plus élevée. Si après séchage la coloration est trop foncée, on vaporise quelque temps et elle devient plus pâle. On donne plus de main à la soie artificielle, en la teignant en présence de 2,5 à 5 0/0 de gélatine. Lorsque la nuance est conforme au type, on peut l'aviver en passant dans un bain froid d'acide acétique dilué, contenant une trace de savon Monopole.

TEINTURE AVEC LES COLORANTS DIAMINE, SUR SOIE CHARDONNET, SOIE DE GIVET ET SOIE VISCOSE

On ajoute à la couleur :

Pour l'obtention de nuances très claires :

Carbonate de sodium calciné	1 0/0
Savon Monopole	2 0/0

et on teint une demi-heure à 30° C.

Pour l'obtention de nuances claires et moyennes, on met en plus, après avoir teint un certain temps : 5 à 10 0/0 de sulfate de sodium calciné, puis chauffe jusqu'à 50° C. et teint une demi-heure à cette température.

Pour l'obtention des nuances foncées et des noires, on ajoute jusqu'à 15 0/0 et même 20 0/0 de sulfate de sodium calciné, chauffe jusqu'à 60° C. et maintient cette température une demi-heure à trois quarts d'heure.

S'il y a lieu de remonter avec des colorants basiques, on le fait comme d'ordinaire en bain nouveau froid bien aiguisé d'acide acétique. Quant au diazotage et au développement des teintes, ils se réalisent exactement comme avec le coton.

Le carbonate de sodium facilite la teinture aux colorants directs, en ralentissant l'absorption. L'huile Monopole et le savon Monopole favorisent l'égalisage, comme le carbonate de sodium, mais ils donnent de plus à la marchandise un toucher plus doux.

Pour communiquer à la soie artificielle le craquant de la soie naturelle, on travaille les colorants directs dans un bain de savon de Marseille bien mousseux, additionné de sulfate de sodium. Ou mieux, pour éviter l'action des savons calcaires pendant la teinture, on teint à la manière habituelle et passe ensuite en bain de savon mousseux.

On lave et avive avec de l'eau froide comprenant 1 volume pour 100 d'acide acétique et 1/2 volume pour 100 d'acétate de sodium. Cette dernière opération ne doit durer que quelques minutes.

TEINTURE AVEC LES COLORANTS BASIQUES

1° SUR SOIE DE GIVET ET SUR SOIE VISCOSE

Mordançage. — On mordance, pendant deux à trois heures, dans un bain chauffé à 50° C. environ, contenant, suivant l'intensité de la nuance, 2 à 5 0/0 de tanin et 1 0/0 d'acide chlorhydrique ; lève la marchandise, essore ou exprime légèrement et fixe à froid, pendant vingt minutes, dans un nouveau bain contenant 1 à 2 1/2 0/0 de sel d'antimoine, et rince.

Teinture. — On lisse quelques minutes dans de l'eau aiguisée de 5 à 10 0/0 d'acide acétique, ajoute le colorant en plusieurs fois et chauffe entre 50° et 60° C. pour terminer l'opération.

2° SUR SOIE CHARDONNET

La production de teintes solides s'obtient comme il vient d'être dit. Si les teintes ne doivent pas être bien solides à la lumière, à l'eau, au lavage ou aux acides, on teint sans mordançage préalable.

On donne à la marchandise un toucher doux durable, en substituant l'acide tartrique à l'acide acétique. La dose est de 3 à 5 grammes d'acide tartrique par litre d'eau.

Les soies Chardonnet sont teintes aux colorants basiques sans mordançage préalable, sans acide acétique si l'eau est assez douce, en présence d'un peu de sulfate.

TEINTURE DE LA SOIE ARTIFICIELLE EN ÉCHEVEAUX. — PROCÉDÉ PAR ÉCHANTILLONNAGE

La soie artificielle est de la cellulose, les modes de teinture qui lui conviennent sont les mêmes que ceux qui conviennent au coton.

On travaille principalement la soie Viscose que l'on teint aux colorants directs ou aux colorants basiques.

I. *Teinture aux colorants directs*. — C'est le mode généralement suivi.

On prépare la marchandise en lui donnant trois lisses dans une dissolution de 5 0/0 de soude Solvay (CO^3Na^2) et 1 0/0 de savon blanc de Marseille, chauffée à 40° C. environ. On lève, donne trois lisses dans de l'eau de rinçage, et, dans cette même eau chauffée à 30-40° C., on verse 1 0/0 de savon de Marseille préalablement dissous et la dissolution de colorant, en proportion convenable. On y introduit les artificielles mouillées, donne trois à cinq lisses, lève, échantillonne, reponchonne, ajoute du SO^4Na^2 en quantité proportionnée à l'intensité de la nuance, replonge les soies, donne trois à cinq lisses, lève de nouveau pour échantillonner, reponchonner et élever la température du bain. On continue ainsi par introductions successives de colorant jusqu'à ce que la couleur soit conforme à l'échantillon. La température du bain ne doit pas dépasser 70° C. A la fin on égoutte, rince, avive, essore et sèche.

Parfois on remonte aux colorants basiques ; dans ce cas, la marchandise est levée, égouttée et plongée dans de l'eau froide ou tiède, additionnée d'acide acétique ou formique et du colorant basique.

Pour terminer on égoutte, essore et sèche.

II. *Teinture aux colorants basiques.* — Ce procédé est peu employé, l'engallage fait perdre du brillant à l'artificielle et même durcit la marchandise.

Les écheveaux reçoivent trois lisses dans un bain tiède de soude Solvay 5 0/0 et de savon de Marseille 1 0/0 ; ils sont levés, lissés dans une eau de rinçage, passés dans un bain d'avivage à l'acide chlorhydrique, puis dans une dissolution de tanin chauffée à 50° C. où on leur donne trois à cinq lisses. On les laisse traîner environ une demi-heure dans ce bain d'engallage.

On les lève, leur fait une eau de rinçage, et dans cette eau froide, on dissout l'émétique destiné à fixer le tanin dans la soie artificielle.

On donne trois à cinq lisses, on rince pour teindre.

La soie artificielle ainsi mordancée est lissée trois fois dans l'eau froide additionnée d'acide acétique ou formique, levée pour préparer le bain, c'est-à-dire verser la dissolution de colorant basique, entrée à froid ou à tiède, lissée et levée de temps à autre pour maintenir la température, échantillonner et reponchonner jusqu'à ce qu'il y ait conformité entre la nuance produite et l'échantillon.

Il faut parfois élever la température jusqu'à 60° C. et même au-dessus.

Pour terminer, on lève, lave, avive, essore et sèche.

Il est recommandable d'encoller légèrement la marchandise teinte avant le séchage et même de l'adoucir.

Encollage. — A l'eau de rinçage chauffée à 30-40° C., on verse une dissolution de gélatine de manière à amener la dilution à 1 0/00 (2 kilogrammes de gélatine solide pour 2.000 litres d'eau), ou une émulsion d'amidon ; on fait effectuer trois lisses aux soies artificielles teintes et rincées ; on lève, essore, secoue et sèche.

Les écheveaux d'artificielles ainsi traitées se dévident bien mieux et elles s'usent moins pendant le tissage. Les passementiers reconnaissent que les rattaches sont moins fréquentes.

Adoucissage à la potasse. — Après avoir fait effectuer trois lisses dans le bain d'encollage, on lève les flottes d'artificielles, on verse l'adoucissage à la potasse, plonge les écheveaux, leur fait effectuer trois lisses, essore, secoue et sèche.

Cette préparation adoucit la soie artificielle, améliore encore le dévidage et permet d'obtenir au tissage des lisières tout à fait rectilignes ; autrement dit, le fil borde bien.

TEINTURE AVEC LES COLORANTS IMMÉDIATS, SUR SOIE CHARDONNET, SOIE DE GIVET ET SOIE VISCOSE

Les couleurs immédiates sont d'une solidité remarquable au lavage et à la lumière. On les emploie en général comme pour la teinture du coton, en ne dépassant pas 50° C., en réduisant les proportions de carbonate et de sulfate de sodium, et en utilisant un peu de savon Monopole, d'après la formule ci-jointe :

Carbonate de sodium calciné........	1 0/0
Savon Monopole.....................	2 0/0
Sulfate de sodium calciné	5 à 10 0/0

la proportion de colorant immédiat, plus une quantité de sulfure de sodium cristallisé double de celle du colorant.

Après trois quarts d'heure de teinture environ, on exprime et rince dans de l'eau froide.

Les teintes sur soie de Givet et sur soie Viscose sont savonnées à tiède, rincées et acidulées légèrement avec de l'acide acétique très dilué. Le savonnage est supprimé pour les teintes sur soie Chardonnet.

Teinture de la soie d'acétate de cellulose. — La teinture aux colorants directs ne peut se faire que sur soie superficiellement désacétylée, ce qui diminue un peu son remarquable brillant ; et encore les nuances ne sont pas unies. On prétend que les teintures sont meilleures en teignant en présence de chlorure de sodium. Les proportions recommandées sont, pour 1.000 grammes d'acétate de cellulose :

40 litres d'eau, 2,5 0/0 de NaCl et 25 gr. de soude caustique.

Les écheveaux sont lissés dans cette dissolution chauffée à la température de 50° C. durant quinze à vingt minutes, lavés et teints.

Nous croyons que le peu d'unisson est dû à l'inégale absorption de la soude caustique, ce qui provoque un manque d'uniformité dans la saponification. Le défaut d'absorption peut être considérablement diminué, en versant la dissolution de soude en deux fois, la seconde moitié n'étant versée qu'après le premier lissage des écheveaux.

La fibre d'acétate de cellulose ne possède pas d'affinité pour les colorants acides. Cependant MM. A. G. Green et K. H. Saunders ont introduit dans le commerce, sous le nom d'ionamines, quelques couleurs qui teignent la soie d'acétate de cellulose en bain légèrement acidifié par l'acide formique, parfois en bain neutre. La température ne peut pas dépasser 70° C., sinon le textile perd de son brillant.

Les ionamines sont des acides sulfonés des colorants aminés dont le groupe sulfo est extérieur au noyau ; ils ont donc pour formule générale :

$$X . AzR' . CHR'' . SO^3H.$$

X est le radical du colorant, le noyau. R' et R'' sont des groupes hydrocarbonés ou simplement de l'hydrogène. Ces composés, assez solubles dans l'eau, sont hydrolisés dans le bain de teinture en colorants aminés et en acide formaldéhyde sulfureux ou en aldéhyde bisulfitique.

La soie d'acétate de cellulose attire un peu les colorants basiques sans qu'elle soit plus ou moins désacétylée par la soude caustique. La fibre doit au préalable être lissée dans un bain de dégraissage formé avec 1 à 2 grammes de savon et autant d'ammoniaque par litre. Cette dissolution est chauffée à 50° C. Après lavage on rince, acidifie légèrement en HCl, et on teint à une température ne dépassant pas 65° C (la température de 50° C., est suffisante) en présence de 1 à 2 0/0 d'acide acétique et 5 à 20 0/0 de $MgCl^2$ [1].

1. Nous pouvons ajouter que l'acétate de cellulose attire les colorants basiques en présence de l'acide acétique, les nuances sont en général bien unies, mais elles sont fugaces ; la lumière les fait disparaître rapidement.

La soie teinte est rincée, savonnée, rincée et avivée en acide acétique.

La Compagnie nationale de matières colorantes recommande de lisser la soie dégraissée dans une dissolution de sa préparation appelée acétanol N avant de teindre aux colorants basiques. L'acétanol n'a pas, comme la soude caustique, l'inconvénient de diminuer le brillant de la soie d'acétate.

L'acétanol N peut aussi être employé dans le bain de teinture lui-même, mais une préparation parue plus récemment, l'acétanol NT, est plus avantageuse.

Pour teindre en un seul bain, il faut dissoudre le colorant basique dans de l'eau douce avec, au besoin, addition d'acide acétique, verser la quantité nécessaire d'acétanol N ou NT. Après teinture, on rince, avive et sèche.

Nous ajouterons que la teinture aux colorants basiques réussit quelquefois avec addition d'acétate d'ammoniaque.

En somme, la question de la teinture de la soie d'acétate de cellulose n'est pas encore mise au point. Nos teinturiers s'inspirant des indications fournies par les fabricants de colorants réussissent quelques nuances et sont loin d'être satisfaits. Ils émettent finalement l'idée que l'emploi de la nouvelle soie artificielle est surtout avantageuse, lorsqu'on peut la faire intervenir telle quelle dans les tissus, pour produire des effets de blanc.

TEINTURE DES TISSUS DE COTON CONTENANT DE LA SOIE ARTIFICIELLE

Nous avons pu nous rendre compte, par ce qui précède, que la teinture de la soie artificielle se rapproche beaucoup de celle du coton. Il faut pourtant considérer, lorsque l'on doit traiter les deux textiles dans le même bain, qu'ils ne se conduisent pas de la même manière, et que des différences se manifestent même entre les diverses soies artificielles.

Il est donc nécessaire de faire un choix judicieux des colorants, et, pour cela, il importe de savoir tout d'abord si la soie alliée au coton est de la soie Chardonnet, de la soie de Givet ou de la soie Viscose.

Si on ne se trouve pas en présence d'indications suffisantes, des essais s'imposent avant d'entreprendre le traitement en grand.

Toujours est-il que les couleurs diamine conviennent le mieux pour ces articles.

TEINTURE DES ARTICLES MÉLANGÉS : LAINE ET SOIE ARTIFICIELLE

La soie artificielle est introduite dans les tissus fantaisie de laine ou de mi-laine. Ces articles peuvent être teints successivement ou simultanément.

Première méthode. — On teint la laine en couleurs acides, laisse refroidir le bain jusqu'à 30° C., et teint la soie artificielle et le coton, s'il y en a, avec des colorants de benzidine.

On préfère, pour les noirs, teindre d'abord les fibres d'origine végétale : coton et soie artificielle, avec des colorants directs pour coton ; puis la laine, en couleurs acides, sous addition de sulfate de sodium et d'acides sulfurique, acétique ou formique, suivant le cas.

Deuxième méthode. — On teint la laine en bain acide et, après rinçage, passe successivement la marchandise dans des solutions froides : d'abord le tanin 2 0/0, puis de tartre émétique 1 0/0. L'émétique fixe le tanin sous forme de tannate d'antimoine et prépare la matière végétale pour la teinture à l'aide de colorants à mordant.

Il est aussi recommandé de teindre la laine en bain acide, en présence d'acide sulfurique ou acétique, mais d'ajouter, avant que la couleur soit suffisamment montée, 3 à 5 0/0 de tanin et de terminer la teinture au bouillon jusqu'à ce que la fibre animale soit à la nuance voulue. Il faut laver ensuite la marchandise et la passer en solution de 2 à 5 0/0 de tartre émétique. Le tanin réserve alors la laine et on peut teindre, comme si elles étaient seules, les fibres végétales à 50°-70° C. avec les colorants substantifs. On ajoute ces derniers en plusieurs fois, à cause de leur grande affinité pour la soie artificielle.

TROISIÈME MÉTHODE. — Elle consiste à colorer les deux fibres, dans le même bain, avec des colorants mi-laine : colorants diamine ayant une égale affinité pour la laine et pour le coton. Il est nécessaire, pour arriver à l'unisson, de se rappeler que la laine tire bien au bouillon, tandis que le coton absorbe bien les colorants de benzidine à basse température.

REMARQUE. — Nous croyons pouvoir rappeler que toutes nos proportions sont données d'après le poids de la marchandise. Mention spéciale est faite, quand les produits sont calculés par rapport au volume du bain.

XXIV

THÉORIE DE LA TEINTURE OU ÉNUMÉRATION DES CAUSES QUI FIXENT LES COLORANTS DANS LES FIBRES TEXTILES

L'action des fibres textiles, sur les différents sels colorants ou non, n'est pas expliquée d'une manière précise. On s'en rend compte en envisageant les multiples interprétations qui ont été faites du phénomène de la teinture. Toutes les théories semblent apporter des explications sérieuses. La grande difficulté est de choisir celle qui puisse rendre le plus de service aux praticiens.

I. En ce qui concerne la teinture avec les colorants directs, elle est due, pour les uns à une action mécanique, pour les autres à une action physique doublée ou non de réactions chimiques. D'après la plupart des spécialistes, la teinture des fibres animales est due à des réactions chimiques et celle des fibres végétales est de nature physique ou mécanique.

Nous nous rangeons du côté des spécialistes qui accordent une action prédominante au phénomène de la dissolution, et nous dirons, avec M. Ed. Justin-Mueller, auquel nous empruntons textuellement ce qui suit :

Le processus de la teinture directe consiste dans la différence entre le coefficient de solubilité du colorant dans le bain de teinture et le coefficient d'absorption de la fibre, à température déterminée.

L'unisson d'un colorant, sa facilité plus ou moins grande d'unir, qui joue un rôle principal en teinture, s'explique aisément par la relation des coefficients en question. L'unisson d'un colorant est d'autant plus facile que le coefficient de solubilité, dans le milieu tinctorial, est plus grand par rapport à celui d'absorption de la fibre, à température déterminée. En effet, des colorants très solubles dans le milieu tinctorial, tels que les bleus carmin et le cyanol, ayant par conséquent un coefficient de solubilité très prononcé, ne sont absorbés que très lentement (ils tirent lentement) et pas d'une façon absolument complète (ils ne tirent pas à fond); ceci, par suite du coefficient d'absorption de la fibre relativement très faible. Les colorants peu solubles, ceux qui ont un faible coefficient de solubilité, sont absorbés rapidement (ils tirent vite); le coefficient d'absorption de la fibre pour ces colorants est très prononcé. Ces colorants, tels que les rouges pour drap, les bleus lanacyl, certains violets acides, certains noirs acides, etc., doivent être teints avec précaution, pour modérer la rapidité d'absorption de la fibre et pour maintenir, autant que possible, l'équilibre entre les deux coefficients[1].

N'est-ce pas aussi ce qui se présente dans l'emploi des colorants substantifs pour coton? Pour les couleurs diamine, la propriété de teindre le coton sans mordant est en relation directe avec la solubilité de ces combinaisons benzidiniques dans l'eau et dans les solutions salines. On ne peut pas affirmer, en effet, si ces colorants sont dissous ou s'ils sont en suspension dans un état extrêmement divisé. Enfin, les teintures faites avec les colorants substantifs pour coton, bien que résistant au savon, sont enlevés à la longue par l'eau seule, suivant leur degré de solubilité.

On peut donc aussi dire que le coton se comporte comme un dissolvant. Les vraies couleurs substantives se teignent en bain alcalinisé par le savon ou le carbonate de sodium; tandis que, pour faciliter la teinture des moins substantives, on est obligé de teindre en présence de certains sels neutres, afin de diminuer leur solubilité dans le bain (sulfate de sodium, chlorure de sodium ou phosphate de sodium).

Nous pouvons en dire autant des couleurs immédiates, pour

1. *Contribution à l'étude des phénomènes de teinture directe et de feutrage de la laine*, par M. Ed. Justin-Mueller.

lesquelles nous varions à volonté le coefficient de solubilité dans le milieu tinctorial, en modifiant la proportion de sulfure de sodium.

Les indications suivantes, relatives à l'action de la laine sur les solutions sulfuriques, en l'absence ou en présence de sulfate de sodium, mettent clairement à jour, ce nous semble, le phénomène de la teinture en bain acide[1].

De la laine plongée dans des solutions même diluées d'acide sulfurique absorbe rapidement cet acide suivant des proportions considérables. Il est impossible de l'enlever par des lavages à l'eau seule ; il faut faire intervenir l'action de bains bouillants d'alcali caustique ou carbonaté.

La fibre est toujours un peu altérée par décoction dans de l'acide sulfurique, une faible quantité de celui-ci étant neutralisée par un alcali provenant de la laine.

La laine agit, sans nul doute, comme un dissolvant de l'acide sulfurique ; mais le pouvoir de ce textile pour l'acide en question est supérieur à celui de l'eau pour le dit acide, du moins en solution très étendue.

Les sulfates alcalins, aussi bien en bain bouillant qu'à froid, ne sont ni dissous ni dissociés par les matières textiles ou par tout autre corps poreux. Cette particularité nous a permis d'évaluer le volume d'eau absorbé par la laine en fibres et en tissu.

L'absorption de l'acide sulfurique par la laine est diminuée, quand la solution aqueuse contient du sulfate de sodium. Evidemment par application du principe du travail maximun, le mélange de deux solutions, l'une d'acide sulfurique, l'autre de sulfate de sodium, détermine inévitablement la formation de bisulfate de sodium, dont l'action est bien moins énergique que celle de l'acide.

Il est démontré par Knecht que la fonction principale de l'acide sulfurique, dans la teinture en bain acide, est son action préparatoire sur la laine. Mais cela n'explique pas son rôle. Nous emprunterons les conceptions de M. Ed. Justin-Mueller, émises dans sa note sur la nature des fibres textiles, et nous

1. *Recherches relatives à l'action de la laine sur certains réactifs*, par H. Spétebroot. Voir : Etude des mordants.

expliquerons de la manière suivante la teinture en bain acide.

L'acide sulfurique se dissout dans la laine avec avidité, même à température ordinaire et en solution fort diluée. *Cet acide provoque, surtout au moment de l'ébullition, une abondante absorption d'eau qui communique à la fibre un* état gélatineux, *sous lequel elle s'incorpore la couleur.*

Nous avons donc à ce moment dans la laine, l'acide sulfurique et la couleur combinée sous forme de sel sodique. Mais la laine est un dissolvant dans lequel le sulfate de sodium est tout à fait insoluble ; par suite, la teinture se fait conformément à la loi de Berthollet.

Il y a précipitation du sulfate de sodium qui passe dans le bain, et formation de couleur acide qui reste dans la laine ; parce que, à cause de la manifestation des propriétés colloïdales *de cette dernière, l'acide colorant y est plus soluble que dans l'eau.*

Le sulfate de sodium ajouté dans le bain diminue l'absorption de l'acide sulfurique, régularise par suite la mise en liberté de l'acide couleur, et retarde la teinture qui, de ce fait, est plus pénétrante et plus régulière. Elle est, du reste, de plus en plus lente, à cause de l'augmentation croissante du sulfate de sodium et de la saturation de la fibre par le colorant.

Pour la plupart des colorants sulfonés, il faut ainsi acidifier le bain. C'est avant tout, comme nous venons de le voir, pour diminuer leur coefficient de solubilité en faveur du coefficient d'absorption dans la fibre. Prenons les colorants par ordre de leur solubilité dans l'eau distillée[1]; nous trouvons que pour les colorants très solubles, il faut, pour la teinture, l'addition d'un acide énergique, tel que l'acide sulfurique; que, pour les moins ou peu solubles, l'addition d'un acide faible, tel que l'acide acétique, suffit; qu'avec l'acide sulfurique, « l'absorption » est tellement rapide qu'un unisson de la teinte devient dans beaucoup de cas impossible, que beaucoup de ces derniers montent même sur bain neutre, par conséquent sans addition d'acide. La constatation que les colorants directs pour coton (couleurs diamine) montent d'autant moins sur laine que le bain est plus alcalin, que certains d'entre eux ne montent pour ainsi dire pas

1. M. Ed. Justin-Mueller (voir plus haut).

du tout sur laine dans des bains alcalins, provient de ce que le coefficient de solubilité de ces colorants augmente par l'alcalinité croissante du bain. Un autre fait, confirmant notre manière de voir, est que les teintes directes des colorants acides sur laine ne lâchent (déteignent) pas dans de l'eau acidulée, qu'elles lâchent souvent dans de l'eau neutre et qu'elles déteignent davantage dans l'eau alcalinisée.

Pour les colorants basiques, la chose est pour ainsi dire diamétralement opposée. Leur coefficient de solubilité est plus prononcé dans un milieu acide que dans un milieu alcalin. Dans un bain acide, ces colorants tirent mal, ils sont généralement plutôt démontés. Dans un bain légèrement alcalin, ils tirent mieux, si toutefois ils ne précipitent pas déjà dans le bain même.

Revenons un instant au sulfate de sodium. Nous faisions constater tout à l'heure qu'il neutralisait partiellement l'acide sulfurique et retardait la teinture. Le démontage des couleurs acides, à l'aide de ce sel, est basé sur ces propriétés.

En traitant de la laine teinte en bain acide par une solution aqueuse de sulfate de sodium, l'acide resté dans la fibre, même après lavage, et qui y retenait le colorant, est enlevé ; en retournant dans le bain, il diminue le pouvoir dissolvant du textile et la nuance s'éclaircit.

D'après nos conceptions, pour que la laine s'assimile solidement les colorants, elle doit être *un peu gélifiée*. Les décoctions en liqueurs acides concourent à la rendre *gélatineuse*. L'acide sulfurique favorise surtout cette modification; les autres acides ont une action moins efficace. Cependant, ils ne communiquent pas tous à la laine les propriétés colloïdales particulières qui les rendent aptes à absorber les colorants. Nous citerons en particulier l'acide chlorhydrique, qui les précipite à la surface de la fibre ; il les fait plaquer, pour employer le terme technique, au lieu de faciliter leur pénétration. Celui-là est donc plus propice à démonter la nuance qu'à teindre.

Les alcalis exercent sur les fibres végétales une action analogue à celle exercée par les acides sur les fibres animales. Nous voyons, par le mercerisage, que les solutions aqueuses concentrées d'alcalis caustiques gonflent les filaments de coton au point de faire disparaître presque complètement le canal central. La matière est transformée physiquement, elle est *gélatinisée*, et elle manifeste une plus grande affinité pour les colorants, elle se teint avec plus d'intensité.

Il semble donc prouvé que la température élevée du liquide tinctorial et la présence des sels alcalins et des alcalis caustiques n'ont d'autre but que de provoquer l'absorption de l'eau par les substances végétales, comme le font les acides à l'égard des fibres animales, et les rendre perméables à la couleur.

Les alcalis ont une action tellement prononcée que l'on peut teindre à froid en solution de soude ou de chaux caustiques. L'indigo est fixé à froid sur coton et à tiède sur laine. Les colorants immédiats, qui se travaillent toujours en bain très alcalin, peuvent aussi monter en bain froid.

Quand la teinture est effectuée à basse température, en l'absence de composés qui n'éveillent pas l'activité colloïdale de la marchandise, la couleur ne tient pas, elle dégorge au lavage, c'est ce que nous montre la teinture directe sur coton des colorants acides (éosines).

L'indigo, une des couleurs les plus solides, perd énormément au lavage, la teinte sur coton tombe d'environ 40 à 50 0/0. Il n'y a par conséquent qu'une bonne moitié de l'indigotine absorbée qui résiste réellement. L'indigo de cuve sur laine dégorge moins, mais le dégraissage et le foulage démontent certainement la nuance de 25 à 30 0/0.

Les couleurs sont donc d'autant mieux fixées par les matières textiles que ces dernières sont mieux gélifiées au moment où s'effectue la teinture.

En résumé :

La teinture directe doit être considérée comme étant provoquée : 1° par l'activité colloïdale des matières textiles ; 2° par la différence entre le coefficient de solubilité du colorant dans le milieu tinctorial et le coefficient d'absorption de la fibre, quand elle se trouve dans l'état d'activité colloïdale citée.

II. En ce qui concerne la teinture avec les colorants faiblement acides ou phénoliques, c'est-à-dire les colorants à mordant, nous trouvons peu de renseignements. On ne s'est guère préoccupé de fournir des explications concernant ce mode de teinture qui, pendant longtemps, fut néanmoins le seul à fournir des nuances solides.

Les théoriciens sont généralement d'accord pour admettre qu'il y a combinaison entre la couleur et le mordant. Nous partageons pleinement leur manière de voir[1].

Cette combinaison a lieu dans la fibre, principalement, quand la teinture suit ou précède le mordançage ; elle a lieu dans le bain, quand la teinture et le mordançage se font en même temps.

Si le mordançage précède la teinture, le mordant, plus ou moins dissocié, est absorbé par le textile auquel il se fixe assez solidement pour retenir ensuite la couleur, et si la teinture précède le mordançage, le colorant est simplement dissous dans le textile auquel il ne se fixe que lors de l'absorption du mordant, pendant l'opération dite de *bruniture*.

Dans le cas plus simple où la teinture et le mordançage sont exécutés en même temps, le phénomène est considéré comme une simple dissolution obtenue à la faveur d'un dissolvant approprié : acide oxalique, acide tannique... Seulement, le résultat de la combinaison du colorant avec le mordant, ou laque colorante, n'est jamais aussi solide que dans les deux cas précédents. Il ressort, de ces faits d'observation journalière, que la couleur tient au textile par l'intermédiaire du mordant.

Quel est donc le lien qui retient, avec autant de persistance, le mordant dans la fibre végétale ou animale ?

Le Dr Gilet considère la laine comme un acide amidé de la formule :

$$R \begin{matrix} \nearrow (CO^2H)^2 \\ \searrow AzH^2 \end{matrix}.$$

M. H. Perold l'envisage comme un amido-acide, ayant pour formule :

$$R \begin{matrix} \nearrow CO^2H \\ \searrow AzH^2 \end{matrix}$$

dans le but de montrer, avec les chimistes qui se sont occupés de la question, qu'il se forme un composé organo-métallique

1. *Des différentes opinions émises sur la théorie de la teinture et des conclusions qui découlent de nos recherches sur la dissociation des dissolutions salines par les fibres textiles et par les corps poreux inactifs*, par H. Spétebroot.

entre le métal et la fibre. Cette dernière, ainsi modifiée chimiquement, jouirait de la propriété de se combiner aux colorants pour mordant.

Nous avons cherché la présence de cette combinaison organo-métallique, en étudiant l'action, soit à froid, soit à chaud, de la fibre de laine et de la fibre de coton sur des solutions aqueuses de sels alcalins, de sel alcalino-terreux et de sels cuivriques.

Nous avons ainsi pu remarquer que :

1° Tandis que les sulfates alcalins, en solution, ne sont ni dissociés ni absorbés, les autres sels stables, tels que les chlorures alcalins et les chlorures alcalino-terreux, en dissolution, sont déjà dissociés à la température ordinaire. *Mais, la dissociation et par suite l'absorption des éléments constituants des différents sels, ne sont pas en rapport avec la concentration de la solution ;* elles semblent croître, au contraire, avec l'intensité et la durée de l'ébullition. Elles sont cependant très sensibles dans les essais exécutés à la température ordinaire, lorsque le contact se prolonge plusieurs semaines ;

2° Dans certains cas, la solution s'est concentrée ; la fibre a donc alors absorbé une solution plus faible que celle qui a servi à l'expérience ;

3° Les liqueurs salines sont devenues plus riches en ions acides pour tous les sels envisagés, excepté pour le chlorure de magnésium et le chlorure d'aluminium, où elles sont devenues plus riches en ions basiques.

L'opinion émise dans le *Dictionnaire* de Wurtz[1] « que la laine chauffée avec certains sels métalliques fixe à l'état d'hydrate ou de sel basique une certaine quantité de métal, et qu'un sel acide ou même de l'acide libre est mis en liberté », n'est donc pas rigoureusement vraie ;

4° La laine abandonne au lavage, assez facilement, presque tout le chlore, tandis qu'elle tient énergiquement le métal.

Des études identiques faites parallèlement sur des corps poreux inactifs (mousse de platine et charbon de sucre purifiés) montrent, au contraire :

1. Année 1882, article sur le *Blanchiment*, p. 1755 et suiv., 2e supplément.

Qu'il y a un certain rapport entre le poids des ions acides libérés et la quantité de substance poreuse employée à provoquer la dissociation ; de plus, que cette dissociation est assez sensiblement proportionnelle à la dilution.

Le manque d'unité que présentent les chiffres résultant de l'ensemble de notre étude sur la laine ne peut s'expliquer que par l'intervention de réactions chimiques, intervention qui varie malheureusement avec la durée et l'intensité de l'ébullition, mais qui fait défaut dans l'action des corps inactifs.

Nous arrivons donc, à la suite de recherches personnelles sur la dissociation, à reconnaître l'échange d'affinités chimiques dans le mordançage des laines. Nous ne pouvons pas accorder aux phénomènes chimiques une importance aussi grande que celle attribuée par la plupart des auteurs.

Pour clore cette étude sur la théorie de la teinture des couleurs à mordant, nous allons signaler les expériences de mordançage que nous avons établies en vue de connaître le rôle joué par le tartre comme mordant auxiliaire.

Nous avons mordancé, séparément en eau douce et en eau dure, plusieurs échantillons de laine, dans un égal volume d'eau, pendant une heure et demie à l'ébullition avec :

1er 6 0/0 SO^4Fe + 2 0/0 SO^4Cu ;

2e 6 0/0 SO^4Fe + 2 0/0 SO^4Cu et traitement subséquent avec 12,5 0/0 de crème de tartre ;

3e 6 0/0 SO^4Fe + 2 0/0 SO^4Cu + 12.5 0/0 de crème de tartre, en mélange dans le même bain.

Puis, nous avons teint chaque échantillon, dans un égal volume d'eau, pendant une heure et demie à l'ébullition, avec 10 0/0 d'extrait de campêche.

Nos laines avaient pris les couleurs suivantes après mordançage en :

EAU DURE		EAU DOUCE	
N° 1	nuance rouille.	N° 1′	rouille plus jaune.
N° 2	— rouille brun.	N° 2′	— jaune orange.
N° 3	— jaune rouille.	N° 3′	— gris jaunâtre.

Par teintures de ces laines mordancées, nous avons obtenu en :

EAU DURE		EAU DOUCE	
N° 1	couleur bronze.	N° 1'	couleur gris bleu foncé.
N° 2	— bronze plus clair.	N° 2'	— — —
N° 3	— noir bleu.	N° 3'	— noir bleu foncé.

Ce noir bleu foncé, remordancé avec 5 0/0 SO^4Fe, brunit un peu; mais, il se transforme en un noir intense, très nourri, par une nouvelle teinture au campêche.

S'il y avait formation d'un composé organo-métallique entre la laine et les mordants, comme il y en a entre les mordants et le tartre; ces deux substances organiques, laine et tartre, se seraient disputé les bases des sels métalliques et, vu la forte proportion de crème de tartre, dont nous nous sommes servi dans les essais 2 et 3, la laine ne se serait guère mordancée et n'aurait pris que fort peu la teinture.

Mais le tartre, loin de gêner le mordançage, le facilite; son emploi est surtout efficace avec les sels fort dissociables. *L'acide tartrique et le bitartrate maintiennent ces sels plus longtemps en dissolution en présence de la laine, ils leur permettent ainsi de pénétrer plus profondément dans le textile et de n'être dissociés qu'après absorption.*

La seule observation contraire, que nous ayons pu faire, est que le n° 2 mordancé en eau dure puis repassé en bain de bitartrate de potassium, se teint en nuance plus claire que le n° 1 qui n'a pas subi, après coup, l'action de ce mordant auxiliaire. Cela tient évidemment à la redissolution du mordant précipité à la surface de la fibre, par le bicarbonate de chaux contenu dans l'eau; preuve qu'il y a combinaison entre le tartre et le mordant, ou mieux la base du mordant; mais ceci n'infirme pas nos explications sur le rôle joué par les composés du tartre.

En résumé, nous attribuons le mordançage de la laine et des textiles en général, à l'état de porosité de la matière. C'est, croyons-nous, un phénomène de capillarité ou mieux un phénomène de diffusion moléculaire, du mordant dissous, à travers les membranes de la fibre; phénomène de diffusion accompagné, pour les fibres animales, de réactions chimiques qui varient d'importance avec certains facteurs, dont les principaux sont : la nature de la laine et la température, dans lesquels se fait l'opération.

Les corps absorbés sous la seule influence de la porosité nous semblent fixés tous aussi solidement que par des échanges d'affinités chimiques. Nous en avons la preuve dans les difficultés, que nous avons éprouvées, à débarrasser la mousse de platine des sels alcalins dont elle s'était imprégnée par son séjour dans des solutions chaudes ou froides de chlorures de potassium ou de sodium ; et à entraîner le gaz chlore que le charbon de sucre avait absorbé.

Ce n'est qu'à la suite de calcinations au rouge et de lavages très souvent répétés que nous sommes arrivés à purifier ces corps poreux. Il n'a pas fallu moins de vingt-six ébullitions successives, d'une durée de trois heures chacune, dans de l'eau distillée chaque fois renouvelée, pour obtenir du charbon de sucre en état d'être employé.

Remarque. — Nous considérons la teinture directe comme provoquée, en partie, par l'activité colloïdale des matières textiles.

M. Ed. Justin-Mueller, auquel nous empruntons cette manière de voir, considérant que les corps dont le pouvoir absorbant dépend de leur gonflement plus ou moins prononcé forment une classe à part, vient de leur donner le nom de *turgoïdes*.

Les turgoïdes sont par conséquent les corps solides et tout particulièrement les corps organisés qui, en contact avec de l'eau ou avec des liqueurs aqueuses, se gonflent, c'est-à-dire, s'hydratent sous certaines conditions sans se dissoudre.

En parlant des turgoïdes, on n'emploie plus le mot gonflement, qui est remplacé par *turgescence* et par l'adjectif turgescent, termes déjà employés en médecine et en botanique dans un sens analogue.

Les teintes ne salissant pas au frottement à sec peuvent être considérées comme étant le résultat de l'absorption intime du colorant par la fibre turgescente.

Celles qui, au contraire, salissent au frottement, doivent être considérées comme le résultat d'une absorption moins intime, le colorant étant en partie floculé, c'est-à-dire déposé ou précipité sur la fibre.

XXV

PRATIQUE DE LA TEINTURE

LAINE

Les laines sont d'abord dégraissées à fond. L'unisson des teintes et leur résistance au frottement dépendent en premier lieu de la propreté de la marchandise. La laine en bourre est débarrassée de son suint soluble et insoluble ; la laine filée, de l'huile d'ensimage ; la laine tissée, de l'huile d'ensimage et des produits d'encollage. Les laines soufrées et les laines carbonisées sont neutralisées avant teinture ; sinon, la pénétration de la couleur est trop rapide et partant irrégulière. Le colorant traverse mieux et plus également, si on prend la précaution de faire bouillir la marchandise avant de l'aciduler.

Teinture de la laine en bourre. — On teint la laine sous cet état, quand on veut la mélanger avec le coton ; quand on désire obetnir des teintes fort solides ; ou encore, quand on a l'intention de préparer des mélanges de laines de couleurs différentes. On applique ce principe bien connu, que la résistance à la lumière d'une couleur teinte est d'autant plus grande qu'elle est plus intense. Ainsi, les gris réalisés pour fils cardés, par des mélanges de laines teintes en noir et de laines blanches, sont meilleurs que les gris teints directement.

La teinture en poils présente certains inconvénients ; entre autres, elle absorbe plus d'ingrédients et la nuance n'est jamais bien uniforme ; elle est heureusement corrigée par le cardage qui précède la filature.

La teinture en floches[1] s'effectue dans des récipients ouverts ou dans des récipients clos ; ces derniers sont connus sous le nom d'appareils mécaniques. Les récipients ouverts sont des chaudrons en cuivre, chauffés à feu nu ou à la vapeur, plus rarement des barques en bois. Lorsqu'on travaille en récipient ouvert, la quantité d'eau doit être de trente à quarante fois le poids de la laine; en récipient fermé, on peut réduire de moitié le volume d'eau, mais il faut utiliser les colorants les plus solubles.

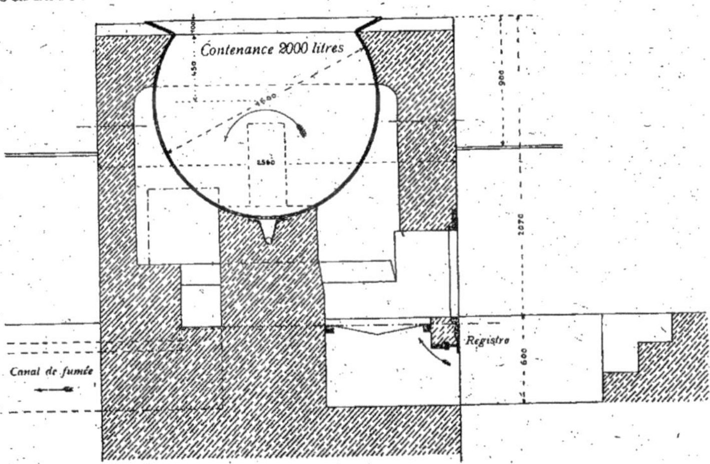

FIG 142. — Schéma d'un chaudron de teinture pour laine avec chauffage à feu nu.

La figure 142 nous montre le schéma d'une chaudière en cuivre chauffée à feu nu ; la figure 143 est le schéma du même récipient disposé pour être chauffé à la vapeur. La figure 144 représente l'appareil à teindre par injection du liquide colorant. Les ploques sont emprisonnées dans un cylindre en cuivre au travers duquel le bain est chassé par une pompe rotative. La figure 145 est le croquis de l'appareil Drèze-Michaelis, à Verviers-Cottbus. Il se compose d'un cylindre à fond perforé où est placé le textile. Un large tuyau central reçoit un courant de vapeur, à son orifice inférieur, qui entraîne le bain et l'amène au-dessus de la matière à teindre.

1. On désigne indifféremment sous les noms de *vrac*, *flocons*, *floches plocs* ou *ploques*, tout textile en bourre.

Pendant la teinture, les blocs teints en récipient ouvert sont

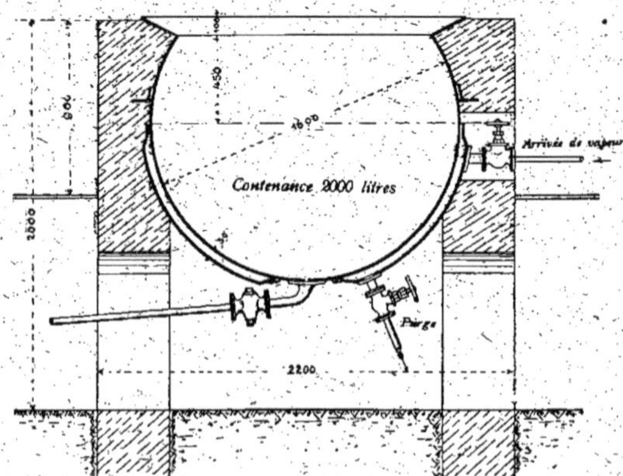

Fig. 143. — Schéma d'un chaudron de teinture pour laine muni d'une enveloppe de vapeur.

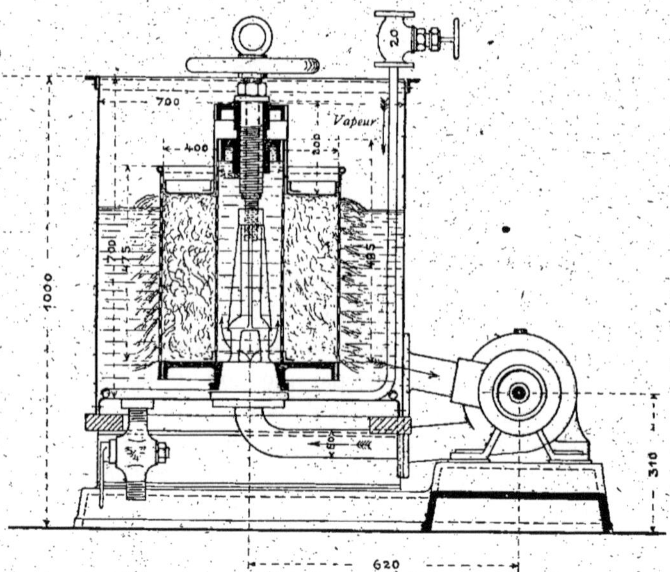

Fig. 144. — Schéma d'un appareil à teindre la laine par injection.

manœuvrés doucement à l'aide de longues perches munies de crochets et l'ébullition est modérée afin de ne pas provoquer le feutrage. Les appareils mécaniques ont l'avantage d'éviter cette main-d'œuvre, ainsi que le feutrage. Les additions d'acides, de colorants et de mordants se font par aspersion avec des solutions très diluées, après avoir refroidi le bain, lorsqu'on manœuvre en baquet ou chaudière. Quand on travaille en appareil, on verse ces solutions directement.

Après teinture, la marchandise est levée, c'est-à-dire retirée

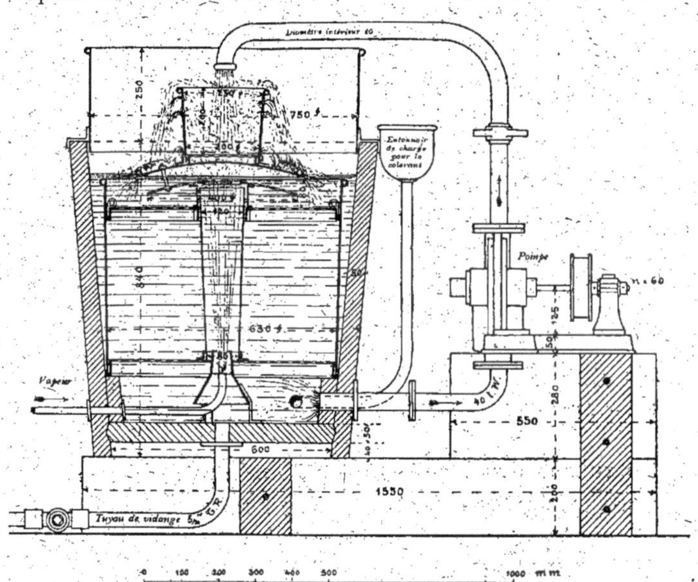

Fig. 145. — Schéma de l'appareil de teinture Drèze-Michaelis.

du bain, exposée à l'air pour refroidir, rincée, essorée, puis séchée sur des claies.

La laine renaissance est nettoyée puis teinte comme la laine en bourre. On trie les chiffons d'après leur couleur, et, au besoin, on les déteint en partie. Les chiffons de draps épais sont toujours teints après effilochage, pour favoriser la pénétration.

Teinture des rubans de laine peignée. — La laine destinée aux tissus de confection pour homme, aux tissus pour robes, en un mot aux articles fantaisie, ne se teint plus guère que sous forme de rubans de laine peignée. Ces rubans sont développés ou enroulés sur des bobines.

Fig. 146. — Appareil Klauder-Weldon pour la teinture des rubans de laine peignée.

Les rubans developpés sont, par exemple, disposés sur les baguettes d'un tourniquet en partie immergé, et se meuvent dans le bain par suite de la rotation de ce dernier. C'est ce que nous explique le dessin (*fig.* 146) de l'appareil Klauder-Weldon.

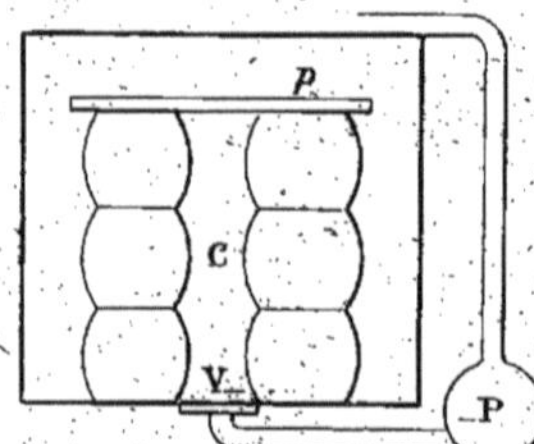

Fig. 147. — Croquis de l'appareil Salt et Stead pour teindre les bobines.

Le plus souvent, les rubans sont teints enroulés sur des bobines. Dans presque toutes les machines servant à la teinture des bobines, c'est le liquide que l'on fait circuler au moyen de pompes ordinaires ou centrifuges, la matière à teindre étant maintenue immobile. On met la solution colorante en mouvement par refoulement ou par aspiration ; ce dernier procédé est excellent, il a pour effet d'enlever en même temps les bulles d'air qui apportent un sérieux obstacle à la teinture.

L'appareil le plus simple est celui de Salt et Stead (*fig.* 147). Les bobines sont disposées en cercles étagés dans la cuve de teinture, de façon à laisser au centre du cylindre ainsi formé un canal libre C qui correspond au tuyau de départ V. Une lourde planche *p* placée sur le cercle supérieur presse les bobines. Une pompe P aspire le liquide du canal et le renvoie en haut de la cuve.

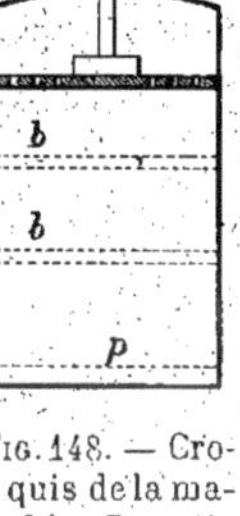

Fig. 148. — Croquis de la machine Denutte pour la teinture des bobines.

Dans la machine Denutte (*fig.* 148), les bobines sont enfermées dans des boîtes mobiles perforées *b*, que l'on superpose par trois, sur un faux fond perforé *p*.

La laine y est comprimée au moyen d'un dispositif de presse K. Une pompe provoque la circulation du liquide dans un sens ou dans l'autre, d'après la manœuvre de robinets.

Nous avons vu d'autres dispositifs à propos de la teinture en bleu de cuve. La machine figurée ci-contre (*fig.* 149), où le bain est injecté, est fort en vogue. Chaque bobine y est placée dans un pot cylindrique à parois latérales pleines et à bases perforées. Ces pots sont disposés autour d'un gros tuyau central qui amène le liquide tinctorial. L'appareil est plongé tout entier dans la cuve de teinture. L'extrémité inférieure du tube central est mise en communication avec une pompe qui produit la circulation du liquide. Quand la teinture est terminée, l'appareil est levé au moyen d'une grue; les bobines sont enlevées, essorées, puis remises dans les pots où elles sont séchées par un courant d'air chaud.

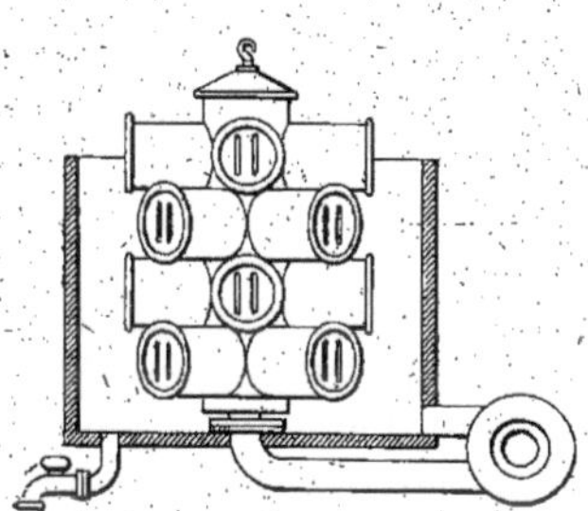
Fig. 149. — Croquis d'un appareil à injection pour la teinture des bobines.

Les machines suivantes sont tout aussi recommandables. Elles ont l'avantage d'être d'origine française.

1° Appareil Skène et Devallée, à Roubaix (*fig.* 150 et 151). Les bobines sont placées dans des cylindres à fonds perforés.

Une roue à godets élève, jusqu'à un réservoir supérieur, le bain de teinture qui, de là, se répand dans chaque cylindre et traverse les bobines du fait de son propre poids.

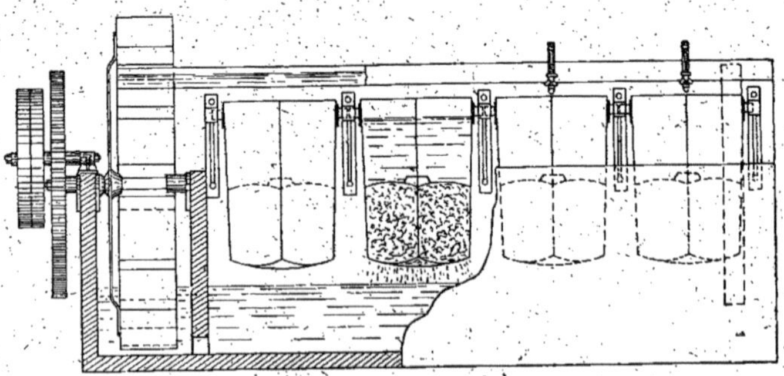

FIG. 150. — Appareil Skène et Devallée vu de face.

2° Appareil Harmel frères, à Val-des-Bois (*fig.* 152 et *fig.* 153). Il se compose de plusieurs rangées, formées chacune de quatre doubles cylindres fixés sur un axe commun, à la manière des balançoires russes. La rotation de l'ensemble fait plonger successivement les cylindres dans le bain de teinture. La laine s'imprègne de liquide au moment de l'immersion et le perd pendant l'émersion. La circulation de bain se fait donc encore sous l'action de son propre poids.

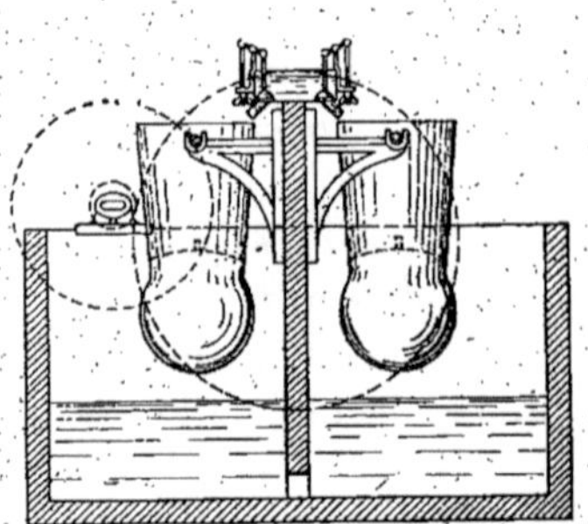

FIG. 151. — Appareil Skène et Devallée vu de profil.

Les pelotes de laine peignée teintes en appareil ne prennent la couleur que d'une manière très imparfaite. Aussi, mélange-t-on ensuite, par des laminages répétés, les multiples nuances dont sont recouverts les rubans. On réussit ainsi à leur donner une couleur d'apparence uniforme.

Teinture de la laine filée. — La laine est teinte en fils uniquement pour satisfaire les exigences de la nouveauté. Les effets de montage sont de plus en plus rehaussés par la présence de fils vifs, adroitement disséminés à la surface de l'étoffe. Quand le teinturier en laine ne doit opérer que sur quelques kilogrammes, il est obligé de faire la teinture sur fils enroulés en écheveaux[1]. Le fabricant lui demande parfois de réaliser une nuance déterminée sur quelques centaines de grammes de laine seulement, ce poids étant suffisant pour réaliser l'effet désiré sur un grand nombre de pièces.

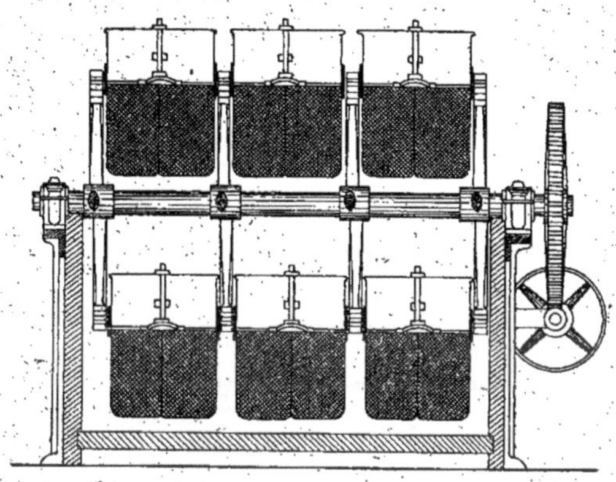

Fig. 152. — Appareil de teinture Harmel frères vu de face.

La teinture des écheveaux se fait à la main ou en appareils. C'est, dans tous les cas, une opération assez compliquée. Le fil est d'abord dégraissé en solution ammoniacale concentrée. L'ammoniaque est le composé alcalin qui nettoie le mieux, tout en prévenant le feutrage.

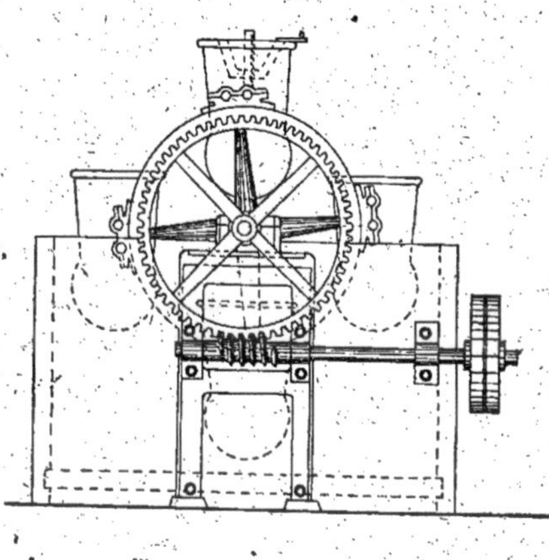

Fig. 153. — Appareil de teinture Harmel frères vu de profil.

L'appareil utilisé pour la teinture à la main est un bac rectangulaire en bois, de dimensions variables, chauffé à la vapeur directe (*fig.* 154), ou indirecte (*fig.* 155), ou à la fois par les deux moyens, afin de maintenir le liquide à un

1. *Écheveaux* et *flottes* sont des termes synonymes.

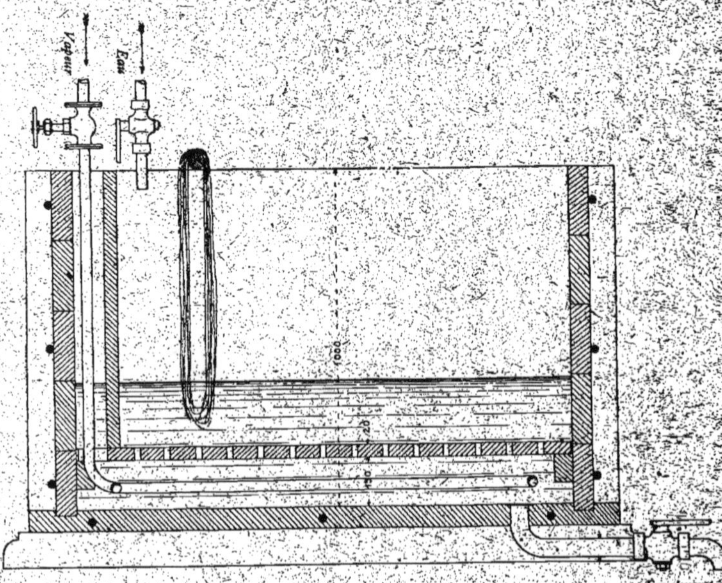

Fig. 154. — Barque de teinture pour fil avec barboteur de vapeur.
Chauffage à la vapeur directe.

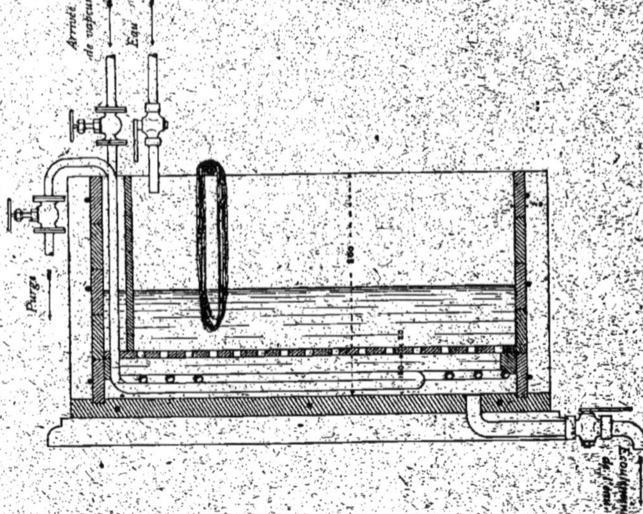

Fig. 155. — Barque de teinture pour fil avec serpentin de vapeur.
Chauffage à la vapeur indirecte.

niveau constant. Les écheveaux sont suspendus sur des bâtons ou lissoirs que deux ouvriers promènent à la surface du bain, pour provoquer un mouvement incessant du liquide et détruire les inégalités produites par le chauffage. Ils retournent ces écheveaux de temps en temps comme cela se fait pour le dégraissage.

La plupart des appareils à teindre les écheveaux sont arrangés de manière à déplacer la marchandise d'un mouvement continu (système Klauder-Weldon (*fig.* 146) ou à imiter le va-et-vient de la main de l'ouvrier (machine à teindre les

Fig. 156. — Machine servant à teindre les écheveaux (Construction Fernand Dehaitre).

écheveaux de M. F. Dehaitre (*fig.* 156). La machine Bertrand (*fig.* 157) est basée sur un principe différent. Le fil est immobile c'est le bain qui circule. Le liquide tinctorial reste ainsi homogène pendant toute la durée de la teinture.

La cuve est partagée en deux compartiments : l'un A reçoit les écheveaux disposés sur des bâtons parallèles *l*, *l'*, l'autre C reçoit le liquide colorant. Une pompe P aspire ce dernier du compartiment C par le conduit M, et le refoule par le tuyau T d'où il est déversé dans le compartiment A. Une soupape S maintenue par un contrepoids sur le cylindre R, placé dans le récipient C, conserve, dans le bac de teinture A, un niveau moyen. L'appareil est, en effet, réglé de manière à soulever la soupape S pour laisser jaillir constamment le liquide. Si, par une mauvaise manœuvre, le niveau A vient à s'élever, le surplus déborde au-dessus de la cloison D.

A cause de la faible quantité du fil à teindre de la même nuance, les appareils n'ont guère d'usage pour la teinture des fils de laine; ils trouvent principalement leur utilité dans celle des fils de coton.

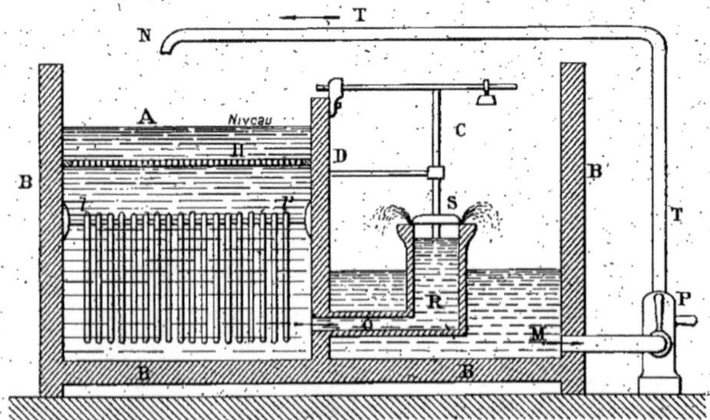

FIG. 157. — Schéma de l'appareil Bertrand pour la teinture des écheveaux.

Teinture des tissus de laine. — Le tissu n'arrive à l'atelier de teinture qu'après dégraissage, foulage, lainage, tondage et passage à l'indestructible[1].

Le décatissage sous pression, apprêt indestructible, indestructible ou fixage, consiste à soumettre la marchandise soit à la vapeur sous pression, soit à l'eau chaude, soit alternativement à la vapeur sous pression et à l'eau chaude. Il a pour effet de tasser la fibre, de donner du corps à l'étoffe et, contrairement à ce que l'on prétend, de diminuer sa souplesse.

L'action exercée est comparable à celle du foulage, bien que moins intense. La pièce acquiert au toucher une grande douceur et, en même temps, elle devient élastique, si l'on peut s'exprimer ainsi. Elle peut se travailler en boyau, sans conserver les plis qu'elle prend inévitablement pendant cet enroulement.

Ce sont les couleurs acides qui jouent le principal rôle dans la teinture en pièces, en raison de la simplicité de leur mode

1. Il y a exception pour les molletons, tissus doux, souples, qui ne sont pas susceptibles de conserver les plis. Ils ne doivent donc pas être fixés à la presse.

d'emploi. On augmente l'unisson par un débouillissage prolongé avant teinture.

On peut se servir des vieux bains pour de nouvelles opérations, après avoir ajouté le quart environ de la quantité de sulfate de sodium et la moitié de la quantité d'acide sulfurique ou du sulfate acide de sodium, employées lors de la première mise.

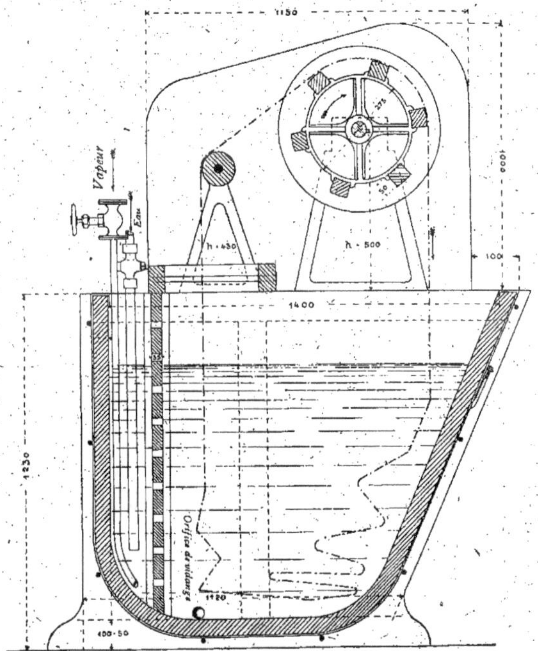

Fig. 158. — Schéma d'un baquet servant à la teinture des pièces.

Les poids de ces deux mordants auxiliaires qu'il convient d'adopter sont, en réalité, assez variables. On ajoute le quart du sulfate de sodium lorsque le bain sert pour la deuxième fois, mais comme ce sel n'est pas absorbé par le textile, il faut en réduire la dose à mesure que se succèdent les opérations de teinture exécutées sur le même bain. Il n'en est pas ainsi pour l'acide sulfurique dont la laine est très avide; les additions de cet acide doivent, dans tous les cas, être assez importantes. C'est par la pratique qu'on arrive à connaître les proportions les plus avantageuses.

Il y a moyen d'éclaircir les nuances trop foncées, en les manœuvrant en eau seule, ou en eau chargée de sulfate de sodium, ou en solution aqueuse faiblement alcalinisée par le carbonate de sodium ou l'ammoniaque, pour les teintures faites avec les colorants acides. L'eau aiguisée d'un léger excès d'acide acétique démonte les couleurs basiques.

La machine à teindre est un baquet en bois muni d'un tourniquet qui entraîne l'étoffe afin de la déplacer constamment dans le bain. Les tissus passent au large, c'est-à-dire à plat, ou en boyau. Ils sont presque toujours teints en boyau, et ne font jamais qu'un tour sur le cylindre. On coud quelquefois les deux lisières, la pièce forme alors un long tuyau et les bords ne prennent pas un ton plus clair que le milieu.

La machine la plus simple est le traquet. Elle se compose d'un bâti avec un tourniquet carré, ou un axe garni de lattes, ou encore un rouleau de 0m,50 à 0m,70 de diamètre, mis en mouvement par une poulie. Une lame de bois munie de chevilles est placée en avant pour guider le boyau.

La figure 158 est le schéma de la cuve à teindre les tissus de laine qui est le plus souvent employée. Une cloison perforée ménage, en avant, un compartiment pour recevoir non seulement l'eau et la vapeur, mais aussi les solutions d'acide, de mordant et de colorant.

COTON

Le coton se teint, comme la laine, à tous les stades de la fabrication : en fibres, en fil et en tissu. Mais, tandis que pour cette dernière c'est la question de solidité qui fait préférer la teinture en bourre, et que le fil n'est teint que par petits lots, pour le coton c'est ordinairement la question de prix de revient qui fixe l'état sous lequel ce textile devra passer à la teinture. Nous pouvons signaler une exception : le coton est teint en plocs, chaque fois qu'on doit le mélanger à de la laine teinte avant cardage (*fig.* 159).

Le coton en bourre n'est pas toujours nettoyé à fond avant teinture. Par économie, on le teint, si possible, à l'état brut, après l'avoir fait bouillir à l'eau, jusqu'à ce qu'il soit complètement traversé. On dégorge le coton par un débouillissage alcalin suivi d'un blanchiment, quand il s'agit soit de couleurs très tendres, soit de teintures en pièces, où l'égalité de teinte serait gênée par la colle dont la chaîne a été enduite avant tissage. Le fil de coton, devant être teint en nuances foncées, est traité immédiatement après débouillissage, tandis que pour les nuances claires on pratique un nettoyage rapide en passant le fil humide dans une solution faible, bouillante, de

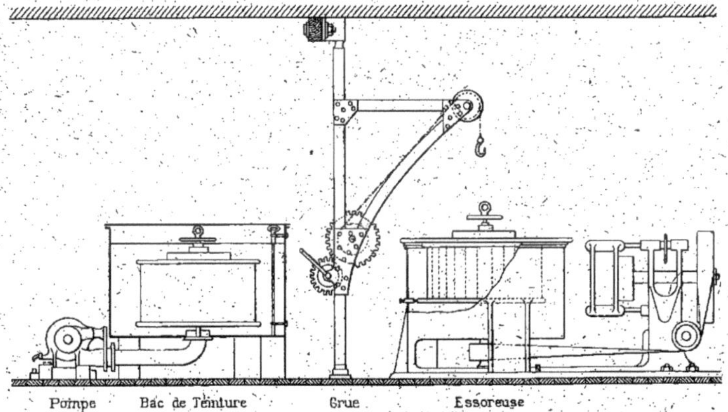

Fig. 159. — Croquis d'un atelier système Obermeier pour la teinture, l'essorage et le rinçage du coton en bourre.

carbonate de sodium, puis on le blanchit légèrement au chlore. Avant de procéder aux teintures très soignées, on fait un nettoyage complet, comprenant un lessivage en soude caustique suivi d'un bon chlorage.

Le lin : fil de lin, toile de lin et toile métisse, doit être débouilli et, dans certains cas, blanchi avant teinture. Pour les nuances foncées, il suffit, comme pour le coton, de faire débouillir la marchandise, en liqueur diluée de carbonate de sodium, 5 à 10 0/0 ; mais pour les nuances claires, il faut la soumettre à un demi-blanchiment. Nous pourrions en dire autant de la ramie.

La teinture du jute est effectuée à l'état brut, après débouillissage à l'eau. Si des nuances claires nécessitent un blanchiment, il se fait soit à l'hypochlorite, soit au permanganate. L'action de ces deux agents est suivie d'un traitement à l'acide sulfureux (bisulfite et acide chlorhydrique ou sulfurique).

Pour la *bourre*, les *rubans de coton peigné* et le *fil*, on opère dans les mêmes appareils, ou dans des appareils analogues à ceux que nous avons décrits à propos de la bourre de laine, des rubans de laine peignée et du fil de laine. Mais le fil de coton est fréquemment teint en cannettes ou en chaînes.

Teinture du fil de coton en cannettes fusées ou busettes[1]. — La teinture du coton en cannettes exige moins de couleur et durcit moins la fibre que la teinture en floches. On l'apprécie tout particulièrement parce qu'elle nécessite moins de main-d'œuvre. Pour teindre en flottes, le filateur déroule les fusées en écheveaux. Le fil ne devant présenter cette forme que pour la teinture, le fabricant de tissus fait transformer les flottes en bobines ou en cannettes, état sous lequel le fil est disposé sur l'ourdissoir ou dans la navette.

La teinture du coton en cannettes de filature est avantageuse, parce qu'on peut les tremper, les débouillir, les laver, les mordancer, les teindre, les rincer, les sécher, en un mot les soumettre à toutes les opérations nécessaires, de telle manière qu'il ne reste plus qu'à les retirer de l'appareil et à les placer dans la navette du tisserand. Il en résulte une économie considérable de façon et de marchandise. Ne devant pas dévider, on évite les déchets.

La teinture des fusées ménage le fil, et, comme celui-ci ne doit pas être bobiné, après teinture, on peut lui donner moins de torsion. Le fil est donc plus souple et permet de fabriquer du calicot plus serré.

Les colorants d'alizarine, l'indigo, le noir d'aniline et le rouge de paranitraniline ne conviennent pas à la teinture du coton en pelotons de fils. L'indigo ne peut s'appliquer qu'après réduction à l'hydrosulfite. Pour les autres groupes, il faut choi-

1. Les cannettes, fusées ou busettes sont des tubes en papier, en bois ou en métal, sur lesquels on enroule le fil de trame. Dans la pratique, ces termes indiquent aussi les tubes chargés de fil, qui sont encore appelés pelotons.

sir les colorants les plus solubles, ceux qui unissent le mieux. Les couleurs directes ou substantives : couleurs de benzidine, et les couleurs substantives soufrées : couleurs immédiates, sont le plus souvent utilisées dans ce genre de teinture. Pour les premières on peut employer des appareils en cuivre, et pour les secondes des appareils en bois, en fonte ou en fer nickelé.

La teinture des cannettes peut se faire dans deux sortes d'appareils :

1° Les appareils dans lesquels les pelotons sont placés les uns à côté des autres et forment une masse compacte. Les intervalles sont bouchés avec des copeaux de bois, de la bourre ou même du sable, et le bain est lancé avec force par des pompes. Ce sont les *appareils sous pression*.

Fig. 160. — Machine universelle à teindre les bobines croisées, les écheveaux et la bourre. Renversement automatique permettant au bain de traverser la matière à teindre de l'extérieur à l'intérieur et *vice versa*. Les lavages s'opèrent de la même façon, dans l'appareil même.

La teinture y est toujours irrégulière, parce que la pénétration est incomplète ;

2° Les appareils dans lesquels les pelotons préparés sur des busettes perforées sont montés sur des broches creuses également perforées. La solution de colorant est aspirée par une pompe et refoulée au travers des cannettes dont elle atteint les couches les plus profondes. Ce sont les *appareils à air libre*.

La teinture des bobines[1] se pratique de la même manière, elle est plus aisée que celle des cannettes.

1. Dans ce qui précède, nous considérons les mots : *cannettes* et *pelotons* comme synonymes. Les termes techniques sont souvent mal définis ; ils changent de sens

Parmi les nombreuses machines servant à la teinture *sous pression* des cannettes et des bobines de fil, nous citerons : l'appareil Simonis (*fig.* 111), l'appareil Salt et Stead (*fig.* 147), l'appareil Denutte (*fig.* 148), l'appareil à injection (*fig.* 149) ; nous pouvons ajouter la machine universelle (*fig.* 160), qui est recommandée pour les bobines, les écheveaux et la bourre de laine.

Nous mentionnerons l'appareil Obermaier (*fig.* 112), comme faisant partie des machines dites *à air libre*.

Il existe assurément d'autres types, mais ils diffèrent peu de ce que nous reproduisons. Le principe est toujours le même : forcer la solution colorante, soit par refoulement, soit par aspiration, à traverser la machine à teindre.

Teinture des chaînes de coton. — Les chaînes de coton et de jute peuvent être teintes directement. Le travail est ainsi

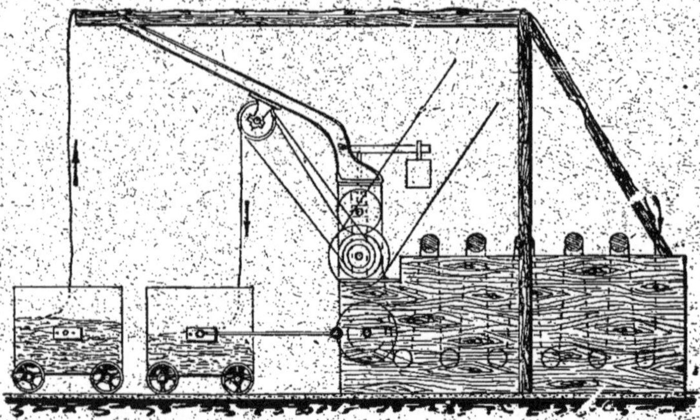

Fig. 161. — Croquis d'une machine pour la teinture des chaînes avec les colorants diamine. Type classique.

simplifié, puisque l'on ne doit pas mettre les fils en écheveaux, puis reformer la chaîne.

Le procédé de teinture des fils ourdis varie suivant les ins-

suivant les régions et même suivant les ateliers. Nous avons tenu à préciser pour éviter toute confusion.

tallations dont on dispose ; en général, il consiste à faire passer les chaînes une ou plusieurs fois dans le bain de couleur.

Le croquis (*fig.* 161) représente le type classique pour la teinture avec les colorants diamine. On verse un volume de bain suffisamment restreint pour que les rouleaux guides inférieurs seuls soient recouverts et, afin de neutraliser les sels calcaires, on ajoute un demi-gramme de soude Solvay par litre d'eau.

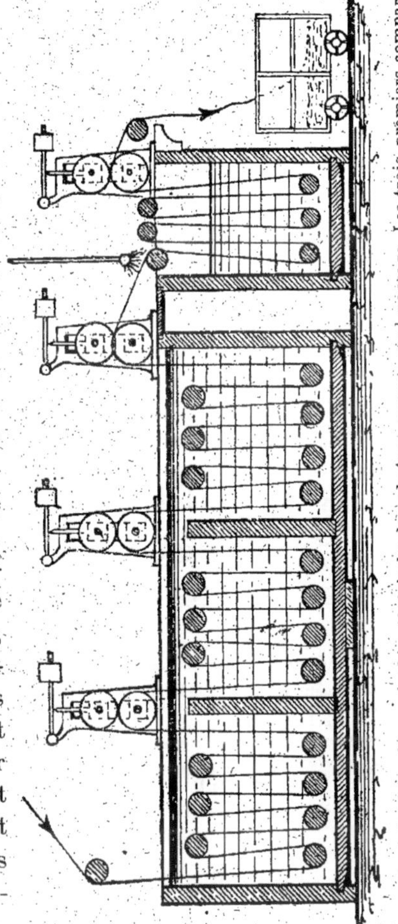

Fig. 162. — Schéma d'une machine à teindre les chaînes par un seul passage. Les trois premiers compartiments servent à la teinture, le quatrième est employé au rinçage (Modèle recommandé par la Manufacture Lyonnaise des matières colorantes).

Avant d'arriver dans les baquets, la marchandise plonge dans de l'eau bouillante contenant 0,5 à 1 0/0 de carbonate de sodium.

La teinture et l'encollage peuvent se faire simultanément, soit en ajoutant la solution colorante dans l'encolleuse, soit, et ceci uniquement pour les nuances claires et moyennes, en faisant passer les chaînes dans le bain de colorant, immédiatement avant encollage.

On ne doit encoller, dans le bain de teinture, que si l'encollage se fait avec les matières organiques : amidon, graisses, etc. ; s'il est pratiqué avec des composés minéraux (destinés à charger), il est préférable de teindre d'abord et d'encoller ensuite.

Avec les couleurs immédiates, la teinture peut se faire par un seul passage des chaînes dans des machines de grandes dimensions composées de plusieurs réservoirs ayant chacun une contenance de 800 à 1.000 litres.

Deux ou trois de ces compartiments, trois dans la machine représentée (*fig.* 162), reçoivent la dissolution de colorant; on en ajoute un, parfois deux, pour le rinçage. Entre chacun d'eux se trouvent des cylindres exprimeurs. Avant d'arriver dans le baquet de teinture, les chaînes plongent dans une solution bouillante de carbonate de sodium à 0,5 ou 1 0/0, ou dans une lessive forte, formée par de la soude caustique, titrant 4° à 6° Baumé, puis dans de l'eau bouillante.

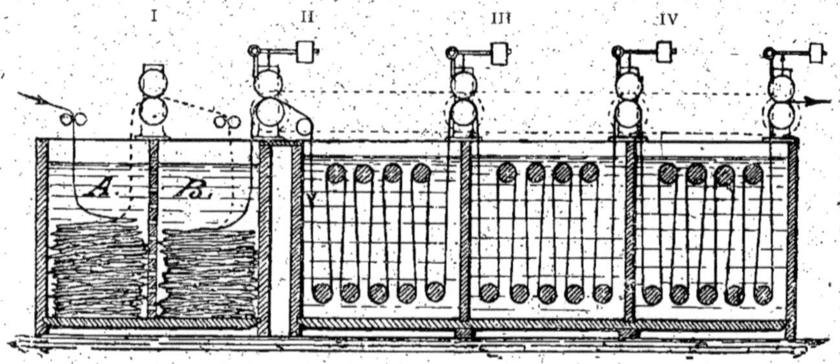

Fig. 163. — Croquis d'une machine à teindre les chaînes par immersion (Modèle indiqué par la Manufacture Lyonnaise de matières colorantes).

I, grande cuve de teinture divisée en deux parties A et B. — II, cuve de rinçage munie d'arrosoirs à action énergique (les arrosoirs ne sont pas représentés dans la figure). — III et IV, cuves de rinçage et de traitement subséquent.

On teint fréquemment, avec les colorants immédiats, par immersion des chaînes au moyen de la machine schématisée (*fig.* 163).

La chaîne, bien débouillie, est amenée par des cylindres conducteurs de faible diamètre et se dépose d'abord en A; elle y est reprise par les rouleaux presseurs pour passer en B d'où elle retourne en A. Après quatre ou cinq passages, la chaîne, qui se trouve en A ou en B, est appelée par les rouleaux presseurs dans la cuve de rinçage.

Les chaînes peuvent encore être teintes quand le fil est déjà

Fig. 164. — Appareil pour teindre les fils de chaîne enroulés sur l'ensouple.

Il se compose :

1° D'un récipient en tôle à doubles parois, pour le chauffage de la vapeur, avec dispositif pour introduire et étancher l'ensouple ; 2° d'une pompe à vapeur pour la circulation des bains ; 3° d'un système de tuyaux avec robinets, permettant de faire varier à volonté le sens de la circulation du bain de teinture à travers l'ensouple, de l'intérieur à l'extérieur ou de l'extérieur à l'intérieur ; 4° de supports, de bassins, etc., accessoires nécessaires à la manœuvre.

enroulé sur l'ensouple. La surface de l'ensouple est alors percée de trous et le liquide tinctorial est lancé de l'intérieur vers l'extérieur (*fig.* 164).

L'appareil (*fig.* 165) teint les fils sur ensouple ou enroulés en bobines ou en cannettes.

Fig. 165. — Appareil pour teindre les fils en bobines, cannettes, chaînes sur ensouple, etc., se composant de :

1° Une pompe à air à double effet, actionnée par un moteur à vapeur, pour comprimer ou pour faire le vide ; 2° une chaudière à vide en communication avec la pompe ; 3° une chaudière à compression en communication avec la pompe ; 4° un récipient pour le liquide tinctorial et les accessoires.

Teinture des tissus de coton. — La préparation de la toile de coton ou calicot varie suivant le genre et la destination. Elle consiste, pour la plupart des articles, en un grillage ou flambage pour détruire les poils libres, suivi d'un dégorgeage en bain alcalin, afin d'éliminer le parement et les produits naturels qui auraient une action nuisible sur l'aspect final du tissu.

Le flambage se pratique en faisant passer rapidement le tissu, dans toute sa largeur, sur des plaques ou cylindres chauffés au rouge, ou bien au-dessus d'une rampe de gaz. Les étincelles sont immédiatement éteintes par des jets de vapeurs qui s'échappent de deux tuyaux, entre lesquels circule la pièce, et par une courte immersion dans l'eau [1] (*fig.* 166).

1. Voir aussi flambage ou grillage, page 213 et figure 93.

foncées les tissus de coton, de laine et les tissus mêlés. C'est une cuve semi-cylindrique ou trapézoïdale en bois ou en fonte, munie de rouleaux-guides. L'étoffe est enroulée autour de deux cylindres situés au-dessus ou dans la cuve. Si les cylindres sont dans le bain, les rouleaux-guides sont supprimés. La marchandise passe d'un cylindre sur l'autre, à une vitesse de 30 à 50 mètres par minute. Lorsque toute sa longueur a traversé le bain, on renverse le mouvement et elle cir-

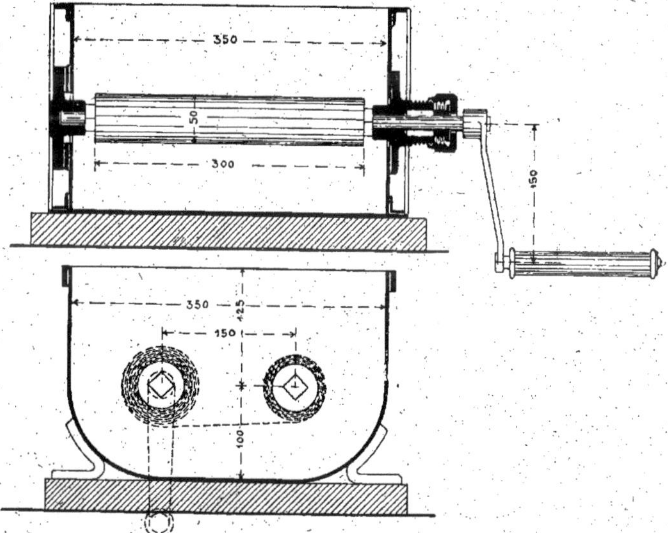

Fig. 168. — Jigger simple en fer, sans rouleaux-guides.

cule en sens inverse, en s'enroulant sur le cylindre opposé. On continue jusqu'à ce que le ton soit suffisamment foncé. Au dernier passage, on rabat le rouleau presseur, si le jigger est muni de cet appareil,

Nous reproduisons ci-dessous quelques types de jiggers :

Figure 168, schéma d'un jigger simple, en fer, sans rouleaux-guides, les cylindres sont dans le bain ;

Figure 169, schéma d'un jigger double avec rouleaux-guides et rouleau presseur ;

Figure 170, schéma d'un jigger double identique au précédent, dans le but de mettre en relief le rôle du rouleau presseur.

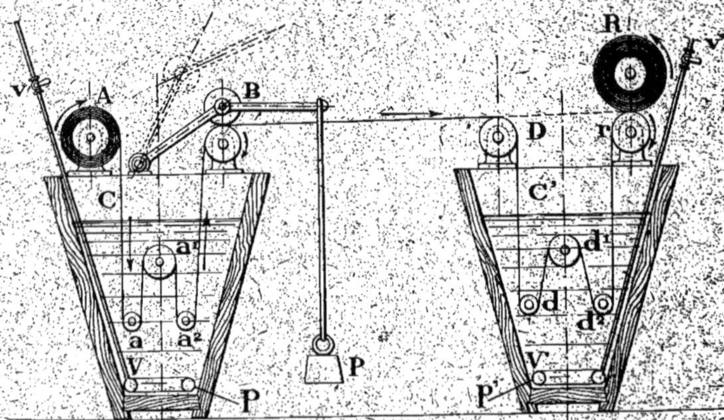

Fig. 169. — Schéma d'un jigger double pour les huilages, les mordançages, la teinture et l'imprégnation des tissus.

A, ensouple portant le tissu à teindre. — a, a^1, a^2, rouleaux-guides de la cuve C. — B, cylindre exprimeur chargé du poids P. — D, d, d^1, d^2, guides conduisant la marchandise dans la seconde cuve C'. — R, ensouple autour de laquelle s'enroule le tissu imprégné. — r, rouleau de commande servant en même temps d'exprimeur. — V, V', serpentins de vapeur. — v, v', tuyaux et robinets d'arrivée de vapeur. — p, p' purges de vapeur.

Fig. 170. — Schéma du jigger double expliquant l'action du rouleau presseur (Machine indiquée par la Manufacture Lyonnaise de matières colorantes).

Au jigger A sont adaptés deux coussinets C dans lesquels est introduit un axe tournant D. — L'axe D est muni à chacune de ses extrémités d'un levier E servant de supports au rouleau presseur B. — Les leviers E reçoivent un prolongement F destiné à porter le poids G. — Au repos, le rouleau presseur prend la place indiquée au pointillé où il est maintenu par un crochet ou une goupille.

Le premier jigger sert à la teinture, le second intervient seulement pendant le rinçage;

Figure 171, jigger-foulard. Les rouleaux attracteurs sont en fonte avec chemise en cuivre. Le rouleau presseur également

Fig. 171. — Jigger simple à presseur déplaçable ou jigger foulard. Le rouleau presseur agit constamment pendant toute la durée de la teinture (Construction Fernand Dehaitre).

en fonte, mais garni de caoutchouc souple, vient alternativement, au moyen d'un mécanisme spécial, sur l'un ou sur l'autre des attracteurs suivant le sens de la marche du tissu. Son action est constante, les pièces sont exprimées à chaque passage, ce qui facilite la pénétration de la couleur.

Ce modèle, construit par la maison Dehaitre réunit donc les avantages du foulard et du jigger.

4° *A la continue.* — On fait usage du jigger pour tous les genres de tissus, tandis qu'on se sert de la machine à la continue pour la teinture des tissus légers. L'appareil (*fig.* 172), d'une contenance totale de 3 à 4 mètres cubes, comprend plusieurs compartiments munis de rouleaux-guides. La marchandise est débouillie dans le premier compartiment *a*, garni

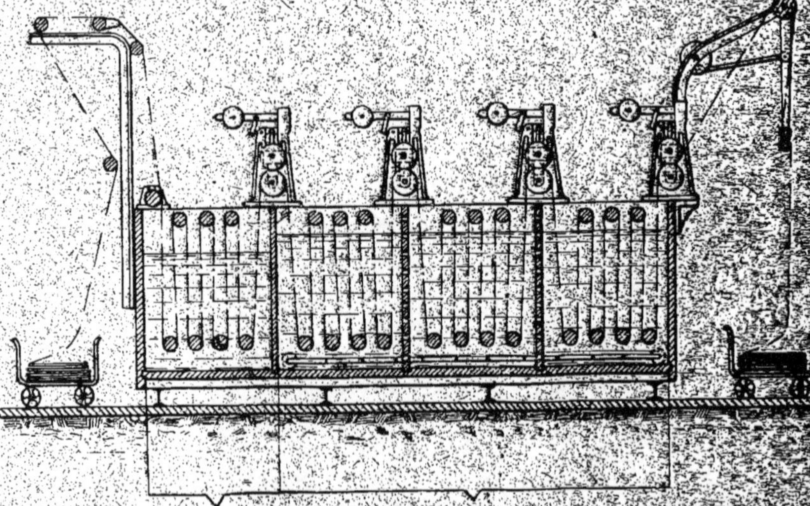

Fig. 172. Schéma d'un appareil pour la teinture des pièces à la continue (Modèle signalé par la Manufacture Lyonnaise de matières colorantes pour teindre en nuances foncées avec les couleurs diamine).

d'une dissolution faible de soude caustique, 1 1/2 0/0; elle est teinte dans les compartiments *b*, qui font suite. Les pièces restent en contact avec le bain environ trois minutes ; à la sortie de chaque bassin, elles sont comprimées entre deux rouleaux métalliques dont le supérieur est garni de caoutchouc.

La machine (*fig.* 173) convient pour la teinture des tissus avec les couleurs immédiates.

La marchandise débouillie, sèche ou convenablement exprimée, passe successivement dans chacune des cuves de teinture, puis dans les deux cuves de rinçage.

Teinture en boyau. — On teint également en boyau, dans un appareil analogue à ceux qui sont mis en œuvre pour les étoffes de laine. Au lieu d'être toujours en bois, les baquets sont en bois ou en fonte. Les pièces sont cousues bout à bout, en grand nombre, 20, 30, 40 même, de manière à former un boyau sans fin qui passe en spirale sur le tourniquet et dans le bain. Le premier chef de la première pièce (premier bout) passe sous un rouleau d'appel, placé à une extrémité du bac,

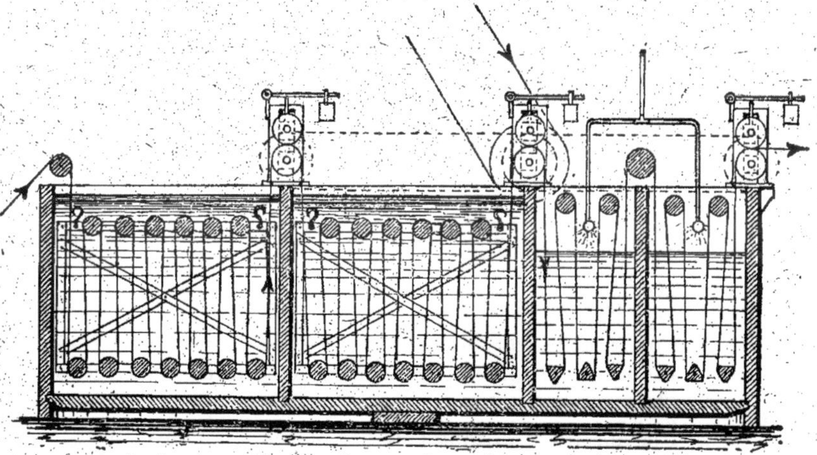

Fig. 173. — Schéma d'un appareil pour la teinture des pièces à la continue avec les colorants immédiats (Modèle signalé par la Manufacture Lyonnaise de matières colorantes).

A et B, cuves à roulettes, contenant le colorant. La paroi qui sépare ces deux cuves est perforée pour faire communiquer entre eux les deux bains et les maintenir ainsi bien homogènes. — C et D, cuves de rinçage. — Le récipient peut être en bois ou en fer, alors que les roulettes sont en fer. Les rouleaux presseurs sont tous les deux en bois ou le rouleau inférieur seul est en bois, tandis que le rouleau supérieur est en fer ; on peut les faire caoutchouter et les munir d'un bombage. — Pour chauffer le bain on se sert d'un serpentin fermé, en fer. L'emploi de tuyaux en cuivre doit être évité.

et il est conduit horizontalement sous un autre rouleau situé à l'extrémité opposée. On l'y coud au dernier chef des pièces (deuxième bout de la dernière pièce). On forme ainsi un long boyau dont toutes les spires, séparées par une série de chevilles, trempent dans la solution de colorant qu'elles traversent constamment dans la même direction.

TEINTURE DES TISSUS EN APPAREIL MÉCANIQUE

La teinture en récipient clos, par circulation du bain, n'est pas encore appliquée aux tissus ; pourquoi préfère-t-on toujours les teindre en baquet, alors que la teinture en plocs a fait tant de progrès ? Peut-être a-t-on reculé devant la difficulté d'échantillonner les nuances produites en appareil fermé. Cette question est cependant résolue d'une manière élégante, dans la machine à teindre les tissus qu'ont fait breveter M. C.-G. Pain, chimiste teinturier, et M. G.-A. Dantan, constructeur mécanicien, d'Elbeuf.

Nous nous faisons un devoir de résumer ici leur brevet d'invention.

MM. Pain et Dantan ont intitulé leur demande : *Procédé et appareil destinés aux traitements et à la teinture automatiques des tissus mis au large sur tube perforé, ainsi que pour toutes les autres matières textiles.*

Nous nous rappelons bien que, dans le bac ordinaire de teinture, l'étoffe est entraînée par le tourniquet ou moulinet, constamment dans le même sens, à des vitesses que l'on fait varier suivant la qualité et la longueur des pièces, et que le chauffage est réalisé :

Soit par vapeur directe (tube perforé) ;

Soit par vapeur indirecte (tube fermé).

La teinture en bac ouvert provoque un véritable gaspillage de calorique occasionné par :

L'évaporation du liquide ;

Le refroidissement des étoffes, pendant leur continuel passage à l'air ;

Et le volume considérable du bain, eu égard au poids de la marchandise.

L'appareil que nous nous proposons de décrire repose sur le principe des appareils mécaniques déjà étudiés, dont il possède les deux avantages essentiels :

Grande économie de chauffage et aspect incomparablement supérieur des matières traitées.

Il n'y a pas d'évaporation ;

Le bain est réduit, 10 litres par kilogramme de tissu, et les pièces sont immobiles pendant toute la durée du travail.

La machine se compose, dans ses parties essentielles, d'une *pompe centrifuge* qui lance le bain ; d'un *réservoir*, en communication avec le corps de pompe, destiné à recevoir le liquide tinctorial, lequel est chauffé par vapeur indirecte ; et d'un *cylindre fermé*, disposé horizontalement, dans lequel s'opère la teinture.

Les étoffes étant enroulées sur un tube en bronze perforé, celui-ci est introduit dans le cylindre en cuivre ou en bronze. qui est ensuite fermé, et la pompe est mise en fonctionnement.

Le bain circule alternativement du tube perforé vers la périphérie du rouleau de marchandise et vice versa, *toujours à la même vitesse, sous la même pression et sans aucun arrêt.* Ceci est, suivant les inventeurs, une condition essentielle à la bonne réussite de la teinture des pièces en appareil.

Ce dispositif, comme tout appareil mécanique, évite le feutrage ; il ménage la fibre qui conserve toute sa solidité, toute son élasticité, quelle que soit la durée de l'opération. De plus, le tissu reçoit un apprêt spécial qui paraît être la conséquence naturelle de ce nouveau mode de teinture. En effet, les pièces qui sont enroulées sous une grande tension subissent un apprêt indestructible identique à celui produit par le potting. Elles acquièrent un brillant que le vaporisage, même humide, ne peut détruire. Ce qui est énorme au point de vue pratique, pour la teinture des tissus de laine et des tissus mélangés laine et coton ; car cet apprêt augmente considérablement la valeur commerciale des étoffes de ce genre. Ajoutons que les nuances sont unies, bien tranchées et que la pénétration est forcément parfaite.

Enfin, et ceci fait tomber la principale objection, à mon avis ; un petit cylindre en tout semblable au grand, fonctionnant absolument dans les mêmes conditions que lui, permet de teindre une petite bande du même tissu et d'échantillonner à volonté, sans arrêter la circulation du bain à travers les pièces.

Une modification facile à faire exécuter sur place par les ouvriers teinturiers permet d'employer cet appareil pour la teinture des laines et des cotons sous leurs différents aspects : floches, fils en écheveaux, cannettes ou bobines, chiffons, effilochés ou non.

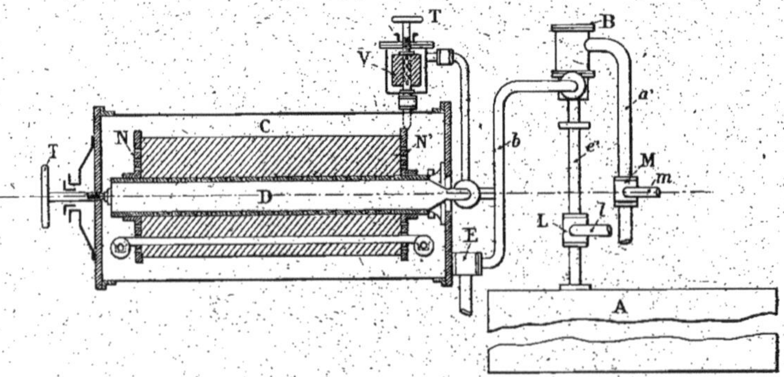

Fig. 174. — Schéma de l'appareil à teindre les tissus, vu de profil.

A, réservoir pour le liquide tinctorial. — B, boîte du tiroir distributeur des courants. — C, cylindre en cuivre ou en bronze, dans lequel s'opère la teinture. — D, tube perforé en bronze. — E, L et M, robinets à trois voies. — N et N', disques mobiles perforés, en bronze. — V, petit appareil pour l'échantillonnage. — T, vis de serrage.

Remarque. — Les appareils de teinture que nous venons de passer en revue peuvent servir, pour la plupart, au blanchiment, au lavage ainsi qu'au mordançage et, au besoin, au huilage.

SÉCHAGE DES MARCHANDISES TEINTES

Les textiles teints et essorés par tordage, exprimage, succion ou centrifugation, procédés que nous connaissons, sont séchés.

On sèche le plus souvent les marchandises teintes en les plaçant dans des étuves, sortes de chambres chauffées, quelquefois ventilées, appelées sécheries. Le séchage à l'air ordinaire n'est pas assez rapide.

Mentionnons :

La machine pour le séchage des fils en écheveaux, construite par la firme Dehaitre. Les écheveaux sont suspendus auprès des perches que des chaînes sans fin promènent dans une chambre ventilée chauffée par des tuyaux à ailettes (*fig.* 175).

Fig. 175. — Séchoir mécanique pour le séchage des écheveaux (Construction Fernand Dehaitre).

L'étuve dite universelle pour sécher les bobines, les cannettes, les écheveaux et la bourre (*fig.* 176).

Les tissus sont séchés soit sur des cylindres chauffés intérieurement, soit dans le séchoir à tournettes hot-flue, décrit à propos de l'épaillage, muni ou non du rame pour redresser les lisières, soit dans des rameuses spéciales, s'il faut élargir les pièces.

Fig. 176. — Étuve universelle pour sécher les bobines croisées, les cannettes, les écheveaux et la bourre.

TEINTURE A SEC

Le procédé de teinture à sec a reçu ce nom par analogie avec le procédé de nettoyage à sec. L'expression « à sec » signifie que la marchandise n'est pas mouillée dans le sens propre du mot. Elle est immergée dans des dissolvants volatils qui ne modifient en rien ses qualités.

Les dissolvants appropriés à la teinture à sec se réduisent pratiquement à l'éther de pétrole, à la benzine ordinaire, au chloroforme, à l'éther sulfurique (éther ordinaire ou oxyde d'étyhle), au tétrachlorure de carbone, au toluène et aux autres homologues du benzène. De ces produits, il faut exclure : l'éther sulfurique, dont le point d'ébullition est trop bas ; le chloroforme, à cause de ses propriétés toxiques et de son prix élevé, et le tétrachlorure de carbone, dont le prix est également très élevé.

La benzine et le benzol (benzine non rectifiée) présentent une autre difficulté ; aucun colorant n'y est soluble à un degré appréciable. Cependant, les colorants basiques qui, à l'état de chlorhydrate, sont insolubles dans la benzine, peuvent être rendus solubles par transformation en oléates, stéarates ou résinates. Les couleurs ainsi modifiées sont appelées *couleurs grasses*

On prépare la couleur grasse en dissolvant à chaud le colorant basique dans une solution aqueuse de savon que l'on précipite, après refroidissement, par addition d'un excès d'acide chlorhydrique. Les acides gras libres et les acides gras combinés à la couleur viennent surnager ; on les recueille, les lave et les sèche.

Les couleurs grasses ont un grave défaut, elles plaquent facilement et occasionnent ainsi des irrégularités de nuances.

Le résultat est meilleur si l'on ajoute à la benzine 8 à 10 0/0 *de savon ou d'acide oléique.* Ces substances ont une tendance à retarder la pénétration de la teinture et à produire des tons plus unis.

Le savon généralement employé est la *saponine.* D'après Farrell et May, la benzine tenant en dissolution 10 0/0 de saponine dissout directement tous les colorants basiques en quantité suffisante. Ces solutions colorantes ne se comportent pas beaucoup mieux à la teinture que les précédentes, mais elles ont l'avantage d'éviter la préparation des couleurs grasses.

L'augmentation du pouvoir dissolvant de la benzine pour les colorants basiques, par suite de la présence de la saponine, est telle qu'une dissolution de saponine à 10 0/0 dans de la benzine enlève les colorants basiques de toutes les espèces de fibres.

Suivant la déclaration du brevet, la *saponine* est préparée en mélangeant ensemble des *quantités égales de savon et d'acide oléique* jusqu'à obtention d'une *solution claire.*

Le mauvais unisson des teintes obtenues avec les colorants basiques fit donner la préférence aux colorants acides. Mais, il faut, pour teindre avec ces derniers, changer le véhicule. Beaucoup de colorants acides, notamment ceux du groupe des triphénylméthanes sulfonatés, sont solubles dans l'*alcool éthylique* et même dans l'*alcool méthylique*. L'alcool méthylique étant lui-même miscible à la benzine additionnée de saponine, on peut donc préparer un dissolvant dont le prix ne soit pas trop élevé.

Le bain de teinture s'obtient en versant la solution alcoolique du colorant, préalablement filtrée, dans de la benzine ayant en solution 25 0/0 de saponine. Ce bain est ensuite allongé par addition d'une dissolution de savon de benzine à 10 0/0.

La différence entre ce procédé et celui de la teinture à sec avec des oléates basiques tient tout entière dans l'influence de la durée du séjour dans le bain.

Avec les oléates basiques, les teintures les plus foncées s'obtiennent en quelques secondes, tandis qu'avec les colorants acides les teintes ne se développent que progressivement.

La proportion de colorant contenue dans le bain doit être telle que la nuance désirée ne s'obtienne qu'après une immersion d'au moins une demi-heure. Les teintures réalisées rapidement ne sont pas assez solides au rinçage, et l'enlèvement d'une quantité considérable de colorant, lors du rinçage, produit des irrégularités surtout dans les vêtements et objets composés d'étoffes et de garnitures d'épaisseurs différentes.

Les objets destinés à être teints à secs doivent être tout d'abord nettoyés avec du savon à la benzine. Après teinture, ils sont égouttés, pressés à la main, rincés rapidement dans de la benzine pour enlever l'excès de colorant, passés à l'extracteur à force centrifuge et séchés.

Les bains de teinture ne sont pas épuisés à la suite de la première opération ; un nombre considérable de passes peuvent être faites dans la même solution colorante, sans que la différence de teinte soit appréciable.

Si on a laissé reposer les bains pendant un certain temps, il faut les filtrer avant de s'en servir, parce qu'un peu de colorant peut s'y être déposé.

La teinture à sec n'est recommandable, à cause de son prix élevé, que pour les articles qui doivent être nettoyés à sec, articles sur lesquels les méthodes habituelles de teinture ne peuvent être appliquées.

XXVI

ANALYSE QUALITATIVE DES COULEURS

I. ANALYSE DES MATIÈRES COLORANTES

Les fabriques de matières colorantes donnent toutes les indications relatives à l'application des produits qu'elles mettent en vente. Malgré cela, le praticien doit savoir rechercher l'état de pureté des couleurs qu'il reçoit, leur nature et leur valeur tinctoriale. Ces renseignements lui sont indispensables, s'il veut composer des nuances ou établir des prix de revient.

Détermination de la pureté des matières colorantes. — On trouve dans le commerce un très grand nombre de couleurs qui, bien qu'elles ne portent qu'un nom, sont des mélanges de deux ou plusieurs colorants. En principe, le teinturier préfère des couleurs pures, afin d'effectuer à son gré les mélanges dans le bain de teinture ; il est donc utile pour lui de pouvoir s'assurer si l'échantillon qui l'intéresse est ou non une couleur simple.

Les mélanges se reconnaissent assez facilement par l'un des moyens suivants :

On répand un peu de poudre à la surface d'un papier-filtre qu'on humecte ensuite ; s'il y a mélange, il se forme des taches de colorations variées.

On peut aussi plonger une bande de papier-filtre dans la solution de la poudre à examiner ; l'ascension du liquide produit des zones diversement colorées, si la poudre est formée de plusieurs couleurs.

En semant un peu de poudre à la surface de l'acide sulfurique concentré, on observe des traînées de différentes couleurs si l'on se trouve en présence d'un mélange d'azoïques.

Si ces essais sont négatifs, on peut supposer que le mélange est trop intime pour être décelé ainsi. Mais, même dans ce cas, l'un des composants a généralement plus d'affinité que l'autre pour les fibres textiles, de sorte que les premiers et les derniers écheveaux teints dans le même bain donnent des nuances différentes, si l'échantillon comprend plus d'un colorant. En travaillant, au contraire, avec une couleur homogène, on obtient simplement des dégradations de la même nuance.

Détermination de la nature des colorants. — L'une des connaissances les plus importantes à acquérir pour le teinturier, c'est de savoir à quel groupe de la classification indiquée appartient le colorant qu'il doit utiliser, puisque le mode de teinture auquel il aura recours dépend de l'emplacement que le composé en question occupe dans ce groupement.

On peut apprendre, par quelques essais de teinture, si une matière colorante est basique ou acide, monogénétique ou polygénétique.

Les réactifs suivants en font connaître, plus rapidement, le caractère acide ou basique.

Réactif au tanin (Weingärtner).	Acétate de sodium	50 grammes
	Tanin	50 —
	Eau : volume suffisant pour faire 1 litre de solution.	
Réactif à l'acide picrique.	Acétate de sodium	50 grammes
	Acide picrique	20 —
	Eau : volume suffisant pour faire 1 litre de solution.	

A la dissolution limpide de la couleur, on verse quelques gouttes d'un de ces réactifs et on chauffe. Si la couleur est basique, elle précipite ; la dissolution ne se trouble même pas si la couleur est acide ou faiblement acide. La solution filtrée des colorants basiques, après action du réactif, doit être à peu près incolore.

On peut aussi mettre à contribution les caractères mentionnés dans le chapitre qui traite de la teinture de la laine, ou avoir recours aux propriétés suivantes.

La plupart des matières colorantes basiques sont solubles dans l'eau et toutes sont solubles dans l'alcool.

Une solution faible de soude précipite à chaud les couleurs basiques, excepté les safranines. Chauffées avec de la poudre de zinc et de l'acide acétique, elles sont décolorées; les azoïques reprennent leur couleur par exposition à l'air.

L'alizarine n'est pas miscible à l'eau. Les alcalis la dissolvent et les acides la reprécipitent.

Les dérivés de l'alizarine sont les uns insolubles, les autres peu solubles et d'autres tout à fait solubles dans l'eau. Du reste, les couleurs faiblement acides, excepté les *nitro* et les *sulfo*, se dissolvent difficilement dans l'eau, mais elles sont solubles dans les alcalis[1].

Le sel d'étain réduit à chaud les alizarines en présence de l'acide chlorhydrique, en leur communiquant une couleur jaune.

Les couleurs acides sont solubles dans l'eau, mais peu le sont dans l'alcool.

Les couleurs immédiates sont peu solubles, les acides font dégager de l'acide sulfhydrique. Elles sont solubles dans les sulfures alcalins.

Application de la précipitation des matières colorantes basiques par les colorants acides à l'analyse qualitative et quantitative des matières colorantes. — Une matière acide ou basique précipite, en solution étendue, la presque totalité des colorants respectivement basiques ou acides.

Cette propriété a permis d'établir une méthode générale permettant, en partant d'une matière colorante basique, par exemple, pure et de constitution connue, comme la fuchsine, de doser la plupart des matières colorantes acides.

Tous les colorants ayant un caractère nettement acide, quels que soient les radicaux qui leur communiquent cette fonction, forment avec la fuchsine des combinaisons assez peu solubles

1. Beaucoup de couleurs d'alizarine sont rendues solubles par combinaison avec le bisulfite de sodium. Telles sont toutes les marques qui comprennent la lettre S.

pour permettre le titrage de ces colorants, si l'on connaît la composition de la combinaison qu'ils donnent avec la fuchsine.

Pour qu'il y ait précipitation entre un colorant basique et un colorant acide, il suffit que l'un des deux ait un caractère nettement marqué. Ainsi, une matière colorante à caractère basique très accusé, comme l'auramine, la fuchsine, ... précipitera la plupart des colorants acides, mais si ce caractère acide est très faible. De même des colorants fortement acides, comme les nitrophénols, les dérivés sulfoniques, ... précipiteront la plupart des matières colorantes basiques, si cette basicité est très atténuée.

Détermination de la valeur tinctoriale. — On la détermine quelquefois par le colorimètre. Cet appareil se compose, en principe, de deux tubes de verre gradués ; l'un renferme une dissolution type de la matière colorante, l'autre reçoit la dissolution de l'échantillon que l'on examine. On compare entre elles les intensités des deux colorations.

Le plus souvent on recherche la valeur tinctoriale des colorants par des essais de teinture, en observant les règles suivantes :

Pour comparer deux produits de même nature chimique, s'appliquant par le même procédé et provenant de deux maisons différentes, on fait deux teintures en se plaçant dans des conditions identiques d'eau, de température, de durée, de drogues auxiliaires, de matière à teindre, de poids de colorants s'ils sont du même prix ou de quantités de colorants répondant à la même valeur si leurs prix sont différents ; et alors, il suffit d'examiner quel est l'échantillon qui donne le meilleur rendement. On fait facilement ces essais dans des récipients en verre ou en porcelaine, plongeant dans le même bain-marie. C'est ainsi que procèdent les grandes maisons de teinture ou d'impression, avant de conclure un marché important.

Si le teinturier doit simplement comparer deux méthodes d'application du même colorant, ou encore de deux colorants différents, il lui suffit de juger si les deux procédés comprennent les mêmes opérations, s'ils exigent le même poids de drogues, la même durée de manipulation, et de voir, s'il n'en est pas ainsi, quelle est la formule la plus avantageuse.

Recherche des substances étrangères qui chargent les matières colorantes, ainsi que de l'acide minéral qui salifie la base colorante ou de la base minérale qui salifie l'acide colorant.

Recherche des substances étrangères. — On ajoute aux couleurs des sels minéraux ou des substances organiques, pour en augmenter le poids. Cette charge est facile à reconnaître.

Le *chlorure de sodium* ou *sel marin* existe dans toutes les couleurs non cristallisées, il provient le plus souvent de la fabrication. On le sépare de la couleur par l'alcool ou l'acétone, calcine le résidu et recherche le chlore. On calcine directement sans épuisement préalable de la matière organique.

Le *sulfate de sodium* est la charge ordinaire des couleurs azoïques. Pour le rechercher, on dissout la couleur dans l'eau, la précipite par le chlorure de sodium, filtre et cherche le sulfate dans le liquide filtré.

Le *sulfate de magnésium* est peu employé ; pour déceler sa présence, on opère comme pour le sulfate de sodium et on ajoute la réaction caractéristique des sels de magnésium.

Les *carbonates alcalins* se trouvent quelquefois dans les phtaléines. On constate leur présence par le dégagement de gaz carbonique que provoque l'addition d'un acide.

La *dextrine* se reconnaît parce qu'elle communique à la dissolution aqueuse chaude de la couleur une odeur particulière. La dextrine est insoluble dans l'alcool, il est donc commode de l'isoler.

Recherche de l'acide minéral qui salifie la base colorante. — C'est généralement l'acide chlorhydrique qui est employé à salifier les bases colorantes. Pour déterminer l'acide, on précipite la couleur par l'ammoniaque et cherche l'acide dans le liquide filtré. Pour les couleurs qui, comme les safranines, ne précipitent pas par l'ammoniaque, on est forcé d'examiner les réactions de la dissolution colorée elle-même.

On caractérise les sels doubles de zinc par la calcination et l'examen des cendres.

Recherche de la base minérale qui salifie l'acide colorant. — On décèle l'ammoniaque en faisant agir de la soude caustique sur la couleur sèche.

Pour les autres bases, on déplace l'acide colorant par l'acide chlorhydrique et on opère sur la liqueur filtrée.

Préparation du bain de teinture. — Le colorant doit être choisi d'après la nuance à produire, la nature de la fibre que l'on teint, l'éclat et la solidité de la teinte que l'on veut obtenir.

La question de solidité ou de résistance aux diverses altérations est du plus haut intérêt pour l'industriel. Ce dernier doit connaître le genre de solidité à donner à la nuance, car il n'y a pas de colorant solide à tout. Certains manquent de solidité à la lumière, d'autres s'épuisent au lavage, d'autres encore ne peuvent supporter le foulage, etc. C'est la nature de cette résistance qui doit guider dans le choix du colorant.

Toutes les matières colorantes doivent être conservées dans un récipient bien bouché et tenues dans un endroit sec. Pour s'en servir, on les dissout et tamise la solution sur du calicot, de la flanelle ou un tamis de crin très fin. On épuise ensuite le résidu en versant de l'eau chaude sur le tamis. Ce tamisage est surtout recommandé pour les couleurs basiques qui, plus que les autres, renferment des résines et autres impuretés se prenant aisément en grumeaux pendant l'ébullition.

II. — ANALYSE DES COULEURS TEINTES[1]

Les nuances sont généralement réalisées en mélangeant plusieurs colorants. Or les marques de colorants permettant d'imiter une teinte déterminée augmentent de jour en jour, et il est, dans la plupart des cas, impossible de les déceler d'une manière certaine.

1. Beaucoup de renseignements sont puisés dans la méthode Hudson.

Le chimiste teinturier est ordinairement obligé de se borner à chercher si l'échantillon qu'il doit imiter contient des sels métalliques provenant d'un mordançage ou d'une bruniture; s'il renferme des colorants naturels ou artificiels ou un mélange des deux; et à quelle classe appartiennent les divers colorants : rouge, jaune, bleu, brun, noir, etc., qui ont concouru à la production de la teinte.

Il cherche ensuite dans sa collection de produits ceux qui peuvent lui donner des teintures de même nuance et de même solidité.

Les textiles teints cèdent, en tout ou en partie, leurs mordants aux solutions acides bouillantes. On dessèche, calcine et analyse le résidu. Le moyen le plus sûr et aussi le plus rapide est, sans nul doute, d'incinérer l'échantillon, de faire l'analyse des cendres à la perle de sel de phosphore ou de borax, et de vérifier les résultats par voie humide.

Les réactions suivantes pourront fournir des indications précieuses, si on a soin de les corroborer par des essais identiques sur des fibres teintes à la manière supposée de celles que l'on a entre les mains. Il ne faut pas perdre de vue que les résultats varient avec les conditions dans lesquelles on se place : concentration des solutions, température, durée de l'action, etc. Il est donc indispensable de procéder à la contre-expertise, en procédant en tout comme on l'a fait pour l'expertise.

Remarque. — Nous imaginons souvent, dans l'exposé suivant, avoir affaire à un tissu, bien que les marches analytiques mentionnées s'appliquent tout aussi bien aux fibres et aux fils qu'aux tissus.

COULEURS SUR LAINE

Rouges et écarlates. — L'échantillon est effiloché, les fils sont tordus avec un peu de laine blanche et bouillis en eau de savon à 10 0/0.

La laine ne se teint pas, la teinture est de l'alizarine ou de la cochenille sur mordant d'alun ou d'étain.

Caractères des rouges d'alizarine[1]. — Les acides faibles ou les acides forts, dilués, ainsi que les alcalis bouillants sont sans action. Les acides forts, concentrés, décomposent les couleurs d'alizarine en dissolvant les mordants.

Le chlorure de chaux faible ne les décolore que lentement. L'acide chromique les détruit. Les vapeurs nitreuses leur communiquent une teinte orange (nitro-alizarine). La baryte les vire au violet.

L'acide sulfurique concentré dissout la laine (de même le coton). On précipite l'alizarine, s'il y en a, en ajoutant de l'eau. Il est préférable d'agiter vigoureusement le vitriol avec de l'éther qui dissout le colorant. L'alizarine peut être reconnue soit par sublimation, soit par la coloration violette que lui donnent les alcalis.

Pour reconnaître si l'échantillon est teint en produit artificiel ou en produit naturel (garance), on le fait bouillir avec du sulfate d'aluminium. Si le réactif devient fluorescent, indice de purpurine, la teinture a été faite avec de l'alizarine naturelle.

La *garance* résiste à l'eau de savon bouillante, à l'ammoniaque caustique, à l'acide citrique et même à une solution chlorhydrique de chlorure stanneux. Cette dernière liqueur jaunit et donne à la fibre une teinte jaune orange.

La *cochenille* (aussi le bois de Fernambouc) dégorge vivement dans les deux solutions alcalines et le textile vire au rouge jaunâtre par l'acide citrique. Elle passe au bleu par la soude au 1/20, bouillante.

Rouges sombres. — Ce sont des mélanges. Si l'alcool enlève une partie de la couleur, on traite le tissu par l'ammoniaque. Si la couleur est encore partiellement enlevée, on se trouve en présence de rouge azoïque acide et de *carmin d'indigo*. La soude bouillante décharge les rouges acides, tandis qu'elle fait passer au rouge violacé la cochenille et l'alizarine.

On étudie les cendres de la fibre. L'aluminium ou le chrome prouvent qu'il y a bien couleur végétale ou alizarine.

1. Ces caractères sont généraux, ils s'appliquent non seulement aux rouges, mais à toutes les couleurs faites à base d'alizarine.

Roses clairs. — Les éosines passent au jaune orange par ébullition avec le chlorure stanneux, les rhodamines ne sont pas modifiées.

Roses foncés. — Les fils d'effilochage de l'échantillon, tressés avec des fils blancs, sont débouillis dans l'eau de savon au 1/20. La couleur ne dégorge pas, on peut supposer de l'alizarine.

Sa présence est confirmée si les cendres de l'étoffe renferment de l'aluminium.

La couleur dégorge : on fait appel à l'alcool bouillant qui dissout les colorants basiques et les éosines et n'a pas d'action sur les colorants directs (colorants de benzidine). La soude au 1/20, bouillante, décolore les colorants basiques et n'influe pas sur les colorants directs.

Pourpre et bordeaux. — Les fils de l'étoffe sont tordus avec un peu de laine blanche et bouillis avec une solution de savon au 1/20.

L'échantillon dégorge : présence de colorants acides (sulfonés) ou d'*extrait d'indigo* ou d'orseille.

L'échantillon ne dégorge pas, il est teint en couleurs dites pour foulage, c'est-à-dire le plus souvent : les alizarines, le campêche ou autres colorants à mordants. Ces derniers sont décelés par la présence du chrome.

Un bouillon dans une solution de soude à 5 0/0 fait décharger la nuance, si elle contient de l'*extrait d'indigo*, de l'orseille ou des colorants acides ou basiques.

Une ébullition en chlorure stanneux décolore l'orseille et l'*extrait d'indigo*.

Quand la fibre traitée par l'acide étendu devient plus rouge et rougit le liquide lui-même, il y a certainement du campêche.

Jaunes. — On tord un morceau de l'étoffe avec un peu de laine blanche et on le fait passer dans de l'eau de savon bouillante. La laine blanchit : probablement jaune acide. Le doute se confirme si les acides forts ont une action identique.

L'alizarine ne dégorge ni par les solutions acides, ni par les solutions de soude, le bois jaune déteint sensiblement.

Orangés. — La soude bouillante à 10 0/0 décolore les orangés sulfonés et ne détruit pas entièrement l'orangé d'alizarine. Ce dernier ne dégorge pas sur le blanc comme les autres orangés.

PRÉSENCE PROBABLE DE L'INDIGOTINE

Les bleus clairs et les bleus francs peuvent être réalisés complètement à l'indigo de cuve.

Les bleus francs, les bleus foncés, les verts (surtout les verts foncés), les bruns et les noirs peuvent être produits : soit sur pied d'indigo de cuve, soit par remontage à l'indigo de cuve.

La présence de l'indigotine donne à la marchandise une grande valeur commerciale. Il serait d'ailleurs impossible d'imiter tout à fait la nuance en supprimant ce fond d'indigo. Il importe donc de s'assurer tout d'abord si l'échantillon à analyser a passé par la cuve à indigo.

RECHERCHE ET DOSAGE DE L'INDIGOTINE, PAR VOIE D'EXTRACTION, SUR FIBRES TEINTES EN BOURRE, EN FIL OU EN TISSU

Méthode à l'acide acétique cristallisable de Brylinski

Le phénol bouillant est rapidement coloré en bleu par tout textile teint contenant un fond d'indigotine. Il en est de même de l'aniline bouillante. L'emploi de l'aniline permet de rendre l'essai quantitatif, avec une certaine approximation. Ce réactif détruit, en effet, partiellement l'indigotine, et ses cristaux retiennent, même après lavage aux acides et à l'alcool, de l'aniline d'interposition.

L'acide acétique cristallisable (appelé parfois acide acétique glacial) donne des résultats absolument sûrs.

Principe de la méthode. — L'acide acétique cristallisable bouillant dissout des quantités notables d'indigo, tandis que l'acide étendu de 1/4 à 1/3 de son volume d'eau n'en dissout pas [1].

Pour doser l'indigotine sur un échantillon quelconque, M. Brylinski l'épuise à l'extracteur Soxhlet. Nous réussissions

1. On additionne l'acide acétique cristallisable de quelques gouttes d'acide sulfurique, pour le maintenir plus longtemps sec. (Note de l'auteur.)

parfaitement en le suspendant simplement dans le col d'un ballon, muni d'un long tube à reflux, de manière que l'acide condensé s'égoutte constamment sur le textile.

L'ébullition est réglée aussi fort que possible et continuée ainsi jusqu'à ce que la fibre soit décolorée, si le bleu est pur indigo. Quand l'indigo est associé à d'autres colorants, on prolonge l'ébullition pendant cinq à six heures. Tout le bleu de cuve est alors dissous.

L'extraction terminée, on verse le dissolvant dans un verre et on l'étend de quatre volumes d'eau. Les cristaux d'indigo adhérant aux parois sont redissous dans un peu d'acide acétique bouillant que l'on ajoute à la solution mère avec les eaux de lavage du ballon. On filtre sur filtre taré, lave le précipité à l'eau bouillante, à l'alcool, à l'éther, sèche à 110° C. et pèse.

On peut avec ce procédé doser l'indigo, à condition de le pulvériser très finement et de le placer sur un filtre plat dans l'extracteur Soxhlet.

1° *Essais sur échantillons non démontés à l'acide acétique cristallisable.*

Bleus clairs. — Le textile traité par l'ammoniaque bouillante abandonne les bleus solubles et le bleu alcalin. Ce dernier est enlevé par l'alcool bouillant.

L'*extrait d'indigo* est entraîné par la soude au 1/20, bouillante, et détruit par le chlorure stanneux.

Bleus foncés. — L'étoffe est effilochée. Les fils tressés avec de la laine blanche sont bouillis dans l'eau de savon : la couleur ne dégorge pas.

On procède à la même opération avec de la soude caustique à 5 0/0. Si le bleu est alors modifié, on éprouve un fragment du tissu avec de l'acide chlorhydrique dilué.

Le textile et la liqueur acide rougissent : campêche.

Le textile vire au violet bleuâtre : peut-être campêche avec gallocyamine.

Ni la soude, ni l'acide n'ont d'action sur la teinture : indigo ou bleu d'alizarine. La présence du chrome dans la cendre dénonce l'alizarine.

La fibre est débouillie dans le chlorure stanneux. On observe un virage au violet : campêche.

On observe un virage au brun rougeâtre : bleu d'alizarine.

Aucun virage : indigo.

Noirs. — Beaucoup de noirs sur laine sont, par raison d'économie, réalisés au campêche et bois jaune sur mordant de chrome.

Le tissu teint au campêche colore en rouge l'acide chlorhydrique légèrement étendu, bouillant, et rougit lui-même.

S'il vire au jaune brunâtre ou au jaune verdâtre, il y a du bois jaune.

L'échantillon débouilli ensuite dans de l'eau de savon abandonne un peu de sa couleur jaune.

La présence du chrome dans la cendre confirme encore le noir au campêche.

Lorsque l'acide ne change pas la nuance et que la cendre contient du chrome, ce peut être du noir d'alizarine. Si absence de chrome, la teinture peut avoir été faite avec des noirs acides.

2° Essais sur échantillons préalablement démontés à l'acide acétique cristallisable.

Nous opérons différemment avec les nuances sur fond indigo. Notre méthode nous donne d'excellents résultats.

Nous nous assurons tout d'abord de la présence ou de l'absence de l'indigotine : soit par l'acide phénique, soit par l'aniline, soit directement par la chaleur.

L'essai à la tache avec l'eau-forte n'est probant que si la teinture est pur indigo de cuve. L'acide nitrique donne dans ces conditions une tache jaune auréolée de vert, très caractéristique. Quand il n'y a qu'un fond d'indigo, la tache peut varier entre le jaune et le rouge, mais elle n'est pas assez nettement différenciée pour dénoncer le pied ou le remontage qui accompagne le bleu de cuve.

Une petite bande de l'étoffe est démontée à l'acide acétique cristallisable, et on examine la couleur de l'acide qui découle de l'échantillon au début de l'opération. Cette observation produit déjà un indice sur le fond associé à l'indigotine. Il est inutile de prolonger l'action dissolvante comme pour le dosage de l'indigo. Une heure suffit généralement. On arrête l'ébullition dès que l'acide condensé retombe presque incolore dans le matras.

Nous avons souvent remarqué que l'acide acétique laisse cristalliser toute l'indigotine par refroidissement. On peut alors, après quelques heures de repos, l'isoler par filtration sans addition préalable d'eau, et le même acide peut resservir.

Lorsque la fibre démontée devient complètement incolore, le textile a été teint uniquement à la cuve d'indigo.

Lorsque le tissu démonté reste bleu ou change simplement de nuance, on le plonge dans une dissolution d'hydrosulfite qui enlève le peu d'indigo restant encore, en découvrant le pied ou le remontage. Les alizarines retiennent ordinairement un peu de bleu de cuve qui tombe dans l'hydrosulfite.

En suivant les marches analytiques énumérées, nous avons trouvé :

Du rouge d'alizarine allié à l'indigo de cuve ;

Du brun et du noir d'alizarine alliés à l'indigo de cuve ;

De l'indigo de cuve uni au vert d'alizarine ;

De l'indigo de cuve uni au violet d'alizarine et au noir-naphtol.

Il arrive parfois que le démontage change la couleur mêlée à l'indigotine. Le bleu sous-officier rengagé, par exemple, est après action de l'acide acétique d'un brun violacé, alors qu'il est produit en associant du bleu de cuve et du noir d'alizarine.

On peut dans ces cas, lorsque l'expertise est importante, entraîner l'indigo avec l'aniline.

Le bleu lycée : campêche et calliatour, est rouge orangé après traitement à l'acide acétique, et cet acide s'est coloré en rouge intense.

Le chlorure stanneux, en solution chlorhydrique, vire le tissu démonté en rouge brillant, et l'eau de chaux en orangé brun.

Quand les échantillons ne laissent perdre que l'indigo, on peut, après lavage, procéder en toute sécurité à l'analyse en vue de la recherche du campêche, des colorants d'alizarine et des colorants acides.

COULEURS SUR COTON

Rouges et écarlates. — Un échantillon est mis à bouillir avec de l'eau :

1° L'eau se colore, on la concentre par évaporation, l'acidule, et on la fait bouillir après y avoir plongé un peu de laine blanche. Si la laine se teint, il faut conclure à la présence d'un rouge acide ;

2° L'eau bouillante reste incolore, il faut songer aux colorants diamine, aux colorants basiques et aux colorants d'alizarine[1].

Lorsque les acides dilués ne font pas virer la couleur, il n'y a pas de colorants de benzidine.

Presque tous les colorants basiques passent dans l'alcool bouillant. Leur présence se confirme quand la fibre est décolorée par une solution bouillante de soude caustique à 5 0/0.

Le textile bouilli avec une dissolution de chlorure stanneux perd toutes les matières colorantes basiques et se déteint, excepté dans le cas où il se trouve du barwood, de la primuline ou du rouge d'alizarine.

L'acide sulfurique à 66° Baumé fait virer la safranine au bleu, l'alizarine à l'orange et le barwood au brun.

Rouges foncés. — Ces couleurs ne comprennent pas de rouges acides.

On fait bouillir deux échantillons : l'un avec de la soude au 1/20, l'autre avec de l'acide sulfurique de même concentration. On observe alors une des trois réactions suivantes :

Aucun changement dans les deux cas : la couleur est du cachou combiné avec un colorant basique, ou un brun direct combiné avec le rouge de primuline ;

Ou l'acide fonce la nuance : on a une des couleurs directes pour coton ;

Ou bien l'acide rend la nuance plus vive : la couleur de fond a été brunie avec un colorant basique.

1. Pour ce qui concerne les couleurs d'alizarine, se reporter aux caractères des rouges d'alizarine : voir p. 614 et suivantes, couleurs sur laine.

Ces essais à la soude et à l'acide sulfurique au 1/20 donnent aux teinturiers des indications précieuses pour la pratique.

1° Les couleurs qui sont insensibles à la soude et à l'acide permettent de tisser le coton teint avec de la laine qui, plus tard, pourra être remontée aux colorants acides;

2° Les couleurs qui résistent au savon et qui ne déchargent que faiblement aux acides sont solides au lavage et au dégraissage.

Un prélèvement de l'étoffe bouilli avec le pyrolignite, puis lavé, fonce s'il y a du tanin ayant servi au mordançage des colorants basiques où s'il y a du campêche.

Les couleurs qui dégorgent au lavage, sont ordinairement solides à la lumière.

Rose clair. — La décoloration de l'étoffe ne se fait pas tout à fait par ébullition dans l'eau et la solution aqueuse devient fluorescente. On peut supposer des colorants du groupe phtaléine, tels que la rhodamine teinte sur mordant de tanin ou d'huile.

L'alcool bouillant dissout tous les roses basiques et laisse les roses directs.

Roses pleins. — On traite l'étoffe :

1° Par l'alcool bouillant : les colorants basiques s'y dissolvent;

2° Par une solution bouillante de chlorure stanneux (l'érica ou la géranine se décolorent) : la primuline passe au jaune et le rose d'alizarine ne change pas.

On confirme la teinture avec la primuline ou l'alizarine lorsque du coton blanc, tressé avec des effilochages de l'échantillon et bouilli dans de l'eau de savon au 1/20, ne se teint pas.

Pourpre et bordeaux. — Quand la nuance est très foncée, elle a probablement été obtenue avec du campêche sur mordant de fer et tanin, remonté au moyen de colorants basiques.

Si l'acide dilué rougit la nuance, il y a du campêche sur tannate de fer; si la nuance bleuit ou se fonce, il faut supposer les colorants directs.

Jaunes. — Le jaune de rouille, Fe^2O^3, bleuit par le ferrocyanure de potassium (cyanure jaune).

Le sulfure d'ammonium noircit le jaune citron au chrome, par formation de sulfure de plomb.

Le cyanure de potassium communique au jaune d'acide picrique une coloration rouge sang.

Les colorants directs résistent mieux que les colorants basiques à une dissolution bouillante de savon ou d'alcali caustique. Ces derniers, qui sont nécessairement fixés au tanin, virent au vert ou à l'olive foncé, lorsqu'on les traite avec une solution d'un sel de fer, à cause de la formation de tannate de fer.

Les jaunes basiques sont dissous par l'alcool bouillant, qui est sans effet sur les jaunes directs.

Si par hasard on soupçonnait le rocou, on tremperait le tissu dans de l'acide sulfurique concentré. Le doute est confirmé par le passage de la couleur au vert sale. Le rocou est la seule matière tinctoriale jaune présentant cette réaction.

Orangés. — Les orangés basiques virent à l'olive par les sels de fer. La soude caustique bouillante les décolore et n'affecte pas les orangés directs, ni les orangés au chrome. Ces derniers sont noircis par le sulfure d'ammonium.

La solution bouillante de chlorure stanneux pâlit les orangés basiques ainsi que les orangés au chrome et fonce les orangés directs.

Verts vifs. — On traite le textile au bouillon par de la soude au 1/10.

1° Le vert s'enlève et la fibre reste jaune : jaune direct modifié par un vert ou un bleu basique.

2° Le vert est complètement enlevé par la soude caustique bouillante : peut-être vert basique sur fond d'autramine ou de fustet. Dans ce cas, la nuance reparaît un peu par l'alun ou un acide dilué.

Bruns. — L'alcool bouillant dissout les colorants basiques. Les agents réducteurs détruisent le cachou et laissent les bruns directs.

Marrons. — L'acide chlorhydrique au 1/10 avive les couleurs au cachou brunies avec les sels de fer.

Lorsque l'acide est sans effet et que la soude au 1/10 bouillante ne produit qu'un faible changement, on peut supposer des colorants directs.

PRÉSENCE PROBABLE DE L'INDIGOTINE

Comme pour la laine, les bleus clairs et les bleus pleins peuvent être du pur indigo.

Les bleus pleins et foncés, les verts, les bruns et les noirs peuvent avoir un pied ou un remontage d'indigo.

RECHERCHE DE L'INDIGOTINE SUR LE COTON

L'indigotine étant insoluble dans l'eau et très légèrement soluble dans l'alcool, ces réactifs n'atteignent pas les couleurs teintes en pur indigo. Les autres colorants sont plus ou moins entraînés par l'alcool. On peut, au besoin, essayer de les reconnaître dans ce dissolvant.

La soude au 1/10, même bouillante, ne peut pas faire tomber l'indigotine. Si donc la liqueur alcaline se colore fortement, cela ne peut être dû qu'à des matières colorantes solubles dans les alcalis.

L'acide sulfurique à 66° Baumé, dans lequel on place un fragment du tissu à étudier, se colore successivement en jaune verdâtre, en vert, enfin en bleu, par la formation de sulfate d'indigo. Cette coloration ne se manifeste qu'avec les couleurs pur indigo. Si la coloration de l'acide passait par des teintes différentes, on pourrait conclure à la présence de colorants divers sans certifier l'absence de l'indigo.

L'acide azotique ordinaire pur ($2AzO^3H + 3H^2O$) ou acide quadrihydraté décolore assez vite l'indigotine en se colorant en jaune.

Le chlorure de chaux additionné d'acide acétique décolore, lentement, mais complètement, le coton teint uniquement en indigo de cuve.

Si la fibre ne devient pas blanche, on peut soupçonner l'existence d'un pied ou d'un remontage.

L'hydrosulfite a une action à peu près identique, de prime abord ; la différence est que l'indigo n'est pas détruit, mais simplement décoloré, quand la réduction n'a pas été trop énergique. Alors le leucodérivé de l'indigotine reprend sa coloration bleue, par exposition à l'air.

Un fragment de tissu teint en indigo de cuve, exposé à une chaleur modérée, dégage des vapeurs violettes qui se subliment sur les parois non directement chauffées du récipient.

Ces réactions, prélevées dans une étude de M. Lallement, qui résument, dans un ordre bien compris, des propriétés que nous connaissons, sont excellentes pour caractériser l'indigotine dans les bleus pur indigo. A part l'essai par sublimation, qui cependant demande une grande habitude, elles manquent de certitudes dans l'examen des couleurs piétées ou remontées à la cuve.

Les épreuves au phénol, à l'aniline et à l'acide acétique cristallisable les remplacent avantageusement.

RECHERCHE ET DOSAGE DE L'INDIGOTINE SUR LES MATIÈRES TEXTILES VÉGÉTALES, PAR VOIE D'EXTRACTION

La méthode Brylinski, excellente pour la recherche qualitative et quantitative de l'indigotine sur laine, se complique lorsqu'il s'agit de déterminer l'indigotine sur fibre végétale : l'acide acétique dissout une notable proportion de substances cellulosiques. Le poids des composés autres que l'indigotine enlevés par le dissolvant est plus faible, quand on expérimente sur échantillon blanchi que sur échantillon écru ; mais il est toujours indispensable d'en tenir compte, sinon, on s'expose à trouver des chiffres trop élevés.

L'extrait acétique glacial des fibres végétales non teintes donne lieu, lorsqu'on l'étend d'eau, à un précipité blanc floconneux (probablement d'acétyl cellulose), presque toujours soluble dans l'éther, parfois soluble seulement dans l'acide chlorhydrique étendu chaud. Il est nécessaire, pour aboutir à des résultats précis, de laver successivement avec ces deux solvants l'indigo isolé par filtration.

Pour arriver à de bons résultats, on dissout dans un appareil Soxhlet ou dans un ballon muni d'un tube à reflux, avec un volume convenable d'acide acétique cristallisable bouillant, tout l'indigo contenu dans un poids déterminé de coton teint. La matière végétale étant décolorée, on verse la solution acétique d'indigo dans deux volumes d'eau, ajoute 150 à 200 centimètres cubes d'éther et agite vivement le tout dans un entonnoir à robinet. L'indigo se met en suspension dans l'éther tandis que la couche d'acide acétique devient limpide. On filtre la liqueur éthérée sur un filtre taré, lave le résidu à l'alcool[1], à l'éther, à l'acide chlorhydrique dilué chaud et finalement à l'eau, puis sèche et pèse.

Lorsqu'il s'agit de coton teint en écru, il est nécessaire de vérifier, par un essai préalable, la perte de poids que lui fait subir l'acide acétique cristallisable bouillant. En effet, les substances étrangères que le coton renferme passent, suivant leur nature, en plus ou moins grande quantité dans l'acide acétique ; mais les précipités formés pendant la dilution avec l'eau distillée ne se comportent pas tous de la même manière en présence des différents dissolvants.

Pour établir avec exactitude la perte de poids occasionnée par l'extraction à l'acide acétique cristallisable bouillant, il faut traiter par ce réactif des échantillons identiques à ceux qui ont été teints en bleu de cuve. C'est-à-dire des échantillons de coton comparables à ceux que l'on doit examiner, quant à la provenance et aux manipulations qu'ils ont eu à supporter.

A cet effet, on plonge le coton écru, pendant une durée convenable, dans une solution alcaline préparée comme pour la teinture en bleu de cuve, mais ne contenant pas d'indigo. Après quoi, on le lave à l'eau, à l'acide étendu, le lave de nouveau à l'eau, le sèche et l'extrait à l'acide acétique glacial. La diminution de poids résultant de cette extraction est déterminée par pesée directe. Le chiffre trouvé permet d'établir la proportion des matières étrangères qu'enlève l'acide acétique cristallisable bouillant, lorsque le coton écru a été teint à l'indigo de cuve.

Les pertes éprouvées par un tissu écru, uniquement pendant

1. On lave avec peu d'alcool, un excès dissoudrait l'indigo.

les opérations de la teinture en cuve, sont loin d'être négligeables.

Un tissu écru non teint a perdu, par traitement à l'acide acétique cristallisable, 1,20 0/0 de son poids.

Un autre échantillon de ce tissu préalalablement travaillé dans un mélange de même composition que celui de la cuve au sulfate ferreux, mais dépourvu d'indigo, ne perdit plus à l'acide acétique cristallisable que 0,30 0/0 de son poids. C'est cette dernière proportion qu'il faut déduire du poids de l'indigo recueilli pendant le dosage. La différence entre les deux nombres :

$$1,20 - 0,30 = 0,90$$

représente la diminution de poids provenant du séjour dans la cuve de cent grammes de marchandises.

On trempe pendant quelques minutes le coton contenant l'indigo à doser dans une dissolution chaude et très alcaline d'hydrosulfite, puis on l'agite dans une dissolution bouillante de soude caustique à 1 0/0. On recommence cette double opération une ou deux fois. On réunit tous les liquides, on oxyde l'indigo et le dose.

Ce procédé qui dérive de la méthode Renard donne des renseignements certains sur l'importance des pieds d'indigo.

L'analyse peut être complétée par les recherches suivantes.

Bleus clairs. — L'échantillon est placé dans de l'eau de savon au 1/10, bouillante.

1° La couleur dégorge; la soude au 1/20 fait tourner le bleu au pourpre; le lavage à l'eau le rétablit : c'est le bleu soluble.

Le bleu de Prusse n'est pas rétabli par lavage à l'eau.

2° La couleur change peu et dégorge faiblement, la soude au 1/20 bouillante la vire au brun : c'est l'indice du bleu Victoria; le virage au violet dénonce le bleu méthylène. Le chlorure stanneux, en solution bouillante, décolore le dernier et n'atteint pas le premier. L'acide sulfurique au 1/20, bouillant, vernit le bleu méthylène et laisse intact le bleu Victoria.

Les bleus d'aniline sont affectés par les chlorures décolorants bien plus que les bleus indigotine.

Le sulfate ferreux, en liqueur bouillante, fonce les bleus basiques mordancés au tanin, tandis que les bleus directs ne sont guère changés. L'alcool bouillant dissout les bleus basiques.

Bleus foncés. — 1° Un premier morceau du tissu est placé dans de l'acide sulfurique au 1/20 bouillant ; un deuxième, dans de la soude bouillante de même concentration. Aucun changement : indigo, bleus directs ou bleus développés.

Un troisième fragment n'est pas atteint par du chlorure de chaux *dilué :* indigo.

Un quatrième soumis à l'hydrosulfite bouillant est décoloré s'il est teint en bleus directs, verdi s'il est teint en indigo ; il reprend, dans ce cas, sa couleur à l'air.

2° Le premier s'éclaircit et le deuxième résiste, c'est peut-être un pied d'indigotine ou de bleu direct remonté au campêche et bruni au tannate de fer. La solution rouge campêche vire au violet quand on la neutralise par la soude.

Lorsque le premier échantillon a dégorgé en rouge par l'acide sulfurique, on l'éprouve par une solution diluée bouillante de chlorure de chaux : faible changement : indigo de cuve remonté au campêche ou couleurs basiques brunies au tannate de fer.

3° La première épreuve (SO^4H^2 1/20) éclaircit le tissu et la deuxième (NaOH 1/20) change en même temps la couleur. On peut croire à un fond de tannate de fer remonté avec un bleu basique ou à un bleu basique modifié par du campêche.

Le campêche rougit les acides. Rappelons que les bleus basiques sont dissous dans l'alcool concentré bouillant.

Verts foncés. — L'alcool fort bouillant démonte les tissus teints en verts d'aniline. S'il reste un fond indigotine, il est dissous dans l'acide acétique cristallisable bouillant.

La soude bouillante au 1/20 enlève l'extrait d'indigo et décolore le bleu de Prusse.

Dans le cas où l'alcool est sans effet, on plonge un autre échantillon dans de l'ammoniaque tiède. Il peut s'ensuivre :

1° Une décoloration immédiate : verts et violets acides ;

2° Une coloration jaune ou rouge ; fustet ou colorants azoïques modifiés par des verts, des violets ou du jaune naphtol ;

3° La couleur est simplement pâlie. On éprouve la teinture avec de l'acide chlorhydrique : virage rouge, campêche.

La cendre contient du chrome : preuve du fustet et de l'indigo.

4° La fibre devient bleue : probablement indigo et jaune naphtol ;

5° Aucun changement, ni par les acides, ni par les alcalis : vert d'alizarine ou céruléine.

Noirs. — Les noirs sur coton que l'on trouve le plus fréquemment dans le commerce sont :

1° Le noir direct ou substantif ;

2° Le noir développé ou noir substantif diazoté et développé ;

3° Le noir au campêche ;

4° Le noir immédiat (noir sulfuré) et

5° Le noir d'aniline.

Il faut encore mentionner les combinaisons obtenues avec ces différents noirs. Tels sont :

6° Le noir direct copulé ;

7° Le noir direct ou le bleu direct remontés au campêche ;

8° Le noir immédiat remonté avec le noir d'aniline, et enfin

9° Le noir direct remonté au noir d'aniline.

Une solution bouillante d'*acide sulfurique*, comprenant 1 0/0 d'acide à 60° Baumé, colore :

En brun, les tissus teints au campêche ;

En bleu, ceux qui sont teints en bleu direct remonté au campêche.

L'acide se colore en jaune orange.

Le noir direct remonté au campêche,

Le noir d'aniline,

Le noir sulfuré remonté avec le noir d'aniline,

Le noir direct ou substantif remonté avec le noir d'aniline, restent noirs, mais déteignent en rouge grenat.

Les échantillons teints en d'autres noirs conservent leur couleur ; l'acide reste incolore ou se colore faiblement.

Le *protochlorure d'étain* au dixième, à l'ébullition, colore :

En brun violet, le noir au campêche, et éclaircit le noir direct remonté au campêche, tandis que la liqueur devient violette.

Ce même réducteur vire au rouge grenat les noirs aux colorants basiques. Il éclaircit :

Les noirs copulés ;

Les noirs directs et

Les noirs d'alizarine.

Ces derniers redeviennent parfois noirs au lavage.

L'hydrosulfite de soude formaldéhyde (hyraldite)[1], solution au dixième, additionnée de quelques gouttes d'acide acétique, chauffée à l'ébullition, décolore :

Le noir direct fixé ou non aux sels métalliques ;

Le noir diazoté et développé ;

Le noir au campêche ;

Le noir direct remonté au noir d'aniline.

Vire au brun olive :

Le noir sulfuré remonté au noir d'aniline.

Vire au brun terne :

Le noir de la famille de l'indanthrène ;

Le noir d'alizarine.

Vire à l'olive :

Le noir d'aniline.

Décolore fortement :

Le noir diphénil I ;

Le noir sulfuré et

Le noir aux colorants basiques.

Une dissolution froide de *bichromate de potassium* à 10 0/0 brunit l'échantillon teint aux colorants basiques et rend leur couleur noire aux échantillons teints en noir d'alizarine, noir d'aniline, noir diphényl ou noir immédiat.

Les autres noirs sont peu influencés par la liqueur d'hydrosulfite :

Une ébullition dans une solution au dixième de *sulfure de sodium* décolore presque complètement le noir diazoté et développé et le noir direct fixé ou non aux sels métalliques ; ce traitement vire au gris foncé le noir substantif remonté au noir d'aniline.

Une dissolution de *chlorure de chaux* (hypochlorite de calcium à 3 0/0 (densité 1,015 à 1,020) colore en brun :

Le noir d'aniline ;

Le noir direct remonté au noir d'aniline, et

1. Rongalite, formaldéhyde sulfoxylate.

Le noir sulfuré remonté au noir d'aniline.

Le noir de la famille de l'indanthrène résiste, mais les autres noirs sont tout à fait décolorés ou deviennent gris ou jaunes.

Le traitement avec l'acide sulfurique dilué, le chlorure stanneux et le sulfure de sodium dure en moyenne cinq minutes. L'ébullition avec l'hyraldite et le chlorure de chaux peut durer de deux à trois minutes.

Les épreuves sont lavées à l'eau froide avant d'être examinées[1].

Le *bisulfite* verdit le noir d'aniline et laisse intact le noir au soufre. L'expérience peut être réalisée en suspendant le coton teint préalablement humecté dans une atmosphère de *gaz sulfureux*.

Les noirs sulfurés sont plus solides au frottement que les noirs d'aniline.

Le meilleur moyen qui peut être mis en œuvre, pour distinguer entre eux les noirs d'aniline et les noirs au soufre est de placer un échantillon du tissu à examiner dans un tube à essai contenant une solution formée de parties égales de *chlorure stanneux et d'acide chlorhydrique* concentré, exempt d'arsenic, et de recouvrir le tube d'un cône de papier filtre imprégné d'acétate de plomb. Un noir immédiat est trahi par le dégagement d'acide sulfhydrique qui noircit le papier en formant du sulfure de plomb. La réaction est très sensible, si on a soin d'humecter d'une goutte d'ammoniaque le papier d'acétate de plomb.

Le noir d'aniline est quelquefois falsifié au campêche. Pour découvrir la fraude, on trempe le fil ou le tissu à vérifier dans de l'acide chlorhydrique ou de l'acide sulfurique étendus et chauds. La coloration rouge vineux montre le campêche.

Si on opère avec la soude, la liqueur alcaline prend une couleur violet sale. Cette seconde réaction se produit du reste au premier lessivage et le noir redevient inégal et marbré, comme il était avant remontage au campêche.

Les noirs sur tannate de fer diminuent d'intensité quand on les traite par un acide; les acides décolorant ce mordant. La

1. Les essais du coton teint en noir sont prélevés dans une méthode d'analyse de M. Capron, chimiste teinturier. Nous y renvoyons le lecteur s'il désire des renseignements plus complets.

soude ne peut avoir d'action visible, car elle brunit le mordant de fer fixé au tanin.

Recherche des sels métalliques employés à fixer les noirs directs. — Nous avons, au début de ce paragraphe, signalé l'importance que pouvait présenter l'analyse des cendres des tissus teints. Nous connaissons le moyen de différencier le fer[1]. Nous verrons maintenant comment on reconnaît le cuivre et le chrome, que ces métaux soient seuls ou séparés.

Leur recherche, qui permet de savoir si une fibre, quelle que soit sa nature, a été mordancée ou brunie avec des sels de ces métaux, présente un certain avantage dans l'analyse des noirs sur coton.

En effet, le noir substantif diazoté et développé et le noir substantif fixé aux sels métalliques fournissent des réactions semblables. Il est donc impossible de les distinguer par la méthode directe.

Il faut cependant se rappeler que les noirs développés peuvent être consolidés au sulfate de cuivre et que les noirs directs ne sont pas toujours fixés aux sels métalliques. Si donc, à l'analyse des cendres d'un tissu teint en noir direct ou en noir développé, on trouve du cuivre, on n'aura pas encore la certitude que ce noir est du noir substantif fixé aux sels métalliques; de même que l'absence de cuivre et de chrome ne prouvera pas, d'une manière absolue, qu'on a en main du noir diazoté et développé. La présence du chrome, au contraire, dévoilera sûrement le noir substantif fixé aux sels métalliques. On incinère complètement 4 à 5 grammes du tissu à examiner et on fait deux parts des cendres obtenues.

Recherche du chrome. — Une première partie des cendres est pulvérisée, en présence d'un mélange de carbonate de sodium et de nitrate de potassium, et chauffée jusqu'à fusion tranquille. On reprend le résidu par l'eau et chauffe. Si la solution aqueuse est jaune, il y a du chrome (qui s'est transformé en chromate) On décante ou filtre ce liquide, le concentre par évaporation et ajoute un excès d'acide acétique et quelques gouttes d'une solution d'acétate de plomb : il se forme un précipité jaune ca-

1. Voir : Différenciation de l'indigo.

ractéristique de chromate de plomb, qui confirme la présence du chrome.

Recherche du cuivre. — Sur la seconde part des cendres, on verse un peu d'acide azotique pur, chauffe pour attaquer les bases et évaporer l'excès d'acide. On ajoute de l'eau distillée et décante ou filtre.

Si les cendres contiennent du cuivre, on obtient les réactions suivantes :

1° Dans un premier prélèvement du liquide, on plonge une lame de fer bien décapée. Il se forme, au bout de quelque temps, un dépôt brillant de cuivre métallique.

2° Dans un deuxième prélèvement, on verse un excès d'ammoniaque. La solution devient bleu céleste.

3° Une lame de zinc plongée dans cette liqueur bleue ammoniacale, ou dans un troisième prélèvement du liquide primitif, se couvre d'un dépôt brun foncé.

4° En versant quelques gouttes d'une solution de ferrocyanure de potassium dans le reste de la liqueur primitive ou même dans la solution bleue ammoniacale, on obtient un précipité brun rouge de ferrocyanure de cuivre.

L'essai n° 2 donne un précipité blanc gélatineux s'il y a de l'aluminium.

Comme l'alumine calcinée est peu soluble, il vaut mieux, si on soupçonne cette base, désagréger les cendres par un mélange en parties égales de carbonate de potassium et de carbonate de sodium, épuiser le résidu par l'eau, et traiter séparément la solution aqueuse et le résidu restant par l'acide chlorhydrique pur. Les solutions acides bouillantes et filtrées, neutralisées par un léger excès d'ammoniaque, laissent précipiter l'alumine.

Le précipité gélatineux blanc, recueilli, chauffé au rouge sur du charbon de bois, humecté d'une solution d'azotate de protoxyde de cobalt et de nouveau chauffé au rouge, doit rester infusible et se colorer en bleu de ciel foncé.

Les mordants de fer, de cuivre, de chrome et d'aluminium sont ceux que l'on rencontre le plus souvent.

La calcination de la laine est difficile, on l'effectue en présence d'azotate d'ammonium; cet oxydant n'introduit aucun corps étranger dans la substance à analyser.

On procède rapidement à l'analyse de ces métaux à l'aide de la perle de sel de phosphore ou de borax. On règle l'arrivée de l'air dans le brûleur de Bunsen, de manière à avoir une pointe éclairante. Cette région éclairante représente la flamme de réduction, la partie bleue est la flamme d'oxydation.

La perle étant formée, on la plonge dans la cendre et la présente à la flamme. On constate alors les colorations suivantes :

	FLAMME D'OXYDATION	FLAMME DE RÉDUCTION	
SEL DE PHOSPHORE			
Perle.............	Verte	Verte	Chrome
—	Verte (à chaud) bleue (à froid)	Rouge après addition d'amalgame d'étain	Cuivre
—	Jaune ou rouge	Verte après addition d'amalgame d'étain	Fer
BORAX			
Perle.............	Verte, devient vert jaune par refroidissement	Verte	Chrome
—	Verte (à chaud) bleue (à froid)	Incolore (à chaud) rouge (à froid)	Cuivre
—	Jaune ou rouge	Verte	Fer

Ces caractères manquent de netteté quand les métaux sont mélangés.

XXVII

EXPÉRIENCES FAISANT CONNAITRE LE DEGRÉ DE RÉSISTANCE DES MATIÈRES COLORANTES OU ESSAIS DE LA SOLIDITÉ DES COLORANTS

Les marchandises teintes doivent pouvoir supporter les opérations d'apprêt, et servir aux usages auxquels elles sont destinées, sans changer de nuance. Or, les apprêts que l'on fait subir aux tissus, ainsi que les services qu'on leur fait rendre, varient notablement.

Avant d'appliquer les colorants, le teinturier a besoin de connaître le genre d'apprêt qui sera donné et l'emploi qu'on fera de l'étoffe. Et, s'il désire faire un choix judicieux parmi les colorants qu'il peut mettre en œuvre, il doit être capable de se renseigner sur leurs défauts et leurs qualités.

Pour déterminer le degré de solidité des couleurs, le praticien doit faire passer des échantillons teints par toutes les épreuves auxquelles seront soumis les tissus avant leur entrée en magasin et après leur acquisition par le client. Dans la conduite de ses expériences, il ne peut pas perdre de vue les principes fondamentaux suivants :

1° *Une couleur solide ne donnera des nuances réellement solides que si elle est teinte à fond et bien lavée après teinture;*

2° *Une nuance foncée est plus résistante qu'une nuance claire de la même couleur.* Ces deux nuances se comporteront donc différemment vis-à-vis des mêmes agents ;

3° *La solidité des teintures au lavage et au foulon est intimement liée à la nature de la fibre.*

On tire les meilleurs renseignements de ces études de solidité, en menant les essais de la couleur à éprouver comparativement avec ceux d'une autre couleur, qui lui est comparable dans la pratique. Un colorant acide rouge, égalisant bien sur laine, sera, par exemple, comparé avec un rouge acide dont les propriétés sont bien connues, et non avec un rouge grand teint, comme le sont les rouges d'alizarine.

ESSAIS DES COLORANTS POUR LAINE

Il n'existe pas de nuances réunissant toutes les qualités qui leur permettent de résister à la fois aux actions mécaniques, physiques et chimiques auxquelles elles peuvent être exposées, suivant les articles qu'elles garnissent. Aussi, ne demande-t-on aux matières colorantes que certaines propriétés, déterminées d'après l'usage qu'on veut en faire. Elles doivent présenter une ou plusieurs des solidités suivantes :

1° Solidité au foulon ;
2° — aux alcalis et à la boue des rues ;
3° — au lessivage ;
4° — à la pluie et à l'eau ;
5° — au décatissage ;
6° — au carbonisage et aux acides ;
7° — à la sueur ;
8° — à l'air et à la lumière ;
9° — à la chaleur et au fer à repasser ;
10° — au gommage ;
11° — au frottement ;
12° — au soufre.

1° **Solidité au foulon. —** Comme pour la plupart des essais qui suivent, il faut tenir compte ici de deux éventualités : le changement de nuance et le dégorgeage de la teinture sur laine blanche et sur coton tressés avec l'échantillon à examiner [1].

L'essai au foulon, en petit, ne donne pas une idée exacte de

1. Pour beaucoup de ces essais, on emploie, de préférence, des teintures sur fils.

la solidité des couleurs. La cause en est que les fibres sont en contact plus intime quand elles sont tissées que lorsqu'elles sont simplement tressées ensemble. Une autre raison est que le foulage à la main est bien moins intense que le foulage en grand.

Malgré cela, le foulage à la main fournit une indication précieuse pour l'évaluation de la solidité au foulon, particulièrement quand l'essai donne un résultat défavorable. On peut admettre alors que la couleur en question est inutilisable pour les marchandises à fouler.

On emploie une solution de 10 grammes de savon et 1 à 2 grammes de carbonate de sodium par litre, qu'on chauffe à 50° C. au moment de s'en servir pour la rendre plus fluide.

L'échevette d'essai, lavée à fond après teinture, est tressée, aussi serré que possible, une partie avec de la laine blanche, l'autre partie avec du coton blanc. On imprègne avec la solution précédente et on foule énergiquement à la main, pendant un quart d'heure environ, sans ajouter du savon ou de l'eau. L'échantillon est ensuite divisé en deux parts : l'une est lavée à l'eau et laissée une nuit entière à l'état humide, dans une terrine ; l'autre est imprégnée de la solution de savon et, sans être lavée, abandonnée pendant une heure. Les deux fragments sont, après cela, lavés, pour permettre d'examiner si leur nuance a viré ou diminué d'intensité et s'ils ont dégorgé sur les échevettes blanches foulées en même temps. Les teintures parfaitement solides au foulon supportent aussi la deuxième épreuve, qui est bien plus dure que la première, sans changer de nuance et sans dégorger sur le blanc.

Dans certaines industries, comme celles des chapeaux, le foulage se pratique en bain acide : acide sulfurique à 1/2 0/0 ou acide acétique au tiers, en volume.

2° **Solidité aux alcalis et à la boue des rues.** — On éprouve la résistance des teintures à la boue des rues et aux alcalis par des essais à la soude, à l'ammoniaque et à la chaux.

1° En laissant, pendant quelques heures, l'échantillon teint, tressé avec de la laine et du coton blancs, en contact avec une solution froide de soude carbonatée, titrant 2° à 3° Baumé ;

2° En touchant la teinture sèche avec une baguette trempée dans une solution de carbonate de sodium à 20 0/0;

3° Par une touche à l'ammoniaque à 1 0/0;

4° Par une touche au lait de chaux à 1 1/2 0/0.

Après chaque expérience on laisse sécher, on brosse et on examine s'il y a des taches.

Ces moyens expéditifs ne donnent pas une idée exacte du degré de solidité. L'essai direct de la boue est cependant remplacé, à cause de son odeur désagréable et de sa facile putréfaction, par les mélanges suivants :

Carbonate de sodium	10	grammes
Chaux éteinte	10	—
Ammoniaque	10	—
Eau	1	litre

Cette mixture étant trop caustique, elle dépasse de beaucoup l'alcalinité de la boue ; M. Gouillon a proposé la combinaison que voici :

Carbonate de potassium	4	grammes
— d'ammonium	4	—
Chlorure d'aluminium	6	—
Sulfate ferrique	1	—
Sulfure de sodium	1	—
Silicate de sodium liquide	10	—
Gypse finement pulsérisé	10	—

Eau : volume suffisant pour faire 1 litre.

Il faut mélanger cette boue avant de l'employer. L'épreuve consiste à y tremper la fibre teinte, la laisser sécher, puis la laver.

M. Hoffmann a proposé une formule plus simple et plus facile à mettre en pratique. On broie ensemble :

Bicarbonate de sodium	7	grammes
Sulfure de sodium	2	—
Oxyde ferrique	1	—
Terre à foulon	12	—

ajoute 5 grammes d'ammoniaque, 1 litre d'eau, agite vigoureusement pour rendre le mélange homogène, trempe l'échantillon, sèche, brosse et lave.

On semble donner la préférence à l'essai à la chaux, mentionné plus haut. On imprègne par place la fibre teinte avec un lait de chaux, de 1 à 2 0/0, fraîchement préparé, sèche, brosse et juge de la solidité de la nuance, d'après le changement qu'elle a subi. Ce réactif n'est pourtant pas recommandable, à cause de sa grande alcalinité. Bien des couleurs sont visiblement attaquées par la chaux et ne virent pas sous l'effet de la boue des rues. M. E. Grossmann conseille de préparer de la boue en empâtant de la poussière des rues, d'appliquer cette pâte sur la laine teinte à essayer et de juger après séchage et brossage. Le mieux serait peut-être encore de prélever de la boue, si possible, et de s'en servir immédiatement.

Ajoutons, pour clore l'énumération de toutes ces formules, qu'il serait téméraire pour un fabricant de tabler, même sur un ensemble d'expériences concluantes, pour garantir ses étoffes contre l'action de la boue des rues. Bien peu de couleurs résistent à ce produit, si variable de composition, qui agit par un ensemble de propriétés dissolvantes et réductrices, et dont la causticité peut même altérer la laine.

3° **Solidité au lessivage.** — On entend par là la solidité au lessivage domestique ordinaire. On l'expérimente avec une solution comprenant 5 grammes de savon et 3 grammes de carbonate de sodium par litre, ce qui correspond à une lessive forte pour un blanchissage domestique. La laine ne doit pas être chauffée à une température supérieure à celle que la main peut supporter, ni rester trop longtemps sans être remuée. L'épreuve ne doit pas dépasser une heure. Après lessivage, on rince à fond et sèche. Cette opération peut être répétée plusieurs fois suivant les exigences.

Le dégorgeage n'a pas d'importance, si la couleur varie peu et si des témoins blancs de laine, coton et soie ne sont pas colorés.

4° **Solidité à la pluie et à l'eau.** — La laine teinte est cousue sur des témoins blancs de laine, coton et soie; ou, si l'on étudie du fil teint, celui-ci est natté avec des fils blancs de ces trois sortes de textiles. On arrose à fond avec de l'eau de pluie ou expose à la pluie, et sèche lentement à la température ordinaire. Cet essai demande à être refait plusieurs fois.

Les nuances mode obtenues par mélange du jaune, du rouge et du bleu deviennent un peu violettes au lavage. Dans la pratique, il faut tenir compte qu'un faible dégorgeage à l'eau peut produire dans les couleurs mode de très fâcheux changements de nuance.

Tant qu'il reste dans le tissu de l'acide du bain de teinture, les couleurs acides supportent bien le lavage; mais, quand l'acide est complètement enlevé, ce qui arrive vite avec les eaux très calcaires, bon nombre de ces couleurs entrent en dissolution et la nuance se modifie.

Au lieu d'arroser l'échantillon avec de l'eau, on peut aussi l'immerger, l'essorer au bout d'une heure d'immersion, et apprécier la solidité d'après la coloration de l'eau.

Il importe de ne se prononcer sur la valeur d'un colorant qu'après avoir observé avec soin le changement de nuance et le dégorgeage sur laine, coton et soie.

Certains praticiens appellent cet essai de solidité : décatissage mouillé froid.

5° Solidité au décatissage et au crêpage. — Pour juger de la résistance d'une teinte au *décatissage mouillé*, on tresse l'essai avec des échevettes blanches de laine et de coton et on le soumet, durant une demi-heure, à l'eau bouillante. C'est probablement, pour les couleurs sur laine, l'essai le plus sévère. Certaines couleurs ne le supportent bien que si l'eau est acidulée. Il faut donc refaire cette manipulation avec de l'eau aiguisée d'acide acétique.

Pour savoir comment se comportera la couleur au *décatissage sec*, on enroule un échantillon sur un cylindre à décatir et on le soumet, pendant une demi-heure, à l'action de la vapeur sèche. Les nuances pâles peuvent, par ce traitement, subir indirectement un changement, car un décatissage un peu fort jaunit la laine. Cette coloration jaune doit être attribuée à la haute température à laquelle la fibre a été chauffée par la vapeur. On contrôlera l'effet de la chaleur en décatissant en même temps un morceau de tissu blanc.

La solidité au crêpage peut s'établir en passant plusieurs fois l'étoffe teinte dans l'eau chaude, et en l'exprimant chaque fois entre deux cylindres. Elle doit, pendant ces opérations, garder sa nuance uniforme.

6° **Solidité au carbonisage et aux acides.** — La laine teinte est imprégnée d'acide sulfurique marquant 4° à 6° Baumé, exprimée et séchée à une température comprise entre 80° et 90° C. Après quoi, on la neutralise dans une solution de soude carbonatée titrant 2° à 4° Baumé, et la lave à fond. On observe le changement de nuance et, en même temps, le dégorgeage sur le blanc, si on a préalablement tressé l'échevette teinte avec de la laine blanche.

On se contente parfois d'une touche avec un acide minéral dilué, tel que l'acide chlorhydrique à 10 ou 20 0/0, et on examine après dessiccation complète. Ce moyen rapide ne donne pas de résultats précis.

Quand les tissus teints doivent être épaillés aux chlorures d'aluminium ou de magnésium, on en soumet un morceau à une solution de ces sels marquant 3° à 7° Baumé[1] et sèche vers 110° C. au moins. On n'examine qu'après malaxage à la terre à foulon et rinçage, afin de faire tomber tout le sel primitivement absorbé.

Pour les draps militaires teints en bleu d'indigo, on pratique une épreuve spéciale de la solidité à l'acide, qui varie avec les pays. En France et en Roumanie, on fait bouillir l'échantillon, une minute, dans l'acide sulfurique à 10 0/0. La couleur ne doit ni changer, ni dégorger.

7° **Solidité à la sueur.** — Il n'existe pas de méthode donnant exactement le degré de résistance à la sueur. On recommande de laisser quelques heures l'échantillon tressé avec de la laine et du coton blancs, dans l'acide acétique marquant 2° à 3° Baumé, de sécher et de recommencer plusieurs fois l'expérience. On juge alors du changement de couleur et du dégorgeage sur le blanc. Cette épreuve est insuffisante.

Pour acquérir une idée nette de la solidité à la sueur, il faut

1. Ou davantage si le bain d'épaillage doit être plus concentré.

faire porter les échantillons quatre à six jours, sur la poitrine ou sous les aisselles, par des personnes qui transpirent abondamment.

Certains fabricants se contentent de toucher leurs étoffes avec de l'acide acétique à 8° Baumé; cela ne vaut pas le procédé direct que nous venons de décrire.

Voici un autre moyen utilisé dans la bonneterie. On prépare le réactif suivant, dont la composition se rapproche de celle de la sueur :

Acide acétique à 7° Baumé........	1 gramme
Acide lactique industriel..........	0 gr. 7
Sel de cuisine......................	1 gramme
Eau..............................	100 cm³

On y trempe la teinture, la sèche et la compare avec la couleur primitive. On tient également compte de la couleur du liquide.

8° **Solidité à la lumière et à l'air.** — Il n'y a pas de couleurs absolument résistantes à l'action de l'air et des agents atmosphériques. La solidité à la lumière, que l'on doit exiger, varie avec l'usage auquel est destinée l'étoffe. Celle qui sera exposée aux intempéries doit posséder une solidité supérieure à celle qui ne subira l'action de la lumière que dans les habitations. Il est donc indiqué de faire l'essai en double, un premier échantillon étant exposé sous verre à l'action de la lumière et de l'air sec, tandis qu'un second prélèvement est librement exposé à l'air extérieur. On soumet en même temps et dans les mêmes conditions des échantillons d'une couleur dont la résistance à la lumière est connue. On fait appel, pour cette comparaison, à des couleurs solides à la lumière, au nombre de trois à dix : l'indigo pour les bleus, le rouge d'alizarine pour les rouges, la gaude et la tartrazine pour les jaunes, le vert naphtène sur fer pour les verts, etc. Comme il est difficile d'obtenir la décoloration de deux couleurs différentes dans le même laps de temps, il faut se servir au moins de trois échantillons pour chaque couleur : un clair, un moyen et un foncé. Pour des essais importants, il est même prudent de faire une gamme de dix tons.

L'installation des tissus à la lumière est facile ; on protège la moitié du morceau d'étoffe contre l'action de la lumière par un carton ou une planchette. S'il s'agit de fils, il faut au préalable les enrouler sur un carton ou une petite planche, de telle manière que les différentes spires soient bien parallèles. On regarde, à des intervalles réguliers, les échantillons exposés, et on note, chaque fois, les changements survenus. L'inspection devient facile si on a soin de recouvrir, tous les sept ou huit jours, une bande de l'essai. En opérant ainsi pendant plusieurs semaines, on peut finalement comparer les modifications qui se sont produites.

Certaines couleurs changent rapidement dans les premiers temps, puis se maintiennent ; pour d'autres, c'est le contraire, elles ne commencent à être influencées par l'air et la lumière qu'au bout de quelques semaines. La bande chemine donc de la nuance type vers une décoloration croissante, excepté pour les rouges et quelques alizarines.

Ces essais n'ont pas de raison d'être avec les éosines, les érythrosines, les rhodamines et autres nuances fugaces, leur décoloration étant trop rapide.

On conçoit que l'action de la lumière est plus active en été qu'en hiver ; il faut tenir compte de ce fait si on veut rendre les expériences comparables. Telle couleur supportera, en hiver, une exposition de deux mois qui, en été, aura subi déjà un notable changement en huit jours.

Enfin, il faut faire l'exposition dans un endroit qui soit à l'abri des rayons solaires, sauf pour les nuances destinées à des tissus qui seront souvent exposés au soleil ; tentes, ombrelles, etc.

9° **Solidité à la chaleur et au fer à repasser.** — On repasse un morceau de l'étoffe directement avec un fer chaud, puis on recouvre un autre fragment avec un linge mouillé et on repasse, sur celui-ci, jusqu'à ce qu'il soit sec.

Bien des couleurs subissent au fer chaud un changement de nuance qui disparaît par refroidissement.

10° **Solidité au gommage.** — La composition de la mixture destinée à l'apprêt gommé varie d'usine à usine : c'est de la gélatine, de la gomme arabique, de la glycérine, etc. Ces produits sont employés seuls ou en mélange. On y ajoute aussi des sels hygroscopiques, du borax, etc. Les liqueurs d'apprêt, surtout quand elles sont alcalines, influencent un grand nombre de nuances vives et claires. Une teinture résistante à l'eau chaude conviendra dans presque tous les cas.

11° **Solidité au frottement.** — On l'éprouve en frottant l'étoffe teinte sur un morceau de papier blanc ou mieux sur de la toile ou du calicot blanchis et sans apprêt. Il n'y a aucun inconvénient à opérer inversement, c'est-à-dire à frotter le tissu blanc sur l'étoffe teinte.

Les teintures absolument solides au frottement n'abandonnent pas trace de couleur sur le témoin blanc, elles ne mâchurent pas.

12° **Solidité au soufre.** — Certains draps sont soufrés, afin de donner de l'éclat aux fils blancs qui entrent dans leur composition. Comme les nuances de ces draps doivent être insensibles à l'anhydride sulfureux, les fils colorés qui concourent à leur confection ont besoin d'être teints en couleurs qui ont été préalablement vérifiées.

Voici comment on procède à cette vérification :

Les fils teints tressés avec de la laine, de la soie et du coton blancs, sont plongés dans un bain de savon à 6 grammes de savon de Marseille par litre ; exprimés, c'est-à-dire tordus sans être lavés ; soufrés pendant douze heures et rincés.

Pour exécuter en petit l'opération du soufrage, on allume du soufre dans une capsule en terre reposant sur une plaque de verre, dispose l'échantillon à côté de la capsule et recouvre le tout avec une cloche de verre. Ou bien on suspend l'essai dans un bocal contenant déjà du bisulfite, dans lequel on laisse couler, par un tube de sûreté, un peu d'acide sulfurique ou chlorhydrique dilués. Pour 100 centimètres cubes de bisulfite, on verse 100 centimètres cubes d'acide chlorhydrique étendu d'eau, dans le rapport de 1 centimètre cube d'acide pour 4 centimètres cubes d'eau.

Un procédé plus simple consiste à tremper les échantillons

dans un bain de bisulfite à 6° Baumé additionné de 7 centimètres cubes d'acide chlorhydrique par litre, et de suspendre ensuite chacun d'eux, sans l'essorer, dans un flacon à large goulot qu'on bouche au liège.

On examine au bout de douze heures, comme dans les expériences précédentes.

ESSAIS DES COLORANTS POUR COTON

Les solidités demandées aux colorants pour coton sont les mêmes que celles que nous avons énumérées pour la laine. On doit y joindre :

La solidité au chlore.

Et la solidité de l'eau oxygénée.

1° **Solidité au foulon.** — Pour le foulon draperie, on prend 10 grammes de savon de potasse par litre, savon noir, on frotte fréquemment et vigoureusement les échantillons imprégnés de cette eau de savon, et on les laisse vingt minutes tremper dans le bain de foulonnage chauffé à 50° C. Pour la grosse draperie homme, on foule énergiquement à la main, comme précédemment, mais seulement après avoir débouilli le coton, pendant une heure, dans la liqueur de savon mise en pratique pour la laine (10 grammes de savon dur et 2 grammes de carbonate de sodium par litre). Certaines couleurs supportent fort bien ce bouillon, mais dégorgent beaucoup au foulonnage ou friction savonneuse.

Pour le foulon robe, on tresse avec un témoin blanc le coton à essayer et on prend, par litre d'eau chauffée et maintenue à 50° C., 5 grammes de savon blanc de Marseille (savon neutre) et 10 grammes de terre à foulon. On frotte entre les mains les échantillons mouillés de la solution savonneuse, on laisse en contact vingt minutes à la température indiquée (50° C.), frotte à nouveau et lave.

On se rend un compte exact, en comparant les résultats avec un type de nuance acceptée pour l'emploi auquel on destine la couleur mise à l'épreuve. Le cachou sur coton, les noirs d'aniline, les colorants sulfurés, le cachou de Laval, les gris directs (Poirrier) peuvent convenir pour établir ces comparaisons.

L'indigo et quelques alizarines dégorgent davantage au savonnage alcalin que les couleurs susnommées.

2° **Solidité aux alcalis ou au mercerisage.** — La couleur ne doit pas changer sensiblement dans des lessives froides de soude, pesant de 25° à 30° Baumé; elle doit de plus être susceptible de supporter les lavages à l'eau très chaude et, au besoin, le lessivage et le chlorage. Opérations qui s'imposent si l'on désire donner au coton l'éclat de la soie.

Le coton teint, tressé avec du coton blanc, est trempé, pendant cinq à dix minutes, dans une lessive de soude caustique titrant 28 à 30° Baumé, lavé en eau froide, puis en eau chaude. La soude est finalement neutralisée avec de l'acide acétique.

Si l'on veut s'assurer que l'échantillon résistera au chlore, on le laisse tressé avec son témoin blanc et on le soumet directement au blanchiment. On obtient des renseignements suffisants en faisant bouillir l'essai pendant deux heures dans une solution de soude caustique à 2° Baumé et en chlorant ensuite.

3° **Solidité au lessivage.** — La toile et le calicot sont, davantage que les tissus de laine, sujets à être lessivés. L'expérience de solidité au lessivage a pour principal but d'indiquer si du fil teint peut concourir avec du fil blanc à la confection d'une étoffe devant supporter de fréquents lavages.

On se renseigne comme nous l'avons expliqué pour la laine; cependant, on peut atteindre l'ébullition. Les manipulations sont répétées plusieurs fois, afin de se rapprocher des conditions du blanchissage domestique. On peut aussi faire bouillir environ une heure le fil teint tressé avec le fil blanc dans de la lessive caustique à 3° Baumé.

4° **Solidité à la pluie et à l'eau.** — On suit la marche indiquée à propos de la laine. Pour certains usages, on peut exiger la solidité des couleurs à l'eau bouillante. Dans ce cas, on pratique l'essai en faisant bouillir un échantillon dans de l'eau pendant une heure.

5° **Solidité au décatissage.** — Lorsque le coton teint doit entrer dans les tissus à décatir, il ne peut renfermer ni acides minéraux, ni acides organiques forts, car il pourrait se produire un affaiblissement de la fibre au vaporisage. Cette altération se présente parfois avec le coton teint en couleurs au soufre, tissé avec de la laine, puis soumis au décatissage.

L'épreuve de la solidité de la nuance consiste à vaporiser un prélèvement du tissu, pendant une heure, sous une légère pression.

6° **Solidité aux acides.** — Le fil de coton teint, tressé avec de la laine blanche, est soumis à l'ébullition, pendant une heure, dans un bain renfermant 1 à 2 grammes d'acide sulfurique à 66° Baumé et 3 à 6 grammes de sulfate de sodium par litre. L'acidité du bain d'essai doit correspondre au bain acide employé dans la surteinture de la laine. Dans la pratique, les proportions d'acide sulfurique et de sulfate de sodium varient dans les limites que nous venons de signaler.

Par cette expérience on vérifie si l'on peut employer la teinture en question pour nuancer des fils de coton devant entrer dans les tissus mi-laine, pour lesquels la laine est teinte après tissage avec un colorant acide. Pendant l'épreuve, la laine ne doit pas se teindre au détriment du coton, et le coton ne doit pas varier d'intensité.

7° **Solidité à la sueur.** — On procède comme pour les essais de solidité sur laine.

8° **Solidité à la lumière.** — Nous renvoyons également, pour ce genre de recherche, à la description qui en a été faite à propos des couleurs sur laine.

Nous ajoutons les indications suivantes, dues à M. Ude, qui permettent de rendre les effets de lumière toujours comparables entre eux, quelle que soit la saison pendant laquelle on expose.

Un rouge de primuline teint en solution 3 0/0, diazoté et développé, étant décoloré en vingt jours de soleil de juillet ou d'août, on applique, sur chaque carte d'exposition à la lumière, un morceau du même tissu teint avec ce rouge type, et on n'enlève la carte que lorsque le rouge de primuline est bien décoloré. Des essais faits de cette manière sont toujours à peu près comparables entre eux, quelle que soit la saison de l'année où on expérimente la solidité à la lumière.

9° **Solidité à la chaleur et au fer chaud.** — On conclut, comme précédemment, d'après un repassage au fer chaud : 1° sur l'étoffe sèche ; 2° sur l'étoffe mouillée.

10° **Solidité au frottement.** — On peut mettre en pratique les connaissances relatées précédemment à propos de l'essai de la résistance au frottement des couleurs sur laine, ou appliquer le procédé suivant :

L'échantillon teint est frotté vigoureusement, dans deux sens, en forme de croix, sur du calicot blanc non apprêté. Le blanc ne doit pas être sali quand les nuances sont destinées à paraître à côté de fils blancs. Si, à l'intersection de la bande frottée, c'est-à-dire au centre de la croix, on obtient un fond plus blanc, plus net, c'est la preuve que le coton a été apprêté, préparé en vue de masquer le dégorgeage. Cela se fait pour certains filés destinés à la broderie. Cette observation montre qu'il faut avoir soin de ne jamais essayer la solidité au frottement sur un témoin blanc apprêté, encore moins sur des papiers. Les papiers sont ordinairement calandrés et contiennent des résinates d'alumine.

11° **Solidité au soufre.** — Nous renvoyons aussi, pour ce genre de résistance, à l'étude de la solidité au soufre des couleurs sur laine.

12° **Solidité au chlore.** — Cet essai a pour but de vérifier si des fils teints tissés avec du coton blanc peuvent supporter un léger bain de chlorure de chaux, un chlorage étant fréquemment nécessaire pour purifier le blanc sali au tissage.

On tresse le coton teint avec du coton écru et on le fait bouillir, pendant une heure, avec une solution de sel Solvay à 15 ou 16 grammes par litre (lessive de carbonate de sodium à 2° Baumé). Pour les grands blancs serviette, on fait une décoction d'environ une heure dans des lessives caustiques à 3° Baumé. L'échantillon, traité par l'une ou l'autre liqueur alcaline, est trempé dans un bain de chlore à 0°,5 Baumé, en même temps que le coton écru, jusqu'à ce que ce dernier ait atteint la blancheur désirée ; on rince, on passe dans un bain d'hyposulfite de sodium à 5 grammes par litre, pour enlever complètement le chlore ; on rince à nouveau, sèche et compare avec la portion de l'échantillon à laquelle on n'a fait subir aucune manipulation.

13° **Solidité à l'eau oxygénée.** — La résistance à l'eau oxygénée est souvent exigée du coton et de la soie teints. Des pièces mi-soie, avec effet de soie teinte ou de coton similisé teint, sont décreusées avec du savon de Marseille à 15 grammes par litre, à la température de l'ébullition. Elles sont alors blanchies, pendant plusieurs heures, dans de l'eau contenant 1 partie d'eau oxygénée à douze volumes pour 5 parties d'eau. On ajoute à ce mélange quelques gouttes d'ammoniaque pour le rendre légèrement alcalin. Quand la soie non teinte est suffisamment blanche, on lave, sèche et examine. L'essai en petit se fait dans les mêmes conditions.

Lorsque les pièces doivent être blanchies au soufre, on manipule comme on l'a déjà expliqué pour la laine.

Les teintures sur *lin* et *ramie* sont essayées comme les teintures sur coton. Cet essai n'a pas d'importance avec le *jute*. Il faut, pour cette fibre, s'occuper surtout de la solidité à l'eau, à la lessive et à la lumière.

ESSAIS DES COLORANTS POUR SOIE

Les essais de solidité des couleurs sur soie sont les mêmes que les essais de solidité des couleurs sur laine et se conduisent d'une manière analogue. Ils sont moins utiles. On attache une certaine importance à la solidité au savon, au lessivage (ou lavage), à l'eau, aux acides, à l'apprêt ainsi qu'à l'air et à la lumière.

1° **Solidité au savon.** — La soie teinte est souvent appelée à produire des effets, dans des tissus tout soie ou mi-soie, dont la chaîne est en soie grège ou en coton. Ces articles sont décreusés après tissage. Leurs couleurs doivent donc pouvoir supporter un savonnage bouillant, d'une durée de deux heures, avec une liqueur de savon contenant 15 grammes de savon de Marseille par litre, sans que les nuances soient sensiblement altérées et sans teindre la soie et le coton blancs.

2° **Solidité au lessivage.** — Généralement, les tissus de soie en couleur doivent supporter des lessivages répétés et tièdes.

La résistance au lessivage s'évalue en traitant l'échantillon teint, à côté de prélèvements de laine et de coton blancs, dans un bain de savon à 5 grammes par litre, à la température de 40° C.

3° **Solidité à l'eau.** — La soie teinte, mélangée à de la soie, de la laine et du coton blancs, est imprégnée d'eau distillée ou d'eau de pluie et séchée lentement. Ce traitement est répété trois ou quatre fois, tout comme pour la laine. Ce procédé ne suffit pas pour les couleurs qui sont exposées fréquemment à la pluie, comme les drapeaux, les parapluies, etc. Il faut leur faire subir des lavages répétés, afin d'enlever totalement l'acide provenant de la teinture ou de l'avivage.

4° **Solidité aux acides.** — Si la soie teinte doit seulement pouvoir supporter un bain d'avivage, il faut que la couleur soit insensible à de l'eau tiède ou chaude, faiblement acidulée : 1 centimètre cube d'acide sulfurique concentré par litre d'eau. Si elle doit résister à la teinture en bain acide, on la maintient au bouillon, une durée de une demi-heure à une heure dans de l'acide de même concentration que celui du bain.

5° **Solidité à l'apprêt.** — Beaucoup de couleurs sur soie doivent pouvoir passer sur un cylindre chauffé à la vapeur, ou être flambées au gaz, sans subir de changement. Les couleurs solides au fer à repasser remplissent ces conditions.

L'expérience peut être faite en promenant, quatre ou cinq fois, un écheveau de soie sur la flamme du gaz ou sur un tuyau de vapeur. Quant à l'apprêt proprement dit, il faut tenir compte des produits qu'il renferme. Du reste, l'apprêt n'est souvent appliqué que sur l'envers du tissu; son action sur la couleur est donc moins apparente.

6° **Solidité à l'air et à la lumière.** — La vérification de la résistance à l'air et à la lumière des couleurs sur soie est conduite comme nous l'avons décrit à propos de la laine. Le teinturier ne doit pas perdre de vue que la substance employée pour charger la soie peut, sous l'action de l'air, altérer la fibre. Il devra, par conséquent, après une longue exposition à l'air et à la lumière, vérifier la résistance à la rupture de la soie chargée exposée, comparativement à celle d'un prélèvement témoin non chargé et non exposé.

XXVIII

DÉMONTAGE DES COULEURS TEINTES OU IMPRIMÉES

Il arrive au teinturier de dépasser le ton demandé ou d'obtenir des teintes mal unies ; en un mot, d'assommer sa nuance, suivant l'expression technique. Il doit alors dégrader la couleur afin de corriger son travail.

Cet inconvénient se présente rarement dans la teinture en bourre, le lot de marchandise qui doit passer en même temps à la carde étant toujours teint en plusieurs fois. Si donc on a trop foncé une des passes, on teindra une autre un peu plus clair. Ces inégalités disparaissent inévitablement à la filature.

Il existe cependant des bourres pour lesquelles le démontage s'impose ; nous voulons parler des laines renaissance. Pour la teinture de ces déchets, on se trouve parfois dans l'obligation de détruire presque complètement l'ancienne couleur. Il est vrai que l'on teint le plus possible des nuances claires ou moyennes sur de la matière claire et que l'on emploie la matière foncée pour des tons foncés. On facilite beaucoup la teinture de certaines nuances en triant les chiffons selon leur couleur. On choisit les teintes de fond qui conviennent le mieux pour les nuances à obtenir, de sorte que le démontage est inutile. Les matières foncées sont généralement employées pour noir, bleu foncé et brun foncé. Malgré cette précaution, on se trouve quelquefois dans la nécessité de se servir de matières textiles foncées pour reproduire des teintes relativement claires. Dans ce cas, il faut démonter en tout ou en partie la couleur de fond.

Le teinturier dégraisseur est aussi souvent mis en demeure de déteindre les vêtements, pour satisfaire aux exigences de la clientèle. Cette dernière, ignorant les difficultés de ce métier et les dégâts que la déteinture peut faire aux étoffes, demande souvent des teintes assez vives sur des vêtements de couleur rabattue.

Les cas qui peuvent se présenter sont si divers qu'il est difficile de donner une marche générale. La nature du colorant à démonter indique d'elle-même quel est le mode de démontage qu'il y a lieu d'appliquer. Malheureusement, on ne connaît pas toujours le genre de colorant que l'on doit faire tomber. Lorsque la marchandise en vaut la peine, on fait une analyse et on essaie le procédé qui semble convenir, avant d'en faire l'application en grand.

1° DÉMONTAGE PAR LES DISSOLVANTS

a) **Correction des teintes manquées sur pièces.** — Il suffit d'éclaircir la nuance pour l'aviver ensuite. On y réussit ordinairement en changeant les conditions de solubilité qui ont provoqué la teinture.

Les colorants basiques tirent en bain neutre, leur absorption est facilitée par une addition d'alcali ; ils se démonteront en bain acide. Les bains acides chauds démontent en particulier beaucoup de teintes sur coton, entre autres toutes les benzidines fixées au foulon. On a recours à des solutions diluées d'acide sulfurique ou d'acide oxalique. L'acide sulfurique présente l'avantage de dégrader les couleurs aux bois.

Avec la plupart des colorants sulfonés, il en est tout autrement. Il faut acider le bain, si on veut les faire tirer. Par contre, ces colorants, qui teignent directement la laine en bain acide, déchargent souvent dans l'eau neutre et ils déteignent davantage dans l'eau alcalinisée. On commencera donc par travailler les pièces dans l'eau bouillante seule. Si la redissolution ne se fait pas assez vite, on éclaircira sûrement la nuance des tissus teints avec des colorants très solubles, en faisant tourner la pièce à déteindre avec une pièce écrue, dans une solution bouillante de sulfate de sodium (10-20 0/0 de sulfate de sodium cristallisé). La pièce non teinte prend une partie de la couleur. Quand on n'opère pas ainsi, le bain se sature de colorant et on risque de devoir renouveler la solution de sulfate.

Si ce moyen ne permet pas de descendre au ton désiré, on manipule en acétate d'ammonium, 5 à 10 0/0[1]. On rince et avive, pour terminer, et, au besoin, reteint en bain acide.

On égalise les teintes mal unies, piquées, et on consolide celles qui ne sont pas pénétrées, en faisant bouillir vivement le bain de teinture après avoir ajouté une forte dose de sulfate de sodium.

Si le résultat désiré n'est pas atteint, on procède à la reteinture en acétate d'ammonium 10 0/0 et ammoniaque 1 0/0. Ce bain perd son alcali pendant l'ébullition, il s'acidifie peu à peu et le colorant remonte lentement. On l'épuise en ajoutant modérément de l'acide.

Avec les colorants diamine et les colorants acides brunis au chrome, ce procédé est même insuffisant. On est obligé de faire appel à des agents réducteurs : hydrosulfite ou hyraldite. On commence avec un bain faiblement réducteur qu'on renforce suivant les résultats à atteindre.

Lorsque l'acétate d'ammonium ne suffit pas, on peut réussir avec le carbonate de sodium. On manœuvre pendant vingt minutes, à une température de 40° à 50° C., avec 8 à 12 0/0 de carbonate, puis on rince bien. On continue quelquefois la décoloration avec le bichromate de potassium.

Les couleurs sur mordant résistent à l'action des carbonates alcalins et même des alcalis caustiques étendus. Mais, si l'on traite d'abord la marchandise par l'acide chlorhydrique amené à un état de dilution tel qu'il puisse encore décomposer la laque, la matière colorante peut être enlevée par un traitement ultérieur avec un alcali.

b) **Démontage de la laine renaissance dans les articles mi-laine.** — Les laines renaissance de couleur foncée intro-

1. Se reporter, pour la formule de préparation de l'acétate d'ammonium, à la teinture de la laine avec les colorants de benzidine.

duites dans les articles mi-laine pour nuances claires doivent être dégradées avant teinture.

On opère, avec :

1° Acide sulfurique et sulfate de sodium.

Divers colorants acides et bois tinctoriaux se laissent démonter par ébullition dans un bain de :

Acide sulfurique...................	5 à 10 0/0
Sulfate de sodium...................	10 à 20 0/0

2° Soude carbonatée et ammoniaque.

On trempe la marchandise pendant vingt à trente minutes dans un bain chaud, de 40°-50° C., comprenant :

Soude calcinée........................	5 à 10 0/0
Ammoniaque........................	5 à 10 0/0

puis on rince à fond.

Cette liqueur alcaline peut être remplacée par une dissolution bouillante de soude caustique 2 0/0.

Son action est brutale, malgré la grande dilution, elle ne peut durer que cinq à dix minutes.

3° Savon neutre ou légèrement alcalin.

Le savon doit être préféré comme agent de démontage à la soude caustique, dont l'action est trop énergique et qui ne peut être utilisée qu'en solution très étendue, à cause de son action dissolvante sur la laine ; et même à l'ammoniaque, qui est bien plus faible, mais qui a l'inconvénient de se perdre pendant l'opération. Le savon a en outre la propriété de dissoudre les taches de rouille ; il en est probablement de même pour les taches occasionnées par les autres bases métalliques.

La concentration qu'il convient de donner à ces liqueurs dépend évidemment de la plus ou moins grande résistance de la marchandise. On complète au besoin dans des bains oxydants.

c) **Démontage de la soie dans les articles mi-soie.** — Lors de la teinture de la laine dans les articles laine et soie, cette dernière fibre n'est pas toujours complètement réservée. Il faut dans ces conditions démonter le colorant fixé sur soie.

On travaille le tissu à la température de 60° à 80° C., avec de l'eau additionnée d'oxalate d'ammonium (30 à 60 grammes d'oxalate d'ammonium pour 100 litres d'eau, suivant la dureté de l'eau). La décoloration est plus énergique quand on remplace l'oxalate par 100 centimètres cubes d'acétate d'ammonium.

Lorsque la soie est blanche, on rince et avive avec de l'acide acétique. La laine s'éclaircit un peu avec le premier bain, mais elle perd sensiblement du colorant par le second mode de démontage de la soie. Il faut en tenir compte en teignant.

Le son donne également de bons résultats et l'eau seule peut suffire quand elle est très douce.

Si la laine est teinte en nuance foncée, on démonte la soie en bain d'hydrosulfite.

Un très grand nombre de colorants ne peuvent être démontés par des moyens aussi simples, parce qu'ils ne sont pas assez solubles dans les bains que nous venons d'énumérer. Il est nécessaire, pour les faire disparaître, de les détruire dans la fibre. Cette destruction se fait par l'intermédiaire d'agents oxydants ou d'agents réducteurs.

2° DÉMONTAGE PAR LES OXYDANTS

Le chlorure de chaux et l'eau de Javel sont communément utilisés pour décolorer les fibres végétales seules; on sait que le chlore attaque les fibres animales.

On fait bouillir le coton pendant environ une heure, avec 5 grammes de carbonate de sodium ou 3 à 4 grammes de soude caustique par litre de bain, puis on blanchit dans un faible bain de chlore, 1/2 à 1° Baumé; on rince alors et acidule avec de l'acide chlorhydrique et un peu de bisulfite.

Pour la laine et la soie, on peut se servir de l'acide nitrique. On peut, au besoin, essayer cet acide sur le coton.

On travaille en bain presque bouillant, contenant 50 à 80 centimètres cubes d'acide nitrique par litre, rince bien et neutralise avec carbonate de sodium et ammoniaque. On peut remplacer l'acide azotique, par un mélange de 4-6 0/0 de nitrite de sodium et 8-12 0/0 d'acide sulfurique.

L'agent oxydant le plus ordinaire est l'acide chromique (mélange de bichromate de potassium et d'acide sulfurique). Il donne d'excellents résultats.

Les renaissances foncées qui se démontent mal avec le carbonate de sodium, sont souvent traitées avec succès dans un bain acide de bichromate de potassium ou de sodium. Ce bain a notamment l'avantage de détruire en partie l'indigo, les teintes au bois et les colorants pour mordant. Il facilite beaucoup la production de teintes unies.

On prépare un mélange de 3-6 0/0 de bichromate de potassium et 6-12 0/0 d'acide sulfurique ou 2-6 0/0 d'acide oxalique ou les deux acides en même temps; entre le textile à tiède ou à froid, monte au bouillon que l'on maintient une demi-heure à trois quarts d'heure et rince.

Les colorants acides unissant facilement peuvent être utilisés directement dans le bain qui a servi au démontage. Pour les colorants anthracène, diamine et basiques, au contraire, il faut rincer soigneusement la marchandise démontée et teindre en bain nouveau.

Il ne faut pas oublier que la laine est ainsi mordancée, ce qui économise une partie du bichromate à employer en mordançage ou en bruniture.

On obtient de bons rendements avec des produits préparés pour démontage, comme la décroline (Bayer). La marchandise lavée à la soude carbonatée est soumise à :

Décroline	3 à 5 0/0
Acide sulfurique	3 à 5 0/0

On chauffe au bouillon et on maintient cette température environ une demi-heure.

L'acide sulfurique peut être remplacé par l'acide acétique ou l'acide formique. La solution doit rester acide jusqu'à la fin.

La décoloration se produit parfaitement bien avec une solution composée de :

Décroline	3 à 4 0/0
Acide azotique	1 0/0

Il faut toutefois user de précaution.

Depuis l'apparition des colorants azoïques au chrome, on trouve de sérieuses difficultés dans le démontage des chiffons de laine. Ces produits sont détruits par le permanganate.

Le permanganate de potassium est un des oxydants les plus puissants et aussi un bon agent de démontage. On commence l'attaque avec des solutions fort faibles que l'on concentre peu à peu afin d'obtenir l'effet désiré. On utilise des solutions de permanganate de potassium au millième pour aviver les blancs, dans les lainages blanc et noir, lorsque le noir a sali le blanc pendant foulage. L'usage de cet agent oxydant exige beaucoup de soin si on ne tient pas à affaiblir la fibre.

L'oxydant qui respecte le mieux la marchandise est l'eau oxygénée, mais il est encore moins énergique que le bichromate et il est d'un emploi limité, à cause de son prix élevé.

3° DÉMONTAGE PAR LES RÉDUCTEURS

Les principaux réducteurs, pour la destruction des couleurs teintes, sont : l'acide sulfureux et ses sels, l'hydrosulfite de soude, l'hyraldite, la rongalite[1], le chlorure d'étain et les sels de titane.

L'action de l'acide sulfureux ou des sulfites est souvent insuffisante. On peut détruire les teintes au fer, sur tissus de coton, avec une solution acide de sel stanneux formée comme suit :

Acide chlorhydrique.............	2 litres
Protochlorure d'étain............	50 grammes
Eau..............................	100 litres

On laisse tremper à froid pendant quelques heures, rince, neutralise et rince à nouveau.

Les réducteurs, employés industriellement au démontage, sont : l'hydrosulfite, l'hyraldite, la rongalite et les sels de titane[2].

On prépare de l'hydrosulfite en versant sur 1 kilogramme de

1. L'hyraldite (Descamps et Harding) et la rongalite (Bayer) sont des hydrosulfites rendus plus stables par combinaison avec la formaldéhyde.

2. *Démontage des teintures*, par E. Hilbert.

zinc en poudre 10 litres de bisulfite de sodium à 30-35° Baumé et 10 litres d'eau. On remue doucement, puis laisse déposer.

On entre la marchandise à démonter dans un bain préparé avec 4 à 6 volumes de la solution claire d'hydrosulfite et 1/2 volume d'acide acétique, pour 100 volumes de solution réductrice, chauffe vers 50° — 60° C., et manœuvre vingt à trente minutes ;

Au sortir du bain, on rince à fond, acidule légèrement à l'acide sulfurique, rince de nouveau et teint.

Les dissolutions d'hydrosulfite s'oxydent rapidement, aussi ne les prépare-t-on qu'au moment de s'en servir.

La décoloration à l'hydrosulfite formaldéhyde (hyraldite ou rongalite) ne s'effectue bien qu'à l'ébullition, l'acide hydrosulfureux que contient la formaldéhyde sulfoxylate ne commençant à exercer son action réductrice que vers 80° C.

Une autre différence entre ces deux réducteurs est que l'hydrosulfite réduit en solution alcaline, tandis que sa combinaison avec la formaldéhyde n'agit bien qu'en présence d'acide acétique ou formique.

On garnit le bain avec : 3-10 0/0 d'hyraldite et 3-10 0/0 d'acide acétique ou la même quantité de bisulfite à 30°-35° Baumé ou bien on prépare une solution décolorante avec :

Rongalite C (Bayer)	3 à 4 0/0
Acide acétique	3 à 4 0/0
Acide formique	1 à 2 0/0

Le bain étant monté soit avec l'hyraldite, soit avec la rongalite, on entre la marchandise, chauffe lentement jusqu'à l'ébullition, manœuvre 1/2 heure à la température de 100° C., rince d'abord à l'eau chaude, puis à l'eau froide. Si l'on reteint la laine ainsi décolorée, unie au coton, d'après la méthode de teinture en bain unique, on neutralise au préalable la laine avec du carbonate de sodium ou de l'ammoniaque, sans quoi la fibre animale prend une nuance trop foncée.

Le démontage de la soie, dans les tissus laine et soie, n'est pas toujours suffisant, si on suit les procédés précédemment indiqués; il faut alors continuer la destruction de la couleur par un rongeage en solution assez concentrée d'hydrosulfite :

Hydrosulfite....................	12 à 15 litres
Acide acétique..................	7 à 9 —

pour 100 litres de bain.

Lorsque la soie est redevenue blanche, on rince à fond, acidule à froid avec 5 poids d'acide sulfurique pour 100 poids de marchandise, rince à nouveau et avive avec de l'acide acétique ou de l'acide formique.

L'étoffe doit rester immergée pendant toute la durée du démontage, si on ne veut pas oxyder trop rapidement l'hydrosulfite.

Le chlorure et le sulfate de titane s'emploient comme l'hyraldite, en milieu acide. Le dépôt considérable d'acide titanique, qui se produit sur le textile, est un inconvénient des sels de titane. Ce dépôt est dû à ce que les sels titaniques qui se forment pendant la première phase de la réduction sont facilement hydrolysés, et donnent de l'hydrate titanique insoluble dans le milieu où l'on opère :

$$Ti^2Cl^6 + 2HCl + O = 2TiCl^4 + H^2O,$$
$$TiCl^4 + 4H^2O = 4HCl + Ti(OH)^4 \text{ (Acide titanique).}$$

En ajoutant de l'oxalate de potassium au bain de chlorure ou de sulfate de titane, la tendance qu'a la fibre à fixer de l'hydrate titanique est annihilée. L'oxalate double de titane et de potassium qui se forme n'étant pas dissocié, il reste intégralement en solution.

Les divers moyens de démontage et de destruction des couleurs que nous enseignons ici peuvent être appliqués pour faire disparaître les impressions, à condition de faire tomber d'abord l'épaississant.

Les composés servant à plaquer les couleurs d'impression sont : l'amidon, la fécule, la farine, la dextrine, la gomme, l'albumine ou la gélatine.

Sauf l'albumine, ils sont tous plus ou moins entraînés par l'eau bouillante, on les enlève mieux encore avec une lessive bouillante de carbonate de sodium titrant 2 à 3° Baumé.

L'albumine résiste davantage, il faut pour la faire tomber se servir de savon mou, savon potassique alcalin.

XXIX

L'EAU

Principales impuretés contenues dans l'eau ; inconvénients qui résultent de leur présence. — Nous avons fréquemment dû faire remarquer que l'eau pure est celle qui répond le mieux aux besoins de l'industrie textile. Or, en fait d'eau pure, on ne connaît que l'eau de pluie et l'eau de condensation débarrassée de l'huile entraînée. On peut y joindre l'eau d'étang quand elle est limpide.

A cause de son grand pouvoir dissolvant, l'eau dissout partiellement les corps qui constituent les terrains qu'elle traverse ou à la surface desquels elle coule. Parmi les corps dissous par l'eau de source, ceux que l'on rencontre le plus fréquemment sont : les sulfates de calcium et de magnésium ainsi que les bicarbonates de calcium, de magnésium et de fer. Ce sont aussi les composés les plus nuisibles ; ils occasionnent ce que l'on est convenu d'appeler la *dureté de l'eau*. Ces sels en dissolution dans l'eau réagissent défavorablement au cours des opérations de teinture et d'apprêt. Ils forment avec beaucoup de colorants des combinaisons ou laques produisant des taches et donnent, avec les solutions savonneuses, des savons insolubles qui non seulement ne sont pas efficaces pour le nettoyage, mais qui se fixent sur la marchandise et amènent des irrégularités de nuances ; les savons métalliques ou alcalino-terreux formant des réserves[1].

Les bicarbonates et les carbonates alcalins précipitent

1. Il faut de plus employer en pure perte un poids de savon égal à environ 10 fois celui des sels dissous.

certains mordants : sulfate de cuivre, sulfate de fer, sulfate d'aluminium, chlorure d'étain, etc. Le fer est particulièrement gênant : en effet, les carbonates alcalins employés pendant le blanchiment précipitent l'oxyde de fer sur la fibre à blanchir et provoquent des taches jaunâtres ; outre ce grave inconvénient, il ternit ou fonce les teintes claires.

Les ennuis que nous venons de signaler ne concernent que l'emploi des eaux dures dans l'industrie textile. Mais ces eaux sont tout aussi nuisibles, quand on les fait servir à l'alimentation des chaudières à vapeur.

Lorsqu'on vient à chauffer l'eau dure, les bicarbonates de calcium et de magnésium se dissocient en gaz carbonique qui se dégage et en carbonate neutre de calcium et de magnésium qui se précipitent :

$$\underset{\substack{\text{Bicarbonate}\\\text{de calcium}\\\text{(soluble).}}}{(CO^3)^2\,CaH^2} = \underset{\substack{\text{Carbonate neutre}\\\text{de calcium}\\\text{insoluble.}}}{CO^3Ca} + CO^2 + H^2O.$$

Pendant l'ébullition, la dissociation se complète et l'eau ne contient bientôt plus de bicarbonates ; elle est devenue plus douce. L'ébullition lui fait donc abandonner une partie de sa dureté. La dureté qu'elle perd ainsi, par la simple action de la chaleur, est désignée sous le nom de *dureté temporaire*.

Les autres sels de calcium et de magnésium : sulfates et chlorures, restent en solution ; on dit pour cette raison qu'ils communiquent à l'eau une *dureté permanente*. Cependant, comme l'eau se trouve chauffée dans la chaudière au delà de 150°, le sulfate de calcium devient également insoluble [1], il se précipite donc à son tour. Enfin les sels alcalins, très solubles, se déposent par suite de la concentration occasionnée par l'évaporation.

L'ébullition et la concentration amènent par conséquent des boues, lesquelles se dessèchent, puis s'incrustent dans les parois de la chaudière, formant ce que l'on appelle communément le *tartre* des chaudières à vapeur. C'est précisément contre les parois les plus directement exposées à la chaleur que

1. La solubilité du sulfate de calcium est un peu plus faible à 100° qu'à froid. Elle offre un maximum qui est situé à 38° (2gr,14 de sulfate de calcium hydraté par litre). L'eau chauffée à 150°, sous pression, laisse déposer tout son sulfate de calcium.

se forment les incrustations les plus épaisses et les plus adhérentes. Or ces dépôts entraînent une augmentation des frais de combustible.

D'après M. Rogers, la conductibilité moyenne des incrustations ne serait que 1/37 de la conductibilité du fer, et, d'après H. de La Coux, cette mauvaise conductibilité augmente les dépenses de 50 à 60 0/0 de combustible pour un dépôt de tartre de 6 à 10 millimètres d'épaisseur seulement[1]. Les incrustations sont de plus une cause de coups de feu et de brûlures des tôles. Pour prévenir les dangers d'explosion et éviter la diminution constante de rendement calorifique, on est obligé de faire périodiquement des nettoyages et grattages incommodes et coûteux, au détriment de la bonne conservation de la chaudière.

Le tartre commet d'autres dégâts que ceux, nombreux déjà, que nous venons de citer. Les sulfates et chlorures, sous l'action de la chaleur du foyer, se scindent partiellement en acides et en bases. Le chlorure de magnésium surtout, sel fort dissociable, subit cette décomposition. L'acide libre qui en résulte réagit sur la tôle en formant de petites cavités ou corrosions. Ces corrosions vont grandissant; elles diminuent lentement, il est vrai, mais d'une manière continuelle, l'épaisseur des parois et accélèrent l'usure de la chaudière.

MOYENS D'ÉPURER OU D'ADOUCIR LES EAUX DURES DESTINÉES AUX BESOINS INDUSTRIELS

On épure ordinairement l'eau à froid, dans des appareils spéciaux, à l'aide de carbonate de sodium et de chaux caustique ou de soude caustique seule. La soude est additionnée au besoin de carbonate de sodium.

L'anhydride carbonique libre ou à demi combiné est saturé par la chaux ou la soude caustiques; et les sels de calcium et

1. L'appréciation de M. H. de La Coux est exagérée. On évalue l'augmentation de dépense du combustible à :

12 0/0 pour $1^{mm},5$ de tartre; 32 0/0 pour 7^{mm} de tartre;
20 0/0 pour 3^{mm} de tartre; 50 0/0 pour 13^{mm} de tartre;

de magnésium, autres que les bicarbonates, sont transformés par le carbonate de sodium en carbonates neutres, forme sous laquelle ils sont insolubles.

Les réactions peuvent être exprimées par les équations suivantes :

$$CO^2 + Ca(OH)^2 = CO^3Ca + H^2O \text{ (Action de la chaux)}; \quad (1)$$

$$(CO^3H)^2Ca + Ca(OH)^2 = 2CO^3Ca + 2H^2O; \quad (2)$$

Action de la chaux.

$$(CO^3H)^2Mg + Ca(OH)^2 = CO^3Mg + CO^3Ca + 2H^2O; \quad (3)$$

Action de la chaux.

$$CaCl^2 + CO^3Na^2 = CO^3Ca + 2NaCl; \quad (4)$$

Action du carbonate de sodium.

$$SO^4Ca + CO^3Na^2 = CO^3Ca + SO^4Na^2; \quad (5)$$

Action du carbonate de sodium.

$$H^2O + 5MgCl^2 + 5CO^3Na^2 = 4CO^3Mg,Mg(OH)^2 + 10NaCl + CO^2; \quad (6)$$

Action du carbonate de sodium.

$$H^2O + 5SO^4Mg + 5CO^3Na^2 = 4CO^3Mg,Mg(OH)^2 + 5SO^4Na^2 + CO^2. \quad (7)$$

Action du carbonate de sodium.

MM. Léo Vignon et L. Meunier déterminent par la méthode que nous reproduisons ci-dessous :

1° *La quantité totale de gaz carbonique libre ou à demi combiné contenu dans l'eau à épurer, et par suite la quantité totale de chaux nécessaire pour saturer intégralement le gaz sous ces deux formes ; 2° la quantité totale de carbonate de sodium nécessaire pour transformer intégralement les chlorures et sulfates de calcium et de magnésium en carbonates neutres de calcium et de magnésium.*

Ils obtiennent approximativement les proportions de chaux caustique et de carbonate de sodium qui réagissent dans la purification industrielle d'une eau déterminée.

Nous disons approximativement ; en effet les nombres qu'ils obtiennent doivent être modifiés d'après la durée de l'opération et la température à laquelle elle s'effectue.

MÉTHODE ANALYTIQUE VIGNON-MEUNIER

I. **Dosage de l'anhydride carbonique libre ou à demi combiné** [Réaction (1), (2) et (3)]. — *Réactifs.* — On prépare :

1° Une solution saturée de chaux caustique en introduisant dans 2 à 3 litres d'eau distillée récemment bouillie, environ

10 grammes de chaux vive bien blanche préalablement éteinte. Cette solution renferme 1gr,80 de $Ca(OH)^2$ par litre[1], à la température de 15°C.

2° Une solution alcoolique de phénolphtaléine bien neutre, en dissolvant 5 grammes de ce témoin dans 100 centimètres cubes d'alcool à 93° et filtrant après une heure de digestion ;

3° De l'alcool éthylique neutre à 93°, bouilli immédiatement avant l'emploi, de façon à chasser l'anhydride carbonique qu'il pourrait tenir en dissolution.

Mode opératoire. — 1° On introduit dans une éprouvette de 100 centimètres cubes, bouchée à l'émeri, 50 centimètres cubes d'eau distillée récemment bouillie dans une capsule de nickel, et on complète le volume à 100 centimètres cubes avec de l'alcool à 93° préalablement bouilli dans un ballon de verre.

On ramène l'éprouvette à la température ordinaire, ajoute dix gouttes de la solution de phénolphtaléine, et verse à l'aide d'une burette graduée 1 centimètre cube de l'eau de chaux. On a ainsi un type coloré auquel on comparera le dosage.

2° On introduit dans une éprouvette identique à la précédente 50 centimètres cube d'eau à analyser, complète le volume à 100 centimètres cubes avec de l'alcool bouilli ; refroidit l'éprouvette pour ramener le mélange à la température ordinaire ; ajoute dix gouttes de phénolphtaléine et verse à l'aide de la burette, en agitant de temps en temps, la solution d'eau de chaux jusqu'à coloration persistante identique à celle du type.

Soit n le nombre de centimètres cubes d'eau de chaux employés, après déduction de 1 centimètre cube nécessaire pour produire la coloration type servant de témoin.

Le nombre de centimètres cubes de la solution de chaux qu'il faut verser pour fixer le gaz anhydride carbonique libre ou à demi combiné, contenu dans 1 litre, est donné par la relation :

$$\frac{n \times 1\,000}{50} \text{ centimètres cubes,}$$

ce qui représente un poids de chaux hydratée égal à :

$$\frac{n \times 1\,000 \times 1.8}{50 \times 1\,000} = \frac{n \times 1{,}8}{50} \text{ grammes.}$$

1. $Ca(OH)^2$: chaux éteinte ou chaux hydratée.

Or 74 grammes de chaux éteinte $Ca(OH)^2$ neutralisent 44 grammes d'anhydride carbonique CO^2 ; $\frac{n \times 1,8}{50}$ grammes de chaux éteinte neutraliseront donc un poids d'anhydride carbonique CO^2 égal à :

$$\frac{n \times 1.8 \times 44}{50 \times 74} \text{ grammes.}$$

D'après cela, le volume de gaz anhydride carbonique CO^2 en solution dans 1 mètre cube d'eau est :

$$\frac{n \times 1,8 \times 44 \times 1\,000}{50 \times 74 \times 1,9774} = \frac{n \times 1,8 \times 22 \times 20}{37 \times 1,9774} = n \times 10,8 \text{ litres.}$$

II. **Dosage du carbonate de sodium nécessaire à la transformation des chlorures et des sulfates** [Réaction (4), (5), (6) et (7)]. — *Réactifs.* — On prépare :

1° Une solution de carbonate de sodium contenant 1 gramme de ce sel par litre, en se servant d'eau distillée récemment bouillie ;

2° Une solution alcoolique de phénolphtaléine identique à la précédente ;

3° De l'alcool éthylique neutre à 93° récemment bouillie[1].

Mode opératoire. — 1° On prépare encore un type coloré en introduisant dans une éprouvette de 100 centimètres cubes, bouchée à l'émeri, 50 centimètres cubes d'eau distillée récemment bouillie ; on complète le volume à 100 centimètres cubes avec de l'alcool préalablement bouilli; on refroidit, ajoute dix gouttes d'indicateur témoin et 3 centimètres cubes de la solution de carbonate de sodium.

On obtient ainsi un type d'une coloration un peu faible, mais son intensité est suffisante, attendu qu'en présence de l'alcool le carbonate neutre de calcium ne colore pas la phénolphtaléine prise comme réactif témoin.

2° On introduit dans une capsule en nickel 50 centimètres cubes de l'eau à analyser, on fait bouillir doucement pendant

1. L'alcool rend l'action de la chaux sur l'anhydride carbonique, ainsi que l'action du carbonate de sodium sur les sulfates et chlorures de calcium et de magnésium, beaucoup plus complètes et plus rapides, en raison de l'insolubilité des carbonates neutres de calcium et de magnésium en milieu alcoolique titrant environ 45°.

quelques minutes, puis on verse ce liquide dans une éprouvette graduée bouchée à l'émeri ; on rince la capsule avec de l'eau distillée que l'on fait bouillir et on complète le volume à 50 centimètres cubes avec cette eau de lavage.

On ajoute de l'alcool à 93°, récemment bouilli, de manière à faire occuper au mélange un volume de 100 centimètres cubes, après avoir ramené la température à 15°C.; puis on ajoute dix gouttes de phénolphtaléine. On verse alors la solution titrée de carbonate de sodium, à l'aide de la burette graduée, en agitant de manière à arriver à une coloration identique à celle du type.

Soit n le nombre de centimètres cubes de carbonate de sodium employés, déduction faite des 3 centimètres cubes nécessaires pour produire la coloration type servant de témoin. Le volume de la liqueur de carbonate de sodium qu'il faut, pour transformer intégralement les chlorures et sulfates, est, en centimètres cubes par litre d'eau :

$$\frac{n \times 1\,000}{50} \text{ centimètres cubes,}$$

ce qui représente un poids de carbonate de sodium égal à :

$$\frac{1 \times n \times 1\,000}{1\,000 \times 50} = \frac{n}{50} = n \times 0{,}02 \text{ grammes par litre,}$$

c'est-à-dire :

$$n \times 20 \text{ grammes par mètre cube.}$$

Calculs indiquant les quantités de chaux et de carbonate de sodium qu'il faut introduire dans l'eau, pour l'épurer chimiquement. — *a) Détermination de la quantité de chaux CaO.* — Continuons à représenter par n le nombre de centimètres cubes de la solution saturée de chaux reconnu suffisant pour épurer 50 centimètres cubes de l'eau industrielle.

Pour épurer 1 litre de cette eau, il en faudra :

$$\frac{n \times 1\,000}{50} \text{ centimètres cubes,}$$

ce qui représente un poids de chaux éteinte égal à :

$$\frac{1{,}8 \times n \times 1\,000}{1\,000 \times 50} \text{ grammes;}$$

çela fait, pour 1 mètre cube :

$$\frac{1,8 \times n \times 1\,000}{1\,000 \times 50} \times 1\,000,$$

c'est-à-dire :

$$\frac{1,8 \times n \times 1\,000}{50} = n \times 1,8 \times 20 = n \times 36 \text{ grammes};$$

36.*n* grammes de chaux éteinte correspondent à un poids de chaux vive représenté par :

$$36.n \times \frac{28}{37} = n \times 27,24 \text{ grammes},$$

ou, ce qui revient au même, on emploiera 2^{gr},52 de chaux CaO par litre de gaz anhydride carbonique.

b) Détermination de la quantité de carbonate de sodium. — Nous avons vu que pour 1 mètre cube d'eau à épurer elle était égale à 20 . *n grammes*, *n* désignant le nombre de centimètres cubes de la solution de carbonate de sodium employés pour 50 centimètres cubes de l'eau analysée.

Les poids de réactifs déterminés en *a* et en *b* sont théoriques, ce sont ceux qui correspondent aux réactions intégrales de l'épuration. Dans la pratique, ces réactions ne sont pas aussi nettes. D'abord, le carbonate neutre de calcium CO^3Ca est un peu soluble dans l'eau, l'hydrocarbonate de magnésium l'est davantage.

D'autre part, si l'on remarque l'état de dilution des solutions qui réagissent, les réactions de l'épuration [1], à cause de la dissociation, ne sont jamais complètes lorsqu'on effectue industriellement la purification et la limite que l'on atteint varie : 1° avec le temps pendant lequel les réactions se poursuivent; 2° avec les proportions des différents sels dissous; 3° avec la température à laquelle s'effectue la purification.

Il suit de ce qui précède que, lorsqu'on procédera à la purification, il sera nécessaire de réduire les nombres précédents dans des proportions qui varient avec le temps que doit durer l'opération et la température à laquelle elle s'effectue.

1. Voir page 663, équations (1), (2), (3), (4), (5), (6) et (7).

Vérification de l'eau épurée. — Cinquante centimètres cubes de cette eau, au moment de son emploi, ne devront pas se colorer par ébullition en présence de dix gouttes de phénolphtaléine.

Emploi du carbonate de sodium comme agent de désincrustation des chaudières à vapeur. — L'eau d'alimentation des chaudières à vapeur peut être épurée avant son introduction, en même temps que l'eau destinée à l'industrie textile ; ou bien, on peut ajouter directement dans la chaudière, avec de l'eau dure, du carbonate de sodium. Dans ce dernier cas, l'action du réactif a lieu à l'ébullition et les différentes réactions sont complètes à cause de la température élevée, et surtout de la concentration amenée par l'évaporation. Les indications fournies par la méthode doivent alors être acceptées sans correction.

L'action du carbonate de sodium qui a lieu à l'ébullition se résume par les équations suivantes :

$$(CO^3H)^2Ca + CO^3Na^2 = CO^3Ca\ (\text{pulvérulent}) + 2CO^3HNa; \quad (1)$$

$$(CO^3H)^2Mg + CO^3Na^2 = CO^3Mg\ (\text{pulvérulent}) + 2CO^3HNa; \quad (2)$$

$$CaCl^2 + CO^3Na^2 = CO^3Ca\ (\text{pulvérulent}) + 2NaCl; \quad (3)$$

$$SO^4Ca + CO^3Na^2 = CO^3Ca\ (\text{pulvérulent}) + SO^4Na^2; \quad (4)$$

$$H^2O + 3MgCl^2 + 3CO^3Na^2 = \underbrace{2CO^3Mg,Mg(OH)^2} + 6NaCl + CO^2; \quad (5)$$

$$H^2O + 3SO^4Mg + 3CO^3Na^2 = \underbrace{2CO^3Mg,Mg(OH)^2} + 3SO^4Na^2 + CO^2. \quad (6)$$

Le bicarbonate de sodium qui prend naissance dans les deux premières réactions se décompose à l'ébullition :

$$2CO^3HNa = CO^3Na^2 + CO^2 + H^2O.$$

De sorte que le carbonate de sodium qui réagit dans les équations (1) et (2) est constamment régénéré, et qu'il suffit de l'introduire une fois pour toutes dans la chaudière. Le carbonate de sodium réellement consommé dans une opération est donc celui qui agit sur le chlorure de calcium, le chlorure de magnésium, le sulfate de calcium et le sulfate de magnésium [équations (3) à (6)].

Détermination du carbonate de sodium correspondant aux quantités d'anhydride carbonique, de bicarbonates, de

chlorures et de sulfates de calcium et de magnésium contenus dans l'eau destinée à l'alimentation des chaudières à vapeur, sans épuration préalable. — *a*) *Détermination du carbonate de sodium correspondant à l'anhydride carbonique libre ou à demi combiné.* — Soit v le volume en litres de l'anhydride carbonique contenu en solution dans 1 litre d'eau et déterminé d'après l'essai précédent ; comme 4^{gr},76 de carbonate de sodium correspondent à 1 litre d'anhydride carbonique, on devra employer par mètre cube d'eau un poids de carbonate de sodium égal à :

$$P = v \times 1\,000 \times 4{,}76 = 4.760 . v \text{ grammes.}$$

Ce poids devra être ajouté une fois pour toutes et proportionnellement au volume moyen d'eau qui se trouve constamment dans la chaudière.

b) *Détermination de la quantité de carbonate de sodium correspondant aux chlorures et sulfates de calcium et de magnésium.* — Nous avons vu, à propos de l'épuration chimique, qu'elle était égale à 20 n grammes par mètre cube d'eau.

Ce poids de carbonate de sodium étant détruit pendant la réaction devra être employé porportionnellement au volume d'eau évaporée dans la chaudière.

ANALYSE INDUSTRIELLE COMPLÈTE DE L'EAU, BASÉE SUR L'EMPLOI COMBINÉ DE L'HYDROTIMÉTRIE ET DE L'ALCALIMÉTRIE.

La méthode d'analyse industrielle que nous allons maintenant aborder donne plus de renseignements sur la composition de l'eau ; elle est d'ailleurs basée sur des manipulations familières aux chimistes les moins expérimentés et les moins bien outillés. L'analyse se fait en solution aqueuse, la dissociation des sels en présence n'est par suite pas détruite, ce qui permet de calculer avec une plus grande approximation les proportions de chaux CaO et de carbonate de sodium CO^3Na^2 nécessaires à l'épuration ; sans compter que l'on ne doit pas se servir d'alcool, réactif coûteux, dont l'ébullition exige une étroite surveillance à cause de l'inflammabilité des vapeurs.

Ce mode de dosage est appliqué avec succès par M. Joseph Harding, professeur à l'Université libre de Lille. C'est à lui qu'il faut attribuer presque intégralement toutes les explications qui s'y rapportent.

La méthode de M. Joseph Harding comporte les opérations suivantes :

I. **Dosage de l'extrait.** — *a) Évaluation de l'extrait sec.* — On évapore au bain-marie, dans une capsule de platine, 100 centimètres cubes d'eau, dessèche à l'étuve à 100°-110° C., et pèse. On chauffe ensuite jusque 200° C. et repèse.

Cette seconde pesée effectuée, on calcine légèrement en amenant la température à 350° C. environ, pour détruire les matières organiques. Le résidu brunit ou noircit, s'il y a des matières organiques. S'il jaunit simplement, on s'assure par la suite si cette coloration n'est pas due au sesquioxyde de fer Fe^2O^3.

b) Évaluation de l'extrait sulfaté. — Le produit restant dans la capsule est arrosé avec de l'acide sulfurique dilué au dixième ou au cinquième. Après évaporation on porte au rouge et pèse.

On obtient ainsi, à l'état de sulfates, le résidu minéral total.

II. **Titrage hydrotimétrique.** — On modifie légèrement les liqueurs et on opère avec une burette ordinaire, graduée en centimètres cubes et dixièmes de centimètres cubes.

La *liqueur de savon* est préparée avec de la potasse caustique et de l'oléine industrielle décantée pour la débarrasser de la stéarine.

On prend de l'oléine autant que possible exempte de stéarine, parce que les oléates alcalins sont plus solubles que les stéarates correspondants, et on saponifie avec de la potasse, de préférence à la soude, pour la raison que les savons de potassium des acides oléique et stéarique sont plus solubles que les savons de sodium provenant de ces mêmes acides.

On calcule les proportions d'acide oléique et de potasse caustique, de manière à préparer une liqueur alcoolique de savon telle que 22 divisions ou dixièmes de centimètre cube puissent précipiter, théoriquement, l'azotate de baryum dissous dans 40 centimètres cubes de la liqueur d'épreuve appelée improprement liqueur normale [1]. La saponification est faite en chauffant au bain-marie, et le savon formé est dissous dans de l'alcool titrant 80° à 85° à l'alcoomètre centésimal de Gay-Lussac.

On laisse reposer cette solution de savon environ deux mois, avant d'en faire usage. Si on vient à titrer avec cette liqueur dès sa formation, on constate qu'il en faut environ 3^{cm3},5 ou 35 degrés, pour arriver à produire la mousse persistante. Le nombre des degrés hydrotimétriques diminue lentement, avec le temps, pour descendre à 22 degrés[2] au bout de deux mois. Ce phénomène est dû à la dissociation. L'affinité de l'acide oléique pour la potasse est relativement faible, mais la combinaison devient intégrale au bout de quelque temps, grâce à la forte dose d'alcool.

Par la suite, la liqueur hydrotimétrique subit une autre modification, elle devient très légèrement acide. Cela tient peut-être au déplacement de l'acide oléique par l'anhydride carbonique de l'air. On la ramène à sa valeur, en ajoutant de la potasse caustique à 45°-50° Baumé, jusqu'à ce qu'elle se recolore à la phtaléine du phénol. Une ou deux gouttes suffisent.

La *liqueur d'épreuve ou liqueur normale* est obtenue en dissolvant 0^{gr}, 575 d'azotate de baryum pur et sec, plus exactement 0^{gr},5742[3], dans de l'eau distillée. On amène le volume à 1 litre.

On vérifie, avant de procéder à l'analyse hydrotimétrique de l'eau, qu'un volume de 2^{cm3},2 de solution alcoolique de savon, volume qui occupe 22 divisions de la burette, versé dans 40 centimètres cubes de la solution d'azotate de baryum, suffit pour provoquer par l'agitation une mousse de 1 centimètre d'épaisseur qui persiste au moins dix minutes.

1. Solution aqueuse contenant 0^{gr},5745 d'azotate de baryum par litre.

2. En réalité 23 degrés, car il faut un degré de la liqueur de savon pour faire mousser 40 centimètres cubes d'eau distillée et bouillie (voir remarque, p. 672).

3. Les cristaux d'azotate de baryum sont toujours anhydres. On les pulvérise et chauffe la poudre dans l'étuve à 105°, pour enlever l'eau d'interposition.

D'après le calcul basé sur les poids moléculaires des deux sels : *azotate de baryum* et *carbonate de calcium*,

$$\underbrace{(AzO^3)^2Ba}_{261}, \quad \underbrace{CO^3Ca}_{100},$$

$$\frac{261}{0,5742} = \frac{100}{x},$$

$$x = \frac{57,42}{261} = 0,22 \text{ exactement.}$$

Un dixième de centimètre cube de la solution de savon, que nous appelons indifféremment division ou degré, représente $0^{gr},01$ de carbonate de calcium CO^3Ca par litre d'eau.

Remarque. — Dans tous les essais hydrotimétriques, il faut verser un excédent de une division, ce volume de liqueur de savon étant nécessaire pour former une mousse persistante avec 40 centimètres cubes d'eau distillée et bouillie.

Le *mode opératoire* ne diffère pas de celui qui a été enseigné par Boutron et Boudet. On mesure dans un flacon jaugé 40 centimètres cubes de l'eau et, à l'aide de la burette, on y verse peu à peu de la liqueur de savon, en agitant après chaque addition. Lorsque la mousse forme une couche de 1 centimètre environ et se maintient au moins dix minutes, tous les sels de calcium, de magnésium, de fer, etc., contenus dans l'eau, sont décomposés et l'anhydride carbonique est neutralisé. Une eau est d'autant plus dure qu'elle exige un plus grand volume de solution de savon pour produire la mousse caractéristique.

On se contente de prendre le titre total de l'eau brute et le titre de l'eau brute préalablement bouillie. On fait bouillir doucement une demi-heure, laisse refroidir, ramène au volume primitif avec de l'eau distillée bouillie et refroidie, et filtre à froid avant titrage.

Le *titre total* mentionne la dureté apportée par l'acide carbonique libre, les bicarbonates, sulfates et chlorures de calcium et de magnésium, le bicarbonate de fer, s'il y en a, etc.

Le *titre de l'eau bouillie* mentionne la dureté apportée par les sulfates et chlorures de calcium et de magnésium, c'est-à-dire la dureté permanente[1].

1. Et aussi par du carbonate de magnésium, CO^3Mg qui est plus soluble que le carbonate de calcium, CO^3Ca.

Le titre de l'eau bouillie doit être diminué de 3 degrés, car l'eau maintient en dissolution, après ébullition, $0^{gr},03$ de carbonate de calcium CO^3Ca par litre.

III. **Titrage alcalimétrique.** — On titre, sur un volume d'eau mesurant 50 centimètres cubes, avec une liqueur acide au dixième normale. Chaque petite division ou dixième de centimètre cube, que nous appelons aussi degré, contient, pour 1 litre d'eau à analyser, une quantité d'acide équivalent à $0^{gr},01$ de carbonate de calcium CO^3Ca, ainsi que le prouve le raisonnement suivant :

Supposons que l'on se serve d'acide sulfurique.

Une demi-molécule d'acide sulfurique a pour poids moléculaire 49 ;

Une demi-molécule de carbonate de calcium a pour poids moléculaire 50.

Un litre de liqueur sulfurique au dixième normale contient par conséquent $4^{gr},90$ d'acide sulfurique, poids qui correspond à 5 grammes de carbonate de calcium.

Donc le poids d'acide sulfurique dissous dans $0^{cm^3},1$ de la liqueur équivaut à $0^{gr},0005$ de carbonate de calcium. Si ce poids de carbonate se trouve dans 50 centimètres cubes de l'eau à analyser, un centimètre cube en renferme :

$$\frac{0,0005}{50},$$

et 1.000 centimètres cubes, ou 1 litre de cette eau, en possèdent

$$\frac{0,0005 \times 1\,000}{50} = \frac{0,5}{50} = 0^{gr},01.$$

On *titre à froid* : d'abord directement sur l'eau brute, puis sur l'eau brute ayant bouilli. Comme pour le dosage hydrotimétrique, l'eau brute est bouillie doucement une demi-heure, refroidie, ramenée au volume primitif avec de l'eau distillée bouillie et refroidie, et filtrée à froid avant titrage.

Le titrage de l'eau brute et le titrage de l'eau brute bouillie sont effectués deux fois : une première fois en présence de la phtaléine du phénol et une deuxième fois en présence de l'hélianthine.

Le titrage de l'eau non préalablement bouillie, en présence de la phénolphtaléine, permet de se rendre compte si l'eau est alcaline, ce qui ne se présente guère que pour l'eau déjà épurée; et le titrage de l'eau bouillie, en présence du même témoin, permet de vérifier si les 3 degrés dus au carbonate neutre de calcium en dissolution existent réellement.

Calculs, basés sur les résultats de l'analyse industrielle, indiquant les proportions de chaux et de carbonate de sodium à introduire dans l'eau pour l'épurer chimiquement [1]. — Voici, à l'aide d'un exemple, comment on cherche les doses de chaux et de carbonate de sodium nécessaires à l'épuration de l'eau brute.

Supposons que le titre hydrotimétrique total soit 25 degrés, et que le titre hydrotimétrique de l'eau bouillie soit 3 degrés après déduction, dans les deux titrages, de 1 degré, par suite du volume de la liqueur de savon qu'il faut pour faire mousser 40 centimètres cubes d'eau pure préalablement bouillie.

Comme l'eau pure dissout $0^{gr},03$ de carbonate neutre de calcium par litre, la dureté due aux chlorures et aux sulfates est nulle. On peut considérer que la dureté représentée par 25 degrés hydrotimétriques est apportée par le bicarbonate de calcium et éventuellement par le bicarbonate de magnésium.

Comme un degré correspond à $0^{gr},01$ de carbonate de calcium par litre, 25 degrés accusent, par litre, 250 milligrammes de ce sel.

Si, d'autre part, le dosage alcalimétrique exige avec l'eau brute, en présence de l'hélianthine, 39 degrés, et que le dosage de l'eau bouillie, en présence du même indicateur, exige 17 degrés [2], la différence :

$$39 - 25 = 14,$$

représente un poids de carbonate de sodium égal à :

$$0^{gr},0106 \times 14 = 0^{gr},1484 \text{ par litre.}$$

1. A cause de la modification qu'on a fait subir à la liqueur hydrotimétrique, les degrés hydrotimétriques et alcalimétriques correspondent aux poids moléculaires.
2. Nous rappelons que ces dosages sont effectués à froid, même avec la phtaléine comme indicateur.

Ce nombre 14 peut être vérifié. Si des 17 degrés alcalimétriques, on retranche les 3 degrés venant de la solubilité du carbonate neutre de calcium, on retrouve 14.

Quand, après ébullition, une eau a une alcalinité supérieure à 3 degrés, on peut supposer la présence des carbonates de sodium, de potassium et de magnésium.

En transformant en sulfates, par calcul, les quantités de carbonate de calcium et de carbonate de sodium fournies par l'analyse, et en retranchant leur somme du poids du résidu sulfaté, on a, approximativement, à l'état de sulfates, le poids des sels neutres ne marquant pas au dosage alcalimétrique et au dosage hydrotimétrique, tels que les sulfates et les chlorures alcalins.

Les degrés hydrotimétriques et alcalimétriques permettent de trouver la quantité de chaux nécessaire à l'épuration. On doit, en effet, épurer l'eau industrielle de son anhydride carbonique libre et à demi combiné, à l'aide d'une quantité de chaux équivalente à la somme des poids du carbonate de calcium[1] et du carbonate de sodium indiqués par les titrages. Cela tient à ce que la chaux, placée en présence des bicarbonates de calcium[2] et de sodium, agit indifféremment sur ces deux sels acides jusqu'à neutralisation complète. Ce phénomène est facile à constater dans les essais d'épuration. Il faut même un poids de chaux plus grand que celui qui correspond à la somme des poids des bicarbonates alcalins et alcalino-terreux à neutraliser.

Les réactions sont simultanées, mais le bicarbonate de calcium n'est complètement neutralisé qu'après transformation intégrale des bicarbonates alcalins en carbonates alcalins neutres et en carbonate neutre de calcium. Ces réactions ne peuvent être complètes, dans leur ensemble, que lorsque la solution contient un excès de chaux et probablement un peu de soude caustique. L'excédent de chaux ne peut être donné par calcul : il varie, avons-nous dit, avec la température, les proportions de sel dissous et le temps pendant lequel les composés restent en présence.

1. Le carbonate de magnésium est dosé comme carbonate de calcium.
2. La chaux agit également sur le bicarbonate de magnésium.

Nous avons supposé un titre hydrotimétrique de.. 25 degrés dû aux carbonates alcalino-terreux, et un titre alcalimétrique de .... 14 —

C'est-à-dire un titre total de .... 39 degrés nombre fourni par le dosage alcalimétrique de l'eau brute, avec l'hélianthine comme témoin.

Il faudra donc, pour adoucir cette eau, un poids de chaux correspondant à 0gr,390 de carbonate de calcium.

Or une molécule de carbonate de calcium : CO^3Ca, poids moléculaire 100, correspond à une molécule d'hydrate de chaux : $Ca(OH)^2$, poids moléculaire 74.

Par conséquent, un poids de 0gr,390 de carbonate de calcium équivaut à :

$$\frac{100}{0,39} = \frac{74}{x}, \qquad \text{d'où} \qquad x = \frac{0,39 \times 74}{100} = 0,2886,$$

0gr,2886 d'oxyde de calcium hydraté, hydrate de chaux ou chaux éteinte.

Cette donnée doit être vérifiée expérimentalement et corrigée par tâtonnement. A cet effet, on prélève, dans un flacon bouché à l'émeri, 100 centimètres cubes de l'eau à épurer et on y introduit le dixième du poids de chaux éteinte fourni par le calcul précédent, c'est-à-dire :

$$x_1 = \frac{1\,000 \times 0,02886}{1,8} = 16^{cm^3},033$$

$$= 16^{cm^3} \text{ de solution saturée de chaux caustique.}$$

On agite, laisse reposer trois heures, filtre en décantant, et vérifie le titre hydrotimétrique et le titre alcalimétrique.

On répète l'expérience en modifiant, d'après les titres trouvés, le volume d'eau de chaux, jusqu'à ce que l'on obtienne le degré hydrotimétrique le plus faible qu'il soit possible d'atteindre.

Le dosage alcalimétrique est important dans ces essais d'épuration, il indique si la quantité de chaux nécessaire pour rendre l'épuration pratiquement complète n'est pas dépassée. Car, lorsque tous les bicarbonates sont saturés, la chaux se porte sur le carbonate neutre de sodium qu'il transforme en carbonate neutre de calcium, en mettant en liberté un poids équivalent de soude caustique. La dureté n'augmente donc pas, de ce fait, aussi longtemps qu'il y a du carbonate de sodium ; mais l'alcalinité s'élève proportionnellement à la chaux ajoutée en trop.

Nous savons que la phtaléine du phénol se décolore, lorsque tous les carbonates alcalins neutres et le peu de carbonate neutre de calcium, en solution, sont transformés en bicarbonates, tandis que l'hélianthine ne vire au rouge qu'en présence d'un peu d'acide minéral libre, c'est-à-dire, dans le cas échéant, lorsque tous les carbonates neutres ou acides sont transformés en sulfates :

1° Si donc le degré alcalimétrique trouvé, en se servant de la phtaléine comme témoin, est nul ou voisin de zéro, le degré trouvé en présence de l'hélianthine étant plus ou moins élevé, tout l'alcali est à l'état de carbonates acides ou bicarbonates ;

2° Si le degré alcalimétrique, en présence de la phtaléine, est moitié de celui obtenu en opérant avec l'hélianthine comme indicateur, tout l'alcali est à l'état de carbonates neutres ;

3° Enfin, si les deux degrés alcalimétriques sont voisins, l'alcali est presque caustique. Il serait tout à fait caustique si les degrés trouvés en titrant successivement en présence des deux témoins étaient égaux.

Ces divergences sont occasionnées par l'acide carbonique qui déplace la phtaléine du phénol, dans la molécule ionisée, pour s'emparer de la base, et n'exerce aucune action sur l'hélianthine (orangé Poirrier III ou diméthylorange).

Aucun des trois cas que nous venons de citer n'est réalisé dans l'eau épurée. Le premier se constate dans l'eau brute, à part de rares exceptions; le deuxième est pratiquement irréalisable, à cause de la dissociation, et le troisième indiquerait une épuration arbitraire faite avec un grand excès de chaux.

Mais, si nous trouvons, par exemple, 11 degrés alcalimétriques, en prenant la phtaléine comme témoin, et 17 degrés alcalimétriques, en prenant comme témoin l'hélianthine, l'eau épurée contient : 12 degrés de carbonates alcalins et 5 degrés d'alcali caustique[1].

Ces connaissances étant acquises, on se rend compte, par une autre expérience, si on peut diminuer la dose de chaux sans augmenter le titre hydrotimétrique de l'eau épurée.

Nous avons supposé que l'eau brute avait, après une demi-heure d'ébullition, un titre égal à 3 degrés hydrotimétriques. Ce fait n'est pas constant. On peut avoir à épurer une eau possédant une dureté permanente. Une pareille eau n'est évidem-

1. La phtaléine du phénol s'emploie en solution alcoolique au $\frac{1}{50}$. Incolore en présence des acides, elle vire au rouge en présence des bases. Les bicarbonates ne colorent pas ce réactif indicateur ; il peut, par suite, être employé pour le dosage des alcalis caustiques en présence des carbonates alcalins, ainsi que pour le dosage des carbonates alcalins en présence des bicarbonates.

Dans le titrage des substances carbonatées, il faut opérer à l'ébullition, car l'acide carbonique provoque immédiatement la décoloration.

Si, par exemple, on verse, dans la solution froide d'un mélange de soude caustique et de carbonate de sodium, un acide titré ; celui-ci neutralise d'abord la soude en donnant naissance à un sel normal :

$$2\,NaOH + SO^4H^2 = SO^4Na^2 + 2\,H^2O,$$
$$NaOH + HCl = NaCl + H^2O.$$

Une nouvelle addition d'acide agit ensuite sur le carbonate de sodium en formant du bicarbonate :

$$2\,CO^3Na^2 + SO^4H^2 = SO^4Na^2 + 2\,CO^3NaH,$$
$$CO^3Na^2 + HCl = NaCl + CO^3NaH.$$

Quand tout le carbonate de sodium est changé en bicarbonate, le liquide se décolore.

Pour transformer le bicarbonate en sel neutre, il faut encore une quantité d'acide égale à celle qui a fait passer le carbonate neutre en carbonate acide. Cette troisième addition est faite dans le liquide maintenu en ébullition :

$$2\,CO^3NaH + SO^4H^2 = SO^4Na^2 + 2\,CO^2\nearrow + 2\,H^2O\,;$$

$$CO^3NaH + HCl = NaCl + CO^2\nearrow + H^2O.$$

L'opération est simplifiée par la présence de l'hélianthine comme réactif témoin. Ce composé est employé en solution diluée au millième. La solution de diméthylorangé est jaune avec les alcalis, elle vire seulement au rouge avec les acides forts. Le bicarbonate de sodium et l'acide carbonique n'exercent aucune influence. Le titrage de l'alcali total peut donc être effectué à froid, ce qui rend le dosage plus rapide.

Si α est le volume en centimètres cubes de la liqueur titrée d'acide employée pour la première décoloration, β le volume total d'acide et γ la différence $\beta - \alpha$:

$\gamma \times 2$ est le volume correspondant aux carbonates ;

$\beta - 2\gamma$ est celui qui correspond aux bases alcalines ou alcalino-terreuses.

Dans notre exemple :

$$\alpha = 11\,; \qquad \beta = 17\,; \qquad \text{et } \gamma = 6.$$

$\gamma \times 2$ ou $6 \times 2 = 12^{\circ}$, titre des carbonates ;

$\beta - 2\gamma$ ou $17 - 12 = 5^{d}$, titre dû aux bases alcalines ou alcalino-terreuses.

ment pas alcaline. On doit alors introduire, avec la chaux, un certain poids de carbonate de sodium.

Si on représente par $n°$ le chiffre indiqué par le titrage hydrotimétrique de l'eau brute bouillie, on trouvera le poids théorique de carbonate de sodium qu'il faut pour faire tomber cette dureté permanente, en appliquant la relation :

$$(n - 3) \times 0{,}0106.$$

On vérifie ensuite en faisant des essais d'épuration sur un volume d'environ 100 centimètres cubes d'eau brute, comme nous l'avons expliqué. La seule différence est que maintenant il faut se servir des deux réactifs précipitants : chaux et carbonate de sodium, et que la dureté de l'eau épurée augmente proportionnellement avec la chaux ajoutée en excès. L'addition de la chaux doit donc être étroitement surveillée. C'est pour cette raison qu'il est préférable d'épurer avec la soude seule tant que le carbonate de sodium, qui résulte des réactions d'épuration, est suffisant pour précipiter la chaux et la magnésie des sulfates et chlorures. On ajoute une proportion calculée de carbonate de sodium, si les réactions n'en forment pas suffisamment. Un excès des réactifs peut, dans ces conditions, augmenter l'alcalinité de l'eau, mais non sa dureté, et on peut arriver à préparer des eaux qui ne titrent pas plus de 4 degrés hydrotimétriques.

Recherche et dosage du fer, de la chaux et de la magnésie, ainsi que des acides libres ou combinés qu'on rencontre fréquemment dans l'eau. — On peut, au besoin, compléter les renseignements émanant de la marche que nous venons de décrire, en appliquant les réactions relatées dans la méthode classique d'analyse des sels.

Dosage du fer. — On mesure exactement un assez grand volume d'eau, 2 litres par exemple, on l'évapore au dixième, acidule avec un léger excès d'acide chlorhydrique pur, ajoute un peu d'acide azotique pour peroxyder, chauffe quelques minutes au bain-marie et verse de l'ammoniaque jusqu'à odeur ammoniacale. Le fer se précipite à l'état d'hydrate d'oxyde ferrique $Fe^2(OH)^6$.

On chauffe pour agglomérer le précipité, filtre, enlève par lavage tout le chlorure d'ammonium, lequel agirait, pendant la calcination, pour former du chlorure ferrique qui se volatiliserait, dessèche, calcine et pèse le résidu calciné.

Le peroxyde de fer ou oxyde ferrique Fe^2O^3 a pour poids moléculaire 160 ; le fer a pour poids moléculaire 112.

En multipliant le poids d'oxyde ferrique trouvé, par le rapport $\frac{112}{160}$, on obtient le poids de fer contenu dans les 2 litres d'eau, volume sur lequel on a opéré :

$$\frac{x \text{ (fer)}}{p \text{ (oxyde ferrique)}} = \frac{112}{160}; \quad \text{d'où} \quad x = p \times \frac{112}{160}.$$

Dosage de la chaux. — On réunit le liquide filtré et les eaux de lavage, on verse quelques gouttes d'ammoniaque et un léger excès d'une solution au dixième d'oxalate d'ammoniaque, chauffe à une température modérée, filtre, lave et calcine. On arrose le précipité de quelques gouttes d'acide sulfurique étendu ou d'une solution de sulfate d'ammonium, pour le transformer en sulfate, et calcine de nouveau.

Le sulfate de calcium anhydre, SO^4Ca, a pour poids moléculaire 136 ; la chaux ou oxyde de calcium a pour poids moléculaire 56.

En multipliant le poids de sulfate de calcium trouvé par le rapport $\frac{56}{136}$, on obtient le poids de chaux contenu dans le volume d'eau sur lequel on a opéré :

$$\frac{x \text{ (chaux)}}{p \text{ (sulfate de calcium)}} = \frac{56}{136}; \quad \text{d'où} \quad x = p \times \frac{56}{136}.$$

Dosage de la magnésie. — Les eaux mères et les eaux de lavage sont de nouveau réunies. On les réduit de moitié par évaporation au bain-marie et on les additionne d'une goutte d'acide citrique, d'un excès d'ammoniaque et de quelques centimètres cubes d'une solution de phosphate de sodium. On agite, pour provoquer la formation du précipité de phosphate ammoniaco-magnésien, et, après un repos d'au moins douze heures, on filtre, lave avec de l'eau ammoniacale, sèche et calcine.

Il se forme du pyrophosphate de magnésium : $P^2O^7Mg^2$, qui a pour poids moléculaire 222.

La magnésie MgO ayant pour poids moléculaire 40, en multipliant le poids de pyrophosphate trouvé par le rapport $\frac{40}{222}$, on obtient le poids d'oxyde de magnésium anhydre contenu dans le volume d'eau prélevé :

$$\frac{x \text{ (magnésie)}}{p \text{ (pyrophosphate de magnésium)}} = \frac{40}{222}; \quad \text{d'où} \quad x = p \times \frac{40}{222}.$$

Recherche et dosage de l'anhydride carbonique libre ou à demi combiné. — Les bicarbonates colorent en violet la teinture de campêche. L'addition d'eau de chaux provoque dans les eaux carbonatées (carbonates alcalins neutres, bicarbonates alcalino-terreux, bicarbonate de magnésium) un trouble ou un précipité blanc. L'évaporation de ces eaux laisse un résidu qui fait effervescence sous l'action des acides ; le gaz qui se dégage trouble l'eau de chaux, c'est de l'anhydride carbonique. Les eaux tenant en dissolution des carbonates alcalino-terreux ou du carbonate de magnésium sont troublées par la chaleur ; l'ébullition précipite les carbonates neutres correspondants.

Nous avons décrit, page 663, le procédé Vignon et Meunier pour le dosage de l'acide carbonique libre ou à demi combiné.

Le titrage alcalimétrique effectué, avec une liqueur décinormale, à froid en présence de l'hélianthine ou à l'ébullition avec la phtaléine du phénol comme indicateur, sur un volume de 50 centimètres cubes, indique pour chaque degré ou dixième de centimètre cube de liqueur acide 0gr,01 de carbonate de calcium, ce qui correspond à 0gr,0162 de bicarbonate de calcium et à 0gr,0088 d'anhydride carbonique à demi-combiné. Nous supposons, dans notre raisonnement, que tout l'acide carbonique est à l'état de bicarbonates, qu'il n'y a, par conséquent, ni carbonates neutres, ni alcalis caustiques à plus forte raison[1].

Il faudrait se reporter aux explications de la page 677, s'il en était autrement.

1. Il ne peut, du reste, y avoir de l'alcali caustique et du bicarbonate dans la même solution.

Recherche et dosage des chlorures. — Les chlorures donnent avec l'azotate d'argent un précipité opalin d'abord, puis caillebotté, insoluble dans les acides ; on opère en présence d'acide azotique. Si on veut connaître la proportion de chlorures contenus dans l'eau à examiner, on recueille, lave, calcine et pèse le précipité de chlorure d'argent.

Le chlorure d'argent, AgCl, a pour poids moléculaire 143; le chlore a pour poids atomique 35,5.

En multipliant le poids de chlorure trouvé par le rapport $\frac{35,5}{143}$, on obtient le poids de chlore combiné contenu dans le volume d'eau sur lequel on a effectué le dosage :

$$\frac{x \text{ (chlore)}}{p \text{ (chlorure d'argent)}} = \frac{35,5}{143}; \quad \text{d'où} \quad x = p \times \frac{35,5}{143}.$$

On peut doser rapidement le chlore fixé à l'état de chlorures, à l'aide d'une solution titrée d'azotate d'argent, en employant le chromate de potassium comme indicateur (Mohr). La fin de la réaction est annoncée par l'apparition d'une coloration rouge due à la formation de chromate d'argent.

Chaque centimètre cube de la solution décinormale d'azotate d'argent correspond à $3^{mg},55$ de chlore et à $3^{mg},65$ d'acide chlorhydrique.

Recherche et dosage des sulfates. — On acidule 1 litre de l'eau à analyser avec de l'acide chlorhydrique ; on réduit, par évaporation, le volume au dixième, fait bouillir et verse goutte à goutte, jusqu'à léger excès, une solution de chlorure de baryum. On laisse déposer le sulfate de baryum formé qu'on filtre, lave, sèche et calcine.

Le sulfate de baryum, SO^4Ba, a pour poids moléculaire 233; l'acide sulfurique a pour poids moléculaire 98.

En multipliant le poids de sulfate de baryum trouvé par le rapport $\frac{98}{233}$, on obtient le poids d'acide sulfurique correspondant aux sulfates contenus dans un litre de l'eau soumise à l'expertise :

$$\frac{x \text{ (acide sulfurique)}}{p \text{ (sulfate de baryum)}} = \frac{98}{233}; \quad x = p \times \frac{98}{233}.$$

ÉPURATION

Les épurateurs reposent presque tous sur le même principe : précipitation à froid des sels calcaires et magnésiens, par un mélange de lait de chaux et de carbonate de sodium. Les réactions signalées au début de ce chapitre expliquent :

1° Que la chaux neutralise l'acide carbonique maintenant en dissolution le carbonate de calcium et le carbonate de magnésium. Il y a donc formation de carbonates neutres insolubles, qui se déposent ;

2° Que le carbonate de sodium agit sur les sels calcaires et magnésiens autres que les carbonates pour former encore des carbonates insolubles. Ce sont ces carbonates qui se déposent, en entraînant les substances qui étaient primitivement en suspension dans l'eau.

Voici, à titre d'exemple, la description et le fonctionnement de l'épurateur automatique H. Desrumaux (*fig.* 177).

Cet appareil se compose des organes suivants :

1° Le *distributeur* formé de deux parties :

La caisse de distribution A *munie de deux vannes*. — La régularisation de l'arrivée de l'eau dans cette caisse a lieu à l'aide d'un trop-plein à flotteur (alimentation par pompe) ou d'une soupape équilibrée (alimentation sous pression).

Le moteur hydraulique B. — Il est constitué par une roue à augets recevant l'eau de l'une des vannes et commandant toutes les autres pièces en mouvement de l'épurateur.

2° Le *bac à réactifs* C reçoit chaque jour la dose de carbonate de sodium nécessaire diluée dans le maximum d'eau que peut contenir ce bac ; la dissolution s'écoule par deux orifices dont l'ouverture dépend de la roue B.

3° Le *saturateur* E constitué par un récipient cylindro-conique, traversé suivant son axe par un arbre-tube creux muni : à sa partie supérieure, d'un entonnoir recevant l'eau de la seconde vanne ; à sa partie inférieure, de palettes de malaxage mises en mouvement par l'entremise d'un engrenage conique commandé par la roue B. Un bac extincteur-tamiseur, logé en haut du saturateur, reçoit la chaux vive en morceaux qui s'éteint naturellement au contact de l'eau. Lorsque a lieu le chargement de l'appareil, on fait descendre cette chaux éteinte dans la caisse de malaxage par la vanne de l'extincteur.

4° Le *décanteur* F, muni à sa base d'une soupape de purge G et à sa partie supérieure d'un filtre H.

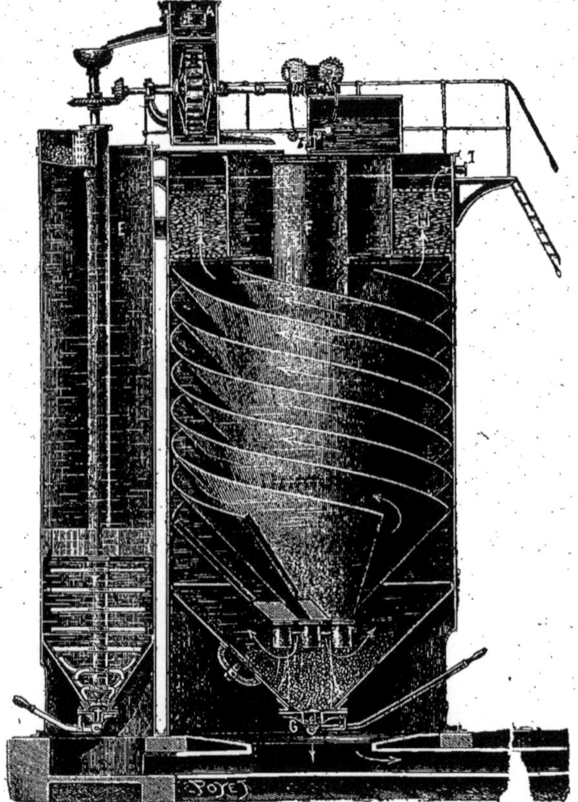

Fig. 177. — Épurateur automatique H. Desrumaux.

Il est de plus traversé par un cylindre central et par de nombreux diaphragmes de forme conique ou hélicoïdale. L'eau à épurer et les réactifs sont déversés dans le cylindre central où commencent les réactions. Gênée dans son mouvement ascendant par les cloisons étagées, l'eau abandonne peu à peu les sels devenus insolubles, ce qui rend la décantation et, par suite, l'épuration continues.

Quand on remplace la chaux par la soude, on supprime le saturateur.

Filtrage. — Au sortir des épurateurs, les eaux sont refiltrées à travers du gravier, du sable ou des éponges. On filtre de bas en haut ou de haut en bas, et on lave les filtres, en lançant de l'eau déjà filtrée en sens inverse du sens suivant lequel se fait la filtration.

On peut remplacer le carbonate de sodium par le *carbonate de baryum*. La chaux intervient encore pour précipiter les carbonates ; mais le carbonate de baryum artificiel précipite les sulfates d'une manière complète, sans qu'il reste dans l'eau trace de réactif :

$$CO^3Ba + SO^4Ca = CO^3Ca + SO^4Ba.$$

Les deux sels : carbonate de calcium [1] et sulfate de baryum, étant insolubles, tout est précipité, il ne se forme pas du sulfate de sodium, comme cela arrive quand on utilise le carbonate de sodium.

Les chlorures ne sont ni éliminés, ni même transformés ; mais ils sont rendus inoffensifs en ce qui concerne les corrosions, lorsqu'on augmente, suivant des proportions convenables la dose de la chaux, afin de précipiter la magnésie [2] :

$$MgCl^2 + Ca(OH)^2 = CaCl^2 + Mg(OH)^2.$$

Le carbonate de baryum étant presque insoluble (0gr,016 par litre), on ne peut le faire agir comme la chaux ou le carbonate de sodium. On le maintient en suspension dans l'eau brute, d'une façon intermittente, au moyen d'un siphon automatique qui produit, à intervalles réguliers, des chasses d'eau sur le fond de l'appareil. L'eau ne pouvant pas entraîner le carbonate de baryum et celui-ci ne réagissant qu'en proportion de l'acide sulfurique combiné contenu dans l'eau brute, le dosage de ce réactif est supprimé.

1. Nous savons que le carbonate neutre de calcium est très peu soluble.

2. Les chlorures et sulfates de sodium et de calcium ne corrodent pas ou presque pas les parois des chaudières. Le chlorure de magnésium, au contraire, est corrosif ; l'expérience a montré que c'est lui qui, principalement, attaque les tôles.

L'*aluminate de baryum* est le meilleur réactif pour les eaux séléniteuses ou pour les eaux qui, après ébullition ou après action de la chaux, ne contiennent plus que du carbonate neutre de calcium et du sulfate de calcium (sélénite). Il forme dans ces eaux des sels de baryum et de l'aluminate de calcium insolubles :

$$CO^3Ca + Al^2O^4Ba = CO^3Ba + Al^2O^4Ca,$$
$$SO^4Ca + Al^2O^4Ba = SO^4Ba + Al^2O^4Ca.$$

Depuis une quinzaine d'années, on recommande un nouveau procédé d'épuration des eaux industrielles basé sur l'emploi de zéolithes artificiels. Le zéolithe utilisé ici est un silicate hydraté d'alumine et de soude, s'il faut s'en rapporter à la formule théorique donnée par le Dr Gans qui, le premier, réussit à préparer ce produit qu'il a dénommé *Permutite*.

La permutite se présente en grains foliacés d'un éclat nacré.

Le procédé d'épuration consiste dans une simple filtration sur la permutite qui abandonne le sodium en échange du calcium et du magnésium. C'est cet échange, ou mieux cette permutation, qui a fait désigner la matière filtrante sous le nom de permutite, les bicarbonates de calcium et de magnésium se transforment en bicarbonate de sodium, tandis que les sulfates et chlorures de calcium et de magnésium produisent du sulfate de sodium et du chlorure de sodium.

La dureté permanente et la dureté temporaire sont enlevées par un seul et même produit. Après filtration, l'eau est complètement adoucie, elle titre 0 degré hydrotimétrique quand l'écoulement est bien réglé.

Lorsque l'eau cesse de titrer 0 degré, la permutite a besoin d'être régénérée. La régénération s'effectue en laissant la permutite, pendant trois à quatre heures, dans une solution au dixième de chlorure de sodium. La quantité de sel à employer égale huit fois le poids de la chaux fixée pendant l'épuration. Il se produit évidemment une permutation inverse de celle qui a provoqué l'adoucissement de l'eau. Le sodium prend la place du calcium et du magnésium et on trouve dans la solution saline, après la régénération, du chlorure de calcium et du chlorure de magnésium. La réaction obéit à l'action des masses, et, comme la chaux a plus d'affinité pour la permutite que la soude, il est indispensable que le sel marin soit en grand excès.

Ce mode d'épuration n'exige aucune analyse préalable, aucun dosage de réactifs ; la filtration demande peu de surveillance ; mais l'installation est coûteuse, et la permutite, dont le prix est élevé, ne sert pas indéfiniment, quoi qu'en disent les intéressés. La masse filtrante se fatigue, malgré les régénérations, elle doit être renouvelée de temps en temps.

L'épuration courante par la chaux et le carbonate de sodium permet d'obtenir de l'eau titrant 5 à 6° hydrométriques, quand il est bien conduit. Une semblable épuration est suffisante pour l'industrie drapière, fabrication des tissus de laine ; elle est insuffisante pour l'industrie de la soie où l'on reconnait de plus en plus que l'eau doit être rigoureusement douce, c'est-à-dire capable de dissoudre totalement le savon sans en précipiter même des traces.

C'est probablement la raison pour laquelle on fait en ce moment beaucoup de réclame en faveur de la permutite.

Il y a quelque vingt ans, quand ce composé a fait son apparition, l'industrie s'est livrée dans ses laboratoires à des essais de décalcification qui furent concluants, mais elle recula devant les frais d'installation et de main-d'œuvre.

Il paraît que certaines difficultés sont aplanies par l'usage de la permutite B, dont la régénération est plus rapide que celle de l'ancienne permutite.

Si l'on ne dispose pas d'un appareil spécial pour adoucir l'eau, on peut préparer l'eau douce en laissant séjourner plusieurs heures, dans de grandes cuves, l'eau brute additionnée de chaux et carbonate de sodium ou de soude et carbonate de sodium ou simplement de soude, si la dureté permanente n'est pas trop élevée.

Lorsqu'une eau ne titrant pas plus de 20 degrés hydrotimétriques doit servir soit à la teinture du coton en appareil mécanique soit à la teinture des nuances claires, en baquets simples, avec addition de savon, soit au traitement avant teinture avec du savon ou avec de l'huile, il est avantageux de l'adoucir directement en la faisant bouillir avec du carbonate de sodium.

On ajoute ce réactif avant de garnir le bain de teinture, si on doit travailler en bain alcalin. Dans les autres cas, on fait bouillir au préalable l'eau brute dans un récipient spécial et on laisse déposer le précipité. Cette eau plus ou moins alcaline est excellente pour le dégraissage des laines, mais elle augmente sensiblement le prix de revient du lavage, à cause du grand volume d'eau que nécessite cette opération.

Pour teindre de la laine, on ajoute à l'eau assez d'acide acétique ou d'acide sulfurique pour neutraliser le bain ou pour le rendre acide, selon les besoins.

XXX

IMPRESSION DES MATIÈRES TEXTILES

Nous connaissons déjà, en principe, l'impression avec les colorants de cuve : indigo et colorants de cuve moderne. Bien que la question de l'impression soit un peu en dehors du cadre que nous nous sommes tracé, nous croyons devoir la traiter, du moins sommairement, pour les autres classes de colorants (1).

OPÉRATIONS PRÉLIMINAIRES

LAINE

La laine est imprimée à l'état de rubans, de fils et de tissus. Elle subit les opérations préliminaires suivantes : le dégraissage, le blanchiment, le chlorage et, dans certains cas, la préparation à l'étain. Les tissus doivent en outre être soumis au fixage.

Fixage. — Les pièces sont passées au large dans de l'eau chaude et enroulées sous pression. Cette opération étant répétée plusieurs fois, on procède au dégraissage.

Il est préférable de dégraisser avant fixage, principalement quand on désire fixer à l'eau très chaude.

Blanchiment. — Nous ne reviendrons pas sur les divers modes de blanchiment. On peut blanchir au bisulfite après chlorage. Le séjour dans le bain de bisulfite est alors avantageusement suivi d'un trem-

(1) Nous avons mis à contribution une conférence de M. Noelting (voir page 393) et une étude de M. O. Picquet, *le Chinage des fils* (*R.G.M.C.*, 1907).

page en eau oxygénée. Le blanc est meilleur et les traces d'acide sulfureux qui ont résisté au lavage sont enlevées.

Chlorage. — On chlore soit avec du chlore gazeux, soit avec une dissolution de chlorure de chaux acidulée d'acide chlorhydrique, soit avec une dissolution d'hypochlorite de potassium ou de sodium acidulée d'acide chlorhydrique ou d'acide sulfurique. Les tissus sont chlorés au large.

La quantité de chlore à faire absorber dépend de la nature de la marchandise, de la qualité de la laine et des colorants à appliquer. Elle varie, en moyenne, de 1^{kg},600 à 2^{kg},150 de chlore pour 100 kilogrammes de laine.

Si le chlorage est trop fort, le blanc jaunit au vaporisage.

Préparation à l'étain. — La préparation à l'étain consiste à manœuvrer la marchandise dans une solution de stannate de sodium titrant 3° à 5° Baumé, à l'enrouler et à la laisser en digestion environ une heure. On fixe ensuite le mordant d'étain par un passage dans un bain d'acide sulfurique marquant 1 degré Baumé, lave, essore et sèche.

SOIE

La soie est imprimée à l'état de fils et de tissus. Les fils et les tissus de soie sont décreusés, blanchis et, comme les tissus de laine, quelquefois préparés à l'étain. On les imprègne de chlorure stannique qui est fixé au phosphate de sodium.

COTON

Le coton est aussi imprimé soit à l'état de fils, soit à l'état de tissus.

Les cotons sont tout d'abord débouillis, presque toujours blanchis et quelquefois huilés.

MÉTHODES D'IMPRESSION

Les trois méthodes typiques d'impression sont :

L'impression par application directe ;

L'impression par réserve ;

L'impression par enlevage ou rongeage.

IMPRESSION DIRECTE

L'impression directe consiste à imprimer un colorant épaissi, pour empêcher le coulage, additionné, au besoin, du mordant et des adjuvants variables suivant chaque genre de couleur, puis à fixer le colorant après impression.

Le fixage s'effectue le plus souvent par vaporisage, c'est-à-dire que les marchandises imprimées sont séchées et soumises à l'action de la vapeur d'eau. Les couleurs produites de cette manière sont appelées *couleurs vapeur.*

Les *couleurs d'application* et les *couleurs d'oxydation* sont obtenues d'après le même principe.

On désigne sous le nom de couleurs d'application celles dont le fixage s'obtient par un séjour suffisamment prolongé dans une atmosphère humide et modérément chauffée.

On appelle couleurs d'oxydation celles qui sont développées par un étendage chaud et humide ou par un vaporisage très court et dont l'oxydation est complétée par un passage en bichromate.

Dans certains cas, on n'imprime que le mordant, on le fixe, puis on teint à la manière ordinaire. La teinture ne prend que sur les portions imprimées.

Après impression et fixage, le textile est lavé à l'eau froide pour enlever l'épaississant ; si c'est nécessaire, il est savonné une ou deux fois et rincé. Toutefois, l'épaississant reste adhérent à la fibre et sert de fixateur quand on emploie des substances insolubles (pigments, laques) qui n'ont aucune affinité pour la marchandise imprimée. Ces corps colorés sont appliqués avec l'albumine, la caséine, la gélatine ou les vernis.

L'impression directe peut, aussi bien, être exécutée sur des substances blanches que sur des matières déjà colorées. Dans ce dernier cas, les nuances obtenues dépendent de la couleur de fond ; elles sont peu influencées si le fond est clair, elles sont sensiblement modifiées si le fond est foncé. Par exemple, un jaune imprimé sur indigo ou sur rouge turc donnera la couleur complémentaire ; un vert, sur l'indigo ; un orangé, sur le rouge turc. Cette influence de la nuance de fond n'a pas lieu si, à la couleur d'impression, on ajoute un agent qui détruit la couleur première pendant la fixation du colorant imprimé. Le jaune apparaît alors réellement sur le fond bleu de cuve ou sur le fond rouge turc (voir impression par enlevage).

Les couleurs appliquées par impression directe pénètrent à peine à l'intérieur des marchandises. Elles ne traversent que les tissus très légers. Parfois on imprime l'étoffe des deux côtés en employant le même dessin ou des dessins différents (double face). Ces deux impressions se font successivement ou simultanément.

IMPRESSION PAR RÉSERVE

L'impression par réserve, appelée improprement article réserve, consiste à appliquer, par voie d'impression ou par peinture, une composition qui empêche la fixation ou la formation de la couleur pendant les opérations de la teinture ou de la surimpression (impression sur marchandise déjà imprimée).

Les réserves agissent soit mécaniquement, soit chimiquement, soit en même temps mécaniquement et chimiquement.

Les réserves purement mécaniques sont des corps ou des mélanges de corps imperméables : dissolution de résine dans l'essence de térébenthine, mélange d'empois d'amidon, de kaolin, de suif, de sulfate de plomb, etc.

Les réserves purement chimiques sont les alcalis, les sels d'acides faibles, les réducteurs : sels stanneux, poudre de zinc ; les sels d'antimoine ; les acides citrique et tartrique.

Les premières empêchent l'absorption de la couleur par la fibre, les secondes s'opposent à la formation de la laque colorante ou détruisent la couleur.

Les réserves mixtes, c'est-à-dire les réserves à la fois chimiques et mécaniques, précipitent le colorant et s'opposent, en même temps, à l'absorption du liquide colorable. C'est ce qui se pratique pour l'indigo, où le leucodérivé est oxydé avant son absorption par le textile.

Dans les réserves mixtes, on peut classer les rongeants réserves; ce sont des préparations qui produisent sur une étoffe teinte des enlevages blancs ou colorés et, par le fait même, forment réserve sous une impression subséquente ou surimpression.

IMPRESSION PAR ENLEVAGE OU RONGEAGE

On imprime, sur la marchandise teinte ou simplement mordancée, des substances qui détruisent le colorant ou le mordant en les transformant en dérivés solubles.

Les endroits des tissus, rubans ou fils teints qui ont été ultérieurement imprimés, séchés, puis vaporisés, deviennent blancs au lavage.

Lorsque les textiles ont préalablement été mordancés, mais non teints, les places imprimées, séchées, vaporisées, puis lavées, ne prennent pas la couleur lors de la teinture.

Si, à la composition d'enlevage, on ajoute un colorant qui résiste au rongeage, on détruit la nuance de fond et on la remplace par une nuance différente. On pratique ainsi ce que l'on appelle communément des *enlevages colorés* ou des *enluminages.*

Les étoffes devant être rongées sont teintes de deux côtés ou d'un côté seulement. Toujours est-il que l'on plaque le rongeant, à l'aide d'un rouleau gravé, sur la face où l'on veut produire l'enlevage.

COULEURS D'IMPRESSION

On appelle couleur d'impression un mélange semi-fluide, très homogène, comprenant le colorant additionné ou non d'un rongeant ou d'une réserve, le fixateur et l'épaississant (Voir couleur d'impression pour enlevage).

COULEURS D'IMPRESSION DIRECTE

Les couleurs d'impression directe comprennent le colorant, l'épaississant et le fixateur. Le colorant est choisi d'après la nature du textile et l'usage auquel est destiné la marchandise teinte.

Préparation des couleurs d'impression. — Les couleurs d'impression se préparent en faisant bouillir un certain temps un mélange composé, pour 1 kilogramme de couleur d'impression, de :

Colorant	5 à 50 grammes
Eau	400 à 500 —
Épaississant	250 à 400 —

et, ordinairement,

Glycérine	20 à 30 grammes

Après refroidissement, on tamise et ajoute une solution d'un des produits ou mélange de produits, devant servir de fixateur, qui sont, pour la laine :

Acide oxalique : 10 à 30 grammes (colorants acides et quelques diamines) ;
Oxalate d'ammonium : 25 à 30 grammes (anthracènes acides);
Phosphate de sodium : 5 à 20 grammes (colorants diamine) ;
Acide acétique : 20 à 50 grammes (colorants basiques et quelques colorants acides) ;
Acide tartrique : 10 à 20 grammes (colorants acides) ;
Acide oxalique : 10 à 20 grammes et acétate d'aluminium à 15° B. : 20 à 40 grammes ou alun : 10 grammes (ponceaux et cochenilles) ;
Acide oxalique : 10 à 20 grammes et oxalate d'ammonium 30 grammes (colorants acides) ;
Fluorure de chrome : 20 à 50 grammes et oxalate d'aluminium : 30 à 50 grammes ou acide oxalique : 10 grammes (anthracènes acides et anthracènes au chrome).

Pour les autres colorants à mordant :

Sel d'étain : 20 grammes et acétate de sodium : 40 grammes (ou acide acétique) ;
Ou sulfate d'aluminium : 40 à 100 grammes et acide tartrique : 40 grammes ;
Ou acétate de chrome : 50 à 150 grammes et acide oxalique : 20 grammes,
Suivant les colorants.

ou bien, et ceci spécialement pour les noirs :

Soit : chlorate de sodium : 5 à 18 grammes, avec un acide organique, un mélange d'acides organiques, ou de l'oxalate d'ammonium ;
Soit : alun : 15 à 18 grammes et acide oxalique : 10 à 20 grammes, d'après les marques de noirs.

Le mélange est ensuite additionné d'eau pour faire 1 kilogramme de couleur d'impression.

Les composés ajoutés au colorant épaissi sont, pour le coton, avec les colorants basiques :

Tanin	80 à 160 grammes

plus certains corps destinés à empêcher la formation prématurée de la laque :

Acide acétique	60 à 130 grammes
Acide tartrique	2 à 6 —
Et acétine 20 à 80 gr. ou glycérine	30 grammes

On peut prendre d'autres acides, tels que : l'acide formique, l'acide lactique, l'acide phénique, pour remplacer les acides acétique et tartrique, et l'éther tartrique au lieu de l'acétine.

En résumé, pour faire les couleurs d'impression, on dissout les colorants dans un petit volume d'eau bouillante, fait bouillir de nouveau avec l'épaississant et, après avoir laissé refroidir, on mélange les autres ingrédients également bien dissous : fixateurs ou fixateurs et oxydant, puis on remue la masse jusqu'à complet refroidissement.

COULEURS D'IMPRESSIONS POUR ENLEVAGE OU RONGEAGE

Les couleurs d'enlevage comprennent l'épaississant et le rongeant, pour les enlevages simples; l'épaississant, le rongeant et le colorant pour les enlevages colorés. Les rongeants sont appliqués sur fond teint.

Préparation des couleurs d'enlevage. — Pour préparer les enlevages blancs, on empâte le rongeant et l'épaississant, chauffe pendant quinze à vingt minutes à 65°-70° C., laisse refroidir, ajoute de l'albumine au besoin et passe à travers un tamis.

Pour les enlevages colorés, on dissout ou délaye le colorant que l'on mélange ensuite à l'épaississant et au rongeant.

Le rongeant est pris dans les proportions de :

Chlorure stanneux cristallisé	200 à 500	grammes
Ou poudre de zinc lavée	250 à 400	—
Et bisulfite de sodium à 36° Baumé..	400 à 500	—
Ou encore, hyraldite..............	400 à 500	—

que l'on peut remplacer par une quantité équivalente des différentes marques d'hydrosulfite.

Ces proportions conviennent pour 1 kilogramme de rongeant.

On peut encore mentionner, comme servant spécialement au coton :

Soude caustique à 40° Baumé, 450 grammes, et bisulfite de sodium à 36° Baumé, 170 grammes;

Ou sulfite de potassium à 45° Baumé, 500 à 600 grammes, avec ou non environ 50 grammes de soude ou 100 grammes d'acétate de sodium;

Ou encore soude à 40° Baumé, 50 grammes, et hydrosulfite 40 à 170 grammes et même 300 grammes.

Ces indications sont forcément vagues et incomplètes; les références des fabriques de colorants renseignent d'une façon satisfaisante, pour chaque cas particulier.

ÉPAISSISSANTS

Les épaississants dont le choix dépend de la nature du colorant, du mordant, du genre de textile à imprimer et des tons qu'il s'agit de réaliser doivent empêcher l'eau de s'étendre par capillarité sur les parties non imprimées, s'appliquer en couches bien uniformes de manière à fournir des nuances parfaitement unies, être inertes par rapport aux colorants et aux mordants et pouvoir s'éliminer facilement après fixation de la couleur.

Les principaux épaississants sont :

La *fécule et la farine de froment*. Afin de donner à l'empois la finesse voulue, on le remue pendant toute la durée de sa préparation et jusqu'à complet refroidissement. Lorsque l'empois doit rester dans une atmosphère tiède, il fermente, devient acide et ne peut plus servir. On prévient cette fermentation par addition d'un peu d'acide acétique ou mieux d'acide salicylique.

La *bristish gum* (amidon de maïs grillé), la *léiocome* (fécule grillé), l'*amidon grillé* brun ou blond, l'*amidon de maïs*, *de blé*, *de riz*, la *dentrine*. Les épaississants se préparent avec ces produits comme avec la fécule ou la farine de froment.

Les *gommes*. On distingue les gommes solubles à l'eau froide, telle est la gomme du Sénégal ou *gomme arabique*, et les gommes insolubles, comme la *gomme de Bassorah*. Les gommes insolubles se solubilisent dans l'eau chauffée à haute température.

Les solutions de gomme sont préparées avec leur poids d'eau froide.

La *gomme adragante* se gonfle seulement dans l'eau froide. L'épaississant d'adragante se prépare en laissant d'abord tremper le produit dans l'eau froide, 100 grammes par litre environ. On fait ensuite bouillir jusqu'à ce que la solution soit devenue bien fluide. Le mucilage d'adragante s'emploie beaucoup en mélange avec l'épaississant d'amidon.

On peut encore ajouter les *albumines* : albumine de sang, albumine d'œuf et la colle forte.

Pour débarrasser les épaississants de leurs impuretés et les rendre tout à fait homogènes, on les fait passer à travers un tamis ou un linge fin.

VAPORISAGE ET LAVAGE

La marchandise est à peu près sèche au moment de l'impression. Après l'impression, on la laisse en contact quelque temps avec des doubliers humides ou bien on l'humecte par étendage froid et humide et on vaporise.

Les couleurs simplement imprimées manquent d'intensité et elles sont uniquement posées à la surface des fibres. On les avive et on les fait pénétrer par le vaporisage. Les textiles imprimés sont donc exposés à la vapeur émise à une pression variable avec la nature des fibres et les couleurs appliquées.

Le degré d'humidité de la marchandise au moment du vaporisage et celui de la vapeur elle-même ont une grande influence sur la solidité et la netteté des couleurs. Si l'étoffe et la vapeur sont trop sèches, les couleurs ne se fixent pas suffisamment ; si, au contraire, elles sont trop humides, le dessin n'est pas net.

Les rouleaux guides qui garnissent les étuves sont soigneusement chauffés à la vapeur environ deux heures avant de faire passer les impressions.

Il importe que la vapeur ne contienne ni primage ni eau de condensation. Cette eau, en se posant sur l'étoffe, ferait étendre la couleur et provoquerait des taches.

Il se fait donc, pendant le vaporisage, une légère teinture des endroits qui sont garnis de colorant ou, au contraire, un rongeage des surfaces imprimées après teinture. Nous savons que ce rongeage est quelquefois accompagné d'une teinture partielle (enluminage).

Après le vaporisage, la matière imprimée a perdu en partie la raideur que les épaississants lui avaient fait acquérir. On l'assouplit encore, quand c'est nécessaire, en faisant tomber une partie de ce gommage par lavage à l'eau, maltage ou savonnage.

IMPRESSION SUR TISSUS DE LAINE

EMPLOI DES DIVERS COLORANTS EN IMPRESSION DIRECTE OU IMPRESSION VAPEUR

Colorants basiques. — Les colorants basiques sont imprimés en milieu légèrement acide, c'est-à-dire en présence d'un peu d'acide acétique ou d'un autre acide organique.

On les emploie sur laine non chlorée. L'addition de tanin peut améliorer la solidité au lavage et à la lumière.

Colorants acides. — Les colorants acides sont imprimés en milieu franchement acide; on les place en présence d'acide acétique, tartrique, citrique ou sulfurique ou de sels à réaction acide : bisulfate de sodium, alun ou sulfate d'aluminium. S'ils sont peu solubles, on fait appel aux sels dissociables au vaporisage : oxalate, acétate, tartrate ou citrate d'ammonium. L'addition de tanin peut être avantageuse.

L'acide sulfurique est l'acide qui fixe le mieux la plupart des colorants acides; malheureusement, dans l'impression au rouleau, il attaque fort les toiles qui guident les pièces. On peut garantir ces toiles sans fin en les imprégnant de carbonate de sodium ou de silicate de sodium. Néanmoins, on ne se sert d'acide sulfurique que pour les nuances très foncées.

L'acide oxalique est le fixateur qui remplace le mieux le vitriol. L'action de l'acide tartrique est plus faible. On ajoute du chlorate de potassium ou de sodium quand, pendant un vaporisage trop humide, la réduction du colorant est à craindre.

La glycérine peut entrer dans la composition du fixateur comme humidifiant.

L'acétate de sodium, le tungstate de sodium ou le phosphate de sodium s'ajoutent à raison de 1 0/00 de couleur d'impression, pour faciliter l'unisson.

Les agents alcalins peuvent faire tomber les colorants acides, on évite leur usage au finissage et à l'apprêt des pièces imprimées avec les colorants de ce groupe. Si un traitement alcalin s'impose, il doit être suivi d'un acidage.

Colorants diamine ou colorants de benzidine. — Ils produisent des impressions solides au lavage et à l'eau. On les utilise avec addition de phosphate de sodium, d'acide acétique, d'acétate d'ammonium ou d'oxalate d'ammonium.

Colorants de résorcine. — Ils sont imprimés en milieu faiblement acide, neutre ou alcalin. On réalise ces conditions en les mélangeant avec de l'acétate d'ammonium, de l'oxalate d'ammonium, du sel d'étain, de l'acétate de sodium, du phosphate de sodium ou du carbonate de sodium.

Les colorants de résorcine sont peu sensibles à la réduction, ils peuvent être employés pour colorer les rongeants.

Colorants à mordant. — Ces colorants donnent des impressions solides à la lumière et au lavage. On les applique avec des mordants métalliques : sels de chrôme, d'aluminium, d'étain, etc., en présence d'acide acétique ou d'un acide organique non volatil.

Les tissus de laine sont vaporisés une à deux heures, à l'état humide, immédiatement après l'impression, avec de la vapeur émise à la pression de 1/4 à 1/2 atmosphère.

On adoucit le toucher des parties imprimées par un rinçage énergique suivi ou non d'un savonnage ou d'un traitement au malt.

EMPLOI DES DIFFÉRENTS RONGEANTS OU COULEURS D'IMPRESSION POUR ENLEVAGE OU RONGEAGE

Les agents employés pour les effets de corrosion sur laine, à l'exception de l'acide azotique qui est parfois utilisé pour ronger les lisières, sont des réducteurs : les sels tanneux, la poudre de zinc et l'hydrosulfite.

Rongeants à l'étain. — On se sert du chlorure stanneux, de l'acétate stanneux ou de l'hydrate d'oxyde stanneux en pâte additionnés d'acide tartrique, citrique ou oxalique, rarement d'acide chlorhydrique.

Les rongeants à l'étain ont l'inconvénient de fixer des combinaisons d'étain très difficiles à éliminer et de provoquer ainsi le jaunissage du blanc en magasin.

Rongeants à la poudre de zinc. — Les rongeants à la poudre de zinc peuvent attaquer la laine au vaporisage sous pression, ce qui les a fait remplacer par les rongeants à l'hydrosulfite dans l'impression au rouleau. Ils agissent, du reste, comme ce dernier : le bisulfite se transforme en hydrosulfite, lequel ronge le fond teint, grâce à son grand pouvoir réducteur.

Rongeants à l'hydrosulfite. — L'hydrosulfite donne d'excellents résultats comme rongeant des teintures sur laine, aussi bien pour enlevages blancs que pour enlevages colorés. Pour obtenir des rongeages tout à fait blancs, il faut teindre de la laine préalablement blanchie.

Les colorants azoïques sont dédoublés par l'action de l'hydrosulfite, tandis que les autres colorants sont transformés en leurs leucodérivés qui, à leur tour, sont détruits par un excédent de réducteur.

Le chlorage de la laine, avant ou après teinture, exerce une action favorable sur la rongeabilité et sur le fixage des rongeants colorés. Toutefois, les teintes unissent plus difficilement sur laine chlorée et elles sont moins solides au lavage.

Pour certains colorants, il est bon de chromer faiblement avec une solution de 0gr,25 de bichromate de potassium par litre, pour reconstituer par oxydation le colorant réduit à l'état de leucobase pendant le vaporisage.

Tous ces rongeants appliqués sous couleurs vapeur se comportent comme des réserves.

IMPRESSION SUR TISSUS DE SOIE

IMPRESSION DIRECTE

La soie se conduit comme la laine vis-à-vis de la plupart des matières colorantes et, à peu de chose près, elle s'imprime comme la laine.

Les épaississants à l'amidon sont difficiles à éliminer après vaporisage, on évite leur emploi. On fait usage de dextrine ou de gomme ; mais on n'épaissit pas à la gomme les couleurs au mordant de chrome parce qu'elle durcit aussi bien la soie que la laine. La glycérine favorise l'unisson. L'ammoniaque tient en solution les colorants acides.

Après impression on sèche, vaporise une heure à une heure et demie en vapeur humide. Les colorants basiques imprimés au tanin sont, après vaporisage, passés en émétique.

Pour terminer, on rince, avive s'il y a lieu, et sèche.

IMPRESSION DES RÉSERVES

Réserves mécaniques. — Le mastic : réserve à base de résine et de corps gras, est imprimé, puis séché au moyen de sciure de bois ou d'argile. On teint ensuite à froid et élimine la résine ainsi que les corps gras à l'aide de la benzine.

Pour obtenir des effets multicolores, on imprime et teint plusieurs fois.

Réserves chimiques. — Les réserves chimiques sont utilisées pour faire obstacle à l'absorption des couleurs imprimées par-dessus.

Les sels stanneux réservent les couleurs rongeables à l'étain, les sels d'antimoine réservent les couleurs basiques imprimées au tanin (voir indiennage) et la poudre de zinc réserve les impressions rongeables à l'hydrosulfite.

La pénétration de certains colorants peut être empêchée par des procédés spéciaux : l'indigo est repoussé au moyen de résistes mécaniques et oxydantes, procédé aussi mis en pratique sur coton.

IMPRESSION DES RONGEANTS

Les rongeants à l'hydrosulfite et les rongeants à la poudre de zinc sont employés comme pour la laine.

Les rongeants à l'étain servent de préférence comme rongeants colorés : le blanc qu'ils donnent laisse souvent à désirer et se modifie avec le temps. En outre, quand ils sont concentrés, les rongeants à l'étain attaquent la soie.

IMPRESSION SUR TISSUS DE COTON OU INDIENNAGE

COLORANTS BASIQUES

IMPRESSION DIRECTE AU TANIN

Les couleurs d'impression comprennent le colorant, l'épaississant, le tanin et les produits qui doivent ralentir la formation de la laque.

On vaporise une heure à une heure et demie sous une pression de 1/2 atmosphère, pour combiner le colorant au tanin, et on passe la marchandise dans une solution tiède ou chaude de 0,5 à 1 0/0 d'émétique, pour fixer la laque de tanin dans la fibre, puis on rince à fond.

Le bain fixateur contient un peu de craie ou du carbonate de sodium pour neutraliser l'acide mis en liberté par le tanin pendant le fixage.

Ordinairement on élimine l'épaississant à l'aide d'une infusion de malt, 20 à 50 grammes par litre, ou à l'aide de diastafor, 3 à 5 0/0 du poids de la marchandise, à une température de 30 à 50° C.

On chlore et azure si on désire aviver le blanc.

Enluminage des colorants basiques imprimés au tanin. — *Impression par réserve.* — 1° Réserve a l'émétique. — Tous les colorants basiques imprimés au tanin peuvent être réservés en blanc avec une couleur contenant un sel d'antimoine ou de zinc.

La réserve à l'antimoine peut être colorée avec des colorants diamine, avec certains colorants fixés à l'acétate de chrome ou avec des pigments fixés à l'albumine. Additionnée d'acide citrique ou tartrique ou de leurs sels alcalins, la réserve à l'émétique empêche l'absorption des colorants d'alizarine; additionnée d'une base alcaline ou d'un réducteur, elle fait obstacle au développement du noir d'aniline.

2° Réserve a l'émétique additionnée d'un rongeant. — Si, sur fond teint aux colorants substantifs rongeables, on imprime la réserve à l'émétique additionnée d'un réducteur, on ronge le fond en même temps que l'on réserve le dessin imprimé.

D'abord imprimée avec la réserve, la marchandise blanche ou teinte est imprimée, en second lieu, avec la couleur vapeur au tanin. On vaporise ensuite environ une heure sous pression, passe en émétique, rince et savonne.

Impression par rongeage. — 1° Rongeage ou mi-rongeage du tanin. — Si, sur une pièce mordancée au tanin [1], on imprime de la soude caustique, on détruit, lors du vaporisage, le tanin aux endroits imprimés. Par teinture subséquente avec des colorants basiques, on obtient des dessins blancs sur fond teint.

Les composés moins caustiques : carbonates, silicates ou sulfites alcalins, produisent des effets de demi-rongeage (effets de camaïeu).

2° Rongeage ou mi-rongeage des teintures aux colorants basiques. — a) *Avec les rongeants oxydants.* — Beaucoup de colorants basiques sont détruits par le chlorate. Cependant, les rongeants oxydants sont peu pratiques, ils risquent de corroder les fibres.

b) *Avec les rongeants réducteurs.* — Des colorants basiques donnent avec l'hydrosulfite des leucodérivés qui ne s'éliminent pas complètement; le blanc rongé n'est donc jamais pur. Quelques colorants basiques résistent à ce réducteur, ils sont utilisés pour colorer les rongeants à l'hydrosulfite.

Les sulfites neutres décomposent les laques de tanin-antimoine de certains colorants basiques ; sur teintes claires on reproduit le blanc, sur teintes foncées on provoque des effets de camaïeu.

Les rongeants aux sulfites peuvent être colorés avec des produits basiques solides aux sulfites qui se fixent sur le tanin de la teinture primitive. On réalise ainsi de beaux effets de mi-rongeage et de conversion appliqués couramment en indiennerie.

[1] Le tissu est travaillé dans une solution chaude de tanin, 10 à 40 grammes par litre, puis passé dans un bain chaud de sel d'antimoine formé de 5 à 20 grammes de tartre émétique et 1 à 3 grammes de craie ou $0^{gr},5$ à $1^{gr},5$ de carbonate de sodium par litre.

Certains colorants changent de couleur par rongeage, ainsi les bleus Indophène et Janus (Meister Lucius et Brüning) virent au rouge par le sel d'étain.

COLORANTS DE BENZIDINE OU COLORANTS DIAMINE

Les colorants de benzidine trouvent de multiples applications dans l'impression du coton, spécialement ;

1° Dans l'impression directe ;

2° Dans la teinture suivie d'enlevage ;

Et 3° dans la teinture des tissus préalablement imprimés.

1° Impression directe. — Les colorants de benzidine peuvent être fixés très solidement, surtout en nuances claires, par simple impression et vaporisage.

On dissout les colorants en présence de phosphate de sodium et on épaissit la substance avec de l'albumine ou de l'adragante.

Après impression, on vaporise trois quarts d'heure à 1/2 — 3/4 d'atmosphère, passe en eau froide et savonne ou apprête.

2° Teinture des colorants de benzidine suivie d'enlevage. — Les colorants diamine sont, suivant les cas, appliqués :

Soit par teinture directe suivie ou non d'un développement aux sels ;

Soit par diazotage et développement (couleurs à la glace) ;

Soit par copulation.

Les teintes traitées aux sulfate de cuivre et bichromate de potassium ne conviennent que pour enlevages colorés. Les teintes développées au sulfate de cuivre seul se laissent ronger à peu près de la même façon que les teintes directes non brunies, sauf que le blanc n'est pas tout à fait aussi pur.

On ronge les colorants de benzidine avec des réducteurs ou des oxydants.

A. *Enlevage par impression de corps réducteur.* — On utilise l'hydrosulfite formaldéhyde, le sel d'étain ou la poudre de zinc.

Enlevage à l'hydrosulfite. — Après impression, on sèche, vaporise pendant trois à cinq minutes avec de la vapeur aussi chaude que possible et lave.

Pour les enlevages colorés avec les colorants basiques, on mélange directement le rongeant, le colorant basique et le tanin ou on prépare d'abord l'étoffe au tanin.

Après impression, on vaporise, mordance en tartre émétique, lave, et, s'il y a lieu, savonne.

Les enlevages blancs ainsi que les enlevages colorés peuvent servir de réserves pour le noir d'aniline.

Enlevage aux sels d'étain. — Les rongeants à l'étain : chlorure d'étain, acétate d'étain, ferrocyanure d'étain ou sulfocyanure d'étain, sont constitués différemment suivant la durée du vaporisage.

Dans le cas d'enlevages colorés avec des colorants basiques, les pièces passent après vaporisage dans un bain froid de tartre émétique ou un autre sel d'antimoine, éventuellement dans une solution de bichromate de potassium à 1 0/00.

Tous ces rongeants sont des réserves pour le noir d'aniline.

Enlevage à la poudre de zinc. — On prend, pour 1 kilogramme de couleur d'enlevage, environ 330 grammes de zinc en poudre, 140 grammes de bisulfite à 38° B., convenablement épaissis et additionnés de glycérine et d'ammoniaque.

Après impression, on vaporise une demi-heure à trois quarts d'heure, acidule faiblement avec de l'acide chlorhydrique et rince. L'eau de rinçage est rendue légèrement alcaline par le carbonate de sodium quand les colorants sont sensibles aux acides.

Le rongeant à la poudre de zinc donne de plus beaux effets que le rongeant aux sels d'étain.

B. *Enlevage par impression de corps oxydant.* — Un grand nombre de colorants de benzidine sont détruits par les oxydants. On donne la préférence aux chlorates alcalins que l'on met en face de citrate d'ammonium ou d'acide tartrique. On vaporise une à cinq minutes la marchandise imprimée, lave et sèche.

Certains colorants diamine ainsi que les pigments et les laques résistent à l'action oxydante des rongeants; ils peuvent par conséquent être mélangés pour la production d'enlevages colorés sur colorants diamine, d'alizarine, d'indigo de cuve, etc.

3° Teinture des tissus préalablement imprimés. — Pour l'impression préalable, on se sert de noir d'aniline, de rouge de paranitraniline ou d'autres couleurs préparées sur fibre, de colorants d'alizarine et de colorants basiques. Voici quelques-unes des méthodes suivies :

On imprime le noir d'aniline et teint avec des colorants de benzidine;

On teint avec du mordant d'aniline au ferrocyanure, imprime une réserve pour le noir d'aniline, chrome et finalement teint avec des colorants de benzidine;

On mordance avec β-naphtol, imprime la combinaison diazoïque et teint avec des colorants diamine ;

On développe les couleurs à la glace, ronge à l'hydrosulfite et teint avec des colorants diamine ; etc.

COLORANTS FORMÉS SUR LA FIBRE

Impression directe. — On réunit souvent la synthèse et le fixage d'un colorant en une opération. Si l'on imprime, par exemple, sur tissu préparé en β-naphtol, une solution épaissie de paranitraniline diazotée, il se forme un colorant azoïque qui se précipite dans la fibre.

Le noir d'aniline tout formé est insoluble, il ne peut être fixé que par l'albumine ou la caséine ; mais on peut le produire directement sur un tissu en imprimant une couleur épaissie contenant de l'aniline et un oxydant. Il est nécessaire d'opérer de manière qu'aucune réaction ne se produise pendant cette opération préliminaire (Noelting). Par vaporisage, on développe le colorant insoluble dans la fibre.

Impression des réserves sous noir d'aniline. — Le noir fini ne peut être rongé d'une manière pratique (Noelting). Cependant, on produit facilement des réserves blanches.

On imprime sur l'étoffe blanche des substances alcalines ou réductrices, puis on plaque avec le mélange pour noir d'aniline. Ou encore, on foularde le tissu dans un bain de noir d'aniline, sèche sans que le noir se développe et imprime une réserve alcaline ou réductrice, puis on vaporise.

Après vaporisage, le tissu est lavé, traité au bichromate de potassium ou au silicate et fixé à la façon habituelle.

Les réserves sont les alcalis caustiques, les carbonates alcalins, le silicate de sodium, le sulfite de sodium, l'oxyde de zinc, le carbonate de magnésium, les sulfocyanures et l'hydrosulfite.

Il est possible de colorer les réserves avec des pigments, des colorants basiques, des colorants azoïques substantifs ou formés sur la fibre, des colorants de cuve ou des colorants sulfurés.

COLORANTS IMMÉDIATS OU COLORANTS SULFURÉS

Impression directe. — Les colorants immédiats forment des leuco-dérivés comme l'indigo ; ils peuvent s'imprimer comme ce dernier avec une couleur alcaline sur tissu préparé à la glucose, ou avec une couleur alcaline additionnée d'hydrosulfite, si le tissu n'est pas préparé à la glucose.

Les couleurs au soufre se fixent le plus complètement en milieu fortement alcalin. Une addition d'huile d'olive favorise aussi l'impression.

Après l'impression on sèche, vaporise trois à six minutes entre 100° et 102° C. avec beaucoup de vapeur humide exempte d'air.

Le développement à l'acide sulfurique additionné ou non de sulfate de cuivre (voir fixage des couleurs sulfurées) corse les nuances et prévient le coulage.

Impression de rongeants et réserves colorés aux colorants sulfurés. — Les couleurs d'impression aux colorants thiogène sont réductrices et alcalines (elles contiennent de la soude caustique et de l'hydrosulfite), elles s'adaptent donc facilement au réservage du noir d'aniline, au rongeage du rouge turc, des colorants azoïques insolubles, du mordant de tanin et, quand on y ajoute du citrate d'ammonium, du mordant de chrome.

Rongeage des colorants immédiats. — Tous les colorants immédiats se laissent ronger au chlorate.

On imprime le rongeant au chlorate sur le tissu teint, vaporise, donne un passage dans de la soude caustique étendue chaude, lave ou savonne et sèche.

Le rongeant au chlorate contient un acide organique libre ou neutralisé par l'ammoniaque et du prussiate jaune ou rouge. Ce dernier agit comme catalyseur pour amorcer la réaction.

Impressions des réserves sous couleurs sulfurées. — Pour obtenir des réserves avec les colorants immédiats, on se sert de sels métalliques qui empêchent ces colorants de monter sur la fibre. Le sulfate de zinc (vitriol blanc) est le sel métallique qui convient le mieux.

On peut obtenir des enluminages aux colorants azoïques insolubles en naphtolant, imprimant des réserves contenant des diazos et foulardant enfin dans les bains de colorants soufrés.

Le tissu imprimé, foulardé, exprimé, éventé, vaporisé, dans le second cas seulement, puis lavé, est légèrement acidé et lavé à nouveau.

COLORANTS A MORDANT OU COLORANTS POLYGÉNÉTIQUES

On peut adopter, au choix, un des cinq moyens suivants :

Imprimer le mordant;

— un enlevage sur tissu mordancé ;

— directement le colorant et le mordant ;

— un enlevage sur la couleur teinte,

ou imprimer une réserve.

Ces méthodes peuvent en outre être combinées entre elles.

Les mordants les plus ordinaires sont des sels d'aluminium, de chrome, de fer, exceptionnellement des sels de magnésium, de zinc et de nickel.

Comme mordants auxiliaires, citons les sels de calcium et les mordants gras. Le mordant gras est généralement appliqué par foulardage avant impression. On emploie 30 à 50 grammes d'huile pour rouge neutralisée par litre de bain.

1° Impression du mordant. — Le mordant épaissi est imprimé sur tissu non huilé.

2° Enlevage ou rongeage du mordant. — La pièce non huilée, étant mordancée partiellement par plaquage ou totalement par foulardage, est séchée. On imprime ensuite des acides organiques : acide tartrique, acide citrique, acide oxalique ; leurs sels alcalins ou des sels acides, le bisulfate de sodium, par exemple. Par aération ou par vaporisage, les acides ou les sels acides solubilisent le mordant et l'empêchent d'adhérer. Un bon lavage suffit pour l'enlever aux endroits rongés.

On utilise, selon les circonstances, l'acétate d'aluminium, l'acétate de fer, l'acétate ou le bisulfite de chrome, séparément ou en mélange. Leur mode de fixation est analogue à celui en usage pour le mordançage en vue de la teinture. Quand le mordant est imprimé, on le fait pénétrer : le mordant de chrome par vaporisage, les mordants d'alun et de fer par aérage. Ces derniers mordants sont rendus plus adhérents par un passage en bain de craie suivi d'un bon rinçage.

Pour la teinture, on suit la marche qui a été indiquée à propos de la teinture aux matières colorantes polygénétiques.

Si l'on désire obtenir des blancs bien purs, on complète le savonnage par un léger chlorage.

3° **Impression directe ou fixation du mordant et du colorant en une opération.** — On imprime en même temps sur tissu huilé ou non le colorant et le mordant ; ce mélange est épaissi à l'amidon pour les nuances foncées, à la gomme pour les nuances claires. Après séchage, on vaporise à l'air libre ou sous pression pour former la laque. Un lavage à l'eau pure enlève l'épaississant et la laque non fixée. Les tissus qui ont été épaissis à l'amidon sont lavés à l'eau additionnée de malt. La diastase solubilise l'amidon. On termine par un avivage en bain de savon bouillant.

Le chlorage augmente l'éclat du blanc.

4° **Enlevage ou rongeage sur fond coloré.** — La laque est produite par teinture lorsque le tissu doit être coloré sur les deux faces, elle est produite par impression lorsque la couleur ne doit s'étendre que sur une face.

Les couleurs d'enlevage renferment, suivant le cas, des acides, des alcalis ou des oxydants. Les laques solides au chlore, produites par le rouge et l'orangé d'alizarine sur mordant d'aluminium ou de fer, sont enlevées à l'aide des acides citrique ou tartrique ; ces acides dissocient la laque en mordant et colorant. Un trempage en solution de chlorure de chaux provoque sur les endroits acidés un dégagement de chlore qui détruit le colorant et met le blanc à nu. On fait ensuite tomber par lavage le mordant devenu soluble ainsi que les acides et le chlore qui pourraient attaquer le coton.

Le rouge d'Andrinople peut également être rongé par un mélange de silicate de sodium et de soude caustique. L'alizarine devenant soluble au moment du vaporisage est retirée par lavage. Pour terminer, on avive par un passage en acide sulfurique et lave à l'eau et au savon.

Les couleurs d'alizarine fixées au chrome sont enlevées à l'aide des bromates ou à l'aide des chlorates, ces derniers étant mélangés au ferricyanure de potassium. Le vaporisage dégage du brome ou du chlore, oxydants qui détruisent le colorant.

5° **Réservage du mordant ou du colorant.** — La réserve doit empêcher, au moment de la teinture ou de l'impression, la fixation du mordant et celle du colorant sur certaines parties déterminées de l'étoffe. On arrive à ce but par *réservage du mordant* ou par *réservage du colorant.*

Réservage du mordant. — On imprime sur tissu non mordancé soit une couleur composée d'épaississant d'amidon et d'argile (*china clay*) : *réserve mécanique* ; soit de l'acide citrique, de l'acide tartrique ou de l'acide sulfurique convenablement épaissis et mélangés d'un peu d'argile : *réserve chimique*.

Lors du mordançage par foulardage ou par impression, le tissu ne prend pas de mordant aux endroits plaqués à l'argile, ou bien le mordant se trouve solubilisé aux endroits réservés à l'acide. Ces parties n'étant pas mordancées, elles ne peuvent fixer le colorant au moment de la teinture.

Réservage de la couleur. — Le réservage de la couleur se pratique dans l'impression vapeur, il est aussi obtenu *mécaniquement* ou *chimiquement*.

Mécaniquement. — Par impression d'une matière imperméable, on évite le contact du colorant avec la fibre mordancée.

Chimiquement. — Par impression d'une couleur rongeant, on met obstacle à la formation de la laque colorée aux endroits touchés.

PRATIQUE DE L'IMPRESSION SUR TISSUS

Impression au rouleau. — Les rouleaux, dont le nombre est égal à celui des couleurs qui concourent à la formation du dessin, sont garnis de colorant par une brosse, cylindre encreur ou fournisseur, dépouillés de l'excès de couleur par l'action d'une brosse très fine, rouleau à panne, et d'une racle. Les rouleaux imprimeurs ne peuvent conserver de la couleur que dans les creux, tout le reste de la surface doit être parfaitement nettoyé avant qu'ils se mettent en contact avec l'étoffe à imprimer, sinon il y a formation de taches ou de bavures.

Un gros cylindre de 1 mètre de diamètre environ, dit cylindre presseur, applique fortement l'étoffe contre les rouleaux imprimeurs de façon à faire pénétrer le tissu dans la gravure. Pour donner plus d'efficacité à ce travail, on interpose entre le rouleau gravé et le cylindre presseur une toile sans fin appelée doublier formée de plusieurs couches de tissu de coton rendues adhérentes par une imprégnation de caoutchouc. Enfin, on dispose encore entre la marchandise à imprimer et le doublier une deuxième toile sans fin, également en coton, qui a pour fonction de préserver le doublier, de le maintenir indemne de toute couleur.

Les deux toiles sans fin circulent donc sans interruption entre le tissu à imprimer et le rouleau imprimeur. En quittant les rouleaux gravés elles passent devant des plaques creuses de grandes dimensions chauffées intérieurement à la vapeur, et arrivent dans le séchoir ou coursier, chambre chaude chauffée à l'aide de plaques de vapeur ou par insufflation d'air chaud. Le drap imprimé quitte finalement ses satellites et vient se plier automatiquement (*fig.* 178).

FIG. 178. — Machine à imprimer en trois couleurs et séchoir commandé par moteur.

Impression à la planche. — La finesse des dessins imprimés au rouleau, l'exactitude avec laquelle on exécute les raccords, le relief qu'on arrive à leur donner par le coloris firent abandonner complètement l'impression à la main. Mais le rouleau ne donne que des miniatures, les dessins dont on agrémente les étoffes conviennent très bien pour les vêtements et les tentures des appartements, ils ne sont pas visibles de loin. Pour les bannières, les ornements d'églises et des salles de spectacles, il faut des dessins de grande taille. C'est cette considération qui fait revenir en ce moment à l'impression à la planche.

Les planches d'impression sont formées de trois épaisseurs de sapin, placées de manière que leurs fibres soient croisées, séparées par deux couches de poirier, afin d'éviter le gondolage.

Les planches, contrairement aux rouleaux, portent le dessin en relief. L'ouvrier imprimeur les imprègne de couleur en les plaçant sur un tampon qu'un apprenti garnit à la brosse après chaque prise. Il applique son empreinte par quelques coups secs donnés à l'aide d'un maillet.

Les dimensions de ces planches sont forcément limitées, il en faut un grand nombre pour reproduire un motif. Ce nombre dépend de la taille du dessin et du nombre de couleurs à appliquer.

Pour 12 couleurs, il faut en moyenne	90 planches
— 17 — — —	225 —
— 32 — — —	625 —

Les ornements tout à fait ordinaires se font à la brosse en se guidant avec un pochoir en zinc ou en papier parcheminé.

Les dessins imprimés à la main sont séchés à l'air.

Préparation des cylindres imprimeurs. — Les rouleaux sont successivement calibrés, brunis, pierrés ou polis à la pierre, gravés, acidés et pierrés.

Calibrage. — Les cylindres qui travaillent ensemble à l'impression d'un tissu doivent avoir rigoureusement le même diamètre. On les calibre au tour.

Brunissage. — Le tour laisse de fines rainures hélicoïdales. On les fait disparaître par l'action d'une molette d'acier placée sur un axe parallèle à celui du cylindre. Le rouleau et la molette sont animés d'un rapide mouvement de rotation, mais le disque d'acier, fortement appuyé à la surface du rouleau et commandé par une vis, se déplace en outre lentement le long de son axe. Cette opération, improprement appelée brunissage, polit la surface du cylindre.

Pierrage ou polissage. — Ce premier polissage est continué à la main. Le rouleau tourne maintenant dans de l'eau, à la façon d'une meule, un ouvrier glisse dessus, en appuyant énergiquement une pierre artificielle appelée pierre du Levant, sorte de ciment hydraulique dont la dureté est voisine de celle du cuivre.

Gravage. — Les rouleaux sont, après cela, gravés au moyen d'un petit cylindre d'acier trempé travaillé au burin (taille-douce), de manière à présenter en relief le dessin qui doit être répété sur l'étoffe.

On applique le cylindre gravé sur le rouleau à l'aide d'un puissant levier. Le cuivre est repoussé aux endroits comprimés et le dessin est reproduit en creux.

Ce travail demande beaucoup de soin, pour établir les raccords.

Acidage-pierrage. — On donne au rouleau ainsi gravé par repoussage un rapide mouvement de rotation dans de l'eau faiblement acidulée et on repolit à la pierre pour émousser les arêtes vives.

IMPRESSION SUR LAINE PEIGNÉE OU IMPRESSION VIGOUREUX

L'impression sur laine peignée a été inventée par J.-S. Vigoureux en 1862.

Le procédé Vigoureux consiste à colorer partiellement la laine peignée, puis à mélanger, par des doublages et des étirages successifs au gill-box, les parties teintes avec celles qui ne le sont pas. Cette laine sert principalement, après filature, à la confection des tissus d'habillement. L'article Vigoureux intervient donc surtout dans la préparation des laines mélangées.

Les rubans de laine, étirés, dégraissés, peignés et bien ouverts, sont imprimés au moyen de rouleaux cannelés, vaporisés, lavés et laminés

Les couleurs d'impression sont additionnées d'huile tournante ou d'huile de ricin. L'huile remplace le chlorage. Les rubans peuvent être chlorés avant l'impression, mais le chlorage diminue le pouvoir feutrant ainsi que la souplesse de la laine et, par suite, occasionne du déchet pendant la filature.

Les couleurs sont plus vives, plus corsées sur laine ordinaire ou même grossière que sur laine fine.

Les colorants à mordant sont généralement fixés au fluorure de chrome; le formiate de chrome donne des résultats aussi bons. L'acétate de chrome et, dans certains cas, le chromate de potassium rendent de bons services. La nuance qu'on obtient avec le chromate est ordinairement plus jaune et plus nourrie.

On ne sèche pas après impression, on vaporise la marchandise à l'état humide. On la laisse reposer pendant un temps égal à celui du vaporisage lui-même et on la vaporise une seconde fois.

Les teintes obtenues par l'impression de raies étroites et espacées peuvent être lavées immédiatement après vaporisage, mais les teintes foncées, c'est-à-dire celles qui résultent de l'impression suivant des cannelures larges et rapprochées, sont plus corsées lorsqu'on les lave après un repos de quelques heures.

La lisseuse sur laquelle on fait ces lavages se compose en général de cinq compartiments. Les deux premiers sont occupés par de l'eau pure, le troisième est rempli d'une solution au millième de soude Solvay et les deux derniers contiennent des solutions de savon à 1 ou 2 grammes par litre. Ces cinq bains sont chauffés à 40°-50° C. et maintenus au même niveau. En sortant du cinquième réservoir, le ruban de laine est exprimé, passé sur des rouleaux sécheurs et conduit au gill-box.

CHINAGE DES FILS

Le chinage est une opération qui a pour but de colorer partiellement les fils pour produire, par tissage, des effets variés. Il se fait par teinture ou par impression.

Chinage par teinture. — La teinture en chiné consiste à comprimer par places des écheveaux de laine, de soie ou de coton, et à les plonger dans un bain de teinture. Les portions comprimées absorbent d'autant moins la couleur qu'elles ont été soumises à une plus grande compression. En reteignant les écheveaux chinés comme on doit le faire pour produire des nuances uniformes, c'est-à-dire après les avoir desserrés, on peut obtenir des colorations très variées.

Chinage par impression. — On imprime les fils de laine, de soie et de coton en écheveaux et en chaînes ourdies avec des rouleaux cannelés ou avec des rouleaux annelés.

En plus des opérations préliminaires signalées au commencement de ce chapitre, nous pouvons dire que, si l'on désire avoir sur fils de laine des dessins bien nets, on les prépare à l'alun. Les fils dégraissés et blanchis sont manipulés dix minutes dans une solution froide contenant 3 à 5 grammes d'alun par litre, essorés et séchés.

Le chinage des fils a recours aux différents procédés d'impression des tissus. On effectue l'impression sur textiles filés : par application directe, par réserve, par enlevage et par double décomposition.

Les couleurs obtenues par double décomposition comprennent les couleurs azoïques produites directement sur fibre et les couleurs métalliques.

Couleurs azoïques insolubles produites directement sur la fibre. — On prépare la marchandise en β-naphtol, sèche et imprime le composé diazoïque épaissi, comme il est dit à propos de l'impression des tissus; ou bien on imprime le β-naphtol puis, après séchage, passe les fils dans une solution d'un composé diazoïque.

Impression des couleurs métalliques. — On imprime un sel soluble convenablement épaissi et, après dessiccation, passe le coton filé dans un bain capable de précipiter, à l'état insoluble, un oxyde ou un sel coloré (voir matières colorantes minérales).

L'oxyde de fer (rouille, chamois, nankin) est formé, de préférence, par passage dans un bain chaud de carbonate de sodium, et le bistre de manganèse, par impression d'un sel de manganèse suivie d'un passage dans un bain de soude caustique des fils imprimés, préalablement séchés.

On peroxyde dans les deux cas à l'aide du chlorure de chaux.

Les fils de laine légèrement séchés sont vaporisés une à deux heures avec de la vapeur humide, rincés et séchés.

Les fils de coton sont séchés au-dessous de 50° C., pour ne pas jaunir les blancs.

Finissage. — Certaines couleurs demandent à être traitées avec le bichromate de potassium, le carbonate de sodium ou la chaux vive, tel est le noir d'aniline; le rouge d'alizarine est avivé par savonnage; on peut avoir besoin de chlorer pour aviver le blanc, de fixer ou de neutraliser l'acide, mais on doit toujours laver après vaporisage.

Fixage. — On fixe à l'antimoine les colorants basiques imprimés au tanin. Le fil est traité vingt à trente minutes dans de l'eau tiède contenant 1 à 5 grammes d'émétique par litre, sorti, laissé quelque temps en digestion, exprimé et rincé.

Passage à la craie. — Les fils imprimés avec les couleurs vapeur aux mordants métalliques sont passés dans de l'eau chauffée à 60° C. contenant en suspension 6 à 10 grammes de craie par litre.

Lavage. — Le lavage après le vaporisage doit être fait de manière à éliminer le plus possible l'épaississant des couleurs d'impression. Le lavage peut être moins soigné lorsque les textiles doivent être encollés.

XXXI

HISTOIRE DE LA TEINTURE

ET AVENIR DE LA TEINTURE EN FRANCE APRÈS LA GUERRE

1. — État de l'industrie des matières colorantes avant la guerre. — La présente étude, dictée par les circonstances, n'est pas faite avec la prétention de prédire, mais bien de prévoir quel sera en France l'avenir de la teinture.

La question doit être envisagée au double point de vue de la fabrication des colorants et de leur application sur les fibres, les fils et les tissus.

Peu des colorants artificiels dont nous nous servions avant la guerre nous venaient directement d'Allemagne, beaucoup étaient fabriqués dans des usines allemandes installées chez nous.

Ces établissements placés sous séquestre sont actuellement dirigés par des chimistes français. Ce sont :

Les usines de Neuville-sur-Saône, appartenant à la Badische Anilin et Soda Fabrik ;

Les usines de Flers, Nord, appartenant à la maison Bayer ;

Les usines de Lyon, appartenant à la Manufacture Lyonnaise des matières colorantes ;

Les usines de Saint-Fons, Rhône, appartenant à l'Actien Gesellschaft ;

Les usines de Creil qui appartiennent à l'ancienne maison Meister Lucius à laquelle a succédé la Compagnie Parisienne de Creil. Les usines de Creil fournissent en ce moment tout l'indigo synthétique utilisé en France.

Nous n'étions pourtant pas incapables, avant la rupture, de réaliser industriellement la synthèse chimique.

Les manufactures Poirrier, Société des matières colorantes de Saint-Denis, et la maison Victor Steiner, établie à Vernon, luttaient vaillamment contre la concurrence allemande.

Nous pourrions, pour marquer la valeur incontestable, mieux, la supériorité des produits français, mettre en lumière un fait curieux. Une firme française produisait, avant la guerre, des orangés qui étaient cédés aux maisons allemandes lesquelles les revendaient à nos teinturiers.

Ainsi, on prétendait, en France, que les orangés venant de la firme française que nous ne pouvons nommer laissaient à désirer ; les achetant aux usiniers allemands, on les déclarait excellents.

Les orangés ne sont peut-être pas les seuls colorants qui arrivaient ainsi sur nos marchés en suivant une voie détournée.

Malheureusement, même parmi ceux de nos compatriotes qui, par leur situation et les connaissances que leur entourage leur attribue, exercent une certaine autorité, il se trouve des gens ignorant assez la valeur scientifique et technique de leur pays pour oser vanter la culture intellectuelle allemande et blâmer la nôtre. Ces Français dénués d'amour-propre n'envisagent pas les conséquences morales de leurs regrettables appréciations. Ces inconscients combattent, sans s'en douter, les idées nouvelles dont le génie français est si fécond ; ils étouffent les initiatives privées et rognent les ailes de l'industrie nationale.

Les admirateurs peuvent compter sur la reconnaissance des Germains dont ils attestent la supériorité. Les Teutons auront pour eux la gratitude qu'ils expriment si brutalement dans toutes leurs chansons patriotiques.

« Vous[1] nous avez volé l'Alsace, la Lorraine, la Bourgogne. — Vous[1] riez, maintenant. Mais bientôt vos dents claqueront de frayeur. »

« ... Autour des pots de bière notre vigueur renaît. Jurons de détruire tout ce qui est Welche[2]. »

II. — Éveil du goût des sciences en Europe ; ses causes. Naissance et développement de la chimie tinctoriale. La France pays d'origine de la grande industrie des matières

1. Vous, les Français.
2. Français.

colorantes. — Malgré l'importance que la préparation industrielle des colorants de synthèse y a pris, ainsi que celle des produits pharmaceutiques et des parfums ; la chimie n'est pas originaire d'Outre-Rhin.

Il suffit, pour nous en convaincre, de faire appel à nos connaissances historiques ; de chercher l'éveil des sciences en Europe et d'en suivre l'évolution.

Au XIe siècle, on s'occupe un peu de sciences exactes ; l'arithmétique, la géométrie ; mais les sciences d'observation sont encore inconnues. C'est ce qui ressort de l'enseignement de l'Université de Paris au moyen âge.

Pendant les expéditions qu'ils font en Orient, de la fin du XIe siècle jusqu'à la fin du XIIIe siècle, les Français se trouvent en contact avec les deux peuples les plus civilisés de l'époque : les Grecs de Constantinople et les Arabes.

Grâce à leur curiosité, grâce aussi aux leçons qu'ils ne craignirent pas de recevoir des peuples vaincus, les arabes parvinrent à un degré avancé de civilisation. Ils recueillirent ainsi l'héritage des sciences de l'antiquité.

Tous ces dépôts que les orientaux ont développés, accrus par leurs propres efforts, ils les transmettent aux occidentaux pendant les croisades.

Les arabes jouèrent donc un rôle considérable dans l'histoire de la civilisation au moyen âge. C'est eux qui furent nos maîtres en mathématiques, en physique, en chimie et en médecine.

Gênée par les recherches extravagantes des alchimistes, enchaînée par la théorie du phlogistique due à Stahl, médecin du roi de Prusse ; la chimie reste à l'état embryonnaire jusqu'au jour où Lavoisier donne la seule explication satisfaisante et réellement scientifique du rôle primordial que joue l'air dans les combustions.

Les recherches de Lavoisier le conduisirent à énoncer le premier le principe de la conservation de la matière, dans les réactions, sous la forme bien connue « rien ne se perd, rien ne se crée ».

Dégagée des anciens préjugés et grâce au concours précieux de la balance introduite au laboratoire par le savant français que nous venons de nommer, les travaux se multiplient. Les résultats heureux, d'abord rares, se font de plus en plus nombreux à mesure que les méthodes d'investigation se perfectionnent.

Il faut arriver au milieu du XIXe siècle, en 1857, pour voir dans le commerce la première couleur d'aniline que Perkin, son auteur, appelle mauvéine. Deux ans plus tard apparaît la fuchsine ou rouge magenta, de Verguin, point de départ des violets et des bleus, ensemble de couleurs dues à Girard et de Laire (1860) et parmi lesquelles nous voyons le bleu de Lyon et le violet Hoffmann.

En 1865, l'établissement Poirrier présente le premier violet dérivé de la méthyle aniline. Entre temps de 1832 à 1867, Laurent et Dumas découvrent l'anthracène; Berthelot en explique la formation et Anderson donne de nombreux dérivés de cet important hydrocarbure.

La série organique se développe avec une rapidité surprenante. Perkin nous prépare la safranine; Lauth, le violet à l'aldéhyde, le violet de Paris, les thionines, colorants soufrés; Roussin, les premiers dérivés azoïques et les premières couleurs substantives. Lighfoot et Lauth appliquent le noir d'aniline qui fait disparaître l'emploi du campêche dans l'impression des tissus.

Nous devons à Hoffmann le violet Dahlia; à Bayer les phtaléines, la synthèse de l'indigo; à Liebermann et Graebe la préparation artificielle de l'alizarine, dérivée de l'anthracène.

Nous ne voulons pas tracer un historique détaillé des découvertes qui se sont succédé de jour en jour. Si nous nous proposions de montrer les avantages procurés au monde par la science française, nous pourrions placer à côté de cette liste, fort incomplète, les noms immortels de Chevreul, de Pasteur et de nombre d'autres savants qui, moins célèbres, à cause de la nature plus abstraite de leurs travaux n'en sont pas moins glorieux pour notre pays.

On est en droit de se demander pourquoi la fabrication des couleurs de synthèse s'est établie à l'étranger, et principalement en Allemagne, plutôt qu'en France, pays d'origine de la grande industrie des matières colorantes.

III. — **Importance de l'industrie des matières colorantes. Raisons pour lesquelles la fabrication des couleurs synthétiques est devenue l'apanage des Allemands.** — Il y a quarante ans, la production des couleurs d'aniline en France et en Angleterre réunies n'atteignait que le tiers de la production similaire en Allemagne. Depuis lors, le développement de cette branche de l'industrie allemande n'a fait que croître, d'année en année, à nos dépens.

Voici pour justifier notre opinion :

Déjà en 1878, suivant Haeusermann, l'Allemagne exportait des produits tinctoriaux pour une valeur de plus de 40 millions de francs, et, en 1882, le catalogue de l'exposition de Nuremberg apprécie la production annuelle des couleurs d'aniline à 75 millions de francs dont les 4/5 pour l'exportation.

D'après un rapport du docteur Lunge sur les produits chimiques à l'Exposition nationale suisse en 1883, on évalue la production des couleurs d'aniline à environ 120 millions de francs se répartissant ainsi :

Allemagne	78 millions
France et Angleterre	26 —
Suisse	16 —

Ce tableau confirme ce que nous disons plus haut.

La production mondiale des matières colorantes représente maintenant environ 160 millions de kilogrammes et a été évaluée à 92,15 millions de dollars dans un rapport de l'agent commercial du département du commerce de Washington, M. Thomas-H. Norton. Ce chiffre qui équivaut à plus de 460 millions de francs, se répartirait de la manière suivante sur les divers pays producteurs.

Allemagne	341.500.000 francs
Suisse	32.250.000 —
Grande-Bretagne	30.000.000 —
France	25.000.000 —
États-Unis d'Amérique	15.000.000 — , etc.

MM. Clément et C. Rivière estiment que la consommation française est approximativement, pour l'ensemble des colorants, de 7.850.000 kilogrammes, valant 25.230.000 francs.

Or, nous avons remarqué que la majeure partie des couleurs fabriquées en France sortaient des succursales fondées, en France, par des sociétés allemandes.

Comment expliquer une pareille prospérité de l'industrie chimique allemande ?

Pratiques, toujours à l'affût des moyens qui peuvent satisfaire leur soif du gain ; patients, tenaces, courageux, malgré leur basse moralité, doués d'un grand esprit d'organisation ; les germains ont sans cesse cherché à mettre à profit les travaux de nos savants ; ils ont su s'éclairer de leurs lumières.

Sachant s'imposer des sacrifices quand leur intérêt l'exige, les allemands se sont infiltrés chez nous et finalement s'y sont installés.

Généreux, accueillants, naturellement disposés à lier commerce avec les étrangers, oublieux du passé ; nous avons reçu avec empressement les chimistes allemands, nous avons prêté une oreille attentive aux éloges qu'ils nous faisaient de leur culture ; nous leur avons accordé une considération qu'ils ne méritaient ni par leurs capacités techniques, ni même par leur conduite.

Nos voisins de l'Est, nos ennemis héréditaires, sont donc arrivés à la direction de certains services dans nos manufactures de tissus où ils s'occupaient principalement de teinture, d'impression et d'apprêts.

Ces directeurs peu scrupuleux, Allemands avant tout, étaient bien placés pour étudier dans leur ensemble nos procédés de fabrication, les transporter chez eux pour perfectionner les leurs, et faire acheter les machines et les produits allemands de préférence aux nôtres.

Telles sont les raisons de l'énorme extension de l'industrie allemande. Si nous n'en sommes pas un peu cause, nous y avons, tout au moins, singulièrement contribué.

La douane fut impuissante pour arrêter l'invasion des produits chimiques. Les allemands tournaient adroitement la loi qui, en frappant les couleurs préparées, devait favoriser l'industrie française des matières colorantes. Ils expédiaient à leurs usines succursales, en France, des produits à moitié manufacturés qui ne payaient à leur entrée qu'un droit dérisoire. Les succursales avaient donc pour unique objet de transformer aisément et à peu de frais les produits intermédiaires en matières colorantes. Ces manufactures de finissage permettaient d'éviter les droits de douane sur les produits finis.

IV. — **Réclame allemande. — Trust. — Fallacieux mélanges de colorants.** — Revenons de notre erreur, travaillons avec ardeur à reprendre dans l'industrie des matières colorantes le rang que nous n'aurions pas dû perdre. Ne commettons plus, comme avant la guere, la faute de nous dénigrer nous-mêmes; comprenons que c'est nous diminuer vis-à-vis des peuples.

Ayons confiance, les événements des trois dernières années prouvent que nous n'avons pas déchu ; et, avant la guerre, nos brevets étaient recherchés et exploités par les établissements allemands. Les teutons n'ont jamais cessé ni de nous étudier, ni de chercher à nous imiter.

Il est temps de se préoccuper de remplacer par des fabrications purement françaises, celles que les germains étaient arrivés à nous imposer par les moyens que nous venons d'examiner. Le devoir de tous les français est de travailler, en parfait accord, au développement économique de la patrie.

Les bénéfices réalisés par la fabrication des matières colorantes sont assez appréciables pour tenter l'industrie française. Le rapide développement des fabriques allemandes, les extraordinaires moyens de publicité, constamment renouvelés, auxquels avaient recours les sociétés allemandes, pour donner de la vogue à leurs produits, sont des preuves incontestables de l'intérêt pécuniaire qu'elles y trouvaient.

Les clients, ceux qui étaient susceptibles de le devenir, toutes les personnes, chimistes ou non, dont la sympathie semblait avantageuse recevaient, gracieusement, des références réclames préparées avec un soin matériel qui n'est égalé que dans nos ouvrages de luxe.

Un pareil gaspillage, consenti, semblait-il, pour indiquer de nombreuses recettes de teinture et donner des instructions techniques, généralement embrouillées ; mais fait dans l'unique but de solliciter l'acheteur, était suscité, en réalité, par le désir qu'avaient les producteurs de maintenir entre eux la concurrence tout en respectant les assurances de solidarité qu'ils s'étaient données. Ceux-ci avaient, en effet, formé un syndicat pour établir un monopole et imposer un cours de vente. Ce trust avait été conçu, selon toute vraisemblance, pour prévenir la création de nouvelles manufactures françaises de couleurs synthétiques et faire disparaître celles qui existaient.

Les différentes firmes ayant pris l'engagement de ne pas modifier les prix sans entente préalable, les représentants ne pouvaient essayer de se supplanter mutuellement qu'en offrant au teinturier les moyens de faciliter sa tâche. De là naquit l'idée de chercher constamment des couleurs nouvelles sans recourir à de nouvelles combinaisons chimiques. Les nouveaux colorants étant tout simplement des mélanges de colorants anciens suivant des proportions variées. — « Vous n'ignorez pas que les matières colorantes artificielles sont fréquemment des mélanges et rarement des espèces chimiques ; elles ont cela de commun avec vos vins de marque », nous répondit poliment un des principaux directeurs de la manufacture lyonnaise, le jour où nous eûmes l'indélicatesse de lui demander quelques renseignements au sujet d'un produit dont il nous vantait les qualités et les avantages. L'abondance des produits tinctoriaux que, grâce à ce stratagème, l'Allemagne lançait sur nos marchés dépassait tout ce que l'on pouvait exiger.

La possibilité de produire des teintes conformes au goût du consommateur, par l'utilisation en teinture d'un seul colorant, incitait de plus en plus les manufacturiers de l'Industrie Textile à teindre eux-mêmes leurs marchandises sans apprentissage préalable. Ils s'exposaient sans doute à certains déboires. La pratique leur apprenait que la couleur ne se développe pas souvent dans des conditions identiques ; elle dépend de certains facteurs dont les principaux sont le mode de chauffage, la température apparente du bain, la provenance de l'eau, la qualité de la marchandise et la concentration des composés auxiliaires.

Le teinturier novice se rendait donc bien vite compte que la formule si facile émise par le fournisseur subissait de légers changements à chaque application nouvelle, et qu'il fallait prélever successivement des échantillons au cours du travail pour connaître la porportion exacte de colorant à mettre en baquet. En effet, il est bien démontré par la pratique que le pourcentage est seulement connu lorsque la teinture de la marchandise est terminée. L'échantillonnage ou nuançage pendant la teinture est donc une opération indispensable.

V. — **Inutilité des mélanges. Nécessité de réduire le nombre de colorants. Moyens de faciliter l'établissement de manufactures françaises de matières colorantes pour subvenir au plus tôt aux besoins de l'Industrie nationale.** — La fixation de la couleur doit être surveillée si l'on veut arriver à la nuance. Cette condition étant admise, on reconnaît qu'il n'est nullement besoin d'avoir sous la main un produit spécial pour chaque ton. Les goûts changent et les nuances se démodent rapidement. Devant suivre les caprices du client et varier fréquemment les teintes à réaliser, on encombre le laboratoire, on s'expose à faire des dépenses inutiles.

Que demande le chimiste teinturier? J'entends faire allusion au praticien spécialisé dans l'art de colorer les fibres et les tissus. Il exige, non pas des mélanges, mais simplement quelques types de colorants dont les nuances correspondent plus ou moins à chacune des sept couleurs en y ajoutant le rose et le noir ; et cela, bien entendu, pour chaque classe de matières colorantes.

Avec le rouge, l'orangé, le jaune, le vert, le bleu-vif, le violet-bleu, le violet rouge, le rose et le noir, le maître teinturier reproduit tous les tons imaginables ; il répond aux désirs des clients les plus exigeants en utilisant toujours les mêmes colorants.

Les indications qui précèdent paraîtront, peut-être, un peu vagues ; nous pouvons, pour fixer les idées, pour signaler les nuances types, énumérer les anciens colorants qui unissaient le mieux tout en possédant une bonne solidité.

TEINTURE SUR LAINE

TEINTURE SUR LAINE TISSÉE OU TEINTURE EN PIÈCES

A. — COLORANTS ACIDES.

Rouge. — Rouge polaire ; rouge amidonaphtol G; rouge amidonaphtol 6B. Deux ou trois ponceaux pour les écarlates. A cause de leur affinité marquée pour la fibre de laine, les ponceaux se comportent mieux lorsqu'ils sont employés seuls. Mélangés en baquet avec des colorants autres que les jaunes et les orangés, ils fournissent des teintes piquées.

Orangé. — Un ou deux spécimens de la nuance de l'orangé II et de l'orangé GG.

Jaune. — Flavazine L ou S, jaune tartrique ; jaune de quinoléine ; jaune foulon et jaune polaire.

Vert. — Vert de naphtaline ou vert sulfo.

Bleu. — Un bleu carmin vif et un cyanol.

Violet-bleu. — Violet 10 B, violet 6BN et violet 3BN.

Violet-rouge. — Violet rouge à l'acide R et fuchsine à l'acide solide G.

Rose. — Phloxine et rhodamine à l'acide.

Noir. — Un noir-bleu, un noir-verdâtre et un noir-noir.

B. — COLORANTS BASIQUES

Écarlate diamine B ; écarlate diamine 3B ; fuchsine (rouge); phosphine (jaune-rouge) ; auramine (jaune) ; vert malachite ; bleu victoria ; bleu alcalin ; violet méthyle 5R, BB, 6B et rhodamine (rose).

C. — COLORANTS GRAND TEINT (Colorants acides).

Alizarine, rudinol (rouge) ; alizarine saphirol (bleu) et alizarine irisol (violet).

Ces derniers colorants sont parfois employés sur laine en bourre.

TEINTURE SUR LAINE EN BOURRE OU SUR LAINE TISSÉE

D. — COLORANTS A DÉVELOPPEMENT PAR CHROMATAGE, DANS LE BAIN DE TEINTURE, APRÈS FIXAGE DE LA COULEUR EN SOLUTION ACIDE

Rouge d'anthracène G; orangé d'anthracène G; jaune d'anthracène GG, BN, C; brun d'anthracène B; bleu d'anthracène R (bleu rougeâtre); bleu d'anthracène B (bleu); bleu d'anthracène G (verdâtre); violet d'anthracène B.

Trois ou quatre noirs d'anthracène ou noirs diamant.

TEINTURE SUR LAINE EN BOURRE

E. — COLORANTS SOLIDES APPLICABLES SUR MORDANT

Alizarine rouge IW, pâte; alizarine rouge IWS, poudre; alizarine orange; jaune d'alizarine 5G; jaune d'alizarine S; brun d'alizarine; la céruléine (vert); vert d'alizarine; bleu d'alizarine; la galléine (violet); l'indigo; gris d'alizarine; noir d'alizarine.

TEINTURE SUR COTON

On la réalise avec les colorants spéciaux pour coton : les couleurs directes pour coton ou couleurs de benzidine; les couleurs immédiates ou couleurs sulfurées; les couleurs basiques.

A. — COULEURS DE BENZIDINE OU COULEURS DIAMINE

Rouge Congo; Congo brillant, benzo-écarlate 8BA; benzo purpurine 10B; rouge pour coton CH; benzo écarlate 5BS; rose direct B; érica J; érica B; benzo rouge lumière; orangé direct G; jaune direct J; jaune direct R; jaune soleil; chrysophénine; thioflavine S; jaune diamine N; jaune chlorantine; vert BN; vert GN; brun direct SN; brun direct SDP; catéchines diamines ; bleu chlorantine B ; bleu diamine 3B ; bleu dianile BX ; bleu RW ; bleu direct 6B ; bleu ciel direct ; benzo bleu lumière ; benzo bleu au cuivre ; violet direct R ; violet direct J ; violet diamine N ; violet direct N ; benzo violet solide R ; benzo violet brillant RR ; benzo violet brillant B ; gris direct B ; gris direct J ; noir 3V ; noir 2 V ; benzo noir solide ; noir direct 2R.

COULEURS DIAMINE DIAZOTABLES.

Primuline ; rosanthrène B, R ; diazo écarlate brillant 5BL ; bordeaux rosanthrène ; orangé rosanthrène R ; vert nitrasol diamine S ; cachou diamine ; diazo brun 6G ; noirs oxy-diamines ; bleu diaminogène NA, N ; bleu oxydiamine ; bleu pur diamogène 3B ; bleu naphtogène 2RM ; diazo bleu indigo BR extra ; diazo bleu indigo 2RL ; bleu zambèse ; diazo violet lumière 3RL ; noir BH ; noir BD ; noir RO ; noir zambèse.

B. — COULEURS IMMÉDIATES OU COULEURS AU SOUFRE

Jaune au soufre extra N ; jaune immédiat D ; thiocatéchine J ; jaune pyrogène ; olive jaune immédiat ; vert katiguène 5B ; vert pyrogène 3G ; vert katiguène MK ; noir vidal ; bleu au soufre B ; bleu immédiat CR ; indigo pyrogène ; bleu pyrogène direct rougeâtre ; pourpre thiogène O ; marron éclipse B ; brun immédiat B ; bruns pyrogènes ; brun éclipse B ; thiocatéchine I ; thiocatéchine II ; thiocatéchine III ; cachou pyrogène 2R ; cachou de Laval ; noirs au soufre.

C. — COULEURS BASIQUES

Safranine VEE ; safranine JEE ; safranine MN ; cerise G ; fuchsine ; phosphines ; auramine O ; jaune méthylène ; thioflavine ; vert acide JEE ; vert brillant ; vert malachite ; bleu victoria B ; bleu victoria RB ; bleu méthylène ; violet 145 ; violet cristallisé ; brun phénylène ; nigrisine B.

TEINTURE SUR LAINE ET SUR COTON

A. — COULEURS D'ALIZARINE

A côté des couleurs d'alizarine préférées pour laine déjà énumérées : alizarines rouges, orangés, jaunes, verts, bleus et noirs ; nous pouvons ranger :

Alizarine pure I, W ; alizarine 2AG ; alizarine 5F ; alizarine viridina ; alizarine Bordeaux BD ; cyanine moderne.

B. — COULEURS DE RÉDUCTION, DITES COULEURS A LA CUVE

Indigo synthétique ; indigo sulfoné ; indigo réduit ; bleu hydrone R, B, G ; bleu ciba BB ; violet ciba B ; écarlate ciba G ; brun cibanone V ; olive algol B ; bleu algol G ; bleu algol R ; bleu indanthrène GC, pâte ; bleu indanthrène foncé BO.

Certaines de ces couleurs ne conviennent que pour coton.

Les colorants pour laine nous ont été indiqués par M. Julien Ramet, chimiste, directeur de teinture à Elbeuf ; nous devons à l'obligeance de M. Émile Blondel, chimiste-manufacturier, à Rouen, l'énumération des colorants pour coton. Nous leur adressons nos plus vifs remerciements.

La nomenclature que nous présentons n'est qu'un aperçu, une estimation personnelle. La liste des produits nécessaires est établie par la Société normande d'études pour le développement de l'industrie des matières colorantes, des produits chimiques et pharmaceutiques, d'après enquête sur la consommation des colorants artificiels en France.

On voit, par ce qui précède, qu'il est possible d'obtenir avec un nombre restreint de colorants, toute la gamme des couleurs. La Société normande qui se préoccupe de remplacer par des fabrications purement françaises celles que nos ennemis étaient arrivés à nous imposer, cherche à réduire autant que possible le nombre des matières colorantes mises sur le marché. Elle fait remarquer que, pour les couleurs de diverses tonalités, deux types extrêmes suffisent à se compléter. Un bleu pur verdâtre complète un bleu rougeâtre ; un rouge bleuâtre complète un rouge jaunâtre ; un violet bleu complète un violet rouge. Ces échantillons pris deux à deux permettent d'obtenir toutes les teintes désirables.

Il faut prendre en considération le coefficient de solubilité auquel est étroitement lié l'affinité pour la fibre. Ces deux propriétés jouent un rôle important dans l'association des couleurs. On doit avoir sans cesse en vue l'égale facilité de pénétration, principalement dans la teinture en appareil mécanique.

Rien n'est négligé pour faciliter en France la fabrication des produits tinctoriaux. Un capital de plus de quarante millions de francs est déjà réuni à cet effet, et il est à prévoir que ce chiffre sera notablement dépassé.

Un rapport de M. P. Sisley sur les droits de douane des produits dérivés du goudron de houille, rapport présenté à la Chambre de Commerce de Lyon par la Société d'Études pour la fabrication des matières colorantes à Lyon, examine le moyen de frapper d'une taxe assez élevée les dérivés des substances extraites du goudron de houille, appelés produits intermédiaires.

Aucune impossibilité de fait n'existe plus pour la fabrication en France de la plupart de ces substances puisque, dit M. Sisley, la production française disposera après la guerre et en grande quantité des matières premières fondamentales qui lui faisaient autrefois défaut.

Le droit protecteur, judicieusement étudié, sera suffisant pour contrebalancer la différence de prix de revient qui existera inévitablement, au début, entre les producteurs allemands dont le matériel est probablement amorti, et les producteurs français qui auront à amortir un matériel très onéreux.

On peut donc conclure que, grâce aux résultats de tous ces efforts combinés, notre pays, berceau de cette belle industrie des matières colorantes, reprendra la place qu'il devait occuper sur le marché mondial.

Pour atteindre ce but, il faut également compter sur la bonne volonté des consommateurs de matières colorantes qui, pour les raisons énoncées, payeront peut-être, au début, les colorants de fabrication française un prix un peu plus élevé que les composés analogues dont ils se servaient avant la guerre.

Nos manufacturiers consentiront volontiers à faire ce léger sacrifice qui sera amplement compensé par la satisfaction qu'ils éprouveront d'employer les colorants provenant uniquement de l'Industrie Nationale. Du reste, cette hausse ne sera que momentanée; à mesure que la production française augmentera, les prix baisseront; ils se rangeront bien vite au niveau des anciens.

Nous verrons dans quelques années nos produits tinctoriaux soutenir sur les marchés du monde la concurrence des colorants allemands.

Le commerce des couleurs d'origine française apportera un concours appréciable au développement économique en France dont le réveil est annoncé, pour d'autres produits de notre industrie, par les statistiques douanières qui accusent, pour les neuf premiers mois de l'année 1916, un chiffre d'exportation dépassant de près de six cents millions celui de la période correspondante de l'année 1915.

TABLE DES MATIÈRES

CHAPITRE I

FIBRES TEXTILES

CHAPITRE II

CHAPITRE III

CHAPITRE IV

CHAPITRE V

ÉPAILLAGE

CHAPITRE VI

CHAPITRE VII

SOIE OU SOIE NATURELLE

Culture et préparation de la soie.

Décreusage et blanchiment de la soie.

Blanchiment.

CHAPITRE VIII

PROCÉDÉS DE CHARGE DE LA SOIE

CHAPITRE IX

PRÉPARATION ET BLANCHIMENT DU COTON

CHAPITRE X

PRÉPARATION ET BLANCHIMENT DU LIN

CHAPITRE XI

CHAPITRE XII

MORDANÇAGE ET MORDANTS

Pages.

CHAPITRE XIII

CHAPITRE XIV

MATIÈRES COLORANTES NATURELLES

CHAPITRE XV

INDIGO

CHAPITRE XVI

CHAPITRE XVII

LES MATIÈRES COLORANTES ARTIFICIELLES

CHAPITRE XVIII

TEINTURE DE LA LAINE

CHAPITRE XIX

TEINTURE DE LA SOIE NATURELLE

CHAPITRE XX

TEINTURE DE LA SOIE NATURELLE (suite)

CHAPITRE XXI

TEINTURE DU COTON ET DES AUTRES FIBRES TEXTILES D'ORIGINE VÉGÉTALE

CHAPITRE XXII

TEINTURE DES BOURRES ET DES TISSUS MÉLANGÉS

CHAPITRE XXIII

TEINTURE DE LA SOIE ARTIFICIELLE

CHAPITRE XXIV

CHAPITRE XXV

PRATIQUE DE LA TEINTURE

CHAPITRE XXVI

ANALYSE QUALITATIVE DES COULEURS

CHAPITRE XXVII

EXPÉRIENCE FAISANT CONNAITRE LE DEGRÉ DE RÉSISTANCE DES MATIÈRES COLORANTES OU ESSAIS DE LA SOLIDITÉ DES COLORANTS 634

CHAPITRE XXVIII

DÉMONTAGE DES COULEURS TEINTES OU IMPRIMÉES 651

CHAPITRE XXIX

CHAPITRE XXX

IMPRESSION DES MATIÈRES TEXTILES

TOURS. — IMPRIMERIE RENÉ ET PAUL DESLIS, 6, RUE GAMBETTA. — 23-6-1921.

COMPAGNIE DE

FIVES-LILLE

R. C. Seine, N° 75.707

Société Anonyme, Capital : 50.000.000 de frs.

PARIS – 7, Rue Montalivet, 7 – PARIS

Chaudières Multitubulaires

CONSTRUCTION **"STIRLIN**[illegible]**S-LILLE**

Machines mi-fixes et Chaudières à vapeur WEYHER et RICHEMOND

MACHINES ÉLECTRIQUES DE TOUTES PUISSANCES

Turbines à vapeur ZOELLY, Licence ESCHER WYSS

AUTOCLAVES avec Chariots

CYLINDRES SÉCHEURS

Transbordeurs spéciaux
Réservoirs, Bacs, Tuyauterie

PURGEURS automatiques à soupapes équilibrées
et PURGEURS alimentateurs automatiques

POMPES à air, à eau, à gaz

MÉCANIQUE GÉNÉRALE

Appareils de Levage et de Manutention

Ponts-roulants électriques - Grues - Gerbeurs électriques
pour la manutention des sacs, colis, balles, etc.

CENTRIFUGES
à commande hydraulique,
électrique ou à courroie.

LOCOMOTIVES de Manœuvre
TRACTEURS

CHARPENTES MÉTALLIQUES

FABRIQUES DE
Produits Chimiques Sandoz
A BÂLE (SUISSE)

COLORANTS D'ANILINE ET D'ALIZARINE
POUR TOUTES INDUSTRIES

PRINTOGÈNE
adjuvant indispensable dans l'impression

Permet d'avoir les rouleaux toujours polis et protège la gravure et la racle.
Les tissus restent toujours propres.

TÉTRACARNIT
Solvant par excellence, dans la teinture, lavage, etc.

Favorise l'Unisson, Permet d'obtenir un Tranchage parfait
Augmente la Solidité au Frottement.

CHLOROPHYLLES
PRODUITS NATURELS pour les HUILES - SAVONS - DENRÉES ALIMENTAIRES

Représentation pour la France :

PRODUITS SANDOZ, Société Anonyme

3 et 5, Rue de Metz, 3 et 5

TÉLÉGRAMMES : SANDOZAS-PARIS — PARIS (X[e]) — TÉLÉPHONE : PROVENCE 06-00.

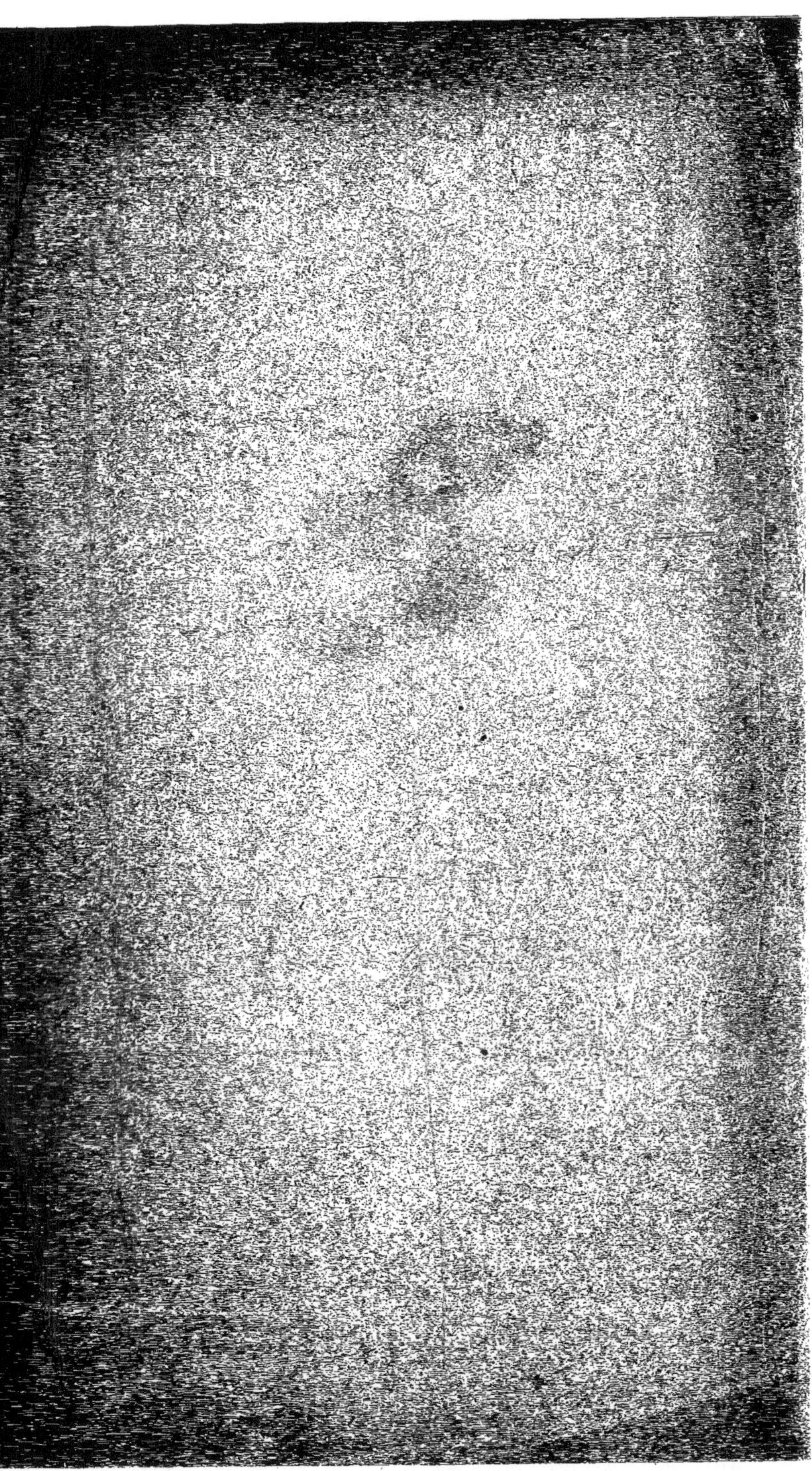

www.ingramcontent.com/pod-product-compliance
Ingram Content Group UK Ltd.
Pitfield, Milton Keynes, MK11 3LW, UK
UKHW022005170726
13837UKWH00001B/6

9 782329 20793